Tariverdian, Paul · Genetische Diagnostik in Geburtshilfe und Gynäkologie

Springer-Verlag Berlin Heidelberg GmbH

G. Tariverdian · M. Paul

Genetische Diagnostik in Geburtshilfe und Gynäkologie

Leitfaden für Klinik und Praxis

Mit 256 Abbildungen

 Springer

Priv.-Doz. Dr. Gholamali Tariverdian
Arzt für Kinderheilkunde und Humangenetik
Institut für Humangenetik der
Universität Heidelberg
Genetische Poliklinik
Im Neuenheimer Feld 344A
D-69120 Heidelberg
(E-mail: Gholamali_Tariverdian@ukl.uni-heidelberg.de
Tel.: 06221/565088/84, Fax: 06221/565080)

Dr. med. Marion Paul
Ärztin für Frauenheilkunde und Humangenetik
Gemeinschaftspraxis Drs. med. M. Paul,
M. Chwat, M. Gast
P 7,4 (Kurfürstenpassage)
D-68161 Mannheim
(E-mail: paulchwat@t-online.de
Tel.: 0621/1600, Fax: 0621/21151)

ISBN 978-3-540-65328-8

Die Deutsche Bibliothek - CIP-Einheitsaufnahme
Tariverdian, Gholamali: Genetische Diagnostik in Geburtshilfe und Gynäkologie: Leitfa-
den für Klinik und Praxis/Gholamali Tariverdian; Marion Paul. - Berlin; Heidelberg; New
York; Barcelona; Hongkong; London; Mailand; Paris; Singapur; Tokio: Springer, 1999
   ISBN 978-3-540-65328-8   ISBN 978-3-642-58453-4 (eBook)
   DOI 10.1007/978-3-642-58453-4

Satz: K+V Fotosatz GmbH, Beerfelden

SPIN 10522436   22/3135 - 5 4 3 2 1 0 - Gedruckt auf säurefreiem Papier

Vorwort

Die Genetik gewinnt in der gynäkologisch-geburtshilflichen Praxis zunehmend an Bedeutung, da sich die Möglichkeiten der vorgeburtlichen Diagnostik genetisch bedingter Krankheiten und Fehlbildungen ständig ausgeweitet und verfeinert haben. Die in langen Jahren der Zusammenarbeit mit Kolleginnen und Kollegen bei der Betreuung gemeinsamer Patientinnen immer wieder auftauchenden Fragen und Themen haben uns bewogen, dieses Buch zu schreiben. Dabei haben wir versucht, sowohl auf die wichtigsten, in der Praxis entstehenden Fragen in Form eines Leitfadens Antwort zu geben, als auch in übersichtlicher und kurzer Form die Grundlagen der Humangenetik darzulegen.

Den Kern dieses Leitfadens bildet das Kapitel über die Pränataldiagnostik (Kap. 12). Hier werden sonographische Auffälligkeiten in ihren genetischen Kontext gebracht und damit Anleitungen für die unmittelbare Beratung der Patientin und die weiteren Schritte gegeben. Auch wird hier auf die verschiedenen Möglichkeiten der invasiven und nichtinvasiven Pränataldiagnostik eingegangen. Schließlich werden die heute gängigen Schritte zur Eingrenzung des Risikos für eine fetale Erkrankung oder Fehlbildung aufgezeigt.

Im Kapitel über angeborene Fehlbildungen und Dysmorphiesyndrome (Kap. 9) wird u. a. auf die Bedeutung von Medikamenten, Infektionen und ionisierenden Strahlen in der Schwangerschaft und das sich daraus ergebende Vorgehen eingegangen. Weitere, die tägliche Praxis der Frauenärztin und des Frauenarztes berührende Themen sind die genetischen Aspekte der Geschlechtsdifferenzierungsstörungen (Kap. 7), die Störungen der Frühschwangerschaft (Kap. 8) und die Tumorgenetik (Kap. 10).

Allgemeine Aspekte der genetischen Beratung werden in Kap. 11 behandelt, während die speziellen Gesichtspunkte genetischer Beratung krankheitsbezogen in den entsprechenden Abschnitten erörtert werden.

In den Kapiteln 1-6 und 13 werden die zum Verständnis unabdingbaren Grundkenntnisse der modernen Genetik in anschaulicher Form dargelegt.

Die Diskussion einzelner Themen aus verschiedenen Blickwinkeln führt in einigen Fällen zu unvermeidbaren Wiederholungen und Überschneidungen.

Im Anhang finden sich ein Glossar, eine Liste der wichtigsten Selbsthilfegruppen, eine Liste von Buchtiteln, die Betroffenen empfohlen werden können, sowie Gesetzestexte und Richtlinien zu wichtigen Fragen der genetischen Diagnostik.

Das vorliegende Buch erhebt nicht den Anspruch auf die vollständige Darstellung der Genetik in Geburtshilfe und Gynäkologie. Es orientiert sich an den in der Zusammenarbeit mit in Praxis und Klinik tätigen Frauenärztinnen und Frauenärzten* am häufigsten auftauchenden Themen. Wir wünschen uns, daß dieses Buch unseren Kolleginnen und Kollegen in der alltäglichen Arbeit mit Patientinnen eine Hilfe sein wird. Für weitere Anregungen und ergänzende Vorschläge sind wird dankbar.

Herzlich danken wird Herrn Dr. M. Chwat für seine unermüdliche Begleitung bei diesem Projekt, für die Bereitstellung zahlreicher Ultraschallbilder, die Hilfe bei der Aufarbeitung des Bildmaterials, für seine konstruktiven inhaltlichen Vorschläge und das kritische Duchlesen des Manuskripts. Frau M. Tariverdian danken wir für das Durchlesen der Korrekturbögen.

Des weiteren danken wir Frau Dr. C. Bacchus für ihre ausschlaggebende Unterstützung sowie Frau I. Conrad im Lektorat und Herrn B. Wieland für die Herstellung.

Herrn Prof. Dr. med. Dr. h.c. F. Vogel und Frau Prof. Dr. med. T. M. Schroeder-Kurth danken wir für die Überlassung von Abbildungen und die Durchsicht des Manuskripts.

Unser Dank gilt auch allen KollegInnen und MitarbeiterInnen der genetischen Poliklinik am Institut für Humangenetik der Universität Heidelberg und den MitarbeiterInnen der Gemeinschaftspraxis Paul/Chwat/Gast.

Unser besonderer Dank gilt Frau A. Neundorf für ihre geduldige und standhafte Begleitung bei der Herstellung des Manuskripts.

Heidelberg, Herbst 1999   G. Tariverdian
                                                          M. Paul

---

* Wir möchten darauf hinweisen, daß auf Wunsch des Verlages auf die durchgehende Nennung der männlichen und weiblichen Form zugunsten einer besseren Lesbarkeit verzichtet wurde.

Bei der Arbeit an diesem Buch dachten wir an: Ann Theilgaard-Mönch, Anna Jauch, Anna Springer, Anne Neundorf, Ariane Brandner, Asgar Tariverdian, Barbara Taubmann, Bart Janssen, Brigitte Getzlaff, Burkhardt Stück, Carmen Kirstgen, Christine Jung, Christine Weller, Cordula Stumpf, Dagmar Fiedler, Dagmar Hansmann, Dagmar Leucht, Dani Paul, Dietz Rating, Elisabeth Hutter, Ellen Striebinger, Erika Kaufmann, Elke Krystek, Eva Schubert, Everhard Zurmeyer, Florina Cioran, Folker Hanefeld, Frederike Koch, Friedhelm Sych, Friedrich Vogel, Gabriele Lanczik, Gerhard Wolff, Gholamhossein Tariverdian, Gisela Kantner, Günter Vörg, Hannelore Portheine, Hans-Dieter Hager, Hans-Joachim Paulskj, Hans-Jörg Riehm, Hasan Ashayri, Heide Schiller, Helene Heller, Helga Kohl-Eisenhut, Helmut Baitsch, Herbert Flösser, Horst Ritter, Hushang Shabafrous, Inge Treiber, Ingeborg Glupe, Irmgard Debatin, Jens Paul, José Klapp, Jürgen Greiner, Karin Schwarz, Karl-Heinz Hildebrandt, Lilo Klaes, Lily Schipperges, Linde Rittweg, Manutscher Sheikhsalini, Marek Chwat, Maria Blandfort, Marion Cremer, Martina Schulte, Matthias Albig, Mechthild Gast, Milan Paul, Mirjam Tariverdian, Mohsen Mohadjer, Monika Lehmann-Hock, Monika Thiedig, M. Tagi Tariverdian, Nadja Tariverdian, Peter Propping, Peter v. Pagenhardt, Peter Vogt, Petra Strunz, Rainer Hamerla, Renate Callahan, Renate Kircheisen, Renate Maor, Robert Miething, Roswitha Schwinger, Roswitha Wettke-Schäfer, Sabine Giovannini, Sabine Hentze, Sarah Tariverdian, Sedige Vörg, Shirin Sanati, Sibylle Seidel-Ansorge, Steffi Spranger, Susanne Ditz, Suse Kohler, Theda Voigtländer, Thomas Cremer, Tiana Shabafrous, Traute Schroeder-Kurth, Ulrich Wolf, Ulrike Radde, Ulrike Tesarz, Ursula Assmus, Ursula Horter, Wadji Molawi, Waltraud Friedl, Waltraud Maletz-Kehry, Werner Buselmaier, Wolfgang Engel, Wolfgang Leucht, Wolfgang Stolz, Wolfgang Striebinger

Inhaltsverzeichnis

1   Molekulare Grundlagen   1

1.1   DNA als genetische Information   1

1.2   Struktur der DNA   1

1.3   Genetischer Code   3

1.4   Aufbau der Gene   5

1.5   Biologische Funktionen der DNA   9
1.5.1   Replikation der DNA   9
1.5.2   Transkription   11
1.5.3   Translation   14

1.6   Gene und Mutationen   15

1.7   Prinzipien und Möglichkeiten der DNA-Diagnostik   16
1.7.1   Hilfsmittel der DNA-Diagnostik   18
1.7.2   Die wichtigsten molekulargenetischen Untersuchungsmethoden   ..   19
1.7.3   Direkte und indirekte molekulargenetische Diagnostik   22

Literatur   30

2   Chromosomen   31

2.1   Struktur und Funktion   31

2.2   Darstellungsmethoden   32

2.3   Nomenklatur   38

2.4   Gametogenese   40
2.4.1   Spermatogenese   41
2.4.2   Oogenese   43

Literatur   44

3   Chromosomenaberrationen 45

3.1   Entstehungsmechanismus numerischer Chromosomenaberrationen
        (Non-disjunction) 45

3.2   Krankheiten mit gonosomalen Chromosomenaberrationen 48
3.2.1   Ullrich-Turner-Syndrom (UTS) 48
3.2.2   Triple-X-Syndrom 50
3.2.3   Klinefelter-Syndrom 51
3.2.4   XYY-Syndrom 53
3.2.5   XX-Männer 54

3.3   Krankheiten mit autosomalen Chromosomenaberrationen 54
3.3.1   Trisomie 21 (Down-Syndrom) 55
3.3.2   Trisomie 18 (Edwards-Syndrom) 61
3.3.3   Trisomie 13 (Pätau-Syndrom) 61
3.3.4   Trisomie 8 63
3.3.5   Triploidie 64

3.4   Entstehungsmechanismus struktureller
        Chromosomenaberrationen 65
3.4.1   Translokation 66
3.4.2   Weitere strukturelle Chromosomenaberrationen 70

3.5   Krankheiten mit strukturellen autosomalen
        Chromosomenaberrationen 71
3.5.1   Partielle Monosomie 4p (Wolf-Hirschhorn-Syndrom) 71
3.5.2   Partielle Monosomie 5p (Katzenschrei- bzw.
        Cri-du-chat-Syndrom) 73
3.5.3   18p-Monosomie (DeGrouchy I) 75
3.5.4   18q-Monosomie (DeGrouchy II) 76
3.5.5   Trisomie 9p 76
3.5.6   Invertierte Duplikation 15 (inv dup 15) 77
3.5.7   Markerchromosomen 77
3.5.8   Cat-eye-Syndrom (Extrachromosom 22) 78

3.6   Strukturelle gonosomale Chromosomenaberrationen 78
3.6.1   Strukturelle X-Chromosomen-Aberrationen 78
3.6.2   Strukturelle Y-Chromosomen-Aberrationen 79

3.7   Mikrodeletionssyndrome 80
3.7.1   Autosomale Mikrodeletionssyndrome bzw. Contiguous-gene-
        Syndrome und monogene Erkrankungen 81
3.7.2   X-chromosomale Mikrodeletionssyndrome bzw. Contiguous-
        gene-Syndrome und monogene Erkrankungen 83

3.8   Krankheiten mit molekularen Duplikationen 84
3.8.1   Beckwith-Wiedemann-Syndrom (11p15-Duplikation) 84
3.8.2   Charcot-Marie-Tooth IA (17p11.2-Duplikation) 85

3.9   Chromosomeninstabilität 86
3.9.1   Fanconi-Anämie/-Panzytopenie 86
3.9.2   Bloom-Syndrom 87
3.9.3   Ataxia teleangiectatica 87
3.9.4   Roberts-Syndrom (Pseudothalidomidsyndrom) 88

3.10   Chromosomenaberrationen bei Spontanaborten 88

3.11   Genetische Beratung bei Chromosomenstörungen 88
3.11.1 Genetische Beratung nach Geburt eines Kindes
        mit einer Chromosomenstörung 88
3.11.2 Genetische Beratung bei familiärer struktureller
        Chromosomenaberration 89
3.11.3 Altersbedingtes Risiko für eine Chromosomenstörung 92

Literatur 94

4   Mendelsche Erbgänge und monogene Erkrankungen 97

4.1   Autosomal-rezessive Vererbung und Erkrankungen 97
4.1.1   Auswirkungen von Homozygotie und Heterozygotie 101

4.2   Autosomal-dominante Vererbung und Erkrankungen 102

4.3   X-chromosomal-rezessive Vererbung und Erkrankungen 106
4.3.1   Unterschiedliche Genaktivität in Einzelzellen von
        Heterozygoten (Lyon-Hypothese) 111

4.4   X chromosomal-dominante Vererbung und Erkrankungen 114

4.5   Besonderheiten der monogenen Erkrankungen 115
4.5.1   Genetische Heterogenität 115
4.5.2   Geschlechtsbegrenzung und Geschlechtseinfluß 116
4.5.3   Pleiotropie 120
4.5.4   Expressivität und Penetranz 120
4.5.5   Manifestationsalter 121
4.5.6   Somatische Mutationen und Mosaike 123
4.5.7   Keimzellmosaike 123
4.5.8   Genomische Prägung (genomic imprinting) 123
4.5.9   Uniparentale Disomie 125
4.5.10 Expandierende Trinukleotide 127

4.6   Genetische Beratung bei monogenen Erkrankungen 131
4.6.1   Autosomal-rezessive Erkrankungen 131
4.6.2   Autosomal-dominante Erkrankungen 135
4.6.3   X-chromosomal-rezessive Erkrankungen 137
4.6.4   X-chromosomal-dominante Erkrankungen 140

Literatur 141

5   Mitochondriale Vererbung und Mitochondropathien 143

5.1   Molekulare Grundlagen der mitochondrialen DNA 143

5.2   Genetische Erkrankungen mit mitochondrialem Erbgang 145

5.3   Genetische Beratung bei mitochondrialen Erkrankungen 148

Literatur 149

6   Multifaktorielle Vererbung und Erkrankungen 151

6.1   Genetische Grundlagen multifaktorieller Erkrankungen 152

6.2   Multifaktoriell bedingte Krankheiten 154
6.2.1   Diabetes mellitus 154
6.2.2   Hypertonie 157
6.2.3   Schizophrenie 157
6.2.4   Affektive Psychosen 159
6.2.5   Angeborene hypertrophische Pylorusstenose 160
6.2.6   Kongenitale Hüftluxation 161
6.2.7   Epilepsie 161
6.2.8   Geistige Retardierung 163
6.2.9   Atopien 166
6.2.10 Morbus Bechterew 167
6.2.11 Psoriasis 167
6.2.12 Morbus Crohn, Colitis ulcerosa 167
6.2.13 Multiple Sklerose 168

6.3   Genetische Beratung bei multifaktoriellen Erkrankungen 168

Literatur 169

7   Geschlechtsentwicklungsstörungen 171

7.1   Geschlechtsdeterminierung und -differenzierung 171

7.2   Störungen der Geschlechtsdifferenzierung und -entwicklung 174
7.2.1   Gonadendysgenesie 174
7.2.2   Echter Hermaphroditismus 176
7.2.3   Pseudohermaphroditismus masculinus 177
7.2.4   Pseudohermaphroditismus femininus 180

7.3   Genitalfehlbildungen 183

7.4   Genetische Aspekte bei der Entstehung der Ovarialinsuffizienz . . . 185
7.4.1   Pubertas praecox 186

7.5   Fertilitätsstörung des Mannes 187
7.5.1   Genetische Beratung 188

Literatur 189

8 Genetische Aspekte der Störungen in der Frühschwangerschaft 191

8.1 Aborte 191
8.1.1 Chromosomenaberrationen und Aborte 191
8.1.2 Procedere bei habituellen Aborten 195

8.2 Blasenmole 195
8.2.1 Komplette Blasenmole 195
8.2.2 Partielle Blasenmole 196

Literatur 197

9 Angeborene Fehlbildungen und Dysmorphiesyndrome 199

9.1 Ätiologie der angeborenen Fehlbildungen 199
9.1.1 Homeobox-(HOX-)Gene 201
9.1.2 Paired-box-(PAX-)Gene 202
9.1.3 Zinkfinger-Gene 202

9.2 Einteilung der Fehlbildungssyndrome nach pathogenetischen
Kriterien 202
9.2.1 Einzeldefekte 203
9.2.2 Multiple Fehlbildungen 204

9.3 Morphologische Anomalien durch verschiedene Genmutationen .. 206
9.3.1 Mutationen der Fibroblast-growth-factor-Rezeptorgene (FGFR) ... 206
9.3.2 Mutation der Hedgehog-Gene und Holoprosenzephalie (HPE) 209
9.3.3 Mutation der PAX-Gene 210
9.3.4 Mutation der Zinkfinger-Gene 210

9.4 Beispiele für Fehlbildungs- oder Dysmorphiesyndrome 211
9.4.1 Cornelia-Brachmann-de-Lange-Syndrom 211
9.4.2 Dysostosis mandibulofacialis (Franceschetti- bzw. Treacher-
Collins-Syndrom) 212
9.4.3 Freeman-Sheldon-Syndrom (Whistling-face-Syndrom) 212
9.4.4 Goldenhaar-Syndrom (okuloaurikulovertebrale Dysplasie) 212
9.4.5 Proteus-Syndrom 214
9.4.6 Robinow-Syndrom 214
9.4.7 Rubinstein-Taybi-Syndrom 215
9.4.8 Saethre-Chotzen-Syndrom 216
9.4.9 Seckel-Syndrom 216
9.4.10 Silver-Russel-Syndrom 216

9.5 Fehlbildungen durch teratogene Wirkungen 218
9.5.1 Ionisierende Strahlen 219
9.5.2 Medikamente, Chemikalien und Genußmittel 221
9.5.3 Mütterliche Infektionen 227
9.5.4 Mütterliche Stoffwechselerkrankungen 241
9.5.5 Amniogene Fehlbildungen 243

9.6   Genetische Beratung 245
Literatur 247

10   Tumorgenetik 251

10.1   Tumorsuppressor-Gene 251

10.2   Onkogene 252

10.3   Mutator-Gene 253

10.4   Chromosomenaberrationen und Tumorgenese 254

10.5   Knudsons „Two-hit"-Hypothese 255

10.6   Genetisch bedingte maligne Erkrankungen 256
10.6.1   Mammakarzinom 257
10.6.2   Genetisch bedingte kolorektale Karzinome ohne Polyposis 258
10.6.3   Familiäre adenomatöse Polyposis (FAP) 259
10.6.4   Li-Fraumeni-Syndrom 260
10.6.5   Multiple endokrine Neoplasien 260
10.6.6   Retinoblastom 261
10.6.7   Wilms-Tumor 262

10.7   Genetische Beratung bei malignen Erkrankungen 262

Literatur 265

11   Genetische Beratung 267

11.1   Allgemeine Grundlagen 267

11.2   Psychosoziale und ethische Aspekte 268

11.3   Indikationen 270

11.4   Vorgehensweise 271
11.4.1   Stammbaumanalyse 272
11.4.2   Klinische Untersuchung 272
11.4.3   Diagnostik 274

11.5   Heterozygotentest 275

11.6   Prädiktivdiagnostik 276

11.7   Risikoberechnung 278

11.8   Das Bayes-Theorem 279

11.9   Risikoberechnung bei Verwandtenehe 281

Literatur 285

12   Pränataldiagnostik 287

12.1   Allgemeine Grundlagen 287

12.2   Invasive Pränataldiagnostik 288
12.2.1 Standardamniozentese 290
12.2.2 Frühamniozentese 293
12.2.3 Chorionzottenbiopsie (CVS) 293
12.2.4 Plazentapunktion im 2. und 3. Trimenon 300
12.2.5 Chordozentese 300
12.2.6 Fetoskopie 302
12.2.7 Hautbiopsie 303
12.2.8 Leberbiopsie 304

12.3   Präimplantationsdiagnostik (PID) 304

12.4   Gewinnung von fetalen Zellen aus dem mütterlichen Kreislauf ... 305

12.5   α-Fetoprotein-Bestimmung im mütterlichen Serum
        (MS-AFP-Bestimmung) 306

12.6   Serumscreening auf Chromosomenanomalien (Triple-Test) 308

12.7   Ultraschalldiagnostik 313
12.7.1 Chorion und Plazenta 314
12.7.2 Nabelschnur 316
12.7.3 Dottersack 318
12.7.4 Intrauterine Wachstumsstörung 320
12.7.5 Fruchtwassermenge 324
12.7.6 Nichtimmunologischer Hydrops fetalis (NIHF) 326
12.7.7 Sonographische Hinweise auf Chromosomenstörungen 331
12.7.8 Mehrlingsschwangerschaft 351
12.7.9 Fehlbildungen des Zentralnervensystems 364
12.7.10 Auffälligkeiten und Anomalien im fetalen Gesichts-
        und Halsbereich 387
12.7.11 Auffälligkeiten des fetalen Thorax und Fehlbildungen
        der Thoraxorgane 397
12.7.12 Erkrankungen und Fehlbildungen des fetalen Skelettsystems 410
12.7.13 Fehlbildungen und Auffälligkeiten des Urogenitaltrakts 433
12.7.14 Bauchwanddefekte 448
12.7.15 Fehlbildungen und Auffälligkeiten des Gastrointestinaltrakts 452

Literatur 460

13   Therapie genetischer Krankheiten 471

13.1   Konventionelle Therapie 471

13.2   Substitutionstherapie mit gentechnisch hergestellten
        Medikamenten 472

13.3   Somatische Gentherapie 473

13.4   Bisherige und geplante gentherapeutische Behandlungen 475

13.5   Gentransfer in Keimzellen 478

Literatur 479

Anhang 481

Erklärung zum Schwangerschaftsabbruch nach Pränataldiagnostik 481

Stellungnahme zur Neufassung des § 218 a StGB mit Wegfall
der sogenannten embryopathischen Indikation
zum Schwangerschaftsabbruch 488

Positionspapier der Gesellschaft für Humangenetik e.V. 491

Arbeitsgemeinschaften, Selbsthilfe- und Kontaktgruppen 503

Literatur für Betroffene, Angehörige und Bezugspersonen 507

Glossar 508

Sachverzeichnis 523

KAPITEL 1

Molekulare Grundlagen 1

1.1 DNA als genetische Information

Von einigen Virusfamilien abgesehen, die Ribonukleinsäure (RNA) enthalten, ist es immer die Desoxyribonukleinsäure (DNA), die die genetische Information eines Organismus beinhaltet. Diese Tatsache wurde durch unterschiedliche Experimente, die von F. Griffith und Mitarbeitern (1928) und O.D. Avery (1944) mit verschiedenen Pneumokokkenstämmen durchgeführt wurden, dokumentiert und schließlich durch A.D. Hershey und M. Chase (1952) nachgewiesen. Dies gilt sowohl für die niederen als auch für höhere Organismen bis zum Menschen. Daher sind die wissenschaftlichen Erkenntnisse, die auf molekularer Ebene von Mikroorganismen gewonnen werden, auch für den Menschen gültig. Die raschen Fortschritte der letzten Zeit brachten einen großen Erkenntniszuwachs in der Molekularbiologie, der zu den diagnostischen und therapeutischen Möglichkeiten auf DNA-Ebene geführt hat.

Die Gesamtheit der genetischen Informationen in einer Zelle wird als *Genom* bezeichnet. Das menschliche Genom ist *diploid*, d.h., die genetische Information liegt in den Kernen der somatischen Zellen in zweifacher Kopie vor. Dagegen beinhalten die Keimzellen eine einfache Kopie und sind daher *haploid*. Erst nach der Verschmelzung der väterlichen und mütterlichen Keimzellen entsteht die diploide Zygote.

1.2 Struktur der DNA

Die monomeren Bausteine der DNA werden *Nukleotide* genannt. Ein Nukleotid besteht aus 3 Komponenten: einer Purin- oder Pyrimidinbase, einem 5-Kohlenstoff-Zucker und einem Phosphatrest. In der DNA kommen als Purinbasen *Adenin* (A) und *Guanin* (G) und als Pyrimidinbasen *Cytosin* (C) und *Thymin* (T) vor. Der Zucker der DNA ist die Desoxyribose, die mit der Purin- oder Pyrimidinbase verbunden ist. Durch die Verbindung von Basen und Zucker entsteht ein *Nukleosid*. Ribonukleinsäure (RNA) unterscheidet sich von DNA dadurch, daß RNA als Zucker Ribose statt Desoxyribose und Uracil (U) anstelle von Thymin enthält.

Durch Verbindung der Hydroxygruppe eines Zuckers über eine Phosphodiesterverbindung zum nächsten Zuckerrest werden die Bausteine der DNA miteinander verknüpft; so entsteht die Nukleotidkette. Die Folge der 4 unterschiedlichen Nukleotide A, G, C und T im DNA-Molekül wird als *Sequenz* bezeichnet. Eine DNA-Sequenz hat auf der einen Seite ein 5'-Ende und auf der anderen Seite ein 3'-Ende. Das heißt, daß das fünfte und dritte C-Atom des Desoxyriboserings für die nächste Bindung freiliegen. Die Transkription läuft von 5' *upstream* nach 3' *downstream* (Vogel 1989). An der 5'-Seite findet man zunächst ungefähr 80 Basenpaare upstream, eine Sequenz CAATT, die offenbar als Erkennungsregion für die RNA-Polymerase (das für die Transkription notwendige Enzym) dient. Dann folgen ungefähr 30 Basenpaare upstream, eine Sequenz TATA, die als Promotorregion für die polymeraseinduzierte Transkription wirkt (Knippers 1990).

1953 entwickelten J. Watson und F. Crick das Modell der Doppelhelix. Danach besteht das DNA-Molekül aus 2 Polynukleotidsträngen, die eine gegenläufige Polarität besitzen, und, ähnlich einer Wendeltreppe, zu einer Doppelschraube umeinander gewunden sind (Abb. 1.1). Dabei bilden jeweils 2 sich gegenüberliegen-

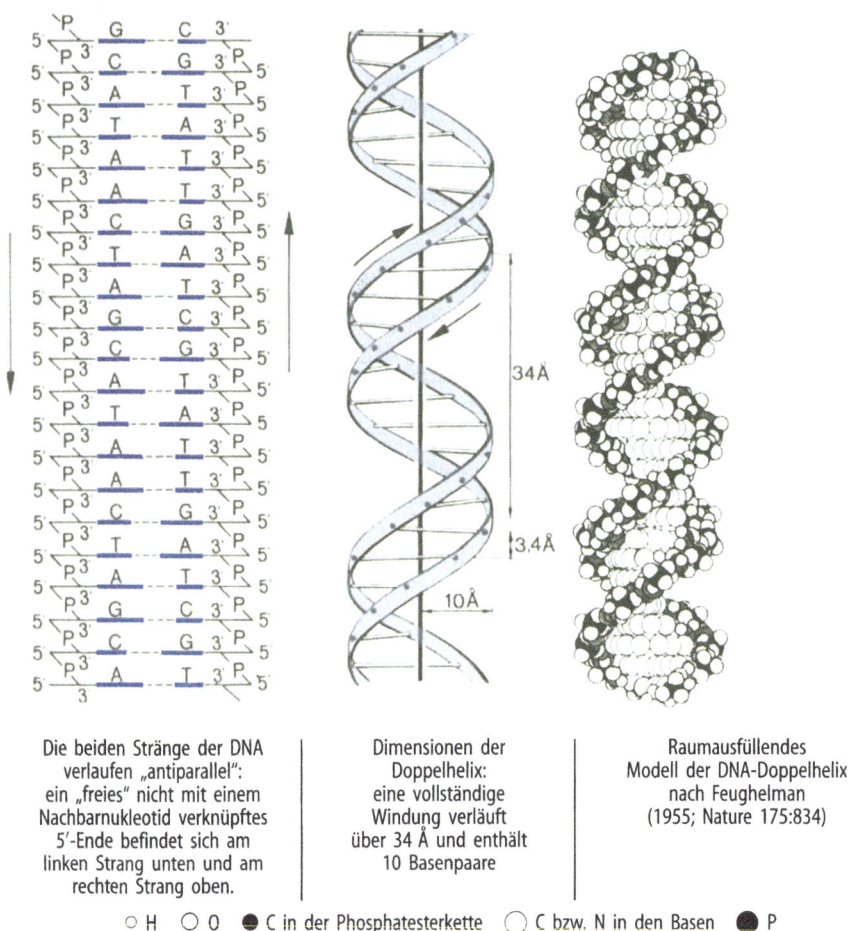

Die beiden Stränge der DNA verlaufen „antiparallel": ein „freies" nicht mit einem Nachbarnukleotid verknüpftes 5'-Ende befindet sich am linken Strang unten und am rechten Strang oben.

Dimensionen der Doppelhelix: eine vollständige Windung verläuft über 34 Å und enthält 10 Basenpaare

Raumausfüllendes Modell der DNA-Doppelhelix nach Feughelman (1955; Nature 175:834)

○ H   ○ O   ● C in der Phosphatesterkette   ○ C bzw. N in den Basen   ● P

Abb. 1.1. Struktur der DNA. (Nach Knippers 1990)

de, zueinander komplementäre und senkrecht zur Halbachse stehende Basen mit ihren Nebenvalenzen Wasserstoffbrücken. Der Purinring bildet immer mit einem Pyrimidinring ein Basenpaar, d.h., daß sich stets Cytosin und Guanin bzw. Thymin und Adenin gegenüberliegen.

Der Drehsinn der Spirale ist aufsteigend entgegengesetzt zum Uhrzeigersinn. Die Windungen weisen dabei eine breite und eine schmale Rinne auf. Der Abstand zwischen den aufgestockten Basen beträgt 3,4 Å. Nach jeweils 10 Basenpaaren, also 34 Å, ist eine volle Umdrehung erreicht (Knippers 1990). Die gegenläufige Polarität bedeutet, daß in einem Polynukleotidstrang die Sequenz C-3'-Phosphat-C-5' ansteigend, in dem anderen abfallend verläuft. Je nach Wasser und Salzgehalt kann die DNA eine unterschiedliche Geometrie annehmen. Etwa 99% der zellulären DNA befindet sich in der sog. B-Form; eine andere Struktur kann bei abnehmendem Wassergehalt aus der B-Form entstehen. Alle Eigenschaften bzw. Funktionen der DNA sind durch diese Sekundärstruktur zu erklären. Die Stabilität der Helix beruht auf Stapelkräften, die zwischen den hydrophoben Seiten eng beieinander liegender Basen auftreten.

Die durchschnittliche Länge der DNA eines menschlichen Chromosoms beträgt ca. 5 cm, also 10000fach mehr als der Durchmesser des Zellkerns. Würde man alle menschlichen Chromosomen aneinanderreihen und lang ausgestreckt messen, so ergäbe dies eine Länge von 2 Metern. Aus diesem Grund muß die DNA unter Beibehaltung aller Funktionen so verpackt werden, daß sie in den Zellkern hineinpaßt (Buselmaier u. Tariverdian 1998). Die Verpackung muß so geschehen, daß die Funktionen der DNA und die gleichmäßige Weitergabe bei der Zellteilung erhalten bleiben. Dies geschieht durch die Verbindung des DNA-Moleküls mit Strukturproteinen, wobei die DNA in eine *Tertiärstruktur* gebracht wird. Histone sind Strukturproteine, die für die Verpackung der DNA und für die strukturelle Organisation des Chromosoms von großer Bedeutung sind. Sie enthalten viele basische Aminosäuren und haben daher durch ihre positive Ladung eine hohe Affinität zur negativen Ladung der DNA. Durch weitere, komplizierte Schritte, die das DNA-Molekül verkürzen, ergibt sich schließlich ein Zwanzigtausendstel der ursprünglichen Länge des DNA-Fadens (Abb. 1.2).

1.3 Genetischer Code

Jede Polypeptidkette besteht aus einer bestimmten Folge von mehreren 100 Aminosäuren. Insgesamt sind 20 Aminosäuren an der Proteinbildung beteiligt. Nun ist es für die Zelle ungünstig, 20 Schriftzeichen zu verwenden. Aus diesem Grund chiffriert sie die einzelnen Aminosäuren in einem Code, ähnlich dem Morsealphabet, und nimmt dafür eine größere Zeichenfolge in Kauf. Die DNA benutzt dabei 4 Zeichen, nämlich die 4 verschiedenen Basen (Adenin, Guanin, Cytosin, Thymin). Der *genetische Code* ist also der Chiffrierschlüssel, mit dem die 4-Buchstaben-Sprache in die 20-Buchstaben-Sprache zu übersetzen ist.

Nun kann nicht ein Nukleotid eine Aminosäure determinieren; auch 2 Nukleotide reichen nicht aus, da sich aus ihnen nur 16 verschiedene Zweiergruppen bilden lassen, also nur 16 Aminosäuren kodiert werden können. Die benötigte Mindest-

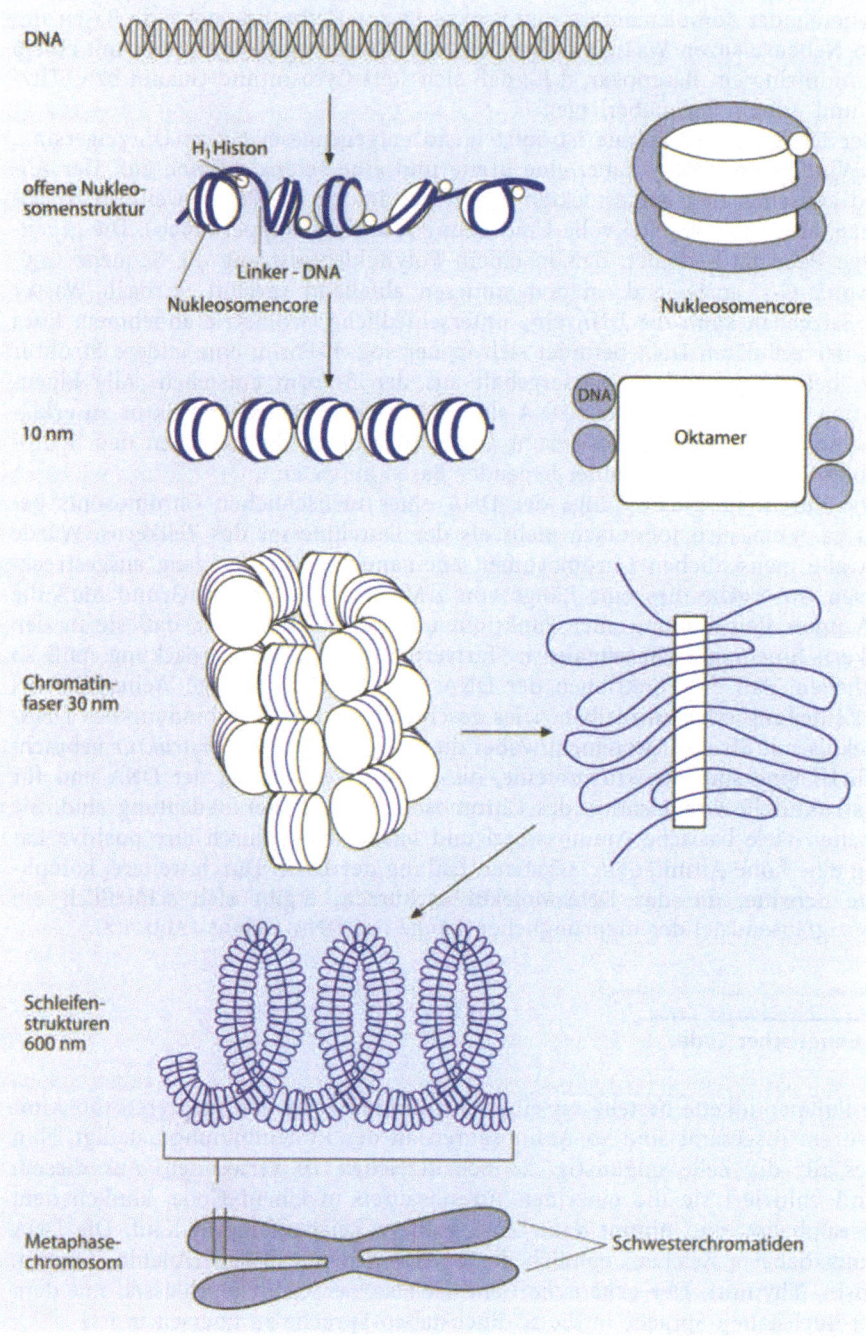

DNA

offene Nukleo-
somenstruktur

H₁ Histon

Linker - DNA

Nukleosomencore

Nukleosomencore

10 nm

DNA

Oktamer

Chromatin-
faser 30 nm

Schleifen-
strukturen
600 nm

Metaphase-
chromosom

Schwesterchromatiden

Abb. 1.2. Organisation der DNA in Metaphasenchromosomen. (Nach Buselmaier u. Tariverdian 1998)

Tabelle 1.1. Aufbau des genetischen Codes

Art des Codes	Triplettrastercode mit 4 Basen, die 64 Möglichkeiten für 20 Aminosäuren ergeben
Degeneration	Überwiegend logisch: schafft durch Variabilität in der Kodierung eines Tripletts Toleranz für spontane Mutationen
Stopcodons	UAA, UAG und UGA
Startcodons	AUG und GUG

zahl an Nukleotiden ist also 3, und genau dieser *Triplettrastercode* ist auch tatsächlich der von der Natur gewählte Weg. Eine Aminosäure wird durch 3 Nukleotide kodiert. Man nennt dieses Triplett ein *Codon*. Die Aufeinanderfolge der 4 verschiedenen Nukleotide in der DNA ist also nicht zufällig, sondern jedes Nukleotid ist in eine unperiodische Anordnung wie ein Buchstabe in einer Schrift festgelegt. Das Triplettrastercodon ermöglicht die Konstruktion von $4^3 = 64$ verschiedenen Trinukleotidtripletts. Es stehen also 20 Aminosäuren 64 verschiedenen Nukleotidtripletts gegenüber. Dies ermöglicht eine „*Degeneration*" des Codes, die tatsächlich auch existiert. So wird z.B. die Aminosäure Alanin durch die Codons GCG, GCA, GCC und GCU kodiert. Diese verschiedenen Codons für Alanin unterscheiden sich nur im letzten Nukleotid. Eine solche Degeneration wird als *logisch* bezeichnet. Unlogisch wäre eine Degeneration, in der eine Aminosäure durch völlig verschiedene Codons gekennzeichnet wäre.

Die Tripletts UAA, UAG und UGA stehen nicht für eine spezifische Aminosäure, sondern sie signalisieren das Kettenende des Polypeptids und werden als *Stopcodons* bezeichnet. Bei ihnen kommt also die Proteinbiosynthese zum Stehen. Es gibt auch ein *Startcodon*, das für die Aminosäure Methionin kodiert, welche unter bestimmten Bedingungen den Start veranlaßt. Neben dem Codon AUG kann auch das Codon GUG, das für Valin kodiert, Methionin(-Start) bedeuten (Tabelle 1.1).

1.4 Aufbau der Gene

Gene sind DNA-Abschnitte, die die biologische Information enthalten und RNA- und/oder Polypeptidmoleküle kodieren. Die Länge der DNA-Sequenz des Gens hängt von der Länge des Proteins ab, für das es kodiert. Besitzt ein Protein n Aminosäuren, so müssen 3n Basenpaare dafür kodieren.

Das β-Globin war das erste Gen von Eukaryonten, das analysiert wurde. Man fand, daß die DNA im β-Globulin-Gen länger ist als die entsprechende Messenger-RNA. Später stellte man fest, daß bestimmte Regionen der genomischen DNA in der Messenger-RNA nicht vorhanden waren, weil aus dem zunächst gebildeten primären Transkript vor der Translation bestimmte Abschnitte entfernt werden. Heute weiß man, daß die Informationseinheiten der DNA der Eukaryonten nicht unmittelbar hintereinanderliegen, sondern durch bestimmte Abschnitte getrennt sind. Diese Sequenzen, die nach der Translation in der Messenger-RNA nicht vorhanden sind, werden als *Introns* bezeichnet. Solche, die auch weiterhin in der Messenger-RNA existieren, werden als *Exons* bezeichnet.

Näher betrachtet, wird von der DNA eine Kopie in Form von RNA abgelesen, die genau die Sequenz des Genoms widergibt. Man hat diese RNA auch als hete-rogene nukleäre RNA (hn-RNA) bezeichnet. Die hn-RNA wird durch die Exten-sion der Introns zurechtgeschnitten. Dieser Vorgang wird als *Splicing* bezeichnet. Das Ergebnis des Splicings ist dann eine Messenger-RNA, die aus einer Reihen-folge von Exons (kodierende DNA) zusammengesetzt ist.

Die Übergangsstellen von Exons zu Introns werden als *Splice-junction* be-zeichnet. Das Herausschneiden eines Introns muß so präzise sein, daß es nicht zu einer Verschiebung des Leserasters kommt. Ein Exon endet deshalb stets mit GT (Donorstelle) und ein Intron mit AG (Akzeptorstelle). Diese Sequenzen wer-den Konsensussequenzen genannt. Durch eine Mutation kann eine Splice-junction so verändert sein, daß ein Intron nicht wie vorgesehen entfernt werden kann. So entsteht eine *Splice-Mutation* (Knippers 1990; Strachan u. Read 1996).

Bestimmte Abschnitte der DNA, die durch Bindung an RNA-Polymerase den Beginn der Transkription steuern, werden als *Promotor*, das Transkriptionsende als *Terminator* bezeichnet (Abb. 1.3). Das Charakteristikum dieser Abschnitte ist eine Kombination kurzer Sequenzen, die von Transkriptionsfaktoren erkannt werden.

Weiterhin findet man bei bestimmten Genen häufig etwas strangaufwärts von den Promotoren sog. *Response-Elemente* (RE). Es handelt sich dabei um Gene, deren Expression von externen Faktoren, wie Hormonen, Wachstumsfaktoren oder internen Signalmolekülen wie cAMP, gesteuert wird. Bindet der entspre-chende Signalfaktor an ein solches RE-Element, so kann eine starke Genexpres-sion ausgelöst werden.

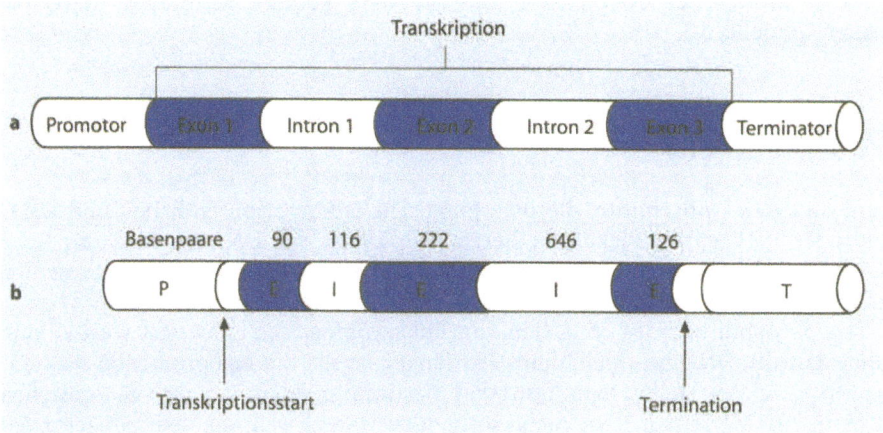

Abb. 1.3. a Modellvorstellung zum Aufbau eines Eukaryonten-Gens, **b** β-Globin-Gen des Menschen (Nach Buselmaier u. Tariverdian 1998)

Die Transkription eukaryontischer Gene kann durch positive Kontrollelemente, die *Enhancers*, verstärkt werden. Negative Kontrollelemente sind dagegen *Silencers*. Sie können die Transkriptionsaktivität von Genen unterdrücken. Gene, die transkribiert werden, sind durch sog. *CPG-Inseln* gekennzeichnnet, dies ist eine Abkürzung für die Kopplung von C mit G über eine 3'-5' Phosphatverbindung. Die Cytosinreste in den CPG-Dinucleotiden können methyliert werden. Die Methylierung wird mit einer generellen Unterdrückung der Transkription in Verbindung gebracht.

Das menschliche Genom besitzt viel mehr DNA als aufgrund der Anzahl der Gene zu erwarten wäre. Nur etwa 3–5% der DNA kodieren für Proteine. Der Rest besteht aus Introns, Pseudogenen, die für die Genexpression irrelevant sind, und repetitiven DNA-Sequenzen.

Gene, die für ein Genprodukt verantwortlich sind, werden als *Strukturgene* bezeichnet. Sie liegen in der Regel als *Single-copy-Sequenzen* vor. Der Mensch besitzt viele tausend Single-copy-Sequenzen. Bis jetzt sind über 9000 mutierte Gene beim Menschen bekannt, die zu monogenen Erkrankungen bzw. Merkmalen führen. Viele dieser Gene sind chromosomal lokalisiert und zum Teil sequenziert.

Ein haploides menschliches Genom besitzt etwa 3–3,5×10⁹ Nukleotidpaare. Ein durchschnittliches menschliches Gen hat etwa 20000–50000 Basenpaare. Davon bilden 90% Introns. Geht man rechnerisch von 20000 Basenpaaren aus, so besteht ein durchschnittliches kodierendes Gen aus 2000 Basenpaaren. Dies bedeutet, daß das menschliche Genom etwa 1,5 Mio. Genen Platz bietet. Alle bisherigen Daten zeigen, daß das menschliche Genom ca. 80000 Gene enthält (Strachan u. Read 1996).

Die Bedeutung der Introns (nichtkodierende DNA-Abschnitte) ist noch nicht endgültig geklärt. Möglicherweise bieten sie Vorteile für evolutionäre Veränderungen. Man weiß heute, daß die DNA-Abschnitte aufgrund verschiedener Mechanismen flexibel sind. So können DNA-Bereiche von einem chromosomalen Ort ausgeschnitten und an einem anderen eingesetzt werden, oder sie können zwischen homologen Orten ausgetauscht werden (Translokation). Durch diesen Prozeß können entsprechende Gene zerstört werden. Kommt jedoch der Austausch von DNA innerhalb der Introns vor, so kann die potentielle Zerstörung von Information limitiert werden. – Eine andere Möglichkeit ist, daß der Austausch von Introns und ihre Rearrangements im Laufe der Zeit dem Aufbau neuer Gene dient. In jüngster Zeit konnte mehrfach gezeigt werden, daß bestimmte regulatorische DNA-Sequenzen innerhalb des Introns eines Gens liegen. Einige Introns wurden auch innerhalb von Promotor- und Enhancerregionen entdeckt, die Gene ein- bzw. abschalten (Buselmaier 1997).

Ein Teil der DNA besteht aus nicht für Protein kodierenden, sondern aus sich wiederholenden Sequenzmotiven, die als *repetitive Sequenzen* bezeichnet werden. Unter den repetitiven DNA-Sequenzen im Genom finden sich solche Sequenzfamilien, die die funktionstüchtigen Gene umfassen, andererseits gibt es viele repetitive Sequenzen, die nicht den Genen angehören. Als erstes ist hier die RNA-kodierende Genfamilie zu nennen. Sie gehört zu den am stärksten repetitiven im Genom. Es handelt sich hier um 4 Typen von DNA für rRNA. Sie liegen in Wiederholungseinheiten von 45 kb (Kilobasen) Länge vor, wovon jeweils 13 kb

Tabelle 1.2. Repetitive DNA-Klassen, die nicht Genen angehören

Klasse Tandemwiederholungen	Wiederholungslänge [bp]	Lokalisation
Satelliten-DNA	5–48	Auf den meisten, möglicherweise allen Chromosomen im Heterochromatin des Zentromers sowie in anderen heterochromatischen Bereichen
α-(Alphoid)-DNA	171	Heterochromatin des Zentromers auf allen Chromosomen
β-Familie	68	Im Heterochromatin des Zentromers der Chromosomen 1, 9, 13, 14, 15, 21, 22 und Y
Minisatelliten	6–24	Auf allen Chromosomen, oft im Telomerbereich
Mikrosatelliten	1–4(–6)	Auf allen Chromosomen
Verstreut liegende Sequenzwiederholungen:		
Alu-Familien	289 (oft kürzer)	Euchromatin Giemsa-negative Banden
Kpn-Familien	1400	Euchromatin Giemsa-positive Banden

Transkriptionseinheiten ein einziges RNA-Vorläufermolekül darstellen. Weiterhin sind benachbarte, nichttranskribierte sog. *Spacers* enthalten, 60 solcher Tandemwiederholungseinheiten liegen auf den Chromosomen 13–15 und 21–22.

Familien für repetitive DNA-Sequenzen, die nicht den Genen angehören und nicht transkribiert werden, sind durch einzelne Wiederholungseinheiten oder Tandemwiederholungen gekennzeichnet, die verstreut zwischen anderen DNA-Sequenzen liegen. Man unterscheidet hier *Satelliten-DNA, Minisatelliten-DNA* und *Mikrosatelliten-DNA, α-* oder *Alphoid-Satelliten-* und *β-Satelliten*-DNA (Tabelle 1.2). Neben diesen Familien von Satelliten-DNA gibt es zwei wichtige Familien verstreut liegender hochrepetitiver DNA. Es sind die *Alu-Familien* mit kurzen, verstreut liegenden Sequenzelementen, die auch als *„short interspersed nuclear elements"* (SINEs) bezeichnet werden, und die Kpn-Familie mit langen verstreuten Sequenzelementen, bezeichnet als *„long interspersed nuclear elements"* (LINEs).

Neben den aktiven und funktionstüchtigen Genen gibt es viele Pseudogene. Sie entstehen oft bei der Entwicklung von Genfamilien. Es sind Nukleinsäuresequenzen, die über weite, jedoch nicht alle Bereiche einem vollwertigen Gen entsprechen. Sie werden aber in der Regel weder transkribiert noch translatiert.

Tabelle 1.3. Biologische Aufgaben des Erbmaterials

Replikation	Präzise Replikation während der Zellverdoppelung
Speicherung	Speicherung der gesamten notwendigen biologischen Funktion
Weitergabe	Weitergabe der Information an die Zelle
Stabilität	Aufrechterhaltung der Strukturstabilität, um Erbänderungen (Mutationen) zu minimieren

1.5 Biologische Funktionen der DNA

Die primäre und wichtigste Funktion der DNA ist die Speicherung von Informationen bzw. Handlungsanweisungen, die die lebenswichtigen Funktionen steuern. Das Gen veranlaßt in dem entsprechenden Bereich die Synthese von Ribonukleinsäure. Diese hat eine Botenfunktion, d.h., sie trägt die Informationen aus dem Kern heraus, dorthin, wo das bestimmte Produkt hergestellt werden soll. Mit anderen Worten: das Gen produziert selbst nichts – außer sich selbst (= Replikation) –, sondern kontrolliert und übersieht alles. Es überträgt lediglich seine Information auf einen Boten mit einem bestimmten Auftrag für die Synthese des Produkts, für das das Gen die Information hat. Die einzelnen Schritte sind in Tabelle 1.3 zusammengestellt.

1.5.1 Replikation

Vor einer Zellteilung wird die DNA komplett verdoppelt. Dieser Vermehrungsmechanismus der DNA wird als *Replikation* bezeichnet. Die biologische Bedeutung dieses Vorgangs liegt darin, daß dadurch die genetische Information einer Zelle auf die nachfolgende Zellgeneration übertragen wird.

Grundsätzlich ist die Information eines Strangs ausreichend, um die Basensequenz des anderen zweifelsfrei anzugeben. Das DNA-Molekül öffnet sich nach Art eines Reißverschlusses (Abb. 1.4). Mehrere Enzyme sind in den Vorgang der Replikation eingebunden. Sie sind als Replikationskomplex an die Zellmembran gebunden.

Der erste Schritt zur Öffnung des DNA-Moleküls ist die Aufwindung der Doppelhelix durch eine *Helikase*. Eine *Topoisomerase* setzt dabei zur Verminderung der Spannung gelegentliche Einzelstrangbrüche in der DNA. Das Öffnen der Doppelhelix erfolgt durch ein weiteres Enzym, das die beiden Polynukleotidstränge so spreizt, daß sich die relativ leicht zu trennenden Wasserstoffbrücken lösen. Schließlich stabilisieren *DNA-Bindungsproteine* die einzelsträngige DNA und verhindern eine neuerliche Nukleotidpaarung.

Nun kann sich jede einzelne Base der beiden getrennten Stränge aus dem Vorrat der verschiedenen Nukleotide der Zelle das Nukleotid mit der zu ihr passenden komplementären Base suchen, wodurch neue Stränge mit Nukleotiden

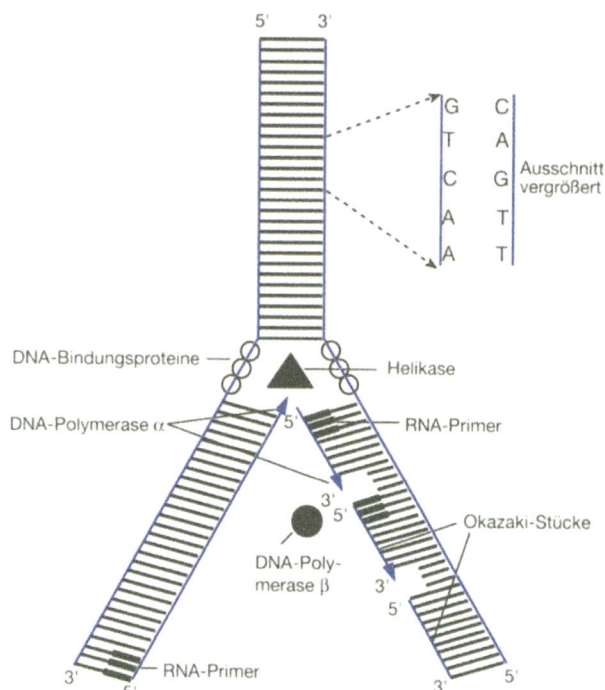

Abb. 1.4. Replikationsmodell der DNA. (Nach Buselmaier 1997)

der richtigen Sequenz entstehen. Der parentale Strang dient gleichzeitig als Matrize für den neu zu synthetisierenden. Je ein Strang der parentalen DNA paart sich mit einem synthetisierten Strang. Eine solche Replikation wird *semikonservativ* genannt. Die Neusynthese erfolgt immer in 5'-3'-Richtung. Die Replikation pflanzt sich in der Replikationsgabel fort, wobei die Synthese des linken Tochterstrangs kontinuierlich ablaufen kann. Sie wird durch die *DNA-Polymerase* α ermöglicht.

Anders ist dies bei der Synthese des rechten Tochterstrangs. Sie verläuft von oben nach unten, und es werden nur kurze DNA-Stücke synthetisiert, die als Okazaki-Segmente bezeichnet werden. Die DNA-Polymerasen verbinden das 3'-Ende eines DNA-Stücks mit dem 5'-Ende eines zweiten DNA-Stücks. Interessanterweise kann aber keine der 4 gefundenen DNA-Polymerasen eine DNA-Kette neu anfangen. Sie können nur ein Desoxynukleotid an das 3'-Ende einer solchen bestehenden Kette, die man als *Primer* bezeichnet, anhängen. Dies bedeutet, daß die DNA-Polymerasen nur *Kettenwachstum*, jedoch nicht Kettenanfang bewirken können (Vogel u. Motulsky 1996; Strachan u. Read 1996; Knippers 1990).

Diese Primerstücke, von denen aus die DNA-Synthese ablaufen kann, bestehen nicht aus DNA, sondern aus RNA. Aus diesem Grund ist das Enzym, das die Herstellung dieser Primer bewirkt, auch keine DNA-Polymerase, sondern eine RNA-Polymerase (Primase).

DNA-Polymerasen wiederum, so die β-Polymerase, haben noch eine andere spezielle Funktion bei der Replikation. Diese Enzyme können ein falsch einge-

Tabelle 1.4. Ablauf der Replikation mit den beteiligten Polymerasen

Enzym/Protein	Biologischer Schritt
Helikase	Entwindung der Doppelhelix
Topoisomerase	Entspannung der verdrillten Doppelhelix und Setzung von Einzelstrangbrüchen, als die Rotation nicht weiterleitende Gelenke
DNA-Bindungsprotein	Stabilisierung der einzelsträngigen DNA
Primase (RNA-Polymerase)	Synthese einer kleinen Primer-RNA
DNA-Polymerase α (bei Bakterien Polymerase III)	Durchführung der eigentlichen Replikation durch Kettenverlängerung in 5'-3'-Richtung Anlagerung von Desoxyribonukleosidtriphosphate komplementär zu den zu kopierenden Basen
DNA-Polymerase β (bei Bakterien Polymerase I)	Abbau der RNA-Primer und Reparatur (Exonuklease-Aktivität) falsch eingesetzter Basen
DNA-Ligase	Verbindung der DNA-Fragmente zu einem einheitlichen Strang
Replikation mitochondrialer DNA:	
DNA-Polymerase γ	Durchführung der Replikation ausschließlich in Mitochondrien
DNA-Polymerase δ	Funktion unklar

bautes Nukleotid wieder herausschneiden und durch ein richtiges ersetzen; sie besitzen eine 3'-Exonuklease-Aktivität. Durch diesen Reparaturmechanismus kann die Mutationsrate entscheidend gesenkt werden. Die Verbindung der neu synthetisierten DNA-Fragmente zu einem einheitlichen Strang erfolgt schließlich durch eine DNA-Ligase (Tabelle 1.4).

1.5.2 Transkription

In der Zelle befinden sich verschiedene Typen von RNA, die völlig verschiedene Funktionen übernehmen. Man unterscheidet *Messenger-RNA (mRNA)*, *Transfer-RNA (tRNA)* und *ribosomale RNA (rRNA)*. Sie werden im Kern an der DNA, die Matrizen-Funktion besitzt, gebildet und dienen alle der Umsetzung der genetischen Information in die Polypeptidketten (Tabelle 1.5).

Der Vorgang der Informationsübertragung von DNA auf Messenger-RNA wird als *Transkription* bezeichnet (Abb. 1.5). Die Information über die Synthese der Proteine liegt in der DNA im Zellkern. Nun macht die Zelle von diesem Originalplan eine Kopie in Form einer Messenger-RNA. Dabei wird einer der beiden DNA-Stränge, der „*Coding-Strang*", in RNA übersetzt. Die RNA-Polymerase unterscheidet, welcher der beiden DNA-Stränge der sinnvolle Matrizenstrang ist (Buselmaier 1997). Da die wachsende Kette komplementär zum Matrizenstrang ist, hat das Transkript dieselbe 5'→3'-Orientierung wie der zur Matrize komple-

Tabelle 1.5. Entstehung der verschiedenen RNA-Arten

	Messenger-RNA	Transfer-RNA	Ribosomale RNA
Genebene	Produktion einer größeren Prekursorform	Produktion mehrerer tRNAs in einem Molekül	Produktion einer 28-S-rRNA, einer 5,8-S-rRNA, einer 5-S-rRNA und einer 18-S-rRNA
Processing	Capping und Polyadenylierung Splicing von Introns und Exons	Spaltung in einzelne tRNAs, Entfernung der terminalen Sequenzen und Bildung der seltenen Basen	Zusammenfügen zur 60-S- und 40-S-Untereinheit

mentäre Strang. Aus diesem Grund wird der Coding-Strang auch als Gegensinnstrang und der nicht-Matrizenstrang oft als Sinnstrang bezeichnet. Weiterhin kann die RNA-Polymerase ein *Startsignal* erkennen, das vor dem zu kodierenden Gen sitzt.

Die RNA-Polymerase besteht aus 5 Untereinheiten; eine DNA wird nur dann transkribiert, wenn entsprechende Untereinheiten vorhanden sind. Die Untereinheit führt zur festen Bindung des Enzyms an die DNA und erleichtert die Transkription durch leichtes Aufwinden der Doppelhelix. Nach Synthese von etwa 10 Nukleotiden verläßt die δ-Einheit den Komplex, und das Restenzym (Core-Enzym) setzt die Polymerisation fort.

Inzwischen sind eine Reihe von Promotoren sequenziert. Sie beinhalten einige Regelmäßigkeiten. Etwa 10 Nukleotidpaare links von der Startstelle, die mit 0 bezeichnet wird, liegt eine Sequenz von 6 Nukleotiden, die mehr oder weniger Ähnlichkeiten mit Folge 5'-TATAAT-3' besitzt. Diese Sequenz wird als *Pribnow-Box* bezeichnet. Etwa 35 Nukleotidpaare links von der Startstelle liegt ein AT-reicher Abschnitt. Die RNA-Polymerase nimmt offenbar zuerst Kontakt mit 35-Region auf, weshalb dieser Bereich oft als Erkennungsstelle bezeichnet wird, und bewegt sich dann zur Bindungsstelle. Ein weiteres, wichtiges Signal ist das für den Kettenabbruch; dieses Signal wird als Terminator bezeichnet (Tabelle 1.6).

Man findet in der mRNA regelmäßig eine G-C-reiche Sequenz von 10–20 Nukleotidpaaren, gefolgt von einer Reihe von Uracilnukleotiden. Die im Zellkern synthetisierte RNA ist wesentlich größer als die im Zytoplasma an den Ribosomen gefundene. Es wird also eine sehr viel größere Prekursorform produziert, die dann im Verlauf des Transports vom Zellkern zum Zytoplasma zur endgültigen mRNA zurechtgeschnitten wird. Diese Zurechtschneidung beinhaltet sowohl ein Wegschneiden als auch ein Anheften von Gruppen, die im primären Transkriptionsprodukt nicht vorhanden waren. So werden viele mRNA-Moleküle durch Anheftung eines 7-Methyl-Guanosins über eine Triphosphatbrücke an das 5'-Ende (*Capping*) und Methylierung der endständigen Nukleotide sowie durch Anheften von 150–200 AMP-Resten an das 3'-OH-Ende (*Polyadenylierung*) modifiziert.

Weggeschnitten werden die Introns, die Exons werden zusammengeklebt. Den Vorgang des Herausschneidens und Verklebens bezeichnet man als *Processing* (Tabelle 1.7).

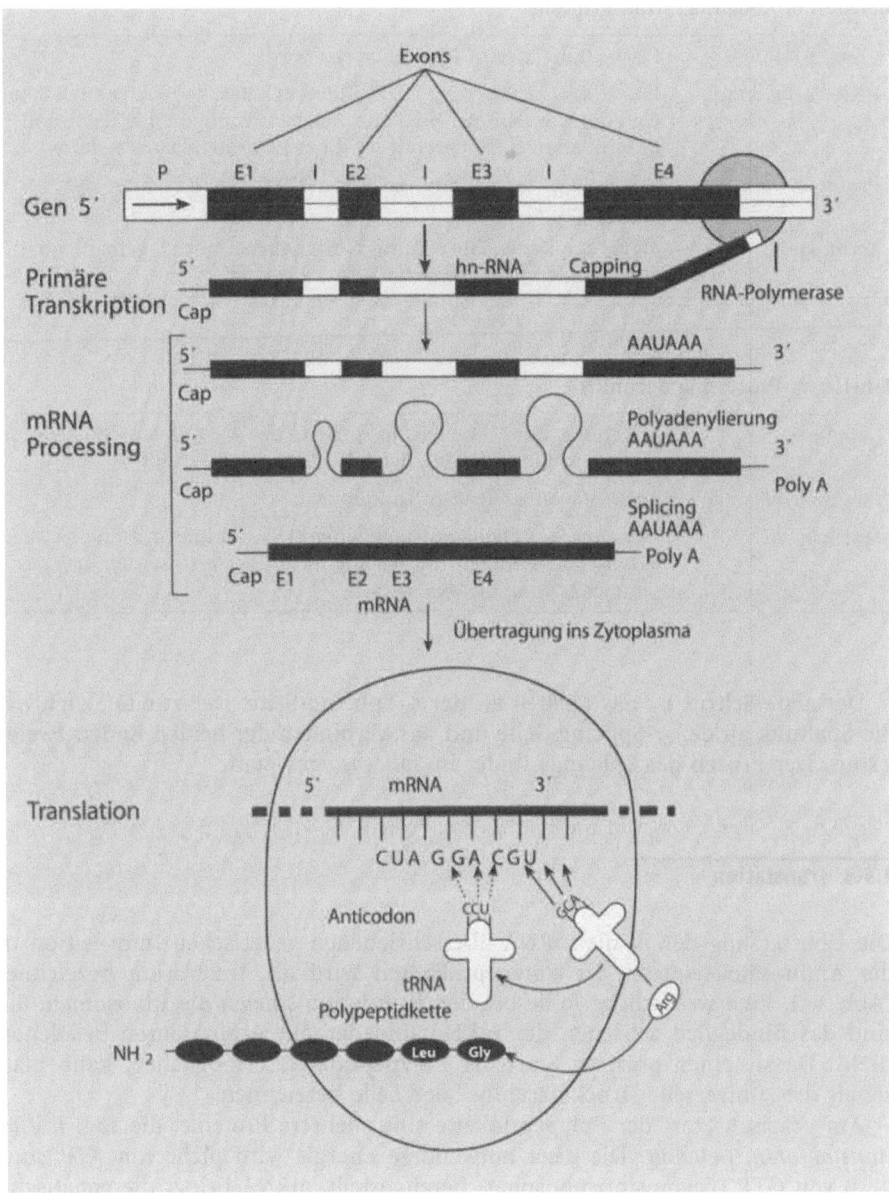

Abb. 1.5. Schematische Darstellung von Transkription, mRNA-Processing und Translation

Tabelle 1.6. Ablauf der Transkription

Coding-Strang	DNA-Strang, der in RNA übersetzt wird
RNA-Polymerase	Das Holoenzym besteht aus 5 Untereinheiten: α_2, β, β' und δ; dem Core-Enzym fehlt der δ-Faktor, welcher Promotoren erkennt und die Initiation für mehrere Core-Enzyme hintereinander startet
Promotor	Erkennungsstelle, Bindungsstelle mit Pribnow-Box, Start der Transkription
Terminator	Signal für Kettenabbruch mit G-C-reicher Sequenz, gefolgt von Uracilnukleotiden auf der mRNA

Tabelle 1.7. Processing der mRNA

Capping	Anheftung von 7-Methyl-Guanosin an das 5'-Ende; wesentlicher Schritt für die Fixierung der mRNA an das Ribosom
Polyadenylierung	Anheftung eines Poly-A-Schwanzes
Splicing	Trennung der Exons mit ihrer übersetzbaren Information von den dazwischenliegenden Introns, die nicht übersetzt werden und Zusammenheftung dieses Exons

Der erste Schritt ist das Spalten an der 5'-Splicing-Seite. Der zweite Schritt ist die Spaltung an der 3'-Splicing-Seite und das Verbinden der beiden Enden zweier Exons. Der Prozeß des Splicings findet in *Spliceosomen* statt.

1.5.3 Translation

Die Übersetzung der in die mRNA überschriebenen genetischen Information in die Aminosäuresequenz der Polypeptidketten wird als Translation bezeichnet (Abb. 1.5). Eine wesentliche Rolle bei der Translation spielen die Ribosomen. Sie sind das Bindeglied zwischen der mRNA und der mit Aminosäuren beladenen tRNA. Da sie einen präzisen Start der Polypeptidkette ermöglichen, kann man sie als die „universelle Druckmaschine" der Zelle bezeichnen.

Am präzisen Start der Polypeptidkette sind mehrere Proteine, die sog. *Initiationsfaktoren*, beteiligt. Die dazu notwendige Energie wird nicht von ATP, sondern von GTP (Guanosintriphosphat) bereitgestellt. mRNA bringt die genetische Information für die Proteinsynthese aus dem Zellkern in das Zellplasma und tRNA transportiert die Aminosäuren zu den Ribosomen und ist am Code der entsprechenden Verknüpfung der Aminosäuren beteiligt.

Das Ribosom hat 2 Plätze, die von tRNA besetzt werden können, eine *Peptidylstelle* (P-Stelle) und eine *Aminoacylstelle* (A-Stelle). Die beladene tRNA besetzt die P-Stelle, die auf die Initiation folgende *Elongation* kann beginnen. An diesem Vorgang sind wiederum Proteine, die sog. Elongationsfaktoren, und

Tabelle 1.8. Ablauf der Translation

Initiation	*Prokaryonten:* Dem Codon AUG vorgelagerte Sequenz der mRNA bindet am 3′-Ende der 16-S-RNA. *Eukaryonten:* Cap der mRNA bindet an 18-S-RNA. Das Codon AUG ist das Startcodon. tRNA-F-Met-Anticodon bindet an AUG an der P-Stelle. Ribosom wird durch die große Untereinheit vervollständigt. Initiationsfaktoren und Energie sind beteiligt.
Elongation	Wachstum durch Anlagerung einer zweiten tRNA mit passendem Anticodon an die A-Stelle und Verknüpfung der Aminosäuren durch Peptidbindung. Jeweiliges Springen der verknüpften tRNA von der A-Stelle an die P-Stelle und Verknüpfung einer weiteren Aminosäure. Elongationsfaktoren und Energie sind beteiligt.
Termination	Das Ende einer Polypeptidkette wird durch UAG, UGA und UAA angezeigt. Die Nicht-Sinn-Codons führen zum Kettenabbruch.

Energie beteiligt. Nun wird eine zweite tRNA mit passendem *Anticodon* entsprechend der in der mRNA vorgegebenen Basensequenz an die Aminoacyl-Stelle angelagert (Buselmaier u. Tariverdian 1998). Somit sind die beiden ersten tRNA-Moleküle und damit auch die Aminosäuren in eine Position gebracht, die es erlaubt, eine Bindung zwischen den Aminosäuren durchzuführen. Katalysiert wird mit Hilfe des Enzyms Peptidyltransferase, das integraler Bestandteil der großen Untereinheit des Libosoms ist.

Das Ende einer Polypeptidkette wird durch sog. *Nicht-Sinn-Codons* angezeigt. Für diese Nicht-Sinn-Codons gibt es in der Zelle keine passenden tRNA-Moleküle; so wird die Polypeptidkette von den Ribosomen freigegeben. Die Nicht-Sinn-Codons werden als Amber-, Ochre- und Opalcodon bezeichnet (Tabelle 1.8).

1.6 Gene und Mutationen

In der Regel werden die Gene von Generation zu Generation unverändert weitergegeben. In der Meiose wird über die Rekombination der Genbestandteil in jedem Elternteil neu kombiniert und tradiert. Durch bestimmte Eigenschaften der Gene und durch mutagene Faktoren sind Veränderungen am genetischen Material ständig ablaufende Ereignisse, die jedoch Reparatursystemen unterliegen.

Mutationen sind Veränderungen in der Nukleotidsequenz eines DNA-Moleküls. Wie bereits besprochen, wird durch Transkription und Translation die genetische Information der DNA entsprechend übertragen und in die Produktion umgesetzt. Tritt eine Änderung der DNA-Sequenz ein, so kann dies zur entsprechenden Änderung bzw. Störung des Produkts führen. Die Position der daraus resultierenden Änderungen der Aminosäurensequenz entspricht der Position der Mutation. Die Mutationen können nach Art, Entstehungsweise und Ebene des Geschehens unterschiedlich klassifiziert werden.

Tabelle 1.9. Mutationen beim Menschen und ihre wichtigsten Folgen

	Chromosomenaberrationen (numerisch u. strukturell)	Genmutationen (im molekularen Bereich)
In *Keimzellen* (einschl. frühere Furchungsstadien)	Aborte, komplexe Fehlbildungen	Erkrankungen mit Mendelschem Erbgang
In *somatischen Zellen*	Tumoren oder Gewebsdysplasien bzw. Einzelfehlbildungen	

Mutationen können sowohl in Keimzellen als auch in Körperzellen auftreten (Tabelle 1.9). Generell unterscheidet man 3 Gruppen:

- *Genommutationen* sind Veränderungen der Chromosomenzahl, die durch meiotischen oder mitotischen Non-disjunction-Prozeß oder durch Chromosomenverlust eintreten. Sie entstehen also in der Regel durch Neumutationen in einer der Keimzellen der Elterngeneration oder in den frühen Entwicklungsstadien der Zygote. Dadurch entstehen Polyploidie und/oder Aneuploidie (s. Kap. 3).
- *Chromosomenmutationen* sind Strukturveränderungen der Chromosomen. Hierzu gehören Deletion, Duplikation, Inversion, Translokation etc. (s. Kap. 3).
- *Genmutationen* sind Veränderungen in der Nukleotidsequenz der DNA, die in allen Bereichen der DNA auftreten können. Hier unterscheidet man Punktmutationen, Deletionen, Insertionen und Duplikationen, Amplifikationen und instabile Trinukleotidsequenzen. Eine Mutation hat je nach Art und Ort unterschiedliche Auswirkungen.
  Eine *Punktmutation* entsteht durch Austausch, Verlust oder Duplikation eines einzelnen Nukleotids. Der Austausch einer Pyrimidinbase durch eine andere Pyrimidinbase wird als *Transition*, der Austausch zwischen Purin und Pyrimidinbase als *Transversion* bezeichnet.
  Nicht alle Mutationen haben eine klinisch relevante Auswirkung. Die verschiedenen Genmutationen und ihre Folgen sind in Tabelle 1.10 zusammengestellt.

Neumutationen sind erstmalig auftretende Mutationen in einer Zelle oder in einem Organismus. Sie können spontan ohne eine erkennbare Ursache (Spontanmutationen) oder aufgrund eines bekannten mutagenen Faktors (induzierte Mutationen) auftreten. Als *Mutationsrate* bezeichnet man die Häufigkeit der Neumutationen pro Individuum/Generation.

1.7 Prinzipien und Möglichkeiten der DNA-Diagnostik

Molekulargenetische Methoden werden in fast allen modernen Gebieten der Biologie und der Medizin eingesetzt. So ist beispielsweise die PCR-Methode zu einem wichtigen Hilfsmittel der Identifizierung von Krankheitserregern geworden. Rechtsmediziner nutzen sie, um aus biologischen Spuren geringsten Ausmaßes Personenidentifikationen durchzuführen. In der Onkologie dienen DNA-Methoden der Tumordiagnostik. In der Biologie gestatten uns DNA-Methoden bisher

Tabelle 1.10. Mutationen auf DNA-Ebene und ihre Folgen

Punktmutationen	
Silence-Mutation	Mutation, die nicht zur Veränderung einer Aminosäure führt, damit keine Auswirkung auf das Genprodukt hat; betrifft häufig das dritte Nukleotid eines Codons; wird auch als stumme Mutation bezeichnet
Missense-Mutation	Mutation, die zur Veränderung einer Aminosäure führt; sie betrifft die erste oder zweite und selten auch die dritte Position eines Codons. Sie kann eine klinische Auswirkung haben, z.B. Glycin (GGT) statt Valin (GTT) bei Sichelzellanämie
Nonsense-Mutation	Mutation, die ein Codon in ein Stopcodon umwandelt. Dadurch kommt es zu früherem oder späterem Kettenabbruch, dies kann eine klinische Auswirkung haben
Deletion/Inversion	
Frame-shift-Mutation	Rasterverschiebung durch hinzufügen oder Entfernen einer beliebigen Anzahl von Basenpaaren, die nicht ein Vielfaches von 3 ist, z.B. bei Muskeldystrophie Typ Duchenne
In-frame-Mutation	Mehrere Nukleotide betreffende Deletion mit eventuellem Ausfall der entsprechenden Aminosäure, z.B. bei Muskeldystrophie Typ Becker
Splice-Mutation	Das Splicing eines Introns verändernde Mutation; Folge ist eine aberrante mRNA mit entsprechenden Folgen, z.B. bei β^0-Thalassämie
Instabile Trinukleotide	Expansion von instabilen repetitiven Trinukleotiden, die zu klinischen Auswirkungen führen kann, z.B. bei fragilem (X)-Syndrom
Promotormutation	Aufhebung der Genfunktionen oder Störung der Expression durch Veränderung der Transkription

Tabelle 1.11. Beispiele für die Anwendung molekulargenetischer Methoden in der Medizin

Therapeutischer Bereich	*Produktion von Medikamenten und Wirkstoffen* Humaninsulin, Somatotropin, Interferone, TPA, Erythropoetin, Interleukin S, Faktor VIII, Faktor IX, Glukagon-Hydrochlorid
	Produktion von Impfstoffen Hepatitis-B-Impfstoff, Hämophilus-B-Impfstoff
	Somatische Gentherapie ADA-Defekt, Zystische-Fibrose, familiäre Hypercholesterinämie, Morbus Gaucher, Lesch Nyhan
Diagnostischer Bereich	*Mutationsnachweis, Genotypdiagnostik* Direkter Mutationsnachweis, wenn das verantwortliche Gen entschlüsselt ist, und indirekte Genotypdiagnostik, wenn nur die Lokalisation des verantwortlichen Gens bekannt ist

ADA = Adenosindesaminase

kaum für möglich gehaltene Einblicke in das Evolutionsgeschehen. Molekulargenetische Methoden ermöglichen die Herstellung von Arzneimitteln auf biologischer Grundlage, die sonst überhaupt nicht oder nur mit unvergleichlich höherem Aufwand erzeugt werden können (Tabelle 1.11).

In der Tumortherapie wird es in den nächsten Jahren über DNA-Ansätze zu erheblichen Fortschritten kommen. Durch DNA-Methoden werden in Zukunft zumindest eine Reihe von genetisch bedingten Erkrankungen auf dem Weg der somatischen Gentherapie behandelt werden können. Mit Hilfe der DNA-Diagnostik können heute Genotypen und vor allem Mutationen bei monogenen Erkrankungen zunehmend nachgewiesen werden.

1.7.1 Hilfsmittel der DNA-Diagnostik

Restriktionsendonukleasen. Restriktionsendonukleasen wurden bei Bakterien entdeckt und aus diesen isoliert. Sie sind dort Bestandteile eines Systems zum Abbau fremder DNA. Die DNA von Bakterienstämmen ist im Durchschnitt im Abstand von jeweils etwa 1000 Basenpaaren methyliert. Dabei erfolgt die Methylierung innerhalb ganz bestimmter Nukleotidsequenzen, die durch Spiegelsymmetrie gekennzeichnet sind. Die Sequenz, die beispielsweise durch das E.-coli-Enzym Eco RI – das in der Molekularbiologie häufig verwandt wird – erkannt wird, weist in jede Richtung ($5' \rightarrow 3'$ oder $3' \rightarrow 5'$) zur Mittelachse hin die gleiche Nukleotidsequenz auf:

> 5'-GAA*TTC-3'
> 3'-CTT A*AG-5'
> (* = Methylierung)

Fehlt diese Methylierung, so wird die DNA als fremd angesehen und geschnitten, in unserem Beispiel wie folgt:

5'-GAATTC-3'	–G.....⋮.............. AATTC–
⟶	⌐ - - - - - - - - - ⌐
3'-CTTAAG-5'	–CTTAA ⋮ G–

Die Enzyme, die solche spezifischen Schnitte wie „molekulare Scheren" durchführen können, bezeichnet man als *Restriktionsendonukleasen* oder kürzer *Restriktionsenzyme*. Es gelang, viele solcher Restriktionsenzyme mit verschiedener Sequenzspezifität zu isolieren, denn fast jeder Bakterienstamm besitzt sein eigenes sequenzspezifisches Restriktionssystem.

Bei manchen Restriktionsenzymen liegen die Schnittstellen in beiden Strängen an der gleichen Stelle, die von ihnen gebildeten Fragmente enden stumpf oder sie sind, wie in unserem Beispiel, kohäsive Einzelstränge, d.h. 1–5 Nukleotide gegeneinander versetzt. Man bezeichnet diese einsträngigen komplementären Enden auch als *sticky ends*. Die komplementäre Sequenz, die erkannt wird, ist in der Regel eine spezifische Sequenz von 4–8 Nukleotiden. Mit Hilfe der Restriktionsenzyme ist es also möglich, die hochmolekulare menschliche DNA in reproduzierbare Restriktionsfragmente zu zerlegen.

DNA-Ligasen. DNA-Ligasen sind Enzyme, die Moleküle in einem Energie-benötigenden Vorgang zusammenbinden (ligieren). Sie verknüpfen 2 DNA-Moleküle über eine Phosphodiesterbindung. Damit ermöglichen diese Enzyme also die Neukombination.

Man kann nun DNA anderer Herkunft, z. B. solche von Plasmiden, die die gleichen Erkennungsstellen für das Restriktionsenzym tragen, in gleicher Weise schneiden. Nach den Regeln der Basenpaarung lagern sich die Sticky ends dann aneinander, wenn sie nur die richtige Basensequenz aufweisen, und die Ligasen legen die Verbindung zwischen den jeweils endständigen Nukleotiden. (Auch stumpfe Enden kann man ligieren, allerdings in einem etwas aufwendigeren Prozeß, auf den hier nicht eingegangen werden soll.) Es resultiert ein neues DNA-System, z. B. ein Plasmid mit menschlicher DNA. In diesem läßt sich ein interessierendes DNA-Fragment in pro- und eukaryontischen Vektoren in beliebig hoher Kopienzahl vermehren. Man bezeichnet dies als *Klonierung*. Damit ist es möglich, beliebige Genbanken (z. B. des gesamten menschlichen Genoms, gewebe- oder entwicklungsspezifische Banken, chromosomenspezifische Banken usw.) zu erstellen.

Polymerasen. Polymerasen sind Enzyme, die sowohl einsträngige DNA als auch RNA kopieren können. Sie sind vor allem für die Polymerasekettenreaktion (PCR) wichtig.

DNA-Sonden. DNA-Sonden bzw. DNA-Proben sind Nukleotidsequenzen, mit deren Hilfe man ein gesuchtes Gen oder eine DNA-Sequenz im Genom eines Organismus nachweisen kann. Die zum Nachweis eines Gens eingesetzten Sonden sind in ihrer Basensequenz identisch mit dem gesuchten Gen, mit Teilen davon oder mit dem DNA-Bereich, der in der Nachbarschaft des gesuchten Gens liegt. c-DNA-Sonden sind relativ große Moleküle, die zur gesuchten DNA ganz oder teilweise komplementär sind. Kurze synthetisierte Sequenzen sind zur Identifizierung von anonymen DNA-Fragmenten gut geeignet. Sie werden auf chemischem Wege synthetisiert und werden als *Oligonukleotide* bezeichnet.

1.7.2 Die wichtigsten molekulargenetischen Untersuchungsmethoden

Southern-blot-Hybridisierung. Bei der Southern-blot-Hybridisierung erkennt man die gesuchten DNA-Sequenzen in einer Mischung von Fragmenten (nach Gewinnung durch Restriktionsverdau), die über Elektrophorese der Länge nach aufgetrennt wurden. Nach Denaturierung der DNA im Gel zur Einzelsträngigkeit wird sie auf eine Trägermembran übertragen (Botstein et al. 1980). Anschließend er-

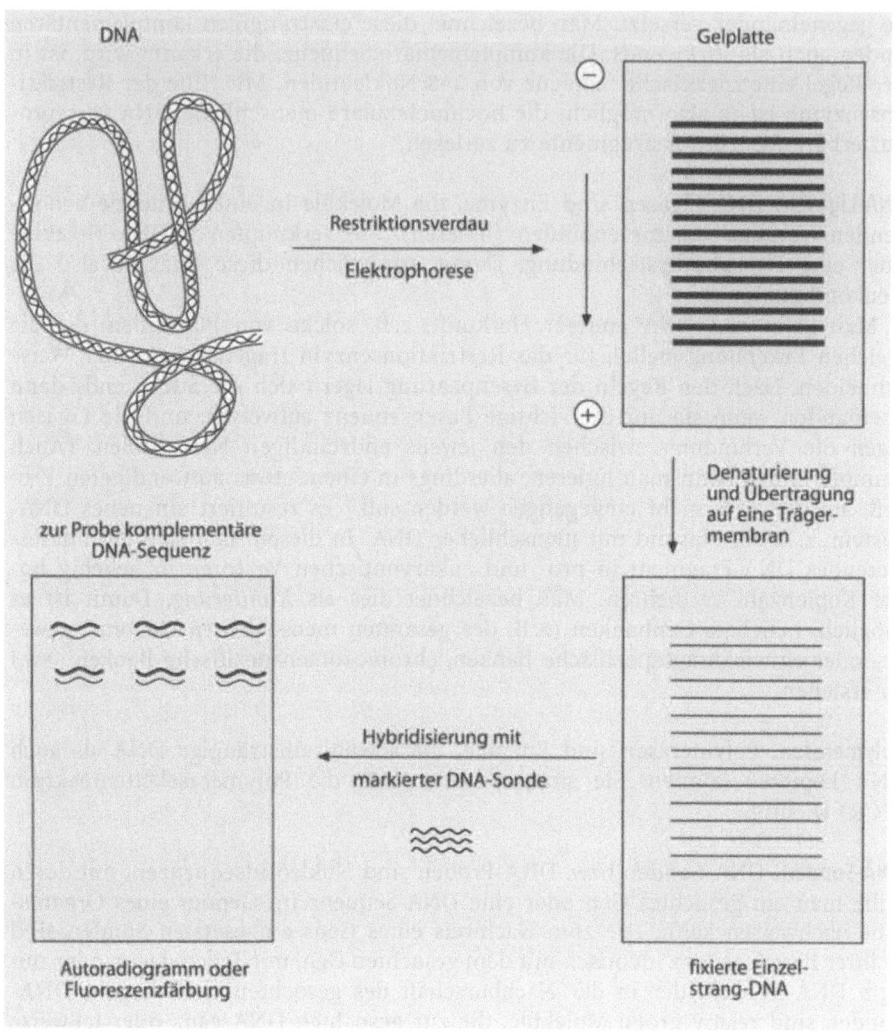

Abb. 1.6. Southern-blot-Hybridisierung. (Nach Buselmaier u. Tariverdian 1998)

folgt die Hybridisierung mit einer Sonden-DNA und die Identifizierung der komplementären Bande(n) mittels Autoradiogramm oder durch Fluoreszenz (Abb. 1.6).

Polymerasekettenreaktion (PCR). Eine seit einigen Jahren existierende Methode zur Amplifikation (Vermehrung) eines definierten DNA-Bereichs ist die Polymerasekettenreaktion (polymerase chain reaction, PCR). Diese DNA-Vermehrungstechnik kommt ohne Klonierung aus, mit ihr können geringe Mengen einer Ziel-DNA aus einer heterogenen Kollektion von DNA-Sequenzen praktisch unbegrenzt vermehrt werden. Das Prinzip der Methode ist die zyklische Synthese spezifischer DNA-Sequenzen, und zwar die gleichzeitige Vermehrung beider komplementärer Stränge (Eisenstein 1990).

Allerdings muß hierzu eine Bedingung erfüllt sein: Die Sequenzen an den Enden des gewünschten Bereichs müssen bekannt sein. So kann man dann 2 kurze Starteroligonukleotide (Primer) synthetisieren, die sich an die Ziel-DNA anlagern, und zwar an Strang und Gegenstrang. Diese Primer benötigen die DNA-Polymerase I zur Amplifikation. Man verwendet eine Polymerase aus Bakterien, die in heißen Quellen leben. Dieses Enzym ist thermostabil und wird daher durch Hitze nicht denaturiert. – Der praktische Ablauf besteht in der Trennung der DNA in Einzelstränge durch Erhitzung, der Hybridisierung der Starteroligonukleotide für die Synthese der komplementären Nukleotidstränge und schließlich der Synthese der komplementären DNA-Stränge.

Nach diesem ersten Zyklus wird der nächste Zyklus durch Temperaturerhöhung zur erneuten Trennung der Einzelstränge eingeleitet, wobei hier die temperaturstabile Polymerase von Bedeutung ist, da sie diese Prozedur ohne Denaturierung übersteht. Nach Abkühlung lagern sich weitere Primer an die entsprechenden Stellen an, und eine zweite Syntheserunde wird durchgeführt, usw. Insgesamt kann die Reaktion, bei exponentieller Zunahme der DNA-Menge, über 30–40 Zyklen fortgesetzt werden (Abb. 1.7).

Die PCR-Methode hat sich als die wichtigste methodische Neuerung seit der Klonierung selbst erwiesen. Ihr einziger Nachteil ist der, daß man zumindest die Sequenz der Startbereiche kennen muß. Der große Vorteil der PCR liegt in der geringen Menge des benötigten Ausgangsmaterials (im Zweifelsfall nur eine einzige Zelle).

SSCP (SSCA). Die Möglichkeit einer schnellen Suche nach Punktmutationen, wobei Fragmente nicht länger als 200 bp sein dürfen, bietet die Analyse von Einzelstrang-Konformationspolymorphismen (single-strand conformational polymorphism analysis, SSCP oder SSCA). DNA-Einzelstränge falten sich zurück und bilden komplexe Strukturen aus (Strachan u. Read 1996). Die Wanderung solcher Strukturen in einem nicht denaturierenden Gel hängt von Länge und Konformation ab, welche wiederum durch die DNA-Sequenz bedingt werden. Man benutzt amplifizierte DNA-Proben, denaturiert sie und lädt sie auf ein nicht denaturiertes Polyacrylamidgel. Durch die veränderten Laufeigenschaften können Punktmutationen, allerdings ohne Positionsangabe, nachgewiesen werden.

DGGE. Bei der Gelelektrophorese mit Denaturierungsgradienten (denaturing gradient gel electrophoresis, DGGE) wird Doppelstrang-DNA nach Amplifizierung auf Polyacrylamidgelen aufgetrennt. Über einen Denaturierungsschritt der Doppelstrang-DNA durch einen Temperatur- oder chemischen Gradienten, der zeitlich von der Basenzusammensetzung abhängig ist, kommt es zur Auftrennung. Der Vorteil der Methode ist ihre hohe Empfindlichkeit; ein Nachteil von DGGE, wie auch von SSCD, ist, daß die Position der Mutation nicht angezeigt wird.

Sequenzanalyse. Hierbei handelt es sich um ein Verfahren für die Suche nach Punktmutationen in einem Gen durch Sequenzierung. Dabei wird die Nukleotidreihenfolge in einem DNA-Molekül bestimmt. Die Methode beruht auf DNA-ba-

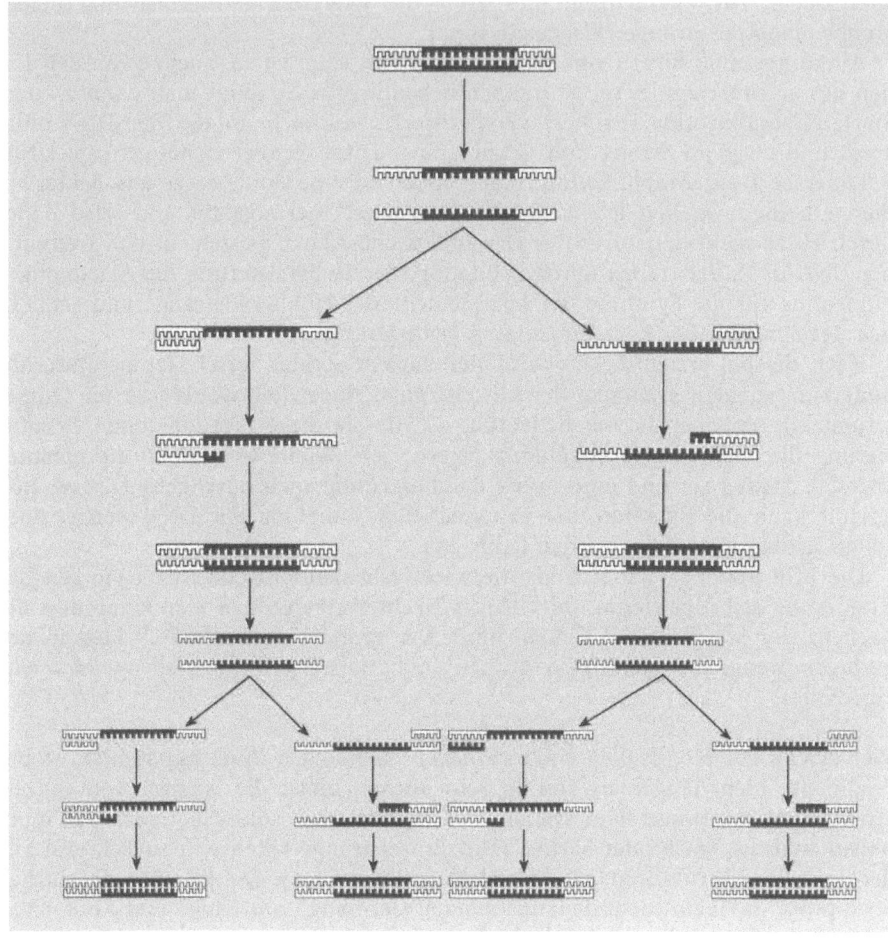

Abb. 1.7. Prinzip der Polymerasekettenreaktion (PCR)

senspezifischer Spaltung. Eine chemische und eine enzymatische DNA-Sequenzierung stehen zur Verfügung. Mit dieser Methode kann ein DNA-Abschnitt vollständig charakterisiert werden.

1.7.3 Direkte und indirekte molekulargenetische Diagnostik

Die Anlageträgerschaft für bestimmte Mutationen kann bei einer Reihe monogener Krankheiten auch schon vor der Manifestation direkt oder indirekt identifiziert werden.

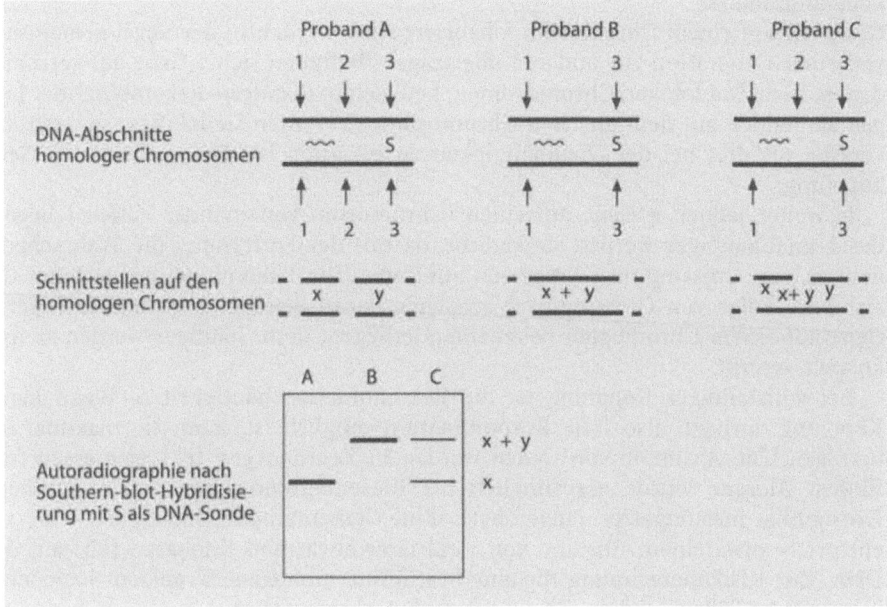

Abb. 1.8. Entstehung eines Restriktionsfragments (*S* Sonde, *x, y* Fragment). Bei Proband A sind bei einem gegebenen Restriktionsenzym 3 Schnittstellen vorhanden, gleichzeitig ist er für die Schnittstellen homozygot; Proband B hat nur 2 Schnittstellen und ist ebenfalls homozygot; Proband C ist heterozygot. (Nach Buselmaier u. Tariverdian 1998)

Man benutzt für die Genotypendiagnostik DNA-Sonden, die mit Restriktionsfragmenten hybridisieren, deren Länge individuell variieren kann (*Restriktionsfragmentlängen-Polymorphismen* = RFLP).

RFLPs entstehen durch die Nukleotidsequenzvariabilität in der DNA des Menschen. Durch Veränderungen auf DNA-Ebene, z. B. einzelne Basenpaarsubstitutionen, kleinere Deletionen oder Insertionen, kann eine für ein Restriktionsenzym primär vorhandene Schnittstelle verändert werden (Abb. 1.8). Zur Zeit sind mehrere hundert RFLPs der humanen DNA bekannt.

Indirekte Genotypendiagnostik

Die indirekte Genotypendiagnostik kann angewandt werden, wenn das Gen für eine Erbkrankheit nicht direkt untersucht werden kann, die chromosomale Lokalisation aber bekannt ist. Man sucht Sonden, die einen RFLP erkennen, der mit dem interessierenden Gen gekoppelt ist. Durch den Nachweis eng gekoppelter DNA-Marker kann die Trägerschaft einer Mutation indirekt nachgewiesen werden. Allerdings muß die Möglichkeit einer Rekombination berücksichtigt werden, die in seltenen Fällen auch bei enger Kopplung vorkommen kann. Aus diesem Grund ist die indirekte Genotypendiagnostik immer eine Wahrscheinlichkeitsrechnung und beruht auf dem Prinzip der Kopplungsanalyse.

Kopplungsanalyse

Gene, die auf einem Chromosom lokalisiert sind, werden in der Regel gemeinsam von einer Generation zur anderen übertragen. Befinden sich 2 Gene auf verschiedenen, nicht homologen Chromosomen, beobachtet man freie Rekombination. Liegen sie jedoch auf dem gleichen Chromosom, so werden sie häufiger gemeinsam vererbt, als dies bei der Unabhängigkeit zu erwarten ist. Man spricht von Genkopplung.

Je weiter jedoch 2 Gene auf einem Chromosom voneinander entfernt liegen, desto unabhängiger werden sie vererbt, da mit der Entfernung die Wahrscheinlichkeit von Crossing-over-Prozessen zunimmt. Die Rekombination ist dann die sichtbare Folge von Crossing-over zwischen daran beteiligten Genen. Je enger 2 Gene auf einem Chromosom nebeneinanderliegen, desto häufiger werden sie gekoppelt vererbt.

Bei vollständiger Kopplung ist die Rekombinationshäufigkeit 0. Wenn keine Kopplung vorliegt, also freie Rekombination möglich ist, kann sie maximal 0,5 betragen. Die Abstände von Genen werden in Zentimorgan (cM) gemessen (die Einheit *Morgan* wurde ursprünglich bei Riesenchromosomen der Fruchtfliege Drosophila melanogaster eingeführt). Eine Rekombinationshäufigkeit von 1% entspricht etwa einem Abstand von 1 cM oder etwa 1000 Kilobasen (kb) auf der DNA. Zur Risikoberechnung für eine bestimmte monogene Krankheit kann man in manchen Fällen Studien über Genkopplung heranziehen.

In vielen Fällen ist aufgrund zahlreicher Kopplungsstudien, die auch zur Lokalisation zahlreicher Gene geführt haben, bekannt, daß 2 Gene nahe beieinanderliegen. Kann nun das Markergen durch eine Untersuchung erkannt werden, so läßt sich daraus mit hoher Wahrscheinlichkeit schließen, daß die untersuchte Person die gesuchte Mutation besitzt. So ist es z.B. möglich, durch Bestimmung der HLA-Typen an Amnionzellen eine Form des adrogenitalen Syndroms (AGS) nachzuweisen, weil die Gene für bestimmte HLA-Typen mit dem 21-Hydroxylase-Gen gekoppelt auf dem kurzen Arm von Chromosom 6 lokalisiert sind.

Eine Kopplungsanalyse kann sowohl auf der Genprodukt- als auch auf DNA-Ebene durchgeführt werden.

Kopplungsanalyse auf DNA-Ebene

Die Risikobestimmung mittels Kopplungsanalyse war Jahrzehnte auf einige wenige und zudem seltene Erbkrankheiten beschränkt. Durch die Verwendung von DNA-Markern ergab sich jedoch eine bedeutende Erweiterung des Diagnosespektrums.

Man benötigt nur ein paar hundert Marker, die zufällig über das ganze Genom verteilt sind, um mindestens einen Marker zu finden, der mit einer vorgegebenen erblichen Krankheit gekoppelt ist.

Beim Menschen ist durchschnittlich etwa eine von 210 Basen mutiert. Die meisten dieser Mutationen sind neutral und bleiben unbemerkt. Gelegentlich befindet sich jedoch eine solche Mutation an der Schnittstelle für ein Restriktionsenzym, und das eingesetzte Restriktionsenzym kann nicht schneiden. Das resultierende DNA-Fragment ist folglich länger als eines ohne diese Mutation. Da jedoch beide Fragmente viele Basensequenzen gemeinsam haben, werden sie von der gleichen DNA-Sonde erkannt. Jede Fragmentlänge definiert einen Haplotyp.

RFLP-Haplotypen werden wie alle anderen Allele vererbt. Jede Person erhält einen Haplotyp vom Vater und einen von der Mutter. Ist nun eine Person heterozygot für einen RFLP, so zeigen die DNA-Fragmente, an die die Sonde hybridisiert, bei homologen Chromosomen Längenunterschiede.

Aber nicht jeder Heterozygote ist informativ. Um ein Gen zu markieren, muß der RFLP auf demselben Chromosom liegen wie das interessierende Gen, da er sonst in der Meiose von diesem Gen wegsegregiert. Bei der indirekten DNA-Diagnostik folgt man der Segregation einer DNA-Sequenz-Variante, die mit dem defekten Allel gekoppelt ist (Weatherall 1991). Daraus können Rückschlüsse auf die Vererbung eines nicht direkt nachweisbaren defekten Gens gezogen werden.

Bei *autosomal-rezessiven Erkrankungen* werden die Eltern, der Patient und ggf. die gesunden Geschwister untersucht. Die Familie ist informativ, wenn die Eltern heterozygot und der Patient homozygot für das RFLP-Allel ist. Liegt eine andere Konstellation vor, so ist nur eine begrenzte Aussage möglich.

Beispiel: Die Ratsuchenden haben ein Kind, das an Phenylketonurie erkrankt ist. Sie erwarten ihr zweites Kind und wollen die pränatale Diagnostik in Anspruch nehmen (Abb. 1.9). Es werden die Eltern, das erkrankte Kind und der Fetus untersucht. Sind die Eltern heterozygot für den DNA-Marker 2 und 2 und ist das kranke Kind homozygot für den DNA-Marker 2, so ergibt sich daraus, daß das kranke Gen mit dem DNA-Marker 2 gekoppelt ist.

Wenn der Fetus homozygot für den DNA-Marker A oder heterozygot für die beiden DNA-Marker ist, ist er mit großer Wahrscheinlichkeit nicht betroffen. Aufgrund des möglichen Crossing-over bleibt ein geringes Restrisiko, das je nach Abstand zwischen

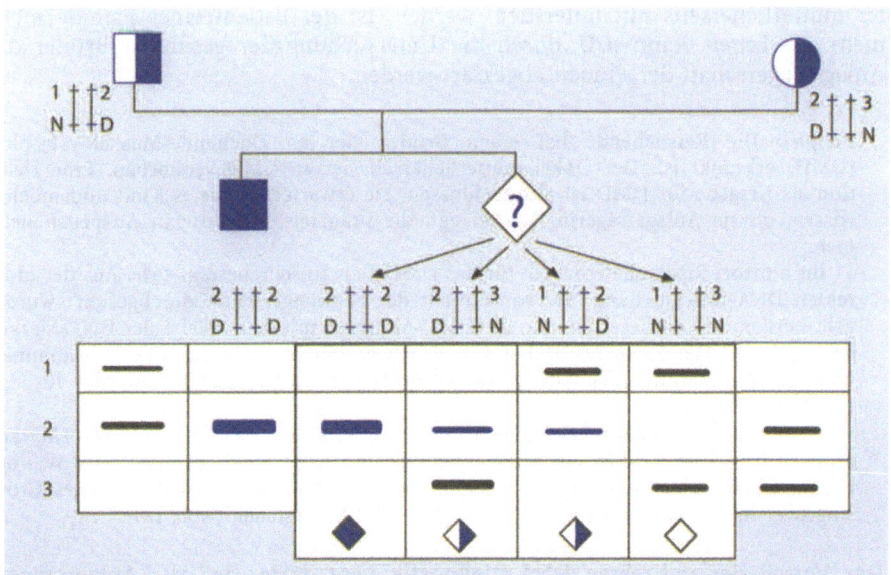

Abb. 1.9. Indirekte Genotypdiagnostik bei einer autosomal-rezessiven Erkrankung. (Nach Buselmaier u. Tariverdian 1998)

dem defekten Gen und dem DNA-Marker ausgerechnet werden muß. Sind die Eltern und das kranke Kind heterozygot für die DNA-Marker A und B, kann nur eine beschränkte Aussage gemacht werden. Ist der Fetus homozygot für einen der beiden DNA-Marker, so ist er mit großer Wahrscheinlichkeit heterozygot für das kranke Gen und gesund. Ist er aber heterozygot für die beiden DNA-Marker, so kann keine sichere Aussage gemacht werden.

Bei den *autosomal-dominanten Erkrankungen*, bei denen die Vererbung eines einzigen Allels ausreicht, um die Symptomatik auszulösen, ist ein RFLP ein klarer Marker, wenn er sich bei allen erkrankten Verwandten, nicht aber bei den gesunden nachweisen läßt. In der Praxis bedeutet dies, daß Kopplungsanalysen mit RFLPs nur innerhalb von Familienuntersuchungen durchgeführt werden können, in die neben dem Betroffenen auch die Eltern und häufig noch andere Angehörige einbezogen sind. Durch alleinige Untersuchung der Familie können, wenn der Indexpatient gestorben ist, keine Aussagen gemacht werden. Ebenso ist die Methode nicht für eine Diagnosesicherung bei klinischem Verdacht geeignet.

Beispiel: Ein Ratsuchender und sein Vater leiden an der adulten Form der polyzystischen Nierenerkrankung. Das Gen für die adulten Zystennieren liegt auf dem kurzen Arm von Chromosom 16 und wird autosomal-dominant vererbt. Für seine Nachkommen besteht ein Risiko von 50%, und er möchte die Möglichkeit der pränatalen Genotypdiagnostik in Anspruch nehmen. Die Genotypanalyse ergibt, daß die Krankheit mit dem DNA-Marker 4 gekoppelt ist. Das erwartete Kind ist nicht betroffen, wenn es nicht das Allel 4 des DNA-Markers besitzt. Es bleibt nur ein geringes Risiko aufgrund der Möglichkeit eines Crossing-over bestehen (Abb. 1.10).

Bei der *X-chromosomal-rezessiven Erkrankung* sollten der Vater und der Großvater mütterlicherseits mit untersucht werden. Ist der Patient einer Familie nicht mehr am Leben, kann u.U. durch die Untersuchung der gesunden Brüder die Anlageträgerschaft der Frauen abgeklärt werden.

Beispiel: Die Ratsuchende hat einen Bruder, der an Duchenne-Muskeldystrophie (DMD) erkrankt ist. Der Onkel mütterlicherseits ist an DMD verstorben. Eine Deletion als Ursache für DMD ist ausgeschlossen. Sie erwartet ihr erstes Kind und möchte wissen, ob sie Anlageträgerin ist und ggf. die pränatale Diagnose in Anspruch nehmen.
   Ihr a priori Risiko, heterozygot für das DMD-Gen zu sein, beträgt 50%. Aus der indirekten DNA-Untersuchung, die vor Eintritt der Schwangerschaft durchgeführt wurde, geht hervor, daß in dieser Familie die DMD-Mutation mit dem Allel 2 der DNA-Marker gekoppelt ist. Die Ratsuchende hat von ihrem gesunden Vater das Allel 1 bekommen und von ihrer Mutter das Allel 2 der DNA-Marker. Sie ist also heterozygot für das DMD-Gen.
   Wenn das erwartete Kind ein Junge ist und von der Mutter das Allel 1 der DNA-Marker erhalten hat, dann wird es mit großer Wahrscheinlichkeit nicht betroffen sein. Wie bei allen indirekten Genotypdiagnosen bleibt hier aufgrund der Möglichkeit eines Crossing-over in den mütterlichen Gameten ein Restrisiko bestehen (Abb. 1.11).

Der Vorteil der indirekten DNA-Diagnostik liegt darin, daß die Anlageträgerschaft für eine Krankheit mit bekannter Genlokalisation ohne genaue Kenntnisse der Genstruktur diagnostiziert werden kann.

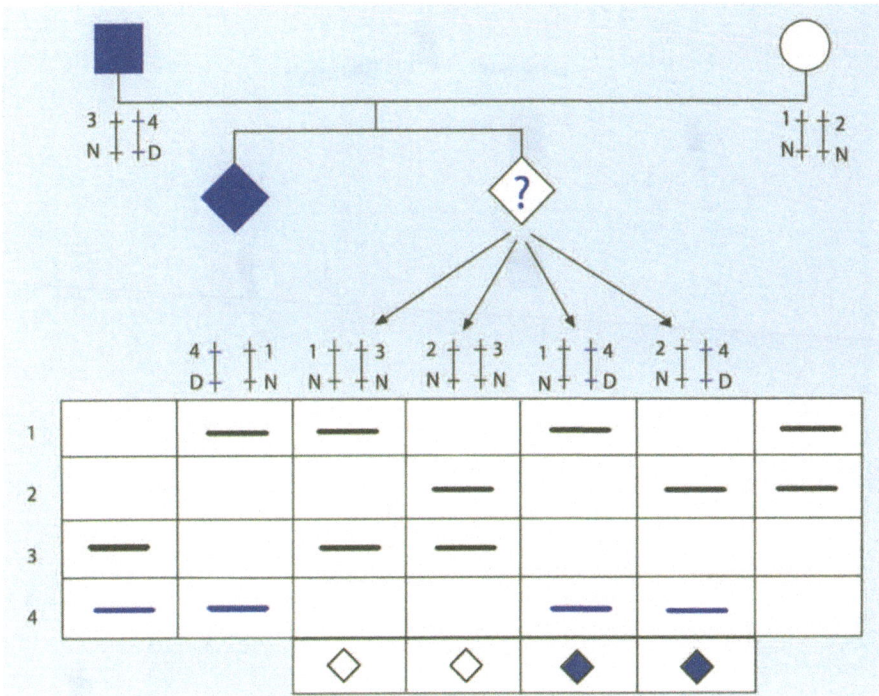

Abb. 1.10. Indirekte DNA-Diagnostik bei einer autosomal-dominanten Erkrankung. (Nach Buselmaier u. Tariverdian 1998)

Direkte Genotypdiagnostik

Eine direkte Genotypdiagnostik ist möglich, wenn die Mutation bekannt ist. Diese Untersuchung ist praktisch irrtumsfrei. Allerdings müssen die unterschiedlichen Mutationen an einem Gen berücksichtigt werden. Bei der zystischen Fibrose kennt man beispielsweise über 1000 Mutationen. Hier bleibt ein geringes Restrisiko für die Anlageträgerschaft bestehen, auch wenn die häufigsten Mutationen in der betroffenen Population ausgeschlossen sind.

Bei der direkten Genotypdiagnostik kann der Nachweis eines defekten Gens auch durch einen intragenen RFLP erfolgen. Ein RFLP kann immer dann zur Diagnostik angewandt werden, wenn er innerhalb eines Gens liegt, das bei einer genetisch bedingten Erkrankung mutiert ist, wobei der RFLP nicht notwendigerweise in ursächlichem Zusammenhang mit der Erkrankung stehen muß. Durch Untersuchung der Familienmitglieder muß daher die Segregation der RFLP-Allele geprüft werden (Weatherall 1991). Es kann hier von einer Allelsituation gesprochen werden, da die unterschiedlich großen Fragmente entsprechend den verschiedenen Allelen eines Genortes aufgefaßt werden können. Die RFLP-Allele markieren direkt das normale bzw. das mutierte Gen (Abb. 1.12a).

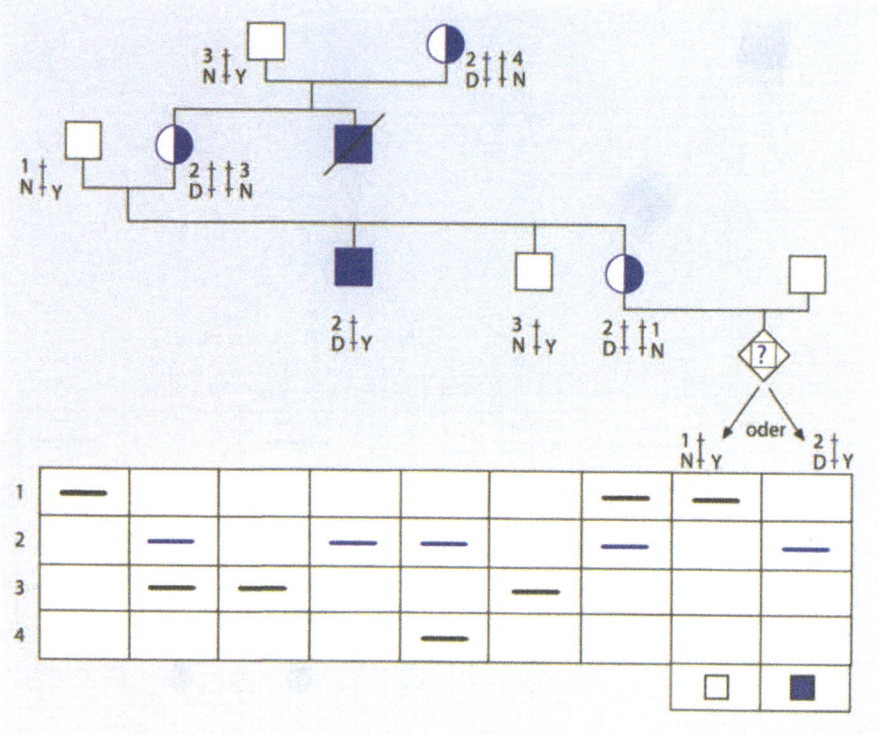

Abb. 1.11. Indirekte Genotyp-Diagnostik bei einer X-chromosomal-rezessiven Erkrankung. (Nach Buselmaier u. Tariverdian 1998)

Wenn die Mutation eine Schnittstelle für das Restriktionsenzym zerstört oder neu schafft, entstehen Fragmente, die für das Normalgen bzw. das mutierte Gen charakteristisch sind. Eine zweifelsfreie Diagnostik ist dann möglich, wenn die Genmutation bei allen Trägern immer an exakt der gleichen Position des Gens vorhanden ist (Abb. 1.12b).

Synthetische Oligonukleotidsonden sind eine weitere Möglichkeit, Genmutationen direkt nachzuweisen, wobei man üblicherweise mit 2 verschiedenen Oligonukleotiden arbeitet. Das eine hybridisiert mit dem entsprechenden Bereich des Normalgens, das andere mit dem des mutierten Gens. Voraussetzung ist allerdings, daß im kritischen Bereich kein genetischer Polymorphismus vorhanden ist (Abb. 1.12c). Deletionen können dann nachgewiesen werden, wenn sie zu einem Verlust des Restriktionsfragments führen (Abb. 1.12d).

Die PCR-Methode bietet die Möglichkeit, ein eine Mutation enthaltendes DNA-Fragment schnell zu vervielfältigen. An die PCR schließen sich dann verschiedene Varianten der Mutationsbestimmung an. Man kann auch RFLPs leicht durch PCR charakterisieren. Hierzu kann man z. B. Primers verwenden, die zu den Sequenzen passen, die sich neben einer Restriktionsschnittstelle befinden und deren Veränderung das mutierte Allel charakterisiert. Nach Amplifika-

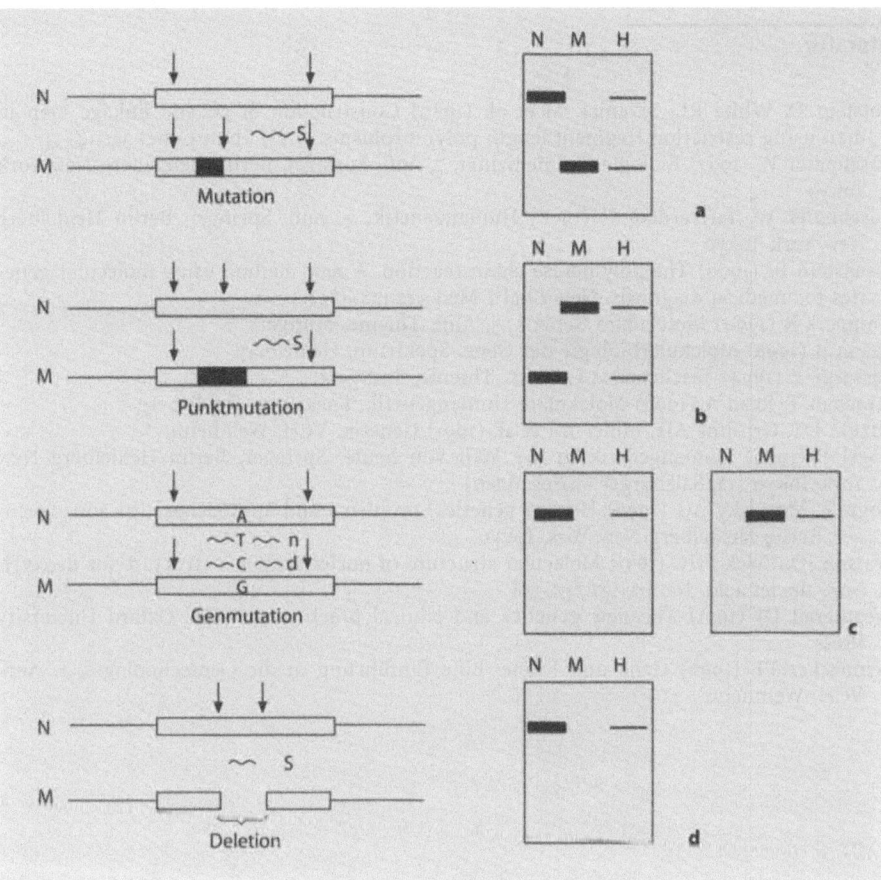

Abb. 1.12 a–d. Direkte DNA-Diagnostik (*N* Normalgen, *M* mutiertes Gen, *H* heterozygoter Genotyp, *S* Sonde, ↓ Schnittstelle des Restriktionsenzyms; *rechts:* Southern-blot-Hybridisierung) **a** bei einem intragenischen RFLP; **b** Punktmutation zerstört eine Schnittstelle; **c** Oligonukleotidsonden mit Sonde für das Normalgen (*n*) und Sonde für das Defektgen (*d*); **d** Deletion mit Verlust eines Restriktionsfragments. (Nach Buselmaier u. Tariverdian 1998)

tion und Schneiden mit Restriktionsenzymen können die Fragmente elektrophoretisch aufgetrennt und so mutiertes und Normalallel leicht unterschieden werden.

Einige Krankheiten, die durch DNA-Diagnostik erkannt werden können, sind an anderem Ort in Tabelle 12.1 zusammengestellt.

Literatur

Botstein D, White RL, Skolnick M et al. (1980) Construction of genetic linkage map in man using restriction fragment length polymorphisms. Am J Hum Genet 32:314–331

Buselmaier W (1997) Biologie für Mediziner, 7. Aufl. Springer, Berlin Heidelberg New York Tokyo

Buselmaier W, Tariverdian G (1998) Humangenetik, 2. Aufl. Springer, Berlin Heidelberg New York Tokyo

Eisenstein BI (1990) The polymerase chain reaction. A new method using molecular genetics for medical diagnosis. New Engl J Med 322:178–183

Knippers R (1990) Molekulare Genetik, 5. Aufl. Thieme, Stuttgart

Lewin B (1998) Molekularbiologie der Gene. Spektrum, Heidelberg

Passarge E (1994) Taschenatlas Genetik. Thieme, Stuttgart

Strachan T, Read A (1996) Molekulare Humangenetik. Spektrum, Heidelberg

Suzuki DT, Griffiths AJF, Miller JM et al. (1991) Genetik. VCH, Weinheim

Vogel F (1989) Humangenetik in der Welt von heute. Springer, Berlin Heidelberg New York Tokyo (12. Salzburger Vorlesungen)

Vogel F, Motulsky AG (1996) Human genetics, problems and approaches, 3rd edn. Springer, Berlin Heidelberg New York Tokyo

Watson JD, Crick FHC (1953) Molecular structure of nuclei acids – a structure for deoxyribose nuclei acid. Nature 171:737–738

Weatherall DJ (1991) The new genetics and clinical practice, 3rd edn. Oxford University Press

Winnacker EL (1990) Gene und Klone. Eine Einführung in die Gentechnologie, 2. Aufl. VCH, Weinheim

KAPITEL 2

Chromosomen 2

2.1 Struktur und Funktion

Die Zusammensetzung aus funktionierender DNA, RNA und Proteinen bildet das Chromatin, das während der Mitose lichtmikroskopisch in verdichteter Form als Chromosomen sichtbar wird. Chromatin enthält also neben DNA und in kleinen Mengen RNA die verschiedenen Typen der *Histone* und eine Anzahl von Enzymen (*Nichthistonproteine*).

Die Histone sind die für die strukturelle Organisation der Chromosomen wichtigste Gruppe von Proteinen. Mit Hilfe dieser Proteine, die an die DNA binden, wird die chromosomale DNA in eine kompakte Form gebracht. Die Grundeinheit der Verpackung ist dabei das Nukleosom, um das in 1,75 Windungen 146 Basenpaare doppelsträngiger DNA herumgewickelt sind (Strachan u. Read 1996). Über kurze DNA-Sequenzen (Spacer) werden die Nukleosomen miteinander verknüpft. Sie bilden dann einen Faden von ungefähr 10 nm Durchmesser, der wiederum zu einem Chromatidfaden von etwa 30 nm Durchmesser aufgewickelt ist (s. Abb 1.2).

Menschliche Chromosomen wurden erstmals 1874 von Arnold und 1881 von Flemming beobachtet. Es dauerte ca. 70 Jahre, bis der menschliche Chromosomensatz deutlich dargestellt werden konnte. 1952 beschrieb Hsu den menschlichen Chromosomensatz fälschlicherweise als 48 Chromosomen enthaltend. Hsu hatte durch einen „Laborfehler" festgestellt, daß hypotone Lösung die behandelten Zellen anschwellen und platzen ließ. Dadurch konnte man die Chromosomen besser identifizieren.

1956 haben Tjio und Levan die Chromosomenzahl der menschlichen Zellen mit 46 etabliert. 22 Paare, die bei beiden Geschlechtern gemeinsam vorhanden sind, werden als Autosomen bezeichnet. Die Geschlechtschromosomen, auch Gonosomen genannt, bestehen bei der Frau aus zwei X-, beim Mann aus je einem X- und einem Y-Chromosom (Tabelle 2.1). Die reifen Gameten sind haploid und enthalten 23 Chromosomen (Oozyte: 22+X, Spermie: 22+X oder Y). Es dauerte dann noch etwa 3 Jahre, bis verschiedene Arbeitsgruppen die numerischen Chromosomenaberrationen als Ursache einiger Krankheiten beschrieben.

Das menschliche Genom mit 50000 bis 100000 Erbanlagen ist in Chromosomen verpackt, und die Struktur eines jeden Chromosoms innerhalb der Zelle ist genau festgelegt. In jeder menschlichen Körperzelle ist der vollständige Chromo-

Tabelle 2.1. Die Chromosomen des Menschen. (Nach Buselmaier 1997)

Anzahl	2n = 46; 44 Autosomen und 2 Gonosomen
Geschlechtsunterschied	XX bei der Frau/XY beim Mann
Einteilung	Nach Länge und Lage des Zentromers akrozentrisch, submetazentrisch, metazentrisch (Abb. 2.3) 7 Gruppen A–G X-Chromosom metazentrisch, geordnet an C-Gruppe Y-Chromosom entspricht G-Gruppe
Gebräuchliche Färbemethoden	G-, Q-, R- und C-Bänderung, FISH-Methode, konventionelle Giemsa-Färbung
Identifikation spezifischer Chromosomen und homologer Paare	Durch chromosomenspezifische Bandenmuster, Länge, Lage des Zentromers
Identifikation aberranter Chromosomen	Über Veränderungen im Bandenmuster; über FISH exakte Darstellung von Chromosomenumbauten, Lage des Zentromers

somensatz vorhanden. Die unterschiedliche Struktur und Funktion der verschiedenen Gewebe beruht darauf, daß jeweils nur bestimmte Gene exprimiert und aktiv sind. Diese gewebsspezifische Genaktivität ist die Voraussetzung für eine normale Entwicklung und einen normalen Differenzierungsvorgang.

Eine wesentliche Funktion der Chromosomen als Träger der Erbanlagen ist die regelrechte Verteilung der Gene auf die Tochterzellen bzw. die Trennung der homologen Chromosomen, wobei aus dem diploiden Satz während der Meiose reife Geschlechtszellen mit haploidem Chromosomensatz entstehen. Im Gegensatz zur Meiose entstehen durch eine mitotische Teilung identische Tochterzellen, an die die gesamte genetische Information weitergegeben wird. In der Metaphase werden die Chromosomen sichtbar, die durch Präparation und spezielle Färbung dargestellt und lichtmikroskopisch identifiziert werden können.

2.2 Darstellungsmethoden

Für eine Chromosomenanalyse sind kernhaltige Zellen geeignet, die Mitosen enthalten oder bei denen die Mitose angeregt werden kann. In der Praxis ist die Zugänglichkeit von Bedeutung. Je nach Fragestellung erfolgt die Chromosomenpräparation aus:

- Lymphozytenkultur (aus Venenblut),
- Fibroblastenkultur (nach Hautbiopsie),
- Amnionzellkultur (nach Amniozentese),
- Trophoblastenkultur (nach Chorionzottenbiopsie).

Im Prinzip ist eine direkte Präparation auch aus Knochenmark und/oder Tumorgewebe möglich.

Die Lymphozyten werden artifiziell zur Teilung angeregt und vermehren sich dann in der Regel in 72-h-Kulturen zu einer für die Präparation genügenden Zelldichte (Moorhead et al. 1960). Die wesentlichen Präparationsschritte bei 70 h in geeignetem Nährmedium sind:

- Behandlung der mitotischen Zellen mit dem Spindelgift Colchizin (für 2 h), Colchizin arretiert die Zellen in der Prämetaphase oder Metaphase, da die Formierung der Spindel, die zur Anaphasebewegung notwendig ist, verhindert wird
- Hypotone Behandlung der Zellen für kurze Zeit, z.B. mit 0,075 molarer KCl
- Fixierung des Materials mit dem Gemisch aus Essigsäure und Methanol (in der Regel im Verhältnis 1:3)
- Auftropfen der Zellen auf Objektträger und deren Trocknung
- Färbung mit geeigneten Färbemethoden
  - Konventionelle Färbung:
    Sie erfolgt in der Regel mit der Giemsa-Färbelösung oder anderen Proteinfarbstoffen
  - Bänderungsmethoden:
    Die Banden sind bei allen nachfolgend besprochenen Bänderungsmethoden für jedes Chromosom spezifisch und reproduzierbar. Sie können nach Anzahl, Größe, Verteilung und Intensität unterschieden werden. Die älteste Bänderungsmethode ist die Quinacrin-(Q-)Bänderung, die distinkte fluoreszierende Banden erzeugt, für die Routinediagnostik allerdings heute keine Bedeutung mehr hat.

Die Bandenstruktur basiert auf Unterschieden in der Längenstruktur der Chromatiden. Jede Bande unterscheidet sich von der nächsten durch ihre Basenzusammensetzung, die Chromatinkonformation, die Dichte an Genen und repetitiven Sequenzen sowie durch den Zeitpunkt, zu dem sie repliziert wird (Strachan u. Read 1996). Mit Hilfe der Bandentechniken wird über die genaue Differenzierung der einzelnen Chromosomen hinaus die Bestimmung der Bruchpunkte bei verschiedenen strukturellen Chromosomenaberrationen ermöglicht (Abb. 2.1).

Die Auflösung der Banden kann durch Prophasenbanding weiter verbessert werden. Auf diese Weise ist es möglich, bei menschlichen Chromosomen mit hochauflösenden Bandentechniken bis zu 850 Banden zu unterscheiden.

G-Banden. Die Chromosomen werden vor der Färbung mit Trypsin verdaut und dann mit Giemsa (einem DNA-bindenden chemischen Farbstoff) gefärbt. Die dunklen Banden bezeichnet man als G-Banden, helle Banden sind G-negativ.

G-Banden werden spät repliziert und enthalten relativ stark kondensiertes Chromatin. DNA in den G-Banden ist transkriptionell relativ inaktiv; Gene sind besonders häufig in den hellen Banden zu finden.

R-Banden. Nach Vorbehandlung der Chromosomen mit heißem Phosphorpuffer werden sie durch Erhitzen in einer Salzlösung denaturiert. Bei der Färbung sind alle Banden gefärbt, die G-negativ sind (reverses G-Bandenmuster). Denaturiert wird besonders die AT-reiche DNA. R-Banden werden im Gegensatz zu G-Banden früh in der S-Phase repliziert und enthalten weniger stark kondensiertes Chromatin.

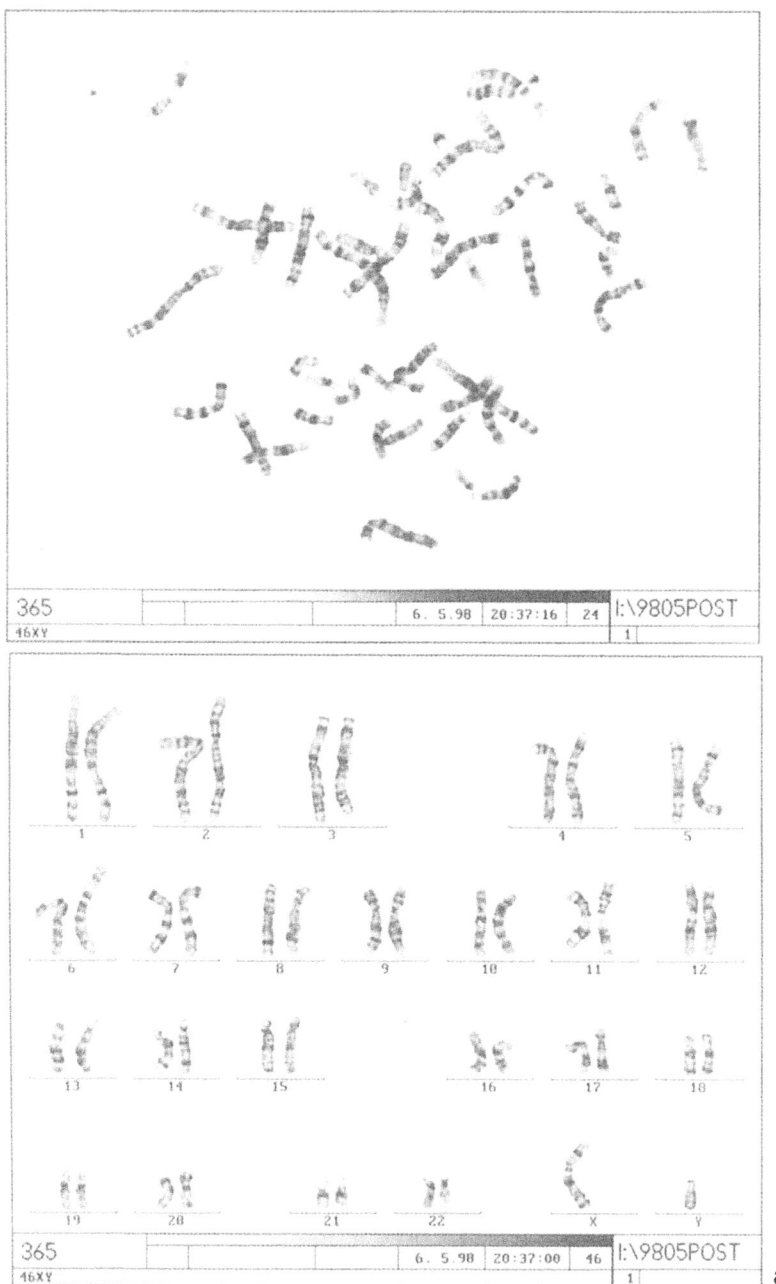

Abb. 2.1 a,b. Mikroskopisches Bild einer Mitose und eines Karyogramms nach G-Bänderung; **a** männlich, **b** weiblich. (Mit freundlicher Genehmigung von H.D. Hager, Institut für Humangenetik, Universität Heidelberg)

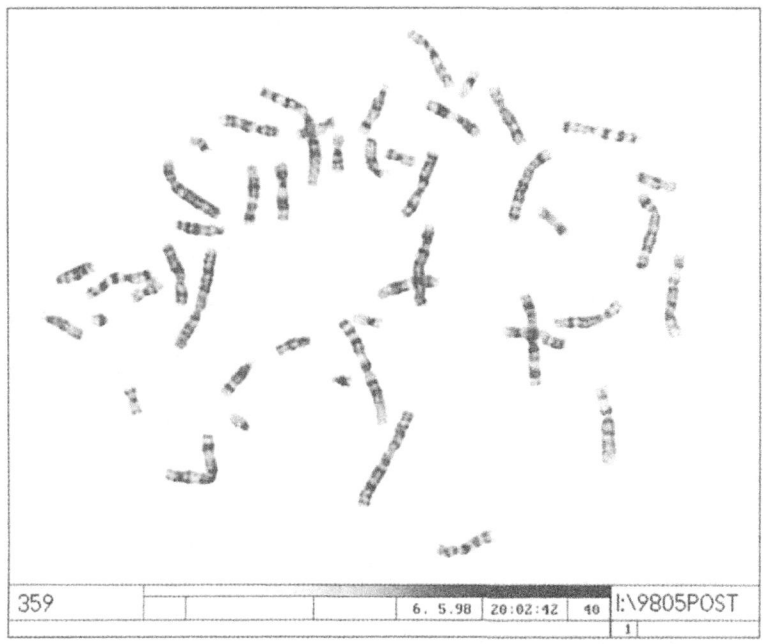

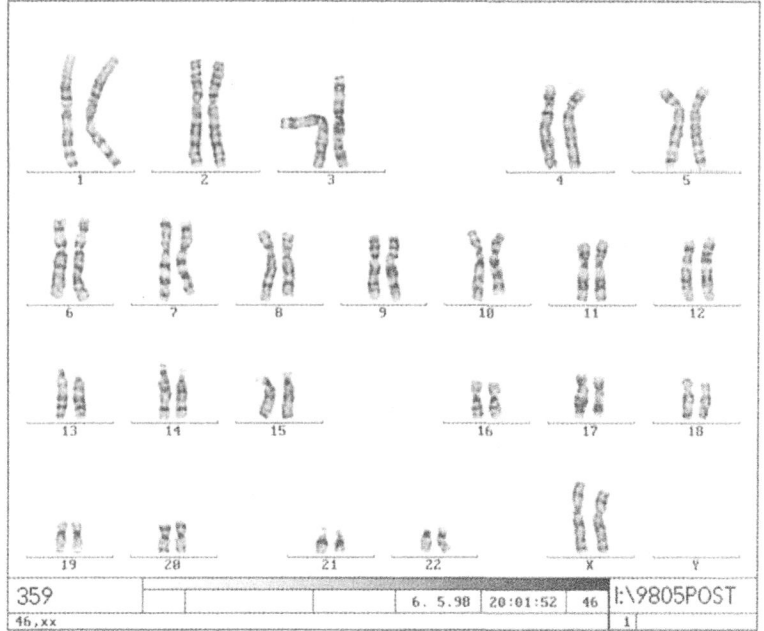

b

C-Banden. Konstitutives Heterochromatin in der Region um das Zentrum und am distalen Ende des langen Arms des Y-Chromosoms kann mit der C-Banden-Technik dargestellt werden. Die Chromosomen werden in der Regel vor der Giemsa-Färbung mit einer gesättigten Bariumhydroxidlösung denaturiert.

T-Banden. Sie sind die am intensivsten gefärbten R-Banden und können entweder dadurch sichtbar gemacht werden, daß man die Chromosomen besonders stark erhitzt, bevor man sie mit Giemsa färbt, oder durch eine Kombination aus Farbstoffen und Fluoreszenzfarbstoffen. Dabei werden die Regionen dargestellt, die in den Telomeren zu finden sind.

Fluoreszenz-in-situ-Hybridisierung (FISH). Diese Methode brachte eine entscheidende Erweiterung der vorgestellten Darstellungsmethoden (Cremer et al. 1986). Man verwendet DNA-Sonden, die charakterisiert sind durch modifizierte Nukleotide mit Reportermolekülen (wie Biotin), an die fluoreszenzmarkierte Affinitätsmoleküle gebunden sind. Dabei setzt man verschiedene Fluorophoren ein. Die verwendeten DNA-Sonden stammen aus verschieden angelegten DNA-Bibliotheken:
- Phagen- und Plasmid-DNA-Bibliotheken, in die sortierte menschliche Chromosomen einkloniert sind,
- Plasmid-DNA-Bibliotheken mit chromosomenspezifischen Teilbereichen,
- Cosmide und YACs (Plasmide mit Verpackungssequenzen von Lambda, E.-coli-bzw. Yeast-artificial-Chromosomen = künstliche Hefeminichromosomen mit definierten DNA-Abschnitten)

Eine direkte Hybridisierung der Sonden würde zu keinen verwertbaren Ergebnissen führen, da diese auch repetitive Sequenzen enthalten. Daher ist die Anwendung der *In-situ-Suppressionshybridisierung* sinnvoll. Es handelt sich dabei um eine Kompetitionshybridisierung. Man versetzt die Sonde vor der eigentlichen Sondenhybridisierung mit einem großen Überschuß unmarkierter chromosomaler Gesamt-DNA und denaturiert. Dadurch wird eine Absättigung der repetitiven Sequenzen der Sonde erreicht, so daß sie das Signal der spezifischen Sequenz nicht mehr überlagern können.

Die so vorbereitete Sonde kann nun direkt auf Metaphasenchromosomen auf dem Objektträger hybridisiert werden.

In einer Spezialform der FISH-Anwendung besteht die DNA der Sonden aus vielen verschiedenen Fragmenten, die von einem einzigen Chromosomentyp abstammen. Das Hybridisierungssignal setzt sich dann aus vielen Signalen vieler Loci, die über das ganze Chromosom verteilt liegen, zusammen. Dies führt zum sog. *Chromosome painting*. Verwendet man noch zusätzlich verschieden farbige Fluoreszenzmarker, so erhält man eine Palette von Farbabstufungen für das ganze Chromosom.

In Erweiterung dieser Methode ist es kürzlich gelungen, eine *Multicolor-spectral-Karyotypisierung* aller menschlichen Chromosomen vorzustellen, die die simultane Darstellung aller menschlichen Chromosomen in verschiedenen Farben erlaubt (Abb. 2.2) (Speicher u. Ward 1996).

Ein weiteres neueres molekularzytogenetisches Verfahren ist die *vergleichende genomische Hybridisierung* (comparative genomic hybridisation = CGH). Unter

Anwendung dieser Methode wird eine umfassende Analyse eines Genoms auf Vermehrung oder Abnahme des DNA-Abschnitts möglich.

Auswertung. Nach Färben der Chromosomenpräparate mit einer oder (auf verschiedenen Objektträgern) mehreren der vorgestellten Färbemethoden können diese unter dem Mikroskop bei 1000facher Vergrößerung analysiert und fotografiert werden. Nach Herstellung von fotografischen Abzügen ist dann die Sortierung der Chromosomen möglich. Heute werden die Chromosomen über Computerprogramme zur Auswertung geordnet, und das Dokumentationsbild wird über Videoprinter ausgedruckt.

Abb. 2.2 a, b. a Männliche Metaphase und **b** mit einer Trisomie des Chromosoms 8 nach einer Hybridisierung mit vierundzwanzig chromosomenspezifischen DNA-Sonden als Falschfarbenbild. (Mit freundlicher Genehmigung von M. R. Speicher, Institut für Anthropologie und Humangenetik der Universität München)

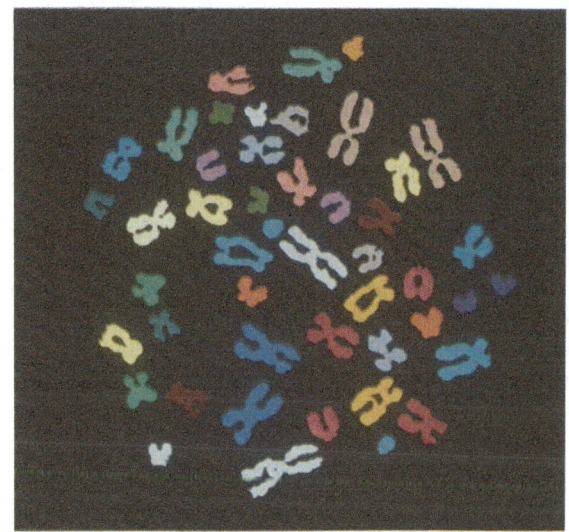

2.3 Nomenklatur

Nach der Denver-Konvention 1960, der Londoner Konferenz 1963, der Chicagoer Konferenz 1966, der Pariser Konferenz 1971 über die Standardisierung und Nomenklatur der Chromosomen werden diese nach Form, Größe, Lage des Zentromers und Bandenmuster einander zugeordnet.

Seither treffen sich die Mitglieder des ständigen Komitees für zytogenetische Nomenklatur regelmäßig im Rahmen des internationalen Kongresses für Humangenetik, um die neuen zytogenetischen Erkenntnisse und deren Bedeutung zu definieren und in die Nomenklaturliste aufzunehmen. Die wichtigsten Symbole und Abkürzungen für die Bezeichnung der zytogenetischen Befunde sind laut der letzten Sitzung 1995 in Memphis (USA) in Tabelle 2.2 zusammengestellt.

Je nach der endständigen oder mehr oder weniger mittelständigen Lage des Zentromers spricht man von akrozentrischen, submetazentrischen und metazentrischen Chromosomen. Dabei wird der kurze Arm als p-Arm und der lange Arm als q-Arm bezeichnet (Abb. 2.3). Nach diesen Kriterien werden die Chromosomen folgendermaßen in 7 verschiedene Gruppen eingeordnet:

- A (1–3): große metazentrische Chromosomen,
- B (4–5): große submetazentrische Chromosomen,
- C (6–12, X): mittelgroße metazentrische oder submetazentrische Chromosomen (das X-Chromosom ist das größte in dieser Gruppe),
- D (13–15): mittelgroße und akrozentrische Chromosomen mit Satelliten,
- E (16–18): relativ kleine metazentrische oder submetazentrische Chromosomen,
- F (19–20): kleine metazentrische Chromosomen,
- G (21–22, Y): kleine akrozentrische Chromosomen mit Satelliten (das Y-Chromosom hat keine Satelliten).

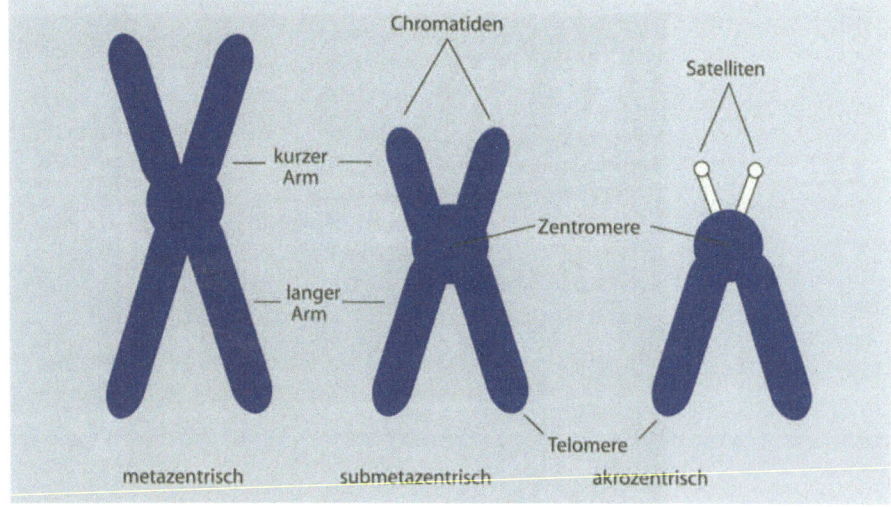

Abb. 2.3. Schematische Darstellung verschiedener Chromosomen

Tabelle 2.2. Symbole und Abkürzungen für die Beschreibung der zytogenetischen Befunde (Nomenklatur 1995)

ace	Azentrisches Fragment
add	Zusätzliches Material unbekannter Herkunft
b	Bruch
cen	Zentromer
chr	Chromosom
cht	Chromatid
(::)	Bruch und Reunion
(,)	Trennt Chromosomennummern, Geschlecht und Chromosomen-aberrationen
del	Deletion
de novo	Bezeichnung einer Chromosomenanomalie, die nicht vererbt ist
der	Derivatives Chromosom
dic	Dizentrisch
dis	Distal
dmin	Double minute
dup	Duplikation
fra	Fragile Stelle
g	Gap
h	Heterochromatin
i	Isochromosom
idic	Isodizentrisches Chromosom
ins	Insertion
inv/mar, mat	Inversion oder Markerchromosom maternaler Herkunft
mos	Mosaik
p/pat	Kurzer Arm eines Chromosoms paternaler Herkunft
Ph	Philadelphia-Chromosom
(+)	Zugewinn
prx	Proximal
psu	Pseudo-
q	Langer Arm eines Chromosoms
qr	Quadriradial
r	Ringchromosom
rcp	Reziprok
rea	Rearrangement
rec	Rekombinantes Chromosom
rob	Robertson-Translokation
s	Satellit
sce	Schwesterchromatidaustausch
sct	Sekundärkonstruktion
(;)	Trennt verändertes Chromosom und Bruchpunkt in strukturelle Rearrangements, wenn mehr als ein Chromosom involviert ist
t	Translokation
tan	Tandem
tas	Telomerische Assoziation
tel	Telomer
ter	Terminales Ende des Chromosoms
tr	Triradial
upd	Uniparentale Disomie
updh	Uniparentale Heterodisomie
v	Variant oder variable Region

Die Darstellung aller Chromosomen einer Zelle nach morphologischen Kriterien wird als *Karyogramm* bezeichnet. Der *Karyotyp* definiert den Chromosomensatz eines bestimmten Individuums in der Metaphase der Mitose.

2.4 Gametogenese

Die Gametogenese bzw. Entstehung von Gameten geschieht in den Gonaden. Dabei wird der diploide Chromosomensatz auf einen haploiden Satz reduziert. Diese Teilung wird auch Reduktionsteilung bzw. *Meiose* genannt. Die Meiose läuft in 2 Phasen ab. Bevor die Geschlechtszellen in die Meiose eintreten, durchlaufen sie dieselbe Entwicklung wie die Körperzellen in der Interphase vor einer Mitose. Auch hier findet man eine S-Phase, in der die Replikation der DNA stattfindet. Die *erste Meiose* ist komplex und läuft in mehreren Schritten ab (Abb. 2.4).

Die *Prophase I* ist länger und komplexer als bei der Mitose und hat verschiedene Stadien.

Im *Leptotän-Stadium* entspiralisieren sich die Chromosomen und werden als feine Fäden sichtbar. Die DNA hat sich verdoppelt, und die Chromosomen bestehen aus zwei Schwesterchromatiden, die noch langgestreckt sind.

Im *Zygotän-Stadium* paaren sich die homologen Chromosomen. Dieser Vorgang wird als Synapsis bezeichnet. Die Chromosomenpaare liegen nun mit den einander entsprechenden Genorten exakt nebeneinander. Dies wird durch eine „Schienung", ein proteinartiges Band, erreicht. Es wird erkennbar, daß jedes Chromosom aus 2 Chromatiden aufgebaut ist.

Im *Pachytän-Stadium* ist die Paarung vollkommen. Hier werden die Tetraden, die aus 4 Chromatiden und 2 homologen Chromosomen bestehen, gebildet. Während dieses Stadiums kommt es zum Austausch zwischen Nicht-Schwester-Chromatiden. Dieser Vorgang wird als Crossing-over bezeichnet. Durch den Austausch zwischen dem väterlichen und dem mütterlichen Chromosom kommt es zur Rekombination genetischen Materials.

Im *Diplotän-Stadium* lockert sich die Parallelkonjugation, und die homologen Chromosomen trennen sich wieder voneinander, wobei an manchen Stellen noch eine Verbindung zwischen den Homologen zu erkennen ist. Schließlich kommt es in der *Diakinese* zur stärkeren Kontraktion der Chromosomen. Mit der Diakinese ist die erste Prophase beendet.

Metaphase I: Während der Metaphase verschwindet die Kernmembran und die Zellspindel, die sich an die Chromosomen ansetzt, wird sichtbar. Die Zentromere der Chromosomen richten sich nach einem der Spindelpole aus. Dadurch werden nicht die Chromatiden, sondern ganze Chromosomen getrennt.

Anaphase I: Homologe Chromosomen wandern jeweils zu den entgegengesetzten Polen hin. In der Interkinese bilden sich 2 haploide Tochterkerne.

Zweite Meiose: Bei der Meiose II teilen sich die beiden haploiden Zellen in 2 weitere haploide Zellen. Dies entspricht im Prinzip einer mitotischen Teilung. Sie schließt sich ohne zwischengeschaltete S-Phase unter Umgehung einer Intermitose und einer ausgedehnten Prophase direkt an die Interkinese der ersten Reifeteilung an. Dabei kommt es zur Trennung der Schwesterchromatiden, so

1. Reifeteilung (RI)		Karyotyp
Prophase 1		**Diploid,** **4 Chromatiden**
• Leptotän:	Sichtbarwerden der sich spiralisierenden Chromosomen Fixierung der Telomeren an der Kernmembran	
• Zygotän:	Synapsis, synaptonemaler Komplex ist für exakte Paarung verantwortlich	
• Pachytän:	Sichtbarwerden von Bivalenten mit 4 Chromatiden = Tetradenstadium Durch Crossing-over: Rekombination	Sinn: Genetische Rekombination unter Erhaltung einer konstanten Chromosomenzahl
• Diplotän:	Lockerung der Parallelkonjugation durch Auflösung des synaptonemalen Komplexes Chiasmata werden sichtbar	
• Diakinese:	Weiteres Auseinanderweichen der homologen Chromosomen	
Metaphase I	Formierung der Bivalente in der Äquatorialplatte Auflösung der Chiasmata	
Anaphase I	Trennung der homologen Chromosomen und deren Bewegung zu entgegengesetzten Polen	
Interkinese	Bildung zweier haploider Tochterkerne	**Haploid,** **2 Chromatiden**
2. Reifeteilung (RII)		
Prophase II → **Metaphase II**→ **Anaphase II** → **Telophase II** →	Entspricht mitotischer Teilung, wobei als Ergebnis die homologen Chromatiden getrennt werden und 4 Zellen mit haploidem Chromosomensatz entstehen	 **Haploid,** **1 Chromatide**

Abb. 2.4. Die verschiedenen Phasen der Reifeteilung. (Nach Buselmeier 1997)

daß am Ende 4 haploide Zellen resultieren. Die Störung der Gametogenese, z.B. durch Non-disjunction, verursacht abnorme Gameten, die wiederum zur abnormalen Entwicklung des Embryos führen können.

2.4.1 Spermatogenese

Die Entwicklung der männlichen Gameten beginnt bereits mit den primordialen Keimzellen, die in die Keimstränge der embryonalen Gonaden eingewandert sind. In der Embryonal- sowie in der Fetalzeit und in der späteren Kindheit treten wiederholte Vermehrungsphasen auf, wobei sich diese Zellen als fetale Spermatogonien teilen. Mit Beginn der Pubertät setzt neben einer erneuten Vermehrung die Reifung der männlichen Keimzellen ein, die seit der fetalen Periode in den Tubuli seminiferi des Hodens unverändert gelegen haben und als Spermatozoen aus dem Gewebsverband des Hodens entlassen werden.

Nach mehreren Zellteilungen vergrößern sich die Spermatogonien und differenzieren sich dann schrittweise weiter zu Spermatozyten. Sie besitzen immer noch einen diploiden Chromosomensatz. Durch die darauffolgende meiotische Teilung wird der diploide Chromosomensatz auf einen haploiden reduziert. Dies geschieht – wie bereits erwähnt – in 2 aufeinanderfolgenden Teilungen (Abb. 2.5).

Nach einer Teilung der Spermatozyten I entstehen kleinere Spermatozyten II mit einem Chromosomensatz von 22 Autosomen und einem Geschlechtschromosom. Nach kurzer Interphase treten sie ohne eingeschaltetes Zellwachstum und ohne DNA-Replikation in die Teilung II der Meiose. Die neu entstandenen Zellen sind die Spermatiden, die schließlich durch einen komplizierten Differenzierungsprozeß, der als Spermatohistogenese bezeichnet wird, in reife Spermien umgewandelt werden. Das Ergebnis der Meiose sind 4 Keimzellen mit einem haploiden Chromosomensatz (Abb. 2.6b).

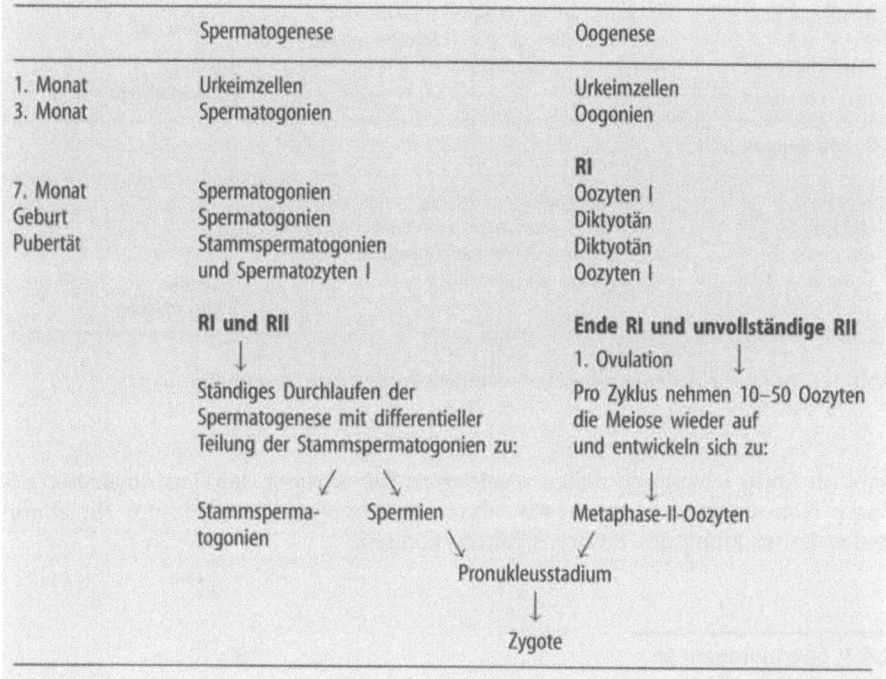

Abb. 2.5. Zeitlicher Ablauf der Spermatogenese und der Oogenese von den Urkeimzellen bis zur Befruchtung. (Nach Buselmaier 1997)

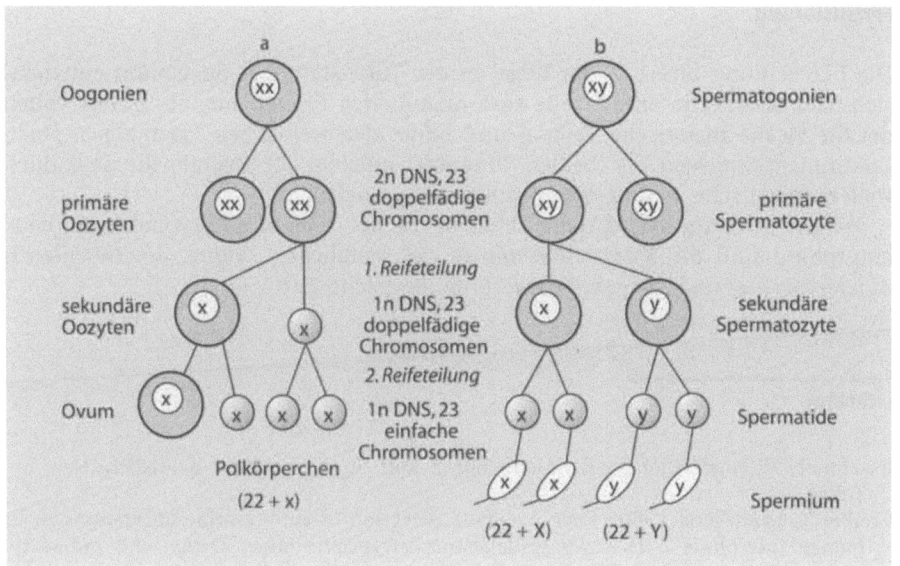

Abb. 2.6 a, b. Schematische Darstellung der Vorgänge während der ersten und zweiten Meiose. **a** Oogenese; **b** Spermatogenese

2.4.2 Oogenese

Die Oogenese spielt sich hauptsächlich im fetalen Ovar ab. Die Entwicklung bricht vor der Geburt ab und bleibt bis zum Einsetzen der Pubertät in einem blockierten Zustand. Kurze Zeit nach der Geburt befinden sich alle Geschlechtszellen eines Mädchens, etwa 400000 bis 500000, in diesem Oozytenstadium. Erst mit Beginn der Pubertät kann die Entwicklung einzelner Eizellen nacheinander für Jahrzehnte fortgesetzt werden (Abb. 2.5).

Mit Eintritt der Geschlechtsreifung nimmt von den verbliebenen Oozyten jeweils eine in der ersten Hälfte jedes Monatszyklus die Meiose wieder auf. Im Gegensatz zur Spermatogenese teilt sich das Zytoplasma aber nicht gleichmäßig auf. Die sekundären Oozyten bekommen nahezu das gesamte Zytoplasma, während die sog. Polkörperchen kaum Plasma enthalten. Beide Zellen bleiben jedoch umschlossen von einer dicken Proteinhülle (Zona pellucida).

Kurz vor der Ovulation beendet die primäre Oozyte ihre erste Reifeteilung. Während der Ovulation beginnt die sekundäre Oozyte mit der zweiten Reifeteilung, wobei dann wiederum eine Oozyte und ein Polkörperchen entstehen. Die Oozyte verläßt den Eierstock und wird vom Eileiter aufgefangen. So entstehen aus einer diploiden Oogonie eine haploide Oozyte und 3 Polkörper (Abb. 2.6 a).

Die lange Phase zwischen Meiose I und Ovulation ist wahrscheinlich ein ursächlicher Faktor bei der Entstehung der häufigen Fehlverteilungen homologer Chromosomen bei älteren Schwangeren.

Fertilisierung

Die Befruchtung findet in der Regel in der Tube statt. Das Spermium entwickelt sich nach Eintritt in eine Eizelle zum männlichen Pronukleus, die Eizelle vollendet die zweite meiotische Teilung und bildet den weiblichen Pronukleus. Durch Zusammenschmelzen der beiden Pronuklei entsteht die Zygote, die sich durch weitere mitotische Teilungen zum Embryo entwickelt.

Weitere wichtige biologische Prozesse in der frühen embryonalen Entwicklungsphase sind die *X-Inaktivierung* in der weiblichen Zygote, die *Geschlechtsdifferenzierung* und die *genomische Prägung* (siehe Kap. 3 u. 4).

Literatur

Buselmaier W (1997) Biologie für Mediziner, 7. Aufl. Springer, Berlin Heidelberg New York Tokyo

Cremer T, Landegerst J, Bueckner A (1986) Detection of chromosome aberrations in the human interphase nucleus by visualization of specific target DNAs with radioactive and non-radioactive in situ hybridization techniques: diagnosis of trisomy 18 with probe L1.84. Hum Genet 74:346–352

ISCN (1995) An international system for human cytogenetic nomenclatures. Karger, Basel

Moorhead P, Nowell PC, Mellman WJ (1960) Chromosome preparation of leukocytes cultured from human peripheral blood. Exp Cell Res 20:613–616

Ried T, Bablini A, Ran T et al. (1992) Simultaneous visualization of seven different DNA probes by in situ hybridization using combinatorial fluorescence and digital imaging microscopy. Proc Natl Acad Sci USA 89:1388–1392

Speicher MR, Ward D (1996) The coloring of cytogenetics. Nat Med 2:1046–1048

Strachan T, Read A (1996) Molekulare Humangenetik. Spektrum, Heidelberg

Therman E, Susman M (1993) Human chromosomes: structure, behavior, and effects, 3rd edn. Springer, Berlin Heidelberg New York Tokyo

Tjio JH, Levan A (1956) The chromosome number of man. Hereditas 42:1–6

Traut W (1991) Chromosomen: Klassische und molekulare Cytogenetik. Springer, Berlin Heidelberg New York

Vogel F, Motulsky AG (1996) Human genetics, problems and approaches, 3rd edn. Springer, Berlin Heidelberg New York Tokyo

KAPITEL 3

Chromosomenaberrationen 3

Man geht davon aus, daß bei mindestens 8% aller Konzeptionen eine Chromosomenanomalie vorliegt. Der größte Teil dieser Embryonen bzw. Feten wird spontan abortiert. Bei etwa 60% der Spontanaborte im 1. Trimenon und 5% der späteren Spontanaborte ist eine Chromosomenstörung die Ursache (Tabelle 3.1). Von allen lebend geborenen Kindern weisen ca. 0,5% Chromosomenaberrationen auf (Müller 1989).

Chromosomenstörungen können numerisch oder strukturell sein, in seltenen Fällen können numerische und strukturelle Aberrationen auch gemeinsam auftreten. In Tabelle 3.2 sind die häufigsten Chromosomenstörungen bei Neugeborenen zusammengefaßt (Connor u. Ferguson-Smith 1993).

3.1 Entstehungsmechanismus numerischer Chromosomenaberrationen (Non-disjunction)

Der häufigste und wichtigste Mechanismus, der zu numerischen Chromosomenstörungen führt, ist die Non-disjunction.

Tabelle 3.1. Häufigkeit von Chromosomenaberrationen bei Spontanaborten, verschiedenen Patientengruppen und bei Neugeborenen. (Durchschnittszahlen aus verschiedenen Untersuchungen; nach Müller 1989)

	%
Spontane Aborte im 1. Trimenon	50–60
Abnorme Geschlechtsentwicklung	ca. 30
Primäre Amenorrhö	ca. 25
Totgeburten	5–10
Kinder mit geistiger Retardierung und Fehlbildungen	ca. 10
Infertile Männer	ca. 2
Neugeborene	ca. 0,5

Tabelle 3.2. Häufigkeit der verschiedenen Chromosomenstörungen bei Geburt. (Nach Connor und Ferguson-Smith 1993)

Chromosomenstörung	Häufigkeit bei Geburt
Balancierte Translokation	1: 500
Nichtbalancierte Translokation	1: 2000
Perizentrische Inversion	1: 100
Trisomie 21	1: 700
Trisomie 18	1: 3000
Trisomie 13	1: 5000
47,XXY	1: 1000 männl.
47,XYY	1: 1000 männl.
47,XXX	1: 1000 weibl.
45,X	1–2:10000 weibl.

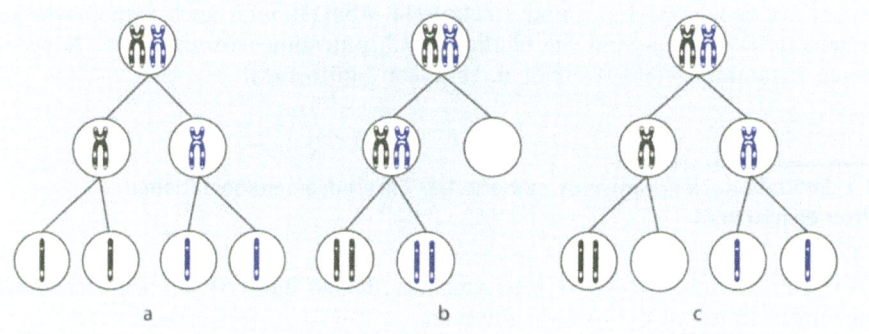

a   b   c

Abb. 3.1a–c. Schema der Entstehung einer Aneuploidie durch meiotische Non-disjunction. **a** Normale Verteilung, **b** Non-disjunction in der 1. Meiose, **c** Non-disjunction in der 2. Meiose

Normalerweise trennen sich die homologen Chromosomen in der Meiose, und die Gameten enthalten einen haploiden Chromosomensatz mit 23 Chromosomen. Bleiben 2 homologe Chromosomen zusammen und gelangen in eine Keimzelle, so entstehen aneuploide Keimzellen mit 24 bzw. nur 22 Chromosomen. Nach der Befruchtung mit einer normalen Keimzelle entsteht entweder eine Zygote mit einer *Trisomie* oder eine Zygote mit einer *Monosomie*. Eine monosome Zygote ist in der Regel letal.

Non-disjunction kann sowohl in der ersten oder zweiten meiotischen Teilung der Oogenese bzw. der Spermatogenese als auch in der Mitose stattfinden. Heute kann die Herkunft eines überzähligen Chromosoms mit Hilfe der molekulargenetischen Untersuchung festgestellt werden (Tabelle 3.3, Abb. 3.1 und 3.2).

Tabelle 3.3. Herkunft der Fehlverteilung in der Meiose bei einigen numerischen Chromosomenstörungen. (Nach Mueller u. Young 1995)

Chromosomenstörung	Mütterlich [%]	Väterlich [%]
Trisomie 13	85	15
Trisomie 18	95	5
Trisomie 21	95	5
45,X	20	80
47,XXX	95	5
47,XXY	45	55
47,XYY	0	100

Ein weiterer Mechanismus der Entstehung numerischer Chromosomenstörungen ist die *Polyploidisierung*. Dabei werden nicht einzelne Chromosomen, sondern der ganze Chromosomensatz vervielfacht. Als Beispiel ist hier die Triploidie (3n = 69 Chromosomen) beim Menschen zu nennen.

Wenn Non-disjunction in der 1. Meiose stattfindet, sind beide homologen Chromosomen in der Gamete enthalten; findet Non-disjunction jedoch in der 2. Meiose statt, dann sind 2 Kopien eines der homologen Chromosomen vorhanden.

Die Häufigkeit der mütterlichem Non-disjunction in der meiotischen Teilung nimmt mit dem Alter der Schwangeren zu. Eine Abhängigkeit vom väterlichen Alter konnte bis jetzt nicht mit Sicherheit bestätigt werden. Falls das väterliche Alter Einfluß haben sollte, ist er so unbedeutend, daß er bei der Indikation für eine pränatale Chromosomendiagnostik nicht berücksichtigt zu werden braucht.

Gelegentlich können auch durch Fehlverteilung einzelner Chromosomen in der mitotischen Teilung aneuploide Zellen entstehen (Abb. 3.2) Grundsätzlich kann in somatischen Zellen jederzeit Non-disjunction stattfinden. Wenn eine mitotische Non-disjunction im Blastozystenstadium stattfindet, findet man neben normalen Zellen aneuploide Zellinien. Man spricht dann von einer *Mosaikbildung*. Je später Non-disjunction nach der Bildung der Zygote stattfindet, um so niedriger ist der Anteil der aneuploiden Zellinie. Überwiegen im Mosaik dagegen die zahlenmäßig trisomen Zellen, so kann man annehmen, daß die Zygote primär trisom angelegt war und daß die diploiden Zellen durch postmeiotischen Chromosomenverlust entstanden sind.

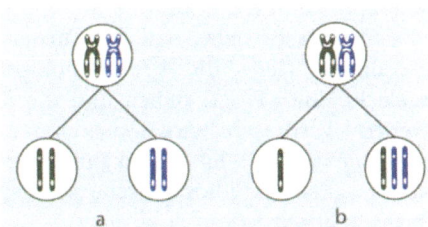

Abb. 3.2 a, b. Schematische Entstehung einer Aneuploidie durch mitotische Non-disjunction. **a** Normal, **b** Non-disjunction

3.2 Krankheiten mit gonosomalen Chromosomenaberrationen

Gonosomale Chromosomenstörungen wurden erstmals 1959 von Jacobs und Strang und zu gleicher Zeit von Ford et al. beschrieben. Sie fanden heraus, daß die Geschlechtschromosomen nicht immer den phänotypisch männlichen oder weiblichen Geschlechtsmerkmalen entsprechen. Die gonosomalen Chromosomenaberrationen führen im Vergleich zu den autosomalen Chromosomenstörungen nicht zu schwerwiegenden Erkrankungen. Fehlbildungen liegen in der Regel nicht vor, und schwere geistige Entwicklungsverzögerungen sind seltene Ausnahmen.

3.2.1 Ullrich-Turner-Syndrom (UTS)

Bei den lebend geborenen Mädchen ist die Häufigkeit des Ullrich-Turner-Syndroms etwa 1:5000. Die Monosomie X entsteht bei der Konzeption jedoch wesentlich häufiger. 99% der Feten mit einer Monosomie X sterben intrauterin ab. Jeder 10. Spontanabort im ersten Trimenon beruht auf dieser Chromosomenstörung (Connor u. Ferguson-Smith 1993).

Klinische Merkmale
Charakteristische Merkmale im Neugeborenenalter sind Lymphödeme der Hand- und Fußrücken, Pterygium colli (Abb. 3.3) und Nackenfalte. Weitere Auffälligkeiten sind Minderwuchs, tief sitzender Haaransatz, sexueller Infantilismus, Gonadendysgenesie mit erhöhter Gonadotropinausscheidung im Urin, Cubitus valgus, Verkürzung des 4. Mittelhandknochens, hypoplastische Nägel (s. Tabelle 3.6). Als Fehlbildungen der inneren Organe sind Aortenisthmusstenose bzw. andere Gefäßanomalien, Vorhofseptumdefekt und Fehlbildungen der Nieren und harnleitenden Organe zu nennen. Schwere Fehlbildungen sind jedoch selten.

Die geistige Entwicklung der Mädchen mit Turner-Syndrom ist normal und entspricht der Verteilung in der Durchschnittsbevölkerung. Eine Beeinträchtigung im Bereich der Raumorientierung und -Wahrnehmung wird in einzelnen Fällen beobachtet. Im Erwachsenenalter besteht ein erhöhtes Risiko für die Entstehung einer Hypertonie, Osteoporose, Hashimoto-Thyreoiditis sowie für gastrointestinale Blutungen. Fertilität kann vorhanden sein. Frauen mit 45,X-Karyotyp erreichen eine Erwachsenengröße von ca. 148 cm. Durch eine rechtzeitige Therapie kann die Endgröße um einige Zentimeter angehoben werden.

Es liegt sehr nahe, daß das Turner-Syndrom durch Haploinsuffizienz X-chromosomaler Gene, die ihre Homologen auf dem Y-Chromosom (pseudoautosomale Region = PARI) haben und die durch die X-Inaktivierung nicht beeinflußt werden, verursacht wird. Eines dieser vermuteten Gene ist ein ribosomales Protein-Gen (RPS4). Es ist bekannt, daß der Minderwuchs beim Turner-Syndrom sowie auch der idiopathische Minderwuchs durch Mutationen der SHOX-Gene verursacht wird (Rao et al. 1997).

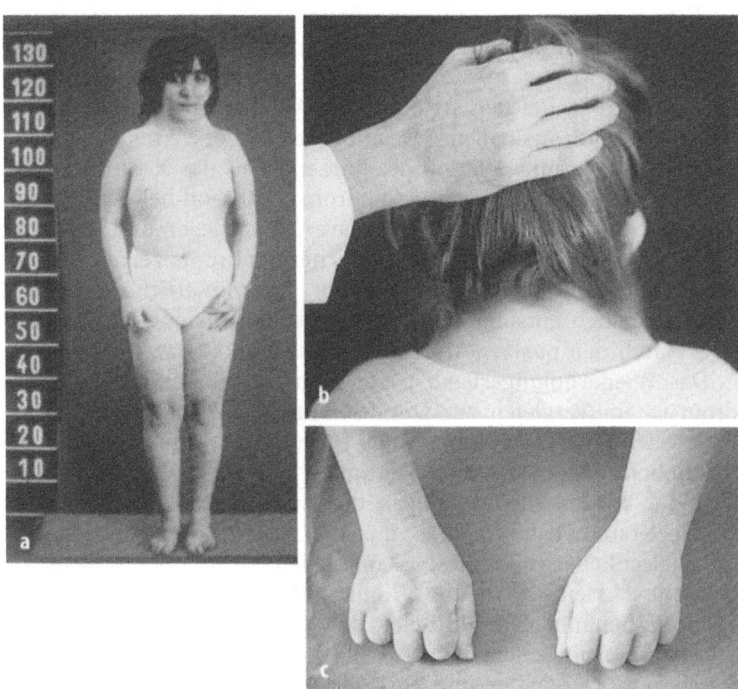

Abb. 3.3 a–c. 14jähriges Mädchen mit Ullrich-Turner-Syndrom. **a** Phänotyp mit Pterygium colli, **b** tiefer Haaransatz, **c** verkürzte Metakarpalknochen. (Aus Buselmaier u. Tariverdian 1998)

Zytogenetischer Befund

Neben der klassischen Form mit einem durchgehenden 45,X-Karyotyp zeigt ein Teil der Patientinnen mit Ullrich-Turner-Syndrom eine große Variabilität von numerischen und strukturellen Anomalien des X-Chromosoms (Tabelle 3.4). Entsprechend dem zytogenetischen Befund können die klinischen Symptome ein breites Spektrum aufweisen. So ist z.B. beim Mosaik mit normalen Zellinien (45,X/46,XX) das Erscheinungsbild der Krankheit je nach dem zahlenmäßigen

Tabelle 3.4. Karyotypen beim Ullrich-Turner-Syndrom. (Nach Mueller u. Young 1995)

Karyotyp	Häufigkeit [%]
Monosomie 45,X	55
Mosaik, z.B. 46,XX/45,Y	10
Isochromosom X = 46,X,i(Xq)	20
Deletion X = 46,X,del(Xp)	5
Ring X = 46,X,r(X)	5
Sonstige	5

Verhältnis der beiden Zellinien unterschiedlich ausgeprägt. Von den strukturellen Anomalien sind hier Xp, Ringchromosom X und ein Isochromosom, das aus dem langen Arm des X-Chromosoms besteht, zu nennen. Neuere Untersuchungen zeigen, daß bei den strukturellen Anomalien die Ausprägung der klinischen Merkmale vom Ausmaß der Deletion des kurzen Arms abhängt.

Patientinnen mit Deletion des kurzen Arms des X-Chromosoms zeigen die typischen Merkmale des Turner-Syndroms, während bei den Mädchen mit Deletion des langen Arms nur rudimentäre Ovarien vorliegen und sich phänotypisch keine charakteristischen Merkmale des Turner-Syndroms zeigen. Bei etwa 80% der Patientinnen mit Monosomie X ist nur das mütterliche Chromosom vorhanden. Wahrscheinlich entsteht dies durch eine Non-disjunction in der Spermatogenese oder durch den postzygotischen Verlust eines X- bzw. eines Y-Chromosoms.

Das Wiederholungsrisiko nach Geburt eines Kindes mit Ullrich-Turner-Syndrom ist im Vergleich zur Durchschnittsbevölkerung nicht erhöht. Das mütterliche Alter spielt dabei keine Rolle (Connor u. Ferguson-Smith 1993).

Ähnliche phänotypische Merkmale wie beim Turner-Syndrom findet man auch bei Mädchen und Jungen, die einen normalen Chromosomensatz haben. Dieses Krankheitsbild wurde zunächst nur bei Jungen beobachtet. Deshalb hat man fälschlicherweise dieses Krankheitsbild als „männliches Turner-Syndrom" bezeichnet. Heute wird diese Konstitution nach der Erstbeschreiberin *Noonan-Syndrom* benannt. Die klinischen Merkmale zeigen eine breite Variabilität. Typische Dysmorphiezeichen im Gesichtsbereich, Pulmonalstenose und/oder andere angeborene Herzfehler und ein Pterygium colli sind die wichtigsten Merkmale. Gelegentlich wird das Noonan-Syndrom in Kombination mit der Neurofibromatose Typ I (Morbus Recklinghausen) beobachtet. Das Noonan-Syndrom ist eine heterogene Erkrankung. Das Gen für die autosomal-dominante Form des Noonan-Syndroms ist identifiziert und liegt auf dem langen Arm des Chromosoms Nr. 12 (12q22-qter).

3.2.2 Triple-X-Syndrom

Die Trisomie-X- bzw. das Triple-X-Syndrom ist die häufigste Chromosomenaberration im weiblichen Geschlecht. Von 1000 neugeborenen Mädchen hat eines ein zusätzliches X-Chromosom.

Klinische Merkmale

Patientinnen mit 47,XXX- Karyotyp zeigen in der Regel keine typischen Merkmale. Vereinzelt beobachtete diskrete Stigmata im Sinne von „minor malformations" sind nicht spezifisch für das Triple-X-Syndrom (s. Tabelle 3.6). Bei einem Teil der Patientinnen besteht eine sekundäre Amenorrhö; etwa 3 Viertel der XXX-Frauen sind fertil. Gonosomale Chromosomenstörungen sind bei den Kindern von Triple-X-Frauen nicht häufiger als bei Frauen mit einem normalen Chromosomensatz, obwohl dies nach theoretischen Segregationsmöglichkeiten zu erwarten wäre.

Prospektive und Longitudinalstudien haben gezeigt, daß ein Teil der Triple-X-Patientinnen Sprachstörungen, eine leichte motorische Ungeschicktheit und Anpassungsschwierigkeiten aufweisen. Der Intelligenzquotient liegt im allgemeinen 10–15 Punkte unter dem der gesunden Geschwister.

Zytogenetischer Befund

Neben dem durchgehenden 47,XXX-Karyotyp wurden zytogenetisch auch Mosaike beobachtet. Gelegentlich wurden Chromosomensätze mit 4 oder mehr X-Chromosomen gefunden. Je höher die Zahl der X-Chromosomen, um so größer sind die klinischen Auffälligkeiten. Die Schwere der geistigen Retardierung nimmt mit der Zahl der X-Chromosomen zu.

Etwa 95% der 47,XXX-Konstellationen entstehen durch Non-disjunction in der 1. bzw. 2. meiotischen Teilung der Mutter (I>II), die übrigen in der 2. meiotischen Teilung des Vaters (Connor u. Ferguson-Smith 1993). Mit zunehmendem Alter der Mutter steigt das Risiko für diese Chromosomenstörung an.

3.2.3 Klinefelter-Syndrom

Die Häufigkeit beträgt 1:1000 männliche Neugeborene. Das Klinefelter-Syndrom wird bei einem von 100 Jungen mit leichter geistiger Retardierung und bei einem von 10 infertilen Männern beobachtet.

Klinische Merkmale

Charakteristisch sind unproportionierter Hochwuchs mit einer größeren Beinlänge, fehlende bzw. spärliche Körperbehaarung, weiblicher Typ der Schambehaarung, Gynäkomastie, Hodenatrophie, Azoospermie, verminderter Testosteronspiegel im Serum und hypergonadotroper Hypogonadismus (erhöhte FSH-Produktion). Die Erwachsenengröße liegt im oberen Normbereich. Später kann sich eine Skoliose sowie eine Osteoporose entwickeln. Sehr häufig wird bei Klinefelter-Patienten ein Diabetes mellitus beobachtet (s. Tabelle 3.6).

Meist fallen betroffene Jungen im Pubertätsalter wegen ausbleiben der sekundären Geschlechtsmerkmale auf (Abb. 3.4). Im Erwachsenenalter wird die Diagnose aufgrund einer Fertilitätsstörung und/oder eines Hypogonadismus gestellt.

Die geistige Entwicklung zeigt eine breite Variabilität. Der Intelligenzquotient kann um 10–15 niedriger als der gesunder Geschwister sein. Kontaktarmut und Integrationsschwierigkeiten können unter sozial schwierigen Bedingungen auftreten.

Zytogenetischer Befund

Neben dem reinen 47,XXY-Karyotyp, wie er in etwa 80% der Fälle gefunden wird, liegt bei manchen Patienten ein 48,XXXY-Karyotyp oder ein Mosaik von 46,XY/47,XXY vor. Patienten, die mehr als zwei X besitzen, sind schwerer betroffen (Tabelle 3.5).

In 2 Dritteln der Fälle stammt das überzählige X-Chromosom von der Mutter. In diesen Fällen ist das Alter der Mutter erhöht. Dagegen ist in den Fällen mit väterlicher Herkunft kein Zusammenhang mit dem väterlichen Alter beobachtet

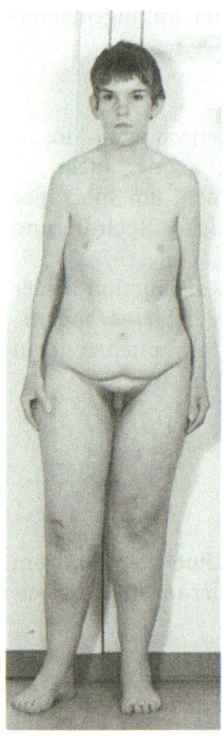

Abb. 3.4. Patient mit Klinefelter-Syndrom. (Aus Buselmaier u. Tariverdian 1998)

Tabelle 3.5. Beobachtete Karyotypen bei Klinefelter-Syndrom. (Nach Murken u. Cleve 1996)

Karyotyp	Häufigkeit
1. 47,XXY	ca. 80%
2. 48,XXXY 48,XXYY 49,XXXXY	
3. Mosaike 47,XXY/46,XY 47,XXY/46,XX 47,XXY/46,XY/45,X 47,XXY/46,XY/46,XX	ca. 20%

Tabelle 3.6. Wesentliche Symptome und Häufigkeit gonosomaler Chromosomenfehlverteilungen

Syndrome	Symptome
Turner-Syndrom 45,X	Häufigkeit: 1–2/10000 • Intelligenz: normal bis leichte Abweichungen • Minderwuchs (ca. 148 cm) • Rudimentäre Gonaden mit Sterilität • Schwach ausgebildeter Orientierungssinn • Sphynxgesicht, Pterygium colli • Aortenisthmusstenose • Frühzeitige Osteoporose
Triple-X-Syndrom XXX	Häufigkeit: 1/1000 • Körperlich in der Regel unauffällig, 3/4 der Frauen fertil, jedoch teilweise Zyklusstörungen und frühe Menopause • Das Risiko für eine gonosomale Aneuploidie bei den Nachkommen ist wegen des Selektionsvorteils der normalen Gameten nicht erhöht • Teilweise geistige Abweichungen unterschiedlichen Schweregrades
Klinefelter-Syndrom XXY	Häufigkeit: 1/1000 • Ca. 10 cm größer als der Durchschnitt • Aspermie, Hypogonadismus • Verminderter Gesichts- und Körperhaarwuchs • Leicht verminderte Intelligenz, etwa 10–15 Punkte im IQ (jedoch nicht obligat) • Frühzeitige Osteoporose
XYY-Syndrom	Häufigkeit: 1/1000 • Überdurchschnittliche Körpergröße (über 180 cm), sonst körperlich unauffällig • Psychisch disharmonische Persönlichkeitsentwicklung möglich • Intelligenz normal bis subnormal

worden. Die Ursache der Entstehung von 47,XXY-Karyotypen ist eine Non-disjunction in einer der meiotischen Teilungen der Oogenese oder in der 1. meiotischen Teilung der Spermatogenese (Rimoin et al. 1997; Connor u. Ferguson-Smith 1993).

3.2.4 XYY-Syndrom

Bei normal männlichen Neugeborenen kommt das XYY-Syndrom mit einer Häufigkeit von etwa 1:1000 vor. Bei den Jungen mit einer geistigen Retardierung beträgt die Häufigkeit bis zu 2%.

Klinische Merkmale

XYY-Männer zeigen keine charakteristischen Merkmale. Meist sind sie über-durchschnittlich groß (etwa 10 cm über der Größe von Männern mit 46,XY-Ka-ryotyp. Die Testosteronproduktion ist normal. Auch können XYY-Männer Ver-haltensauffälligkeiten zeigen (Tabelle 3.6). Der IQ dieser Patienten kann 10–15 Punkte unterhalb des IQ der normalen Geschwisterkinder liegen. Kontaktschwä-che und Anpassungsschwierigkeiten stehen im Vordergrund. Die Entwicklung hängt sehr vom sozialen Hintergrund ab.

Zytogenetischer Befund

Ein durchgehender 47,XYY-Karyotyp ist der häufigste zytogenetische Befund bei diesen Patienten. Das XYY-Syndrom entsteht entweder durch Non-disjunction in der 2. meiotischen Teilung der Spermatogenese oder durch postzygotische Non-disjunction des Y-Chromosoms. Die Häufigkeit ist vom väterlichen Alter unab-hängig.

Nach Geburt eines Kindes mit 47,XYY-Karyotyp besteht für Geschwister kein erhöhtes Risiko. Die XYY-Männer können normal fertil sein, ihre Nachkommen haben im Gegensatz zur erwarteten Segregation einen normalen Chromosomen-satz.

3.2.5 XX-Männer

Phänotypisch männliche Individuen mit einem weiblichen Chromosomensatz kommen bei etwa einem von 20000 phänotypisch männlichen Neugeborenen vor. Die Betroffenen sind infertil und haben einen hypergonadotropen Hypogo-nadismus. Ansonsten zeigen sie keine auffälligen Merkmale; die geistige Ent-wicklung ist normal. Die Diagnose wird in der Regel aufgrund einer Infertilität gestellt.

Die Ursache ist die Translokation einer bestimmten Region vom Y-Chromo-som, die als *sexdeterminierende Region des Y-Chromosoms* (SRY) bezeichnet wird, auf das X-Chromosom (Yq11.3 auf Xp). Das translozierte Stück des Y-Chro-mosoms enthält den Testis-determinierenden Faktor (TDF). Diese Translokation kann bei etwa 2 Dritteln der Patienten durch hochauflösende Bandentechnik nachgewiesen werden, in den anderen Fällen ist der Nachweis mit Hilfe von DNA-Analyse oder In-situ-Hybridisierung möglich. Die Translokation zwischen dem Y- und dem X-Chromosom findet in der väterlichen Meiose statt. Das Wie-derholungsrisiko scheint nicht erhöht zu sein.

3.3 Krankheiten mit autosomalen Chromosomenaberrationen

Bei einer numerischen Aberration der autosomalen Chromosomen kann ent-weder die Anzahl eines einzelnen Chromosoms (Trisomie, Monosomie) oder die eines ganzen Chromosomensatzes (Polyploidie) von der Norm abweichen.

Bei einem überzähligen Chromosom liegt in der Regel eine *freie Trisomie* vor. Eine Translokationstrisomie, die durch Verschmelzung von 2 Chromosomen oder Abschnitten davon zustandekommt, ist selten. Sie kann de novo entstehen, aber auch familiär sein.

Wenn nicht das ganze Chromosom, sondern nur ein Teil zusätzlich vorhanden ist, spricht man von einer *partiellen Trisomie*. Sie stammt häufig von einer balancierten Translokation eines Elternteils. Bei den partiellen Trisomien sind, je nachdem welcher Chromosomenabschnitt trisom vorliegt, die klinischen Merkmale und der Grad der geistigen Retardierung unterschiedlich ausgeprägt.

Eine *Monosomie* liegt dann vor, wenn ein ganzes Chromosom oder ein Chromosomenabschnitt fehlt. Die Monosomie eines ganzen autosomalen Chromosoms ist beim Menschen letal. Partielle Monosomien sind je nach Art und Größe des fehlenden Chromosomenstücks mit bestimmten klinischen Merkmalen und einer mehr oder weniger schwerwiegenden psychomotorischen Retardierung verbunden.

3.3.1 Trisomie 21 (Down-Syndrom)

Mit einer Durchschnittshäufigkeit von 1:700 Lebendgeborenen ist das Down-Syndrom die häufigste Ursache der geistigen Retardierung. Die Wahrscheinlichkeit für die Geburt eines Kindes mit Trisomie 21 steigt mit zunehmendem Alter der Mutter an (s. Tabelle 3.11). Etwa 60% der Zygoten mit Trisomie 21 werden spontan abortiert und mindestens 20% der Kinder tot geboren.

Klinische Merkmale
Neben der geistigen Retardierung ist das Down-Syndrom klinisch durch ein breites Spektrum von phänotypischen Auffälligkeiten charakterisiert (Tabelle 3.7).

Der Kopf ist brachyzephal mit abgeflachtem Hinterkopf, kurzem Hals und überschüssiger Nackenhaut. Das Gesicht ist rund und zeigt ein flaches Profil. Schräg nach oben außen gerichtete Augenlidachsen, Hypertelorismus, Epikanthus, spärliche Augenwimpern, Brushfield-Flecken auf der Iris, flache Nasenwurzel, kleiner, offen gehaltener Mund, evertierte Unterlippe, stark gefurchte und große Zunge, kleine dysplastische, tiefsitzende Ohren sind weitere Merkmale (Abb. 3.5). Besonders im Neugeborenenalter bestehen eine generalisierte Hypotonie und überstreckbare Gelenke.

Die Hände und Füße sind klein, mit kurzen Fingern und Zehen. Häufig liegt eine doppelseitige Verkürzung der Mittelphalangen des 5. Fingers mit Klinodaktylie vor. Der Abstand zwischen der 1. und 2. Zehe ist vergrößert (Sandalenlücke). Als charakteristische Hautleistenveränderungen sind Vierfingerfurche (Abb. 3.5c), distal verlagerter axialer Triradius, große Hypothenarmuster und Tibialbogen oder kleine Distalschleifen auf dem Großzehenballen zu nennen.

Im Skelettsystem findet man Abnormitäten an Rippen, Wirbelkörpern und Becken; Azetabulum- und Ileumwinkel sind abgeflacht.

Im Vordergrund der inneren Organfehlbildungen stehen die angeborenen Herzfehler mit 40% (AV-Kanal, VSD). Die häufigsten Fehlbildungen im Bereich

Tabelle 3.7. Wesentliche Charakteristika der Trisomie 13, 18 und 21

	Trisomie 13 (Pätau-Syndrom)	Trisomie 18 (Edwards-Syndrom)	Trisomie 21 (Down-Syndrom)
Häufigkeit	1:5000	1:3000	1:700
50%-Sterberate	Bis Ende des 1. Monats	Bis Ende des 2. Monats	Bis zum 20. Lebensjahr
Durchschnittliches Geburtsgewicht	2600 g	2200 g	2900 g
Äußere morphologische Symptome	Mikro-, Anophthalmie, Kolobom, Hypo- od. Hypertelorismus, mongoloide Lidachsenstellung, dysplastische Ohren, Kopfhautdefekt, Lippen-Kiefer-Gaumen-Spalte, postaxiale Polydaktylie, hypoplastische Nägel, Omphalozele (selten), Kryptorchismus	Schmaler, langer Schädel mit prominentem Okziput, dysplastische Ohren, kleiner Mund, Mikrogenie, flektierte, übereinandergeschlagene Finger, kurzer Großzeh in Flexionsstellung, prominenter Kalkaneus, Schaukelfüße, Omphalozele	Kurzer Schädel, kleine dysplastische Ohren, schmale Lidspalten, mongoloide Lidachsenstellung, Hypertelorismus, Epikanthus, weißliche Irisflecken, Makroglossie, flache Nasenwurzel, überstreckbare Gelenke, Cutis laxa, kurzer Hals, kurze Finger, plumpe Hände
Fehlbildungen	Arhinenzephalie, Holoprosenzephalie, Hypoplasie des Kleinhirnwurms, Herzfehler, meist VSD, polyzystische Nieren, urogenitale Fehlbildungen	Herzfehler, meist VSD, ZNS-Fehlbildungen, Fehlbildungen des Urogenitalsystems	Herzfehler bei etwa 40–50%, Duodenalatresie bzw. -stenose, hypoplastisches Becken
Funktionelle Symptome	Taubheit, Krämpfe, Hypotonie der Muskeln, schwere psychomotorische Entwicklungsstörung	Schwere mentale Retardierung, Entwicklungsverzögerung, verstärkter Muskeltonus	Geistige Retardierung (Intelligenzquotient meist zwischen 20 und 50), schlaffe Muskulatur, häufige Infekte, epileptische Anfälle

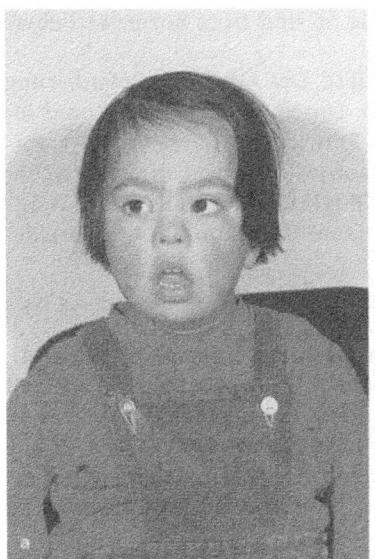

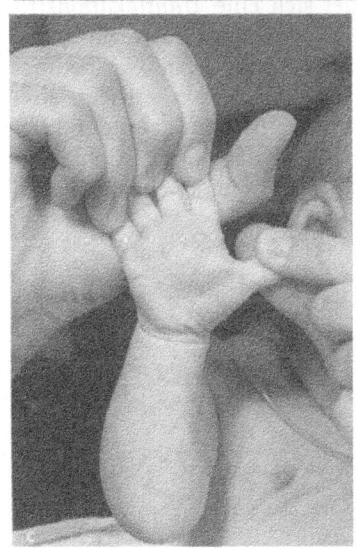

Abb. 3.5. a, b Patienten mit Down-Syndrom in verschiedenen Altersgruppen; c Vierfingerfurche bei Down-Syndrom

des Magen-Darm-Trakts sind Duodenalstenosen bzw. -atresien, Ösophagusatresien, Pylorusstenosen und Analatresien. Down-Syndrom-Patienten mit Megakolon (Morbus Hirschsprung) wurden wiederholt beobachtet.

Down-Syndrom-Patienten erkranken – besonders im Säuglings- und Kindesalter – relativ häufig an Leukämien und sind sehr infektanfällig. 2–3% der Betroffenen zeigen eine atlantoaxiale Instabilität, ca. 3% haben eine Hypothyreose und etwa 10% epileptische Anfälle.

Die Entwicklung der sekundären Geschlechtsmerkmale ist normal. Frauen mit Down-Syndrom sind fertil. Das erwartete Risiko für Nachkommen mit Down-

Syndrom liegt bei ca. 50%. Männer mit Trisomie 21 sind trotz normaler Pubertätszeichen infertil.

Die geistige Entwicklung ist erheblich retardiert. Der Grad der Retardierung liegt bei einem IQ von 35–50, nur selten über 50. Durch eine frühzeitige und intensive Förderung kann die psychomotorische Entwicklung dieser Kinder verbessert werden; heilpädagogische Maßnahmen sowie Unterricht in Sonderschulen sind erforderlich, um eine begrenzte Berufsfähigkeit in beschützenden Werkstätten zu erreichen. Entscheidend ist es, die betreute Integration in das Sozialleben zu ermöglichen.

Zytogenetischer Befund
- Etwa 95% der Patienten zeigen eine durchgehende *freie Trisomie 21* (Abb. 3.6), die durch Non-disjunction in der Meiose entsteht. Etwa 71% dieser Fälle mit durchgehender freier Trisomie 21 entstehen durch Non-disjunction in der 1., etwa 22% durch Non-disjunction in der 2. meiotischen Teilung der Eizelle und 5% durch Non-disjunction in der 1. bzw. 2. meiotischen Teilung der Spermatogenese (s. Tabelle 3.3). Bei ca. 2% liegt eine mitotische Non-disjunction vor.
- Bei etwa 4% der Down-Syndrom-Patienten findet sich eine *Translokationstrisomie* (Abb. 3.7). Translokationstrisomien sind im Gegensatz zu freien Trisomien nicht vom mütterlichen Alter abhängig. Sie können familiär bedingt sein, wenn bei einem Elternteil eine balancierte Translokation vorliegt, aber auch de novo entstehen. Bei der familiären D-/G-Translokation ist das Wiederholungsrisiko erhöht und beträgt nach verschiedenen Segregationsmöglichkeiten theoretisch 33% (Abb. 3.8). Das tatsächliche empirische Risiko ist

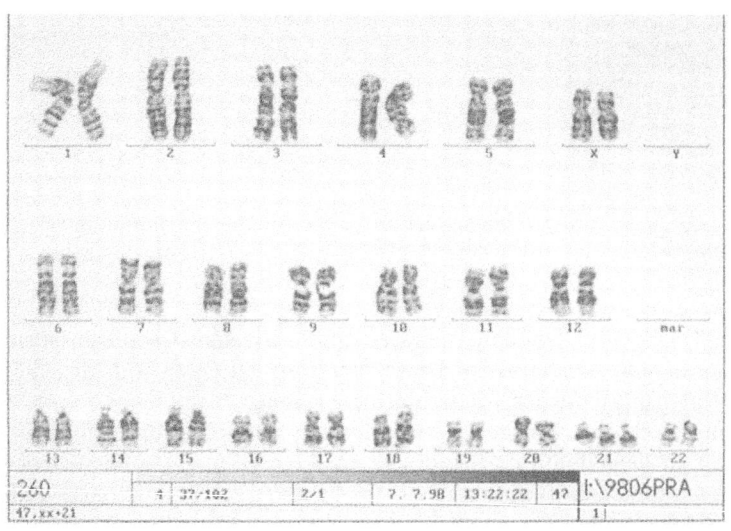

Abb. 3.6. Karyotyp eine5 Patientin mit einer freien Trisomie 21. (Mit freundlicher Genehmigung von H.D. Hager, Institut für Humangenetik, Universität Heidelberg)

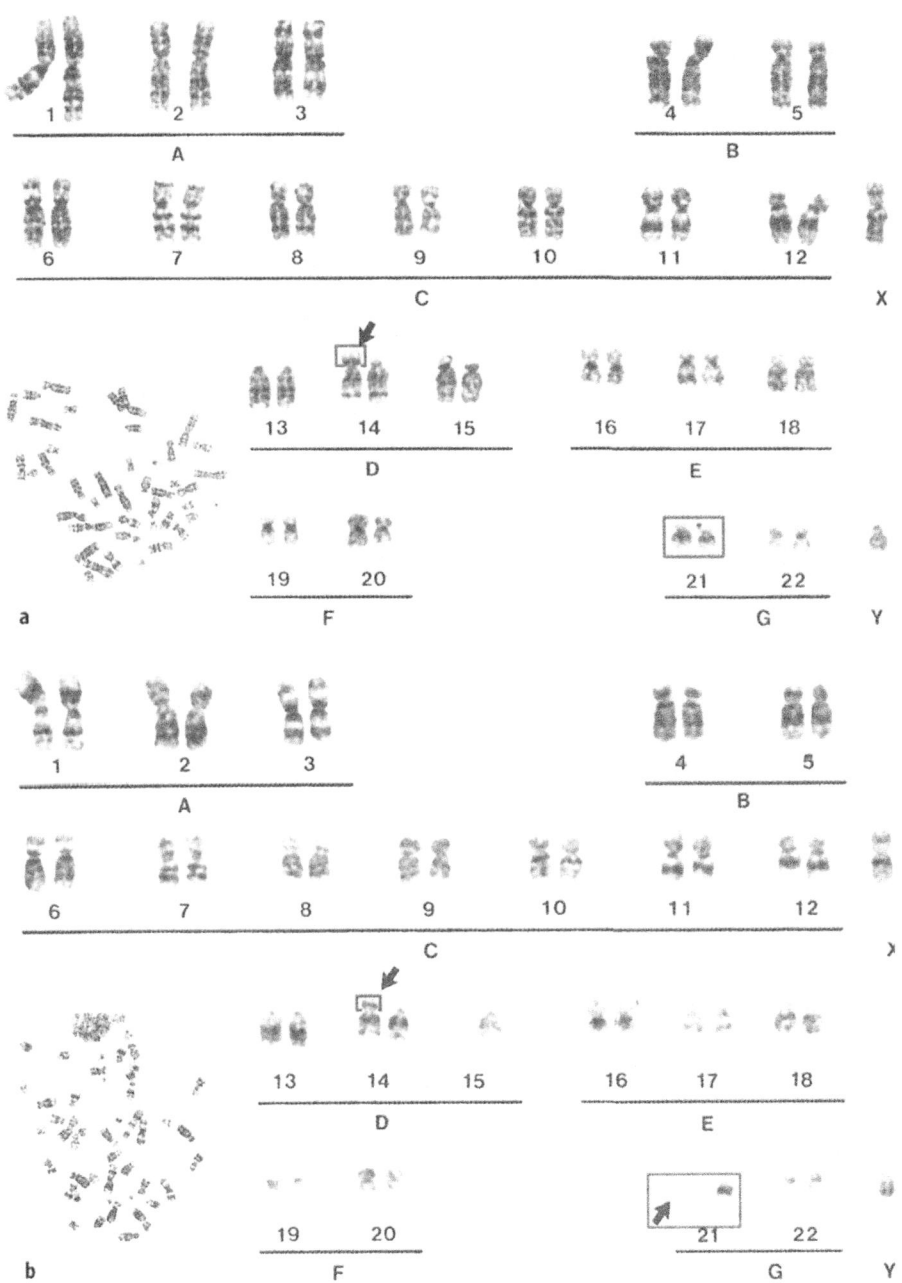

Abb. 3.7. a Translokationstrisomie 21 [46,XY,−14,+t(14;21)]; **b** Karyotyp einer balancierten Robertson-Translokation [45,XY,t(14;21)]. (Mit freundlicher Genehmigung von H.D. Hager, Institut für Humangenetik, Universität Heidelberg)

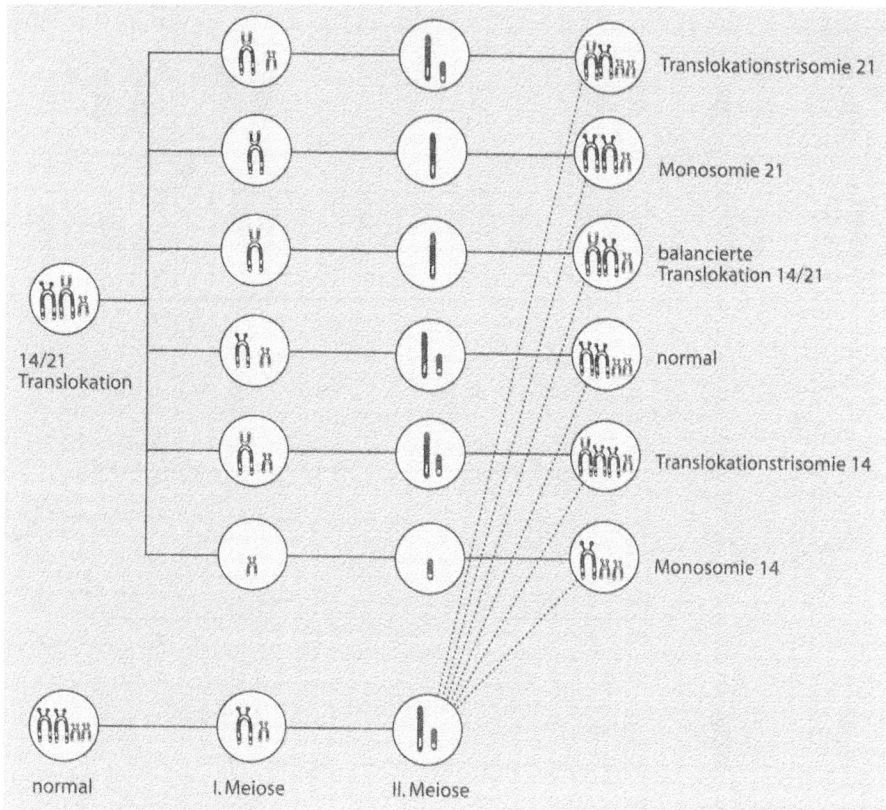

Abb. 3.8. Segregationsmöglichkeiten bei einer Robertson-Translokation 14/21. (Aus Buselmaier u. Tariverdian 1998)

jedoch niedriger und vom translokationstragenden Elternteil abhängig (siehe
Tabelle 3.10).
- Bei etwa 1–2% aller Patienten findet man nach zytogenetischer Analyse einen
  Mosaikbefund mit trisomen und normalen Zellen. Dies kann aus einer trisomen sowie aus einer normalen Zygote durch mitotische Non-disjunction entstehen.
- Sehr selten kann auch bei einem Down-Syndrom eine *partielle Trisomie* vorliegen. Das zusätzliche Stück eines Chromosoms Nr. 21 kann auch an einem
  anderen Chromosom angeheftet sein.

Das Chromosom Nr. 21 ist fast komplett kartiert, und einige der Gene sind inzwischen sequenziert. Offenbar ist die Region 21q22 für die meisten Symptome
des Down-Syndroms verantwortlich. In diesem Bereich liegt auch das Gen für
die Superoxyddismutase (SOD), ein Enzym mit Schutzfunktion vor freien Radi-
kalen, die bei der Oxydation entstehen und möglicherweise am natürlichen Alterungsvorgang beteiligt sind. Die Patienten mit Trisomie 21 besitzen von diesem

Gen 3 statt 2 Exemplare. Entsprechend dem Gendosiseffekt werden bestimmte Genprodukte in höherer Dosis als normal hergestellt. Die SOD-Konzentration ist bei Patienten mit Trisomie 21 um das 1,5fache erhöht. Es ist bekannt, daß das *Amyloid-Precursorprotein-Gen* (APP) in der Region 21q22 lokalisiert und für einen Teil der erblichen Form der Alzheimer-Erkrankung verantwortlich ist. Die älteren Patienten mit Down-Syndrom zeigen identische Amyloidplaques im Gehirn wie die Alzheimer-Patienten (Müller u. Graeber 1996).

3.3.2 Trisomie 18 (Edwards-Syndrom)

Die Häufigkeit der Trisomie 18 beträgt ca. 1:3000 Neugeborene. Etwa 95% der betroffenen Feten werden spontan abortiert. Bei den Lebendgeborenen besteht ein Geschlechterverhältnis von 4 zu 1 zugunsten des weiblichen Geschlechts, wahrscheinlich durch eine erhöhte Abortrate männlicher Feten bedingt.

Klinische Merkmale
Kinder mit Trisomie 18 sind bezogen auf die Schwangerschaftsdauer hypotrophe Neugeborene. Charakteristische Merkmale sind Dolichozephalie mit prominentem Hinterkopf, Mikrogenie, schmale Nasenwurzel, kleine Mundspalte, hoher spitzer Gaumen, Gaumenspalte, tiefsitzende und dysplastische Ohren, kurzes Sternum mit Ossifikationsanomalien, Beugekontraktur und Überlagerung der Finger, Muskelhypertonie mit Abduktionshemmung der Hüftgelenke, Pes equinovarus, prominenter Kalkaneus, große dorsalflektierte Großzehen und häufig ein Beugemuster auf den Finger- und Zehenbeeren.

Die häufigsten Organfehlbildungen sind Herzfehler, Zwerchfelldefekte, Nierenfehlbildungen, Omphalozele und Meningomyelozele (Abb. 3.9, Tabelle 3.7). Patienten mit Edwards-Syndrom sind geistig schwer retardiert. 10% der Fälle überleben das erste Lebensjahr und etwa 1% werden über 10 Jahre alt.

Zytogenetischer Befund
Neben den 80% durchgehenden freien Trisomien 18 werden in 20% Translokationstrisomien und Mosaike von normalen und trisomen Zellinien beobachtet. Patienten mit Mosaikbefunden sind schwächer betroffen. Die freien Trisomien entstehen bei ca. 95% der Fälle durch Non-disjunction in der 1. oder 2. meiotischen Teilung der Mutter (s. Tabelle 3.3). Im Gegensatz zum Down-Syndrom entsteht die Non-disjunction hier meist in der 2. meiotischen Teilung. Es besteht eine Abhängigkeit vom mütterlichen Alter (Mueller u. Young 1995).

3.3.3 Trisomie 13 (Pätau-Syndrom)

Die Häufigkeit der Trisomie 13 liegt bei etwa 1:5000 Neugeborenen. Die meisten betroffenen Kinder sterben im 1. Lebensjahr, nur 10% werden älter. Die mittlere Lebensdauer beträgt nur wenige Monate.

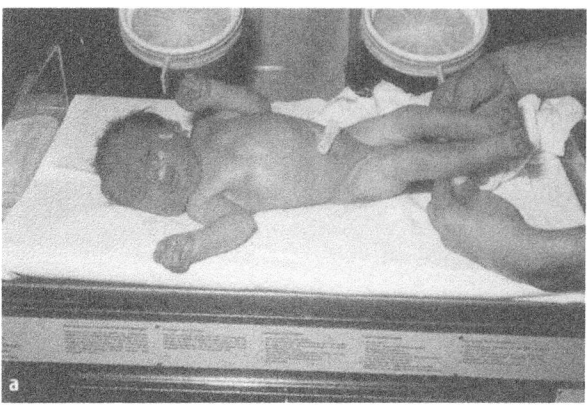

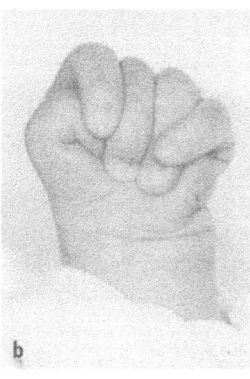

Abb. 3.9 a, b. Patienten mit Trisomie 18 (Edwards-Syndrom). **a** Gesicht, **b** typische Fingerstellung

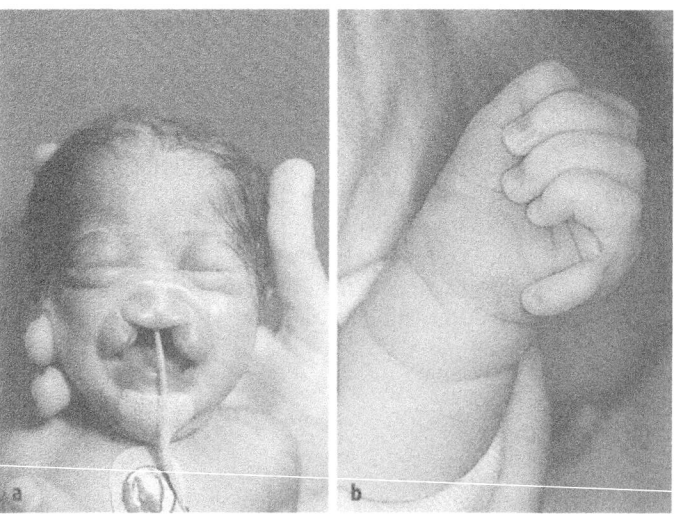

Abb. 3.10 a, b. Patient mit Trisomie 13 (Pätau-Syndrom), **a** Gesicht mit medianer LKG-Spalte, **b** Hexadaktylie. (Mit freundlicher Genehmigung der Univ. Kinderklinik Heidelberg)

Klinische Merkmale
Hauptmerkmale der Trisomie 13 sind Mikro- oder Anophthalmie, Hypotelorismus, ein- bzw. doppelseitige Lippen-Kiefer-Gaumen-Spalte, Holoprosenzephalie, Kopfhautdefekte, tiefsitzende und dysplastische Ohren, postaxiale Polydaktylie, Herzfehler und Fehlbildungen des Urogenitalsystems (Abb. 3.10, Tabelle 3.7).

Zytogenetischer Befund
In der Mehrzahl der Fälle (80%) liegt eine freie Trisomie 13 vor. Das überzählige Chromosom Nr. 13 ist bei 85% der Trisomie-13-Fälle mütterlicher Herkunft (s. Tabelle 3.3), bei ca. 20% ist eine Translokation die Grundlage, bei 5% liegt ein Mosaik-Befund vor (Connor u. Ferguson-Smith 1993).

3.3.4 Trisomie 8

Patienten mit Störungen der C-Gruppe der autosomalen Chromosomen sind seit 1983 bekannt. Die Trisomie 8 wurde erstmals 1971 von DeGrouchy et al. mittels Bandentechnik nachgewiesen. Die durchgehende freie Trisomie 8 ohne Mosaik ist eine der häufigsten Trisomien der C-Gruppe in spontan abortierten Feten. Bei den Lebendgeborenen liegt in der Regel ein Mosaik vor.

Klinische Merkmale
Die charakteristischen Merkmale der Trisomie 8 sind große quadratische Kopfform mit prominenter Stirn, tiefliegende Augen, Hypertelorismus, breiter Nasenrücken, antevertierte Nasenlöcher, devertierte Lippen, Mikrogenie, hoher spitzer Gaumen, große Ohren mit verdickter Helix, schmale Schultern und schmaler Rumpf, tabakbeutelähnliches Gesäß, Kryptorchismus und Inguinalhernien. Hände und Füße mit langen und schmalen Fingern bzw. Zehen und Beugekontrakturen geben die wichtigsten diagnostischen Hinweise. Die Fußsohlen und Handinnenflächen zeigen tiefe Hautfurchen. Gelegentlich findet man eine Aplasie der Patellae, Wirbelanomalien, Spina bifida und Balkenagenesie.

Die Betroffenen zeigen eine mittelschwere geistige Retardierung, der Intelligenzquotient liegt bei 70–80 Punkten. Sprachentwicklungsstörungen können durch logopädische Betreuung vor allem bei Patienten mit höherem IQ gebessert werden.

Zytogenetischer Befund
Bei den lebendgeborenen Kindern liegt meistens ein Mosaik von trisomen und normalen Zellen vor. Bei den sehr seltenen Fällen mit einer durchgehenden Trisomie, die klinisch kaum von den Patienten mit Mosaikbefund zu unterscheiden sind, liegt sehr wahrscheinlich auch ein Mosaik vor, das in den peripheren Lymphozyten nicht nachzuweisen ist.

3.3.5 Triploidie

Bei 15% aller Spontanaborte wird eine Triploidie gefunden, während diese Mutation unter Lebendgeborenen eine ausgesprochene Seltenheit darstellt. Bei den Lebendgeborenen handelt es sich meist um Mosaike von normalen und triploiden Zellinien.

Klinische Merkmale
Neugeborene mit Triploidie haben in der Regel ein niedriges Geburtsgewicht, einen disproportionierten kleinen Rumpf im Verhältnis zur Kopfgröße und multiple angeborene Abnormitäten, die nicht für diese Chromosomenaberration charakteristisch sind. Gelegentlich können Neuralrohrdefekte, Hydrozephalus, Iriskolobome, Syndaktylien und intersexuelle Genitalien vorliegen.

Die phänotypischen Merkmale der Feten bzw. Embryonen mit triploidem Chromosomensatz sind je nach Art der Herkunft des zusätzlichen Chromosomensatzes sehr unterschiedlich. Ein triploider Fet mit zweifachem mütterlichen Chromosomensatz (gynoid) ist im Wachstum retardiert und hat einen relativ großen Kopf (Abb. 3.11). Ist der väterliche Chromosomensatz zweifach vorhanden (android), so liegt eine Mikrozephalie bei nahezu altersentsprechendem intrauterinem Wachstum vor. Besonders charakteristisch sind die Plazentabefunde:

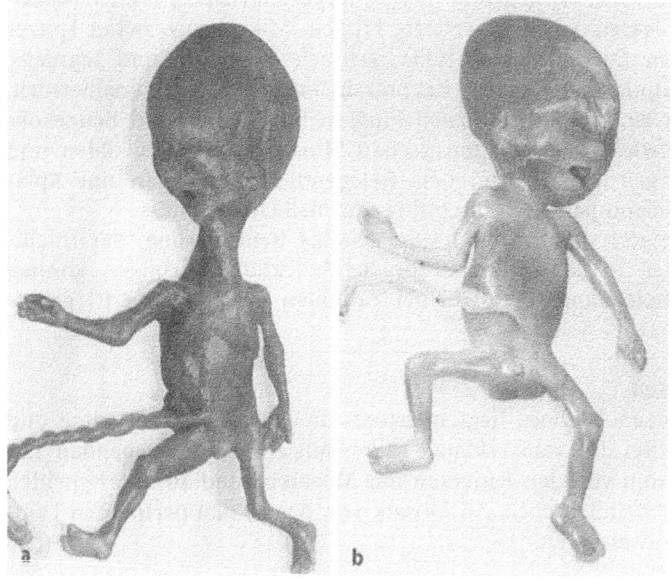

Abb. 3.11a,b. Feten mit Triploidie. **a** Androider Fetus mit Mikrozephalie, **b** genoider Fetus mit relativer Makrozephalie und Wachstumsretardierung. (Aus Buselmaier u. Tariverdian 1998)

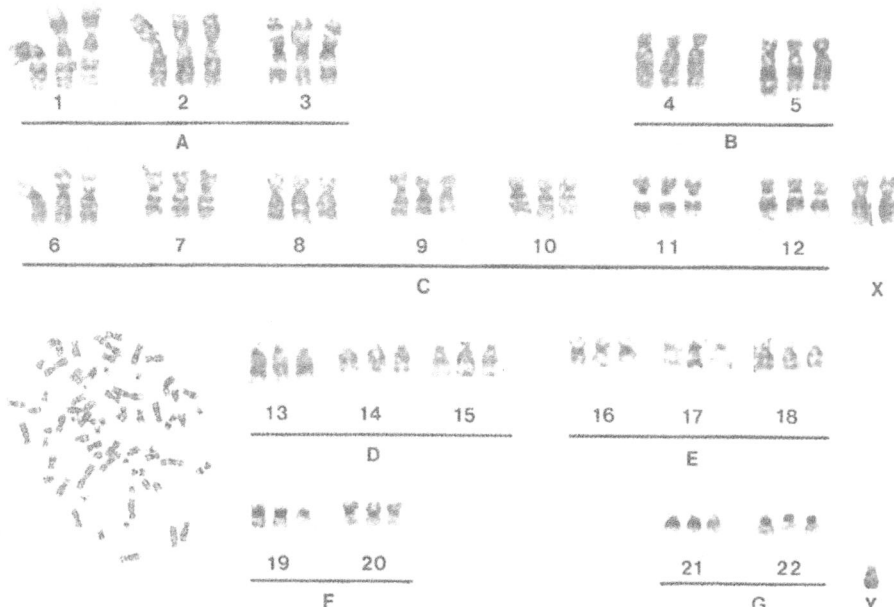

Abb. 3.12. Triploidiekaryotyp (69,XXY). (Mit freundlicher Genehmigung von H.D. Hager, Institut für Humangenetik, Universität Heidelberg)

androide Feten haben eine große, zystisch veränderte (partielle Blasenmole) und gynoide Feten eine kleine, fibrotische Plazenta.

Zytogenetischer Befund
Bei etwa 60% findet man einen 69,XXY-Karyotyp (Abb. 3.12). In den übrigen Fällen liegt entweder ein 69,XXX-Karyotyp oder ein Mosaik vor. Meistens entsteht die Triploidie durch eine Doppelfertilisierung (in 65%). In etwa 25% entsteht sie durch ein diploides Spermatoid und in 10% durch eine diploide Eizelle (Connor u. Ferguson-Smith 1993).

3.4 Entstehungsmechanismus struktureller Chromosomenaberrationen

Strukturelle chromosomale Aberrationen entstehen durch Brüche an einem oder mehreren Chromosomen. Nach einem Bruchereignis werden 2 instabile Chromosomenstücke frei, die in der Regel durch Repairmechanismus ohne Verlust wieder zusammengefügt und repariert werden. Finden jedoch mehrere Bruchereignisse statt, so entstehen mehr als 2 Chromosomenbruchstücke; der Repairmechanismus kann dann die einzelnen Bruchenden nicht mehr unterscheiden; dadurch kann es zu Bruchstückverlusten oder falschen Wiederverbindungen kommen.

Die spontane Bruchrate kann durch Belastung mit ionisierenden Strahlen oder chemischen Mutagenen zunehmen. Auch bei manchen genetischen Krankheiten (s. 3.9) ist die Bruchrate erhöht.

Im Prinzip unterscheidet man balancierte und unbalancierte Strukturaberrationen. Von *balancierten Strukturaberrationen* spricht man, wenn kein Verlust oder Zugewinn von Chromosomensegmenten stattfindet. *Unbalancierte Strukturaberrationen* sind mit Verlust oder Zugewinn von Chromosomensegmenten verbunden.

Die verschiedenen strukturellen Chromosomenaberrationen können in vielfältiger Weise und an jeder Stelle der Chromosomen entstehen. Sie werden nach ihrer Strukturveränderung bezeichnet. Hier werden einzelne klinisch relevante Beispiele ergänzend dargestellt.

3.4.1 Translokation

Eine Translokation ist ein Austausch oder ein Übertragen von einem Chromosom oder Chromosomensegment auf eine andere Stelle. Dieser Prozeß setzt mindestens 2 Bruchereignisse voraus. Normalerweise geht dies ohne Verlust von Genmaterial vonstatten und ist klinisch nicht relevant. Man spricht dann von einer *balancierten Translokation*. Eine balancierte Translokation hat in der Regel klinisch keine Auswirkungen, ist aber für die nachfolgende Generation von Bedeutung, weil es in der Meiose zu einer unbalancierten Chromosomenkonstellation kommen kann, die dann im Falle einer Befruchtung schwerwiegende Folgen für das Kind hat.

Man kennt 3 Typen von Translokationen:
- reziproke Translokation,
- Robertson-Translokation,
- insertionale Translokation.

Reziproke Translokation

Eine reziproke Translokation ist ein Austausch von zwei durch 2 Bruchereignisse entstandenen Chromosomensegmenten. Zwar wird die Anordnung des genetischen Materials verändert, aber es ist weder Chromosomenmaterial verlorengegangen noch dazugekommen; die Translokation ist balanciert. Die Träger der balancierten Translokation sind in der Regel klinisch unauffällig. Jedoch werden hin und wieder bei Kindern mit mentaler Retardierung mit oder ohne Dysmorphiezeichen reziproke Chromosomtranslokationen gefunden. Möglicherweise liegt hier doch ein nicht erkennbarer unbalancierter Stückaustausch vor.

Während der meiotischen Teilung bilden die Chromosomen mit reziproker Translokation *Quadrivalente* (Abb. 3.13), welche die Paarung von homologen Chromosomensegmenten ermöglichen. Nach Vollendung der meiotischen Teilung enthalten die Gameten unterschiedliche Kombinationen von Teilen der Qua-

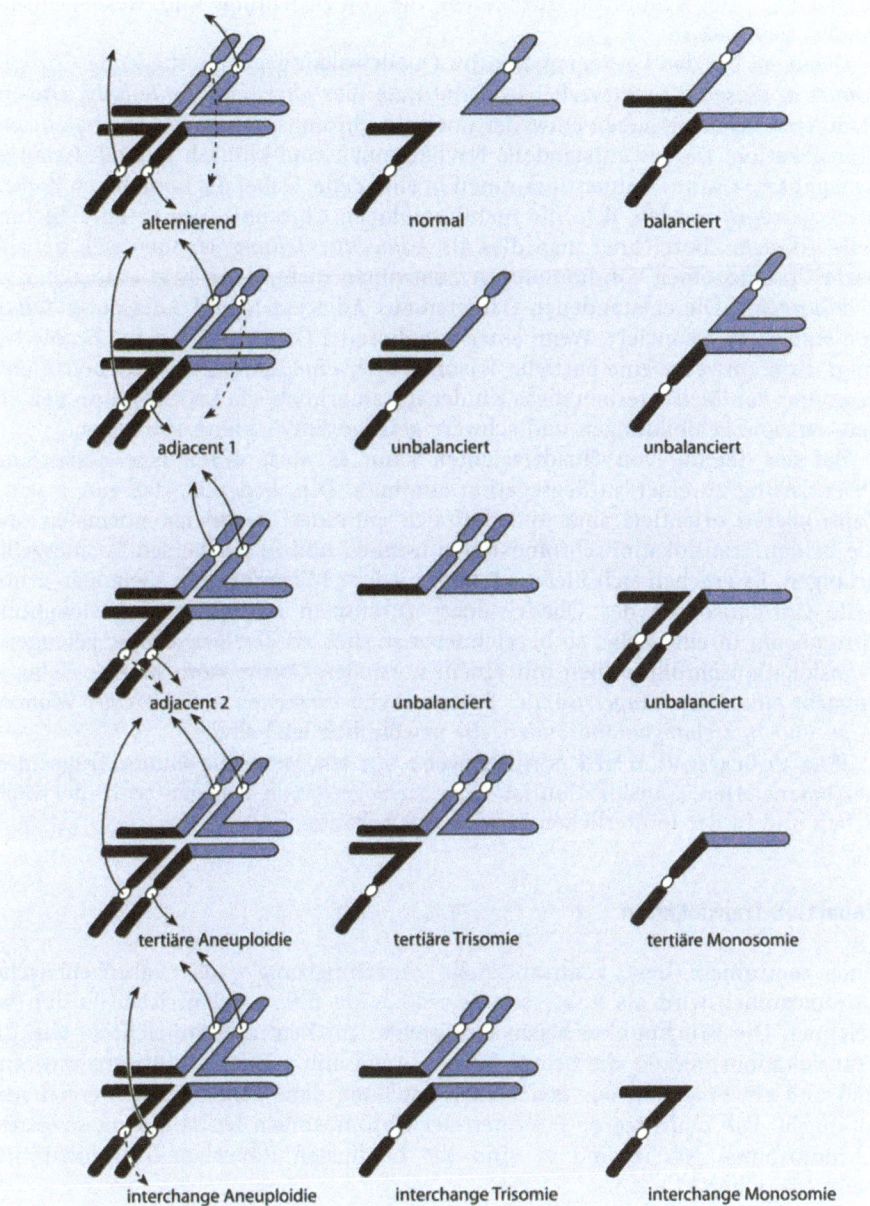

Abb. 3.13. Schematische Darstellung der Segregationsmöglichkeiten bei reziproker Translokation. (Aus Buselmaier u. Tariverdian 1998)

drivalente. – Segregationsmöglichkeiten, die von Bedeutung sind, werden im folgenden geschildert.

Gelangen bei der 2:2-Segregation im Quadrivalent gegenüberliegende Chromosomen in dieselbe Tochterzelle, so nennt man dies *alternierende Teilung*. Die entstandenen Gameten haben entweder normale Chromosomen oder eine balancierte Translokation. Daraus entstandene Nachkommen sind klinisch gesund. Gelangen benachbarte Chromosomen zusammen in eine Zelle, wobei die homologen Zentromere getrennt werden, d. h. die nichthomologen Chromosomen in eine Tochterzelle gelangen, bezeichnet man dies als *Adjacent-1-Teilung*; trennen sich benachbarte Chromosomen von homologen Zentromen nicht, dann liegt eine *Adjacent-2-Teilung* vor. Die entstandenen Gameten aus Adjacent-1- und Adjacent-2-Teilungen sind nicht balanciert. Wenn einer von diesen 4 Gametentypen zur Zygote beiträgt, liegt entweder eine partielle Trisomie oder eine Monosomie des betroffenen Segments vor. Meist sterben diese Kinder intrauterin ab, die Lebendgeborenen zeigen multiple Fehlbildungen und schwere geistige Entwicklungsstörungen.

Bei der Teilung von Quadrivalenten kann es auch durch eine diskordante Orientierung zu einer 3:1-Segregation kommen. Dies bedeutet, daß nur 2 von 4 Zentromeren orientiert sind und daß sich entweder die beiden normalen oder die beiden Translokationschromosomen trennen und in die beiden Tochterzellen gelangen. Es ergeben sich hieraus 8 verschiedene Möglichkeiten. Gelangen 2 normale Chromosomen des Quadrivalents zusammen mit einem Translokationschromosom in eine Zelle, so bezeichnet man dies als *Tertiärtrisomie*, gelangen 2 Translokationschromosomen mit einem normalen Chromosom in eine Zelle, so entsteht eine *Interchangetrisomie*. Entsprechend entstehen auch *tertiäre Monosomien* und *Interchangemonosomien*, die gewöhnlich letal sind.

Eine 3:1-Segregation tritt normalerweise nur auf, wenn die Mutter Trägerin einer balancierten Translokation ist. Eine 2:2-Segregation dagegen ist in der väterlichen und in der mütterlichen Meiose gleich häufig.

Robertson-Translokation

Eine zentromere bzw. zentromernahe Verschmelzung zweier akrozentrischer Chromosomen wird als Robertson-Translokation bzw. als zentrische Fusion bezeichnet. Die Bruchpunkte liegen unmittelbar im Zentromerbereich, so daß das Translokationsprodukt die beiden langen Arme mit 2 Zentren (dizentrisch) enthält und ein Fragment aus den beiden Satelliten ohne zentromeren Bereich verlorengeht. Die zentromeren Fusionen der Chromosomen Nr. 13 und 14 sowie der Chromosomen Nr. 14 und 21 sind die häufigsten Robertson-Translokationen beim Menschen.

Die Chromosomen Nr. 13–15 sowie 21 und 22 enthalten die NOR-Regionen. Das Fehlen eines Teils der Gene in diesem Bereich hat offenbar keine klinische Auswirkung. Durch zentrische Fusion zweier akrozentrischer Chromosomen reduziert sich die Chromosomenzahl auf 45. Robertson-Translokationen können familiär vorkommen, aber auch de novo entstehen.

Träger einer Robertson-Translokation sind klinisch unauffällig. Bei meiotischen Teilungen paaren sich homologe Segmente; so entstehen Trivalente (Abb.

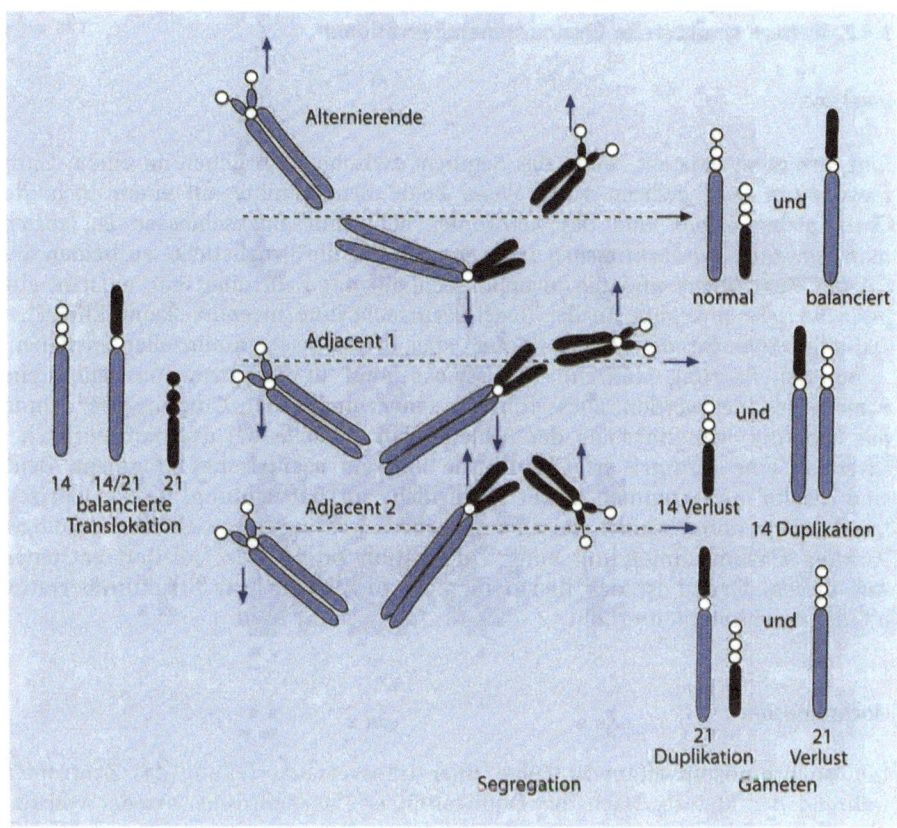

Abb. 3.14. Schematische Darstellung der Segregationsmöglichkeiten bei einer Robertson-Translokation (nach Connor, Ferguson-Smith 1993)

3.14), die wiederum unterschiedliche Segregationsweisen ermöglichen. Die entstandenen Gameten können normal, balanciert oder unbalanciert sein. Träger einer balancierten Robertson-Translokation haben aus diesem Grund ein erhöhtes Risiko für Translokationstrisomien bei ihren Nachkommen.

Insertionale Translokation

Voraussetzung für eine insertionale Translokation sind 3 Brüche in einem oder 2 Chromosomen, wobei ein durch 2 Brüche entstandenes Bruchstück des einen Chromosoms in die Bruchstelle des anderen eingebaut wird. Die balancierten Träger sind gesund. Es besteht aber wiederum das Risiko, Nachkommen mit einer Deletion oder einer Duplikation zu bekommen.

3.4.2 Weitere strukturelle Chromosomenaberrationen

Inversion

Eine Inversion entsteht, wenn das Segment zwischen 2 Brüchen an einem Chromosom um 180° gedreht wird. Wenn beide Bruchpunkte auf einem Arm des Chromosoms liegen und das Zentromer nicht mit eingeschlossen ist, spricht man von einer *parazentrischen Inversion*. Liegen die Bruchstücke zu beiden Seiten des Zentromers und die Inversion schließt das Zentromer ein, entsteht eine *perizentrische Inversion*. In der Regel verursacht eine Inversion keine klinischen Auffälligkeiten. Bei der Meiose können aber unbalancierte Keimzellen entstehen.

Bei der Paarung während der Meiose muß in der Inversionsregion eine Schleife gebildet werden. Diese führt zu einem ungleichen Crossing-over. Findet das Crossing-over innerhalb der Schleife statt, entsteht bei der parazentrischen Inversion eine dizentrische Chromatide und ein azentrisches Fragment. Beide sind instabil und kommen in der Regel nicht zur Befruchtung. Bei der perizentrischen Inversion können durch ungleiches Crossing-over bei der homologen Paarung Chromosomen mit einer Duplikation oder einer Deletion entstehen. Aus diesem Grund ist das Risiko für eine nichtbalancierte Strukturaberration bei den Nachkommen erhöht.

Isochromosom

Ein Isochromosom ist meist Folge einer transversalen Teilung des Zentromers während der Meiose. Nach der Duplikation ist das Zentromer wieder vollständig, aber beide Chromosomenarme sind homolog und beinhalten identisches Genmaterial. Das Isochromosom des langen Arms des X-Chromosoms wurde bei Lebendgeborenen mit einem Turner-Phänotyp beobachtet. Zu diesem Phänotyp kommt es, weil dabei eine Monosomie des kurzen Arms des X-Chromosoms vorliegt. Auch das Isochromosom des Y-Chromosoms ist beobachtet worden. Isochromosomen der anderen Chromosomen hat man nur in Abortmaterial gefunden.

Dizentrische Chromosomen

Dizentrische Chromosomen entstehen nach einfachen Chromatidenbrüchen und Reunion der jeweils ein Zentromer tragenden Segmente der beiden Chromatiden.

Duplikationen

Unter einer Duplikation versteht man ein zweimaliges Auftreten ein und desselben (kleineren und größeren) Chromosomensegments im haploiden Chromosomensatz.

Als Ursache für das Entstehen von Duplikationen wird u. a. illegitimes Crossing-over angesehen. Man nimmt an, daß ein Kontakt zwischen 2 homologen Chromosomen an nichthomologen Stellen eintritt und so ein Chromatidenstück des einen Chromosoms mit dem des anderen Chromosoms vereinigt wird. Duplikationen haben in der Evolution eine große Rolle bei der Entstehung neuer Gene gespielt.

Auch kann durch Chromosomenfragmentation oder Chromosomenbruch ein Teilstück eines Chromosoms oder einer Chromatide abgetrennt werden. Dieses Stück kann an eine Bruchstelle des homologen Chromosoms bzw. der Chromatide angeheftet werden.

Ringchromosom

Ein Ringchromosom entsteht durch 2 Brüche in beiden Chromatiden eines Chromosoms, indem die Bruchflächen des terminalen Endes miteinander verschmelzen und so zur Bildung eines geschlossenen Ringes führen. Solche Ringchromosomen sind klinisch relevant und können infolge Verlusts von Chromosomenmaterial zu schweren, sehr unterschiedlichen Krankheitsbildern führen. Wenn ein Ringchromosom ein Zentromer beinhaltet, kann es repliziert werden und bei den weiteren Zellteilungen bestehen bleiben. Es kann aber auch weitere Unregelmäßigkeiten wie Verdoppelung, Entstehung eines größeren Ringes mit 2 Zentromeren oder Verlust des Ringes nach sich ziehen.

3.5 Krankheiten mit strukturellen autosomalen Chromosomenaberrationen

Strukturelle autosomale Chromosomenaberrationen führen dann zu einer bestimmten klinischen Erkrankung bzw. Fehlbildung, wenn eine Aneuploidie (z. B. partielle Monosomie oder Trisomie) vorliegt. Durch eine balancierte, strukturelle Chromosomenaberration wird in der Regel keine Erkrankung hervorgerufen. In seltenen Fällen kann durch Zerstörung eines Gens am Bruchpunkt eine monogene Erkrankung verursacht werden. So konnte in manchen Fällen bei gemeinsamem Auftreten von monogenen Erkrankungen und balancierter Translokation die chromosomale Lokalisation eines verantwortlichen Gens bestimmt werden. In seltenen Fällen kann eine balancierte Translokation eine Infertilität verursachen. Unter Anwendung von hochauflösender Bandentechnik werden auch kleine strukturelle Aberrationen in zunehmendem Maße erkannt.

3.5.1 Partielle Monosomie 4p (Wolf-Hirschhorn-Syndrom)

Die Häufigkeit der partiellen Monosomie 4p beträgt ca. 1:50 000. Mädchen werden etwa doppelt so häufig betroffen wie Jungen.

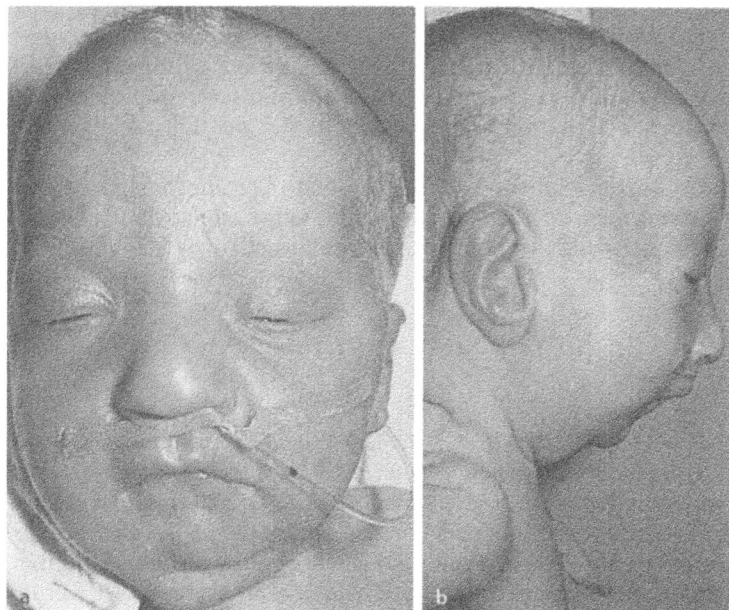

Abb. 3.15. Patient mit Wolf-Hirschhorn-Syndrom

Klinische Merkmale

Charakteristisch für das Wolf-Syndrom sind Mikrozephalie, hohe Stirn, Hypertelorismus, antimongoloide Lidachsen, Iriskolobome, Lippen-Kiefer-Gaumen-Spalte, Mikrogenie, dysplastische Ohren, Daumenhypoplasie, angeborene Herzfehler, Fehlbildungen des ZNS sowie des Urogenitalsystems (Abb. 3.15, Tabelle 3.8). Meist leiden diese Kinder an epileptischen Anfällen. Aufgrund der schweren Fehlbildungen sterben die meisten der betroffenen Kinder im Kleinkindesalter.

Zytogenetischer Befund

Es liegt eine Deletion des kurzen Arms von Chromosom Nr. 4 vor (Abb. 3.16). In ca. 20% der Fälle ist die Deletion durch eine familiäre Translokation entstanden. Es sind auch Fälle mit einem Ringchromosom 4 beobachtet worden. Der klinische Phänotyp variiert entsprechend der Größe des deletierten Stücks. Die kritische Region, die die Erkrankung verursacht, ist 4p16pter. Das *Pitt-Rogers-Danks-Syndrom* ist eine Variante, wobei eine kleine Deletion der 4p16.3-Region vorliegt (Clemens et al. 1996). Eine proximale Deletion 4p15 verursacht das *Fryns-Syndrom* (Fryns 1995).

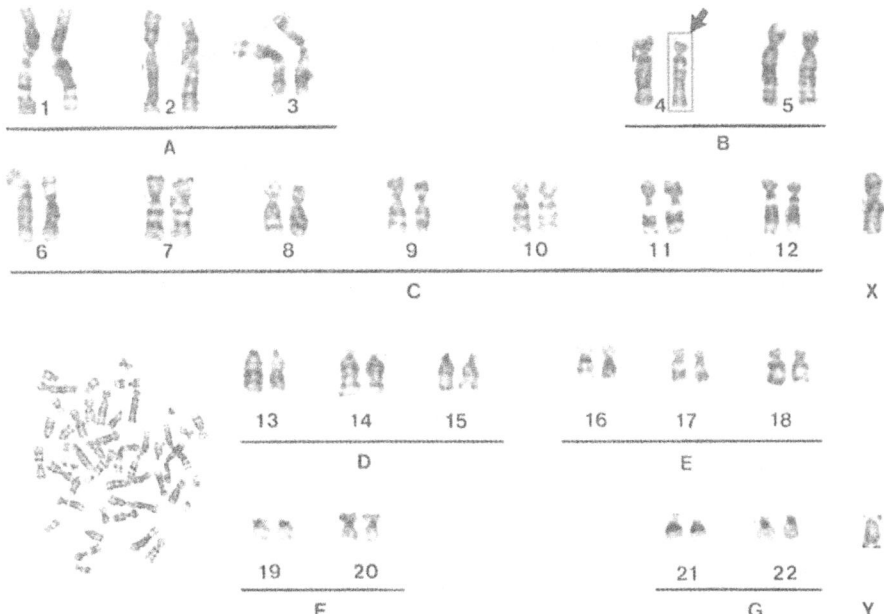

Abb. 3.16. Karyogramm eines Patienten mit Wolf-Hirschhorn-Syndrom (46,XY,4p–). (Mit freundlicher Genehmigung von H.D. Hager, Institut für Humangenetik, Universität Heidelberg)

3.5.2 Partielle Monosomie 5p (Katzenschrei- bzw. Cri-du-chat-Syndrom)

Die Häufigkeit der partiellen Monosomie 5p wird auf etwa 1:50000 geschätzt.

Klinische Merkmale

Das charakteristische Merkmal ist ein eigentümliches Wimmern und schrilles Schreien des Kindes. Wegen der Ähnlichkeit mit dem Miauen junger Katzen haben die Autoren dieses Krankheitsbild als Cri-du-chat-(Katzenschrei-)Syndrom bezeichnet. Weitere Merkmale sind kraniofaziale Dysmorphiezeichen wie rundes Gesicht, Hypertelorismus, angedeutete antimongoloide Lidachsen, Epikanthus, breite und flache Nasenwurzel, Mikrogenie, Zahnstellungsanomalien, hoher spitzer Gaumen, tiefsitzende dysplastische Ohren, Mikrozephalie und abnorme Dermatoglyphen (Abb. 3.17, Tabelle 3.8).

Angeborene Herzfehler sowie Hirn- und Nierenfehlbildungen können als Begleitsymptome vorliegen. Die psychomotorische und geistige Entwicklung ist stark verzögert. Die phänotypischen Merkmale, die in der Neugeborenenperiode sehr stark ausgeprägt sind, werden mit zunehmendem Alter abgeschwächt.

Tabelle 3.8. Deletionen – klinische Merkmale einiger Syndrome

Typ	4p–	5p–	18p–	18q–
Katzenschrei	–	+	–	–
Geistige Retardierung, Entwicklungsverzögerung	+	+	+	+
ZNS-Fehlbildungen	+	–	–	–
Mikrozephalus	+	(+)	–	+
Iriskolobom	+	–	–	–
Hypertelorismus	+	+	(+)	*
Epikanthus	(+)	(+)	(+)	–
Ptosis	+	–	(+)	–
Strabismus	(+)	(+)	(+)	–
Sehstörung	(+)	(+)	+	(+)
Hypoplastisches Mittelgesicht	–	–	–	+
Dysplastische Ohren	+	(+)	(+)	(+)
Gehörgangsatresie	–	–	–	(+)
Mikrogenie	+	(+)	(+)	–
Gaumenspalte	+	–	–	–
Herzfehler	(+)	–	–	(+)
Fehlbildungen des Urogenitalsystems	+	–	–	–

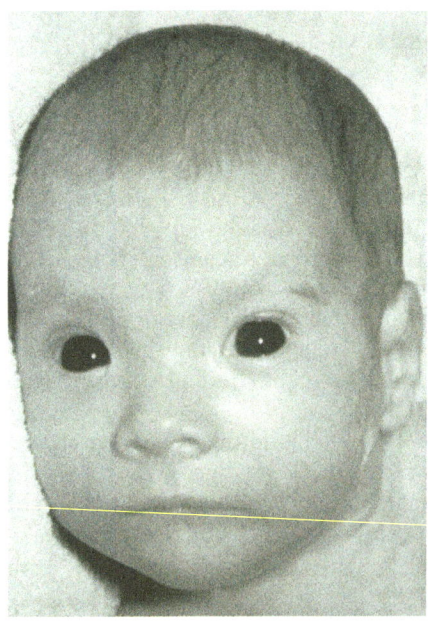

Abb. 3.17. Typisches Gesicht einer Patientin mit Cri-du-chat-Syndrom

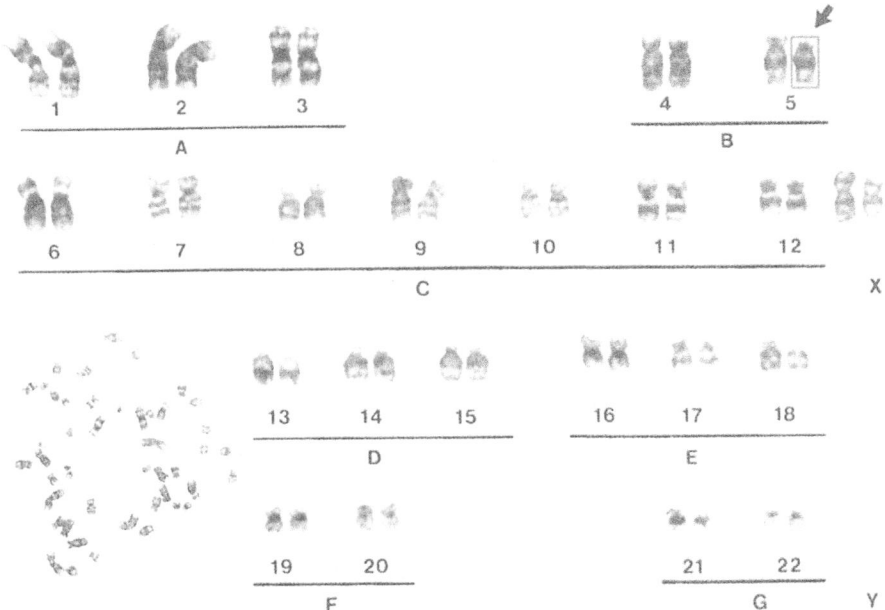

Abb. 3.18. Karyotyp einer Patientin mit Cri-du-chat-Syndrom (46,XX,5p–). (Mit freundlicher Genehmigung von H. D. Hager, Institut für Humangenetik, Universität Heidelberg)

Zytogenetischer Befund

Bei etwa 88% der Fälle liegt eine De-novo-Deletion des kurzen Arms des Chromosoms Nr. 5 (5p15-pter) vor (Abb. 3.18). Die kritische Region ist p15.3. In etwa 12% der Fälle liegt eine elterliche balancierte reziproke Translokation oder eine perizentrische Inversion vor. In sehr seltenen Fällen sind auch komplizierte Rearrangements beobachtet worden. Obwohl die Bruchpunkte sehr unterschiedlich sein können, scheint das Krankheitsbild durch Verlust der Bande 5p15 verursacht zu sein.

3.5.3 18p-Monosomie (DeGrouchy I)

Bei der 18p-Monosomie liegt eine Deletion des kurzen Arms des Chromosoms 18 vor. 1963 wurde das Krankheitsbild von DeGrouchy et al. beschrieben.

Klinische Merkmale

Das klinische Bild ist nicht so charakteristisch wie bei der 18q-Monosomie. Die Kinder sind mikrozephal und zeigen mehr oder weniger Gesichtsdysmorphien. Sie haben einen kurzen Hals, evtl. mit Pterygium colli wie beim Turner-Syndrom. Geistig und psychomotorisch sind sie retardiert (DeGrouchy u. Turleau 1984).

Zytogenetischer Befund
Die Mehrzahl der Fälle entsteht de novo. In seltenen Fällen findet man eine elterliche balancierte Translokation.

3.5.4 18q-Monosomie (DeGrouchy II)

Die partielle Deletion des langen Arms des Chromosoms 18 wurde zum ersten Mal 1964 von DeGrouchy et al. beschrieben.

Klinische Symptome
Eine schwere generalisierte Muskelhypotonie ist eines der konstanten Merkmale dieses Syndroms. Die Kinder liegen mit gebeugten und nach außen verdrehten Beinen in einer froschähnlichen Position. Gesichtsdysmorphiezeichen wie Hypoplasie von Nase und Oberkiefer, tiefliegende Augen, Ptose, Epikanthus, Hypertelorismus, kurzes und flaches Philtrum, invertierte Oberlippenschleimhaut sowie Augenfehlbildungen sind charakteristisch. Hypoplastische Ohren mit Gehörgangsatresie, weiter Mamillenabstand, Hautgrübchen über den Schulter-, Hüft- und Kniegelenken, lange schmale, spitz zulaufende Finger, Hypospadie und Hypoplasie der Labia minora sind weitere Merkmale. Relativ häufig liegen angeborene Herzfehler und Skelettfehlbildungen vor (DeGrouchy u. Turleau 1984). Die geistige und psychomotorische Entwicklung ist stark retardiert.

Zytogenetischer Befund
Bei der Mehrzahl der Fälle ist die Deletion des langen Arms des Chromosoms 18 de novo entstanden. Das wichtigste Segment, das mit den klinischen Merkmalen in Verbindung steht, scheint 18q21.3 zu sein. Der Bruchpunkt ist oft 18q21.2. Eine Reihe von Mosaikfällen ist beobachtet worden.

In 10% der Fälle wird die Deletion durch eine elterliche balancierte Translokation verursacht, weshalb dieses Syndrom mit einer partiellen Monosomie bzw. Trisomie anderer Chromosomen assoziiert sein kann.

3.5.5 Trisomie 9p

Die Trisomie 9p ist eine der häufigsten partiellen Trisomien. 1970 wurde sie von Rethore beschrieben.

Klinische Merkmale
In den meisten Fällen liegt eine meist schwere geistige Retardierung vor. Mikro-, Brachyzephalie, offene Fontanellen, kleine und tiefliegende Augen, exzentrische Pupillen, Hypertelorismus, breite und prominente Nasenwurzel, große und knollige Nasenspitze, kurzes Philtrum, herabhängende Mundwinkel, große und abstehende Ohren, herabhängende Schultern, weiter Mamillenabstand, Grübchen an Schultern und Steißbein, Brachymesodaktylie und hypoplastische Nägel sind

weitere Merkmale. Organfehlbildungen sind bei der durchgehenden 9p-Trisomie sehr selten (Schinzel 1994).

Zytogenetischer Befund
Die Trisomie 9p entsteht oft durch eine elterliche balancierte Translokation und ist mit partiellen Monosomien oder Trisomien anderer Chromosomen assoziiert. Ist ein Elternteil Träger einer balancierten Translokation, dann besteht – abhängig vom Translokationstyp – ein erhöhtes Wiederholungsrisiko.

3.5.6 Invertierte Duplikation 15 (inv dup15)

Invertierte Duplikationen von Chromosom 15 wurden bei klinisch unauffälligen Personen gefunden, aber auch bei einigen Prader-Willi-Syndrom- und Angelman-Syndrom-Fällen beobachtet. Wahrscheinlich besteht kein Zusammenhang zwischen diesem Chromosomenbefund und dem Prader-Willi-/Angelman-Syndrom. Invertierte Duplikationen von Chromosom 15 sind dizentrisch und haben 2 Satelliten, bestehen also aus 2 Kopien des kurzen Arms, des Zentromerbereichs und des proximalen Teils des langen Arms des Chromosoms 15.
   Durch In-situ-Hybridisierung wurde es möglich, dieses Markerchromosom näher zu identifizieren. Klinisch unauffällige Personen mit diesem Markerchromosom besitzen einen relativ kleinen Abschnitt, und zwar den proximalen Teil des zentromeren Bereichs. Die Situation beim Prader-Willi- und Angelman-Syndrom ist komplexer. Das duplizierte Segment ist relativ klein, und da bei diesen Patienten entweder eine uniparentale Disomie oder eine Deletion gefunden wird, nimmt man an, daß dieses Markerchromosom mit der klinischen Erkrankung nicht zusammenhängt. Die Inversion dup(15) wurde auch bei einigen Patienten mit psychomotorischer Retardierung ohne phänotypische Auffälligkeiten festgestellt.
   Bei den Patienten, die unter einem sog. Inv dup(15)-*Syndrom* leiden, ist die Duplikation wesentlich größer und betrifft den proximalen Bereich.

3.5.7 Markerchromosomen

Strukturell veränderte Extrachromosomen (ESAC) werden in einer Häufigkeit von etwa 0,06% beobachtet. Sie werden oft als Markerchromosomen bezeichnet und sind abnormal kleine Chromosomen, die bei der Routinezytogenetik nicht immer genau identifiziert werden können. Sie sind unterschiedlicher Herkunft und können manchmal zu einer geistigen Entwicklungsstörung oder zu klinischen Auffälligkeiten führen. Durch fluoreszierende In-situ-Hybridisierung ist es heute möglich, diese Chromosomen zu identifizieren.

3.5.8 Cat-eye-Syndrom (Extrachromosom 22)

Das Cat-eye-Syndrom wurde 1965 von Schachenmann et al. beschrieben. Die Kombination einzelner Organfehlbildungen, die für dieses Syndrom charakteristisch ist, war bereits seit 1878 bekannt. Wie der Name dieser Erkrankung besagt, liegt ein Iris- und Aderhautkolobom wie bei Katzen vor. Weitere charakteristische Merkmale sind Analatresie bzw. -stenose, retrovaginale, urethrale oder perineale Fisteln, Atresie des äußeren Gehörgangs, präaurikuläre Anhängsel und/oder Fisteln, Gaumenspalte, angeborene Herzfehler, Nierenfehlbildungen und psychomotorische Retardierung.

Zytogenetischer Befund
Es wurde ein kleines iso-/dizentrisches Markerchromosom gefunden, das von Chromosom 22 stammt (22) (pter→ q11.2). Unter Anwendung von DNA-Proben und In-situ-Hybridisierung konnte gezeigt werden, daß diese Patienten 3 oder 4 Kopien von 22q11 besitzen.

3.6 Strukturelle gonosomale Chromosomenaberrationen

3.6.1 Strukturelle X-Chromosomen-Aberrationen

Fragiles X-Chromosom

Lubs hat 1969 bei 4 Männern mit X-chromosomal-rezessivem Schwachsinn am terminalen Ende des X-Chromosoms eine fragile Stelle festgestellt, die zunächst keine Beachtung fand. Erst später wurde dieser Befund bei familiär geistig behinderten Männern wiederholt bestätigt. Es konnte nachgewiesen werden, daß die fragile Stelle nur in bestimmtem Medium mit wenig Folsäure oder durch Zusatz von Methotrexat darzustellen ist.

Inzwischen sind weitere fragile Stellen am X-Chromosom (proximal und distal an Xq28) sowie an autosomalen Chromosomen gefunden worden. Autosomale fragile Stellen haben nach bisherigen Kenntnissen keine klinische Bedeutung. Bei der fragilen X-Stelle liegt eine sekundäre Konstriktion am distalen Teil des langen Arms des X-Chromosoms (s. Abb. 4.5) vor. Sie kann nicht in allen Zellen nachgewiesen werden. Die fragile Stelle an Xq27.3 (FRAXA) ist ein phänotypisches Merkmal auf zellulärer Ebene für das Martin-Bell-Syndrom. Fragile Stellen an Xq28 führen ebenfalls zu X-chromosomalen Retardierungen (FRAXE und FRAXF). FRAXD an Xq27.2 ist klinisch nicht relevant. Diese Krankheitsbilder sind heute molekulargenetisch abgeklärt.

Isochromosom q, 46,X,i(Xq)

Dies ist das häufigste strukturelle Rearrangement des X-Chromosoms. Es besteht in der Regel aus 2 Kopien des langen Arms. Durch Bandenfärbetechnik konnte gezeigt werden, daß auch komplizierte Zusammensetzungen vorliegen können. Bei dieser Chromosomenstörung werden ähnliche phänotypische Merkmale wie bei Turner Syndrom beobachtet.

Isochromosom Xp, 46,X,i(Xp)

Das IsoXp-Chromosom besteht aus 2 kurzen Armen des X-Chromosoms. Bis jetzt sind nur wenige Fälle bekannt. Die klinischen Merkmale der Betroffenen unterscheiden sich von denen bei Deletion des langen Arms des X-Chromosoms.

Deletion des X-Chromosoms, 46,X,del(Xq) oder 46,X,del(Xp)

Die klinischen Merkmale sind je nach Lokalisation und Größe der ausgefallenen Region unterschiedlich. Patientinnen mit einer Deletion des langen Arms des X-Chromosoms haben eine primäre Amenorrhö. Aber auch normale Menstruationsblutungen wurden beobachtet. Die Betroffenen sind etwas größer als Mädchen mit Turner-Syndrom, jedoch kleiner als ihre Schwestern mit normalem Chromosomensatz. Bei einer großen Deletion sind die klinischen Merkmale diejenigen des Turner-Syndroms.

Beim männlichen Geschlecht können je nach Bruchpunkt verschiedene monogene Erkrankungen vorliegen (s. 3.7).

Ringchromosom X

Das Ringchromosom X entsteht, wenn an den beiden Enden des X-Chromosoms ein Bruchereignis stattfindet und die proximalen Enden miteinander verschmelzen. Die übriggebliebenen Fragmente gehen in der Regel verloren. Dadurch ergibt sich eine partielle Monosomie des X-Chromosoms. Entsprechend der Größe der verlorengegangenen Stücke und der Bruchpunkte sind die klinischen Symptome variabel.

3.6.2 Strukturelle Y-Chromosomen-Aberrationen

Die Länge des Y-Chromosoms ist variabel, wird aber in der Regel konstant vom Vater auf den Sohn übertragen. Diese polymorphen Veränderungen, die meist den distalen Teil des langen Arms (Yq12) betreffen, haben keinen klinischen Einfluß.

Dagegen sind die strukturellen Aberrationen des kurzen Arms oder des proximalen Teils des langen Arms (Yq11) von großer Bedeutung. Die Deletion des proximalen Abschnitts des langen Arms führt je nach Größe des verlorengegangenen Stücks und je nach Bruchpunkt zu Minderwuchs, Hypogonadismus und Störungen der Spermatogenese. Diese Beobachtungen sowie moderne molekular-

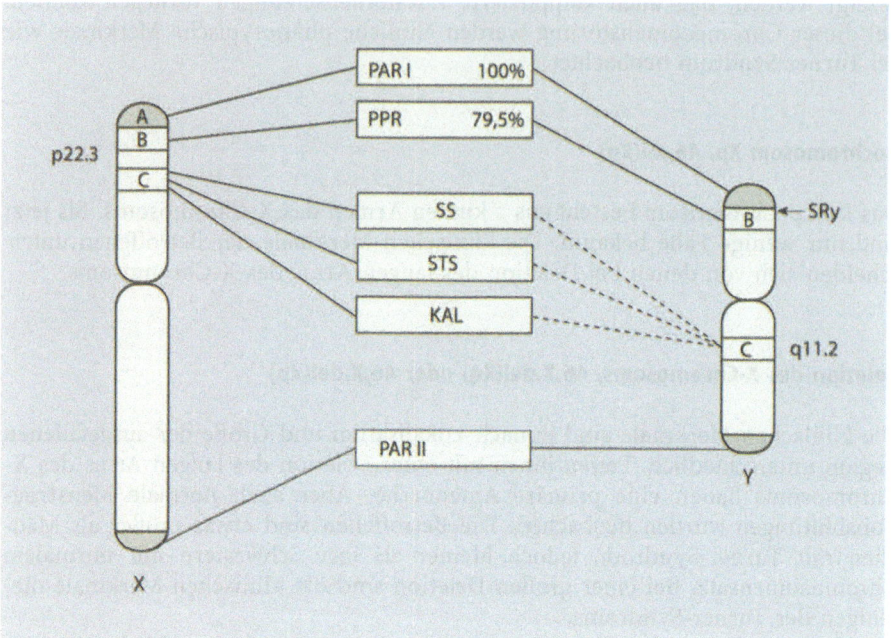

Abb. 3.19. Homologe Regionen des X- und Y-Chromosoms. PAR I = Pseudoautosomale Hauptregion, PPR = Pseudoautosomale Proximalregion, SS = Short stature, STS = Steroid Sulfatase, KAL = Kallmann-Syndrom, PARII = Pseudoautosomale Nebenregion

genetische Untersuchungen lassen vermuten, daß die Gene, die die Spermatogenese im Bereich Yq11 lokalisiert sind (Vogt et al. 1996).

Auf dem kurzen Arm des Y-Chromosoms, etwa zwischen SRY und dem Telomer, liegt ein Bereich, der zur Spitze des kurzen Arms des X-Chromosoms homolog ist und als pseudoautosomale Region (PAR1) bezeichnet wird (Abb. 3.19). In der männlichen Meiose kommt es zu einer End-Paarung der kurzen Arme des X- und Y-Chromosom, Crossing-over ist dort möglich. X- und Y-Translokationen führen zu Störungen der Geschlechtsentwicklung des Mannes (s. Kap. 7).

Die klinischen Befunde bei den Patienten mit Deletion des kurzen Arms des Y-Chromosoms sind variabel. Häufig findet man einen Hypogonadismus, eine asymmetrische Gonadendysgenesie und eine Fehlentwicklung des äußeren Genitale. Mosaike mit 45,X-Zellinien wurden bei Patientinnen mit Turner-Phänotyp beobachtet.

3.7 Mikrodeletionssyndrome

Eine strukturelle Chromosomenaberration kann so klein sein, daß sie mikroskopisch nicht oder schwer erkannt wird. Durch die Entwicklung von hochauflösender Bandentechnik und Fluoreszenz-in-situ-Hybridisierung (FISH) (s. Kap. 2) ist es möglich, eine Reihe von submikroskopischen strukturellen Chromosomenanomalien zu entdecken. Häufig handelt es sich um interstitielle Mikrodeletionen, es können aber auch Duplikationen, Translokationen und/oder komplizierte Chromosomenrearrangements vorliegen. Sie haben aufgrund einer Imbalance im normalen Gendosiseffekt oft klinische Auswirkungen mit entsprechenden charakteristischen Merkmalen. Meist umfassen sie eine Größe von unter 3 kb und können je nach Größe und Bruchpunkt zum Verlust oder zur Veränderung eines einzelnen oder mehrerer eng gekoppelter Gene führen. Dementsprechend wird klinisch eine oder gleichzeitig eine Anzahl von monogenen Krankheiten manifest. Aus diesem Grund werden diese Krankheitskomplexe *Mikrodeletions-* oder *Contiguous-gene-Syndrome* genannt.

3.7.1 Autosomale Mikrodeletionssyndrome bzw. Contiguous-gene-Syndrome und monogene Erkrankungen

Autosomale Mikrodeletionen führen durch die Reduzierung der Gendosis zu strukturellen und funktionellen Monosomien, die in manchen Fällen eine dominante Wirkung haben und zu spezifischen Krankheitsbildern führen können. Einige autosomale Mikrodeletionssyndrome sind in Tabelle 3.9 zusammengefaßt.

Normalerweise sind die beiden Allele eines Gens gleichermaßen an der Ausprägung des entsprechenden Phänotyps beteiligt. Das heißt, daß beide Allele in bestimmten Zellen und zu einem bestimmten Zeitpunkt aktiv oder inaktiv sind, je nachdem, ob das Genprodukt benötigt wird. In der letzten Zeit sind einige Gene identifiziert worden, die diesem Muster nicht folgen. Es ist für die Ausprägung eines normalen Phänotyps nur die Expression eines Allels notwendig. Das andere homologe Allel wird nicht exprimiert, was bedeutet, daß die Aktivität einzelner Gene in Abhängigkeit von der elterlichen Herkunft unterschiedlich reguliert wird. Dieses Phänomen wird als *Genomic imprinting* bezeichnet (s. Kap. 4.5).

Wenn nun die Deletion ein genomisch geprägtes Gen betrifft, und es geht dabei das aktive Allel verloren, so entsteht strukturell zwar eine Monosomie, aber funktionell liegt eine Nullosomie vor, womit die Expression dieses Gens komplett ausgeschaltet ist. Dies geschieht beim Prader-Willi-Syndrom durch die Deletion des paternalen Chromosoms 15 (15q11–q13) und beim Angelman-Syndrom durch die Deletion der Region des maternalen Chromosoms 15 (siehe auch Kap 4). Bei einer uniparentalen Disomie des inaktiven Allels eines genomisch geprägten Gens liegt zwar eine Disomie vor, funktionell besteht aber eine Nullosomie, wie ebenso bei einem Teil der Fälle mit Prader-Willi- und Angelman-Syndrom nachgewiesen wurde. Betrifft die Deletion ein nicht geprägtes Allel, so hat sie in der Regel keine klinische Auswirkung, da das verbliebene Allel aktiv ist und die notwendige Funktion allein ausüben kann.

Eine Mikrodeletion kann auch ein somatisches Ereignis sein, das dann in entsprechenden Geweben zu funktionellen Störungen führt. Dies ist bei der Entstehung von manchen Tumoren der Fall, beispielsweise beim Wilms-Tumor oder

Tabelle 3.9. Autosomale Contiguous-gene- bzw. Mikrodeletionssyndrome

Syndrom	Lokalisation	Symptome
Alagille	del(20p11–2p12)	Periphere Pulmonalstenose, Herzfehler, chronische Cholestase bei intrahepatischer Gallengangshypoplasie, okuläres Embryo-toxin, Wirbelanomalie, Gesichtsdysmorphie
Angelman (Abb. 4.13)	del(15q11–q13)	Mentale Retardierung, Epilepsie, ataktischer Gang, ruckartige Extremitätenbewegungen, unmotivierte Lachepisoden, Hypopig-mentierung, Mikrozephalie, Gesichts-dysmorphie mit Progenie
DiGeorge/ Shprintzen (VCF)	del(22q11.21–q11.23)	Aplasie oder Hypoplasie des Thymus und der Nebenschilddrüse, zellulärer Immunde-fekt, Hypothyreose, Herzfehler, Lippen-, Gaumen-Uvula-Spalte, Gesichtsdysmorphie, mentale Retardierung
Zephalosyndaktylie Typ Greig	del(7p13)	Polysyndaktylie der Hände und Füße, Makrobrachyzephalie, Gesichtsdysmorphie
Langer-Giedion (trichophalangeales Syndrom Typ II)	del(8q24.11–q24.13)	Minderwuchs, multiple Exostosen, spärliches Kopfhaar, zapfenartige Epiphyse der Hände, Gesichtsdysmorphie, typische Nase, mentale Retardierung
Miller-Dieker	del(17p13.3)	Mikrozephalie, Lissenzephalie, mentale Retardierung, Gesichtsdysmorphie
Prader-Willi (Abb. 4.12)	del(15q11–q13)	Muskelhypotonie, Adipositas, Hypo-gonadismus, Hypopigmentierung, mentale Retardierung, Gesichtsdysmorphie mit umgekehrter V-Stellung der Oberlippe
Retinoblastom (Abb. 10.14)	del(13q14)	Maligne Tumoren der Netzhaut
Rubinstein-Taybi (Abb. 9.4)	del(16p13.3)	Breite Endphalangen (vor allem der Daumen und der großen Zehen), Herzfehler, Gesichtsdysmorphie, schnabelförmige Nase, mentale Retardierung
Smith-Magenis	del(17p11.2)	Hyperaktivität, Autoaggressivität, mentale Retardierung, Gesichtsdysmorphie
WAGR	del(11p13)	Wilms-Tumor, Aniridie, Genitalanomalien, mentale Retardierung
Williams-Beuren	del(7q11.2)	Supravalvuläre Aortenstenose, periphere Pulmonalstenose, Herzfehler, mentale Retardierung, Kleinwuchs, Gesichtsdysmor-phie, typisches Verhaltensmuster

beim Retinoblastom. Durch Deletion des normalen Allels in dem entsprechenden Gewebe verursacht das mutierte Allel als zweiten Schritt die Umwandlung einer normalen Zelle in eine Tumorzelle (s. Kap. 10).

3.7.2 X-chromosomale Mikrodeletionssyndrome bzw. Contiguous-gene-Syndrome und monogene Erkrankungen

Deletionen auf dem X-Chromosom kommen gehäuft in bestimmten Regionen vor und führen dann entsprechend zu Contiguous-gene-Syndromen. Sie sind in Abb. 3.20 aufgezeichnet.

Bei Männern führt eine solche Deletion zur Nullosomie, und entsprechend der Genotyp-Phänotyp-Korrelation hat sie klinische Auswirkungen. Frauen mit einer solchen Deletion sind klinisch in der Regel unauffällig; jedoch können in seltenen Fällen durch gleichzeitigen Verlust des normalen Allels auf dem anderen X-Chromosom oder als Folge der X-Inaktivierung und schließlich bei X-chromosomal-dominanten Erkrankungen phänotypische Merkmale auch bei Frauen vorliegen.

Inzwischen sind durch molekulargenetische Analyse bei Patienten mit einer Mikrodeletion des X-Chromosoms die Mutationen bei einer Reihe von X-chromosomalen Erkrankungen identifiziert worden. Der erste publizierte Fall mit Contiguous-gene-Syndrom bei Xp21-Deletion war ein Junge, der an Duchenne-

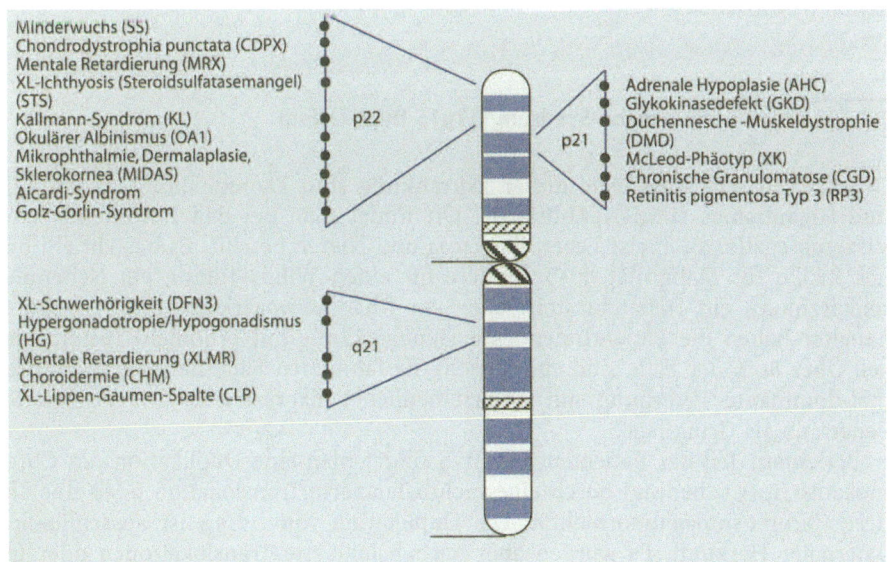

Abb. 3.20. Schematische Darstellung der X-chromosomalen Mikrodeletionen und entsprechende Syndrome. (Aus Buselmaier u. Tariverdian 1998)

Muskeldystrophie, chronischer Granulomatose, Retinitis pigmentosa und McLeod-Syndrom (Störung der Phagozytose) litt.

Inzwischen sind weitere Krankheitsbilder beschrieben, deren Mutation in der Xp21-Region liegt. Je nach Größe und Bruchpunkt der Deletion können diese Krankheiten einzeln oder in verschiedener Kombination gemeinsam auftreten. Eine Deletion in Xp22.3 kann je nach Größe eine X-chromosomale Ichthyosis, ein Kallmann-Syndrom, Minderwuchs, eine Chondrodystrophia punctata, eine X-gekoppelte mentale Retardierung oder einen okulären Albinismus verursachen (Abb. 3.20).

Mikrodeletionen können auch auf dem langen Arm des X-Chromosoms vorkommen, die prädisponierte Stelle ist Xq21. Durch die Deletion von Xq21 werden Choroidermie, mentale Retardierung, X-gekoppelte Schwerhörigkeit, eine Form der Lippen- und Gaumenspalte und hypergonadotroper Hypogonadismus verursacht (Abb. 3.20).

3.8 Krankheiten mit molekularen Duplikationen

Nicht nur der Verlust, sondern auch der zusätzliche Gewinn von genetischen Funktionen kann infolge der Gendosisimbalance Contiguous-gene-Syndrome verursachen. Duplikationen führen zu einer strukturellen Trisomie von Genen, die in dem entsprechenden Bereich lokalisiert sind. Dadurch kann entweder eine funktionelle Disomie oder Trisomie entstehen, je nachdem, ob ein imprintiertes oder nichtimprintiertes Gen vorliegt. Dieser Mechanismus ist bei einigen Krankheiten beschrieben.

3.8.1 Beckwith-Wiedemann-Syndrom (11p15-Duplikation)

Charakteristische Merkmale dieser Erkrankung sind Exomphalus, Makroglossie und Gigantismus (EMG) (Abb. 3.21). Oft findet man bei den Betroffenen eine Viszeromegalie, die meist Leber, Pankreas und Nieren betrifft. Es besteht ein hohes Risiko für Malignität, insbesondere für einen Wilms-Tumor, ein Nebennierenkarzinom, ein Hepatoblastom oder ein Rhabdomyosarkom. Im Neugeborenenalter haben die PatientInnen eine Hypoglykämie mit erhöhtem Insulinspiegel. Über 80% der Fälle sind sporadisch; die familiären Fälle haben eine autosomal-dominante Vererbung mit unterschiedlicher Expressivität und reduzierter Penetranz als Grundlage.

Bei einem Teil der Patienten mit BWS findet man eine Duplikation des Chromosoms 11p15.5, bedingt durch eine nichtbalancierte Translokation oder eine andere Chromosomenabnormalität. Die Duplikation von 11p15.5 ist ausschließlich paternaler Herkunft. Es wurden aber auch balancierte Translokationen oder Inversionen des Chromosoms 11 beobachtet, wobei die gleiche Region (11p15) involviert war. Balancierte Translokationen und Inversionen betreffen nur das mütterliche Chromosom 11.

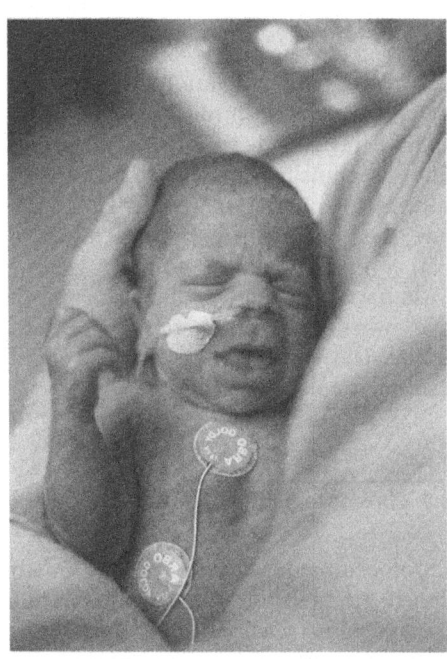

Abb. 3.21. Patient mit Beckwith-
Wiedemann-Syndrom

Man weiß heute, daß bei den meisten BWS-Patienten eine *uniparentale paternale Disomie* (UPD) vorliegt. Im Gegensatz zum Prader-Willi- und Angelman-
Syndrom betrifft hier die UPD nicht das ganze Chromosom 11, sondern die Region 11p15, und zwar als eine *Isodisomie*. Diese Befunde sprechen für ein somatisches Ereignis. Die somatische Mutation erklärt auch die Hemihypertrophie bei
einem Teil der BWS-Patienten. Das Malignitätsrisiko ist bei den Patienten mit
uniparentaler Disomie höher.

Die Duplikation des paternalen Chromosoms 11p15 oder die paternale UPD
führt hier zu einer funktionellen Disomie, weil es sich bei dem BWS-Gen um
ein genomisch geprägtes Gen handelt. Bei der mütterlichen balancierten Translokation oder Inversion wird wahrscheinlich das Imprintingmuster verändert, so
daß das mütterliche Allel exprimiert werden kann und dadurch das Genprodukt
aufgrund des Dosiseffekts zunimmt.

3.8.2 Charcot-Marie-Tooth IA (17p11.2-Duplikation)

Bei Charcot-Marie-Tooth handelt es sich um eine hereditäre motorisch-sensorische Neuropathie (HMSN). Charakteristisch ist eine progressive Atrophie der distalen Muskeln, vor allem derjenigen, die vom N. peronaeus innerviert werden.

Charcot-Marie-Tooth IA wird autosomal-dominant vererbt und durch eine
Duplikation der chromosomalen Region 17q11.2 verursacht. Interessanterweise
wird durch die Deletion der gleichen Region eine hereditäre rekurrierende Neu-

ropathie (HNPP = hereditary neuropathy with liability to pressure palsies) hervorgerufen.

Molekulare Duplikationen gonosomaler Chromosomen sind insgesamt selten beschrieben. Eine funktionelle Disomie der bestimmten Region des X-Chromosoms kann erst dann entstehen, wenn eine X-Autosomen-Translokation vorliegt und der translozierte X-chromosomale Abschnitt auf dem autosomalen Chromosom nicht inaktiviert werden kann. Demzufolge entsteht eine funktionelle Disomie, die klinische Auswirkungen haben kann. Dieser Mechanismus wird bei den Patientinnen mit Rett-Syndrom, wenn eine X-Autosomen-Translokation vorliegt, diskutiert. Eine Entwicklungsstörung der Keimdrüsen mit einem „Reverse-Genitale" wurde bei Duplikation eines bestimmten Bereichs der Xp21-Region beobachtet. Die Deletion des gleichen Segments führt zu einer kongenitalen Nebennierenhypoplasie.

3.9 Chromosomeninstabilität

Chromosomeninstabilität bzw. *Chromosomenbruchsyndrome* sind Krankheiten, denen ein defekter DNA-repair-Mechanismus zugrundeliegt. Sie werden auch mutagenhypersensitive Syndrome genannt. Klassische Chromosomeninstabilitätssyndrome sind die Fanconi-Anämie, das Bloom-Syndrom und die Ataxia teleangiectatica. Sie werden autosomal-rezessiv vererbt; auch bei den Heterozygoten besteht ein erhöhtes Risiko für eine maligne Erkrankung. Inzwischen sind die verantwortlichen Mutationen für diese Krankheitsbilder identifiziert und in einzelnen Fällen molekulargenetisch weitgehend abgeklärt. Zwei weitere seltene mutagenhypersensitive Syndrome sind das Nijmegen- und das ICF-Syndrom (Immundefekt, zentromere Instabilität, faziale Dysmorphie).

Erhöhte Bruchraten sind auch bei einigen weiteren Krankheitsbildern wie Werner-Syndrom, Rothmund-Thomson-Syndrom, Cockayne-Syndrom, Schwachmann-Syndrom sowie bei Xeroderma pigmentosum, Sklerodermie und Incontinentia pigmenti beobachtet worden. Beim Roberts-Syndrom liegt kein DNA-repair-Defekt vor, sondern eine vorzeitige Trennung der Zentromere.

3.9.1 Fanconi-Anämie/-Panzytopenie

Bei der Fanconi-Anämie besteht eine Panzytopenie und eine vollständige Knochenmarkdepression. Weitere Merkmale sind Fehlbildungen, die eine breite Variabilität zeigen. Skelettanomalien, insbesondere Daumen und Radiusaplasie, Herz- und Nierenfehlbildungen, Minderwuchs, Hypogonadismus, Mikrozephalie und Café-au-lait-Flecken sind für diese Erkrankung charakteristisch. Oft entwickelt sich eine Leukämie, die zum Tode führt. Die Häufigkeit der Fanconi-Anämie wird auf etwa 1:40000 geschätzt.

Zytogenetisch findet man erhöhte Chromosomenbrüchigkeit und Chromatidenumbauten wie Triradial- und Quadriradialfiguren und dizentrische Chromo-

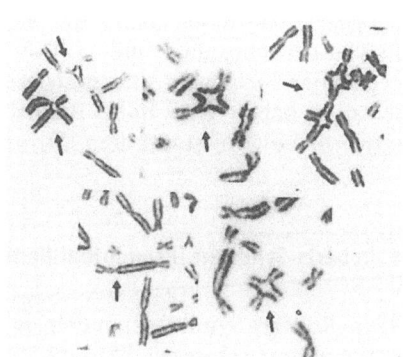

Abb. 3.22. Metaphasen bei Fanconi-Anämie nach Exposition mit 0,1 μm/ml DEB; multiple komplexe Reunionsfiguren. (Mit freundlicher Genehmigung aus der Sammlung von Frau Prof. Schroeder-Kurth)

somen (Abb. 3.22). Die Chromosomenbrüchigkeit ist bei Exposition der Zellen mit Diepoxibutan (DEB) besonders erhöht (Schroeder et al. 1964).

Bis jetzt sind mindestens 4 komplementäre Gruppen der Fanconi-Anämie bekannt. Das Gen für die Komplementärgruppe C ist auf Chromosom 9q22.3 lokalisiert und bereits kloniert worden. Etwa 8–14% aller Fanconi-Anämie-Fälle gehören zu dieser Gruppe. Unterschiedliche Mutationen verursachen die heterogenen phänotypischen Merkmale. Das Protein dieses Gens spielt möglicherweise bei der Kontrolle des Zellzyklusfaktor p53 und der DNA-Aktivierung eine Rolle. Komplementärgruppe A ist auf Chromosom 16q24.3 und Komplementärgruppe D auf Chromosom 3p22-p26 lokalisiert.

3.9.2 Bloom-Syndrom

Charakteristisch für das Bloom-Syndrom sind Minderwuchs, teleangiektatische Erytheme der Gesichtshaut, Photosensibilität, schmales Gesicht mit prominentem Jochbein und Immundefekt. Die Häufigkeit beträgt 1:90000.

Zytogenetisch findet man beim Bloom-Syndrom im Gegensatz zur Fanconi-Anämie überwiegend symmetrische Quadriradiale, die anscheinend durch Chromatidenaustausch zwischen homologen Chromosomen nach Brüchen an entsprechenden Stellen entstanden sind. Normalerweise beträgt ein spontaner Schwesterchromatidaustausch 6–10%, beim Bloom-Syndrom ist dieser bis auf 50% erhöht.

3.9.3 Ataxia teleangiectatica

Die Ataxia teleangiectatica bzw. das Louis-Bar-Syndrom ist ein seltenes Krankheitsbild mit okulokutanen Teleangiektasien (vor allem im Bereich des Gesichts, der Ohrmuscheln und auf den Konjunktiven), einem Immundefekt und einer progredienten zerebellären Ataxie. Die Häufigkeit beträgt 1:60000.

Zytogenetisch findet man eine erhöhte Bruchrate und häufige Rearrangements von Chromosom 7 und 14. Die Fibroblasten zeigen eine erhöhte Sensibilität gegenüber Bleomycin und ionisierenden Strahlen. Patienten mit Ataxia teleangiectatica haben eine hohe Prädisposition für maligne Erkrankungen. Das verantwortliche Gen ist auf dem Chromosom 11q22–23 lokalisiert.

3.9.4 Roberts-Syndrom (Pseudothalidomidsyndrom)

Bei dem Roberts-Syndrom handelt es sich um eine seltene autosomal-rezessive Erkrankung mit schweren Extremitätenfehlbildungen im Sinne einer Tetraphokomelie, Strahlenanomalien mit variabler Expressivität, kraniofazialen Auffälligkeiten mit Lippen-Kiefer-Gaumen-Spalte. Das Krankheitsbild erinnert an eine Thalidomidembryopathie, weshalb es als Pseudothalidomidsyndrom bezeichnet wird.

Zytogenetisch findet man hier keine erhöhte Bruchrate, sondern eine vorzeitige Trennung der Zentromere in Fibroblasten und Lymphozyten.

Bei den Patienten mit klinisch ähnlichen Merkmalen, die zytogenetisch keine Zentromertrennung zeigen, handelt es sich um eine andere Komplementärgruppe.

3.10 Chromosomenaberrationen bei Spontanaborten

Zytogenetische Untersuchungen an Abortmaterial haben ergeben, daß bei etwa 60% der Frühaborte eine Chromosomenstörung vorliegt. Am häufigsten wurde ein zusätzliches Autosom nachgewiesen. An erster Stelle steht die Trisomie 16, die unter Lebendgeborenen nicht beobachtet wird. Die 45,X-Konstitution ist die zweithäufigste Chromosomenstörung, die zum Spontanabort führt. Hierauf wird in Kap. 8 ausführlich eingegangen.

3.11 Genetische Beratung bei Chromosomenstörungen

3.11.1 Genetische Beratung nach Geburt eines Kindes
mit einer Chromosomenstörung

Der zytogenetische Befund eines erkrankten Kindes ist für die Beratung sehr wichtig. Wurde ein verstorbenes Kind mit Down-Syndrom nicht zytogenetisch untersucht, so sollte durch eine zytogenetische Untersuchung der Eltern eine balancierte familiäre Translokation ausgeschlossen werden.

Liegt bei dem erkrankten Kind eine *freie Trisomie 21* vor, dann ist das Wiederholungsrisiko für Down-Syndrom im Vergleich zu gleichaltrigen Müttern in der Allgemeinbevölkerung leicht erhöht und beträgt ca. 1% (z. Z. der Geburt) für alle numerischen Chromosomenstörungen und 0,7% für Trisomie 21, wenn das mütterliche Alter unter 35 Jahren liegt (Connor u. Ferguson-Smith 1993). Hat eine Frau aus der gleichen Verbindung ein weiteres Kind mit einer freien Trisomie 21, so ist das Wiederholungsrisiko wesentlich höher und liegt bei etwa 10%. Hier muß an die Möglichkeit eines Keimzellmosaiks erinnert werden. Bei einem mütterlichen Alter über 35 Jahren entspricht das Wiederholungsrisiko dem altersbedingten Risiko (Tabelle 3.11).

Die Wahrscheinlichkeit, daß in den Amnionzellen eine numerische Chromosomenaberration gefunden wird, ist aufgrund der natürlichen intrauterinen Absterberate etwas höher. Bei einem Down-Syndrom mit Isochromosom 21 beträgt das Wiederholungsrisiko etwa 1%. Nach Geburt eines Kindes mit Trisomie 13 oder 18 ist das Wiederholungsrisiko für ein lebendgeborenes Kind mit diesen Erkrankungen statistisch nicht erhöht.

Wenn in einer Familie ein Kind eine Trisomie 21 hat und bei einem weiteren Kind eine andere numerische Chromosomenstörung gefunden wird, wie z.B. eine Trisomie 13 oder ein Klinefelter-Syndrom, so wird man ebenfalls mit einem wesentlich höheren Wiederholungsrisiko rechnen müssen.

3.11.2 Genetische Beratung bei familiärer struktureller Chromosomenaberration

Liegt bei dem Kind eine *Robertson-* oder *reziproke Translokationstrisomie* vor, so sollten die Eltern vor der genetischen Beratung zytogenetisch untersucht werden. Falls bei keinem Elternteil eine balancierte Translokation gefunden wird, ist das Wiederholungsrisiko gegenüber der Allgemeinbevölkerung kaum erhöht. Liegt bei einem Elternteil eine balancierte Translokation vor, dann besteht für

Tabelle 3.10. Risiko für unbalancierte Chromosomenstörungen für die Nachkommen von Trägern einer balancierten Translokation. (Mod. nach Connor u. Ferguson-Smith 1993)

Balancierte Translokation	Translokations-träger	Risiko [%] für unbalancierte Translokation (Amniozentese)
Zentrische Fusion 13;14	Ein Elternteil	1
Zentrische Fusion 14;21	Vater	1–2
Zentrische Fusion 14;21	Mutter	15
Zentrische Fusion 21;22	Vater	5
Zentrische Fusion 21;22	Mutter	10
Zentrische Fusion 21;21	Ein Elternteil	100
Reziproke Translokation	Ein Elternteil	12
Insertionale Translokation	Ein Elternteil	≈ 50
Perizentrische Inversion [a]	Vater	4
Perizentrische Inversion	Mutter	8

[a] Perizentrische Inversion 9 nicht berücksichtigt.

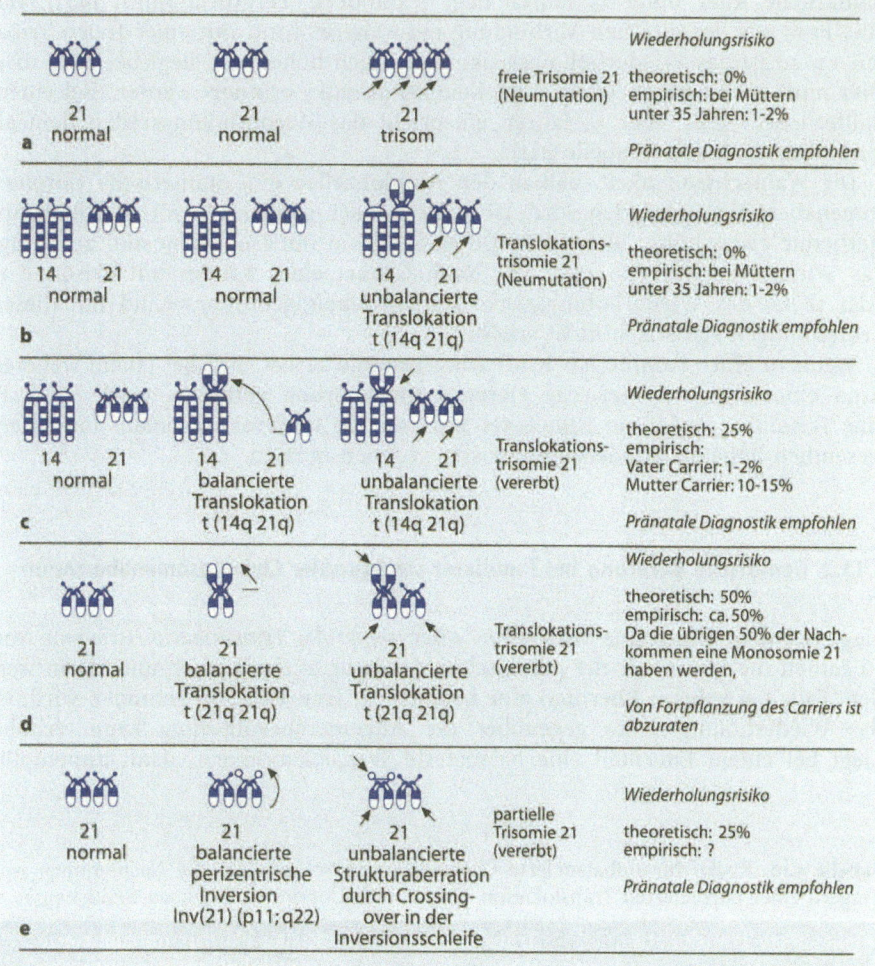

Abb. 3.23a–e. Zytogenetische Aberration und Bedeutung für die Familienberatung am Beispiel der Trisomie 21 (nach Boué u. Gallano 1984). **a** Freie Trisomie, **b** nichtfamiliäre Translokationstrisomie 14/21, **c** familiäre Translokationstrisomie 14/21 (ein Elternteil hat eine balancierte 14/21-Translokation), **d** familiäre 21/21-Translokation (ein Elternteil hat eine balancierte 21/21-Translokation), **e** unbalancierte Strukturaberration des Chromosoms Nr. 21 (ein Elternteil hat eine balancierte perizentrische Inversion – INV(21)(p11;q22) – an Chromosom 21). (Nach Boué 1979; Boué und Galano 1984)

weitere Kinder entsprechend dem Translokationstyp ein erhöhtes Risiko. Das theoretische Risiko einer 14/21-Robertson-Translokation liegt bei etwa 25%, jedoch ist das tatsächliche Risiko wesentlich geringer. Es liegt bei etwa 10–15%, wenn die Mutter Translokationsträgerin ist, bei etwa 1–2%, wenn der Vater Translokationsträger ist (Abb. 3.23, Tabelle 3.10).

Liegt der Erkrankung des Kindes eine *reziproke Translokation* zugrunde und wird die entsprechende balancierte Translokation bei einem der Eltern festgestellt, so ist das Wiederholungsrisiko je nach Art der beteiligten Chromosomen,

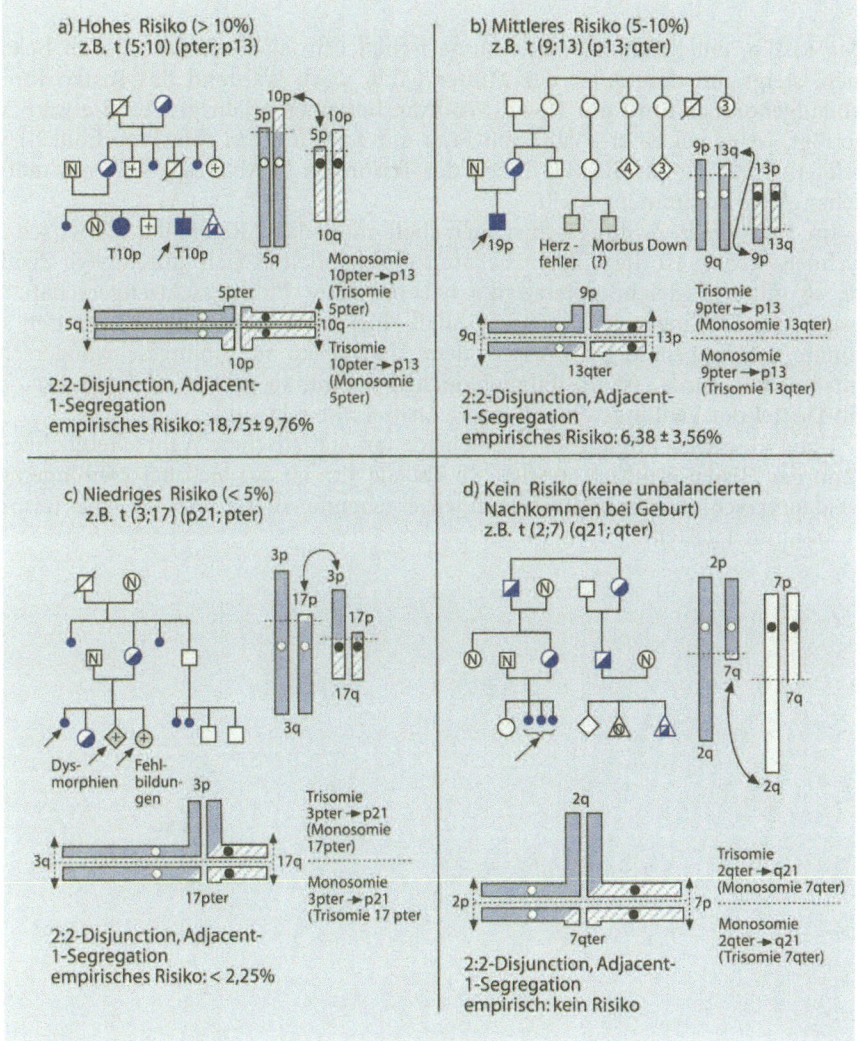

Abb. 3.24. Risiko für unbalancierte Nachkommen (bei Geburt) bei balancierter elterlicher Translokation. (Nach Stengel-Rutkowski u. Schimanek 1985)

der Lage der Bruchpunkte und der Größe des translozierten Stückes unterschiedlich. Während der meiotischen Teilung kommt es zu verschiedenen Kombinationen. Die meisten entstandenen Keimzellen überleben nicht, oder die Embryonen sterben kurz nach der Befruchtung ab. Das Risiko für eine nichtbalancierte Chromosomenstörung bei einem lebendgeborenen Kind ist wesentlich geringer, als man theoretisch erwarten würde (Abb. 3.24, Tabelle 3.10).

3.11.3 Altersbedingtes Risiko für eine Chromosomenstörung

Das Risiko, ein Kind mit einer numerischen Chromosomenstörung zu bekommen, steigt mit dem Alter der Mutter (Abb. 3.25). Während das Risiko für ein lebendgeborenes Kind mit Down-Syndrom bei einer 34jährigen Frau etwa 0,25% beträgt, ist es bei einer 43jährigen Frau mit 2,5% um das 10fache erhöht. In Tabelle 3.11 und 3.12 ist die Häufigkeit der Trisomien in Abhängigkeit vom mütterlichen Alter zusammengestellt.

Im Falle einer Zwillingsschwangerschaft muß das Altersrisiko statistisch berechnet werden. Ist die Eiigkeit bekannt und handelt es sich um eineiige Zwillinge, so gilt das gleiche Altersrisiko wie bei einer Einlingsschwangerschaft. Bei zweieiigen Zwillingen ist das Risiko, daß eines oder beide Kinder betroffen sein könnte, ca. doppelt so groß, wie es dem Altersrisiko bei Einlingsschwangerschaft entsprechen würde. Ist die Eiigkeit nicht bekannt, so geht man davon aus, daß ein Drittel der Zwillinge eineiig und 2 Drittel zweieiig sind.

Unter Berücksichtigung der verschiedenen statistischen Wahrscheinlichkeiten kann das Risiko ermittelt werden. In Tabelle 3.12 ist das sich bei Zwillingen unter den verschiedenen Voraussetzungen ergebende Altersrisiko für eine Trisomie 21 zusammengestellt.

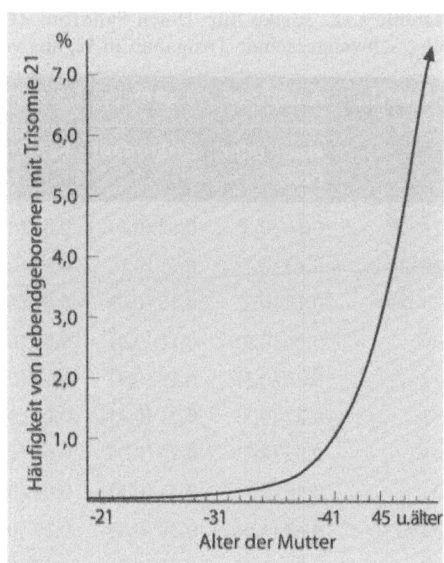

Abb. 3.25. Altersrisiko für Down-Syndrom in Abhängigkeit vom mütterlichen Alter. (Nach Buselmaier u. Tariverdian 1998)

Tabelle 3.11. Altersbedingtes Risiko für Trisomie 21 oder eine Chromosomenstörung (aus verschiedenen Quellen)

Mütterl. Alter	Risiko für Geburt eines Kindes m. DS (%)	Risiko für Geburt eines Kindes m. Chrom.-störungen (%)	Häufigkeit von Chrom.-störungen zum Zeitpunkt der Amniocentese (%)
15–190	1:1667 (0,06)	0,2	(<1)
20–24	1:1250 (0,08)	0,2	(<1)
25–29	1: 909 (0,11)	0,2	(<1)
30	1: 833 (0,12)	0,3	(<1)
31	1: 714 (0,14)	0,3	(<1)
32	1: 625 (0,16)	0,3	(<1)
33	1: 525 (0,19)	0,4	(<1)
34	1: 435 (0,23)	0,4	(<1)
35	1: 345 (0,29)	0,6	(<1)
36	1: 278 (0,36)	0,7	1
37	1: 217 (0,46)	0,8	1,2
38	1: 167 (0,60)	1,0	1,4
39	1: 125 (0,80)	1,2	1,9
40	1: 90 (1,1)	1,6	2,1
41	1: 71 (1,4)	2,1	2,6
42	1: 53 (1,9)	2,6	3,8
43	1: 40 (2,5)	3,3	5,0
44	1: 30 (3,3)	4,2	ca. 6,0
45	1: 24 (4,2)	5,4	7,3
46	1: 19 (5,2)	7,0	10,3

Tabelle 3.12. Risiko für Down-Syndrom (Chromosomenstörungen insgesamt) bei Zwillingsschwangerschaft. (Angaben in %; aus verschiedenen Quellen)

Mütterl. Alter	Annahme: 2/3 zweieiig, 1/3 eineiig			Sicher zweieiig (z. B. IVF)		
	eines oder beide	diskordant	beide	eines oder beide	diskordant	beide
15–19	0,10 (0,3)	0,08 (0,3)	0,02 (0,07)	0,12 (0,4)	0,12 (0,4)	≪0,1 (≪0,1)
20–24	0,13 (0,3)	0,11 (0,3)	0,03 (0,07)	0,16 (0,4)	0,16 (0,4)	≪0,1 (≪0,1)
25–29	0,18 (0,3)	0,15 (0,3)	0,04 (0,07)	0,22 (0,4)	0,22 (0,4)	≪0,1 (≪0,1)
30	0,20 (0,5)	0,16 (0,4)	0,04 (0,1)	0,24 (0,6)	0,24 (0,6)	≪0,1 (≪0,1)
31	0,23 (0,5)	0,19 (0,4)	0,05 (0,1)	0,28 (0,6)	0,28 (0,6)	≪0,1 (≪0,1)
32	0,27 (0,5)	0,21 (0,4)	0,05 (0,1)	0,32 (0,6)	0,32 (0,6)	≪0,1 (≪0,1)
33	0,32 (0,7)	0,25 (0,5)	0,06 (0,1)	0,38 (0,8)	0,38 (0,8)	≪0,1 (≪0,1)
34	0,38 (0,7)	0,31 (0,5)	0,08 (0,1)	0,46 (0,8)	0,46 (0,8)	≪0,1 (≪0,1)
35	0,48 (1,0)	0,39 (0,8)	0,10 (0,2)	0,58 (1,2)	0,58 (1,2)	≪0,1 (≪0,1)
36	0,60 (1,2)	0,48 (0,9)	0,12 (0,2)	0,72 (1,4)	0,72 (1,4)	≪0,1 (≪0,1)
37	0,77 (1,3)	0,61 (1,1)	0,16 (0,3)	0,92 (1,6)	0,92 (1,6)	≪0,1 (≪0,1)
38	1,0 (1,7)	0,79 (1,3)	0,20 (0,3)	1,2 (2,0)	1,2 (2,0)	≪0,1 (<0,1)
39	1,3 (2,0)	1,1 (1,6)	0,27 (0,4)	1,6 (2,4)	1,6 (2,4)	≪0,1 (<0,1)
40	1,8 (2,7)	1,5 (2,1)	0,38 (0,6)	2,2 (3,2)	2,2 (3,1)	<0,1 (<0,1)
41	2,3 (3,5)	1,9 (2,8)	0,48 (0,7)	2,8 (4,2)	2,8 (4,1)	<0,1 (<0,1)
42	3,1 (4,3)	2,5 (3,4)	0,65 (0,9)	3,7 (5,1)	3,7 (5,1)	<0,1 (<0,1)
43	4,1 (5,4)	3,3 (4,3)	0,87 (1,2)	4,9 (6,5)	4,9 (6,4)	<0,1 (0,1)
44	5,4 (6,9)	4,3 (5,4)	1,2 (1,5)	6,6 (8,2)	6,4 (8,0)	0,1 (0,2)
45	6,8 (8,8)	5,3 (6,8)	1,5 (2,0)	8,2 (10,5)	8,0 (10,2)	0,2 (0,3)
46	8,6 (11,3)	6,6 (8,7)	1,9 (2,7)	10,2 (13,5)	10,0 (13,0)	0,3 (0,5)

Literatur

Boué A (1979) Structural chromosome aberrations in the parents. European collaborative study on structural chromosome anomalies (group report). Proceedings of the 3rd European Conference on Prenatal Diagnosis, Munich, April 12–14, 1978

Boué A, Gallano P (1984) A collaborative study of the segregation of inherited chromosomal structural rearrangements in 1356 prenatal diagnosis. Prenatal Diagn 4:46–67

Clemens M, Martsolf JT, Rogers JG et al. (1996) Pitt-Rogers-Dank-syndrome: The result of a 4p microdeletion. Am J Med Genet 60:95–100

Connor JM, Ferguson-Smith MA (1993) Essential medical genetics. Blackwell, Oxford

DeGrouchy J, Turleau C (1984) Clinical atlas of human chromosomes, 2nd edn. Wiley, Chichester

Ferguson-Smith MA, Yates JRW (1984) Maternal age-specific rates for chromosome aberrations and factors influencing them. Report of a collaborative European study on 52965 amniocenteses. Prenatal Diagn 4:5–44

Fryns JP (1995) Syndrome of proximal interstitial deletion 4p15. Am J Med Genet 58:295–296

Gardner RJM, Sutherland GR (1996) Chromosome abnormalities and genetic counselling. Oxford University Press

Harper PS (1993) Practical genetic counseling, 4th edn. Butterworth-Heinemann, Oxford

Hook EB (1994) Down's syndrome epidemiology and biochemical screening. In: Grudzinskas JG, Chard T, Chapman M, Cuckle H (eds) Screening for Down's syndrome. Cambridge University Press, pp 1–18

Hook EB, Cross PK, Jackson L et al. (1988) Maternal age-specific rates of 47,+21 and other cytogenetic abnormalities diagnosed in the first trimester of pregnancy in chorionic villus biopsy specimens: comparison with rates expected from observations at amniocentesis. Am J Hum Genet 42:797–807

Jacobs PA, Brown C, Gregson N et al. (1992) Estimates of the frequency of chromosome abnormalities detectable in unselected newborns using moderate levels of banding. A review of the results of over 14.000 prenatal diagnoses with estimates of the incidence of chromosome abnormalities in term infants. J Med Genet 29:103–108

Lubs HA (1969) A marker X chromosome. Am J Hum Genet 21:231–244

Mueller RE, Young ID (eds) (1995) Emery's elements of medical genetics. Churchill Livingstone, Edinburgh

Müller HJ (1989) Humangenetische Diagnostik. In: Bachmann K, Ewerbeck H, Kleihauer E et al. (Hrsg) Pädiatrie in Praxis und Klinik. Thieme, Stuttgart

Müller U, Graeber MB (1996) Neurogenetic disease: Molecular diagnosis and therapeutic approaches. J Mol Med 74:71–84

Murken J, Cleve H (1996) Humangenetik, 6. Aufl. Enke, Stuttgart

Raeymaekers P, Timmerman K, Neline E et al. (1991) Duplication in chromosome 17p11.2 in Charcot-Marie-Tooth disease type Ia (CMT1a). Neuromusc Disord 1:93–97

Rao F, Eiweiss B, Fukami M et al. (1997) Pseudoautosomal deletions encompassing a novel homeobox gene cause growth failure in idiopathic short stature and Turner's syndrome. Nature Gen 16:54–63

Rimoin DL, Connor JM, Pyeritz RE (eds) (1997) Emery and Rimoin's principles and practice of medical genetics, 3rd edn. Churchill Livingstone, Edinburgh

Schinzel A (1994) Human cytogenetics database. Oxford University Press

Schroeder TM, Anschutz F, Knopp A et al. (1964) Spontane Chromosomenaberrationen bei familiärer Panmyelopathie. Hum Genet 1:194–196

Scriver CR, Beaudet AL, Slyw S, Valle D (1995) The metabolic and molecular basis in inherited disease, 7th edn. McGraw-Hill, New York

Schachenmann G, Schmid W, Fraccaro M et al. (1965) Chromosomes in coloboma and anal atresia. Lancet II:290

Stengel-Rutkowski S, Schimanek P (1985) Chromosomale und nicht chromosomale Dysmorphiesyndrome. Enke, Stuttgart

Vogel F, Motulsky AG (1996) Human genetics, problems and approaches, 3nd edn. Springer, Berlin Heidelberg New York Tokyo

Vogt P, Edelmann A, Kirsch S et al. (1996) Human Y-chromosome azoospermia factors (AZF) mapped to different subregions in Yq11. Hum Mol Gen 5:933–943

KAPITEL 4

Mendelsche Erbgänge und monogene Erkrankungen

4

Im 19. Jahrhundert gelang es Gregor Mendel, den Erbgang einzelner phänotypischer Merkmale herauszufinden und in Gesetze zu fassen. Die Entdeckungen Mendels gerieten dann allerdings für einige Jahrzehnte in Vergessenheit und wurden erst später wieder entdeckt. Sie besitzen bis heute ihre Gültigkeit.

Inzwischen weiß man, daß die Mendelschen Faktoren, die man als Gene bezeichnet, auf den Chromosomen lokalisiert sind. Durch die Erkenntnis, daß die Weitergabe der Gene durch die Generationen eine Parallele im Verhalten der Chromosomen während der Meiose findet, ist es möglich geworden, die Mendelschen Gesetze kausal zu verstehen. Jedes Gen hat eine bestimmte Lokalisation, seine alternative Form auf dem homologen Chromosom wird *Allel* genannt. Ein normales bzw. häufiges Allel wird als *Wild-Typ* bezeichnet. Sind die Allele auf homologen Chromosomen bei einem diploiden Organismus identisch, spricht man von einer *Homozygotie*. Wenn die homologen Chromosomensegmente unterschiedliche Allele tragen, liegt eine *Heterozygotie* vor.

4.1 Autosomal-rezessive Vererbung und Erkrankungen

Ein autosomal-rezessiver Erbgang liegt dann vor, wenn nur der homozygote Genträger typische Merkmale aufweist. Bei einer autosomal-rezessiven Erkrankung unterscheidet sich der Heterozygote nicht von dem Homozygoten mit zwei nicht krankmachenden Anlagen. Bei autosomal-rezessiven Erkrankungen tragen die Eltern das mutierte Gen, es wird aber nicht manifest, weil die Wirkung der betreffenden Mutation im Vergleich zum normalen, nicht krankhaften Allel rezessiv ist. Eltern, die beide heterozygot für eine autosomal-rezessive Erkrankung sind, werden entsprechend dem 2. Mendelschen Gesetz zu 25% kranke Kinder bekommen. 50% der Kinder werden heterozygote Genträger, aber nicht krank. 25% der Kinder werden genotypisch und phänotypisch gesund sein. Bis heute sind über 2000 autosomal-rezessive Krankheiten bekannt, die einzeln selten vorkommen.

Als Hauptkriterien für eine autosomal-rezessive Vererbung sind zu nennen:
- Die Übertragung erfolgt von beiden Eltern, die heterozygote, phänotypisch gesunde Genträger sind, auf ein Viertel der Kinder; die Hälfte der Kinder ist heterozygot phänotypisch gesund und ein Viertel homozygot gesund.
- Nur homozygote Genträger erkranken.

- Beide Geschlechter sind gleich häufig erkrankt.
- Die Mehrzahl der Krankheitsfälle tritt dem Anschein nach sporadisch auf, da heutige Familien weniger Kinder haben.
- Patienten mit seltenen Erkrankungen gehen häufiger aus Verwandtenehen hervor.
- Neumutationen spielen im Einzelfall keine Rolle und sind normalerweise auch nicht nachweisbar.
- Die meisten rezessiven Gene haben Häufigkeiten zwischen 1:100 und 1:1000; homozygote Krankheiten haben Häufigkeiten zwischen 1:10000 und 1:100000. Alle Krankheiten zusammengenommen haben eine Häufigkeit von etwa 2,5 auf 1000 Neugeborene.
- Häufig auftretende Stoffwechselstörungen, speziell Enzymdefekte, folgen diesem Erbgang.

Seltene autosomal-rezessive Gene haben in der Regel ein relativ geringes Risiko zusammenzutreffen, sofern Panmixie bezüglich des betreffenden Merkmals herrscht, d. h., wenn die Heiratsgewohnheiten unabhängig vom Merkmal sind.

Haben Personen jedoch einen Teil ihrer Gene gemeinsam, wie es bei Blutsverwandtschaft der Fall ist, so erhöht sich das Risiko beträchtlich. Dies gilt vor allem für seltene, krankheitsverursachende Mutationen. Je seltener nämlich ein rezessives Gen in der Bevölkerung ist, desto häufiger wird es sich bei den Nachkommen des gleichen Stammelternpaares finden. Je näher der Verwandtschaftsgrad zweier blutsverwandter Partner ist, um so höher ist die Wahrscheinlichkeit, daß es zur Verbindung zweier Heterozygoter und damit zur Homozygotie des Gens kommt.

Seltene rezessive Erkrankungen finden sich in bestimmten Bevölkerungsgruppen in erstaunlicher Häufigkeit. Der Grund ist eine Anhäufung solcher Gene in Isolaten. Die Entstehung der Isolate kann geographische, historische, ethnische oder religiöse Ursachen haben. Dabei spielen Verwandtschaftsehen eine eher geringere Rolle. Von größerer Bedeutung ist die allgemeine Genverwandtschaft in solchen Bevölkerungen, die häufig von relativ kleinen Populationsstärken ihren Ausgang genommen haben.

Ein Beispiel für die Zunahme genetischer Erkrankungen unter Isolatbedingungen ist die hohe Frequenz von drei Lipidspeichererkrankungen unter den Aschkenasim-Juden Osteuropas. Diese Krankheiten, die auf Defekten verschiedener lysosomaler Hydrolasen beruhen, sind die kindliche Form der Tay-Sachs-Erkrankung (G_{M2}-Gangliosidose), die Niemann-Pick-Krankheit (Sphingomyelinlipidose) und die adulte Form (Typ I) der Gaucher-Krankheit. Viele Bedingungen sprechen dafür, daß der „genetische Drift" für die Zunahme dieser Krankheiten verantwortlich ist.

Einige autosomal-rezessive Erkrankungen sind in Tabelle 4.1 zusammengestellt.

Beispiel: Zystische Fibrose (cystic fibrosis = CF)
Die zystische Fibrose bzw. *Mukoviszidose* ist die häufigste autosomal-rezessive Erkrankung der weißen Bevölkerung. Die Häufigkeit beträgt in Mitteleuropa 1:2000–2500 Neugeborene, die Heterozygotenhäufigkeit 1:20–25. Durch Produktion von hochviskö-

Tabelle 4.1. Einige autosomal-rezessive Erkrankungen und ihre Häufigkeit

Erkrankung	Häufigkeit
α_1-Antitrypsin-Defekt	1:4000
21-Hydroxylase-Defekt (klassische AGS)	1:5000
Adrenogenitales Syndrom (nichtklassisches AGS)	1:1000
Albinismus (okuläre Form)	1:30000
Ataxia teleangiectatica	1:40000
Friedreich-Ataxie	1:27000
Galaktosämie	1:50000
Homozystinurie	1:45000–1:200000
M. Gaucher	1:25000 (bei Aschkenasim-Juden)
M. Krabbe	1:50000 (Schweden)
M. Wilson	1:35000
Meckel-Gruber-Syndrom	1:90000 (Finnland)
Phenylketonurie	1:5000–10000
Spinale Muskelatrophien	1:20000
Tay-Sachs-Syndrom	1:3000 (bei Aschkenasim-Juden)
Zystische Fibrose	1:2000 (in Mitteleuropa

sem Sekret aller mukösen Drüsen kommt es zu einer Obstruktion der Drüsenausführungsgänge und sekundär zur Zystenbildung und Fibrosierung des Gewebes.

Die Krankheit kann sich bereits im frühen Säuglingsalter manifestieren, jedoch auch erst im jungen Erwachsenenalter auftreten. In der Regel ist sie durch pulmonale und intestinale Symptome gekennzeichnet. Betroffen sind hauptsächlich Pankreas und Epitheldrüsen der Bronchien. Im Pankreas kommt es zu zystisch-fibrotischen Veränderungen, wobei die Langerhans-Zellen zunächst unberührt bleiben. Die intestinalen Erscheinungen sind ein Mekoniumileus des Neugeborenen, oder es kommt wegen einer exokrin entstehenden Pankreasinsuffizienz zu einer Malabsorption mit nachfolgender Hypoproteinämie und Resorptionsstörung der fettlöslichen Vitamine im Kleinkindesalter (Abb. 4.1). Eine andere gastrointestinale Komplikation ist der Rektumprolaps.

Die erhöhte Viskosität des Bronchialsekrets bewirkt eine chronisch obstruktive Lungenerkrankung mit Bronchiektasen, chronischen Infektionen und Ateminsuffizienz mit allen ihren Folgen. Die Natrium- und Chloridausscheidung im Schweiß ist erhöht. Bei längerem Verlauf tritt oft eine biliäre Leberzirrhose auf. Die männlichen Patienten sind trotz normaler Spermiogenese steril, wahrscheinlich infolge einer Obstruktion der Ausführungsgänge des männlichen Genitalsystems (kongenitale bilaterale Atrophie des Vas deferens, CBAVD).

1985 konnte das Gen für Mukoviszidose mit Hilfe der Kopplungsanalyse polymorpher DNA-Marker auf dem langen Arm des Chromosoms Nr. 7 lokalisiert werden. Inzwischen ist das Gen für zystische Fibrose sequenziert. Das gesamte Gen hat eine Länge von 250 kb. Die kodierende Sequenz ist etwa 6500 Basenpaare lang und in 27 Exons aufgeteilt (Riardan et al. 1989). Die häufigste Mutation ist die sog. δ-F508-Mutation, eine Deletion von 3 Basenpaaren in der Sequenz des Exons 10. Sie betrifft die Abfolge

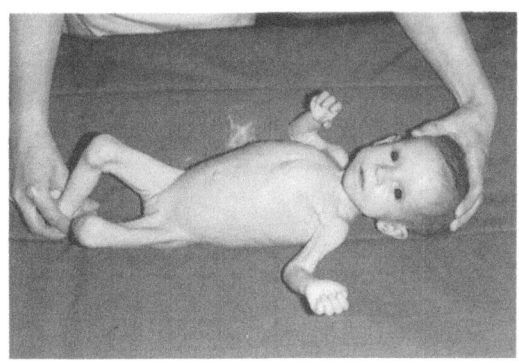

Abb. 4.1. Kind mit Mukoviszidose. (Aus Buselmaier u. Tariverdian 1998)

CTT von Position 1653–1655. Dies hat zur Folge, daß die Kodierung der Aminosäure Phenylalanin in der Position 508 der Aminosäurekette ausfällt.

Die Frequenz der δ-F508-Mutation wurde weltweit in vielen Populationen untersucht, und man hat dabei beträchtliche Unterschiede festgestellt. In Dänemark beispielsweise macht die δ-F508-Mutation etwa 68% aller CF-Mutationen aus, in der Türkei dagegen nur 27%. In der deutschen Bevölkerung findet man die δ-F508-Mutation in etwa 70% der Fälle.

Nahezu 1000 verschiedene CF-Mutationen sind inzwischen bekannt. Die seltenen Mutationen sind nur Einzelbeobachtungen. Etwa 60% der Patienten mit deutscher Abstammung sind homozygot für die δ-F508-Mutation; 35% sind *compound heterozygot* (siehe 4.5.1) für die δ-F508-Mutation und eine andere Mutation. Bei 5% konnte die δ-F508-Mutation nicht nachgewiesen werden. Diese Patienten sind homozygot oder compound heterozygot für andere Mutationen.

Untersucht man etwa 12 der häufigsten CF-Mutationen, so können ca. 85% der Anlageträger erfaßt werden. Die große Anzahl an CF-Mutationen und das variable Krankheitsbild bieten ein Modell für das Verständnis der Phänotyp-Genotyp-Korrelation.

Das Genprodukt ist Mitglied einer Familie von Membranproteinen, deren gemeinsame Merkmale Strukturmotive in Form von Transmembranhelices und Nukleotidbindungsfalten sind. Das CF-Protein hat 2 Transmembrandomänen mit jeweils 6 Hydrophobabschnitten, 2 Nukleotidbindungsfalten, die ATP binden und zusätzlich eine mittlere Domäne, die durch zahlreiche, geladene Seitenketten charakterisiert ist (Abb. 4.2). Das unveränderte Protein ist am Transport von Chloridionen durch die Membran beteiligt und wird als *Cystic-fibrosis-transmembran-conductance-Regulator (CFTR)* bezeichnet.

Die molekulargenetische Analyse des CF-Gens schafft die Grundlage für das Verständnis der Ätiologie sowie der Pathogenese der Krankheit, und es besteht die begründete Hoffnung, die bisherige symptomatische Therapie durch Entwicklung einer somatischen Gentherapie, insbesondere im Respirationstrakt, zu ersetzen.

Bei infertilen Männern ohne klinische Zeichen der zystischen Fibrose findet man sehr oft unterschiedliche CF-Mutationen in einem homozygoten oder compound heterozygoten Zustand.

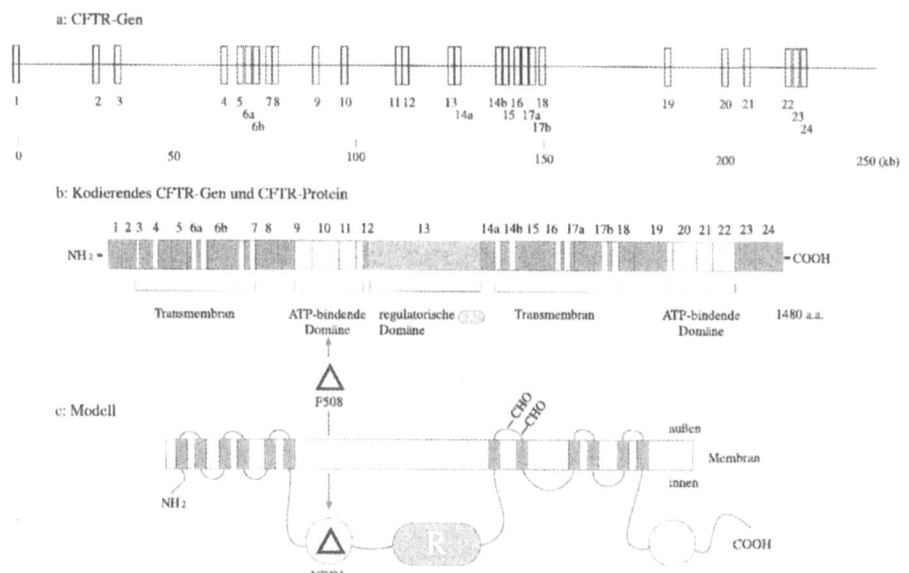

Abb. 4.2. Schema des CF-Gens. (Nach Tsui u. Buchwald 1991)

4.1.1 Auswirkungen von Homozygotie und Heterozygotie

Der Unterschied zwischen autosomal-dominantem und autosomal-rezessivem Erbgang ist in der Gendosis zu suchen. Während bei autosomal-dominantem Erbgang bereits die einfache Gendosis ausreicht, um bei Defekt-Genen Krankheitserscheinungen hervorzurufen, also der heterozygote Zustand bereits zur Symptomatik führt, wird bei autosomal-rezessivem Erbgang die zweifache Anlage, also die Homozygotie der Mutation, benötigt. Ob ein Gen dominant oder rezessiv wirkt, hängt ausschließlich von der Information ab, die es kodiert. Folglich unterliegen insbesondere erbliche Stoffwechselleiden, speziell Enzymdefekte, einem autosomal-rezessiven Erbgang.

Bei für Enzyme kodierenden Genen reicht in der Regel die einfache Gendosis aus, um eine phänotypisch normale Lebensfunktion aufrecht zu erhalten. Da Defektallele normalerweise zum Mangel eines Enzyms führen, kann man bei Heterozygoten – sofern für einen bestimmten Defekt Heterozygotentests existieren – in der Regel etwa 50% der Enzymaktivität von homozygot Gesunden nachweisen. Erst der völlige Ausfall der genetischen Information, also der homozygote Zustand, führt zur Manifestation der Erkrankung.

Mutationen der dominanten Gene führen dagegen nicht zum Ausfall eines Genprodukts, sondern zur Bildung abnormer Genprodukte, deren Aufgabe nicht die Steuerung von Stoffwechselprozessen, sondern der Aufbau von Zell- und Gewebestrukturen ist. Werden somit abnorme Polypeptide oder Proteine neben normalen gebildet und in Zellen und Gewebe eingebaut, so wird deren Struktur so verändert, daß ausgeprägte Fehlbildungen die Folge sind (Tabelle 4.2).

Tabelle 4.2. Wirkung rezessiver und dominanter Defektgene

Rezessive Gene	Kodieren meist für Enzymproteine. Defekte führen gewöhnlich zum Ausfall des Genprodukts. Ein Normalallel reicht zur Aufrechterhaltung der Funktion aus. Manifestation in der Regel nur in homozygotem Zustand
Dominante Gene	Kodieren meist für Strukturproteine. Defekte führen gewöhnlich zum Einbau eines falschen Genprodukts. Normalallel wird exprimiert, reicht jedoch zur Aufrechterhaltung der Funktion nicht aus, Fehlentwicklungen bzw. Funktionsstörungen sind die Folge

4.2 Autosomal-dominante Vererbung und Erkrankungen

Eine autosomal-dominante Vererbung liegt vor, wenn ein Gen bzw. eine Mutation in einfacher Dosis zur phänotypischen Ausprägung führt. Die Übertragung eines autosomal-dominanten Merkmals erfolgt in der Regel von einem der Eltern auf die Hälfte der Kinder. Der übertragende Elternteil ist gewöhnlich heterozygot für das entsprechende Gen, während das andere Allel rezessiv ist. Der heterozygote entspricht in der Regel im Phänotyp dem homozygoten Zustand. Die Zuordnung eines Gens als dominant oder rezessiv hängt häufig von der Genauigkeit ab, mit der man phänotypische Merkmale von Heterozygoten untersucht.

Die Anlageträger für eine schwere autosomal-dominante Erkrankung erreichen das Fortpflanzungsalter nicht oder sind so schwer geschädigt, daß die Fortpflanzungsrate stark herabgesetzt bzw. gleich Null ist. Häufig treten solche Erkrankungen sporadisch auf. In diesen Fällen handelt es sich um eine Neumutation. Es ist jedoch auch möglich, daß die phänotypischen Merkmale bei einigen autosomal-dominanten Erkrankungen nicht vollständig manifest werden. Man spricht hier von einer verminderten *Penetranz*.

Als Hauptkriterien einer autosomal-dominanten Vererbung sind zu nennen:
- Morphologische Fehlbildungen oder Anomalien und Störungen der Gewebestruktur sind häufig.
- Dominant vererbte Erkrankungen sind meist äußerlich sichtbar.
- Die Übertragung erfolgt in der Regel von einem Elternteil auf die Hälfte der Kinder.
- Der Phänotyp heterozygoter Genträger entspricht weitgehend dem homozygoter Genträger.
- Beide Geschlechter sind gleich häufig erkrankt.
- Es kann unregelmäßig dominante Vererbung vorliegen, beispielsweise durch unvollständige Penetranz oder Spätmanifestation.
- Nachkommen merkmalsfreier Personen sind merkmalsfrei, wenn volle Penetranz herrscht.
- Dominante Gene können pleiotrope Wirkung besitzen (s. 4.5.3).
- Sporadische Fälle beruhen bis auf seltene Ausnahmen (Keimzellmosaike) auf Neumutationen (bei schweren Erbleiden oft über 50% der Fälle).

- Die meisten autosomal-dominanten Erkrankungen haben Häufigkeiten unter 1:10000.

Beim Menschen kennt man heute über 4500 dominant erbliche Merkmale bzw. Erkrankungen, die meist sehr selten auftreten. In Tabelle 4.3 sind einige autosomal-dominante Krankheiten und deren Häufigkeit zusammengestellt.

Beispiel 1: Chorea Huntington
Die Chorea Huntington ist eine neurodegenerative Erkrankung mit autosomal-dominantem Erbgang und vollständiger Penetranz. Sie manifestiert sich fortschreitend im Erwachsenenalter. Im Kindes- bzw. Jugendalter zeigt sie sehr selten Symptome.
Die Störung betrifft vorwiegend die Basalganglien. Die charakteristischen Merkmale sind unwillkürliche choreatische Bewegungen, psychische Störungen und Demenz. Die ersten Manifestationszeichen sind in der Regel neurologische Störungen, jedoch können gelegentlich auch die psychischen Störungen den neurologischen vorausgehen. Da es sich hierbei um eine spät manifest werdende Krankheit handelt, werden oft Kinder

Tabelle 4.3. Einige autosomal-dominante Erkrankungen und ihre Häufigkeit

Krankheit	Häufigkeit
Chorea Huntington	1:10000
Neurofibromatose Typ I	1: 3000
Neurofibromatose Typ II	1:35000
Tuberöse Hirnsklerose	1:15000
Familiäre Polyposis coli	1:10000
Polyzystische Nieren (adulter Typ)	1: 1000
Retinoblastom	1:20000
Familiäre Hypercholesterinämie	1: 500
Kartilagene Exostose	1:50000
Marfan-Syndrom	1:25000
Achondroplasie	1:10000–30000
Myotone Dystrophie	1:10000 [a]
Hippel-Lindau-Syndrom	1:36000
Crouzon-Syndrom	1: 2500
Charcot-Marie-Tooth IA, B	1:28000
Apert-Syndrom	1:10000
Kongenitale Sphärozytose	1: 5000
Romano-Ward-Syndrom	1:10000
Spalthand	1:90000
Waardenburg-Syndrom	1:45000

[a] In manchen Populationen höher.

gezeugt, bevor der Betroffene um die Vererbung der eigenen Erkrankung weiß. Für die Nachkommen besteht ein Risiko von 50%, daran zu erkranken.

Betrachtet man die Art der Altersverteilung bei der Krankheitsmanifestation, so zeigt sich, daß sich das Erkrankungsrisiko für die gesunden Nachkommen mit zunehmendem symptomfreien Alter reduziert. Das Manifestationsalter kann sogar innerhalb einer Familie unterschiedlich sein. Patienten, die die Mutation von erkrankten Vätern erhalten, erkranken früher. Hier liegt ein Einfluß des Geschlechts des übertragenden Elternteils vor, der auch bei einigen anderen Krankheiten in der letzten Zeit beobachtet wurde. Diese Antizipation beruht auf geschlechtsspezifisch unterschiedlicher Methylierung der DNA in der Gametogenese und wird als *Genomic imprinting* bezeichnet. Hinweise auf diese Unterschiede lieferten Experimente mit transgenen Mäusen.

Das Gen für Chorea Huntington liegt auf dem kurzen Arm des Chromosoms Nr. 4 (4p16.3). Inzwischen ist das Gen identifiziert. Es handelt sich hierbei um ein expandierendes CAG-Repeat. Während bei Gesunden bis zu 37 Trinukleotide vorkommen, findet man bei Chorea Huntington-Patienten über 39 CAG-Triplets (Huntington's disease Collaborative Research Group 1993).

Beispiel 2: Marfan-Syndrom

Der primäre Effekt einer Mutation kann in verschiedenen Organsystemen unterschiedliche Auswirkungen haben. Ein Beispiel hierfür ist das autosomal-dominant erbliche Marfan-Syndrom. Der primäre Defekt ist eine Störung der Kollagensynthese, die sich auf das Skelettsystem, die Augen und auf das kardiovaskuläre System auswirkt. Charakteristische Symptome sind lange und schmale, grazile Extremitäten (Dolichostenomelie) und Spinnenfingrigkeit (Arachnodaktylie), überstreckbare Gelenke, Subluxation der Linse, Mitralklappenprolaps und Aortendissektion (die diagnostischen Kriterien sind in Tabelle 4.4 zusammengestellt).

Die kardialen Befunde führen meist zum plötzlichen Tod des Betroffenen. Aus diesem Grund ist eine prophylaktische Therapie mit β-Blockern dringend zu empfehlen. Die genannten Symptome können in unterschiedlicher Kombination vorliegen. Es findet sich auch innerhalb einer Familie eine hohe Variabilität der klinischen Ausprägung. Das Gen für das Marfan-Syndrom liegt auf dem langen Arm des Chromosoms 15 (15q21) und ist inzwischen sequenziert (Ramirez 1996).

Tabelle 4.4. Diagnostische Hauptkriterien des Marfan-Syndroms (erst 4 Manifestationen ergeben ein Hauptkriterium). (Nach Ghent-Nosologie 1996)

Skelettsystem	Pectus carinatum, Pectus excavatum Verhältnis der Armspanne zur Körpergröße >1,05 Positives Daumen-/Handgelenkszeichen Skoliose >20° oder Spondylolisthesis Eingeschränkte Ellbogenstreckung (<170°) Pes planus Protrusio acetabuli
Augen	Ectopia lentis
Kardiovaskuläres System	Dilatation der Aorta ascendens inklusive der Sinus Valsalvae, mit/ohne Aortenklappeninsuffizienz Dissektion der Aorta ascendens
Dura	Lumbosakrale durale Ektasie
Familienanamnese	Betroffene in der Verwandtschaft 1. Grades

Das verantwortliche Gen (Fibrillin-1-Gen = FBN1) ist 110 kb lang und besteht aus 65 Exons. Bis jetzt sind etwa 80 verschiedene Mutationen am FBN1-Gen identifiziert, die meisten sind Zysteinreste in der Schlüsselposition der kalziumbindenden Domäne des epidermalen Wachstumsfaktors = EGF (Abb. 4.3). Je nach Position können unterschiedliche Funktionsstörungen und damit das heterogene phänotypische Spektrum entstehen (Dietz u. Pyeritz 1995).

Etwa 20 mit dem neonatalen Marfan-Syndrom assoziierte Mutationen häufen sich auf einer umschriebenen Region des FBN1-Gens. Nichtsdestotrotz kann eine Phänotyp-Genotyp-Korrelation nicht vorausgesagt werden.

Einige Mutationen am FBN1-Gen können auch andere Krankheiten als das Marfan-Syndrom verursachen, so z. B. das *Shprintzen-Goldberg-Syndrom*. Hier finden sich neben den Marfan-ähnlichen Skelettveränderungen eine Kraniosynosthose und andere Auffälligkeiten. Andererseits gibt es ein weiteres Fibrillin-Gen auf Chromosom 5q, das ein Krankheitsbild mit Marfan-Syndrom-Habitus verursacht. Charakteristisch sind Arachnodaktylien und Kontrakturen der großen und peripheren Gelenke, jedoch fehlen hier die okulären und kardiovaskulären Symptome. Das Krankheitsbild wird als *Beals-Hecht-Syndrom* bezeichnet.

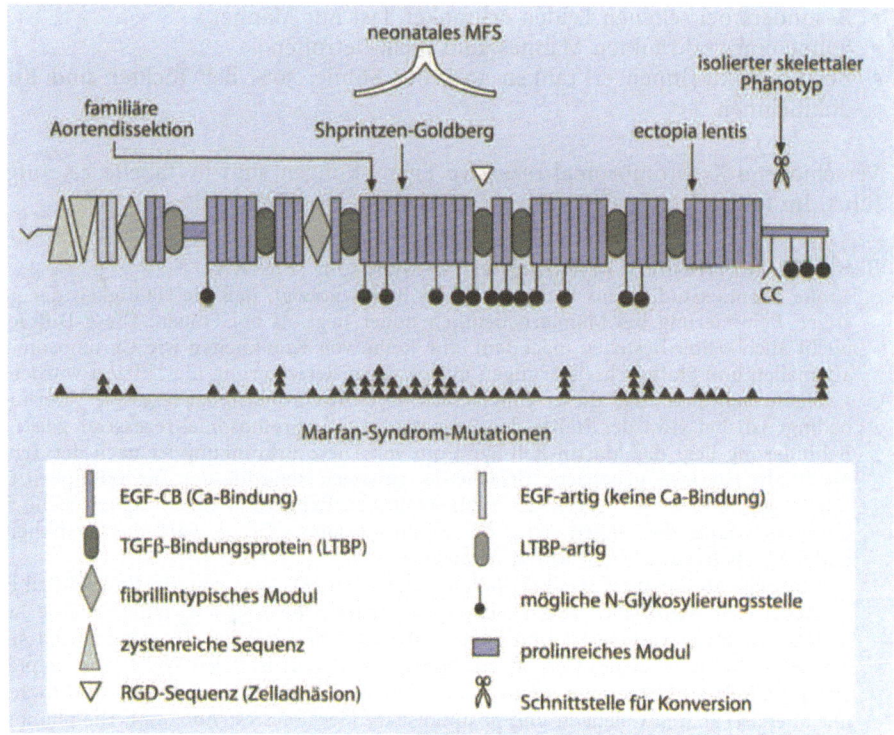

Abb. 4.3. Schematische Darstellung der Domänenstruktur des Profibrillin-1-Proteins und bereits gefundene Mutationen bei MFS und marfanoiden Varianten. (Nach Ramirez 1996)

4.3 X-chromosomal-rezessive Vererbung und Erkrankungen

Das menschliche X-Chromosom enthält zahlreiche Gene, deren Erbgang sowohl dominant als auch rezessiv sein kann. Da die Männer *ein* X-Chromosom, die Frauen aber zwei X-Chromosomen haben, gibt es im Falle einer X-gekoppelten Mutation für die Männer zwei, für die Frauen drei Möglichkeiten. Die Männer können jeweils hemizygot für das mutierte oder das normale Gen sein, während die Frauen entweder heterozygot oder homozygot für jedes Allel sein können.

Von *Hemizygotie* spricht man dann, wenn ein Gen nur einmal im Genotyp vorhanden ist, also bei Genen, die auf dem einzigen X- oder Y-Chromosom des Mannes lokalisiert sind. Ein rezessives Gen, das auf dem X-Chromosom liegt, wird sich phänotypisch beim Mann manifestieren, da er im Gegensatz zum weiblichen Geschlecht kein zweites normales Gen besitzt.

Hauptkriterien bei X-chromosomal-rezessiver Vererbung sind:

- Die Übertragung erfolgt nur über heterozygote Frauen.
- Alle Töchter eines kranken Mannes sind Konduktorinnen.
- Besonders bei seltenen Leiden erkranken fast nur Männer.
- Söhne eines erkrankten Mannes sind nicht betroffen.
- Bei Konduktorinnen erkranken 50% der Söhne; 50% der Töchter sind Konduktorinnen.

Verschiedene X-chromosomal-rezessive Erkrankungen sind in Tabelle 4.5 aufgeführt. Im folgenden werden einige Krankheiten vorgestellt.

Beispiel 1: Martin-Bell- bzw. fragiles (X-)Syndrom (FRAXA)

Große Familienstudien aus früheren Jahren haben gezeigt, daß die Häufigkeit der geistigen Behinderung bei Männern deutlich höher liegt als bei Frauen. Diese Differenz bleibt auch weiter bestehen, nachdem eine Reihe von Krankheiten wie Chromosomenanomalien und Stoffwechselstörungen mit geistiger Retardierung identifiziert wurden.

Heute weiß man, daß dieser Unterschied durch X-chromosomal-rezessive Vererbung bedingt ist. Bei etwa der Hälfte der Patienten mit X-chromosomal-rezessiver geistiger Behinderung liegt das Martin-Bell-Syndrom vor. Diese Erkrankung ist nach der Trisomie 21 die häufigste genetische Ursache der geistigen Retardierung. Die Häufigkeit beträgt 1 auf 4000–6000. Wegen der zytogenetischen Expression einer fragilen Stelle am terminalen Ende des langen Arms des X-Chromosoms (Xq27.3) wird das Krankheitsbild auch als fragiles (X-)Syndrom bezeichnet.

Klinische Merkmale dieser Erkrankung wurden bereits 1943 von Martin und Bell beschrieben. Die Betroffenen zeigen neben der geistigen Retardierung einige äußere Auffälligkeiten sowie Verhaltens- und Sprachentwicklungsstörungen. Charakteristisch sind ein relativ langes schmales Gesicht mit hoher Stirn, supraorbitalen Wülsten, ausgeprägtem prominenten Unterkiefer, große, wenig differenzierte Ohren, Bindegewebsschwäche mit überstreckbaren Gelenken und postpubertäre Megalotestes (Abb. 4.4). Die phänotypischen Merkmale sind insgesamt sehr variabel.

Relativ häufig treten Mitralklappenprolaps und/oder Aortendilatationen auf. Die klinischen Merkmale sind im präpubertären Alter nicht ausgeprägt; aus diesem Grund wird das Krankheitsbild oft erst in späterem Alter diagnostiziert. Im Kindesalter fallen Träger durch ihr hyperkinetisches Verhalten mit autistischen Zügen, Konzentrationsschwäche und Sprachentwicklungsstörungen auf. Oft zeigen sie neben den oben genannten Auffälligkeiten pastöse und fleischige Hände und Füße mit tiefen Fußsohlen-

Tabelle 4.5. Einige X-chromosomal-rezessive Erkrankungen und ihre Häufigkeit

Krankheit	Häufigkeit
Albinismus (okuläre Form)	1: 55000
Charcot-Marie-Tooth, Typ IV	1: 32000
Choroidermie	Selten
Chronische Granulomatose	Selten
Diabetes insipidus (nephrogene Form)	Selten
Ehlers-Danlos-Syndrom Typ V, IX	Selten
Farbblindheit	1: 500–2000
Glykogenspeicherkrankheit Typ VIIb	Selten
Hämophilie A	1: 10000
Hämophilie B	1: 25000
Lesch-Nyhan-Syndrom	1:300000
Lowe-Syndrom	Selten
Martin-Bell- bzw. Fra(X)-Syndrom	1: 1000
Menkes-Syndrom	1: 40000
Mukopolysaccharidose Typ II (Hunter)	1: 10000–100000
Muskeldystrophie Typ Duchenne/Becker	1: 3000
Norrie-Syndrom	Selten
Retinoschisis	Selten
Testikuläre Feminisierung	1: 2000–20000
Wiskott-Aldrich-Syndrom	Selten

furchen sowie feine, samtartige Haut (Tabelle 4.6). Körpermaße wie Körpergröße, Kopfumfang und Körpergewicht liegen im oberen Normbereich.

Durch zytogenetische Untersuchung unter geeigneten Bedingungen findet man auf dem langen Arm des Chromosoms X (Xq27.3) eine fragile Stelle. Die zytogenetische Veränderung ist nicht in allen Mitosen nachweisbar (Lubs 1969). Bei den heterozygoten Frauen kann diese fragile Stelle nicht immer nachgewiesen werden.

Das Martin-Bell-Syndrom zeigt einige Besonderheiten:

- Es gibt neben gesunden weiblichen auch gesunde männliche Anlageträger. Nur 80% der männlichen Anlageträger sind geistig retardiert und weisen klinische Merkmale auf.
- Neben klinisch unauffälligen Überträgerinnen gibt es auch betroffene heterozygote Frauen. Etwa 30–50% der heterozygoten Frauen sind geistig retardiert und zeigen phänotypische Merkmale des Martin-Bell-Syndroms.
- Mütter und Töchter eines gesunden männlichen Überträgers zeigen keine Symptome, obwohl sie obligatorisch heterozygot sind.
- In der Enkelgeneration eines gesunden männlichen Überträgers kann das Krankheitsbild wiederum auftreten.
- Gesunde männliche Überträger sowie ein Großteil der unauffälligen Konduktorinnen zeigen keine fragile Stelle des X-Chromosoms.

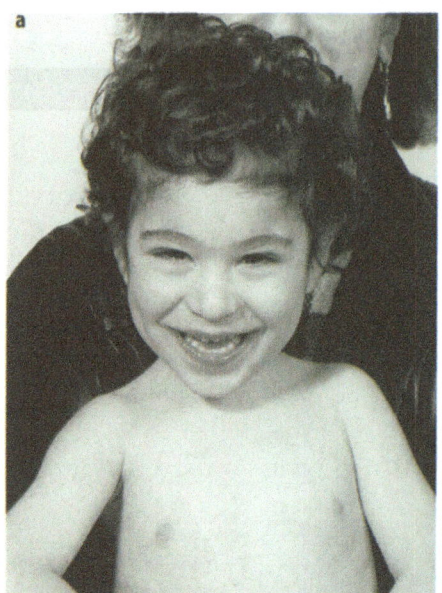
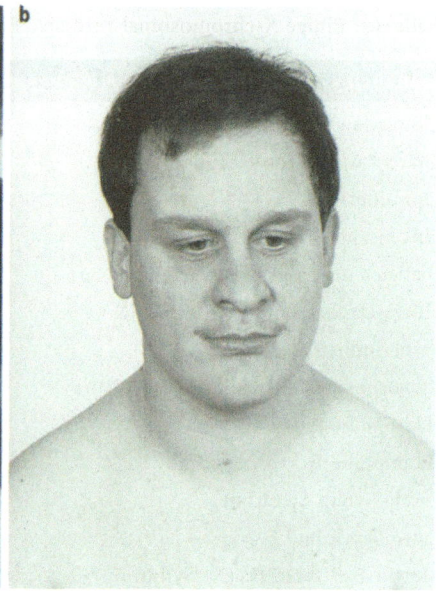
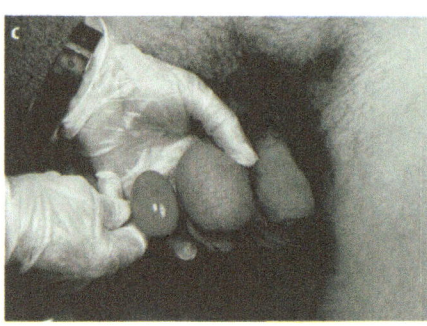
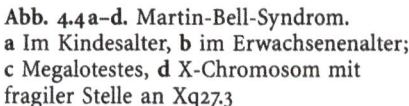
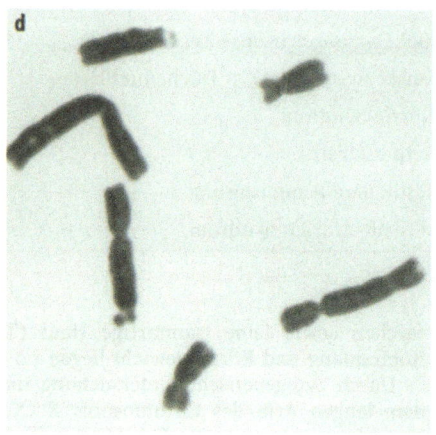

Abb. 4.4 a–d. Martin-Bell-Syndrom.
a Im Kindesalter, **b** im Erwachsenenalter;
c Megalotestes, **d** X-Chromosom mit
fragiler Stelle an Xq27.3

Tabelle 4.6. Charakteristische Merkmale des Martin-Bell-Syndroms

Phänotyp	Weitere Charakteristika
Langes, schmales Gesicht	Muskelhypotonie
Große Ohren	Feine, samtartige Haut*
Kopfumfang und Körperlänge >50 Pc	Autistisches Verhalten*
Überstreckbare Gelenke	Wenig bzw. kein Augenkontakt*
Progenie mit zunehmendem Alter	Hyperaktivität*
Plumpe, fleischige Hände und Füße	Sprachstörungen
Plattfüße, Furchungen der Fußsohlen	Makroorchidie ab Pubertätsalter

* im Kindesalter

Mit Hilfe molekulargenetischer Untersuchungen wurde das Gen des Martin-Bell-Syndroms identifiziert und damit das Verständnis dieser Besonderheiten ermöglicht. Es wird als *FMR-1-Gen (fragile X mental retardation)* bezeichnet. FMR-1 entspricht einer hochrepetitiven Sequenz und besteht aus tandemartig repetitiven CGG-Trinukleotiden (Cytosin-Guanin-Guanin). Normalerweise hat das X-Chromosom 6–50 CGG-Repeats. Eine Expansion dieser Trinukleotidrepeats verursacht die Erkrankung (Oberle et al. 1991).

Beim Martin-Bell-Syndrom unterscheidet man 2 Mutationsschritte. Vermehrt sich das CGG-Repeat bis auf 200, so verursacht dies keine klinischen Auffälligkeiten; man spricht aus diesem Grund von einer Prämutation. In einem zweiten Schritt wird das instabile CGG-Repeat (Prämutation) bis zu über 1000 CGG-Repeats verlängert; zusätzlich kommt es zur Hypermethylierung des Repeats und der benachbarten regulatorischen Sequenz. Der genetische Code der vollständigen Mutation kann im Gegensatz zum normalen oder prämutierten Gen nicht abgelesen werden, was wiederum zum Ausfall des Genprodukts führt. Durch DNA-Diagnostik können bei klinischer Verdachtsdiagnose die klinisch unauffälligen heterozygoten Frauen und die gesunden männlichen Anlageträger nachgewiesen werden. Bei der vollständigen Mutation sind die repeattragenden DNA-Fragmente nach der enzymatischen Spaltung etwa 0,6–3 kb und die Prämutation 0,2–0,5 kb groß.

Die beiden Mutationstypen unterscheiden sich außerdem hinsichtlich der Methylierung der CG-Sequenz (Abb. 4.5). Während bei den betroffenen Männern die molekulargenetischen Befunde dem klinischen und zellulären Phänotyp mit fragilem X-Chromosom entsprechen, sind etwa 50% der heterozygoten Frauen mit einer vollständigen Mutation klinisch unauffällig. Letzteres beruht auf dem Lyonisierungseffekt.

Die vollständige Mutation tritt nur auf, wenn eine Prämutation vorausgegangen ist und wird ausschließlich nach maternaler Vererbung der Mutation beobachtet. Es ist also ein zweiter mutativer Schritt erforderlich. Die Tochter normaler männlicher Überträger ist trotz obligater Anlageträgerschaft klinisch nicht krank, weil die väterliche Prämutation unverändert weiter übertragen wird.

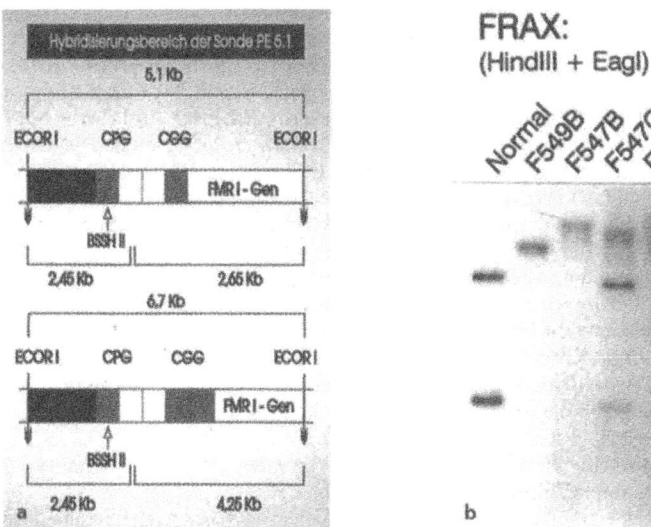

Abb. 4.5. a Schema des FMR-Gens. **b** Southern blot von Patienten mit fraX-Syndrom und Kontrollperson. (Aus Buselmaier u. Tariverdian 1998)

Gelegentlich stellt man bei den Patienten mit fra X-Syndrom ein Mosaikmuster mit vollständiger Mutation, methylierten Fragmenten und prämutierten nichtmethylierten Fragmenten fest. Auch in Spermien mancher Patienten mit vollständiger Mutation findet man ausschließlich Prämutationen. Offenbar wird die FMR-1-Mutation als prämutiert weitergegeben. Die vollständige Mutation entsteht bei maternaler Vererbung nach der Zygotenbildung in der frühen Embryonalentwicklungsphase und zwar, wenn bei maternal ererbtem FMR-1-Gen die DNA methyliert ist.

In sehr seltenen Fällen findet man bei Patienten mit ähnlichen phänotypischen Merkmalen kein fragiles X-Chromosom und keine Veränderung der CGG-Repeats. Hier kann entweder eine Deletion des terminalen Endes des X-Chromosoms, die das FMR-1-Gen betrifft oder eine Punktmutation in der kodierenden DNA-Sequenz vorliegen. Inzwischen sind weitere Erkrankungen innerhalb dieser Krankheitsgruppe (X-linked mental retardation = XLMR) klinisch klassifiziert und molekulargenetisch identifiziert worden (s. Tab. 6.11 und 3.6.1).

Beispiel 2: Muskeldystrophie Typ Duchenne

Diese Erkrankung ist die häufigste Form der Muskeldystrophie. Die Häufigkeit beträgt etwa 1:3000 Jungen. Die Patienten werden gesund geboren und entwickeln sich in der Regel zunächst unauffällig, obwohl durch Laboruntersuchung das Vorhandensein der Krankheit nachweisbar ist. Im frühen Kindesalter fallen sie durch Ungeschicklichkeit und durch Fallneigung während des Laufenlernens auf. Mit zunehmendem Alter treten erhebliche Schwierigkeiten beim Treppensteigen, Pseudohypertrophie der Wadenmuskulatur, Watschelgang und Schwäche der Beckengürtelmuskulatur auf. Typisch sind die Schwierigkeiten beim Aufstehen vom Boden: Die Patienten gehen zunächst in den Kniestand und richten sich dann auf, indem sie sich mit den Händen auf den Oberschenkeln abstützen (Gower-Zeichen).

Im weiteren Verlauf greift die Muskelschwäche auf Rumpf und Schultergürtel über, es entwickeln sich Muskelatrophie und Kontrakturen. Hyperlordose der Lendenwirbelsäule und abstehende Schulterblätter sind charakteristisch (Abb. 4.6). Zwischen dem 8. und 12. Lebensjahr werden die Patienten gehunfähig. Die Lebenserwartung liegt meist unter 20 Jahren. Im Finalstadium leiden die Patienten an muskulärer Ateminsuffizienz mit rezidivierenden Infekten der Atmungsorgane.

Das Gen für die Duchenne-Muskeldystrophie ist auf dem kurzen Arm des X-Chromosoms (Xp21) lokalisiert. Die Lokalisierung gelang zunächst durch Kopplungsanalyse, danach durch Beobachtung von Frauen, die an Duchenne-Muskeldystrophie erkrankt waren und eine balancierte X-autosomale Translokation zeigten. Die Bruchstelle auf dem X-Chromosom war immer in der Xp21-Region.

Auf verschiedene Weise bestätigte sich die Position des DMD-Gens auf Xp21. Bei einem Jungen, der neben Duchenne-Muskeldystrophie an einigen weiteren X-gekoppelten Krankheiten litt, wurde eine ausgedehnte Deletion im Bereich Xp21 beobachtet (Francke et al. 1985). Mit Hilfe der Subtraktionsklonierung gelang die Isolierung von Klonen, die Sequenzen aus dem deletierten Bereich enthielten. Durch weitere molekulargenetische Analysen konnte das Gen für die Muskeldystrophie Typ Duchenne identifiziert werden. Es hat eine Größe von über 2300 kb und enthält 79 Exons.

Das muskelspezifische, kodierte Protein ist das Dystrophin mit einer Größe von 427 kb. Wahrscheinlich ist das Dystrophin am kontraktilen Apparat der gestreiften und kardialen Muskeln beteiligt (Hoffman et al. 1987; Koenig et al. 1987). Bei Patienten mit Duchenne-Muskeldystrophie fehlt Dystrophin immer, während es beim Typ Becker vermindert bzw. abnormal produziert wird (Abb. 4.7).

Die *Muskeldystrophie Typ Becker-Kiener* hat etwa das gleiche Erscheinungsbild, jedoch einen gutartigeren und langsam fortschreitenden Verlauf. Die Krankheit beginnt in der Regel jenseits des 10. Lebensjahres, Invalidität tritt erst im Alter von 40 oder 50 Jahren ein. Die Lebenserwartung ist nur wenig verkürzt. Die Fertilität ist nur teilweise

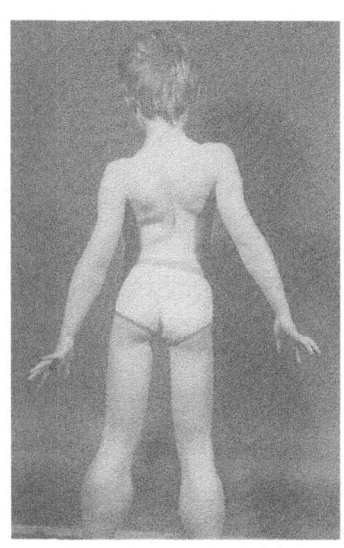

Abb. 4.6. Patient mit Duchenne-Muskeldystrophie (mit freundlicher Genehmigung von Herrn Prof. E. Kuhn)

eingeschränkt. Es handelt sich hier nicht um eine gutartige Verlaufsform der Muskeldystrophie Typ Duchenne, sondern um ein eigenständiges Krankheitsbild. Die verantwortlichen Gene für Muskeldystrophie Duchenne und Becker-Kiener sind allelisch.

Bei etwa einem Drittel der Patienten ist die Muskeldystrophie Duchenne auf eine Neumutation zurückzuführen. Die Mutationsrate beträgt ca. 10^{-4}. Etwa 60–65% der Mutationen sind Deletionen, rund 6% sind Duplikationen. Punktmutationen sind selten. Inzwischen sind einige seltene Fälle mit einem Keimzellmosaik beobachtet worden.

Ein Heterozygotentest bzw. eine pränatale Diagnose durch direkte DNA-Diagnostik kann in jenen Fällen durchgeführt werden, in denen die Erkrankung durch eine Deletion verursacht ist. Innerhalb dieser Familien können heterozygote Frauen nach Hybridisierung mit dystrophinspezifischen Cosmidklonen auf Metaphasepräparaten erkannt werden (Abb. 4.8). In den übrigen Fällen wird eine Haplotypanalyse mit polymorphen DNA-Markern durchgeführt.

4.3.1 Unterschiedliche Genaktivität in Einzelzellen von Heterozygoten (Lyon-Hypothese)

1949 entdeckten Barr und Bertrom das *Sexchromatin*, das auch Barr-Body genannt wird, in den Zellen von weiblichen Katzen. In Zellen männlicher Tiere fehlt das Barr-Körperchen. Später wurde bewiesen, daß es sich hierbei um eines der X-Chromosomen handelt, das in den weiblichen Körperzellen kondensiert wurde.

Nach weiteren Experimenten und funktionellen Erklärungen stellte Mary F. Lyon (1961) ihre bekannte Hypothese auf, die kürzlich durch molekularbiologische Befunde folgendermaßen erweitert wurde:

• In jeder weiblichen Zelle wird eines der beiden X-Chromosomen inaktiviert. Dabei entgeht die pseudoautosomale Hauptregion (PAR1) der Inaktivierung.

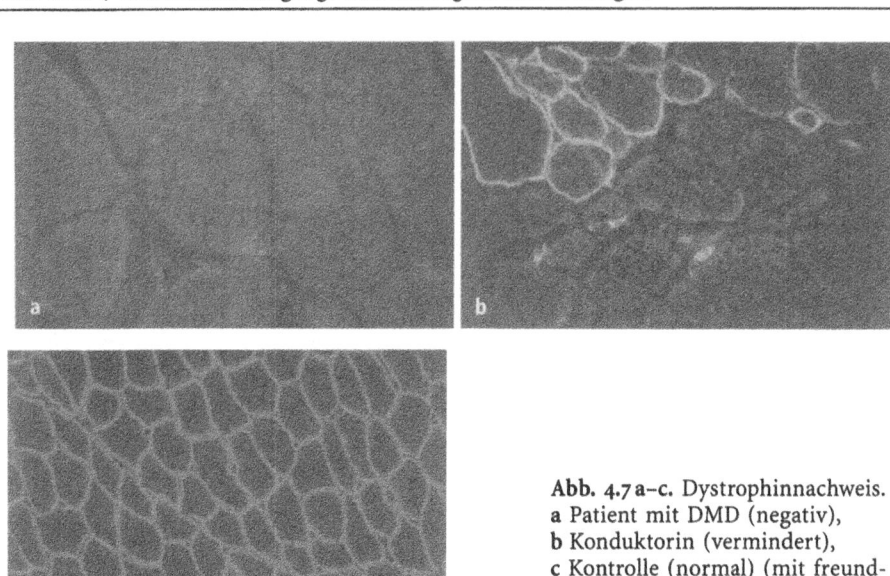

Abb. 4.7 a–c. Dystrophinnachweis. **a** Patient mit DMD (negativ), **b** Konduktorin (vermindert), **c** Kontrolle (normal) (mit freundlicher Genehmigung von Fr. Dr. M. Cremer)

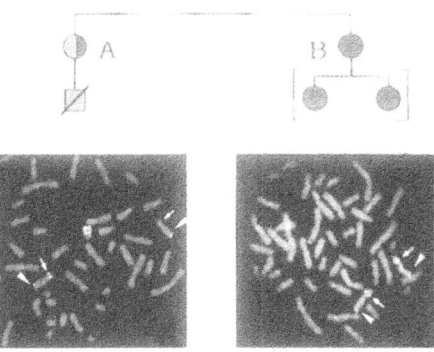

Abb. 4.8. Carriernachweis mit Hilfe von fluoreszierender In-situ-Hybridisierung (FISH) (mit freundlicher Genehmigung von Fr. Dr. M. Cremer)

- Die Inaktivierung geht vom XiST-Gen aus, wobei das Allel des inaktivierten X-Chromosoms exprimiert wird.
- Die Inaktivierung findet um den 12.–16. Tag der Embryonalentwicklung statt.
- Die Wahl des inaktivierten X-Chromosoms ist zufällig, wird aber in allen Folgezellen der Stammzelle beibehalten.
- Die chromosomale Konstitution im weiblichen Organismus kann als genetisches Mosaik betrachtet werden, wenn Heterogenie bei Allelen des X-Chromosoms besteht.
- Das inaktivierte X-Chromosom kann als Sexchromatin dargestellt werden.
- Das inaktivierte X-Chromosom ist in der Mitose spät replizierend.

Die Hauptursache der Inaktivierung des X-Chromosoms ist eine Dosiskompensation für diejenigen X-chromosomalen Gene, für die es kein homologes Gen auf dem Y-Chromosom gibt. Allerdings kommen einige Gene sowohl auf dem X- als auch auf dem Y-Chromosom vor und zeigen in der Dosis keine geschlechtsspezifischen Unterschiede. Aus diesem Grund unterliegen sie nicht der Inaktivierung des X-Chromosoms. Alle Gene der pseudoautosomalen Hauptregion, die man untersuchen kann, werden nach der Inaktivierung des X-Chromosoms exprimiert, unabhängig davon, ob sie sich auf dem aktiven oder auf dem inaktiven X-Chromosom befinden.

Darüber hinaus sind auch einige andere menschliche X-chromosomale Gene bekannt, die ebenfalls nicht inaktiviert werden. Zu dieser Gruppe gehören Gene, die im proximalen Abschnitt der Xp- und Xq-Regionen lokalisiert sind. Für viele menschliche X-chromosomale Gene, die außerhalb der pseudoautosomalen Hauptregion liegen und nicht inaktiviert werden, gibt es funktionsfähige homologe Gene auf dem Y-Chromosom. Jedoch trifft das für einige Gene nicht zu. Es gibt auch Gene, die nicht inaktiviert werden, sie besitzen aber offensichtlich keine homologen Allele auf dem Y-Chromosom. Für manche Gene gibt es zwar auf dem Y-Chromosom homologe Allele, jedoch sind diese nicht funktionsfähig. Es ist wahrscheinlich, daß bei einigen Genen ein geschlechtsbedingter Dosisunterschied kein Problem darstellt und toleriert wird.

Durch X-Inaktivierung werden die Frauen funktionell hemizygot, so daß eines ihrer beiden von den Eltern ererbten X-Chromosomen abgeschaltet wird. Dies führt zu einer monoallelen Expression von biallelen Genen. Personen mit normalem XX-Karyotyp sind für die entsprechenden Gene biallel, eine Patientin mit einem X ist jedoch monoallel.

Sowohl die intrauterine Letalität als auch die phänotypischen Merkmale des Turner-Syndroms beruhen mit großer Wahrscheinlichkeit auf Monoallelie eines oder mehrerer Gene, die auf dem X- oder Y-Chromosom lokalisiert sind. Man weiß heute jedoch, daß das Gen für das Turner-Syndrom nicht auf dem X-, sondern auf dem Y-Chromosom lokalisiert ist und Frauen mit XY-Karyotyp je nach Größe der Region auf dem Y-Chromosom auch einen Turner-Phänotyp zeigen.

Die Inaktivierung des X-Chromosoms geschieht nicht nur in den weiblichen somatischen Zellen, sondern auch während der Gametenbildung beider Geschlechter. Bestimmte molekulare Mechanismen sind dafür verantwortlich, daß die Inaktivierung ausgelöst und aufrechterhalten wird.

In der Oogenese wird vor Beginn der Meiose das inaktive X-Chromosom wieder reaktiviert. Im Gegensatz hierzu wird bei der Spermatogenese zu Beginn der Meiose mit einsetzender Pubertät ein Teil des einzigen X-Chromosoms inaktiviert. Die Inaktivierung des X-Chromosoms hat auch Konsequenzen bei X-chromosomal-rezessiven Erkrankungen. Die Ausprägung der Erkrankung bei heterozygoten Frauen hängt davon ab, welches X-Chromosom in den Zellen inaktiviert ist.

Da in jeder weiblichen Zelle eines der beiden X-Chromosomen inaktiviert ist und das Inaktivierungsmuster zufällig ist, entstehen bei heterozygoten Frauen genetische Mosaike. Beispiele hierfür sind die Muskeldystrophie Duchenne, Glukose-6-Phosphat-Dehydrogenase-Varianten und die chronische Granulomatose.

4.4 X-chromosomal-dominante Vererbung und Erkrankungen

Neben der X-chromosomal-rezessiven Vererbung gibt es den recht seltenen X-chromosomal-dominanten Erbgang. Er unterscheidet sich vom X-chromosomal-rezessiven Erbgang dadurch, daß nicht nur die hemizygoten Männer, sondern auch die heterozygoten Trägerinnen Krankheitserscheinungen aufweisen. Frauen sind doppelt so häufig betroffen wie Männer, jedoch ist die Expression bei ihnen in der Regel milder. Da bei einer Reihe von sog. X-chromosomal-rezessiven Erkrankungen auch heterozygote Frauen klinische Manifestationen zeigen, ist eine genaue Abgrenzung des X-chromosomal-dominanten Erbgangs vom X-chromosomal-rezessiven Erbgang nicht möglich. Es kann also auch – zumal wenn wenig Information aus dem Stammbaum einer Familie zur Verfügung steht – in vielen Fällen schwierig sein, einen X-chromosomal-dominanten Erbgang von einem autosomal-dominanten abzugrenzen.

Hauptkriterien bei X-chromosomal-dominanter Vererbung sind:

- Es erkranken sowohl Männer als auch Frauen (Männer oft schwerer).
- Frauen sind doppelt so häufig betroffen wie Männer.
- Die Übertragung erfolgt von erkrankten Männern auf alle Töchter und von erkrankten Frauen auf die Hälfte aller Kinder, unabhängig von ihrem Geschlecht.
- Merkmalsträger haben die Krankheit immer von der Mutter geerbt, Merkmalsträgerinnen können die Erkrankung sowohl vom Vater als auch von der Mutter geerbt haben.
- Bei Verwandtenehen besteht kein erhöhtes Risiko.

Beispiel 1: Vitamin-D-resistente Rachitis mit Hypophosphatämie
Hier liegt eine Störung der tubulären Rückresorption des Phosphats vor, die zu einer konstanten Hypophosphatämie bei normalem Serumkalzium führt und dadurch rachitische Skelettveränderungen mit Osteomalazie, Skelettdeformitäten und Minderwuchs mit Beindeformierung verursacht. Häufig werden eine gestörte Zahnentwicklung und eine Deformierung der maxillofazialen Region beobachtet. In einer betroffenen Familie können sowohl die Söhne als auch die Töchter erkranken, jedoch sind der Phosphatspiegel im Serum und die klinischen Zeichen der Rachitis bei den Anlageträgerinnen milder als bei den Anlageträgern. Die Vitamin-D-resistente Rachitis ist sowohl klinisch als auch genetisch heterogen.
Das Gen für eine Form der Hypophosphatämie liegt auf Xp22.2.

Beispiel 2: Ornithintranscarbamylasedefekt (OTC)
OTC ist ein weiteres Beispiel für eine X-chromosomal-dominante Erkrankung. Die betroffenen hemizygoten Jungen zeigen bereits im Neugeborenenalter eine Hyperamonämie mit progredienter Lethargie, die relativ schnell zum Koma führt. Bei den heterozygoten Mädchen ist das klinische Bild variabel.
Klinische Merkmale können früh bzw. später im Kindesalter oder manchmal auch im Erwachsenenalter auftreten. Sehr oft werden bei den heterozygoten Frauen die klinischen Symptome nicht manifest, weshalb manche Autoren dieses Krankheitsbild als inkomplett dominante X-chromosomale Erkrankung bezeichnen.
Das Gen für OTC liegt auf dem kurzen Arm des X-Chromosoms (Xp21.1). Das Gen ist inzwischen sequenziert, und es wurden verschiedene Mutationen identifiziert. Nicht alle Mutationen führen zu einem schweren Krankheitsbild.

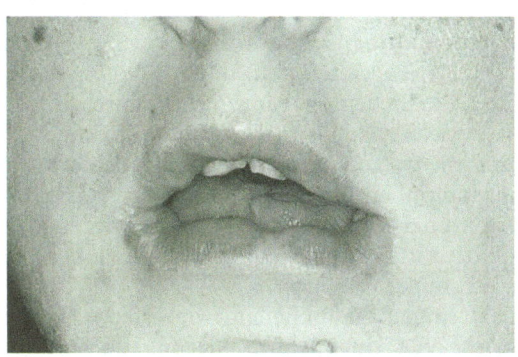

Abb. 4.9. Patientin mit
OFD-Syndrom Typ I.
(Aus Buselmaier u. Tariverdian
1998)

Tabelle 4.7. Einige X-chromosomal-dominante Erkrankungen und ihre Häufigkeit

Krankheit	Häufigkeit
Aicardi-Syndrom	Selten
Fokaldermale Hypoplasie (Goltz-Gorlin-Syndrom)	Selten
Incontinentia pigmenti	1:75000 (Mädchen)
Ornithintranscarbamylasedefekt (OTC)	Selten
Orofaziodigitales Syndrom Typ I	1:80000 (Mädchen)
Vitamin-D-resistente Rachitis	Selten

Einige X-chromosomal-dominante Erkrankungen werden nur bei Frauen beobachtet, weil die entsprechende Mutation für die männlichen Hemizygoten letal
ist. Dazu gehört z. B. das *orofaziodigitale Syndrom* (OFD) vom Typ I (Abb. 4.9),
ein Fehlbildungskomplex, der mit einer Kerbe bzw. Spalte in Lippen, Kiefer und
Gaumen, einer gelappten Zunge, Schleimhautfalten zwischen Wangen und Kie-
ferbogen, schütterem Kopfhaar, Polysyndaktylie, Brachydaktylie und mentaler
Retardierung einhergeht.

Incontinentia pigmenti und fokale dermale Hypoplasie sind weitere X-chromosomal-dominante Erkrankungen mit letaler Wirkung für Hemizygote (Tabelle 4.7).

4.5 Besonderheiten der monogenen Erkrankungen

4.5.1 Genetische Heterogenität

Phänotypisch ähnliche Krankheitsbilder können gelegentlich durch verschiedene
Mutationen verursacht werden. Hier spricht man von genetischer Heterogenität.
Die Heterogenität kann entweder durch unterschiedliche Mutationen an demsel-
ben Gen verursacht werden – dies wird als *allelische Heterogenität* bezeichnet –

oder durch Mutationen verschiedener Gene, was als *nichtallelische bzw. Locus-Heterogenität* bezeichnet wird.

Die Heterogenität kann durch Kopplungsanalyse wie bei den Krankheiten mit unterschiedlichen Erbgängen oder durch die Tatsache, daß 2 homozygot Kranke mit derselben autosomal-rezessiven Erkrankung nur gesunde Nachkommen bekommen, festgestellt werden. Beispiel hierfür sind die verschiedenen Typen der Taubstummheit oder des Albinismus. Wenn die Eltern homozygot für verschiedene krankmachende Anlagen sind, werden die Kinder alle gesund sein, jedoch heterozygot für 2 verschiedene Mutationen, die nur in homozygotem Zustand zur Erkrankung führen.

Bei einigen Krankheiten, wie z. B. der *Retinitis pigmentosa* – der häufigsten Ursache für eine Sehbehinderung aufgrund retinaler Degeneration, mit Pigmentstörungen der Retina – ist aufgrund von Stammbaumanalysen eine autosomal-dominante, autosomal-rezessive und X-chromosomal-rezessive Vererbung bekannt. In den letzten Jahren wurde durch DNA-Analyse nachgewiesen, daß es z. B. mindestens 2 verschiedene X-chromosomale und 3 verschiedene autosomal-dominante Formen gibt.

Ein anderes Beispiel ist das *Ehlers-Danlos-Syndrom* (Tabelle 4.8). Es handelt sich hier um einen Strukturdefekt des Kollagens, der unterschiedlich vererbt wird. Die klinischen und die molekulargenetischen Analysen haben gezeigt, daß sich mindestens 10 verschiedene Typen des Ehlers-Danlos-Syndroms unterscheiden lassen.

Weitere Beispiele für genetische Heterogenität sind die verschiedenen Typen der Muskeldystrophien (Tabelle 4.9), der hereditären motorisch-sensorischen Neuropathien (Tabelle 4.10) und der Neurofibromatose (s. Tabelle 4.12). In Tabelle 4.11 sind einige allelische und nichtallelische heterogene Krankheitsbilder zusammengestellt.

Durch eine genauere biochemische und molekulargenetische Analyse von genetisch bedingten Krankheiten stellt sich heraus, daß ein Teil der Betroffenen heterozygot für 2 verschiedene Mutationen am gleichen Gen ist. Hier spricht man von *Compound-Heterozygotie*. Dies bedeutet, daß die Störung nicht auf Homozygotie der gleichen Mutation beruht. Beispiele dafür sind der klassische und nichtklassische 21-Hydroxylase-Mangel, die verschiedenen Phenylketonurie-Erkrankungen sowie die zystische Fibrose.

4.5.2 Geschlechtsbegrenzung und Geschlechtseinfluß

Als geschlechtsbegrenzt bezeichnet man die Erkrankungen bzw. Merkmale, die zwar autosomal vererbt, jedoch nur bei einem Geschlecht manifest werden. Ein gutes Beispiel dafür ist eine genetisch bedingte *Pubertas praecox* bei Jungen, eine autosomal-dominante Erkrankung, die mit der Ausbildung sekundärer Geschlechtsmerkmale schon im Alter von 4 Jahren und einem akzelerierten Längenwachstum einhergeht. Die heterozygoten Frauen sind phänotypisch unauffällig, sie können jedoch das verantwortliche Gen auf ihre Kinder übertragen; nur ihre Söhne sind betroffen. Männer mit dieser Erkrankung sind fertil. In Fami-

Tabelle 4.8. Verschiedene Formen des Ehlers-Danlos-Syndroms (*n.b.* nicht bekannt)

Typ	Klinische Symptome	Primärer Defekt	Erbgang
I (gravis)	Extrem überstreckbare Gelenke, hyperelastische und leicht zerreißbare Haut (Zigarettenpapier), Hautnarben, vaskuläre und intestinale Komplikationen	Mutation im Col5A1-Gen	AD
II (mitis)	dünne und elastische Haut, überstreckbare Gelenke, Varizen, Hernien, leichte Ausprägung aller Symptome	n.b.	AD
III (benigne)	Dünne Haut, aber leicht betroffen, überstreckbare Gelenke, häufig Gelenkluxationen	n.b.	AD
IV (ekchymotisch)	Haut dünn mit gut sichtbaren Venen, überstreckbare Gelenke, Gefäßrupturen, die oft zum Tode führen	Mutation im Col3a1-Gen	AD/AR
V	Wie Typ II, gehäuft Muskelblutung	n.b.	XR
VI (okulär)	Hyperelastische, samtartige Haut, Skoliose, Mikrokornea, Bulbusruptur	Lysylhydroxylasedefekt	AR
VII (A, B) (C)	Kongenitale Hüftgelenksluxation, Skoliose, elastische weiche Haut	Deletion im Proa(I)- oder Proa2(I)-Gen, Kollagendefekt	AD (A,B), AR (C)
VIII	Peridontose, vorzeitiger Zahnverlust, leicht zerreißbare Haut	n.b.	AD
IX	Hyperelastische Haut, überstreckbare Gelenke, Exostosen, Osteoporose, Okzipitalhernien	Mutation im MNK-Gen	XR
X	Hyperelastische Haut, überstreckbare Gelenke	Fibronektindefekt	AR

Tabelle 4.9. Verschiedene Formen der Muskeldystrophien

Typ	Erbgang	Lokalisation
Duchenne/Becker	XR	Xp21.2
Emery-Dreifuss	XR	Xq28
Fazioskapulohumoraler Typ	AD	4q35
Gliedergürteltyp 1	AR	5q31
Gliedergürteltyp 2	AR	15q15.1
Kongenitale Muskeldystrophie	AR	?
Myotone Dystrophie	AD	19q13.3

Tabelle 4.10. Verschiedene Typen der hereditären motorisch-sensorischen Neuropathien (*HMSN*) (Charcot-Marie-Tooth)

HMSN-Subgruppe	Locus	Erbgang	Kandidaten-Gen
HMSN 1a (CMT 1a)	17p11.2–p12	Dominant	PMP-22
HMSN 1b (CMT 1b)	1q21.1–q23.2	Dominant	PO
HMSN 1c (CMT 1c)	?	Dominant	–
HMSN 2a (CMT 2a)	1p35–p36	Dominant	–
HMSN X1 (CMT X1)	Xq13.1	Dominant/ intermediär	Cx32
HMSN X2 (CMT X2)	Xp22.2	Rezessiv	–
HMSN X3 (CMT X3)	Xq26	Rezessiv	–
HMSN 3 (DS)	1q21.1--q23.2	Rezessiv	PO
	17p11.2--p12		PMP-22
HMSN 4a (CMT 4a)	8q13–q21.1	Rezessiv	–
HMSN 4b (CMT 4b)	?	Rezessiv	–
HMSN 4c (CMT 4c)	?	Rezessiv	–

Tabelle 4.11. Einige Beispiele für allelische und nichtallelische Heterogenität

Krankheit	Art der Heterogenität	Erbgang
Zystische Fibrose, CAVD	Allelisch	AR
Charcot-Marie-Tooth	Nicht allelisch	AD, XR
Ehlers-Danlos	Allelisch/nicht allelisch	AR, AD, XR
Homozystinurie	Allelisch/nicht allelisch	AR
Kraniosynostose	Allelisch	AD
Mukopolysaccharidose	Allelisch/nicht allelisch	AR, XR
Osteogenesis imperfecta	Allelisch/nicht allelisch	AD/AR
Retinitis pigmentosa	Nicht allelisch	AR, AD, XR
Tay-Sachs	Allelisch	AR
Thalassämien	Allelisch	AR
Myotonia congenita	Nicht allelisch	AD
Muskeldystrophien	Allelisch/nicht allelisch	XR, AR, AD
Glykogenosen	Allelisch/nicht allelisch	AR/XR
Osteogenesis imperfecta	Nicht allelisch	AD/AR
Chondroplasien*	Allelisch	AD
Syndrome mit Kraniostenosen	Allelisch	AD

* Achondro-, Hypochondroplasie, thanatophorer Zwergwuchs
  CAVD = congenital aplasia of vas deferens

Tabelle 4.12. Verschiedene Formen der Neurofibromatose

Neurofibromatosetyp	Leitsymptome
Typ 1 (von Recklinghausen)	Café-au-lait-Flecken (Größe 5 mm), Neurofibrome, axilläres oder inguinales „Freckling", Irishämatome (Lisch-Knötchen), Knochenläsionen
Typ 2 (zentrale Form)	Akustikusneurinome, Neurofibrome, Schwannome, Meningeome, Ependymome, subkapsuläre Katarakte, Erstmanifestation um das 20. Lebensjahr
Typ 3	Mischtyp aus NF 1 und NF 2, früher Krankheitsbeginn und rascher Verlauf; typisch sind palmare Neurofibrome und Hirntumoren
Typ 4	Vorliegen einzigartiger Merkmale, z. B. bilaterale Nierenarterienstenose, Osteopoikilose, zerebrale Aneurysmen
Typ 5 (segmentale Form)	Café-au-lait-Flecken und Neurofibrome auf einem bestimmten Körpersegment. Körpermittellinie wird nicht überschritten, verursacht durch somatische Mutation
Typ 6	Café-au-lait-Flecken treten isoliert auf, unspezifische Auffälligkeiten wie Trichterbrust, Lernschwierigkeiten können vorliegen
Typ 7	Subkutane Neurofibrome am Ende des 3. Lebensjahrzehnts
Typ 8	Keine der vorgenannten Kategorien

lien mit Erkrankung in mehreren Generationen sind Vater-Sohn-Übertragungen beobachtet worden. Dies zeigt, daß es sich *nicht* um eine geschlechtsgebundene Erkrankung handelt.

Darüber hinaus gibt es autosomale Erkrankungen, die grundsätzlich bei beiden Geschlechtern beobachtet werden, sich jedoch überwiegend in einem Geschlecht manifestieren. Dies kann durch eine erhöhte Sterblichkeit bei einem Geschlecht oder eine leichtere Diagnostizierbarkeit bei einem Geschlecht bedingt sein. Die *Hämochromatose* ist eine autosomal-rezessive Erkrankung, der eine Eisenstoffwechselstörung zugrundeliegt, woran hauptsächlich Männer erkranken. Wahrscheinlich spielt für die abgeschwächte Manifestation bei Frauen der Eisenverlust durch die Menstruationsblutung eine Rolle. Ein anderes Beispiel sind die verschiedenen Typen *kongenitaler adrenaler Hyperplasie (21-Hydroxylase-Defekt)*. Diese Erkrankung kann bei Mädchen aufgrund des undifferenzierten äußeren Genitales gleich nach Geburt diagnostiziert, bei den Knaben nur durch Salzverlust erkannt werden.

Krankheiten, bei denen eine Verschiebung der Geschlechtsverhältnisse beobachtet wird, werden als Krankheiten mit *Geschlechtseinfluß* bezeichnet.

4.5.3 Pleiotropie

Jedes Gen hat einen einzigen primären Effekt, bedingt durch die Synthese der dazugehörigen Polypeptidkette. Dieser Primäreffekt kann jedoch unterschiedliche Wirkungen haben. Wenn eine Mutation verschiedene phänotypische Merkmale verursacht, wird dies als Pleiotropie bezeichnet. Ein klassisches Beispiel dafür ist das *Marfan-Syndrom* mit seinen verschiedenen Symptomen in Auge, Skelett und kardiovaskulärem System. Primär liegt hier eine Strukturveränderung in den Fibrillen, einem wichtigen Bestandteil des Bindegewebes, vor (s. 4.2). Ein weiteres Beispiel für Pleiotropie ist die Neurofibromatose Typ I.

Neurofibromatose Typ I
   Die Neurofibromatose (NF) manifestiert sich in Pigmentstörungen der Haut, Neurofibromen an peripheren Nerven und Skelettanomalien. Die klinischen Symptome sind sehr variabel. Charakteristisch sind Café-au-lait-Flecken, sommersprossenartige Hautveränderungen in den Achselhöhlen und Leisten, die als Axillary- oder Inguinal-Freckling bezeichnet werden, Irishamartome mit Pigmentanreicherung (Lisch-Knötchen) und Neurofibrome. Weitere Symptome, die begleitend vorkommen können, sind Skoliose, Pseudarthrose, Ausdünnung von Rippen und langen Röhrenknochen sowie Makrozephalie.
   Neurofibrome können in verschiedenen Organsystemen auftreten und entsprechend zu sekundären Funktionsstörungen führen. Psychomotorische Retardierung, Kleinwuchs, kraniofaziale Dysmorphiezeichen bei den von NF I Betroffenen sind wiederholt beobachtet worden. Eine Assoziation von Noonan-Phänotyp mit NF I ist keine Seltenheit.
   NF I ist eine autosomal-dominante Erkrankung mit einer Häufigkeit von 1:3000. Bei etwa der Hälfte der Betroffenen beruht die Erkrankung auf einer Neumutation. Das verantwortliche Gen befindet sich auf dem langen Arm von Chromosom 17 (17q11.2) und ist inzwischen sequenziert (Riccardi u. Eichner 1992). Das Gen hat eine Länge von 300 kb und enthält etwa 50 Exons. Das RNA-Transkript hat eine Größe von 11–13 kb. Drei andere Gene sind in dieser Region lokalisiert, die im Gegensatz zum NF-I-Gen in der entgegengesetzten Richtung transkribiert werden. Wahrscheinlich haben diese Gene bei der Entstehung von malignen Tumoren bei NF-I-Patienten eine Bedeutung. Eine Reihe verschiedener Mutationstypen wie Deletion, Punktmutation und Insertion sind im NF-I-Gen identifiziert worden. Das Genprodukt enthält 2818 Aminosäuren und spielt bei der Zellteilung eine große Rolle. Heute weiß man, daß das NF-I-Gen ein Tumorsuppressor-Gen ist. Entsprechend dem Tumorentstehungsmodell können bei den Neurofibromatose-I-Patienten in 2 Schritten verschiedene maligne Tumoren auftreten.
   Die verschiedenen Formen der Neurofibromatose sind in Tabelle 4.12 zusammengestellt.

4.5.4 Expressivität und Penetranz

Gelegentlich werden die klinischen Merkmale bei den Trägern einer krankmachenden Mutation nicht manifest oder sind intra- und interfamiliär variabel. Wahrscheinlich wird die Mutation von anderen genetischen bzw. nicht genetischen Faktoren beeinflußt. Hier spricht man von Krankheiten mit *variabler Expressivität*. Eine variable Expressivität wird bei autosomal-dominanten Erkrankungen häufiger als bei anderen monogenen Erkrankungen beobachtet.

Erkrankungen, die ein Spektrum multipler phänotypischer Merkmale zeigen, können gelegentlich mit nur einem abgeschwächten Mikrosymptom auftreten. So gibt es z. B. beim Marfan-Syndrom, das mit charakteristischen Auffälligkeiten am Skelettsystem, den Augen und dem kardiovaskulären System einhergeht, Anlageträger mit nur einem einzigen Symptom oder überhaupt keinen äußeren Merkmalen. Ein weiteres Beispiel ist die tuberöse Hirnsklerose.

Tuberöse Hirnsklerose

Die Expressivität kann so schwach sein, daß die Krankheit nicht diagnostiziert wird. Die tuberöse Hirnsklerose, auch Morbus Bourneville-Pringle genannt, ist ein gutes Beispiel dafür. Die charakteristischen Merkmale sind hypomelanoische (weiße) Flecken der Haut, die meist unter Anwendung von Ultraviolettlampen sichtbar sind, Angiofibrome des Gesichts, die als Adenoma sebaceum bezeichnet werden, sog. Chagrin-Flecken, periunguale und/oder subunguale Fibrome sowie Augenveränderungen. Zu den Veränderungen des zentralen Nervensystems gehören die Gliazellknoten der Hirnrinde, die auch Tubera genannt werden, und periventrikuläre subependymale Hirntumoren.

Die tuberöse Hirnsklerose manifestiert sich in der Niere mit Angiomyolipomen und/oder Zysten und in der Herzmuskulatur in Form von Rhabdomyomen. Hämatome, Angiome, Adenome und Fibrome können gelegentlich in vielen anderen Organen auftreten. 80% der Betroffenen haben epileptische Anfälle, meist Absencen.

Die tuberöse Hirnsklerose ist genetisch heterogen. Bei etwa 50% der Fälle ist das Gen auf Chromosom 9q34 (TSC1-Gen) und bei der anderen Hälfte auf Chromosom 16p13 (TSC2-Gen) lokalisiert (Smith et al. 1993). Das TSC2-Gen ist inzwischen kloniert, es ist 5,5 kb groß und enthält 40 Exons. Das Genprodukt besteht aus 1784 Aminosäuren und wird Tuberin genannt. Tuberin ist wie Neurofibromin an der Regulation von Zellproliferation und -differenzierung beteiligt. Es handelt sich hier um ein Tumorsuppressor-Gen, dessen Mutation zur Tumorentwicklung führt.

Wenn bei einer monogenen Erkrankung die Expression der klinischen Merkmale nicht bei allen Mutationsträgern manifest wird, spricht man von einer *reduzierten Penetranz*. Die Penetranz ist vollständig oder 100%ig, wenn die Erkrankung bei allen Mutationsträgern irgendwann mit Sicherheit manifest wird, wie dies z. B. bei der *Chorea Huntington* der Fall ist. Die klinische Manifestation tritt bei den Anlageträgern irgendwann im Laufe des Lebens auf.

Anders ist es bei der *Spalthandfehlbildung*, bei der die Symptome nicht immer auftreten. Aufgrund verminderter Penetranz kann die klinische Erkrankung eine Generation überspringen (Abb. 4.10). Dies erschwert dann die genetische Beratung.

Bei manchen Krankheiten mit verminderter Penetranz sind die Prozentzahlen statistisch ermittelt und können bei der Risikoberechnung berücksichtigt werden.

4.5.5 Manifestationsalter

Nicht alle genetischen Erkrankungen sind kongenital. Es ist hier wichtig zu vermerken, daß auch nicht alle angeborenen Krankheiten genetisch bedingt sind. Manche Krankheiten/Fehlbildungen können anhand phänotypischer Merkmale

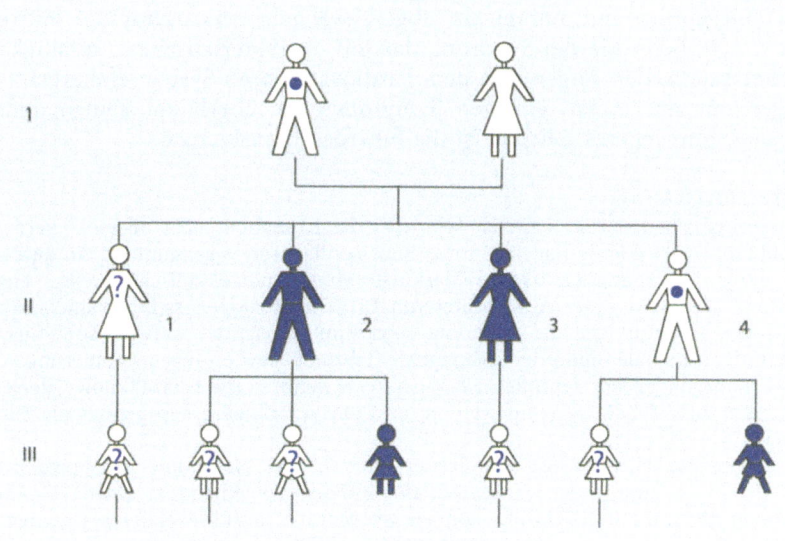

Abb. 4.10. Stammbaum einer Familie mit Spalthandfehlbildungen bei verminderter Penetranz

gleich nach der Geburt oder bereits pränatal durch die sonographische Untersuchung erkannt werden (s. Kap. 12). Einige Krankheiten sind bereits pränatal letal. Andere Krankheitsbilder werden erst nach der Geburt in den ersten Lebensmonaten/-jahren manifest, wenn sie nicht gleich behandelt werden. Ein Beispiel hierfür ist die *Phenylketonurie*.

Eine Reihe von Krankheiten wird erst im Erwachsenenalter manifest. Zu den spät manifest werdenden Erkrankungen gehören z.B. *Chorea Huntington, myotone Dystrophie* und *polyzystische Nierenerkrankung vom Erwachsenentyp*. So wird die Chorea Huntington bei 80% der Mutationsträger bis zum 50. Lebensjahr klinisch manifest.

Das Manifestationsalter sowie die Schwere der Erkrankung kann manchmal von Generation zu Generation und/oder in Abhängigkeit vom Geschlecht des übertragenden Elternteils variieren. Ein Beispiel hierfür ist wiederum die myotone Dystrophie. Sie wird in der Regel erst spät manifest, kann jedoch auch bei Geburt schon ausgeprägte Symptome zeigen, wenn sie durch die Mutter übertragen wird. Den zunehmenden Schweregrad oder die frühere Manifestation einer genetisch bedingten Krankheit bei aufeinanderfolgenden Generationen nennt man *Antizipation* (siehe 4.5.10).

4.5.6 Somatische Mutationen und Mosaike

Eine postzygotische Mutation kann, je nachdem in welcher embryonalen Entwicklungsphase sie entsteht, eine Störung in einer bestimmten Region oder einem bestimmten Gewebe verursachen (Hall 1988). Die Neurofibromatose kann z.B. durch eine somatische Mutation gelegentlich segmental auftreten. Somatische Mutationen sind auch eine der häufigsten Ursachen der Krebsentstehung.

Wenn in einem Individuum oder in einem Gewebe mindestens 2 verschiedene Zellinien vorliegen, die sich genetisch voneinander unterscheiden, obwohl sie von einer einzigen Zygote stammen, spricht man von einem *Mosaik*. Somatische Mosaike sind bei einer Reihe von monogenen Erkrankungen beobachtet worden.

Eine postzygotische Mutation kann aber auch in einem Entwicklungsstadium auftreten, in dem sich Keimzellen und somatische Zellen noch nicht getrennt haben. Dann enthalten sowohl ein Teil der somatischen Zellen als auch die Keimzellen die Mutation. Das Mutationsereignis kann so auf die nächste Generation übertragen werden und dort zur Erkrankung führen.

4.5.7 Keimzellmosaike

Eine Erkrankung, die in einer Familie durch Neumutation auftritt, ist in der Regel ein einziges, zufälliges Ereignis und wird innerhalb der Geschwisterreihe nicht mehr beobachtet. Es sind jedoch in den letzten Jahren in einigen Ausnahmefällen Geschwisterfälle beobachtet worden, obwohl bei den Eltern das mutierte Gen nicht nachgewiesen werden konnte. Hier ein Keimzellmosaik die einzige Erklärung.

Weibliche und männliche Keimzellen durchlaufen 30–100 Zellteilungen während ihrer frühen embryonalen Entwicklung. Wenn während der Keimzellentwicklung eine Mutation entsteht, kann je nach Zeitpunkt des Geschehens die Keimzellpopulation 2 verschiedene Zellinien oder auch nur mutierte Zellen aufweisen. Somit liegt ein Keimzellmosaik vor.

Keimzellmosaike wurden bei einigen autosomal-dominanten und X-chromosomalen Erkrankungen beobachtet. Aus diesem Grund muß, wenn klinisch normale Eltern, bei denen die betreffende Mutation nicht nachgewiesen wird, ein autosomal-dominant oder X-chromosomal krankes Kind haben, in der genetischen Beratung die Möglichkeit eines Keimzellmosaiks bedacht werden. Es ist dann sicherheitshalber ein Wiederholungsrisiko von ca. 5% anzugeben.

4.5.8 Genomische Prägung (genomic imprinting)

In den letzten Jahren sind Genetiker und Embryologen auf einige phänotypische Merkmale gestoßen, die nicht der von Mendel beobachteten Gesetzmäßigkeit der Uniformität und Reziprozität folgen. Die Ursache hierfür ist die sog. genomische

Prägung, „genomic imprinting" (Hall 1990). Dies bedeutet, daß die Expression einer Erbanlage in Abhängigkeit von der elterlichen Herkunft reguliert wird.

Genomic imprinting bezieht sich auf die unterschiedliche Wirkung, die das väterliche bzw. das mütterliche Gen oder Chromosom ausübt. Die Prägung geschieht während der elterlichen Keimzellentwicklung durch Methylierungsunterschiede der DNA. Auf diese Weise wird das Ablesen des genetischen Codes und somit die Expression der Erbanlagen reguliert.

Die Einzelheiten sind jedoch kompliziert und bis heute noch nicht vollständig verstanden. Prägungen können während der folgenden Generationen ausgelöscht und wiederhergestellt werden. Der geprägte Locus wird nach den Mendelschen Regeln weitervererbt, jedoch ist die Expression in der nächsten Generation von der elterlichen Herkunft abhängig. Die Prägung bewirkt meist den Verlust oder die Verminderung der Aktivität des betroffenen Gens und führt zu einer unterschiedlichen Aktivität der beiden Allele im Embryo. Bei geprägten Genen wird dann nur eines der beiden Allele der homologen Chromosomen exprimiert.

Bei einigen Genen ist die Kombination eines aktiven und eines inaktiven Allels notwendig, um einen normalen Phänotyp zu erreichen. Wahrscheinlich ist die Expression des Phänotyps von der Gendosis abhängig. Es ist noch nicht geklärt, warum während der Evolution ein Mechanismus wie das Genomic imprinting bestehen blieb bzw. entstanden ist.

Es ist inzwischen nachgewiesen, daß das Genomic imprinting für die embryonale Entwicklung bei Säugetieren von Bedeutung ist. Für die Existenz einer elterlichen Prägung, also Genomic imprinting des Gens, sprechen beispielsweise:

1. Ergebnisse bei Transplantation des Pronukleus der Maus,
2. Beobachtungen der Phänotypen von Triploiden beim Menschen (diandrisch, gynogenetisch),
3. unterschiedliche Auswirkungen von Chromosomenanomalien auf den Phänotyp bei Mäusen und Menschen in Abhängigkeit von der elterlichen Herkunft,
4. Expression des Transgenmaterials in transgenen Mäusen in Abhängigkeit von der elterlichen Herkunft,
5. Expression der Mutationen in Abhängigkeit von der elterlichen Herkunft.

Wir wissen heute, daß die genomische Prägung bei der Manifestation einer Reihe von Krankheiten eine Rolle spielt. Wie bereits erwähnt, tritt eine schwere und frühe Manifestation der myotonen Dystrophie auf, wenn das mutierte Gen mütterlicher Herkunft ist. Aber auch die klinische Auswirkung von Deletionen einzelner Chromosomenabschnitte ist von der elterlichen Herkunft abhängig (s. 3.7). Hier ist wie bei der uniparentalen Disomie das gestörte Imprinting die Ursache der unterschiedlichen Manifestation. Es gibt auch andere Mechanismen, die in der menschlichen Zelle zu einer monoallelischen Expression von biallelischen Genen führen.

4.5.9 Uniparentale Disomie

Uniparentale Disomie bedeutet, daß homologe Chromosomenpaare von einem Elternteil stammen und daß das entsprechende Chromosom des anderen Elternteils fehlt. Wenn dasselbe elterliche Chromosom zweifach vorliegt, spricht man von einer *Isodisomie*, wenn beide Chromosomen desselben Elternteils vorhanden sind, wird dies als *Heterodisomie* bezeichnet. Je nachdem, ob eine uniparentale väterliche oder uniparentale mütterliche Disomie vorliegt, kann dies bei geprägten Genen zu einem vollständigen Ausfall der Expression oder zu einer Überexpression führen (Hall 1990).

Uniparentale Disomie ist in den letzten Jahren bei einigen monogenen Erkrankungen nachgewiesen worden. Das *Prader-Willi-* und das *Angelman-Syndrom* sind gute Beispiele für uniparentale Disomie und Genomic imprinting (Nicholls 1993).

Beispiel 1: Prader-Willi-Syndrom

Das Prader-Willi-Syndrom wurde erstmals 1966 von Prader und Willi beschrieben. Charakteristische Merkmale sind ausgeprägte, angeborene bzw. frühkindliche generalisierte Muskelhypotonie, Entwicklungsverzögerung, Adipositas, Hyperphagie, Minderwuchs, kleine Hände und Füße, Hypogonadismus und Hypopigmentierung (Abb. 4.11). Die Häufigkeit beträgt etwa 1:16000.

In etwa 70% der Fälle liegt eine Deletion des paternalen Chromosoms Nr. 15 (15q11–13) vor, die zytogenetisch durch hochauflösendes Banding oder In-situ-Hybridisierung bzw. auch molekulargenetisch nachgewiesen werden kann. Die Deletion umfaßt einen Bereich, in dem eine Reihe von geprägten Genen gefunden wird.

Molekulargenetische Untersuchungen haben gezeigt, daß die 15q11–13-Region ? aneinander grenzende Abschnitte wiederholt, die einer gegensätzlichen Prägung unterliegen. Die Sequenzen mütterlicher Prägung unterscheiden sich von den väterlichen durch ein anderes Methylierungsmuster. Beim Prader-Willi-Syndrom wird das zugehörige Gen des väterlichen Chromosoms 15 wegen einer paternalen Deletion 15q11–13, einer maternalen uniparentalen Disomie oder einer fehlerhaften Prägung des väterlichen Gens nicht exprimiert (Tabelle 4.13).

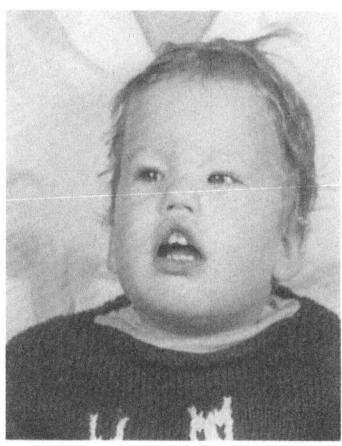

Abb. 4.11. Patient mit Prader-Willi-Syndrom.
(Aus Buselmaier u. Tariverdian 1998)

Beispiel 2: Angelman-Syndrom

Das Angelman-Syndrom (Abb. 4.12), auch Happy-Puppet-Syndrom genannt, ist ein Krankheitsbild mit schwerer geistiger Retardierung, Minderwuchs, Mikrozephalie, unkontrollierten, ataktischen Bewegungen, Lachanfällen, Krampfleiden und typischen EEG-Veränderungen. Im Gegensatz zum Prader-Willi-Syndrom ist für die Expression die mütterliche exprimierte Region verlorengegangen. Etwa 70% der Betroffenen zeigen eine Deletion auf dem mütterlichen Chromosom Nr. 15 (15q11–13). Bei etwa 3% der Fälle findet man eine uniparentale Disomie und bei ca. 2% eine Imprintingmutation. Anders als beim Prader-Willi-Syndrom wurden hier familiäre Fälle beobachtet, die weder eine Deletion noch eine fehlerhafte Methylisierung aufweisen. Hier wird eine Punktmutation oder eine nicht entdeckte Störung der Prägung vermutet.

Das Gen für das Angelman-Syndrom wurde identifiziert. Man weiß heute, daß das Krankheitsbild bei etwa 25% der Patienten durch eine Mutation des Gens UBE3A (E6-AP-Ubiquitin-Proteinligase-Gen) verursacht wird (Tabelle 4.13).

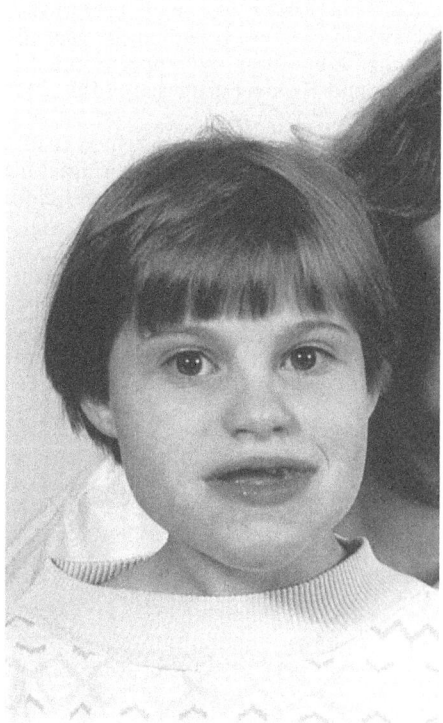

Abb. 4.12. Patientin mit Angelman-Syndrom

Tabelle 4.13. Klinische, zytogenetische und molekulargenetische Befunde bei Prader-Willi-und Angelman-Syndrom

	Prader-Willi-Syndrom	Angelman-Syndrom
Klinische Merkmale	Adipositas, dreieckiger, offener Mund, Muskelhypotonie (vor allem im Säuglingsalter), Akromikrie, Hypogonadismus, Hypopigmentierung, mentale Retardierung, Hyperphagie	Mikrozephalie, Minderwuchs, ataktischer Gang mit ruckartigen Bewegungen, unmotivierte Lachepisoden, Hypopigmentierung, Progenie, mentale Retardierung, Epilepsie mit charakteristischen EEG-Veränderungen
Ätiologie	75% paternale Deletion 15q13 20% uniparentale maternale Disomie 2% fehlende Prägung 3%?	70% maternale Deletion 15q13 3% uniparentale paternale Disomie 2% fehlende Prägung 25% Mutation des UEBE3A-Gens

4.5.10 Expandierende Trinukleotide

Die Zunahme des Schweregrades und die zunehmend frühere Manifestation (Antizipation) bei einigen Krankheiten war den Klinikern schon lange bekannt; erst jetzt ist durch molekulargenetische Analysen und Sequenzierung der verantwortlichen Gene die Ursache dieses Phänomens verständlich geworden.

Molekularbiologische Analysen haben gezeigt, daß die für diese Krankheiten verantwortlichen Genbereiche, die *trinukleotide Repeats* genannt werden, aus Blöcken von jeweils 3 DNA-Bausteinen aufgebaut sind, z.B. CTG (Cytosin, Thymin und Guanin) im Myotone-Dystrophie-Gen und CAG (Cytosin, Adenin und Guanin) im Chorea-Huntington-Gen oder CGG (Cytosin, Guanin und Guanin) im FMR1-Gen.

Bei der myotonen Dystrophie z.B. findet man bei klinisch gesunden Merkmalsträgern etwa 40 solcher repetitiver Trinukleotidblöcke, während bei schwer Betroffenen mehrere Tausende Trinukleotidrepeats vorkommen können. Die klinisch unauffälligen Überträger des Fra(X)-Syndroms weisen etwa 50–200 Trinukleotide auf. Diese Repeats sind nicht stabil und tendieren in Abhängigkeit von ihrer Länge zur weiteren Expansion, wodurch es von Generation zu Generation zu einer Verlängerung um mehrere hundert bis tausend Trinukleotide kommen kann.

Die pathogenetischen Mechanismen dieser expandierenden Trinukleotide sind nicht eindeutig geklärt. Wahrscheinlich spielen in diesem Zusammenhang verschiedene unterschiedliche Mechanismen eine Rolle. CAG-Tripletts werden bei der Proteinsynthese in die Aminosäure Glutamin übersetzt. Bei allen Krankheiten mit intragenen CAG-Repeats (s. Tabelle 4.14) handelt es sich um neurodegenerative Störungen, bei denen wahrscheinlich die Proteine mit langen Polyglutaminabschnitten neurotoxisch sind. Unterschiedliche Symptome dieser Krankheiten wären dann eine Folge der verschiedenen zellulären Teilungen dieses Proteins. Bei der spinobulbären Muskelatrophie (SBMA) hat die Expansion des CAG-Repeats im androgenen Rezeptor-Gen wahrscheinlich auch eine Funktionseinschränkung des Androgenrezeptors zur Folge, was die relative Androgenresistenz von Patienten mit SBMA erklärt.

Tabelle 4.14. Erkrankungen mit instabilen Trinukleotidsequenzen (*a* Antizipation, *c* Kontraktion, *e* Expansion)

Krankheit	Manifestationsalter	Lokalisation	Position im Gen	Repeat	Repeatanzahl			Transmission	Erbgang
					kont.	prä-M.	volle M.		
Chorea Huntington	>35	4p16.3	Kodierender Bereich	$(CAG)_n$	9–35	–	37–100	Paternal, a, e	AD
Myotonische Dystrophie (DM)	Variabel	19q13	3'UTR	$(CTG)_n$	5–37	37–50	50–4000	Maternal, a, c, e	AD
Spinozerebelläre Ataxie 1 (SCA1)	>25	6p23	Kodierender Bereich	$(CAG)_n$	19–36	–	43–81	Paternal, a, e	AD
Spinozerebelläre Ataxie 2 (SCA2)	>30	12q24	Kodierender Bereich	$(CAG)_n$	17–29	–	36–62	Maternal, p, a, c	AD
Spinozerebelläre Ataxie 3 (SCA3)	>45	14q32	Kodierender Bereich	$(CAG)_n$	12–36	–	67–84	Paternal, a, c, e	AD
Dentatorubro-pallidolysiane Atrophie (DRPLA)	Variabel	12p23	Kodierender Bereich	$(CAG)_n$	7–23	–	49–75	Paternal, a, e	AD
Friedreich-Ataxie	Kindesalter	9q13–21	Intron 1	$(GAA)_n$	10–21	–	200–900	–	AR
FRAXA	Kongenital	Xq27.3	5'UTR	$(CGG)_n$	6–50	50–200	200–1000	Maternal, a, e	XR
FRAXE	Kongenital	Xq28	UTR	$(CGG)_n$	6–25	20–200	>200	Maternal, e, c	XR
FRAXF	Kongenital	Xq28	?	$(GCC)_n$	6–29	–	>500	?	XR
Spinobulbäre Muskelatrophie (Kennedy-Syndrom)	>30	Xq21	Kodierender Bereich	$(CAG)_n$	17–24	–	40–55	Maternal, a, c, e	XR

Die Stabilität der repetitiven Sequenz nimmt mit der Repeatlänge ab. Dies gilt nicht nur für die Trinukleotide, sondern auch für die di- und tetranukleotiden Repeats. Ab 40–50 Trinukleotidrepeats nimmt die Instabilität rapide zu, weshalb die klinisch unauffälligen Überträgerinnen der FMR-1-Prämutation häufig betroffene Nachkommen haben.

Im Unterschied zu Fra(X) und der myotonen Dystrophie findet man bei Kindern von Patienten mit Chorea Huntington keine massiv expandierten Repeatlängen, wenn die Repeatlänge des Elternteils länger als 50 Trinukleotide ist. Hier wird angenommen, daß die Patienten mit längerer CAG-Repeatlänge bereits im Jugendalter erkranken und keine Nachkommen haben oder CAG-Repeats von über 120 Trinukleotiden letal sind und gar nicht beobachtet werden. Es liegt also ein Selektionsmechanismus vor.

Bei all diesen Krankheiten nimmt die Schwere der Erkrankung mit der Länge der Trinukleotidrepeats zu, auch spielt die elterliche Herkunft der Mutation, d. h. das Geschlecht des übertragenden Elternteils eine wesentliche Rolle.

Untersuchungen an embryonalem Gewebe haben gezeigt, daß die Expansion der Repeats postzygotisch erfolgt. Wahrscheinlich sind die Zellen in der frühen Embryonalphase in der Lage, die beiden elterlichen Allele aufgrund ihrer unterschiedlichen DNA-Methylierung (Genomic imprinting) zu unterscheiden. Es werden auch andere Möglichkeiten diskutiert; eine endgültige Klärung steht noch aus. Einige der Erkrankungen mit instabilen Trinukleotidsequenzen sind in Tabelle 4.14 zusammengestellt. Hier wird die myotone Dystrophie ausführlich besprochen.

Myotone Dystrophie

Die myotone Dystrophie ist eine autosomal-dominante, in der Regel spät manifest werdende Multisystemerkrankung mit einem variablen klinischen Bild. Die Betroffenen zeigen eine aktive und passive Myotonie, sie können nach festem Zugreifen die Finger nur langsam strecken, nach starkem Lidschluß die Augen nur langsam öffnen. Es werden fortschreitende Muskelschwäche, Schluckstörungen, Herzrhythmusstörungen, Katarakt, Hypersomnie und endokrinologische Störungen wie Diabetes mellitus und Hypogonadismus beobachtet. Erstmals wurde das Krankheitsbild 1909 von Curschmann und Steinert und 1912 von Batten beschrieben.

Innerhalb einer Familie können die Anlageträger lebenslang ohne Krankheitszeichen bleiben oder als einzige Krankheitsmanifestation eine Linsentrübung oder einen präsenilen Katarakt aufweisen (Abb. 4.13). Ein Zusammenhang zwischen hoher Säuglingssterblichkeit und psychomotorischer Retardierung von Kindern in den betroffenen Familien wurde bereits beobachtet, jedoch konnte die Ursache der neonatalen kindlichen Manifestationsform seinerzeit nicht abgeklärt werden.

Die kongenitale Form manifestiert sich in einer schweren generalisierten Muskelhypotonie, einer typischen Schwäche der mimischen Muskulatur mit dreieckförmigem Mund, unvollständigem Lidschluß im Schlaf und einer respiratorischen Insuffizienz. Bei Kindern, die die ersten Lebensmonate überleben, wird eine psychomotorische Retardierung festgestellt. Man weiß heute, daß die kongenitale Myotone Dystrophie nur bei Kindern betroffener Mütter vorkommt (Abb. 4.14).

Das für die myotone Dystrophie verantwortliche Gen liegt auf dem langen Arm des Chromosoms 19 (19q13.3) und wurde inzwischen durch positionelle Klonierung isoliert. Im Bereich des nicht translatierten 3'-Ende des Gens befindet sich ein instabiler Trinukleotidrepeat CTG. Während die Normalbevölkerung 5–30 dieser CTG-Repeats hat, kann bei Patienten mit myotoner Dystrophie eine Verlängerung bis zu 2000 repeats vorliegen (Brook et al. 1992).

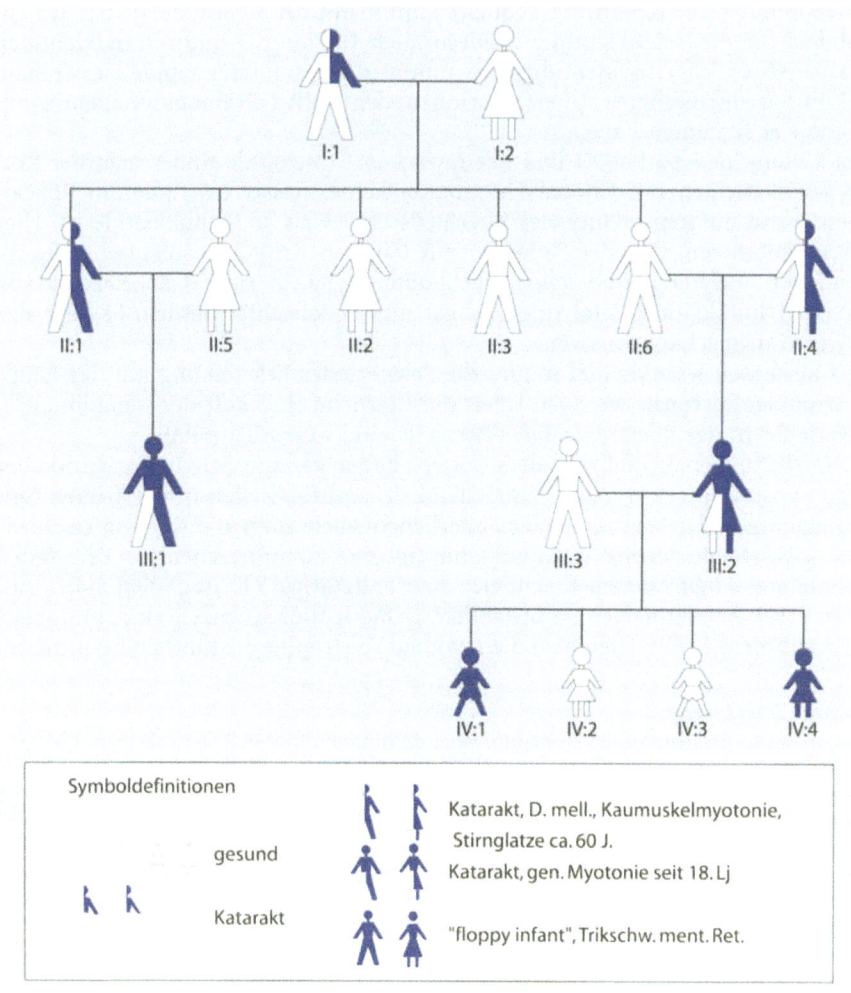

Abb. 4.13. Antizipation der myotonen Dystrophie in einer Familie mit 4 Generationen

Die Schwere der Erkrankung korreliert mit der Anzahl der CTG-Repeats. Die meisten Patienten mit kongenitaler myotoner Dystrophie haben ein wesentlich größeres Trinukleotidrepeat. Dies erklärt die genetische *Antizipation* bei dieser Erkrankung.

Allerdings gibt es auch Ausnahmen. Es sind bei Kindern mit kongenitaler myotoner Dystrophie auch kleinere expandierende Allele als die der betroffenen Mütter festgestellt worden. Auch in Spermien von schwerbetroffenen Patienten wurde eine Verkürzung der CTG-Repeats beobachtet. In seltenen Fällen kommt es sogar zur vollständigen Regression dieser Repeats. Aufgrund dieser Beobachtungen kann die Antizipation mit der Expansion der CTG-Repeats nicht die einzige Erklärung für das Auftreten der kongenitalen myotonen Dystrophie sein.

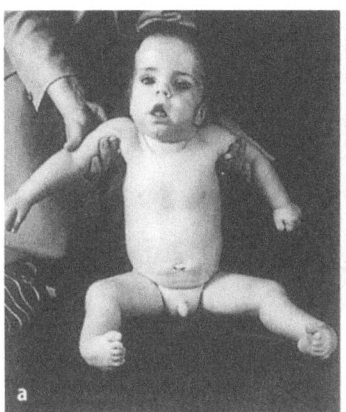
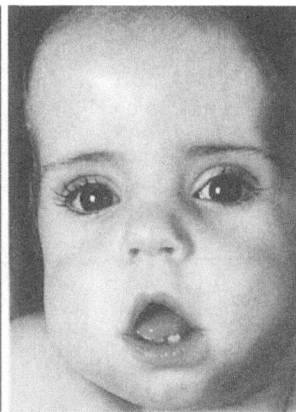
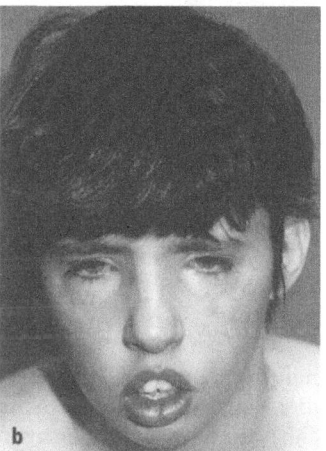

Abb. 4.14 a, b. Patienten mit myotoner Dystrophie.
a Kongenitale Manifestation, b Manifestation im
Kindesalter. (Aus Buselmaier u. Tariverdian 1998)

4.6 Genetische Beratung bei monogenen Erkrankungen

4.6.1 Autosomal-rezessive Erkrankungen

Patienten mit einer autosomal-rezessiven Erkrankung sind meistens die einzigen
in einer Familie, vor allem, wenn die Familie – in der Regel in den Industrieländern – sehr klein ist. Die Eltern der Betroffenen sind gesund, auch die weitläufi-
gen Verwandten sind in der Regel nicht betroffen. Das Wiederholungsrisiko für
ein weiteres Kind beträgt 25% (Abb. 4.15).

Erreichen Betroffene das Reproduktionsalter, so können ihre Kinder, wenn
der Partner bzw. die Partnerin nicht heterozygot ist, nicht erkranken. Alle Kinder sind heterozygote Anlageträger.

Der Heterozygotenstatus kann heute bei einer Reihe von autosomal-rezessiven
Erkrankungen mit Hilfe eines direkten Mutationsnachweises auf DNA-Ebene
bzw. durch biochemische Untersuchungen abgeklärt werden. Manchmal findet

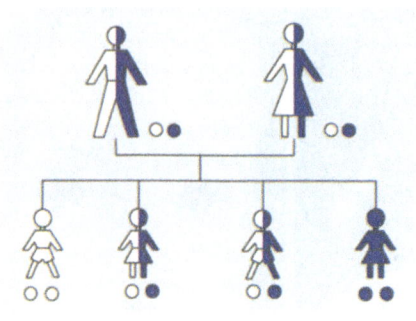

Abb. 4.15. Stammbaum bei autosomal-rezessiver Vererbung, wenn beide Eltern heterozygot sind

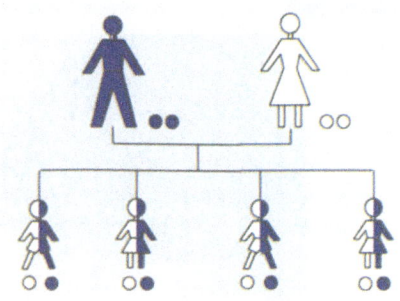

Abb. 4.16. Stammbaum für autosomal-rezessive Vererbung, wenn ein Elternteil homozygot krank ist

man bei der biochemischen Untersuchung Laborwerte, die eine sichere Aussage über den Heterozygotenstatus nicht ermöglichen.

Ist eine Anlageträgerschaft für die gleiche Mutation beim Partner bzw. der Partnerin nachgewiesen, so beträgt das Erkrankungsrisiko für die Nachkommen 50%.

Wenn der Heterozygotenstatus nicht festgestellt werden kann, wird entsprechend der Heterozygotenhäufigkeit in der jeweiligen Population das Wiederholungsrisiko für die Nachkommen eines/einer Betroffenen statistisch ermittelt. Beträgt beispielsweise die Heterozygotenhäufigkeit einer autosomal-rezessiven Erkrankung 1 zu 100, dann ist das Wiederholungsrisiko für die Nachkommen des/der Betroffenen $1 \times 1/100 \times 1/4 = 1/400$.

In der Regel fragen die gesunden Geschwister oder Verwandten eines kranken Kindes nach ihrer Anlageträgerschaft bzw. dem Erkrankungsrisiko für ihre Nachkommen. Die Heterozygotenwahrscheinlichkeit für die gesunden Geschwister und Verwandten von Patienten mit autosomal-rezessiver Krankheit ist in Abb. 4.17 angegeben. Das Erkrankungsrisiko für deren Nachkommen kann aus der eigenen Wahrscheinlichkeit für Heterozygotie und der Heterozygotenhäufigkeit in der Population errechnet werden. So sind die gesunden Geschwister eines erkrankten Kindes mit einer Wahrscheinlichkeit von 2/3, die Geschwister der Eltern mit einer Wahrscheinlichkeit von 1/2 und die Vettern und Cousinen mit einer Wahrscheinlichkeit von 1/4 heterozygot.

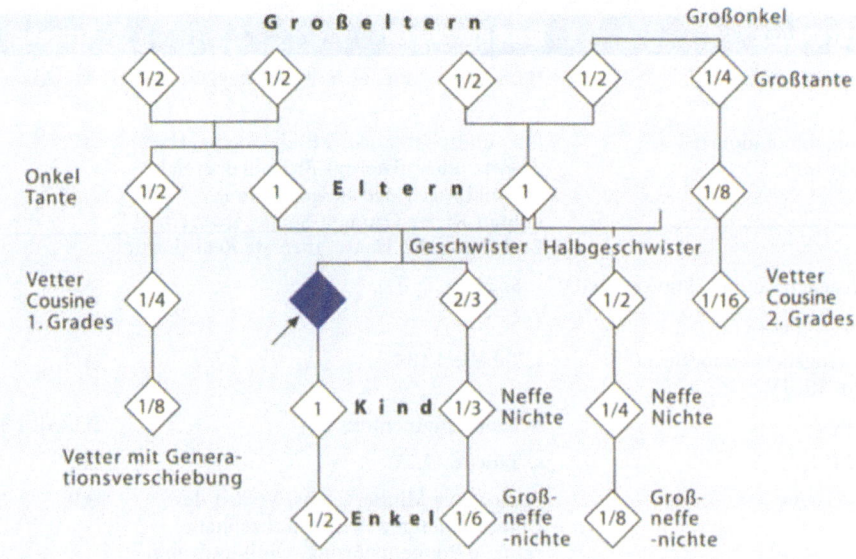

Abb. 4.17. Heterozygotenwahrscheinlichkeit für Geschwister und Verwandte eines Patienten mit einer autosomal-rezessiven Erkrankung. (Aus Buselmaier u. Tariverdian 1998)

Beispiel: Bei einer Krankheit mit einer Häufigkeit von 1:2000 ist die Heterozygotenhäufigkeit in der Bevölkerung 1:20. Demzufolge beträgt das Risiko für die Kinder der gesunden Geschwister eines Betroffenen, sofern es sich nicht um eine Verwandtenehe handelt, $2/3 \times 1/20 \times 1/4 = 1:120$, ist also gegenüber der Durchschnittsbevölkerung etwa um das 17fache erhöht. Wird beim Partner bzw. der Partnerin der Heterozygotenstatus mit Sicherheit ausgeschlossen, so ist das Wiederholungsrisiko für diese Erkrankung gegenüber der Durchschnittsbevölkerung nicht erhöht.

Das Risiko für eine Homozygotie seltener autosomal-rezessiver Krankheiten ist bei Blutsverwandtschaft erhöht. Dies muß bei der Beratung berücksichtigt werden (s. Kap. 11).

Ein weiterer wichtiger Aspekt bei der genetischen Beratung ist die Heterogenität der Erkrankungen, die ggf. auch unterschiedlichen Vererbungsmodi folgen können. Als Beispiel wird im folgenden die Beratungssituation bei *Schwerhörigkeit* erläutert.

Angeborene Schwerhörigkeit kommt mit einer Häufigkeit von 1:1000 Neugeborenen vor. Neben den exogenen Faktoren wie Kernikterus, Rötelninfektion der Mutter oder schwere Meningitis kann eine Schwerhörigkeit durch eine monogene Mutation entweder isoliert oder im Rahmen eines genetischen Syndroms verursacht werden.

Etwa 50% der Fälle von angeborener Schwerhörigkeit sind genetisch bedingt. Davon haben etwa 50–60% einen autosomal-rezessiven, 30% einen autosomal-dominanten, und etwa 2% einen X-chromosomalen Erbgang. In seltenen Fällen wird die Schwerhörigkeit mitochondrial vererbt. Wahrscheinlich gehört ein Teil

Tabelle 4.15. Syndrome, die häufig mit Schwerhörigkeit assoziiert sind

Erkrankung	Hauptmerkmale	Erbgang
Alport-Syndrom	Hämaturie, Innenohrschwerhörigkeit	XL, AD, AR
Branchiookulofaziales Syndrom	Prä- und postnataler Minderwuchs, Hautdefekte oder -fistel im Bronchialbereich, Fehlbildungen der äußeren Ohren, Lippen-Kiefer-Gaumen-Spalte, frühzeitige Ergrauung der Haare, mentale Retardierung	AD
Treacher-Collins (Franceschetti)	s. S. 212	AD
Goldenhaar	s. S. 213	sporad.
Osteogenesis imperfecta Typ III, IV	s. Tabelle 12.34	AD
Usher	Retinitis pigmentosa	XL/AR (?)
OPD I, II	s. Tabelle 12.25	XL
Cockayne	Postnataler Minderwuchs, Verlust des Unterhautfettgewebes, Mikrozephalie, retinale Pigmentstörung, Optikusatrophie, photosensitive Dermatitis, mentale Retardierung	AR
Stickler	s. Tabelle 12.25	AD
Townes-Brocks	Fehlbildungen der äußeren Ohren, prä-aurikuläre Hautanhängsel, triphalangeale Daumen, Extremitätenfehlbildungen, Analdefekt, renale Hypoplasie, Fehlbildungen des Urogenitalsystems	AD
Kniest	s. Tabelle 12.25	AD
Waardenburg Typ I, II	s. Tabelle 12.21	AD
Kraniometaphysäre Dysplasie	Makrozephalie, Verdickung der Gesichtsknochen, Einengung der Hirnnervenaustrittskanäle mit entsprechendem Schmerzempfinden, metaphysäre Verbreiterung	AR/AD
Leopard-Syndrom	Lentigines, EKG-Veränderungen, Pulmonalstenose, Gesichtsdysmorphie, Genitalfehlbildungen, Wachstumsretardierung, Taubheit	AD
Alström-Hallgren-Syndrom	Retinale Degeneration, Adipositas, Diabetes mellitus	AR
Branchiootorenales Syndrom (BOR)	Fehlbildungen der äußeren Ohren, branchiopharyngealer Defekt oder Fistel präaxial, Fehlbildungen des urogenitalen Systems	AD (variable Expr.)
Lange-Nielsen-Syndrom	QT-Verlängerung	AR

Tabelle 4.16. Wiederholungsrisiko für isolierte Schwerhörigkeit unbekannter Ursache

Verwandtschaftsgrad	Wiederholungsrisiko [%]
Ein Elternteil und ein Kind schwerhörig	30–50
Beide Eltern schwerhörig	30
Zwei Kinder schwerhörig	25
Eltern konsanguin	25
Eltern mit schwerhörigen Verwandten	15
Ein Kind schwerhörig, Eltern nicht verwandt	10
Nur ein Elternteil schwerhörig	5
Geschwister von Eltern schwerhörig	1

der Fälle mit autosomal-dominantem Erbgang bei maternaler Übertragung zu dieser Gruppe. Einige Mutationen, die zur schweren Gehörlosigkeit führen, sind inzwischen identifiziert worden. In etwa 20% der Fälle ist die angeborene Schwerhörigkeit Teilsymptom komplexer Erkrankungen bzw. Fehlbildungs-Syndrome. In Tabelle 4.15 sind einige Syndrome mit Schwerhörigkeit zusammengestellt.

Das Wiederholungsrisiko für Geschwister bzw. Nachkommen wird – wenn der Erbgang nicht bekannt ist – nach empirischen Ziffern errechnet (Tabelle 4.16).

4.6.2 Autosomal-dominante Erkrankungen

Eine autosomal-dominante Erkrankung bzw. ein autosomal-dominantes Merkmal manifestiert sich in der Regel in heterozygotem Zustand und tritt in einer Familie meist in mehreren Generationen auf. Eine Homozygotie kommt – wenn überhaupt – sehr selten vor; die Patienten sind schwerer betroffen. Das Wiederholungsrisiko für die Nachkommen beträgt unabhängig von ihrem Geschlecht 50% (Abb. 4.18).

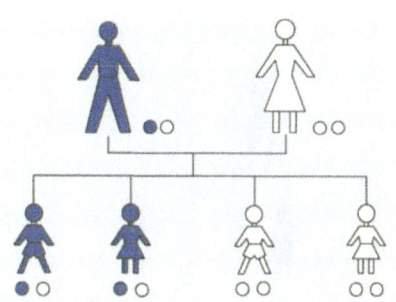

Abb. 4.18. Stammbaum für eine autosomal-dominante Vererbung, wenn ein Elternteil Anlageträger ist

Für die Nachkommen nichtbetroffener Familienmitglieder besteht im Vergleich zur Durchschnittsbevölkerung kein erhöhtes Risiko, wenn die Anlageträgerschaft mit Sicherheit ausgeschlossen ist.

Tritt eine autosomal-dominante Erkrankung nur ein einziges Mal auf und ist die Anlageträgerschaft bei den Eltern ausgeschlossen, so handelt es sich um eine Neumutation. Eine Neumutation ist ein einzelnes, zufälliges Ereignis, das nur eine einzige Keimzelle betrifft. Daher ist das Wiederholungsrisiko für weitere Kinder theoretisch nicht höher als in der Allgemeinbevölkerung (Abb. 4.19).

Die genetische Beratung bei einer autosomal-dominanten Erkrankung kann durch folgende Faktoren erschwert bzw. modifiziert werden (s. 4.5):
- Phänokopien,
- verminderte Penetranz,
- variable Expressivität,
- somatische Mutation,
- Keimzellmosaik,
- Manifestationsalter.

Bei manchen Krankheiten oder Fehlbildungen mit autosomal-dominantem Erbgang kann gelegentlich eine Generation übersprungen werden, weil einige autosomal-dominante Mutationen eine *verminderte Penetranz* zeigen können (s. 4.5.4 und Abb. 4.10). Auch durch die Suche nach Frühsymptomen, durch biochemische oder andere diagnostische Mittel können klinisch gesunde Anlageträger nicht immer identifiziert werden.

Die genauen Mechanismen der verminderten Penetranz sind nicht endgültig geklärt. Bei einigen Krankheiten ist die Stärke der Penetranz bekannt. So beträgt die Penetranz beim erblich bedingten Retinoblastom beispielsweise 90%. Aus diesem Grund beträgt das Wiederholungsrisiko für die Nachkommen 45% statt 50%.

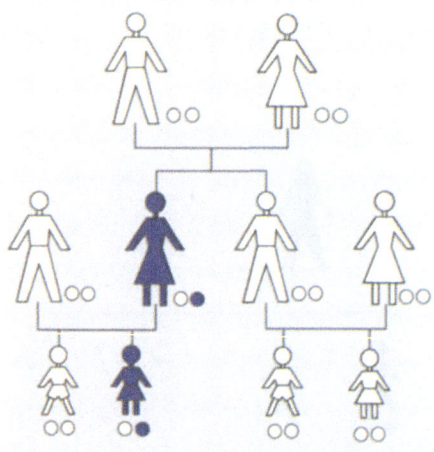

Abb. 4.19. Stammbaum für eine autosomal-dominante Vererbung, wenn es sich um eine Neumutation handelt

Auch die klinische Ausprägung kann bei manchen Krankheiten sehr variabel sein. Sie ist manchmal so schwach, daß die Minimalsymptome der Krankheit nur durch gezielte Untersuchungen erkannt werden können. Die *Expressivität* kann auch innerhalb einer Familie unterschiedlich ausgeprägt sein.

Phänotypisch gleiche Krankheiten oder Anomalien können genetisch oder durch exogene Einflüsse während der Organentwicklung hervorgerufen werden. Ein sporadischer Fall, der phänotypisch einer autosomal-dominanten Erkrankung ähnlich ist, muß daher nicht unbedingt eine dominante Neumutation sein. Es kann hier auch eine *Phänokopie* vorliegen. So z. B. ist die Thalidomidembryopathie ein exogen bedingter Fehlbildungskomplex, der in vielen Symptomen mit dem Holt-Oram-Syndrom, einem autosomal-dominanten Fehlbildungssyndrom mit Extremitätenfehlbildung und angeborenem Herzfehler, identisch ist.

Wenn eine Mutation in einem früheren Stadium der Gonadenentwicklung in der Embryonalphase stattfindet und neben den normalen Zellinien auch Zellen mit mutierten Genen in den Gonaden vorliegen, entsteht ein *Keimzellmosaik*. Aufgrund der Möglichkeit eines Keimzellmosaiks wird, auch wenn die Anlageträgerschaft für eine autosomal-dominante Mutation bei den Eltern ausgeschlossen ist, ein Wiederholungsrisiko von ca. 5% angegeben.

Ein weiteres Problem ist die *späte Manifestation* bei manchen autosomal-dominanten Erkrankungen. Oft sind die Ratsuchenden gesunde Nachkommen von Betroffenen, die sich über ihr eigenes Erkrankungsrisiko informieren wollen. Wenn die Feststellung bzw. der Ausschluß der Anlageträgerschaft durch eine Untersuchung nicht möglich ist, kann unter Anwendung zusätzlicher Informationen aus dem Stammbaum und unter Anwendung des *Bayes-Theorems* das Risiko berechnet werden (s. Kap. 11.8).

4.6.3 X-chromosomal-rezessive Erkrankungen

Von den etwas mehr als 10 000 bekannten monogenen Erkrankungen sind über 500 X-chromosomale Erkrankungen bzw. X-chromosomale Marker. Zum größten Teil werden sie X-chromosomal-rezessiv vererbt, weshalb in der Regel nur Männer erkranken. Tritt eine X-chromosomal-rezessive Erkrankung bei einer Frau auf, so sollte man an folgende Möglichkeiten denken:
- Turner-Syndrom (45,X),
- testikuläre Feminisierung,
- Folge der Lyonisierung (X-Inaktivierung),
- Deletion am X-Chromosom.

In der genetischen Beratung wollen sich gesunde Frauen aus einer Risikofamilie für eine X-chromosomal-rezessive Erkrankung darüber informieren, ob sie Anlageträgerinnen sind und wie hoch das Erkrankungsrisiko für ihre Nachkommen ist. Die obligaten Heterozygoten allein nach der Stammbaumanalyse sind:
- alle Töchter eines erkrankten Mannes,
- Frauen, die zwei erkrankte Söhne haben,
- Frauen, die einen erkrankten Sohn und einen erkrankten Bruder haben,

- zwei Schwestern, die je einen erkrankten Sohn haben,
- Frauen, die einen erkrankten Sohn und einen erkrankten Onkel (mütterlicherseits) haben.

Wie kann nun die Heterozygotenwahrscheinlichkeit für eine Frau in einer Familie mit einer X-chromosomal-rezessiven Erkrankung abgeschätzt werden, wenn sie nicht zu einer der oben erwähnten Gruppe gehört und kein sicherer Heterozygotentest zur Verfügung steht? In Kap. 11, Abb. 11.5 fragt die Ratsuchende III/3, ob sie Anlageträgerin für die Muskeldystrophie Typ Duchenne ist.

Unter Anwendung des Bayes-Theorems kann diese Wahrscheinlichkeit genauer errechnet werden: In diesem Fall beträgt die tatsächliche Heterozygotenwahrscheinlichkeit für II/2 1:17 = 6% und für III/3 ca. 3%.

Ist die Anlageträgerschaft nachgewiesen, so besteht für die Söhne ein Risiko von 50%, betroffen zu werden. Alle Töchter sind bis auf wenige Ausnahmen gesund. Sie werden zur Hälfte wieder zu Konduktorinnen (Abb. 4.20 I→II).

Ist der Partner einer Konduktorin hemizygot krank, so besteht sowohl für die Söhne als auch für die Töchter ein Risiko von 50%. Die erkrankten Töchter sind homozygot für das krankmachende Gen. 50% der Töchter werden gesunde Konduktorinnen (s. Abb. 4.20 II→III).

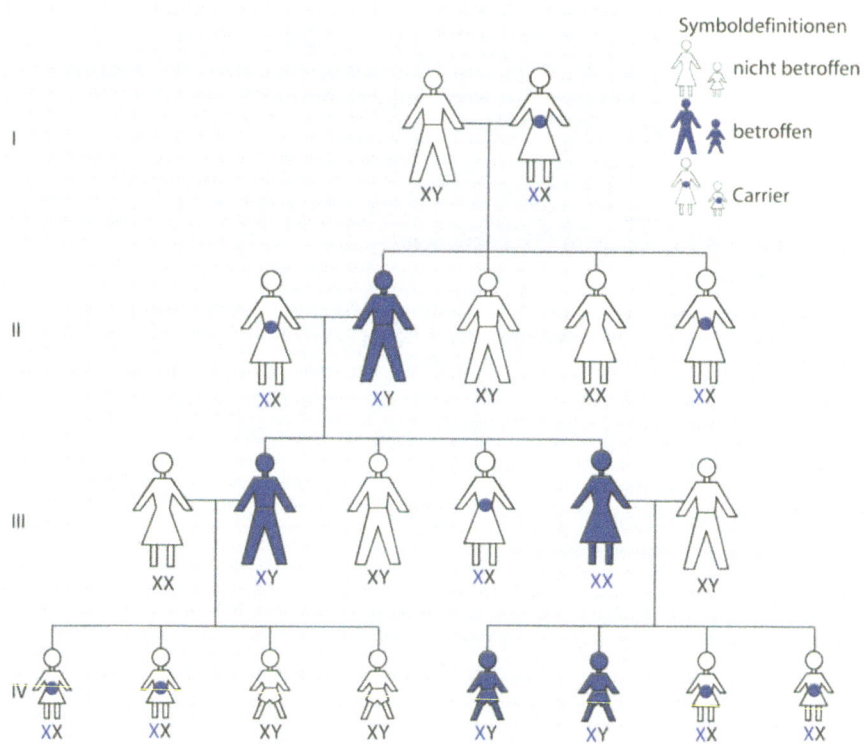

Abb. 4.20. Kreuzungsmöglichkeiten bei X-chromosomal-rezessiver Erkrankung. (Nach Buselmaier u. Tariverdian 1998)

Alle Töchter eines hemizygot kranken Mannes sind, wenn die Partnerin nicht carrier ist, heterozygot, die Söhne werden nicht betroffen (Abb. 4.20 III→IV, linke Seite).

Alle Söhne einer homozygot kranken Frau mit einem gesunden Mann werden krank, die Töchter sind obligatorisch heterozygot (Abb. 4.20 III→IV, rechte Seite). Die Kinder eines hemizygot kranken Mannes mit einer homozygot kranken Frau werden alle krank.

Durch Einbeziehung weiterer Daten der entfernten Verwandtschaft sowie der Ergebnisse des Heterozygotentests kann das Risiko für eine Anlageträgerschaft weiter eingeengt werden.

Schwierig ist es, wenn in einer Familie ein isolierter Fall auftritt. Es ist unmöglich zu unterscheiden, ob es sich um eine Neumutation handelt oder eine familiäre Vererbung vorliegt. Um dies herauszufinden, müssen Informationen über die Mutationsrate in männlichen und weiblichen Keimzellen und die Fortpflanzungsfähigkeit des Merkmalsträgers vorliegen. So bestehen z. B. bei einem isolierten Fall mit Duchenne-Muskeldystrophie 3 Möglichkeiten:

- Bei dem betroffenen Kind liegt eine Neumutation vor. In solchen Fällen ist keine weibliche Person in der Familie Anlageträgerin. Allerdings muß man hier die Möglichkeit des Keimzellmosaiks mit berücksichtigen.
- Die Mutter des Betroffenen ist Anlageträgerin aufgrund einer Neumutation. In einem solchen Fall haben ihre Töchter eine Wahrscheinlichkeit von 50%, auch heterozygot zu sein, dementsprechend auch die Enkeltöchter, aber keine ihrer Schwestern bzw. keine anderen Frauen in ihrer mütterlichen Linie.
- Die Großmutter des Patienten ist Anlageträgerin, und die Mutter des Patienten hat von ihr die Anlage geerbt. In einem solchen Fall besteht dann eine erhöhte Heterozygotenwahrscheinlichkeit für alle weiblichen Personen der Familie.

Die Wahrscheinlichkeit für alle 3 Möglichkeiten beträgt 1/3. Dies kann anhand der Haldane-Formel errechnet werden:

$$m = \frac{(1-f)\mu}{2\mu + v}$$

Dabei ist

m Anteil der durch Neumutation in der Eizelle der Mutter verursachten unter allen Trägern einer (seltenen) X-chromosomal-rezessiven Erbkrankheit;

f Fortpflanzungsrate der Merkmalsträger im Verhältnis zum Bevölkerungsdurchschnitt;

μ Mutationsrate in Keimzellen von Frauen;

v Mutationsrate in Keimzellen von Männern.

Wenn sich die Kranken überhaupt nicht fortpflanzen können, wie das bei der Muskeldystrophie Typ Duchenne der Fall ist, so vereinfacht sich diese Formel zu:

$$m = \frac{\mu}{2\mu + v} \quad \text{oder wenn } \mu = v, m = 1/2$$

4.6.4 X-chromosomal-dominante Erkrankungen

X-chromosomal-dominante Erkrankungen unterscheiden sich von den X-rezessiven Erkrankungen dadurch, daß nicht nur die hemizygoten Männer, sondern auch die heterozygoten Frauen klinische Merkmale zeigen. Frauen sind doppelt so häufig betroffen wie Männer.

- Das Risiko für die Kinder (Töchter und Söhne) einer heterozygoten Frau beträgt 50% (Abb. 4.21 I→II).
- Ist die Partnerin eines hemizygoten Mannes heterozygot, dann werden alle Töchter und 50% der Söhne betroffen sein (Abb. 4.21 II→III).
- Alle Töchter eines hemizygot kranken Vaters sind Anlageträgerinnen und krank; eine Vater-Sohn-Übertragung gibt es nicht (Abb. 4.21 III→IV, linke Seite).
- Die Nachkommen einer homozygoten Frau werden alle erkranken, unabhängig davon, ob der Partner Anlageträger ist oder nicht (Abb. 4.21 III→IV, rechte Seite).

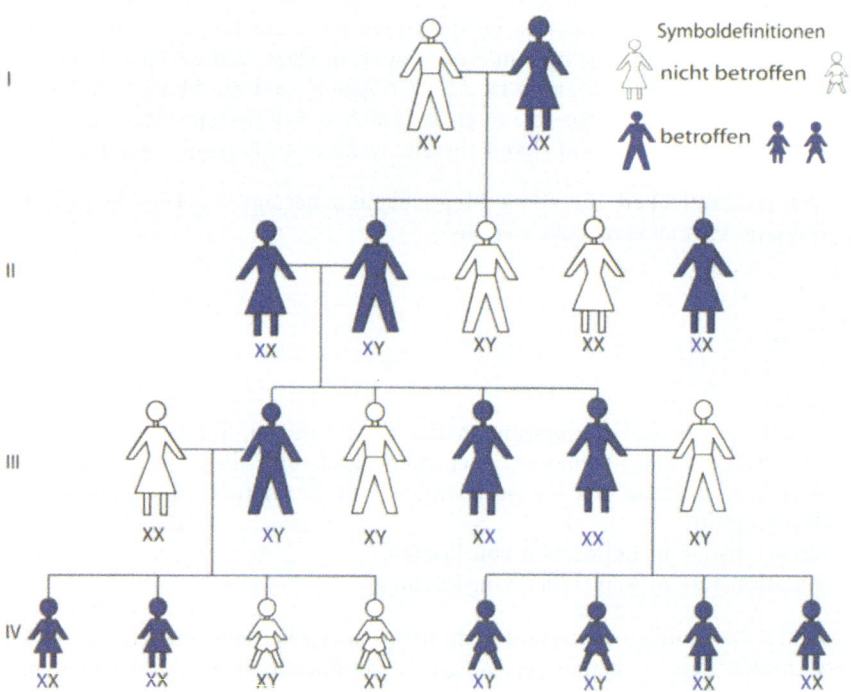

Abb. 4.21. Kreuzungsmöglichkeiten bei X-chromosomal-dominanter Erkrankung. (Nach Buselmaier u. Tariverdian 1998)

Besondere Aufmerksamkeit erfordert die Beratung bei Krankheiten mit letalem Faktor für die männlichen Hemizygoten. Bei diesen Krankheitsgruppen werden nur heterozygote Frauen betroffen, und die lebendgeborenen Söhne einer heterozygoten Frau sind gesund, weil die Erkrankung bei den männlichen Hemizygoten in der Regel so schwer ist, daß die Embryonen intrauterin absterben. Allerdings gibt es hier auch seltene Ausnahmesituationen.

Da bei manchen Erkrankungen, so z.B. bei der Incontinentia pigmenti, die Expressivität stark schwankt und die Symptome vor allem mit zunehmendem Alter der Frau schwächer werden, sollte man bei vom Anschein her sporadischen Fällen die Mütter sorgfältig untersuchen. Wenn bei der Mutter eines betroffenen Kindes die Krankheit nach einer sorgfältigen Untersuchung ausgeschlossen ist und sie keinen Frühabort hatte, kann es sich um eine Neumutation handeln.

Literatur

Brock DJH (1993) Molecular genetics for the clinician. Cambridge University Press

Brook JD, McCurrach ME, Harley HG et al. (1992) Molecular basis of myotonic dystrophy: expansion of a trinucleotid (CTG) repeat at the 3′ end of a transcript and coding a protein kinase family member. Cell 68:799–808

Brown TA (1993) Moderne Genetik. Eine Einführung. Spektrum, Heidelberg

Connor JM, Ferguson-Smith MA (1993) Essential medical genetics. Blackwell, Oxford

Dietz HC, Pyeritz RE (1995) Mutation in the human gene for fibrillin-1 (FBN1) in the Marfan syndrome and related disorders. Hum Mol Genet 4:1799–1809

Francke U, Oehs HD, de Martinville B (1985) Minor Xp21 chromosome deletion in a male associated with expression of Duchenne muscular dystrophy, chronic granulomatous disease, retinitis pigmentosa and McLeod's syndrome. Am J Hum Genet 37:250–267

Hageman RJ (1991) (Hrsg) Fragile X-syndrome. Diagnosis, treatment and research. Johns Hopkins University Press, Baltimore

Haldane JB (1935) The rate of spontaneous mutation of a human gene. J Genet 31:317–326

Hall JG (1988) Somatic mosaicism: observations related to clinical genetics. Am J Hum Genet 43:355–363

Hall JG (1990) Genomic imprinting: review and relevance to human diseases. Am J Hum Genet 46:857–873

Harley HG (1992) Expansion of an unstable DNA region and phenotypic variation in myotonic dystrophy. Nature 355:545–546

Harper PS (1993) Practical genetic counseling, 4th edn. Butterworth-Heinemann, Oxford

Hoffman EP, Brown RH Jr, Kunkel LM (1987) Dystrophin: the protein product of the Duchenne muscular dystrophy gene. Cell 51:919–928

Huntington's Disease Collaborative Research Group (1993) A novel gene containing a trinucleotide repeat that is expanded and unstable on Huntington's disease chromosomes. Cell 72:971–983

Koch M, Grimm T, Helen G et al. (1991) Genetic risk for children of women with myotonic dystrophy. Am J Hum Genet 48:1084–1091

Koenig M, Hoffman EP, Bertelson CJ et al. (1987) Complete cloning of the Duchenne muscular dystrophy (DMD) cDNA. Cell 50:509–517

Lubs HA (1969) A marker X chromosome. Am J Hum Genet 21:231–244

Lyon MF (1961) Gene action in the X-chromosome of the mouse. Nature 190:372–373

McKusick VA (1994) Mendelian inheritance in man, 11th edn. John Hopkins University Press, Baltimore (Online: www.ncbi.nlm.nih.gov/Omim/)

Monk M, Surani A (1990) (eds) Genomic imprinting. Company of Biologists, Cambridge

Nicholls RD (1993) Genomic imprinting and candidate genes in the Prader Willi and Angelman syndromes. Curr Op Genet Devel 3:445–456

Oberlé I, Rousseau F, Heitz E et al. (1991) Instability of a 550-base pair DNA segment and abnormal methylation in fragile X-syndrome. Science 252:1097–2002

Passarge E (1994) Taschenbuch der klinischen Genetik. Thieme, Stuttgart

Paul RM, Motulsky AG (1981) Risk counselling in autosomal disorders with undetermined penetrance. J Med Genet 5:339–345

Pearn J (1997) Spinal muscular atrophies. In: Rimoin DL, Connor JM, Pyeritz RE (eds) (1997) Emery and Rimoin's principles and practice of medical genetics, 3rd edn. Churchill Livingstone, Edinburgh, pp 565–578

Pyeritz R (1997) Marfan's syndrome. In: Rimoin DL, Connor JM, Pyeritz RE (eds) (1997) Emery and Rimoin's principles and practice of medical genetics, 3rd edn. Churchill Livingstone, Edinburgh, pp 1047–1064

Ramirez F (1996) Fibrillin mutations in Marfan's syndrome and related phenotypes. Curr Opin Genet Dev 6:309–315

Riccardi V, Eichner JE (1992) Neurofibromatosis: phenotype, natural history and pathogenesis. Johns Hopkins University Press, Baltimore

Rimoin DL, Connor JM, Pyeritz RE (eds) (1997) Emery and Rimoin's principles and practice of medical genetics, 3rd edn. Churchill Livingstone, Edinburgh

Riordan JR, Rommens JM, Nerem B et al. (1989) Identification of the cystic fibrosis gen: Cloning and characterisations of complementary DNA. Science 245:1066–1073

Roberts RG, Bobrow M, Bentley DR et al. (1992) Point mutations in the dystrophin gene. Proc Natl Acad Sci USA 89:2331–2335

Scriver CR, Beaudet AL, Sly W, Valle D (1995) The metabolic and molecular basis in inherited disease, 7th edn. McGraw Hill, New York

Smith M, Handa U, He W et al. (1993) Loss of heterozygoty for chromosome 16p13.3 markers in renal hamartomas from tuberous sclerosis patients. Am J Hum Genet 53 [Suppl 66]

Strachan T, Read A (1996) Molekulare Humangenetik. Spektrum, Heidelberg

Tariverdian G, Forster-Iskenius U, Wolff G (1991) Mental retardation, acromegalic face and megalotestes in two half-brothers: a specific form of X-linked mental retardation without fragile (X)(q)? Am J Med Genet 38:208–211

Tsui L, Buchwald M (1991) Biochemical and molecular genetics of cystic fibrosis. Adv Hum Genet 20:153–266

Vogel F, Motulsky AG (1996) Human genetics, problems and approaches, 3rd edn. Springer, Berlin Heidelberg New York Tokyo

Vogt P, Edelmann A, Kirsch S et al. (1996) Human Y-chromosome azoospermia factors (AZF) mapped to different subregions in Yq11. Hum Mol Gen 5 (7):933–943

Weatherall DJ (1988) The new genetics and clinical medicine, 2nd edn. Oxford University Press

Witkowski R, Prokop O, Ullrich E (1995) Lexikon der Syndrome und Fehlbildungen, 5. Aufl. Springer, Berlin Heidelberg New York Tokyo

KAPITEL 5

Mitochondriale Vererbung und Mitochondropathien   5

5.1 Molekulare Grundlagen der mitochondrialen DNA

Mitochondrien sind intrazelluläre Organellen mit eigenem genetischen System. Menschliche mitochondriale DNA (mt-DNA) ist doppelstrangig, zirkulär und 16.569 bp lang. Die insgesamt 37 eng angeordneten Gene besitzen keine Introns und nur 3 Promotoren. Sie verteilen sich auf einen schweren Strang mit 28 Genen und einem leichten mit 9 Genen (Tabelle 5.1, Abb. 5.1).

Die Mutationsrate der mitochondrialen DNA ist etwa 5–10 mal so hoch wie die der nukleären DNA. In menschlichen Zellen befinden sich mehrere tausend Kopien dieses mitochondrialen DNA-Moleküls, was insgesamt bis zu 0,5% des DNA-Gehalts einer somatischen Zelle ausmacht. Bei der Zellteilung werden zwar die DNA-Ringe und damit die Mitochondrien verdoppelt, damit die Tochterzellen die gleiche Ausgangsmenge erhalten; es gibt jedoch keinen Sortiermechanismus, der festlegt, welche Mitochondrien in welche Tochterzelle gelangen. Sie verteilen sich also rein zufällig. Man bezeichnet dieses Phänomen als *Heteroplasmie* (Abb. 5.2).

Die Mitochondrien werden ausschließlich durch die Eizelle der Mutter vererbt, denn das ohnehin sehr geringe Zytoplasma der Samenzelle hat bei der mitochondrialen Vererbung keinen Einfluß. Trägt in einer Zygote ein Teil der Mito-

Tabelle 5.1. Kern- und Mitochondriengenom des Menschen im Vergleich

	Kerngenom	Mitochondriengenom
Größe	3000 Mb	16,6 kb
DNA-Moleküle gesamt/Zelle	46	Mehrere tausend
Gen-Anzahl	65000–80000	37
Gen-Dichte	1 Gen pro 40 kb	1 Gen pro 0,45 kb
Introns	Ja	Nein
Kodierende DNA	3%	93%
Rekombination	Ja	Nein
Vererbung	monogen	monogen (maternal)

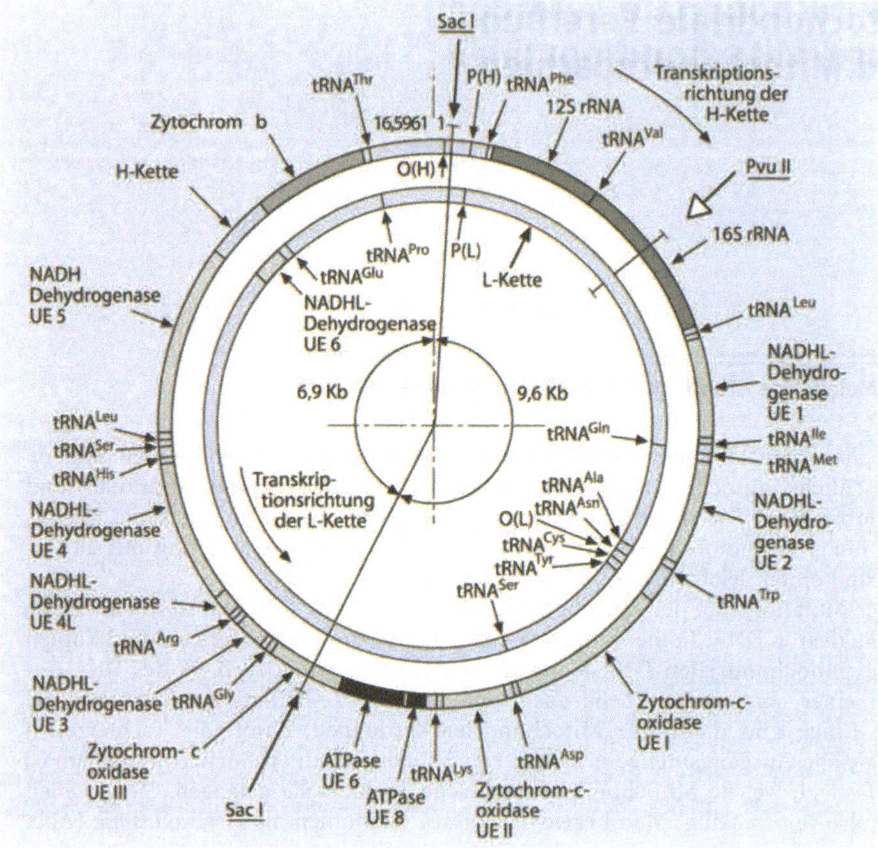

Sac I

tRNA^Thr   P(H) tRNA^Phe   Transkriptions-
                             richtung der
Zytochrom b   16,5961 1   125 rRNA   H-Kette
                           tRNA^Val
H-Kette   O(H)   Pvu II

NADH   165 rRNA
Dehydrogenase   tRNA^Pro P(L)
UE 5   tRNA^Glu   L-Kette   tRNA^Leu
             NADHL-
             Dehydrogenase
             UE 6   NADHL-
                                        Dehydro-
             6,9 Kb   9,6 Kb   genase
                                        UE 1
tRNA^Leu   tRNA^Gln   tRNA^Ile
tRNA^Ser   tRNA^Met
tRNA^His
NADHL-   Transkrip-   tRNA^Ala   NADHL-
Dehydrogenase tionsrichtung O(L) tRNA^Asn Dehydro-
UE 4   der L-Kette   tRNA^Cys   genase
NADHL-   tRNA^Tyr   UE 2
Dehydrogenase   tRNA^Ser   tRNA^Trp
UE 4L
tRNA^Arg
NADHL-   Zytochrom-c-
Dehydrogenase tRNA^Gly   oxidase
UE 3   UE I
Zytochrom- c
oxidase   ATPase tRNA^Lys tRNA^Asp
UE III   UE 6   Zytochrom-c-
    Sac I   ATPase   oxidase
             UE 8   UE II

Abb. 5.1. Struktur der mitochondrialen DNA und ihrer Gene. (Nach Willichowski 1990)

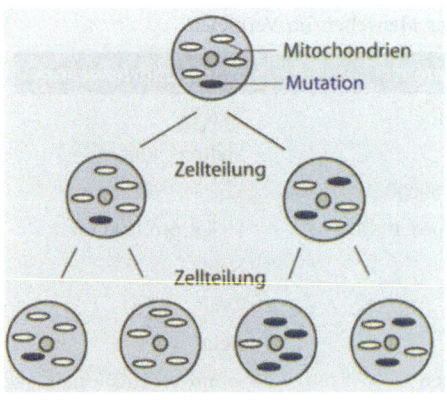

Abb. 5.2. Heteroplasmie bei mitochondrialer Vererbung. (Nach Buselmaier u.
Tariverdian 1998)

chondrien eine bestimmte Mutation, dann kann, entsprechend dem zufälligen Verteilungsmechanismus, die eine Tochterzelle mehr von den mutierten Mitochondrien enthalten, die andere Tochterzelle dafür mehr von den normalen. Mit weiteren Teilungen wäre dann zu erwarten, daß sich die Verschiebung zugunsten der einen wie auch der anderen Sorte unter den Tochterzellen fortsetzt.

In Geweben, die vorwiegend die mutierte mitochondriale DNA enthalten, kann es dann zu entsprechenden Auswirkungen kommen. Generell kann man feststellen, daß jede somatische Zelle aufgrund verschiedener Mutationen mehrere unterschiedliche mt-DNAs enthält. Die phänotypische Ausprägung ist von der Proportion der mutanten mt-DNA innerhalb einer Zelle abhängig. Ein pathologisches Merkmal wird ausgeprägt, wenn der Anteil der mutanten DNA einen bestimmten kritischen Schwellenwert erreicht hat.

Man weiß heute, daß an mt-DNA kodierte Proteine essentielle Komponenten der Atmungskette sind. In der oxydativen Phosphorylierung der Atmungskette sind 5 verschiedene Enzymkomplexe involviert. Komplex I–IV sind an NADH- und Sukzinatoxydation und Komplex V ist an der ATP-Synthese beteiligt.

Weiterhin ist bekannt, daß die Synthese dieser Komplexe unter der gemeinsamen Kontrolle der nukleären und mitochondrialen DNA steht. Von über 90 Komponenten, die an der oxydativen Phosphorylierung der Atmungskette beteiligt sind, sind nur 13 in mt-DNA kodiert, die auf mitochondriellen Ribosomen synthetisiert werden. Die restlichen 24 mitochondriellen Gene kodieren 22 Arten von tRNA sowie 2 rRNA-Moleküle. Sie sind Bestandteil des mitochondrialen Syntheseapparats. mt-DNA zeigt entsprechend der hohen Mutationsrate eine große interindividuelle Variabilität, die durch Restriktionsfragmentlängenpolymorphismus-(RFLP-)Untersuchungen bestätigt werden konnte.

Da aber die mitochondriale Proteinsynthese auch in nukleärer DNA kodiert wird, ist bei mitochondrialen Erkrankungen auch die nukleäre DNA mitbeteiligt.

Aufgrund der doppelten genetischen Kontrolle des mitochondrialen Proteins und der Kompliziertheit der posttranslationalen Ereignisse nimmt man verschiedene genetische Störungen als Ursache für mitochondriale Erkrankungen an:

- Veränderungen der Transkription oder Translation von mt-DNA-kodierten Polypeptiden,
- Veränderungen der Transkription oder Translation der nukleären DNA-kodierten Polypeptide,
- Veränderungen des Posttranslationsprozesses der nukleären DNA-kodierten Proteine.

Darüber hinaus können indirekte Mechanismen wie z. B. Veränderungen einer prosthetischen Gruppe oder Veränderungen der membrangebundenen Enzyme zu mitochondrialen Erkrankungen führen.

5.2 Genetische Erkrankungen mit mitochondrialem Erbgang

Die klinischen Merkmale der mitochondrialen Erkrankungen umfassen neben der geistigen und psychomotorischen Retardierung eine vielfältige Symptomatik, die nicht spezifisch ist. Die Heterogenität der klinischen Merkmale und die Schwierigkeiten bei der Anwendung konventioneller biochemischer Methoden erschwert in vielen Fällen die Diagnose dieser Krankheiten.

Charakteristisch für diese Erkrankungen ist:

- Sowohl Männer als auch Frauen können betroffen sein, aber nur Frauen geben die Krankheit weiter (Abb. 5.3).
- Betroffene Personen können eine Heterogenität aufweisen. Sie beruht auf der sog. Heteroplasmie, dem Vorhandensein von mutierter und normaler Mitochondrien-DNA in derselben Zelle.
- Die verschiedenen Organe sind in Abhängigkeit von ihrem Energiebedarf unterschiedlich stark betroffen. Die Erkrankungen manifestieren sich deshalb häufig im Nervensystem sowie in Skelett- und Herzmuskulatur.
- Die Pathophysiologie umfaßt auch Defekte der mitochondrialen oxidativen Phosphorylierung.

Nach der biochemischen Klassifikation unterscheidet man 5 verschiedene Gruppen:

1. Störung des mitochondrialen Substrattransports, wie z.B. beim *Carnitin-Stoffwechseldefekt*, wobei der Transport von langkettigen Fettsäuren durch die innere Membran des Mitochondriums gestört ist.
2. Störung im Substratumsatz. Zu dieser Gruppe gehören alle Defekte des Pyruvatdehydrogenasekomplexes.
3. Störung des Zitronensäurezyklus, wie z.B. Fumarasedefekt.
4. Störung der Kopplung zwischen Substratoxydation und der Phosphorylierung von ADP zu ATP in den Mitochondrien.
5. Störung der Atmungskette.

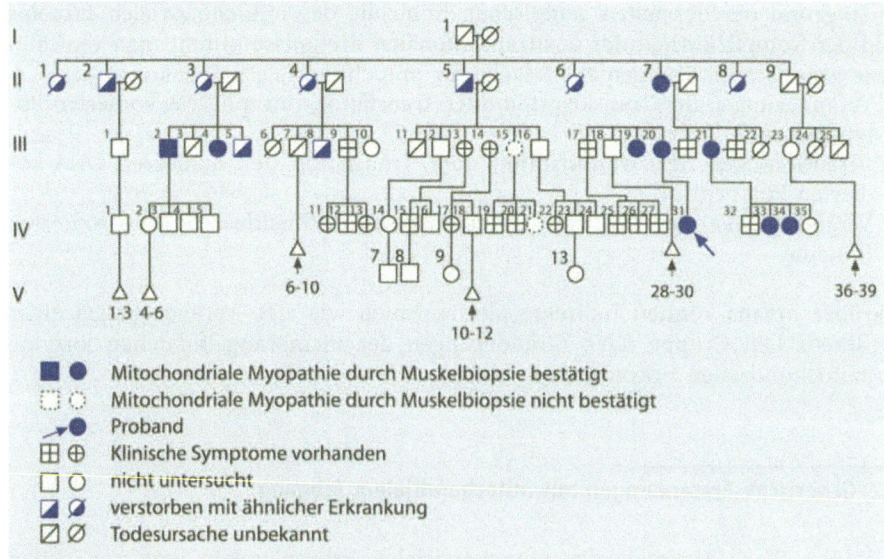

Abb. 5.3. Stammbaum einer maternalen Vererbung des MERRF. (Nach Rosing et al. 1987)

Durch molekulargenetische Analyse der mitochondrialen DNA ist es heute möglich, die Mutation bei einer Reihe von mitochondrialen Krankheiten nachzuweisen. Beim *Kearns-Sayre-Syndrom* mit progressiver neuromuskulärer Erkrankung, Ophthalmoplegie, Netzhautdegeneration, Schwerhörigkeit, Ataxie und Muskelschwäche ist beispielsweise eine Deletion von 4–8 kb die Ursache der Er-

Tabelle 5.2. Mitochondriale Erkrankungen. (Nach Wallace et al. 1997)

Erkrankung	Klinische Merkmale mit DNA-Mutationen	mt-DNA-Mutationen
Mitochondriale Myopathie	Muskelschwund, Muskelschwäche, „ragged red fibers" (rot färbbare Fasern: pathologisch veränderte Mitochondrien, die sich mit einem bestimmten Farbstoff rot färben lassen)	Punktmutation der tRNA für Lysin
MERRF (myoklonische Epilepsie und „ragged red fibers")	Epileptische, von Zuckungen begleitete Anfälle und mitochondriale Myopathie; u. U. Schwerhörigkeit und mentale Retardierung	Punktmutation in der Position 8344
MELAS (mitochondriale Enzephalomyopathie mit Laktatazidose und schlaganfallähnlichen Episoden)	Enzephalopathie (die oft epilepsieartige Anfälle, vorübergehende Lähmungen und geistigen Verfall verursachen), mitochondriale Myopathie und Laktatazidose	Mutation in der Position 3243
CPEO (chronische progressive externe Ophthalmoplegie)	Lähmung der Augenmuskulatur sowie mitochondriale Myopathie	Punktmutation der tRNA
KSS (Kearns-Sayre-Syndrom)	CPEO mit zusätzlichen Symptomen wie Netzhautdegeneration, Herzerkrankung, Schwerhörigkeit, Diabetes und Niereninsuffizienz	Deletion von 4–8 kb und Punktmutation
Dystonie	Bewegungsstörungen mit Muskelstarre, häufig verbunden mit einer Degeneration der Basalganglien	Mutation in der Position 14459
Leigh-Syndrom	Progredienter Verlust motorischer und sprachlicher Fähigkeiten, Degeneration der Basalganglien, Netzhautdegeneration, kann schon im Kindesalter tödlich sein	Mutation in der Position 8993
Lebersche erbliche Optikusneuropathie	Dauernde oder vorübergehende Erblindung durch Atrophie des Sehnervs	Missens-Mutation an der Position 11778 u. 3460
Pearson-Syndrom	Panzytopenie, Laktatazidose, Pankreasinsuffizienz, bei Überleben im weiteren Verlauf häufig KSS bzw. CPEO	Deletion und Duplikation

krankung. Da die mitochondrialen Proteine auch von der Kern-DNA kodiert werden können, ist bei den meisten mitochondrialen Krankheiten eine autosomale Vererbung möglich. In der Tabelle 5.2 sind einige mitochondriale Erkrankungen zusammengestellt.

Von großem Interesse ist es, daß bei einem Teil der Fälle von Diabetes mellitus und Herzversagen mitochondriale Mutationen eine Rolle spielen. Inzwischen mehren sich die Indizien für eine mögliche Beteiligung an Erkrankungen des höheren Alters wie der Alzheimer-Erkrankung und überhaupt am Alterungsvorgang selbst.

Die mitochondriale DNA eignet sich wegen ihrer hohen Mutationsrate besser als die Kern-DNA für evolutionsbiologische Untersuchungen. Außerdem können hier viele Faktoren, wie z.B. eine Rekombination zwischen väterlichen und mütterlichen Allelen, aufgrund der mütterlichen Vererbung ausgeschlossen werden. Dies kann für spezielle Fragen der Abstammungsuntersuchung genutzt werden.

In der letzten Zeit wird die molekulargenetische Untersuchung von mitochondrialer DNA auch bei populationsgenetischen Betrachtungen herangezogen. So ist z.B. eine Deletion von 9 Basenpaaren nachgewiesen worden, die einen polymorphen Marker für Menschen, die aus Ostasien stammen, darstellt. Die Deletion befindet sich in einer der wenigen nichtkodierenden Regionen. Auch über 90% der Polynesier, deren Abstammung aus Ostasien oder Südamerika lange Zeit kontrovers diskutiert wurde, weisen diese Deletion auf (Trent 1995).

5.3 Genetische Beratung bei mitochondrialen Erkrankungen

Bei den meisten mitochondrialen Krankheiten besteht eine Interaktion zwischen den Mitochondrien und der Kern-DNA. Aus diesem Grund ist der Vererbungsmodus zwar vergleichbar mit dem der monogenen Erkrankungen, es bestehen jedoch Unterschiede:

- Mitochondriale Erkrankungen werden nur über die Mutter (erkrankte bzw. symptomfreie) übertragen.
- Im Gegensatz zu geschlechtsgebundenen Krankheiten können sowohl Töchter als auch Söhne betroffen sein.
- Für die Kinder und darauffolgende Generationen eines betroffenen Mannes besteht kein erhöhtes Risiko.
- Bei einzelnen mitochondrialen Erkrankungen besteht eine Geschlechtsbevorzugung. Beispielsweise sind von der Leber-Optikusatrophie häufiger Männer betroffen (M/F = 50/30).

Literatur

Hanefeld F, Rating D, Christen HJ (Hrsg) (1989) Aktuelle Neuropädiatrie. Springer, Berlin Heidelberg New York Tokyo

Harding AE, Holt IJ (1989) Mitochondrial myopathies. Med Bull 45:760–771

McKusick VA (1994) Mendelian inheritance in man, 11th edn. Johns Hopkins University Press, Baltimore, OMIM (Online: www.ncbi.nlm.nih.gov/Omim/)

Rimoin DL, Connor JM, Pyeritz RE (eds) (1997) Emery and Rimoin's principles and practice of medical genetics, 3rd edn. Churchill Livingstone, Edinburgh

Rosing HS, Hopkins LC, Wallace DC et al. (1989) Maternal inherited mitochondrial myopathy and myoclonic epilepsy. Ann Neurol 17:228–237

Scriver CR, Beaudet AL, Sly W, Valle D (1995) The metabolic and molecular basis in inherited disease, 7th edn. McGraw-Hill, New York

Shaffner JM, Wallace DC (1992) Mitochondrial genetics: principles and practice. Am J Hum Genet 51:1179–1186

Strachan T, Read A (1996) Molekulare Humangenetik. Spektrum, Heidelberg

Trent RJ (1995) Molekulare Medizin. Spektrum, Heidelberg

Vogel F, Motulsky AG (1996) Human genetics, problems and approaches, 3nd edn. Springer, Berlin Heidelberg New York Tokyo

Wallace DC, Brown MD, Lott M (1997) Mitochondrial genetics. In: Rimoin DL, Connor JM, Pyeritz RE (eds) Emery and Rimoin's principles and practice of medical genetics, 3rd edn. Churchill Livingstone, Edinburgh, pp 277–332

Willichowskie B (1990) Genetik der Mitochondriozytopathien. In: Siemes H (Hrsg) Mitochondriale Myopathien und Enzephalomyopathien. Zuckschwert, München (Pädiatrie aktuell 3)

KAPITEL 6

Multifaktorielle Vererbung und Erkrankungen 6

Bei der monogenen Vererbung existieren in der Bevölkerung in der Regel 2, gelegentlich 3 Phänotypen. Es gibt jedoch Merkmale, die in einer Population keine scharf abgrenzbare Zwei- oder Dreiteilung zulassen, sondern eine *kontinuierliche Variabilität* zeigen. Eine solche Variabilität beruht meist auf dem Zusammenspiel mehrerer Gene, von denen das einzelne Gen keine bemerkbare Beeinträchtigung bewirkt, jedoch mehrere Gene gemeinsam zu einer bestimmten Wirkung führen können. Das Zusammenspiel vieler Gene mit additiver Wirkung wird als *polygene* Vererbung bezeichnet. Die phänotypische Auswirkung hängt allerdings nicht ausschließlich vom genetischen Hintergrund ab, sondern von einer *Gen-Umwelt-Interaktion*.

Phänotypische Merkmale, die sich erst durch eine Interaktion von Genen und Umwelt manifestieren, werden als *multifaktorielle Merkmale* bezeichnet. Die meisten menschlichen Merkmale, wie z.B. Körperlänge, Körpergewicht, Intelligenz, Blutdruck und Dermatoglyphen, scheinen multifaktorieller Natur zu sein. Aber auch viele genetische Erkrankungen, die wesentlich häufiger auftreten als die monogenen Erkrankungen, sind multifaktoriell bedingt.

Betrachtet man beispielsweise die Körperlänge, so findet man beim Menschen alle Zwischengrößen. Die Verteilung entspricht der Gaußschen Kurve (Abb. 6.1).

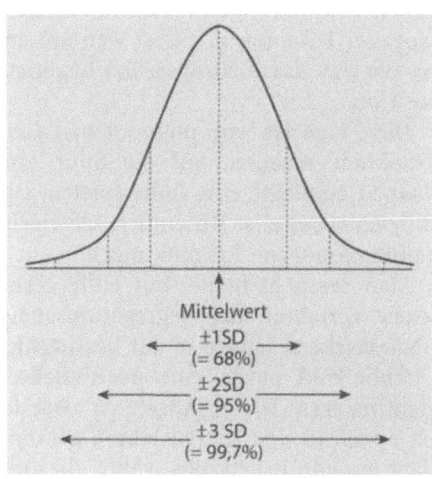

Mittelwert
±1SD
(= 68%)
±2SD
(= 95%)
±3 SD
(= 99,7%)

Abb. 6.1. Normale Gaußsche Verteilungskurve

Die meisten Menschen zeigen eine mittlere Körperlänge. Wenige Menschen sind extrem groß oder extrem klein. Eine solche Normalverteilung wird durch 2 Quantitäten spezifiziert: durch den Mittelwert, der dem Teilungsprodukt der Summe aller Meßwerte durch die Gesamtzahl der Messungen entspricht, und durch die Standardabweichung. Bei einer Standardabweichung liegen unterhalb der Kurve 68,26%, bei 2 Standardabweichungen 95,5% und bei 3 Standardabweichungen 99,7% der Fläche (Abb. 6.1).

Hauptkriterien bei multifaktorieller Vererbung:

- Ein Merkmal zeigt eine kontinuierliche Variabilität in der Bevölkerung.
- Das Verteilungsmuster entspricht einer Gauß-Kurve.
- Die Variabilität beruht auf einer mehr oder minder großen Zahl von Genen.
- Die Ausprägung eines Merkmals ist durch eine Interaktion von Erbe und Umwelt bestimmt.
- Verwandte ersten Grades von Personen mit extremer Ausprägungsform eines Merkmals zeigen das Phänomen der Regression zur Mitte.
- Die familiäre Häufung entspricht nicht den Erwartungen bei rezessiver oder dominanter Vererbung, sondern bleibt dahinter meist weit zurück.
- Das Erkrankungsrisiko für Verwandte von Betroffenen muß aus empirischen Belastungsziffern abgeschätzt werden. Es entspricht für Verwandte ersten Grades etwa der Quadratwurzel der Häufigkeit in der Bevölkerung.
- Für die Entstehung von Krankheiten wird ein Schwellenwert angenommen.

6.1 Genetische Grundlagen multifaktorieller Erkrankungen

Aufgrund der höheren Konkordanz bei eineiigen Zwillingen sowie der familiären Häufung weiß man, daß viele Krankheiten und kongenitale Fehlbildungen auf der Basis einer genetischen Disposition entstehen. Dabei gelingt es nicht, einen einheitlichen molekularen Basisdefekt zu finden. Die meisten multifaktoriellen Erkrankungen sind Krankheiten, die im Laufe des Lebens durch Einfluß exogener Faktoren manifest werden; dennoch sind es neben Umweltfaktoren Gene, die das Erkrankungsrisiko begünstigen. Es besteht also eine genetische Disposition.

Die Frage ist, wie man solchen Genen, die anfällig für eine weit verbreitete Krankheit machen, auf die Spur kommen kann. Möglicherweise können ja Haupt-Geneffekte eine Rolle spielen. Die Aufgabe der Identifizierung solcher Anfälligkeits-Gene ist wesentlich schwieriger als der Nachweis verantwortlicher Gene für monogene Erkrankungen.

Man versucht heute, mit Hilfe gesammelter Familiendaten und dem statistischen Verfahren der Segregationsanalyse unter Anwendung von polymorphen DNA-Markern Hinweise auf bestimmte Loci bzw. Kandidat-Gene zu finden, um anschließend durch eine positionelle Klonierung das verantwortliche Gen zu identifizieren. Dieser Ansatz ist zwar komplex und aufwendiger, als es klingt; es ist jedoch in den letzten Jahren gelungen, nachdem man z. B. von der familiären Häufung von Brustkrebs wußte, die BRCA1- und BRCA2-Gene zu identifizieren.

Bei solchen Analysen muß man zwischen *Assoziation* und *Kopplung* mit bestimmten Markern unterscheiden. Eine Kopplung ist eine Beziehung zwischen Loci, die Assoziation aber ist die Beziehung zwischen Allelen. Eine Kopplung beschreibt also die Nachbarschaft von Loci und die daraus resultierende gemeinsame Segregation. Assoziation bedeutet, daß Personen in einer Population, die an einem Locus ein bestimmtes Allel haben, mit höherer Wahrscheinlichkeit als zufällig ein bestimmtes anderes Allel an einem weiteren Locus besitzen.

Das *Kopplungsungleichgewicht* beschreibt die Verknüpfung eines bestimmten Markerallels mit einer Krankheit in der Population. Dabei läßt sich ein Kopplungsungleichgewicht nur dann finden, wenn viele Betroffene, wenn auch scheinbar nicht miteinander verwandt, die chromosomale Region von einem gemeinsamen Vorfahren geerbt haben. Die Allelassoziation ist also nur dann über das Kopplungsungleichgewicht auffindbar, wenn die Allele von einem gemeinsamen Ur-Chromosomensegment stammen. Dabei ist es statistisch unmöglich, das ganze Genom nach Kopplungsungleichgewicht abzusuchen. Die Untersuchung muß sich auf eine Assoziation auf Kandidatenloci beschränken.

Über die Kopplungsversuche wird eine Kandidatregion eingegrenzt. Wenn die Region für eine positionelle Klonierung zu groß ist, kann auf Assoziation hin untersucht werden. Dadurch wird die Position eines Gens auf der DNA räumlich so weit eingeengt, daß es möglich wird, direkt nach dem Gen zu suchen. Unter Anwendung dieser Verfahren versucht man auch bei den multifaktoriellen Erkrankungen das verantwortliche Hauptgen zu identifizieren.

Bei der multifaktoriellen Vererbung ist es nicht selten, daß ein Merkmal erst nach Überschreiten einer bestimmten Grenze der genetischen Prädisposition zur Ausprägung kommt. Das heißt, daß diese Merkmale erst zur Ausprägung kommen bzw. die Erkrankung erst ausbricht, wenn eine bestimmte Anzahl der zu einer Erkrankung gehörenden Gene erreicht ist. Hier spricht man von einem *Schwellenwert*.

Die zugrundeliegende genetische Disposition zeigt dagegen eine quantitative, kontinuierliche Abstufung. Dabei muß die Schwelle keinen scharfen Trennstrich darstellen, sondern es kann auch ein Schwellenbereich vorhanden sein (Abb. 6.2). Das trifft vor allem bei solchen Merkmalen zu, deren Manifestation geschlechtsabhängig ist. Bei einem Geschlecht kann eine stärkere Disposition notwendig sein als beim anderen. Der größte Teil der Krankheiten beim Menschen, die gehäuft familiär auftreten, ist multifaktoriell bedingt.

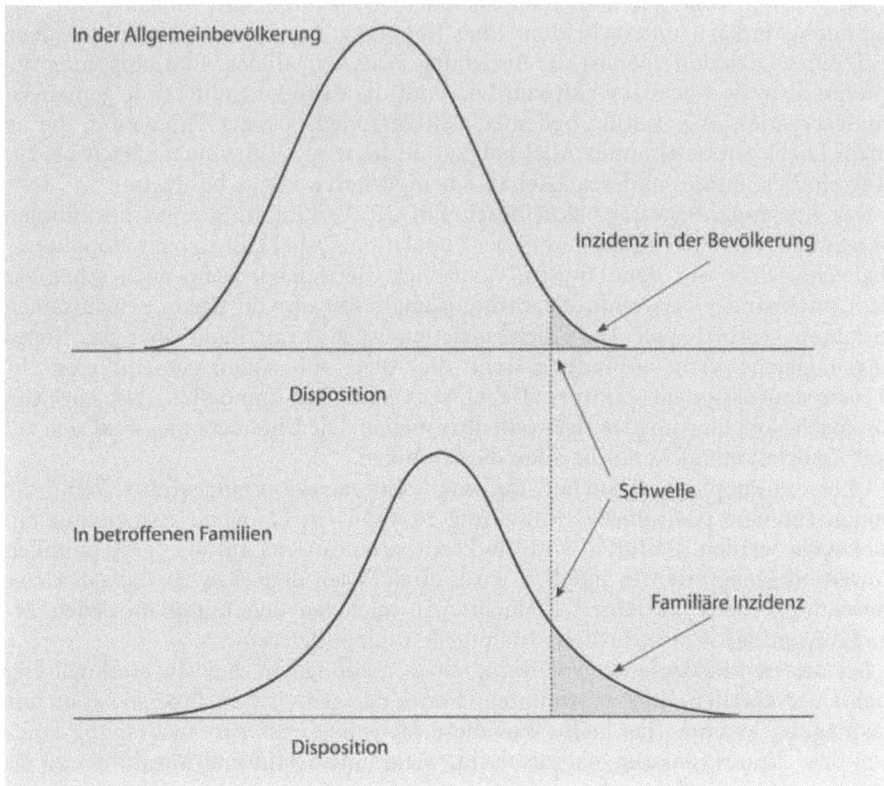

Abb. 6.2. Hypothetische Wahrscheinlichkeitskurve. **a** für die Normalbevölkerung, **b** für die Verwandten eines Patienten mit multifaktorieller Erkrankung

6.2 Multifaktoriell bedingte Krankheiten

Verschiedene multifaktoriell bedingte Erkrankungen und Fehlbildungen sind in Tabelle 6.1 zusammengestellt. Hier werden nur einige Krankheiten besprochen. Multifaktorielle Fehlbildungen werden in Kap. 12.5 ausführlich diskutiert.

6.2.1 Diabetes mellitus

Der Diabetes mellitus stellt ätiologisch eine außerordentlich heterogene Krankheitsgruppe dar. Die klinisch unterschiedlichen Typen sowie die ethnische Variabilität in der Häufigkeit und dem Erscheinungsbild sprechen dafür. Wir wissen heute, daß viele unterschiedliche genetische Defekte zur Glukoseintoleranz führen können. Die Kopplungsanalysen und die Suche nach Mutationen an verschiedenen Kandidat-Genen (Insulin-Gen, Insulinrezeptor-Gen, Glukose-Syn-

Tabelle 6.1. Beispiele für multifaktorielle Erkrankungen und Fehlbildungen

Kongenitale Fehlbildungen oder Deformitäten	Häufigere Erkrankungen
Lippen-Kiefer-Gaumen-Spalte	Diabetes mellitus
Angeborene Herzfehler	Schizophrenie, Affektpsychose
Pylorusstenose	Multiple Sklerose
Kongenitale Hüftluxation	Hypertonie
Klumpfuß	Epilepsie
Spina bifida	Morbus Bechterew
Anenzephalus	rheumatoide Arthritis
Omphalozele	Morbus Crohn
Intestinale Atresien	Colitis ulcerosa

thetase-Gen, Glukokinase-Gen) haben gezeigt, daß bei nur einem Teil der Betroffenen Mutationen an diesen Genen oder positive Kopplungsbefunde gefunden werden.

Klinisch unterscheidet man 3 verschiedene Typen. Eine Form, die etwa 5–10% der Diabetes-Fälle umfaßt, meist im Adoleszenzalter auftritt und insulinabhängig ist, wird als *Typ I* bzw. „insulindependent diabetes" (IDDM) bezeichnet. *Typ II* ist der nichtinsulinabhängige Diabetes (NIDDM), der meistens im späteren Alter auftritt und eine leichtere Verlaufsform hat. Der Typ II ist die häufigste Form des Diabetes mellitus.

Etwa 1–2% der Diabetes-mellitus-Fälle werden autosomal-dominant vererbt. Diese Form tritt in der Regel Anfang des 20. Lebensjahres auf und wird als „maturity-onset diabetes of youth" (MODY) bezeichnet.

Etwa 1–3% der Frauen zeigen während der Schwangerschaft eine Glukoseintoleranz. Bei etwa 90% dieser Frauen entwickelt sich später ein Diabetes mellitus.

Die hohe Konkordanz für Diabetes mellitus bei Zwillingen sowie Familienstudien bestätigen die Rolle der genetischen Faktoren für das Auftreten des Diabetes mellitus. Neuere Studien zeigen eine sehr hohe Konkordanzrate bei eineiigen und etwa 55% Konkordanz bei zweieiigen Zwillingen. Die hohe Konkordanz von 90% bei eineiigen Zwillingen für den nichtinsulinabhängigen Diabetes mellitus und die signifikant höhere Diskordanz bei insulinabhängigem Diabetes mellitus weisen darauf hin, daß bei Typ-II-Diabetes der genetische Einfluß größer ist als bei Typ I-Diabetes (Emery u. Rimoin 1997).

Bei Typ-I-Diabetes wird eine Assoziation mit HLA-Antigenen festgestellt. Bei 95% der Patienten mit insulinabhängigem Diabetes findet man ein HLA-DR3-und/oder HLA-DR4-Antigen. Geschwister von Typ-I-Diabetikern mit dem gleichen HLA-Haplotyp haben ein höheres Risiko. Diese Information ist für die genetische Beratung von Bedeutung. Geschwister von Patienten mit IDDM haben ein Risiko von 10–15%, wenn sie einen identischen HLA-Typ haben (DR3/DR4). Ist nur ein Haplotyp (DR3/- oder -/DR4) identisch, so beträgt das Risiko 5%. Wenn keine der identischen Haplotypen vorliegen, beträgt das Risiko etwa 1%. Eine HLA-Assoziation wurde bei Diabetes Typ II nicht beobachtet (Tabelle 6.2).

Tabelle 6.2. Diabetes mellitus Typ I und II

Kriterien	Typ I	Typ II
Verbreitung	0,2–0,3%	2–5%
Anteil unter allen Diabetesformen	5–10%	90–95% (1–2% MODY)
Erkrankungsalter	<30 Jahre	>35 Jahre
Ketoazidose	Ja	Sehr selten
Insulinabhängigkeit	Abhängig	Unabhängig
Therapie	Insulin	Diät, orale Antidiabetika
Komplikationen	Vaskulopathie, Neuropathie, Nephropathie	Selten und spät
Konkordanz eineiiger Zwillinge	40–50%	80–100%
Verwandte 1. Grades betroffen	5–10%	10–15%
HLA-DR3/DR4-Assoziation	Ja	Nein

Die molekulargenetische Untersuchung der mitochondrialen DNA belegt, daß bei der Entstehung eines Teils der Diabetes-mellitus-Typ I-Fälle isoliert oder in Kombination mit anderen komplexen Krankheiten die mitochondriale DNA beteiligt ist. Heute kann man durch gezielte Untersuchungen den *mitochondrialen Diabetes mellitus* von anderen Typen gut unterscheiden. Der mitochondriale Diabetes wird wie der Diabetes mellitus Typ I früh manifest und ist insulinabhängig. Eine HLA-Assoziation oder ein Antikörper gegen Inselzellen wurde bis jetzt nicht beobachtet. Im Gegensatz zum Diabetes mellitus Typ I zeigt der mitochondriale Diabetes meist keine Ketoazidose. Wie bei allen Mitochondropathien liegt beim mitochondrialen Diabetes mellitus eine maternale Übertragung vor. Der Diabetes kann auch als Sekundärmerkmal bei einer Reihe anderer Erkrankungen auftreten.

Bei der genetischen Beratung von Diabetikerinnen sollte die perinatale Mortalität und postnatale Gefährdung angesprochen werden. Während der Schwangerschaft sollte eine sorgsame Betreuung in einer Diabetikersprechstunde gewährleistet sein.

Angeborene Fehlbildungen bei Kindern diabetischer Mütter sind etwa 3mal häufiger als in der Allgemeinbevölkerung. Besonders bei der *kaudalen Dysplasie* wird häufig ein mütterlicher Diabetes beobachtet. Bei schweren Formen, bei denen die diabetische Mutter bereits vaskuläre Komplikationen zeigt (diabetische Retinopathie), ist die Fehlbildungsrate bei Nachkommen deutlich größer. Das Wiederholungsrisiko für multifaktoriell bedingten Diabetes mellitus ist in Tabelle 6.3 dargestellt.

Tabelle 6.3. Empirische Belastungsziffern für Diabetes mellitus. (Nach King et al. 1992)

Diabetestyp/Risikopersonen	Risikoeinschätzung [%]
Typ I (IDDM)	
Geschwister ohne HLA-Typisierung	7
keine identische HLA	1
1 HLA-Haplotyp identisch	5
2 HLA-Haplotypen identisch	16
mit HLA Typ DR3/DR4 assoziiert	20–25
Kinder	4
von erkrankten Müttern	2–2,5
von erkrankten Vätern	5
Häufigkeit in der Bevölkerung	0,2
mit HLA Typ DR3 oder DR4	0,25
mit HLA Typ DR3/3 oder HLA DR4/4	0,75
mit HLA Typ DR3	2,5
Typ II (NIDDM)	
Verwandte 1. Grades	10–15
Häufigkeit in der Bevölkerung	5

6.2.2 Hypertonie

Bezogen auf die Altersgruppe der 20- bis 75jährigen liegt die Prävalenz der Hypertonie in Europa bei 15–20% und bei 75- bis 85jährigen bei etwa 40%.

Hypertonie ist ein Risikofaktor für Schlaganfall, koronare Herzerkrankungen und Nierenversagen. Familiäre Häufung und eine hohe Konkordanz bei eineiigen Zwillingen weisen auf die Rolle genetischer Faktoren in der Ätiologie der Hypertonie hin. Große Studien zeigen, daß die Blutdruckwerte in der Bevölkerung unimodal verteilt sind. Dies ist ein Hinweis auf polygene Vererbung. In etwa 5% der Fälle ist die Hypertonie ein sekundäres Merkmal bei einer spezifischen Erkrankung. In 95% liegt eine essentielle Hypertonie vor.

Exogene Faktoren wie Übergewicht, Alkohol, Streß und Ernährungsfaktoren wie hohe Natrium-, niedrige Kalium- und Kalziumaufnahme spielen bei der Entstehung der Hypertonie eine große Rolle.

Wahrscheinlich sind verschiedene pathophysiologische Mechanismen an der Entstehung der Hypertonie beteiligt. In letzter Zeit werden die Gene, die am Renin-Angiotensin-System beteiligt sind, als Kandidaten-Gene für Hypertonie angesehen. Verschiedene Tiermodelle haben wichtige Belege für diese Annahme erbracht, jedoch stehen die molekulargenetischen Untersuchungen noch am Anfang.

6.2.3 Schizophrenie

Die Schizophrenie ist in zahlreichen Studien mit den Methoden der biometrischen Genetik analysiert worden. Obwohl sie nach wie vor eine rätselhafte Erkrankung darstellt, gehört sie zu den Erkrankungen mit gesicherter Beteiligung genetischer Faktoren. Über die Natur dieser Faktoren ist allerdings wenig Verläßliches bekannt.

Zahlreiche große Familienstudien, Zwillingsstudien und Adoptionsstudien bestätigen die Bedeutung der genetischen Disposition bei der Entstehung der Schizophrenie. Die derzeit vorliegenden Ergebnisse der durchgeführten Kopplungsanalysen deuten zwar auf ein evtl. verantwortliches bestimmtes Allel hin, eine endgültige Bestätigung liegt jedoch noch nicht vor.

Eine Zusammenfassung aller Befunde ergibt folgende genetische Grundlagen (mod. nach Propping 1989):

- Bei eineiigen Zwillingen besteht eine Konkordanzrate um 50%, bei zweieiigen Zwillingen beträgt die Konkordanzrate 10–15%.
- Geschwister und Kinder von Schizophrenen haben ein Wiederholungsrisiko von etwa 10%.
- Das Wiederholungsrisiko steigt mit der Anzahl weiterer Fälle in der Familie.
- Unter nichtschizophrenen Verwandten finden sich gehäuft schizoide bzw. schizotypische Persönlichkeiten.
- Kinder von für Schizophrenie diskordanten eineiigen Zwillingen haben unabhängig vom Gesundheitszustand der Eltern ein gleich hohes empirisches Wiederholungsrisiko.
- Das klinische Bild kann auch durch exogene Faktoren verursacht sein.

Für die Schizophrenie werden die verschiedensten genetischen Modelle diskutiert. Gegenwärtig am wahrscheinlichsten ist die *multifaktorielle Vererbung mit Schwellenwerteffekt*.

Das Wiederholungsrisiko für Schizophrenie ist in Tabelle 6.4 zusammengestellt.

Tabelle 6.4. Empirische Belastungsziffern bei Schizophrenie (aus verschiedenen Quellen zusammengestellt)

Betroffene Verwandte	Erkrankungswahrscheinlichkeit [%]
Ein Elternteil	5–10
Beide Eltern	45
Kinder	9–16
Geschwister	8–14
Geschwister und ein Elternteil	15
Halbgeschwister	4
Zweieiige Zwillinge	5–16
Eineiige Zwillinge	20–75
Enkel	2–8
Onkel/Tante	3
Vettern und Basen	2–6
Neffen und Nichten	1–4
Häufigkeit in der Bevölkerung	1

6.2.4 Affektive Psychosen

Bei affektiven Psychosen kann man unterschiedliche Verlaufsformen unterscheiden:
- unipolare Verläufe mit ausschließlich depressiven Phasen (ca. 66%),
- bipolare Verläufe mit depressiven und manischen Phasen (ca. 28%),
- unipolare Verläufe mit ausschließlich manischen Phasen (bis 6%).

Bestätigt wurde eine solche Abgrenzung hauptsächlich in Familienuntersuchungen. Zwillingsuntersuchungen und Adoptionsstudien liegen nicht so zahlreich wie bei Schizophrenie vor. Die bis zum jetzigen Zeitpunkt festgestellten Kopplungen sind noch nicht bestätigt worden.

Eine Zusammenfassung aller Befunde ergibt folgende genetische Grundlagen (mod. nach Propping 1989):
- Bei bipolaren Verläufen besteht bei eineiigen Zwillingen eine Konkordanzrate von annähernd 80%, bei zweieiigen Zwillingen beträgt die Konkordanzrate 15–20% (unter Anwendung enger diagnostischer Kriterien).
- Bei unipolaren Verläufen liegt die Konkordanzrate bei eineiigen Zwillingen um 50%, bei zweieiigen Zwillingen bei 15–20%.
- Die meisten konkordanten Zwillinge sind auch für den Verlaufstyp konkordant.
- Bei nichtpsychotischen Depressionen liegt bei eineiigen Zwillingen die Konkordanzrate um 40%, bei zweieiigen um 20%.
- Verwandte 1. Grades von bipolar Betroffenen haben ein Morbiditätsrisiko von 15–20% für eine affektive Psychose, wobei etwa 8% der Verwandten wieder bipolare Verläufe zeigen.
- Verwandte 1. Grades von unipolaren Fällen haben ein Morbiditätsrisiko von 10–15% für eine affektive Psychose, wobei etwa 1–2% bipolare Verläufe sind.
- In einzelnen Fällen ist der Familienbefund annähernd mit einem autosomaldominanten Erbgang, in anderen mit einem X-chromosomalen Erbgang vereinbar.
- Das Wiederholungsrisiko für Kinder zweier affektiv-psychotischer Eltern liegt etwa bei 55%.
- Unter nicht affektiv kranken Verwandten 1. Grades finden sich gehäuft andere psychiatrische Störungen.
- Die Kinder von für affektive Psychosen diskordanten eineiigen Zwillingspaaren haben, unabhängig vom Gesundheitszustand der Eltern, ein annähernd gleich hohes empirisches Wiederholungsrisiko.
- Bipolare Psychosen kommen in beiden Geschlechtern etwa gleich häufig vor. Unipolare Depressionen sind bei Frauen etwa doppelt so häufig wie bei Männern (Ursache vermutlich hormonell).

Ein deutlicher Hinweis auf multifaktorielle Vererbung ist die 4fach höhere Konkordanzrate bei eineiigen Zwillingen gegenüber derjenigen bei zweieiigen. Allerdings scheint ätiologische Heterogenität zu herrschen. Die affektiven Psychosen der verschiedenen Verlaufstypen stellen wohl eine gemeinsame Endstrecke un-

Tabelle 6.5. Affektive Psychosen: alterskorrigiertes Erkrankungsrisiko. (Nach Gershon et al. 1976)

Art der Erkrankung	Erkrankungsalter	Erkrankte Verwandte 1. Grades [%]
Bipolar	<40	19,9
	>40	11,2
Unipolar	<40	16,7
	>40	9,5

terschiedlicher ätiologischer Mechanismen dar. Dabei kann man davon ausgehen, daß in den meisten Fällen ein multifaktorielles Modell zugrunde liegt. Bei einem kleinen Teil der Verlaufsformen paßt auch ein monogenes Modell, wobei auch hier Heterogenität zu herrschen scheint.

Das alterskorrigierte Wiederholungsrisiko für affektive Psychosen ist in Tabelle 6.5 zusammengefaßt.

6.2.5 Angeborene hypertrophische Pylorusstenose

Das historisch erste Beispiel für eine multifaktorielle Vererbung war die angeborene hypertrophische Pylorusstenose. Es handelt sich um eine Hypertrophie des Magenpförtnermuskels, an der früher viele Säuglinge starben. Offenbar gibt es in der Bevölkerung quantitative Unterschiede in der Ausprägung dieses Muskels. Nach Überschreiten einer gewissen Schwelle kann der Muskel sich nicht mehr ausreichend öffnen. Deshalb kann der Mageninhalt nicht ins Duodenum übertreten und wird erbrochen.

Die Verteilung ist je nach Geschlecht unterschiedlich. Die Pylorusstenose findet sich bei Jungen etwa 5mal häufiger als bei Mädchen. Bei den Angehörigen betroffener Mädchen kommt die Pylorusstenose weit häufiger vor, als bei den Angehörigen betroffener Jungen. Daraus ergibt sich eine quantitative Verteilung der genetischen Disposition für die Pylorusstenose (*Carter-Effekt*). Dies ist weder mit exogenen Faktoren noch mit monogenem Erbgang zu erklären, läßt sich aber gut mit einer quantitativen Verteilung der erblichen Disposition, also mit einer Vielzahl beteiligter Gene in Einklang bringen.

Hemmen nämlich unspezifische geschlechtsabhängige Faktoren die Manifestation der Anlage bei Mädchen, dann müssen erkrankte Mädchen offenbar eine besonders starke genetische Disposition aufweisen, also viele an der Ausprägung beteiligte Gene besitzen. Verwandte ersten Grades haben die Hälfte ihrer Gene gemeinsam, folglich besitzen dann auch Verwandte betroffener Mädchen eine größere Anzahl derartiger Gene als Verwandte männlicher Merkmalsträger.

In Tabelle 6.6 ist das Wiederholungsrisiko für die Pylorusstenose zusammengestellt.

Tabelle 6.6. Emprische Belastungsziffern für Pylorusstenose. (Nach Harper 1993)

Geschlecht der Probanden	Brüder	Schwestern	Söhne	Töchter	Neffen	Nichten	Vettern	Cousinen
Männlich	3,8%	2,7%	5,5%	2,4%	2,3%	0,4%	0,9%	0,2%
Weiblich	9,2%	3,8%	18,9%	7,0%	4,7%	n.b.	0,7%	0,3%

6.2.6 Kongenitale Hüftluxation

Die Bevorzugung eines Geschlechts wird bei multifaktoriellen Leiden häufig beobachtet. So wird – im Gegensatz zur Pylorusstenose – die kongenitale Hüftluxation bei Mädchen etwa 6mal häufiger als bei Jungen beobachtet. Hier liegen die genetischen Faktoren in der etwas flacheren Ausbildung der Gelenkpfanne und in einer Schlaffheit der Gelenkkapsel. Die Berechnung empirischer Belastungsziffern hängt von der Abgrenzung schwererer von leichterer Formen und von der Beurteilung der flachen Pfanne ab.

In der europäischen Bevölkerung liegt die Häufigkeit bei 1:200. Differentialdiagnostisch muß auch an andere Krankheiten mit Bindegewebsschwäche, die oft schwach ausgeprägt sein können, gedacht werden.

Unterschiede in der Beurteilung und Erfassung sowie begrenzte Fallzahlen spielen für die *empirische Erbprognose*, auf die man in der genetischen Beratung multifaktorieller Leiden angewiesen ist, sicherlich eine gewisse Rolle. Andererseits gibt es für viele dieser Leiden ausreichend große, auslesefrei gewonnene Beobachtungsreihen von Angehörigen der Betroffenen.

In Tabelle 6.7 ist das Wiederholungsrisiko für die Hüftluxation zusammengestellt.

Tabelle 6.7. Emprische Belastungsziffern für Hüftgelenksluxation (aus verschiedenen Quellen zusammengestellt)

Geschlecht der Probanden	Brüder	Schwestern	Söhne	Töchter	Neffen	Nichten
Männlich	1–2%	13,0%	1%	n.b.	n.b.	7,6%
Weiblich	2,0%	13,4%	5,9%	17,1%	n.b.	n.b.

6.2.7 Epilepsie

Epileptische Anfälle können bei einer Reihe nicht behandelter monogener Stoffwechselstörungen als Teilsymptomatik auftreten. Isolierte Epilepsien unbekannter Ursache folgen bis auf wenige Ausnahmen einem multifaktoriellen Erbgang.

Bei der genetischen Beratung muß auf teratogene Effekte antiepileptischer Medikamente hingewiesen werden. Es sollte bereits vor der Konzeption die Dosis sowie die Art und Kombination der antiepileptischen Mittel mit einem Spezialisten ausführlich besprochen und so eingestellt werden, daß die Schwangere durch eine günstige Medikation möglichst anfallsfrei bleibt.

Das Basisrisiko für angeborene Fehlbildungen ist, unabhängig von der Art der Medikation, höher als in der Allgemeinbevölkerung. Engmaschige und gezielte sonographische Untersuchungen und eine Amniozentese mit AFP- und AChE-Bestimmung im Fruchtwasser zum möglichst sicheren Ausschluß eines Neuralrohrdefekts sind zu empfehlen bzw. zu erwägen.

Wiederholungsrisiken für die verschiedenen Formen der Epilepsie sind in den Tabellen 6.8 und 6.9 zusammengestellt.

Tabelle 6.8. Empirisches Risiko für einige Epilepsieformen (außer der idiopathischen Form). (Nach Blandfort 1987)

Epilepsietypen	Wiederholungsrisiko [%]	
	Kinder	Geschwister
Myoklonisch-astatisches Petit mal (Doose)	2	10–12
Absence (Pyknolepsie)	8–10	4– 6
Impulsives Petit-mal Aufwach-Grand-mal	8–12	4– 6
Photosensitive Epilepsie	6–10	6–10
BNS-Krämpfe	2	1– 2
Komplexe fokale Epilepsie	1– 3	1– 3
Rolande-Epilepsie	12–15	12–15
Alle partiellen und sekundären generalisierten Epilepsien	2– 4	2– 4
Fieberkrämpfe	10	10–20
Benigne familiäre Neugeborenenkrämpfe	50	50

Tabelle 6.9. Empirisches Risiko für idiopathische Epilepsie (aus verschiedenen Quellen zusammengestellt)

Betroffene Verwandte	Erkrankungsrisiko [%]
Ein Elternteil	4
Beide Eltern	15
Ein Geschwisterkind und ein Elternteil	10
Geschwister:	8
Erkrankungsalter <10	6
Erkrankungsalter >25	1–2

6.2.8 Geistige Retardierung

Als Kriterien für geistige Behinderung bzw. Oligophrenie sind

- Intelligenzminderung und
- unzulängliches adaptives Sozialverhalten

geeignet, wobei sich zur Klassifikation der IQ durchgesetzt hat. Die Grenze zur geistigen Behinderung wird bei einem IQ von 70 angesetzt. Ein IQ-Bereich zwischen 70 und 85 bedeutet Lernschwäche, was in der Regel den Besuch einer Lernbehindertenschule erforderlich macht. Der IQ-Bereich unterhalb von 70 macht meist ein selbständiges Leben unmöglich. Die Betroffenen bleiben von fremder Hilfe abhängig. Geht man von einem Intelligenzquotienten von 100 für die Allgemeinbevölkerung aus, so werden laut Definition der WHO folgende Gruppen der mentalen Retardierung unterschieden:

- Bereich IQ 20–34: schwere Form,
- Bereich IQ 35–49: mittelschwere Form,
- Bereich IQ 50–70: leichte Form.

Oft wird die geistige Retardierung in 2 Gruppen eingeteilt: in eine leichte Form (IQ 50–70) und eine schwere Form (IQ 20–49) (Tabelle 6.10). Die leichte geistige Behinderung kann als extremer Teil der normalen IQ-Verteilungskurve angesehen werden. Sie hat in der Bevölkerung eine Häufigkeit von etwa 2%.

Die *schwere geistige Behinderung* ist durchschnittlich weniger häufig (ca. 0,25%) als die leichtere Behinderung. Es liegt eine deutliche Geschlechtsverschiebung vor. Während bei den leichteren Behinderungen die Geschlechtsverteilung gleichmäßig ist, sind bei der schweren Behinderung mehr Männer betroffen. Häufige zusätzliche Befunde sind Fehlbildungen und massive, neurologische Befunde. Eltern sind selten geistig behindert, Geschwister gelegentlich, dann aber deutlich von der Norm abweichend.

Tabelle 6.10. Geistige Behinderung leichteren und schwereren Grades. (Nach WHO 1985)

Schweregrad	Häufigkeit, Verteilung	Ursachen
Leichte Form (IQ 50–70)	20:1000 Geschlechtsverteilung gleichmäßig Eltern und Geschwister häufig ebenfalls betroffen	Häufig genetische Grundlage multifaktorieller Natur Hirntrauma oder -krankheit Schlechte soziale Verhältnisse während der Kindheit
Schwere Form (IQ 20–49)	ca. 2:1000 Mehr Männer betroffen Eltern selten, Geschwister gelegentlich betroffen, dann aber deutlich von der Norm abweichend	Chromosomenmutationen oder monogene Erkrankungen Intrauterine Einflüsse Perinatale Hirnschäden, Hirntrauma oder -krankheit

Tabelle 6.11. Krankheiten mit X-chromosomaler mentaler Retardierung (aus verschiedenen Quellen zusammengestellt)

Erkrankung	Symptome	Lokalisation
α-Thalassämie/XLMR	Mikrozephalus, grobe Gesichtszüge, Skelettfehlbildungen	Xq12–q21.3[a]
Aarskog	Hypertelorismus, mongoloide Lidachsen, antevertierte Nasenrille, Minderwuchs, überstreckbare Gelenke, Schalskrotum	Xp11.2–q13
Aicardi	Balkenagenesie, Choreoretinopathie, Mikrophthalmus, Epilepsie	Xp22
Allan-Herndon-Dudley	Muskelatrophie, Gelenkkontrakturen, schwere Hypotonie	Xq11.4–q21.3
Börjeson-Forssmann-Lehmann	Adipositas, rundes Gesicht, enge Lidspalten, Hypogonadismus, Epilepsie	Xq26–q27
Christian	VI. -Hirnnerv-Parese, Skelettdysplasie	Xq27–q28
Coffin-Lowry	Grobe Gesichtszüge, Skoliose, Skelettanomalien	Xp22.2–p22.1
FG	Makrozephalie, Balkenagenesie, breite Stirn, Gastrointestinalanomalie, Schwerhörigkeit	–
Fitzsimmons	Diplegie, kleine Füße, Palmoplantare, Hyperkeratose	–
Goltz	Fokale dermale Hypoplasie, Mikrophthalmie, Brachydaktylie	Xp22
Holmes-Gang	Grobe Gesichtszüge, vorgewölbte Stirn, Epikanthus, flache Nase, Zahnanomalien	–
Juberg-Marsidi	Minderwuchs, Herzfehler, Hypogonadismus	Xq12–q21[a]
Lujan-Fryns	Marfanoider Habitus, trianguläres Gesicht, Arachnodaktylie, näselnde Stimme	–
MASA	Makrozephalie, Aphasie, unsicherer Gang, adduzierte Daumen	Xq28
MIDAS	Mikrophthalmie, dermale Aplasie, Sklerokornea	Xp22
Miles-Carpenter	Schmale Hände und Füße, Skoliose, Hypogonadismus, dysmorphes Gesicht, Mikrozephalie	Xp21.1–q22
Nance-Horan	Langes schmales Gesicht, Katarakt, Mikrokornea, Zahnstellungsanomalien	Xp22.3–p21.1
Partington	Ataxie, Epilepsie, Dysarthrie, Dystonie der Hände	Xp22.1–p21.3
Pettigrew	Langes, grobes Gesicht, Hydrozephalus, spastische Lähmung, Ataxie, Epilepsie	Xq25–q27.1
Prieto	Langes schmales Gesicht mit hohem Nasensteg, Sakralgrübchen, Gelenkdysplasie, Epilepsie	Xp21.1–p11.2 2
Renpenning	Mikrozephalie, Minderwuchs	Xp21.1–q12

Tabelle 6.11 (Fortsetzung)

Erkrankung	Symptome	Lokalisation
Rett	Ataxie, Apraxie, Autismus, Mikrozephalie, Skoliose, Fußdeformierung, stereotype Handbewegungen	Xp21–p11 (?)
Rud	Ichthyosis, Epilepsie, Nystagmus, Hypogonadismus	Xp22
Say-Meyer	Trigonozephalie, Minderwuchs	–
Simpson-Golabi-Behme 1	Makrozephalie, Makrosomie, grobes Gesicht, Polydaktylie, Herzfehler	Xq24–q28
Smith-Fineman-Myers	Mikrozephalie, Minderwuchs, Epilepsie	X
Sutherland-Haan	Mikrozephalie, Minderwuchs, Hypogonadismus, spastische Diplegie	Xp21.1–q22
Tariverdian	Akromegalie, ZNS-Anomalie, Megalotestes	–
Waisman-Laxova	Parkinson, Epilepsie, degenerative Basalganglien	Xq27.2–q28
Wieacker-Wolff	Spastische Paraplegie, Ataxie, distale Muskelatrophie	Xq11–q22
Wilson-Turner	Adipositas, Gynäkomastie, spitz zulaufende Finger, kleine Hände	Xp21.1–q22

Etwa ein Drittel aller geistigen Behinderungen hat eine genetische Ursache. Die Vererbung ist hetcrogen. Neben den multifaktoriellen Erkrankungen ist ein Teil der Oligophrenie monogen bedingt. Als exogene Einflüsse kommen intrauterine Einflüsse, Hirntraumen oder Hirnkrankheiten im frühen Lebensalter in Frage. Schlechte soziale und familiäre Verhältnisse können zu einer leichten Minderbegabung führen.

Propping (1989) nennt für die Zweiteilung in leichtere und schwerere Behinderungen im wesentlichen folgende Gründe: Bei der IQ-Verteilung der Geschwister von leicht Behinderten einerseits und schwer Behinderten andererseits zeigte sich, daß die Geschwister der leicht Retardierten weitgehend den Indexfällen ähnelten, während die große Mehrzahl der Geschwister der schwer Behinderten die IQ-Verteilung der Allgemeinbevölkerung aufwiesen. Lediglich im untersten IQ-Bereich fand sich eine kleine Gruppe von Geschwistern, bei denen sich aus offenbar genetischer Ursache die schwere geistige Behinderung wiederholte.

Weiterhin ließ sich nur bei den Geschwistern der leicht Behinderten eine deutliche Regression zur Mitte nachweisen. Dieses Phänomen beobachtet man bei Merkmalen, die genetisch multifaktoriell determiniert sind.

In der Gruppe der schwer Retardierten war diese Regression nur schwach ausgeprägt. Dies spricht dafür, daß ein wesentlicher Anteil der leicht geistig Behinderten durch multifaktorielle Vererbung zustandekommt.

Trotz umfangreicher Diagnostik bleibt bei etwa 30–40% der Fälle die Ursache der geistigen Behinderung unbekannt. Bei den angeborenen Formen reicht die

Tabelle 6.12. Wiederholungsrisiko für eine schwere, nicht näher identifizierbare mentale Retardierung

Betroffene Verwandte	Wiederholungsrisiko	[%]
Ein Kind (♂ oder ♀)	Schwester	2
	Bruder	4
	Geschwister	3
Zwei Kinder (♂ oder ♀)	Geschwister	25
Ein Kind (♂ oder ♀), Eltern blutsverwandt	Geschwister	15
Sohn und Onkel mütterlicherseits	Bruder	50
Ein Elternteil	Geschwister	10
Ein Elternteil + Kind	Geschwister	20
Beide Eltern	Geschwister	50

Skala von den intrauterinen exogenen Faktoren über die chromosomalen Anomalien und die durch einzelne Gene bedingten Störungen mit einfachem Erbgang zu der inhomogenen Gruppe der multifaktoriell bedingten Formen.

Mit der Genetik der geistigen Behinderung haben sich Wissenschaftler bereits im vorigen Jahrhundert beschäftigt. Eindrucksvolle Belege für die Erblichkeit der geistigen Behinderung brachten die Schilderungen von größeren betroffenen Familien dar. Liegt eine Chromosomenstörung oder eine monogene Erkrankung mit geistiger Retardierung vor, so kann das Wiederholungsrisiko entsprechend dem Vererbungsmodus ermittelt und über die eventuellen Möglichkeiten der Pränataldiagnostik und der Therapie informiert werden. De novo entstandene Chromosomenstörungen haben ein geringes Wiederholungsrisiko (s. Kap. 3).

Inzwischen sind einige syndromale und nicht syndromale Krankheiten mit geistiger Retardierung bekannt, die X-chromosomal vererbt werden (Glass 1991; Tariverdian et al. 1991) Bei einem Teil dieser Erkrankungen sind die verantwortlichen Mutationen identifiziert worden (Tabelle 6.11). Bei 40–50% dieser Krankheitsgruppe liegt ein sog. fragiles (X-) bzw. Martin-Bell-Syndrom (s. Kap. 4) vor.

Bei der Mehrzahl der Ratsuchenden von Kindern mit geistiger Retardierung ist die genaue Diagnose nicht bekannt. Hier muß man unter Einbeziehung aller verfügbaren Daten aus der Anamnese sowie aus früheren Untersuchungsbefunden und durch eventuelle Veranlassung weiterer gezielter Untersuchungen alle Möglichkeiten ausschöpfen, um die Ursache im Einzelfall näher abzuklären.

Bei unklarer geistiger Behinderung kann nur nach empirischen Risikoziffern, die aus größeren Familienstudien ermittelt werden, eine prognostische Aussage gemacht werden (Tabelle 6.12).

6.2.9 Atopien

Krankheiten des atopischen Formenkreises, wie z. B. Asthma bronchiale, Neurodermitis und Pollinosis, werden multifaktoriell verursacht und kommen insgesamt mit einer Häufigkeit von ca. 18% vor. Innerhalb einer Familie können alle

Tabelle 6.13. Empirisches Wiederholungsrisiko für die Atopieformen unter Verwandten 1. Grades nach der Atopieform bei dem Probanden. Zum Vergleich ist die Häufigkeit in der Bevölkerung (*i. d. B.*) angegeben. (Aus verschiedenen Quellen)

Atopie beim Probanden	Verwandte 1. Grades	
	Atopieform	Häufigkeit [%]
Asthma	Asthma	9,2
(Häufigkeit i. d. B. 3,8%)	Heuschnupfen	25,2
	Neurodermitis atopica	4,3
Heuschnupfen	Asthma	6,0
(Häufigkeit i. d. B. 14,8%)	Heuschnupfen	24,1
	Neurodermitis atopica	3,3
Neurodermitis atopica	Asthma	6,2
(Häufigkeit i. d. B. 2,5%)	Heuschnupfen	20,1
	Neurodermitis atopica	7,7

3 Formen gemeinsam oder einzeln auftreten. Die empirischen Wiederholungsrisiken sind in Tabelle 6.13 zusammengestellt.

6.2.10 Morbus Bechterew

Morbus Bechterew ist eine multifaktorielle Erkrankung. Bei etwa 87% der Betroffenen wird eine Assoziation mit HLA Typ B27 beobachtet. Für männliche Verwandte ersten Grades eines Betroffenen besteht ein Wiederholungsrisiko von 7%, für weibliche Verwandte ein Wiederholungsrisiko von ca. 2%. Haben die Kinder bzw. Geschwister eines Betroffenen mit HLA Typ B27 den gleichen HLA-Typ, ist das Risiko wesentlich höher und beträgt 6–9%.

6.2.11 Psoriasis

Psoriasis ist eine multifaktorielle Erkrankung mit einem sehr hohen Wiederholungsrisiko. Es besteht eine Assoziation mit HLA Typ Cb6. Das Wiederholungsrisiko für Verwandte ersten Grades beträgt je nach Anzahl der Betroffenen in einer Familie 10–50%. Wahrscheinlich liegt bei einzelnen Familien ein autosomal-dominanter Erbgang vor.

6.2.12 Morbus Crohn, Colitis ulcerosa

Entzündliche Darmerkrankungen wie Morbus Crohn und Colitis ulcerosa sind wiederholt familiär beobachtet worden. Eine genetische Disposition mit multifaktorieller Vererbung ist sehr wahrscheinlich. Beide Krankheiten treten mit einer Häufigkeit von 1:500 auf. Das Wiederholungsrisiko für weitere Kinder – wenn die Eltern gesund sind – beträgt ca. 3% für Morbus Crohn und ca. 1% für Colitis ulcerosa. Morbus Crohn ist häufig mit HLA Typ B 27 assoziiert.

6.2.13 Multiple Sklerose

Multiple Sklerose (MS) ist eine chronische Erkrankung des Zentralen Nervensystems im jüngeren Erwachsenenalter. Die genaue Ursache ist noch nicht endgültig geklärt. Aufgrund der familiären Häufung ist eine genetische Disposition anzunehmen, während bestimmte exogene Faktoren die Manifestation beeinflussen können.

Epidemiologische Studien zeigen eine HLA-Assoziation. Es liegt hier sicher keine monogene Erkrankung vor. Das Wiederholungsrisiko für die Kinder oder Geschwister der Betroffenen beträgt 1,5–3,5%.

6.3 Genetische Beratung bei multifaktoriellen Erkrankungen

Bevor eine Krankheit oder eine Fehlbildung als multifaktoriell bezeichnet wird, muß man klären, ob es sich nicht um ein bestimmtes Syndrom oder Krankheitsbild mit Mendelschem Erbgang handelt. In Einzelfällen ist es schwierig, die monogenen, multifaktoriellen oder rein exogen bedingten Krankheiten voneinander zu unterscheiden.

Multifaktorielle Erkrankungen sind häufiger als monogene. So erkranken etwa 10–15% der Bevölkerung an irgendeiner Form von atopischen Krankheiten, 10–20% an Hypertonie, etwa 5% an Diabetes mellitus, 1% an Schizophrenie, 4% an manisch-depressiver Psychose. Die Verteilung richtet sich etwa nach der normalen Verteilung in der Bevölkerung, wobei die meisten Personen einen mittleren Dispositionsgrad aufweisen. Diejenigen an den Enden der Verteilungskurve zeigen eine geringere bzw. höhere Auffälligkeit.

Wie bereits erwähnt, wird eine multifaktorielle Erkrankung bei vorhandenen Umweltfaktoren häufig nach Überschreiten einer bestimmten Grenze der genetischen Disposition (Schwellenwert) voll zur Ausprägung kommen. Einige Personen mit höherer genetischer Disposition werden unter günstigen Bedingungen nicht erkranken; umgekehrt kann bei Personen mit geringerer genetischer Disposition unter ungünstigen Bedingungen eine Erkrankung zum Ausbruch kommen.

Bei der Ermittlung des Wiederholungsrisikos für multifaktorielle Erkrankungen bzw. Fehlbildungen sind wir auf *empirische Risikoziffern* angewiesen. Sie werden dadurch gewonnen, daß man eine systematische und auslesefreie Zusammenstellung von Patienten und deren Familien in einer bestimmten Population durchführt und die Erkrankungswahrscheinlichkeit errechnet. Faktoren wie Geschlecht oder Erkrankungsalter bei sich spät manifestierenden Krankheiten sowie Heterogenität müssen berücksichtigt werden.

Für jeden Verwandtschaftsgrad, d. h. für Geschwister, Eltern, Kinder, Vettern und Cousinen, Tanten und Onkel, muß jeweils getrennt gerechnet werden. Die Größe der empirischen Risikoziffern ist vom Verwandtschaftsgrad zum Erkrankten und davon, ob eine oder mehrere Personen betroffen sind, abhängig. Grundsätzlich entspricht das Wiederholungsrisiko für Verwandte ersten Grades eines Patienten mit multifaktorieller Erkrankung etwa der Quadratwurzel aus der Häufigkeit in der Bevölkerung.

In den Tabellen 6.3–6.9 und 6.13 sind die Wiederholungsrisiken für einige multifaktorielle Erkrankungen zusammengestellt.

Literatur

Bell JI (1989) The molecular basis of HLA-disease association. Adv Hum Genet 18:1–41

Blandfort M, Tsubai T, Vogel F (1987) Genetic counselling in the epilepsy. Hum Genet 76:303–331

Bundey S, Carter CO (1974) Recurrence risks in severe undiagnosed mental deficiency. J Met Defic Res 18:115–134

Connor JM, Ferguson-Smith MA (1993) Essential medical genetics. Blackwell, Oxford

Gershon ES, Bunney WE, Leckman JF et al. (1976) The inheritance of affective disorders. A review of data and hypotheses. Behav Genet 6:227–261

Glass I (1991) X-linked mental retardation. J Med Genet 28:361–371

Gorlin RJ, Toriello HV, Cohen MM Jr (1995) Hereditary hearing loss and its syndromes. Oxford University Press

Harper PS (1993) Practical genetic counseling, 4th edn. Butterworth-Heinemann, Oxford

King RA, Rotter JI, Motulski AG (1992) The genetic basis of common diseases. Oxford University Press

Konigsmark BW, Gorlin RJ (1976) Genetic and metabolic deafness. Saunders, Philadelphia

Nora JJ, Nora AH, Toews WH (1974) Lithium, Ebstein's anomaly and other congenital heart defects. Lancet II:594–595

Propping P (1989) Psychiatrische Genetik; Befunde und Konzepte. Springer, Berlin Heidelberg New York Tokyo

Rimoin DL, Connor JM, Pyeritz RE (eds) (1997) Emery and Rimoin's principles and practice of medical genetics, 3rd edn. Churchill Livingstone, Edinburgh

Tariverdian G et al. (1991) Mental retardation, acromegalic face and megalotestes in two half-brothers: a specific form of X-linked mental retardation without fragile (X)(q)? Am J Med Genet 38:208–211

Tiwari JL, Terasaki PI (1985) HLA and disease associations. Springer, Berlin Heidelberg New York Tokyo

Tsuang Mingt T (1990) The genetics of mood disorders. Johns Hopkins University Press, Baltimore

Vogel F, Motulsky AG (1996) Human genetics, problems and approaches, 3nd edn. Springer, Berlin, Heidelberg, New York, Tokyo

WHO (1968) Criteria, classification and committee on mental health. WHO Tech Rep Ser 392:8–12

WHO (1985) Nature of problem mental retardation meeting the challenge. WHO Offset Publ 86:8–10

KAPITEL 7

Geschlechtsentwicklungsstörungen 7

7.1 Geschlechtsdeterminierung und -differenzierung

Die gonosomalen Chromosomen X und Y sowie die autosomalen Chromosomen enthalten eine Reihe von Genen, die für eine normale Geschlechtsdifferenzierung und -entwicklung verantwortlich sind. Die menschlichen X- und Y-Chromosomen haben Bereiche, die als pseudoautosomale Regionen bezeichnet werden. Sie sind für die Aneinanderlagerung der Chromosomen in der männlichen Meiose entscheidend. Die pseudoautosomale Hauptregion (PAR1) liegt am äußeren Ende des kurzen Arms des X- und Y-Chromosoms und hat eine Länge von 2,6 Mb. Die pseudoautosomale Nebenregion (PAR2) liegt am Ende des langen Arms beider Geschlechtschromosomen und hat eine Ausdehnung von 320 kb (Abb. 7.1). Zwischen den pseudoautosomalen Hauptregionen von X und Y findet in der männlichen Meiose das obligate Crossing-over statt.

Direkt neben PAR1 in der Bande Yp22 liegt *SRY* (sex determining region of Y), das Gen, das das männliche Geschlecht determiniert und die Synthese des *Testis-determining-Faktors* (TDF) kontrolliert, der für die Entwicklung des männlichen Geschlechts notwendig ist. SRY besitzt 2 offene Leseraster, die für 99 und 273 Aminosäuren kodieren. Die Schlüsselsequenz involviert eine „high mobility group box" (HMG) als zentralen konservierten Abschnitt. HMG-Proteine sind Nicht-Histone, die jedoch wie die Histone ohne Sequenzspezifität an die DNA binden. – Unter Anwendung molekularbiologischer Methoden ließen sich weitere auf dem Y-Chromosom kodierte Faktoren nachweisen, die testesdeterminierende Funktionen zeigen (Ferguson-Smith u. Goodfellow 1995).

Neben Genen auf dem Y-Chromosom sind zur testikulären Differenzierung auch Loci auf dem X-Chromosom und auf Autosomen notwendig. So enthält Xp eine Region, welche unter bestimmten Umständen die testikuläre Entwicklung trotz der Anwesenheit von SRY unterdrücken kann. Das Gen, das für dieses Phänomen verantwortlich ist, wird als „Dose-dependent-sex-reversal-Gen" (DDS) bezeichnet (Wolf 1995).

Neben den pseudoautosomalen Regionen gibt es noch weitere Homologien zwischen Y- und X-Chromosomen, jedoch in sehr unterschiedlichen Bereichen beider Chromosomen.

Inzwischen weiß man, daß auch autosomale Mutationen zu Störungen der testikulären Differenzierung führen. Beispielsweise ist die SOX-9-Mutation, eine

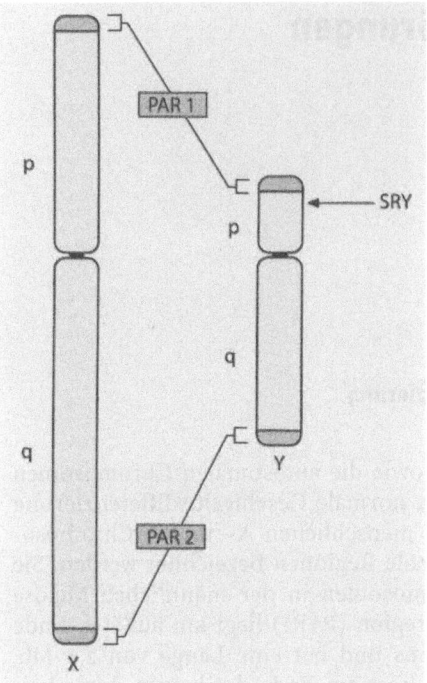

Abb. 7.1. Lage der pseudoautosomalen Region auf dem X- und Y-Chromosom sowie Lage des männlichen Determinanz-Gens SRY. (Nach Buselmaier u. Tariverdian 1998)

Mutation an einer der SRY verwandten Region, die zur kampomelen Dysplasie führt, auf 17q24.3–q25.1 lokalisiert. Andere autosomale Kandidat-Gene für die testikuläre Funktion werden auf dem kurzen Arm des Chromosoms Nr. 9 und dem langen Arm des Chromosoms Nr. 10 vermutet. Aufgrund der Tatsache, daß mit einer Reihe von Fehlbildungssyndromen eine Gonadendysgenesie einhergeht, wird wahrscheinlich, daß weitere autosomale Gene die testikuläre Differenzierung beeinflussen (Simpson 1995).

Unter der Wirkung von TDF kommt es zur Differenzierung des männlichen Genitales. Aus den primären Keimsträngen entwickeln sich die Hodenkanälchen, die sich zu Sertoli- und Leydig-Zellen differenzieren. Die weitere Entwicklung wird durch 2 Hormone des fetalen Hodens aktiv induziert. Das eine ist das männliche Geschlechtshormon Testosteron, das von den Leydig-Zellen sezerniert wird. Das andere ist das Anti-Müllerian-Hormon (AMH), ein Polypeptid, das in der Sertoli-Zelle gebildet wird. Testosteron muß am Wirkungsort zuerst durch 5α-Reduktase zu Dehydrotestosteron umgewandelt werden.

Die Urkeimzellen liegen in der Wand des Dottersacks nahe der Allantois. Sie sind in der Zeit des 2. und 3. Entwicklungstages nachweisbar. Von dort wandern sie mittels amöboider Zellbewegungen in die Region der Gonadenleisten ein und erreichen diese etwa in der 5.–6. Woche p.c.

Die undifferenzierte Gonadenanlage entsteht im Zölomwinkel zwischen Mesenterialwurzel und Urniere aus einer Verdickung des Zölomepithels. Das verdickte Zölomepithel produziert einen chemotaktischen Faktor aus der TGFβ-

Familie (Transforming Growth Factor), der die Urkeimzellen anzieht und sie gleichzeitig zur Proliferation stimuliert.

Bis zum Stadium 18 der Embryonalentwicklung sind keine Geschlechtsunterschiede zu erkennen. Die Anwesenheit des Y-Chromosoms entscheidet, ob sich die Gonaden männlich in Richtung Testes entwickeln (Tabelle 7.1). Die noch undifferenzierten Gonaden entwickeln sich beim männlichen Embryo in der 6.–8. Woche p.c. zu Hoden, beim weiblichen Embryo am Ende der 8. Woche p.c. zu Ovarien. Die Entwicklung des männlichen Geschlechts erfolgt durch die Hormone der fetalen Testes, während beim weiblichen Geschlecht ähnliche Einflüsse von seiten der fetalen Ovarien fehlen.

In der 6. Entwicklungswoche findet man eine noch indifferente Entwicklungsstufe. Das innere Genitale besteht aus den Wolff- und den Müller-Kanälen, das äußere Genitale aus dem Sinus urogenitalis und dem Genitalhöcker. Unter Testosteroneinfluß entwickelt sich im 3. Monat beim Jungen aus dem Wolff-Kanal der Ductus deferens, die Epididymis und die Samenblase, während sich der Müller-Kanal unter Einfluß des Anti-Müllerian-Hormons zurückbildet. Beim Mädchen

Tabelle 7.1. Männliche oder weibliche Geschlechtsdifferenzierung

Männliche Differenzierung	Indifferente Anlage	Weibliche Differenzierung
Hoden	*Indifferente Gonade*	Ovar
	Mesonephros	
	Cranialer Teil	Lig. suspensorium ovarii
Ductuli aberrantes superiores (Rud.)		Appendices vesiculares (Rud.)
Ductuli efferentes, Paradidymis (Rud.)		Epoophoron (Rud.), Paroophoron (Rud.)
Gubernaculum testis	Caudaler Teil	Lig. ovarii proprium u. Lig. teres uteri
Rete testis	Urnierenkörperchen	Rete ovarii (Rud.)
Appendix epididymidis (Rud.)	*Wolffscher Gang*	Ductus longitudinalis des Epoophoron (Rud.)
Ductus epididymidis des Nebenhodens		Gartnerscher Gang (Rud.)
Ductus deferens, Glandual vesiculosa		
Appendix testis (Rud.), Utriculus prostaticus (Rud.)	*Müllerscher Gang*	Fimbria tubae, Tuba uterina, Uterus, Vagina
Harnblase, Urethra, Prostata	*Sinus urogenitalis*	Harnblase, Urethra, Vestibulum vaginae
Glans penis	*Genitalhöcker*	Glans clitoridis
Penis (Haut), Corpus cavernosum penis	*Genitalfalten*	Labium minus pudendi
Corpus spongiosum penis, Praeputium penis		Corpus cavernosum clitoridis Bulbus vestibuli, Praeputium clitoridis
Scrotum	*Labioscrotalfalten*	Labium majus pudendi

verschwindet der Wolff-Kanal, während aus dem Müller-Kanal Uterus, Tuben und obere Vagina entstehen. Diese Vorgänge laufen beim Mädchen ohne Einfluß des Ovars ab; die endokrine aktive Gewebsformation entwickelt sich erst im 7. Fetalmonat.

Ähnliches gilt für die Gestaltung der äußeren Geschlechtsorgane. In Gegenwart des endokrinen aktiven Testosterons wächst das Tuberculum genitale zum Penis aus, und durch die Fusion der Geschlechtsfalten und der Geschlechtswülste entwickeln sich Urethra und Skrotum. Beim Mädchen entwickeln sich aus den Geschlechtsfalten die Labia minora und aus den Geschlechtswülsten die Labia majora (Drews 1993). Die Geschlechtsdifferenzierung in weibliche Richtung geschieht in Abwesenheit des Y-Chromosoms und ist als passiver Prozeß zu verstehen, während die männliche Geschlechtsdifferenzierung ein aktiver Prozeß ist und unter Wirkung des testikulär determinierenden Faktors (TDF), Androgenen und des Anti-Müllerian-Hormons stattfindet.

Die Kriterien, die bei der Zuordnung von Individuen zum männlichen bzw. weiblichen Geschlecht angewandt werden, orientieren sich an den unterschiedlichen Ebenen der Geschlechtsdetermination bzw. Geschlechtsdifferenzierung. Man unterscheidet die

- molekulargenetische Ebene (SRY, SOX9 etc.),
- chromosomale Ebene (XX, XY),
- gonadale Ebene (Ovarien, Testes),
- somatische Ebene (äußeres Genitale und sekundäre Geschlechtsmerkmale),
- psychische Ebene (sexuelle Selbstdifferenzierung),
- soziale Ebene (sexuelle Einordnung durch die Umwelt).

7.2 Störungen der Geschlechtsdifferenzierung und -entwicklung

Die Geschlechtsdifferenzierung und -entwicklung vollzieht sich in verschiedenen Etappen und auf verschiedenen Ebenen. Sie kann auf jeder Ebene unterschiedlich gestört werden. Die Krankheiten mit numerischen und strukurellen gonosomalen Aberrationen werden in Kap. 3 besprochen.

7.2.1 Gonadendysgenesie

Reine Gonadendysgenesie

Bleibt die Gonadendifferenzierung aus, so daß man histologisch keine eindeutigen Testes- oder Ovarienelemente erkennen kann, spricht man von dysgenetischen oder rudimentären Testes oder Ovarien. Gänzlich undifferenzierte Gonaden, die nur aus bindegewebigen Elementen bestehen, bezeichnet man als Streaks. Patientinnen mit einer reinen Gonadendysgenesie haben in der Regel ein normales inneres und äußeres Genitale, jedoch liegen anstelle der Gonaden funktionslose Streaks vor (Schweikert 1992). Im Gegensatz zu den Patientinnen mit Ullrich-Turner-Syndrom (45,X) sind sie weder kleinwüchsig noch zeigen sie charakteristische äußere Merkmale.

Eine reine Gonadendysgenesie ist eine heterogene Erkrankung. Der Karyotyp kann 46,XX oder 46,XY sein.

XY-Gonadendysgenesie (Swyer-Syndrom)

Die Gonadendysgenesie mit einem 46,XY-Karyotyp wird Swyer-Syndrom genannt. Die Betroffenen haben einen eindeutig weiblichen Phänotyp und zeigen gelegentlich eine leichte Klitorisvergrößerung. Da die Stranggonaden kein Anti-Müllerian-Hormon produzieren können, sind die inneren Geschlechtsorgane weiblich.

Die sekundären Geschlechtsmerkmale sind entweder spärlich oder gar nicht entwickelt. Es besteht eine primäre Amenorrhö. Endokrinologisch findet man einen hypergonadotropen Hypogonadismus. Die dysgenetischen Testes des Fetus sind nicht imstande, genügend Testosteron und/oder Anti-Müllerian-Hormon zu bilden. Aus diesem Grund ist die Maskulinisierung des Genitales unvollständig. In leichteren Fällen kann das Genitale ganz männlich sein oder nur eine Hypospadie aufweisen, jedoch besteht meist ein mangelhafter Deszensus und ein Hypogenitalismus als Ausdruck der ungenügenden pränatalen Hodenfunktion.

Die Streaks und rudimentären Testes entwickeln sich überwiegend zu malignen Tumoren, wie Gonadenblastomen oder Dysgerminomen, deshalb sollten sie *immer* operativ entfernt werden.

Die XY-Gonadendysgenesie ist heterogen. Meist findet man eine Deletion des TDF-Gens. Auch eine Punktmutation im SRY-Gen kann ein Swyer-Syndrom verursachen. Des weiteren sind einzelne Fälle mit X-chromosomalem Erbgang beobachtet worden.

XX-Gonadendysgenesie

Die Patientinnen haben funktionslose Streakgonaden, das äußere Genitale ist meist unauffällig, und die Körpergröße ist normal. Die sekundären Geschlechtsmerkmale treten nicht auf oder sind schwach ausgebildet. Es besteht eine primäre Amenorrhö.

Die XX-Gonadendysgenesie wird autosomal-rezessiv vererbt; bei einem Teil der Patientinnen wird sie als Phänokopie ohne genetische Ursachen angenommen.

Gemischte Gonadendysgenesie

Bei dieser Form der Gonadendysgenesie haben die Betroffenen auf der einen Seite einen dysgenetischen bis normalen Hoden, auf der anderen Seite eine Streakgonade. Das äußere Genitale kann das ganze Spektrum zwischen der männlichen und weiblichen Form aufweisen. Gewöhnlich ist der Genitalbefund intersexuell, mit unterschiedlich ausgeprägter Klitorishypertrophie und leichter Hypospadie. Der einseitige Hoden liegt meist intraabdominell, gelegentlich aber auch im Leistenkanal oder im Skrotum.

Die Differenzierung variiert zwischen einem rudimentären bis fast normalen Hoden. Histologisch erscheint der präpubertäre Hoden normal, im postpubertären Hoden fehlen dagegen die Keimzellen, während Sertoli-Zellen und Leydig-

Zellen vorhanden sind. Auf der anderen Seite liegt die rudimentäre Gonade, die Streakcharakter hat; sie kann auch ganz fehlen. Es finden sich nahezu immer ein Uterus, eine Vaginaanlage und mindestens ein Eileiter.

Zytogenetisch findet man in der Regel ein Mosaik von 45,X/46,XY. Gelegentlich kommen auch 46,XX/46,XY-Mosaike vor. Wahrscheinlich ist für die Entwicklung der Streakgonade die 45,X-Zellinie und für die Entwicklung des Hodengewebes die XY-Linie verantwortlich.

Verschiedene Formen der Testisdysgenesie sowie der bilateralen Anorchie sind wiederholt beobachtet worden. Aufgrund der Wiederholung bei Geschwistern Betroffener wird eine autosomal-rezessive Vererbung angenommen.

Testikuläres Regressionssyndrom (vanishing testes)

Durch eine frühe embryonale Entwicklungsstörung kann es zu einer Regression der Testes kommen. Je nachdem, wann die jeweilige Störung eingetreten ist, zeigen die Betroffenen mit einem männlichen Chromosomensatz eine variable Maskulinisierung des inneren und äußeren Genitales ohne Hinweis auf eine testikuläre oder ovariale Differenzierung. Die genaue Ursache ist nicht bekannt. Das äußere Genitale hat trotz des männlichen Karyotyps ein Spektrum von normal männlich über kongenitale Anorchie bis hin zum weiblichen Phänotyp.

7.2.2 Echter Hermaphroditismus

Bei den echten Hermaphroditen handelt es sich um Individuen, bei denen sowohl Hoden als auch Ovarialgewebe vorliegt. Das äußere Genitale ist bis auf wenige Ausnahmen intersexuell, so daß die Patienten eher als Jungen angesehen werden. Die Gonaden liegen abdominal, inguinal oder im Genitalbereich. Folgende Formen sind zu unterscheiden:

- *bilaterale Form* mit sowohl Hoden als auch Ovarien, entweder als getrennte Gonaden oder als Ovotestes auf jeder Seite,
- *laterale oder alternierende Form* mit Hodengewebe auf der einen und Ovarialgewebe auf der anderen Seite,
- *unilaterale Form* mit Hoden oder Ovarien auf der einen Seite und Ovotestes auf der Kontraseite.

Der Ovaranteil ist meist besser differenziert als der Testesanteil. Das innere Genitale ist ebenfalls intersexuell. Die sekundären Geschlechtsmerkmale treten rechtzeitig auf. Häufig haben die Betroffenen eine Gynäkomastie, die Hälfte der Betroffenen menstruiert. Die Psychosexualität ist unterschiedlich und hängt in der Regel von der Ausbildung der äußeren Geschlechtsmerkmale ab, ist aber überwiegend männlich (Abb. 7.2).

Der genetische Hintergrund ist noch nicht klar, jedoch findet man bei etwa der Hälfte der Betroffenen einen 46,XX-Karyotyp. Selten liegt ein 46,XY-Karyotyp oder ein Mosaik 46,XX/46,XY vor. Die 46,XX-Formen sind gelegentlich familiär.

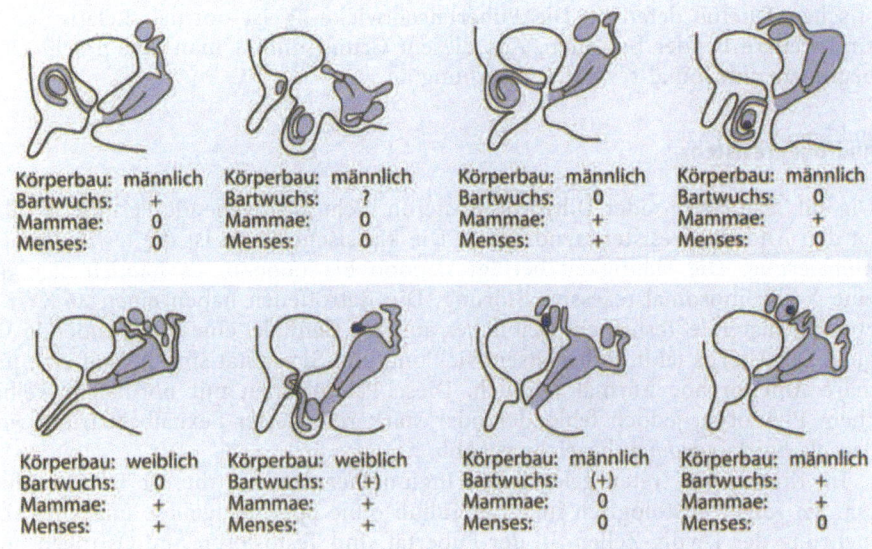

Körperbau: männlich	Körperbau: männlich	Körperbau: männlich	Körperbau: männlich
Bartwuchs: +	Bartwuchs: ?	Bartwuchs: 0	Bartwuchs: 0
Mammae: 0	Mammae: 0	Mammae: +	Mammae: +
Menses: 0	Menses: 0	Menses: +	Menses: 0

Körperbau: weiblich	Körperbau: weiblich	Körperbau: männlich	Körperbau: männlich
Bartwuchs: 0	Bartwuchs: (+)	Bartwuchs: (+)	Bartwuchs: +
Mammae: +	Mammae: +	Mammae: 0	Mammae: +
Menses: +	Menses: +	Menses: 0	Menses: 0

Abb. 7.2. Schematische Darstellung der verschiedenen Ausprägungen des echten Hermaphroditismus. (Nach Wilkins 1957)

Bei XX-Männern, die eigentlich nicht zu den echten Hermaphroditiden gehören und infertil sind, findet man eine Translokation der SRY-Region auf eines der X Chromosome (s. Kap. 3). In solchen Situationen wäre es nach der Lyon-Hypothese (s. Kap. 4) vom Zufall abhängig, ob mehrheitlich das normale X oder das X mit der SRY-Region aktiv ist. Es könnten deshalb Ovarien *oder* Testes oder Ovarien *und* Testes entstehen.

7.2.3 Pseudohermaphroditismus masculinus

Pseudohermaphroditen sind Individuen mit einem 46,XY-Karyotyp und eindeutigen Hoden, jedoch mit weiblichem oder intersexuellem äußerem Genitale. Die Intersexformen können je nach Differenzierungsgrad der Hoden unterschiedlich sein.
Verschiedene pathogenetische Mechanismen können zum Pseudohermaphroditismus masculinus führen. Die häufigsten Ursachen werden hier besprochen.

Oviduktpersistenz

Das Fehlen des Anti-Müllerian-Hormons oder eine auf dieses Hormon nicht ansprechende Peripherie führt zur Oviduktpersistenz. Die äußere Genitalentwicklung ist normal männlich, jedoch findet man einen kleinen Uterus mit Tuben neben mehr oder weniger normalen Hoden und einen normalen oder hypoplastischen Ductus deferens. Die Pubertätsentwicklung ist normal. Relativ häufig sind weitere Brüder betroffen. Aus diesem Grund nimmt man eine geschlechtsbegrenzte autosomal-rezessive Vererbung an.

Androgenresistenz

Die auf Testosteron oder Dihydrotestosteron nicht ansprechende Peripherie führt zu den Androgenresistenzsyndromen. Die klassische Form ist die *testikuläre Feminisierung*. Die Häufigkeit beträgt 1:20000 bis 1:60000. Es handelt sich um eine X-chromosomal-rezessive Störung. Die Betroffenen haben einen 46,XY-Karyotyp, bilaterale Testes, ein weibliches äußeres Genitale, eine blind endende Vagina. Der Uterus fehlt. Pubertätsentwicklung und Sexualität sind bis auf eine primäre Amenorrhoe normal weiblich. Diese Patientinnen mit normalem weiblichem Phänotyp, jedoch fehlender oder stark reduzierter Sexualbehaarung werden als *hairless women* bezeichnet (Abb. 7.3).

Im Kindesalter treten gelegentlich Inguinalhernien auf, die oft Testes enthalten. Sie zeigen histologisch infantile Tubuli ohne Spermatogenese und eine Vermehrung der Leydig-Zellen. In der Pubertät sind Testosteron und Östrogen normal oder erhöht. Der hohe LH-Wert zeigt, daß auch der Hypothalamus gegen die negative Feedbackwirkung des Testosterons resistent ist.

Die eigentliche Ursache der Androgenresistenz liegt in einer Störung des intrazellulären Wirkungsmechanismus von Testosteron und Dihydrotestosteron. Die fehlende Bindung von Dihydrotestosteron an die intrazellulären Rezeptoren kann in Fibroblasten nachgewiesen werden. Bei manchen Betroffenen ist die Bindung normal, so daß eine postrezeptorische Störung angenommen werden muß. Seltener findet man auch eine Verminderung der Rezeptoren. Mit Hilfe der molekulargenetischen Analyse können die Mutationen beim Androgenrezeptordefekt nachgewiesen werden. Meist handelt es sich um Punktmutationen.

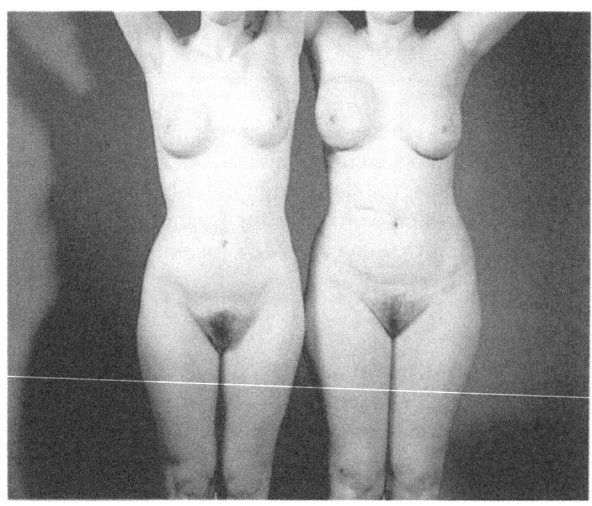

Abb. 7.3. Geschwister mit testikulärer Feminisierung (mit freundlicher Genehmigung von Prof. T. Raabe)

Neben der klassischen testikulären Feminisierung gibt es eine leichtere Form von Androgenresistenz, die als *inkomplette testikuläre Feminisierung* bezeichnet wird. Sie wird ebenfalls X-chromosomal-rezessiv vererbt. Bei ihr zeigt sich eine leichte Virilisierung mit Pubes/Axillarbehaarung und angedeuteter Klitorishypertrophie. Zu den inkompletten Androgenresistenz-Syndromen gehören das Lubs-Syndrom, das Gilbert-Dreyfuss-Syndrom, das Reifenstein-Syndrom und das Rosewater-Syndrom. Neben dem gemeinsamen klinischen Bild mit Gynäkomastie und unterschiedlichem männlichen oder weiblichen Erscheinungsbild ist der Testosteronspiegel im Vergleich zu den phänotypischen Merkmalen hoch.

Androgensynthesestörungen

Eine weitere Störung, die zu männlichem Pseudohermaphroditismus führen kann, ist die Störung der Androgenbildung. Verschiedene hereditäre Enzymdefekte der Testosteronsynthese, die zum Teil auch die Kortisolsynthese betreffen, führen zu männlichem Pseudohermaphroditismus. Sie werden autosomal-rezessiv vererbt. Es handelt sich um Defekte folgender Enzyme: 20,22-Desmolase, 3β-Hydroxysteroiddehydrogenase, 17α-Hydroxylase, 17,20-Desmolase und 17β-Hydroxysteroiddehydrogenase (Abb. 7.4).

Aufgrund des Testosteronmangels zeigen die neugeborenen Jungen mit diesen Störungen ein intersexuelles oder weibliches äußeres Genitale. Mädchen haben

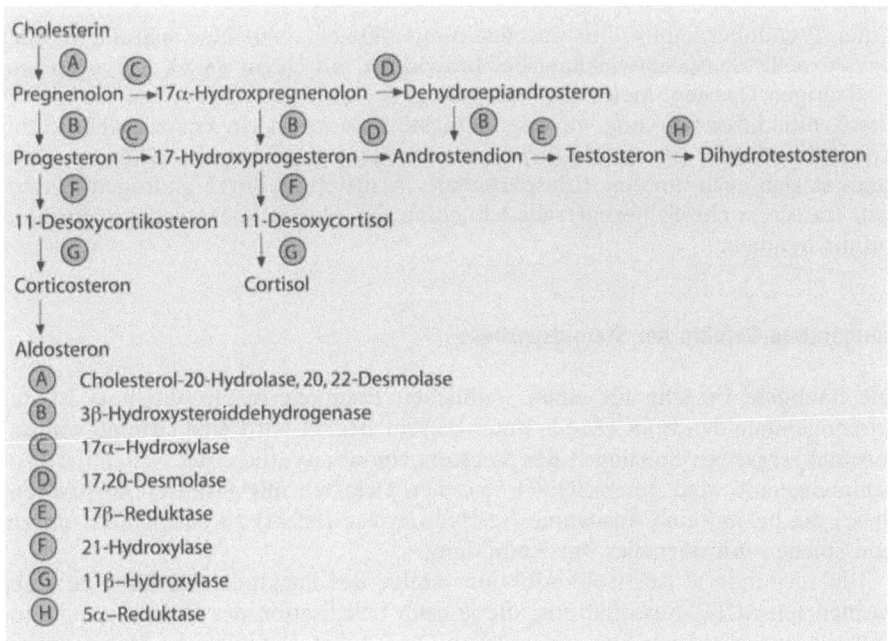

Abb. 7.4. Biosynthese des Testosterons. (Nach Buselmaier u. Tariverdian 1998)

ein normales äußeres Genitale, die sekundäre Geschlechtsentwicklung ist jedoch gestört. Die primär embryonal vorhandene Hodenanlage hat sich wegen zu geringer Testosteronproduktion nicht weiter entwickelt. Der Kortisolmangel äußert sich als Nebenniereninsuffizienz. Der Testosteronspiegel im Blut ist niedrig und zeigt einen mangelhaften Anstieg im HCG-Test. Da bei den betroffenen Jungen weder Tuben noch Ovarien gefunden werden, ist anzunehmen, daß die testikuläre AMH-Sekretion während der Embryogenese normal gewesen sein muß.

5α-Reduktase-Mangel

Die 5α-Reduktase in peripheren Zellen, vor allem im Genitalbereich, bewirkt die Umwandlung von Testosteron in Dihydrotestosteron, das für die männliche Genitaldifferenzierung erforderlich ist. Während Testosteron die Differenzierung der Wolffschen Gänge induziert, ist Dihydrotestoron für die externe Vivilisierung verantwortlich. Die betroffenen männlichen Patienten zeigen ein intersexuelles äußeres Genitale bei normalem innerem Genitale und normaler männlicher sekundärer Geschlechtsentwicklung. 5α-Reduktase-Mangel wird autosomal-rezessiv vererbt und ist genetisch heterogen. Das verantwortliche Gen für Typ I ist auf Chromosom 5, dasjenige für Typ II auf Chromosom 2 lokalisiert.

7.2.4 Pseudohermaphroditismus femininus

Unter Pseudohermaphroditismus femininus versteht man eine männliche oder intersexuelle Genitalentwicklung bei Individuen mit einem 46,XX-Karyotyp und eindeutigen Ovarien. Meist liegt eine abnorme Androgenwirkung auf die weibliche Genitaldifferenzierung vor. Die häufigste Ursache ist ein Enzymdefekt in der Kortisolsynthese, die zum *adrenogenitalen Syndrom* führt. In seltenen Fällen kann es sich auch um eine transplazentare Virilisierung durch androgene Tumoren, transitorische Schwangerschaftsluteome der Mutter oder exogene Hormonzufuhr handeln.

Kongenitale Defekte der Steroidsynthese

Die häufigste Ursache für einen weiblichen Pseudohermaphroditismus ist das adrenogenitale Syndrom (AGS). Unter diesem Begriff wird eine Gruppe von autosomal-rezessiven Störungen der Steroidhormonbiosynthese der Nebenniere zusammengefaßt. Man unterscheidet zwischen Defekten mit gestörter Kortisolsynthese, die bis auf eine Ausnahme (17-Hydroxylase-Defekt) zu einem AGS führen, und solchen mit normaler Kortisolbildung.

Die verminderte Kortisolproduktion infolge des Enzymdefekts führt zu einer vermehrten ACTH-Ausschüttung, die je nach Lokalisation des Defekts zur Akkumulation verschiedener Steroide vor dem Block führt. Die klinische Manifestation entsteht einerseits durch das verminderte Kortisol und/oder Aldosteron, anderer-

Tabelle 7.2. Verschiedene Formen der kongenitalen Adrenalhyperplasie (*f* feminin, *m* maskulin, *i* intersexuell)

Ausfall	Syndrom	Äußeres Genitale		Postnatale Virilisierung	Salz-metabolismus
		XX	XY		
Cholesteroldesmolase	Lipoid-hyperplasie	f	f oder i	Nein	Salzverlust
3β-OH-Steroid-dehydrogenase	Klassisch	f oder i	i	Ja	Salzverlust
	Nicht klassisch	f	m	Ja	Normal
17α-Hydroxylase	–	f	i	Nein	Hypertonie
17,20-Desmolase	–	f	i oder f	Nein	Normal
21-Hydroxylase	Salzverlust	i	m	Ja	Salzverlust
	Einfache Virilisierung	f	m	Ja	Normal
	Nicht klassisch	f	m	Ja	Normal
11-Hydroxylase	Klassisch	i	m	Ja	Hypertonie
	Nicht klassisch	f	m	Ja	Normal
Kortikosteron-Methyloxydase Typ III	Salzverlust	f	m	Nein	Salzverlust

seits durch die vermehrte Bildung von Vorstufen, vor allem von Androgenen. Das Erscheinungsbild kann sich deshalb nicht als Nebennierenunter- oder -überfunktion manifestieren, sondern stellt eine Mischung von beiden dar.

Bei der Steroidhormonbiosynthese der Nebennierenrinde sind zahlreiche Enzyme beteiligt, deren verminderte Aktivität zu Geschlechtsentwicklungsstörungen führt (Tabelle 7.2). Im folgenden werden die klinisch relevanten Formen besprochen.

21-Hydroxylase-Defekt

Der 21-Hydroxylase-Defekt ist mit Abstand der häufigste angeborene Enzymdefekt der Steroidbiosynthese der Nebennierenrinde (90%). Dabei kann 17α-Hydroxylaseprogesteron und Progesteron nicht in 11-Desoxykortikosteron und 11-Desoxykortisol umgewandelt werden. Dadurch kommt es zu einer erhöhten Konzentration von 17α-Hydroxyprogesteron, Progesteron sowie Androstendion.

Klinisch führt dies bei Mädchen zur Virilisierung des äußeren Genitales; das innere Genitale bleibt unbeeinflußt (Abb. 7.5). Uterus und Tuben sind vorhanden. Bei leicht erhöhten Androgenkonzentrationen kommt es zur Vergrößerung der Klitoris und zur Fusion der Labien. Bei höheren Androgenkonzentrationen kann eine vollständige Maskulinisierung des äußeren Genitales vorliegen. Dar-

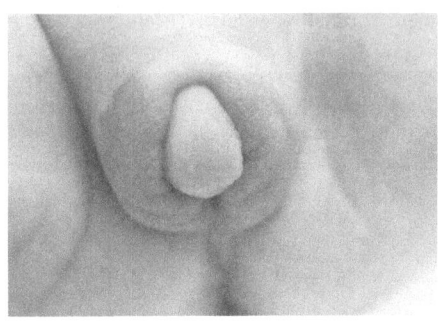

Abb. 7.5. Virilisierung des äußeren Genitales bei einem Mädchen mit 21-Hydroxylasedefekt. (Aus Buselmaier u. Tariverdian 1998)

über hinaus kommt es durch die Androgenüberproduktion zu raschem Körperwachstum, schnellerer Epiphysenreifung und zu frühzeitigem Auftreten der Pubertät. Als Folge des frühzeitigen Epiphysenschlusses kommt es nach einer Phase übermäßigen Wachstums zum Kleinwuchs.

Das AGS kann mit oder ohne *Salzverlust* auftreten. Beim AGS mit Salzverlust findet man neben den Virilisierungserscheinungen durch die verminderte Aldosteronsekretion eine ausgeprägte Elektrolytstörung mit erniedrigtem Natrium- und erhöhtem Kaliumserumspiegel. Das Salzverlustsyndrom tritt in der Neugeborenenperiode meist erst jenseits der ersten Lebenswochen in Erscheinung. Da bei Jungen das äußere Genitale unauffällig ist, daher die Störung nicht vermutet wird, kann es vor allen Dingen bei betroffenen männlichen Neugeborenen zu lebensbedrohenden Salzverlustkrisen und Exsikkose kommen.

Bei ca. 70% der Betroffenen ist die Mineralkortikoidbiosynthese nicht oder nur gering vermindert. Dieses Krankheitsbild wird als *Simple-Virilisierungs-Form* des 21-Hydroxylase-Defekts bezeichnet. Die verantwortlichen Gene für die 21-Hydroxylase und die HLA-Gewebstypen liegen nahe beieinander auf Chromosom Nr. 6. So konnte man durch HLA-Gewebstypisierung innerhalb einer Familie mit einem klassischen 21-Hydroxylase-Defekt die heterozygoten Anlageträger identifizieren. Die klinische Manifestation ist sehr heterogen. Es sind leichte Fälle beschrieben, die klinisch als Hirsutismus, primäre Amenorrhö oder Oligomenorrhö oder als prämature Adrenarchie, Großwuchs und Knochenaltervorsprung imponieren. Hierbei handelt es sich meist um Compound-Heterozygote mit verschiedenen Allelen.

Die 21-Hydroxylase-Mutation kann heute molekulargenetisch direkt identifiziert werden. Nicht alle diese Mutationen führen zu klinischen Erkrankungen. Wenn eine Risikoschwangerschaft diagnostiziert wird, kann eine pränatale Therapie über eine Kortisongabe an die Schwangere durchgeführt werden. Damit können die Virilisierungserscheinungen bei weiblichen Feten vermieden werden.

11β-Hydroxylase-Defekt

Der 11β-Hydroxylase-Defekt ist mit ca. 5% der Fälle der zweithäufigste Enzymdefekt der Steroidhormonbiosynthese der Nebennierenrinde. Dabei ist die Umwandlung von 11-Desoxykortisol zum Kortisol und von 11-Desoxykortikosteron zum Kortikosteron blockiert. Es kommt wie beim Hydroxylasedefekt zur Virilisierung des äußeren Genitales. Durch die erhöhte Sekretion von Mineralkortikoiden findet man bei den meisten Betroffenen eine arterielle Hypertonie. Auch hier kann das klinische Bild unterschiedliche Variationen zeigen, jedoch ohne Salzverlustsyndrom. Bei Jungen kommt es gelegentlich zur Gynäkomastie.

3β-Hydroxysteroiddehydrogenase-Mangel

Bei diesem Krankheitsbild ist die Umwandlung von Pregnenolon zum Progesteron, von 17α-Hydroxypregnenolon zum 17α-Hydroxyprogesteron und von Dehydroepiandrosteron (DHEA) zum Androstendion aufgrund des 3β-Hydroxysteroiddehydrogenase-Defekts blockiert (s. Abb. 7.4). Auch hier kommt es, zurückzuführen auf das in großen Mengen vorhandene DHEA, zur Virilisierung, welche jedoch nur schwach ausgeprägt ist. Jungen zeigen eine schwere Hypospadie. Wie beim 21-Hydroxylase-Defekt kann es zu einem Salzverlustsyndrom kommen. Das klinische Erscheinungsbild ist heterogen.

Weitere seltenere Enzymdefekte der Steroidbiosynthese sowie die anderen seltenen Geschlechtsdifferenzierungsstörungen werden hier nicht besprochen.

7.3 Genitalfehlbildungen

Fehlbildungen an äußeren und inneren Geschlechtsorganen können im Rahmen übergeordneter chromosomal und nichtchromosomal bedingter Geschlechtsdifferenzierungsstörungen und Syndrome oder isoliert auftreten.

Als isolierte Fehlbildungen werden am häufigsten die uterovaginalen Fehlbildungen beobachtet, die ihre Ursache in einer Störung während der 8. Embryonalwoche haben (Moore 1993). Bei unvollständiger Verschmelzung der Müller-Gänge können verschiedene Formen von Doppelbildung entstehen (Abb. 7.6):

Ein *doppelter Uterus* (Uterus duplex oder didelphys) mit je einer Tube entsteht, wenn die unteren Abschnitte der Müller-Gänge nicht verwachsen. Diese Malformation kann mit einer doppelten oder auch einfachen Vagina einhergehen. Ein *Uterus bicornis* liegt vor, wenn nur der obere Uterusanteil verdoppelt ist. Zu einem *Uterus bicornis mit einem rudimentären Horn* kommt es, wenn nur ein Müller-Gang zurückbleibt und nicht mit dem anderen Gang verschmilzt. Wenn ein Müller-Gang vollständig degeneriert oder gar nicht angelegt ist, entsteht ein *Uterus unicornis* mit nur einer Tube.

In manchen Fällen erscheint der Uterus äußerlich normal, ist jedoch innen durch ein dünnes durchgehendes Septum (*Uterus septus*) oder Teilseptum (*Uterus subseptus*) getrennt bzw. teilweise getrennt. Falls sich die Sinus bulbi des Sinus urogenitalis nicht entwickeln und keine Vaginalplatte angelegt wird, fehlt die Vagina vollständig (Vaginalaplasie). Zur *Vaginalatresie*, bei der das untere Drittel der Scheide durch fibrotisches Gewebe ersetzt ist, kommt es, wenn die Kanalisierung der Vaginalplatte unterbleibt. Das nichtperforierte Hymen (Hymen imperforatum) ist als leichteste Form der Vaginalatresie anzusehen.

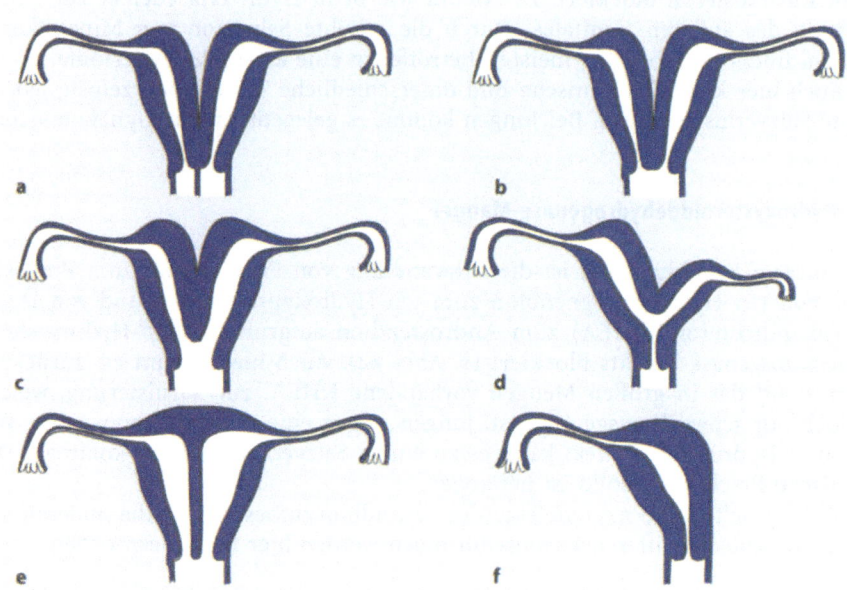

Abb. 7.6a–f. Uterusfehlbildungen (mod. nach Moore 1993). **a** Uterus duplex, Vagina septa; **b** doppelter Uterus, eine Vagina (Uterus bicornis unicollis); **c** Uterus bicornis; **d** Uterus bicornis mit zurückgebildetem linken Horn; **e** Uterus septus; **f** Uterus unicornis

Das Vollbild und die häufigste Form der Genitalagenesie stellt das *Mayer-Ro-kitansky-Küster-Hauser-Syndrom* dar. Diese Erkrankung beruht auf einer unvollständigen Differenzierung der Müller-Gänge. Während sich die proximalen Anteile der Müller-Gänge zu normalen, in der Regel sehr langen Tuben differenzieren, fehlen Uterus und Vagina. Am proximalen Ende der Tuben finden sich häufig uterine Reststrukturen in Form von knospenartigen Verdickungen, die in seltenen Fällen Endometrium enthalten können. Die Ovarien sind unauffällig, somit kommt es zur regelrechten Ausbildung der sekundären Geschlechtsmerkmale. In 40% der Fälle werden zusätzlich Fehlbildungen des Urogenitaltrakts und der Wirbelsäule gefunden.

In den meisten Fällen tritt die Erkrankung sporadisch auf. Nur wenige familiäre Fälle wurden beschrieben. Für Schwestern einer Patientin mit Mayer-Rokitansky-Küster-Hauser-Syndrom wird ein empirisches Risiko von 1:50 angegeben. Bei positiver Familienanamnese liegt das Wiederholungsrisiko bei 1:10 (Witkowski et al. 1995). Da genetische Beziehungen zwischen der vollen Ausprägung der Erkrankung und den anderen möglichen Folgeanomalien der verschiedenen Entwicklungsstörungen der Müller-Strukturen bestehen, Teilsymptome bei Verwandten beobachtet werden und extragenitale Fehlbildungen im Sinne eines Entwicklungsfelddefekts mit der Erkrankung assoziiert sein können, wird von einer polygenen Genese ausgegangen.

Bei zahlreichen Syndromen, z. T. mit bekanntem Erbgang, werden neben anderen Fehlbildungen Genitalfehlbildungen als Folge von Anomalien der Müller-Strukturen beobachtet. Die Genitalfehlbildungen sind bei diesen Syndromen in den meisten Fällen klinisch eher zweitrangig.

7.4 Genetische Aspekte bei der Entstehung der Ovarialinsuffizienz

Die *primäre Ovarialinsuffizienz*, die durch einen *hypergonadotropen Hypogonadismus* charakterisiert ist, kann zahlreiche verschiedene Ursachen haben. Neben der Gonadendysgenesie als Folge von Gonosomenaberrationen, XY-Gonadendysgenesie oder XX-Gonadendysgenesie können eine Gonadotropinresistenz bei „resistant ovary syndrome", Autoimmunerkrankungen und exogene Faktoren wie Infektionen, Chemotherapie und Bestrahlung ursächlich beteiligt sein. Das Resistant-ovary-Syndrom kann Teilsymptom einiger genetisch bedingter Syndrome sein, so des Rothmund-Thomson-Syndroms, das zusätzlich mit Atrophie, Hyperpigmentierung und Teleangiektasien der Haut, Katarakt und Knochendefekten einhergeht (Wieacker et al. 1991) oder des Blepharophimosis-Ptosis-Epicanthus-inversus-Syndroms (Graf et al. 1986).

Im Rahmen der verschiedenen möglichen Autoimmunerkrankungen, die zu einer primären Ovarialinsuffizienz führen können, kommt dem *Polyendokrinopathiesyndrom* eine besondere Bedeutung zu. Diese Erkrankung kann autosomal-rezessiv vererbt werden; auch wird eine multifaktorielle Entstehung diskutiert (Wieacker u. Peters 1991). Neben der primären Ovarialinsuffizienz werden bei dieser Störung eine obligate Candidiasis und am häufigsten zusätzlich ein Hypoparathyreoidismus und ein Morbus Addison gefunden.

Ein *hypogonadotroper Hypogonadismus* als Ursache einer *sekundären Ovarialinsuffizienz* kann Begleiterscheinung verschiedener, auch genetisch bedingter Syndrome sein. Einige dieser Syndrome werden im folgenden aufgeführt (mod. nach Wieacker 1994):

- Pubertas tarda,
- Kallmann-Syndrom,
- idiopathischer hypogonadotroper Hypogonadismus,
- Laurence-Moon-Biedl-Syndrom,
- Prader-Willi-Syndrom,
- hypothalamohypophysärer Zwergwuchs,
- Syndrome mit Hydrozephalus.

Eines der in der Gynäkologie bedeutendsten mit einem hypogonadotropen Hypogonadismus einhergehenden Syndrome ist die *olfaktogenitale Dysplasie* (Kallmann-Syndrom). Diese Erkrankung ist durch einen hypogonadotropen Hypogonadismus und eine An- oder Hyposmie als Folge einer kombinierten Dysplasie bzw. Aplasie des Tractus olfactorius und des zyklusregulierenden Nucleus arcuatus charakterisiert. Mögliche Begleitsymptome sind unilaterale Nierenagenesie, Nystagmus oder Lippen-Kiefer-Gaumen-Spalte. Klinische Folgen sind ein ausgeprägter Infantilismus mit nur wenig ausgeprägten pubertären Veränderungen.

Die Prävalenz bei Männern beträgt 1:10.000, bei Frauen 1:50000. Pathogenetisch wird von einem neuronalen Migrationsdefekt jener Zellen ausgegangen, von denen die Riechnerven und GnRH-produzierenden Neurone abstammen.

Es handelt sich um ein genetisch heterogenes Krankheitsbild. Sowohl autosomal-rezessive, autosomal-dominante als auch X-chromosomal-rezessive Vererbung werden beschrieben. Durch zytogenetische Untersuchungen und Kopplungsanalysen in Familien mit X-chromosomalem Kallmann-Syndrom konnte das verantwortliche Gen zwischen Xpter und Xp22.3 lokalisiert werden. Inzwischen konnten 2 sich entsprechende, für die Entstehung des Kallmann-Syndroms verantwortliche DNA-Sequenzen (KALIG1 und ADMLX) identifiziert werden (Franco et al. 1991; Legouis et al. 1991).

Eine nicht seltene genetische Ursache einer *normogonadotropen Ovarialinsuffizienz* ist das Late-onset-AGS. Diese Form des adrenogenitalen Syndroms wird meistens erst in der Pubertät manifest. Die Erkrankung geht mit erhöhten Testosteron-, 17α-Hydroxyprogesteron- und ACTH-Werten einher. Eine mildere Form, die sog. kryptische Form, kann erst durch einen ACTH-Test erkannt werden. Beim Late-onset-AGS wird eine Homozygotie für ein mildes Defektallel der 21-Hydroxylase oder eine Compound-Heterozygotie angenommen.

7.4.1 Pubertas praecox

Grundsätzlich wird zwischen Pubertas praecox vera und Pseudopubertas praecox unterschieden. Unter dem Begriff Pseudopubertas praecox werden alle Formen der vorzeitigen Geschlechtsreife zusammengefaßt, die nicht durch vorzeitige Aktivierung der neuroendokrinen Achse, sondern durch hormonaktive Tumoren steroidproduzierender Gewebe oder exogene Östrogenzufuhr entstanden sind (Wolf u. Esser-Mittag 1996).

Bei der *Pubertas praecox vera* kommt es zu einer vorzeitigen Funktionsaufnahme der Achse Hypothalamus-Hypophyse-Gonade mit den Folgen einer vorzeitigen sexuellen Reifung und somatischen Akzeleration. In ca. 70% der Fälle (Wolf u. Esser-Mittag 1996) bleibt die Ursache unklar (idiopathische Form), in einem Teil der Fälle sind verschiedene Tumoren des Hypothalamus, der Glandula pinealis, Fehlbildungen des ZNS inkl. eines Hydrozephalus, entzündliche ZNS-Erkrankungen, Phakomatosen (tuberöse Sklerose, Sturge-Weber-Syndrom) und Speicherkrankheiten (z. B. Tay-Sachs-Erkrankung) ursächlich beteiligt (zerebrale Form).

Vor allem beim weiblichen Geschlecht kann eine Pubertas praecox auch im Rahmen des *McCune-Albright-Syndroms* auftreten. Die Erkrankung geht mit einer generalisierten oder lokalen Knochenfibrose, einer Hyperpigmentierung der Haut in der Region der betroffenen Knochen und einer vorzeitigen Geschlechtsreife einher. Ursache der Erkrankung ist ein postzygotisches Mosaik einer Genmutation. Betroffen ist das Gen eines guaninnukleotidbindenden Regulatorproteins (α-Untereinheit des G-Proteins), das die Adenylzyklase aktiviert (Weinstein et al. 1991). Es kommt so zu einer Daueraktivierung und damit zu den klinischen Erscheinungen. Bis auf wenige Ausnahmen wurde sporadisches Auftreten beobachtet.

Vor allem beim männlichen Geschlecht kann der Pubertas praecox eine Genmutation zugrunde liegen, die eine verstärkte, durch eine Mutation des LH-Rezeptor-Gens bedingte, Testosteronsynthese bei fehlender LH-Stimulation bewirkt. Diese Form wird autosomal-dominant vererbt. – Nur in wenigen Familien wurde diese Form der Pubertas praecox bei beiden Geschlechtern beobachtet. In der Regel ist die Manifestation auf das männliche Geschlecht begrenzt. Die Frauen können gesunde Überträgerinnen sein.

7.5 Fertilitätsstörung des Mannes

Die Häufigkeit eines unerfüllten Kinderwunsches über längere Zeit beträgt ca. 15% (Nieschlag 1996). Immer noch wird in solchen Fällen die Ursache bei dem weiblichen Partner gesucht, wahrscheinlich deshalb, weil in der Regel erst die Frau einen medizinischen Rat sucht. Inzwischen weiß man, daß in etwa 50% der Fälle die Sterilitätsursache beim Mann liegt (Nieschlag 1996). Zur Abklärung der Fertilitätsstörung ist neben der gynäkologischen, endokrinologischen und andrologischen Untersuchung eine genetische Untersuchung beider Partner erforderlich.

Die Infertilität des Mannes kann durch Störungen auf verschiedenen Ebenen der Entwicklung und Funktion der Genitalorgane unterschiedlich verursacht werden. Durch die andrologische Untersuchung ist es möglich, die Störung zu lokalisieren. Liegt eine Spermatogenesestörung vor, sollte zur weiteren Klärung eine genetische Untersuchung durchgeführt werden. Epidemiologische Studien zeigen, daß bei ca. 60% dieser Fälle eine genetische Ursache zugrundeliegen kann.

Mögliche genetische Untersuchungen bei männlicher Infertilität sind:

Chromosomenanalyse. Gonosomale Chromosomenstörungen (numerisch oder strukturell) sowie Translokationen der autosomalen Chromosomen können zu Störungen der Spermiogenese führen. Bisherige Studien zeigen, daß die Häufigkeit chromosomaler Auffälligkeiten bei Patienten, die wegen einer Fertilitätsstörung für eine assistierte Reproduktion vorgesehen waren, etwa 10fach erhöht ist. Da auch bei den untersuchten Frauen in diesem Kollektiv ein hoher Anteil mit Chromosomenanomalien gefunden wurde, ist die zytogenetische Untersuchung bei beiden Partnern indiziert.

Die Auswertung 5 verschiedener Studien ergibt, daß man bei 3,34% der untersuchten Männer eine numerische gonosomale Chromosomenstörung und bei 0,48% ein gonosomales Mosaik fand. Bei den untersuchten Frauen wurde in 0,14% der Fälle ein Triple-X-Syndrom gefunden, das entspricht etwa der Häufigkeit in der Normalbevölkerung. Ein gonosomales Mosaik ergab sich bei etwa 0,71% der Frauen. Reziproke Translokationen wurden bei 1,11% der Männer und bei 1% der Frauen festgestellt. Der Anteil der Robertson-Translokationen betrug 0,63% bei den Männern und 0,43% bei den Frauen. In den meisten Fällen fand man eine 13;14-Translokation (Baschat et al. 1996; Bourrouillou et al. 1985; Mau et al. 1997; Peschka et al. 1998; Plachot 1995). – Die Resultate zahlreicher Studien zeigten, daß insgesamt bei etwa 2,1% der Männer mit Fertilitätsstörungen eine chromosomale Veränderung vorliegt.

Molekulargenetische Analyse des Y-Chromosoms. Es ist bekannt, daß an der Spermatogenese eine große Zahl von Genen (2000–3000) beteiligt ist; davon sind bis zum jetzigen Zeitpunkt nicht einmal 100 identifiziert worden (Neesen u. Engel 1998). Auf dem langen Arm des Y-Chromosoms (q11.23) sind einige Gen-Cluster bekannt, deren Veränderung die Fertilität des Mannes stören kann (Vogt 1996). Mutationen bzw. Mikrodeletionen in diesem Bereich wurden bei ca. 13% der Patienten mit Azoospermie und zu einem geringen Prozentsatz auch bei Patienten mit Oligospermie nachgewiesen (Neesen u. Engel 1998).

Molekulargenetische Untersuchung des CFTR-Gens. Eine mögliche Ursache der Infertilität ist der komplette bzw. partielle Verschluß oder die Aplasie des Ductus deferens. Die obstruktive Azoospermie hat unterschiedliche Ursachen. In etwa 1–2% der Fälle kann die männliche Infertilität auf eine CBAVD (kongenitale bilaterale Vas-deferens-Aplasie) zurückgeführt werden. Bei ca. 70% der Patienten mit CBAVD findet man eine CFRT-Gen-Mutation (Dörk et al. 1997). Auch bei einem Teil der Männer mit einer einseitigen kongenitalen Vas-deferens-Aplasie (CUAVD) und bei bilateraler Obstruktion des Ductus ejaculatorius finden sich CFTR-Gen-Mutationen. Ein einseitig oder beidseitig palpabler Samenleiter schließt eine Mutation am CFRT-Gen nicht aus.

Aufgrund dieser Feststellungen sollte im Rahmen der Abklärung einer Infertilität beim Mann u. a. auch eine molekulargenetische Analyse des CFTR-Gens durchgeführt werden. Sehr häufig findet man hier eine compoundheterozygote CF-Mutation.

Liegt bei einem Patienten mit CBAVD eine begleitende Nierenagenesie vor, so handelt es sich um eine eigene Entität, und es findet sich keine Häufung der CFRT-Mutationen.

7.5.1 Genetische Beratung

Aufgrund der technischen Entwicklung der assistierten Reproduktion werden die Paare mit unerfülltem Kinderwunsch von einem multidisziplinären Team betreut, bestehend aus Vertretern der Gynäkologie, Endokrinologie, Dermatologie, Biologie und Humangenetik. In Zusammenhang mit der In-vitro-Fertilisierung stehen heute im Rahmen der assistierten Reproduktion spezialisierte Eingriffe wie die *intrazytoplasmatische Spermatozoeninjektion (ICSI)*, ggf. nach *mikrochirurgischer epididymaler Spermienaspiration (MESA)* oder *testikulärer Spermienextraktion (TESE)*, zur Verfügung.

Vor Durchführung einer assistierten Reproduktion durch ICSI ist eine genetische Beratung erforderlich. Die Beratung unterscheidet sich grundsätzlich nicht von anderen Beratungssituationen. Sie wird in Verbindung mit der genetischen Untersuchung durchgeführt. Dabei wird auf die verschiedenen Ursachen der Fertilitätsstörung, auf ein ggf. erhöhtes Risiko für andere, sich evtl. aus der Stammbaumanalyse ergebende Krankheiten in der Familie sowie auf andere individuelle Risikofaktoren wie z. B. das altersbedingte Risiko für eine Aneuploidie oder ggf. auf auffällige Befunde nach genetischer Untersuchung eingegangen.

Ein weiterer Aspekt der genetischen Beratung bei assistierter Reproduktion ist die Inanspruchnahme der invasiven pränatalen Diagnostik. Es besteht hierüber kein allgemein geltender Konsens. Die Indikation für eine invasive Diagnostik kann aufgrund des Altersrisikos bzw. einer elterlichen Translokationsträgerschaft oder wegen eines erhöhten Risikos für eine genetisch bedingte Erkrankung, die pränatal diagnostizierbar ist, gestellt werden. Die Möglichkeiten und Risiken der pränatalen Diagnostik sowie die verschiedenen Konsequenzen müssen ausführlich vor der Untersuchung besprochen werden. Die Entscheidung für oder gegen eine invasive pränatale Diagnostik wird dem betroffenen Paar überlassen.

Eine der am meisten gestellten Fragen ist die Frage nach dem möglichen Risiko einer zusätzlichen Schädigung des erwarteten Kindes durch das assistierte Reproduktionsverfahren. Es wird immer wieder erwogen, ob mit Hilfe von ICSI in der Regel die im weiblichen Genitaltrakt ablaufende Selektion pathologischer Spermien außer Kraft gesetzt wird (Engel u. Schmid 1995). Untersuchungen bei Mensch und Tier zeigen, daß im weiblichen Genitaltrakt, insbesondere im Verlauf der Zervixpassage, eine deutliche Reduktion abnormer Spermien erfolgt.

Die Zona pellucida stellt eine weitere sehr effiziente Barriere dar, die das Vordringen morphologisch und/oder funktionell abnormer Spermien in die Eizelle verhindert (Stolla 1998). Etwa 8% der Spermien beim Mann sind chromosomal abnorm und tragen somit erheblich zu Chromosomenanomalien in der Präimplantationsphase bei; sie sterben meist intrauterin ab (Stolla 1998).

Eine weitere Frage ist, in welchem Umfang genetisch bedingte Fertilitätsstörungen durch ICSI an die Folgegeneration weitergegeben werden. Obwohl die bisherigen Beobachtungen keine Zunahme des Basisrisikos für Fehlbildungen oder genetisch bedingte Erkrankungen zeigen, ist hier eine weitere Beobachtung mit genauer Identifizierung des Fehlbildungsmusters und statistischer Auswertung erforderlich.

Literatur

Baschat AA, Schwinger E, Diedrich U (1996) Assisted reproductive techniques – are we avoiding the genetic issues? Hum Reprod 11:926–928

Bourrouillou G, Dastugue N, Colombies C (1985) Hum Genet 71:366–367

Dörk DW, Forniczak B, Aulehla-Scholz C et al. (1997) Distinct spectrum of CFTR gene mutations in congenital absence of vas deferens. Hum Genet 100:365–377

Drews U (1993) Taschenatlas der Embryologie. Thieme, Stuttgart

Engel W, Schmid M (1995) Gibt es genetische Risiken der mikroassistierten Reproduktion? Fertilität 11:214–228

Ferguson-Smith MA, Goodfellow PN (1995) SRY and primary sex reversal syndromes. In: Scriver CR et al. (eds) The metabolic and molecular basis inherited diseases. McGraw-Hill, New York, pp 739–746

Franco B, Guioli S, Pragliola A et al. (1991) A gene deleted in Kallmann's syndrome shares homology with neural cell adhaesion and axonal path-finding molecules. Nature 353:529–536

Genetics Review Group (1995) One for a boy, two for a girl? Curr Biol 5:37–39

Graf M, Distler W, Schmürch HD (1986) Ovarialinsuffizienz bei Blepharophimose, Ptosis, Epicanthus inversus. Geburtsh Frauenheilkd 46:187–189

Legouis R, Hardelin JP, Levilliers J et al. (1991) The candidate gene for the X-linked Kallmann syndrome encodes a protein related to adhesion molecules. Cell 67:423–435

Mau KA, Bäckert IT, Kaiser P, Kiesel L (1997) Chromosomal findings in 50 couples referred for genetic counselling prior to intracytoplasmic sperm injection. Hum Reprod 12:930–937

Moore K (1993) Embryologie. Lehrbuch und Atlas der Entwicklungsgeschichte des Menschen, 3. Aufl. Schattauer, Stuttgart

Neesen J, Engel W (1998) Die genetische Basis struktureller und funktioneller Spermiendefekte. Med Genet 10:13–14

Nieschlag E (1996) Aufgaben und Ziele der Andrologie. In: Nieschlag E, Behre HM (Hrsg) Andrologie. Grundlagen und Klinik der reproduktiven Gesundheit des Mannes. Springer, Berlin Heidelberg New York Tokyo, S 1–9

Peschka et al. (1998) Konstitutionelle Chromosomenanomalien bei mit ICSI behandelten Paaren. Med Genet 10:14–15

Schweikert HU (1992) Störungen der Geschlechtsdifferenzierung. In: Hornborstel M, Kaufmann W, Siegenthaler W (Hrsg) Innere Medizin in Praxis und Klinik, Bd I. Thieme, Stuttgart

Scriver CR, Beaudet AL, Sly W (1995) The metabolic and molecular basis in inherited disease, 7th edn. McGraw-Hill, New York

Simpson JL (1997) In: Rimoin DL, Connor JM, Pyeritz RE (eds) Emery and Rimoin's principles and practice of medical genetics, 3rd edn. Churchill Livingstone, Edinburgh, pp 1477–1493

Stolecke H (1987) Prämature Teilentwicklung. In: Stolecke H, Terruhn V (Hrsg) Pädiatrische Gynäkologie. Springer, Berlin Heidelberg New York Tokyo, S 161–163

Stolla R (1998) Gametenselektion und Gamentenkonkurrenz – greift ICSI in ein natürliches Schutzsystem ein? Med Gen 10:11–12

Terruhn V (1987) Fehlbildungen des weiblichen Genitale im Kindes- und Jugendalter und ihre Behandlung. In: Stolecke H, Terruhn V (Hrsg) Pädiatrische Gynäkologie. Springer, Berlin Heidelberg New York Tokyo, S 41–68

Vogt P (1992) Wurde die genetische Funktion des Y-Chromosoms während der männlichen Keimzell-Entwicklung bisher unterschätzt? Dtsch Ärztebl 89:294–295

Vogt P (1996) Human Y-chromosome function in male germ cell development. Adv Dev Biol 4:191–257

Weinstein LS, Shenker A, Gejman PV et al. (1991) Activating mutations of the stimulatory G protein in the McCune-Albright syndrome. N Engl J Med 325:1688–1695

Wieacker PF (1994) Genetik in Gynäkologie und Geburtshilfe. Enke, Stuttgart (Bücherei des Frauenarztes 47)

Wieacker PF, Peters M (1991) Gonadotropinresistenz beim Rothmund-Thomson-Syndrom. Geburtsh Frauenheilkd 48:443–444

Wieacker PF, Emmerich D, Runge M (1991) Primäre Ovarialinsuffizienz beim Polyendokrinopathie-Syndrom. Geburtsh Frauenheilkd 51:1004–1005

Wilkins L (1957) The diagnosis and treatment of endocrine disorders in childhood and adolescence, 2nd edn. Thomas, Springfield

Witkowski R, Prokop O, Ullrich E (1995) Lexikon der Syndrome und Fehlbildungen. Ursachen, Genetik und Risiken, 5. Aufl. Springer, Berlin Heidelberg New York Tokyo

Wolf U (1995) The molecular genetics of human sex determination. J Mol Med 73:325–331

Wolf AS, Esser-Mittag J (1996) Kinder- und Jugendgynäkologie. Atlas und Leitfaden für die Praxis. Schattauer, Stuttgart

KAPITEL 8

Genetische Aspekte der Störungen in der Frühschwangerschaft

8

8.1 Aborte

Etwa 15% aller bewußt registrierten Schwangerschaften enden in einem Spontan-abort. Falls man auch die Präimplantationsphase mit berücksichtigt, wird von einer Abortrate von 30–50% ausgegangen. Der verhaltene Abort (missed abortion) macht ca. 90% der Gesamtabortrate aus. Beim klinischen Bild eines Abortus imminens ist bei der Hälfte der Fälle von einer Missed abortion auszugehen (Berle 1988).

8.1.1 Chromosomenaberrationen und Aborte

Bei 60–70% der Aborte, vor allen Dingen der verhaltenen Aborte, ist eine Chromosomenstörung die Ursache.

Während ca. 6 auf 1000 aller Neugeborenen eine Chromosomenstörung haben, ist insgesamt davon auszugehen, daß bei ca. 5–7% aller Schwangerschaften eine Chromosomenanomalie vorliegt (Hook 1992). Die meisten dieser Schwangerschaften enden in einem verhaltenen Abort. 96% der den Aborten zugrundeliegenden Chromosomenstörungen sind numerisch, 4% strukturell.

Zytogenetische Untersuchungen an menschlichen Oozyten (die nach Inkubation mit den Spermien unbefruchtet blieben) in der 2. Metaphase der Reifeteilung (in Zusammenhang mit der In-vitro-Fertilisation) und die Untersuchung an Spermien von gesunden Samenspendern ergaben eine Aneuploidie bei 20–25% der Oozyten und bei 2–4% aller Spermatozoen (Zenses u. Casper 1992; Sperling u. Wegner 1995).

Je früher ein Abort eintritt, um so größer ist die Wahrscheinlichkeit einer Chromosomenanomalie als Ursache. Die durchschnittliche Rate von Chromosomenanomalien bei Spontanaborten beträgt 60–80% bis zur 6. SSW, 50% in der 8.–11. SSW, 40% in der 12.–15. SSW, 20% in der 16.–19. SSW und 5–10% jenseits der 19. SSW.

Die größte Gruppe der gefundenen Chromosomenstörungen sind die *autosomalen Trisomien*. Sie sind Ursache von ca. 50% der Aborte. Hiervon fallen ca. 30% auf die Trisomie 16, ca. 20% auf die Trisomie 22 und immerhin auch 10% auf die Trisomie 21 (Down-Syndrom), die bei Neugeborenen die häufigste autosomale Trisomie darstellt. Die Trisomie 16 ist nicht und die Trisomie 22 selten mit dem Leben vereinbar.

Die nächsthäufige Chromosomenstörung ist die *gonosomale Monosomie 45,X*, die in vielen Fällen mit dem Leben vereinbar ist und zur Ausprägung des Turner-Syndroms führt. Sie macht 10–20% aller Aborte aus. Warum ca. 90% aller 45,X-Konstellationen intrauterin zugrunde gehen und ein kleiner Teil zur Geburt eines nicht schwer kranken Mädchens führt, ist noch nicht geklärt. Eine mögliche Erklärung hierfür ist, daß lebendgeborene Kinder mit Monosomie X im Grunde ein chromosomales Mosaik haben und die durchgehenden Fälle von Monosomie X immer zum Abort führen. Mosaike müssen weder im Fruchtwasser noch unbedingt an den Lymphozyten im Blut sichtbar sein. Mosaike werden bei Kindern mit Turner-Syndrom in der Regel erst festgestellt, wenn weitere Gewebe untersucht werden.

Die danach nächsthäufige bei Aborten gefundene Chromosomenstörung ist die Polyploidie, v. a. die Triploidie. Sie macht ca. 17% der 15% Spontanaborte aus. Dies bedeutet, daß ca. *1% aller bewußt erlebten Schwangerschaften* davon betroffen sind. Bei der Polyploidie ist der diploide Chromosomensatz um ganze Chromosomensätze vermehrt. Im Fall der Triploidie liegt ein zusätzlicher haploider Chromosomensatz vor, d. h. jede Zelle hat insgesamt 69 Chromosomen.

Die meisten Triploidien entstehen bei der Befruchtung durch die Verschmelzung einer Eizelle mit 2 Spermien. Die Tetraploidien beruhen in der Regel auf dem Ausfall einer der ersten mitotischen Zellteilungen. Falls bei der Triploidie der zusätzliche haploide Chromosomensatz vom Vater stammt, ist die Plazenta in der Regel im Sinne einer partiellen Blasenmole verändert.

Zu ca. 3–4% werden unbalancierte *strukturelle Anomalien* als Ursache von Spontanaborten gefunden. Diese sind in der Regel nicht neu entstanden, sondern familiär. Dies heißt, daß ein Elternteil eine Strukturanomalie in balanciertem Zustand trägt.

Folgende Störungen, die in Kap. 3 ausführlich beschrieben wurden, werden beobachtet:
- reziproke balancierte Translokation,
- Robertson-Translokation,
- Inversionen.

Als Folge einer ungleichen Aufteilung des Erbgutes in der Meiose kommt es – abhängig von der Form der Störung und dem Träger (Mutter oder Vater) – in einem mehr oder weniger großen Prozentsatz der Nachkommen zu einem unbalancierten Chromosomensatz mit Deletionen oder Duplikationen bestimmter Chromosomenabschnitte (in 4–20% der Fälle).

Bei *Inversionen*, recht häufigen Chromosomenstörungen, kann es durch Crossing-over innerhalb einer peri- oder parazentrischen Inversionsschleife durch Rekombinationsaneuploidien zu unbalancierten Gameten kommen. Auch *Mosaike*, z. B. der Geschlechtschromosomen, können Ursache von Aborten sein und werden bei Paaren mit habituellen Aborten überdurchschnittlich häufig festgestellt.

Bei ca. 6% aller Paare mit habituellen Aborten werden *Chromosomenaberrationen* gefunden (Stoll 1981; Diedrich et al. 1983; Pantzar et al. 1984).

Bei mehreren aufeinanderfolgenden Aborten mit demselben Chromosomensatz muß an ein chromosomales *Keimbahnmosaik* als Abortursache gedacht werden. Die Entstehung mehrerer aufeinanderfolgender Trisomien könnte dann so erklärt werden, daß schon in den im Diktyotän verharrenden Oozyten ein trisomer Chromosomensatz vorhanden ist, der nach der ersten Reifeteilung zu einer Oozyte mit einem disomen Chromosomensatz führt.

Tabelle 8.1 zeigt den prozentualen Anteil der verschiedenen Chromosomenstörungen bei Aborten und Neugeborenen (und ihre Prävalenz bezogen auf 1000 Neugeborene).

Die Spontanabortrate zu einem gegebenen Zeitpunkt ist von vielen Parametern abhängig. Wichtige Faktoren sind

- das Gestationsalter,
- das Alter der Schwangeren,
- die Anzahl vorausgegangener Aborte.

Die Häufigkeit der Spontanaborte nimmt mit zunehmendem Gestationsalter ab und steigt mit zunehmendem Alter der Schwangeren an.

Die *Abnahme der Abortrate mit zunehmendem Gestationsalter* beruht auf der Tatsache, daß die einem Großteil der Fehlgeburten zugrundeliegenden Chromo-

Tabelle 8.1. Relative Häufigkeit der verschiedenen Chromosomenstörungen bei Spontanaborten und Neugeborenen. (Mod. nach Sperling 1983; auslesefreie Analyse von ca. 60000 Neugeborenen und 3000 Sponatanaborten)

Chromosomenanomalien	Aborte [%]	Neugeborene [%]	Pro 1000 Neugeborene (n)
1. Numerische Anomalien			
a) Aneuploidien:			
gonosomale Monosomien (Monosomie X)	20	–	<0,1
gonosomale Trisomien (XXY, XXX, XYY)	<0,5	23,7	1,4
autosomale Monosomien	≤0,5	–	–
autosomale Trisomien	51	25,4	1,5
b) Polyploidien:			
Triploidie	16,5	–	–
Tetraploidie	6,3	–	–
2. Strukturelle Anomalien:			
balanciert	0,6	32,2	1,9
unbalanciert	3,1	8,5	0,5
3. Sonstige (Mosaike)	2,5	10,2	0,6
Gesamt	100	100	5,9

somenstörungen zu einer chromosomenspezifischen intrauterinen Absterberate führen. Vor allen Dingen die Trisomien 16 und 22, die einen wesentlichen Teil der autosomalen Trisomien bei Aborten ausmachen, führen schon sehr früh zum intrauterinen Fruchttod.

Die *Zunahme mit mütterlichem Alter* beruht u. a. auf der Tatsache, daß ca. 50% der den Aborten zugrundeliegenden Chromosomenstörungen Trisomien sind, deren Zunahme mit mütterlichem Alter erwiesen ist.

Eine Studie an 3042 Einlingsschwangerschaften, die im Zeitraum zwischen der 7. und 12. SSW einer Ultraschalluntersuchung zugeführt wurden (McFadyen 1984, 1985, 1989) dokumentiert die Abhängigkeit der Spontanabortrate vom Gestationsalter und mütterlichen Alter. Die Rate der zum Zeitpunkt der sonographischen Untersuchungen (7.-12. SSW) nicht mehr intakten Schwangerschaften stieg von 2,7% bei 25jährigen auf 15,4% bei 40jährigen und älteren Schwangeren. Die Spontanabortrate im weiteren Verlauf der Schwangerschaft bei jenen Schwangeren, die intakte Schwangerschaften im Zeitraum zwischen der 9. und 12. SSW hatten (der für die Chorionzottenbiopsie relevanten Gestationszeit), betrug jenseits dieses Zeitraums bis zum Entbindungstermin 0,7% bei den 24–26jährigen, 4,0% bei den 37–39jährigen und 9,4% bei den über 43jährigen Schwangeren.

Andere Studien ergaben ähnliche Zahlen (Wilson et al. 1984; Gilmore u. McNay 1985).

Eine Kontrollgruppe für eine Amniozentesestudie ergab eine Spontanabortrate von 1% im Zeitraum zwischen der 16. und 28. SSW (Sant-Cassia et al. 1984). In anderen Studien fanden sich zwischen der 13. und 28. SSW Abortraten bis zu 1,6% (Golbus et al. 1979).

Die Abhängigkeit des Risikos für einen Spontanabort von der *Anzahl vorangegangener Aborte* wird unterschiedlich eingeschätzt. Einige Studien ergaben, daß nach 3 vorangegangenen Aborten ein Risiko von 30% für einen weiteren Abort besteht (Warburton u. Fraser 1964; Nicolaides 1997). Andere Studien ergaben auch schon nach 2 Aborten ein Wiederholungsrisiko von 45–50% (Leridon 1973; Poland et al. 1977).

Es ist anzunehmen, daß ein Teil dieses Wiederholungsrisikos auf dem erhöhten Wiederholungsrisiko für Trisomien bei einer gegebenen Frau zurückzuführen ist. Zytogenetische Untersuchungen an Abortmaterial deuten darauf hin, daß nach vorangegangenem Abort aufgrund einer Trisomie auch die Chromosomenstörung bei einem nachfolgenden Abort mit überdurchschnittlich großer Wahrscheinlichkeit eine Trisomie ist (Hassold 1980; Warburton et al. 1987). Die Ursache hierfür ist noch nicht geklärt. Es wird diskutiert, ob es eine genetische Disposition zu dem den Trisomien zugrundeliegenden Mechanismus, der sog. Nondisjunction, gibt. Es wird davon ausgegangen, daß nach Geburt eines Kindes mit einer Trisomie 21 bei Frauen, die jünger als 35 Jahre sind, das Basisrisiko für eine Trisomie um 1% erhöht ist.

Einen kleinen Anteil an genetischen Ursachen habitueller Aborte nehmen verschiedene *X-chromosomal-dominant* vererbte Erkrankungen ein, die mit einer Letalität bei betroffenen männlichen Feten einhergehen (s. Kap. 4).

Auch *autosomal-rezessive* Erkrankungen können eine Abortursache darstellen. So wird von einer höheren Abortrate in Verwandtenehen ausgegangen.

Des weiteren werden bei spontan abortierten Embryonen und Feten häufiger Fehlbildungen gefunden, die als *multifaktoriell* entstandene Fehlbildungen gelten, wie Neuralrohrdefekte und Herzfehler. Bei schwerwiegender Ausprägung ist vorstellbar, daß diese Fehlbildungen die Ursache eines Abortes sind.

8.1.2 Procedere bei habituellen Aborten

- Ausschluß nicht genetischer Ursachen: uterine Faktoren, systemische Infektionen, immunologische Faktoren, mütterliche Erkrankungen (Hyper- und Hypothyreose, Diabetes mellitus, Stoffwechselerkrankungen, Autoimmunerkrankungen, psychosomatische Genese), exogene physikalische oder chemische Faktoren.
- Nach 2 und mehr Aborten *Karyotypisierung der Eltern* zum Ausschluß einer balancierten strukturellen Chromosomenveränderung.
- Bei struktureller Auffälligkeit oder Mosaik bei einem Elternteil *Karyotypisierung* in jeder weiteren Schwangerschaft.
- Erwägung einer Karyotypisierung in weiteren Schwangerschaften nach Abort mit zytogenetisch gesicherter freier Trisomie.
- *Wichtig für weitere Schwangerschaften:* Nach wiederholten Aborten ist bei erneutem Abort eine zytogenetische Untersuchung am Abortmaterial sinnvoll (dazu muß das Abortmaterial möglichst schnell unfixiert oder in Kochsalzlösung an ein zytogenetisches Labor gelangen).

8.2 Blasenmole

Die Blasenmole ist eine Trophoblasterkrankung, die mit einer Proliferation von Trophoblastzellen und einer hydrophischen Volumenzunahme des Stromas einhergeht.

In Europa wird bei 2000–3000 Schwangerschaften eine Blasenmole gefunden, in Asien ist die Inzidenz 10mal höher.

Es wird zwischen kompletter und inkompletter Blasenmole unterschieden.

8.2.1 Komplette Blasenmole

Die vollständige Blasenmole ist genetisch ausschließlich väterlicher Herkunft.

Zytogenetisch wird bei ca. 90% der kompletten Blasenmolen ein 46,XX-Karyotyp, in seltenen Fällen ein 46,XY-Karyotyp gefunden. Folgende Mechanismen können zur diploiden Blasenmole führen:
- Duplikation eines haploiden Spermienchromosomensatzes in einer kernlosen Eizelle,

- Befruchtung einer kernlosen Eizelle durch ein diploides Spermium aufgrund einer Störung der Meiose II,
- Befruchtung einer kernlosen Eizelle durch 2 Spermien (Dispermie).

Es wird angenommen, daß die beiden ersten Mechanismen die häufigsten sind. Zu einem XY-Karyotyp kann es nur nach Befruchtung einer kernlosen Eizelle durch 2 Spermien kommen (zur Sonographie s. Kap. 12). Eine familiäre Häufung der kompletten Blasenmole ist wiederholt beschrieben worden, weshalb eine genetische Disposition angenommen werden kann.

8.2.2 Partielle Blasenmole

Die partielle Blasenmole stellt das morphologische Korrelat der Triploidie bzw. Polyploidie bei Befruchtung einer Oozyte mit 2 oder mehr Spermien dar.

Der 23 Chromosomen enthaltende haploide Chromosomensatz ist nicht, wie normal, 2fach vertreten, sondern 3- oder mehrfach. Bei der Triploidie finden sich somit insgesamt 69 Chromosomen in jeder Zelle.

Eine Polyploidie wird bei ca. 20% aller Aborte gefunden. Davon sind 2 Drittel triploid (Sperling u. Wegner 1995). Die zytogenetisch oder molekulargenetisch mögliche Ermittlung der Herkunft des überzähligen Chromosomensatzes zeigt, daß etwa 3 Viertel aller Fälle väterlichen Ursprungs sind und sich in ihrer Mehrzahl auf die Befruchtung einer Oozyte durch 2 Spermien zurückführen lassen. In seltenen Fällen kommt es zur Befruchtung durch ein diploides Spermium.

Wenn der zusätzliche Chromosomensatz väterlichen Ursprungs ist, d.h. zwei väterliche Chromosomensätze und ein mütterlicher Chromosomensatz vorliegen, kommt es zur partiellen Blasenmole (Abb. 8.1). Die HCG-Werte sind bei Triploidie väterlichen Ursprungs erhöht.

Die Mehrzahl der Triploidien *mütterlicher Herkunft* gehen nicht mit Molen einher. Die Plazenta ist hier weitgehend normal. Die Ursache ist bei mütterlicher

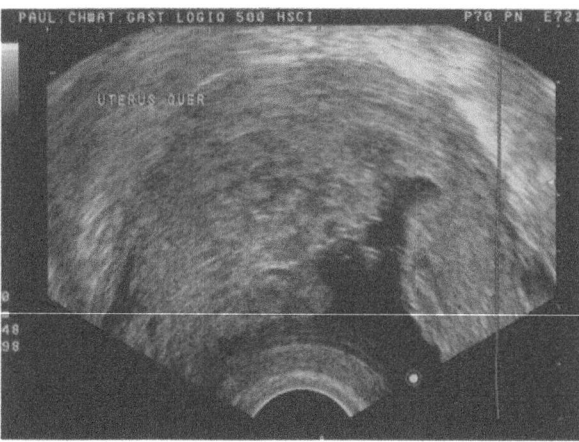

Abb. 8.1. Partielle Blasenmole

Herkunft zu etwa gleichen Teilen auf einen Fehler in der 1. bzw. 2. Reifeteilung zurückzuführen (Nichtabschnürung eines Polkörperchens). Bei Triploidie mütterlichen Ursprungs werden eher niedrige HCG-Werte gefunden (siehe auch Kap. 3).

Die Tatsache, daß die vollständige Blasenmole genetisch väterlichen Ursprungs ist und auch die mit molig aufgetriebener Plazenta einhergehende Triploidie zu 2 Dritteln väterlichen Ursprungs ist, d. h. mit einem Übergewicht an väterlichem Genom einhergeht, macht deutlich, daß sich die Genaktivität der elterlichen Genome in der frühembryonalen Entwicklung unterscheidet. Diese unterschiedliche Modifikation des mütterlichen und väterlichen Erbguts, die *Imprinting* genannt wird, macht die Klärung vieler Fragen in der Genetik möglich (siehe Kap. 3 u. 4).

Auch durch Kerntransplantation an der Maus konnte gezeigt werden, daß das väterliche Genom vor allem für die Entwicklung des extraembryonalen Gewebes, d. h. des Trophoblasten, verantwortlich ist, während das mütterliche Genom größere Bedeutung für die frühen Entwicklungsprozesse des Embryos hat.

Literatur

Berle P (1988) Spontanabortrate in der Frühschwangerschaft. Gynäkologe 21:98

Brackertz W (1983) Zur Genetik der Blasenmolen. Geburtsh Frauenheilkd 43:461–468

Diedrich U, Hansmann I, Janke D, Opitz O, Probeck HD (1983) Chromosome anomalies in 136 couples with a history of recurrent abortions. Hum Genet 65:48–52

Eiben B, Bartels I, Bähr-Porsch S et al. (1990) Cytogenetic analysis of 750 spontaneous abortions with the direct-preparation method of chorionic villi and its implications for studying genetic causes of pregnancy wastage. Am J Hum Genet 47:656–663

Gilmore DH, McNay MB (1985) Spontaneous fetal loss rate in early pregnancy. Lancet I:107

Golbus SM, Voughman WD, Epstein J et al. (1979) Prenatal diagnosis in 300 amniocenteses. N Engl J Med 300:157–163

Hassold T (1980) A cytogenetic of repeated abortions. Am J Hum Genet 32:723–730

Hassold T, Chen N, Funkhouser J et al. (1980) A cytogenetic study of 1000 spontaneous abortions. Ann Hum Gen 44:151–178

Hook EB (1992) Chromosome abnormalities: prevalence, risks and recurrence. In: Brock JM et al. (eds) Prenatal diagnosis and screening. Churchill Livingstone, Edinburgh, pp 351–392

Kircheisen R, Schroeder-Kurth T (1991) Familiäres Blasenmolen-Syndrom und genetische Aspekte dieser Trophoblastentwicklung. Geburtsh Frauenheilkd 51:569–571

Leridon H (1973) Démographie des échecs de la reproduction. In: Bone A, Thibault C (eds) Les accidents chromosomiques de la reproduction. Inserm, Paris, pp 13–27

McFadyen IR (1984) Medical Research Council Meeting to discuss the evaluation of the safety of chorion biopsy techniques, London, March 30th

McFadyen IR (1985) Missed abortion and later spontaneous abortion in pregnancies clinically normal of 7–12 weeks. Eur J Obstet Gynecol Reprod Biol 20:381–384

McFadyen IR (1989) Early fetal loss. In: Rodeck CH (ed) Fetal medicine. Blackwell, Oxford

Mortimer G (1990) Hydatiform mole. In: Buyse ML (ed) Birth defects Encyclopedia. Blackwell, Oxford, pp 884–886

Pantzar JT, Allanson JE, Kalousek DK, Polland BJ (1984) Cytogenetic findings in 318 couples with repeated spontaneous abortions: a review of experience in British Columbia. Am J Med Genet 17:615–620

Poland BI, Miller JR, Jones DC, Trimble BK (1977) Reproductive counselling in patients who have had a spontaneous abortion. Am J Obstet Gynecol 127:685–691

Sant-Cassia LJ, MacPherson MBA, Tyack AJ (1984) Mid trimester amniocentesis: is it safe? A single centre controlled prospective study of 517 consecutive amniocenteses. Br J Obstet Gynecol 91:736–744

Sperling K (1983) Chromosomen-Anomalien beim Menschen. Häufigkeit und Entstehung. Biol I U Z 13:144–156

Sperling K, Wegner RD (1995) Ätiologie und Pathogenese chromosomal bedingter embryofetaler Fehlbildungen und Spontanaborte. In: Becker R, Fuhrmann W, Holzgreve W, Sperling K (Hrsg) Pränatale Diagnostik und Therapie. Wissenschaftliche Verlagsgesellschaft, Stuttgart

Stoll C (1981) Cytogenetic findings in 122 couples with recurrent abortions. Hum Genet 57:101–103

Warburton D, Kleine J, Stein Z, Hutzler M, Clim A, Hassold T (1987) Does the karyotype of a spontaneous abortion predict the karyotype of a subsequent abortion? Evidence from 273 women with two karyotyped spontaneous abortions. Am J Hum Genet 41:465–483

Warburton D, Byrne J, Canki N (1991) Chromosome anomalies and prenatal development: an atlas. Oxford University Press (Oxford Monographs on Medical Genetics 21)

Wieacker PF (1994) Genetik in Gynäkologie und Geburtshilfe. Enke, Stuttgart (Bücherei des Frauenarztes 47)

Wilson RD, Kendrick V, Wittmann BK, McGillivray BC (1984) Risk of spontaneous abortion in ultrasonically normal pregnancies. Lancet I:920–921

KAPITEL 9

Angeborene Fehlbildungen und Dysmorphiesyndrome

9

9.1 Ätiologie der angeborenen Fehlbildungen

Kongenitale Fehlbildungen sind die Folge einer gestörten bzw. unvollständigen Embryogenese. Störungen in allen Entwicklungsstadien (Tabelle 9.1) können zu morphologischen Anomalien führen. Sie können einzeln oder in multipler Form auftreten.

Etwa 3% der Neugeborenen zeigen eine schwere Einzelfehlbildung, multiple Fehlbildungskomplexe treten mit einer Häufigkeit von 0,7% auf. Die Häufigkeit von schweren Fehlbildungen ist zum Zeitpunkt der Konzeption wesentlich höher (10–15%). Der größte Teil der Embryonen mit schweren Fehlbildungen stirbt intrauterin und endet in einer Fehlgeburt. Etwa 50–60% der spontan abortierten Feten mit Fehlbildungen werden durch eine Chromosomenstörung verursacht.

Die genaue Identifizierung und Zuordnung der Fehlbildungen ist wünschenswert. Sie erlaubt Rückschlüsse auf die Entstehung und ermöglicht eine geneti-

Tabelle 9.1. Die vier menschlichen Entwicklungsstadien nach Opitz

Stadium	Beschreibung
Prägenese (Präontogenese, Progenese)	Alle Entwicklungsstadien von der Abtrennung der Keimzelle in der frühen Embryogenese, Migration der primordialen Keimzelle zu der primordialen Keimdrüsenfalte mit kortikomedullärer Differenzierung, Teilung, Wachstum, Differenzierung, Reifung und Freisetzung der Keimzelle zum Zeitpunkt der Befruchtung
Blastogenese	Alle Entwicklungsstadien von der Befruchtung bis zum Ende der Gastrulation (Stadium 12) (27.+28. Tag p.c.)
Organogenese (oder eigentliche Embryogenese)	Alle Entwicklungsstadien von Beginn des Stadiums 13 (28. Tag p.c.) bis Ende des Stadiums 22 (55.–56. Tag p.c. bei einer Scheitel-Steiß-Länge von etwa 30 mm). Es fallen 2 wichtige Vorgänge in diesen Zeitraum: die Morphogenese und die Histogenese
Phänogenese (Fetalperiode)	Periode von der Metamorphose (9. Woche p.c.) bis zur Geburt (38. Woche p.c.). Die bedeutendsten Ereignisse der Phänogenese sind: Wachstum und Ausprägung aller quantitativen und qualitativen Formmerkmale

sche Prognose. Die Prognose für die Entwicklung eines Kindes mit Fehlbildungen und – nicht selten – auch hinsichtlich des Einsatzes therapeutischer Maßnahmen ist nur zu beurteilen, wenn die Diagnose gesichert ist. Beispielsweise ist es von großer Bedeutung zu wissen, ob es sich bei einer Extremitätenfehlbildung um ein TAR-Syndrom (Thrombozytopenie, Aplasie des Radius), Holt-Oram-Syndrom (Fehlbildungen der oberen Extremitäten und Herzfehler), eine Fanconi-Anämie oder um eine teratogen bedingte Fehlbildung handelt.

Kongenitale Fehlbildungen können genetisch bedingt sein oder exogen durch chemische Noxen bzw. Erkrankungen der Mutter verursacht werden. Bei etwa 60% aller schweren Fehlbildungen ist die Ätiologie noch unbekannt (Tabelle 9.2).

Die Konsequenzen der pränatalen Diagnostik von Fehlbildungen können, abhängig von der Schwere der Fehlbildung und den daraus folgenden Funktionsstörungen, unterschiedlich sein.

Bei einer sonographisch diagnostizierten Fehlbildung sollte abgeklärt werden, ob es sich um eine isolierte Fehlbildung oder um ein Teilsymptom eines multiplen Fehlbildungskomplexes mit oder ohne zugrundeliegende Chromosomenstörung handelt. Eine pränatale Chromosomenanalyse ist in solchen Fällen indiziert; auch ist in manchen Fällen eine interdisziplinäre Konsultation erforderlich.

Bei einigen definierten Fehlbildungssyndromen können heute unter Anwendung neuer zytogenetischer Techniken wie fluoreszierende In-situ-Hybridisierung (FISH) kleinere strukturelle Aneuploidien (Deletionen und Duplikationen) festgestellt werden, die bisher unter Anwendung herkömmlicher zytogenetischer Standardmethoden unerkannt blieben.

Umfaßt die Deletion mehrere phänotypisch wirkende Gene, so entsteht ein sog. Contiguous-gene- bzw. Mikrodeletionssyndrom. Inzwischen sind einige autosomale und X-chromosomale Mikrodeletionssyndrome bekannt (s. Kap. 3). Je nach Größe der Deletion und des Bruchpunktes zeigen die Patienten unterschiedliche Assoziationen von Fehlbildungen, phänotypischen Merkmalen und geistiger Retardierung.

Wir wissen heute, daß der Bauplan der Lebewesen in den Genen festgeschrieben steht. Für die Zellteilung und Gewebsdifferenzierung ist das Zusammenwirken genetischer Faktoren sowie eine inter- und intrazelluläre Kommunikation erforderlich. Dabei spielen Hormone, Wachstumsfaktoren und deren Rezeptoren eine große Rolle. Aus Zellteilung und -differenzierung geht schrittweise ein Embryo mit all seinen Strukturen hervor. Schon vor der Spezialisierung wird ein

Tabelle 9.2. Ätiologie der angeborenen Fehlbildungen in Prozent. (Nach Connor u. Ferguson-Smith 1993)

Multifaktoriell	20
Monogen	7,5
Chromosomal	6,0
Mütterliche Erkrankungen	3,0
Kongenitale Infektionen	2
Alkohol, Drogen, Medikamente, ionisierende Strahlen	1,5
Unbekannt	60,0

Grundriß festgelegt, der die zukünftigen Hauptabschnitte des Körpers, wie Kopf, Rumpf und Extremitäten, vorsieht. Für eine fehlerlose Entwicklung des Embryos müssen sowohl der Zeitpunkt der einzelnen Entwicklungsschritte als auch die räumliche Anordnung der Gewebe präzise reguliert werden.

Da das Genom eines höheren Organismus bis zu 80000 Gene enthält, die zeitlich und örtlich unterschiedlich ein- und ausgeschaltet werden, ist es unwahrscheinlich, daß jedes Gen einzeln gesteuert wird. Die Steuerung geschieht gruppenweise, wobei ein Kontroll-Gen jeweils bestimmt, ob eine Gengruppe aktiv ist oder nicht. Die Regulator-Gene vermögen auf äußere Signale hin zu reagieren und ihre Ziel-Gene zu aktivieren. Ein Regulator-Gen reguliert nicht nur ein einzelnes, sondern eine Gruppe von Ziel-Genen, die zu einer Informationseinheit – dem Operon – zusammengefaßt sind. Unter Anwendung der In-situ-Hybridisierungsmethode ist es möglich, Informationen über das komplexe räumliche und zeitliche Expressionsmuster der Gene zu erhalten und den Prozeß der Genregulation während der Embryonalentwicklung zu analysieren.

In den letzten Jahren ist es gelungen, einzelne Gene, die die Weichen für die embryonale Entwicklung stellen, zu isolieren und zu untersuchen. Drei Gen-Familien, die man zuerst bei der Drosophila melanogaster (Taufliege) gefunden hat, spielen auch bei der embryonalen Entwicklung der Säugetiere und Menschen eine Rolle. Diese Gene sind die *Homeobox-(HOX-)*, die *Paired-box-(PAX-)* und die *Zinkfinger-Gene*. Bei einigen Fehlbildungssyndromen wurden in den letzten Jahren verschiedene Mutationen dieser Gene festgestellt (McGinnis u. Krumlauf 1992).

9.1.1 Homeobox-(HOX-)Gene

Bei der Drosophila sind einige Gene gefunden worden, die eine gemeinsame DNA-Sequenz von ca. 180 Basenpaaren haben und durch die Regulation der Aktivität einer Reihe anderer Gene die räumliche Organisation während der Embryonalentwicklung kontrollieren. Es sind dies homeotische und Segmentierungs-Gene. In den letzten Jahren ist eine Reihe Homeobox-Gene auch bei Säugetieren entdeckt worden. Viele davon haben bis zu 90% Homologie zu Antennepedia-(ANTP-)Genen von Drosophila (Slack 1991). Dies bedeutet, daß die Sequenz im Verlauf der Evolution konserviert ist.

Wenn ein Gen mit einer Homeobox in ein Protein übersetzt wird, ergibt sich eine Aminosäurekette, von der man glaubt, daß sie sich an die DNA-Doppelhelix anlagert. Dadurch kann dieses Protein vermutlich die entsprechenden Gene ein- oder ausschalten. Würde ein geeigneter Satz von Genen in einer bestimmten Zellgruppe des Drosophila-Embryos eingeschaltet, dann würden diese Zellen beispielsweise auf einen Entwicklungsweg geführt, der sie zu Teilen des Flügels werden läßt; die Aktivierung eines anderen Gen-Satzes in einer zweiten Gruppe von Zellen könnte diese veranlassen, sich zu Teilen eines Beines zu entwickeln.

Die Bedeutung der Homeobox geht jedoch weit über die Erkenntnisse bei Drosophila hinaus. Die gemeinsame DNA-Sequenz wurde inzwischen in einer Reihe von Organismen gefunden, die von Würmern bis zum Menschen reicht.

Homeobox-Gene erweisen sich als Schlüssel für die Mechanismen, nach denen die embryonalen Entwicklungsvorgänge aller höheren Tiere ablaufen.

In den letzten Jahren wurden mehr als 30 Homeobox-Gene der Maus kloniert. Diese Gene sind in 4 Gruppen organisiert, die sich jeweils über mehr als 100 Kilobasen erstrecken und auf den Chromosomen 6, 11, 15 und 2 lokalisiert sind. Jedes Boxcluster nimmt eine direkte lineare Korrelation zwischen der Position der Gene und deren zeitlicher und räumlicher Expression ein. Diese Beobachtung ist ein wichtiger Hinweis darauf, daß diese Gene in der frühen embryonalen Entwicklung eine Rolle spielen. Transgene Mäuse mit Mutationen in bestimmten Hox-Genen haben multiple schwere Fehlbildungen, vor allem im Gesichts- und Schädelbereich. Ähnliche Fehlbildungen sind auch beim Menschen bekannt.

9.1.2 Paired-box-(PAX-)Gene

PAX-Gene enthalten zusätzlich ein zweites Sequenzmotiv, die sog. Paired box. Sie sind stark konservierte DNA-Sequenzen mit 390 Basenpaaren und kodieren etwa 130 Aminosäuren für DNA-bindende Proteine (Brueton u. Winter 1993). Sie enthalten Transkriptionskontrollfaktoren und spielen eine bedeutende Rolle in der Embryonalentwicklung. Bis jetzt sind 8 PAX-Gene beim Menschen und bei Mäusen identifiziert worden. Die Mutationen der PAX-Gene 1, 3 und 6 der Maus verursachen Neuralrohrdefekte, Pigmentanomalien und Augenfehlbildungen.

9.1.3 Zinkfinger-Gene

Die Bezeichnung „Zinkfinger" definiert eine komplexe Bindung 4 konservierter Aminosäuren an ein Zink-Ion. Es gibt verschiedene Zinkfingerarten; in der Regel verbinden sich jeweils 2 konservierte Zystein- und Histidinreste oder aber 4 konservierte Zysteinreste (Brueton u. Winter 1993). Die entstandenen Strukturen werden durch Bindung eines Zink-Ions stabilisiert. Es ermöglicht Proteinen, gezielt bestimmte DNA-Sequenzen zu binden. Man findet sie häufig in Transkriptionsfaktoren, und sie spielen eine wichtige Rolle in der Regulierung der Entwicklung.

9.2 Einteilung der Fehlbildungssyndrome nach pathogenetischen Kriterien

Eine internationale Arbeitsgruppe hat für die Klassifikation und Nomenklatur der angeborenen morphologischen Anomalien die im folgenden aufgeführten Kriterien vorgeschlagen (Spranger et al. 1982).

9.2.1 Einzeldefekte

Fehlbildungen

Fehlbildungen sind morphologische Defekte, die durch einen Anlagefehler bedingt sind (Abb. 9.1). Dies gilt auch, wenn die Fehlbildungen erst im Laufe der Embryonalentwicklung manifest werden. Eine Fehlbildung der Hand z. B. kann erst in Erscheinung treten, wenn sich die Handplatte entwickelt. Fehlbildungen sind genetisch determiniert, d. h., das Organ oder sein Entwicklungsfeld hatte – ab ovo – keine Chance, sich normal zu entwickeln. Da sie genetisch bedingt sind, haben sie ein familiäres Wiederholungsrisiko.

Disruption

Disruptionen sind nachträglich eingetretene Defekte eines ursprünglich sich normal entwickelnden Organs oder Körperteils (Abb. 9.1). Die primäre Anlage ist normal, die Störung ist nicht genetisch sondern exogen bedingt, wie z. B. bei der Thalidomidembryopathie (Abb. 9.2). Ohne Einwirkung derselben exogenen Faktoren haben sie kein Wiederholungsrisiko.

Fehlbildungen und Disruptionen können bei einer klinischen Untersuchung nicht immer unterschieden werden. Phänotypische Merkmale eines Holt-Oram-Syndroms (Kap. 12) und einer Thalidomidembryopathie können so ähnlich sein, daß die Unterscheidung allein nach dem Erscheinungsbild nicht mehr gelingt. Das Gen für das Holt-Oram Syndrom ist kloniert, und die Mutation kann heute molekulargenetisch nachgewiesen werden.

Deformationen

Deformationen sind durch mechanische Einflüsse hervorgerufene Form- und Lageanomalien eines Körperteils (Abb. 9.1). Sie entstehen meist durch exzessive

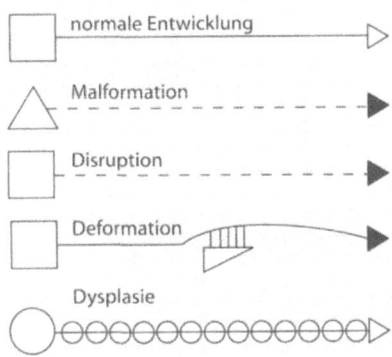

Abb. 9.1. Schematische Darstellung pathogenetischer Kategorien bei Entstehung von Einzeldefekten. (Nach Spranger et al. 1982)

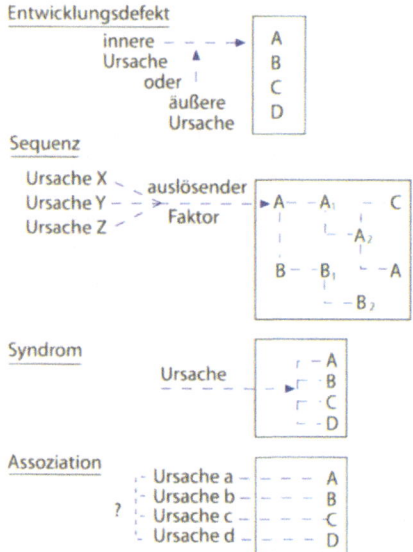

Abb. 9.2. Schematische Darstellung pathogenetischer Kategorien bei der Entstehung von multiplen Defekten. (Nach Spranger et al. 1982)

mechanische Kräfte oder durch eine verminderte mechanische Resistenz von Körperteilen. Eine intrauterine Bewegungseinschränkung, die unterschiedlich verursacht werden kann, führt z. B. zu mechanisch bedingten Fehlstellungen und Kontrakturen der Gelenke.

Dysplasien

Dysplasien sind morphologische Anomalien, die durch eine fehlerhafte Organisation und Funktion von Geweben oder Gewebskomponenten entstehen (Abb. 9.1). Der Begriff Dysplasie umschreibt den Prozeß der Dyshistogenese und deren Resultate. Hier handelt es sich nicht um einen Defekt von Organen oder Organteilen wie bei den Fehlbildungen, sondern um einen Defekt von Gewebe selbst.

Viele Dysplasien prädisponieren für eine maligne Entartung, so z. B. die Polypen. Generalisierte Dysplasien sind genetischer Natur und häufig Ausdruck einer kongenitalen Stoffwechselstörung. Da die meisten Dysplasien genetisch bedingt sind, muß in der Regel von einem Wiederholungsrisiko ausgegangen werden.

9.2.2 Multiple Fehlbildungen

Morphologische Defekte können auch kombiniert auftreten. Je nach Kombination können sie in einzelnen Fällen als Dysmorphiesyndrome identifiziert werden.

Die Kombination kann aber auch zufällig auftreten. Die Dysmorphiesyndrome sind meist monogene Leiden, während die Einzeldefekte in der Regel multifaktoriell bedingt sind.

Multiple morphologische Defekte lassen sich in folgende Gruppen einteilen:

Entwicklungsfelddefekte

Eine Störung in einem embryonalen Entwicklungsfeld führt zu Fehlbildungen in mehreren Organen (Abb. 9.2). Heute weiß man, daß viele embryonale Felddefekte oder multiple kongenitale Fehlbildungen durch Mutationen in den Transkriptionskontrollgenen hervorgerufen werden können.

Das Konzept des Entwicklungsfeldes kann ausgedehnt sein und alle Organe bzw. Gewebe einschließen, die eine gemeinsame embryonale Herkunft haben. Ein Beispiel hierfür ist die ektodermale Dysplasie, die durch eine Einzelgenmutation verursacht wird und die Organe betrifft, die eine ektodermale Herkunft haben, wie Haare, Zähne, Nägel und Schweißdrüsen. Aus einer vor dem Notochord liegenden mesodermalen Gewebsplatte entwickelt sich das Mittelgesicht mit seinen Organen. Eine Störung dieses prächordialen Entwicklungsfeldes führt entsprechend zu Defekten des Mittelgesichts und des Vorderhirns. Es entsteht dann eine Holoprosenzephalie mit unterschiedlichem Erscheinungsbild (s. 9.3.2).

Sequenz

Sequenzen sind Muster angeborener Anomalien, die sich pathogenetisch auf eine einzelne primäre Störung zurückführen lassen (Abb. 9.2). Die Potter-Sequenz entsteht beispielsweise durch intrauterine Kompression aufgrund eines Oligohydramnions, das unterschiedlich verursacht werden kann. Gelenkkontrakturen als ein Symptom bei Potter-Sequenz kommen nicht nur bei Oligohydramnion vor, sondern auch bei einer Reihe von neurogenen oder neuromuskulären Erkrankungen des Fetus (Abb. 9.3).

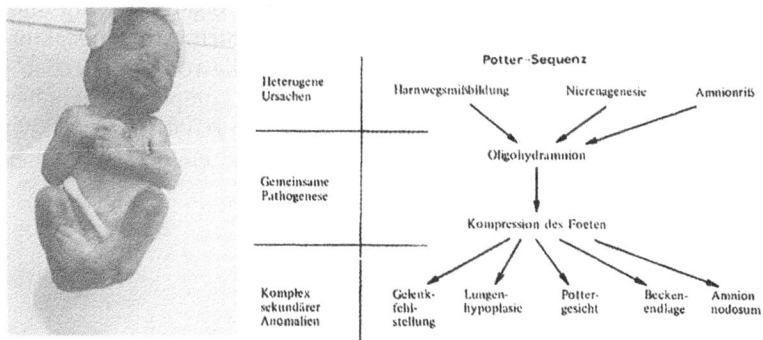

Abb. 9.3. Pathogenese der Potter-Sequenz. (Aus Buselmaier u. Tariverdian 19988)

Syndrome

Syndrome sind Muster angeborener Anomalien mit einer bekannten Ätiologie
(Abb. 9.2). Der gemeinsame pathogenetische Mechanismus ist jedoch nicht bekannt. Die primäre Ursache kann chromosomal oder monogen bedingt sein. Der
Begriff Syndrom wird in der Praxis sehr oft ohne Berücksichtigung dieser Definition benutzt.

Assoziation

Assoziationen sind mehrfach beobachtete Muster von multiplen morphologischen Defekten, die nicht als polytope Entwicklungsfelddefekte, Sequenz oder
Syndrom aufgefaßt werden können (Abb. 9.2). Die beobachteten Defekte lassen
sich pathogenetisch nicht verbinden. Die Bezeichnung der Assoziation ist akronym und leitet sich vom ersten Buchstaben des betroffenen Organs oder Organ-
systems ab. VA(C)TER(L)-Assoziation z.B. bezeichnet die Assoziation von Verte-
bral-Anal-(Cardial)-Tracheo-Esophagal-Renal-(Limb-)Anomalien.

9.3 Morphologische Anomalien durch verschiedene Genmutationen

9.3.1 Mutationen der Fibroblast-growth-factor-Rezeptorgene (FGFR)

Die Identifizierung von Mutationen der Fibroblastenfaktorrezeptoren bei verschiedenen autosomal-dominanten Skelettdysplasien und Kraniosynostosen haben gezeigt, daß sie für die Regulation der Skelettentwicklung von großer Bedeutung sind. FGFR sind Mitglieder der Tyrosinkinaserezeptor-Familie und spielen beim Transkriptionssignal in der Zelle eine entscheidende Rolle.

Bisher sind 9 FGFRs bekannt; sie sind ähnlich strukturiert und bestehen aus
einer extrazellulären Region mit 2 oder 3 immunglobulinähnlichen Domänen, einer Transmembrandomäne und einer intrazellulären Tyrosinkinasedomäne. Sie
spielen alle in der Entwicklung und in Segregationsprozessen eine wichtige Rolle
und unterscheiden sich durch gewebsspezifische Ligandbindung und alternatives
Splicen. Als Liganden kommen außer 9 Fibroblastenwachstumsfaktoren auch He-
paransulfat-Proteoglykane und Adhäsionsmoleküle von Neuralzellen in Frage.

Für jedes Gewebe existiert ein spezifisches komplexes Signalnetzwerk. Aus
diesem Grund führt eine Mutation in einem der FGFR-Gene zu einem bestimmten Muster von Fehlbildungen. In Tabelle 9.3 sind einige Krankheiten mit FGFR-
Gen-Mutationen zusammengestellt.

FGFR-Mutationen und Skelettdysplasien

Die molekulargenetischen Analysen in den letzten Jahren haben gezeigt, daß die
unterschiedlichen Formen der Zwergwuchssyndrome, Achondroplasie (Abb. 9.4),

Tabelle 9.3. Krankheiten mit Mutationen in den FGFR-Genen

Krankheit	Symptome	Lokali-sation	Gen
Achondroplasie/ Hypochondroplasie	Disproportionierter Zwergwuchs, Makrozephalie unterschiedlicher Ausprägung	4p16	FGFR3
Apert-Syndrom	Turmschädel, flacher Okziput, Mittelgesichtshypoplasie, komplette Syndaktylie, kurze Extremitäten	10q26	FGFR2
Crouzon-Syndrom	Turmschädel, flacher Okziput, Protrusio bulbi, Maxillahypoplasie, Schnabelnase	10q26	FGFR2
Beare-Dodge-Nevin-Komplex	Hyperpigmentation, Kraniosynostosen, Minderwuchs, Furchungen der Kopfhaut, Handflächen und Fußsohlen	10q26	FGFR2
Crouzon-Syndrom mit Acanthosis nigricans	Crouzon-Syndrom plus Hyperpigmentation am Hals und in der Axilla	4p16	FGFR2
Kraniosynostoser Typ Muenke	Isolierte Kraniosynostose	4p16	FGFR3
Jackson-Weiß-Syndrom	Kraniosynostosen, breite Zehen mit Medianabweichung	10q26	FGFR2
Pfeiffer-Syndrom	Akrobrachyzephalie; breite Daumen und große Zehen	8p	FGFR1
		10q26	FGFR2
Thanatophore Dysplasie	Schwerer disproportionierter Zwergwuchs mit sehr kurzen Extremitäten, letal	4p16	FGFR3

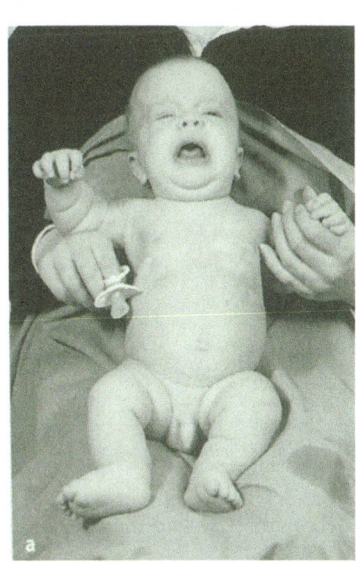

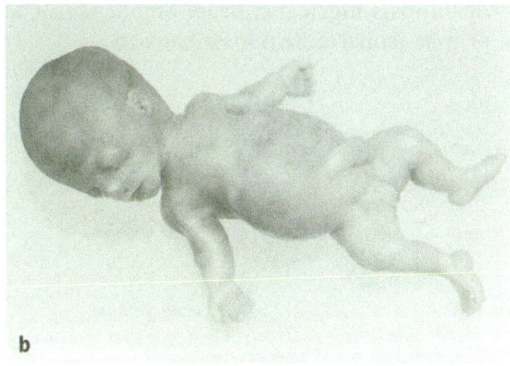

Abb. 9.4. a Achondroplasie, **b** thanatophorer Zwergwuchs. (Aus Buselmaier u. Tariverdian 1998)

Hypochondroplasie, thanatophore Dysplasie Typ I und II durch Mutationen in einem FGFR-Gen verursacht werden (Muenke u. Schell 1995). Klinische Merkmale dieser Krankheiten sind: Disproportionierter Zwergwuchs und Makrozephalie. Diese Mermale sind bei der Hypochondroplasie milder ausgeprägt. Die thanatophoren Dysplasien sind wegen der zusätzlichen Beeinträchtigung der Rippenentwicklung mit nachfolgender schwerer Ateminsuffizienz letal.

All diesen klinisch unterschiedlichen Krankheitsbildern liegt eine Regulationsstörung der Proliferation und Differenzierung von Chondrozyten zugrunde. Sie werden durch Mutationen in unterschiedlichen strukturellen und funktionellen Domänen des FGFR3-Gens verursacht. Bei über 97% der Patienten mit Achondroplasie wird eine GLY308Arg-, gelegentlich auch GLY375Cys-Substitution gefunden, die in der Transmembrandomäne liegen. Mutationen in der Extrazellulärtransmembran-Domäne, Mutationen zwischen der IG2- und IG3-Domäne sowie Mutationen, die das Überlesen von Stopcodons ermöglichen, führen zur thanatophoren Dysplasie Typ I. Eine GLN540Lys-Substitution im proximalen Teil der Tyrosinkinasedomäne wurde bei den Patienten mit Hypochondroplasie gefunden, und die LysLY650GLU-Mutation in der kinaseaktivierenden Schleife führt zur thanatophoren Dysplasie Typ II. Die Mutationen im FGFR3-Gen, die zu Skelettdysplasien führen, sind in Abb. 9.5 zusammengestellt.

FGFR-Gen-Mutationen bei Kraniosynostosesyndromen

Kraniosynostosen beschreiben das vorzeitige Zusammenwachsen von einzelnen bzw. mehreren Schädelnähten. Primäre Kraniosynostosen können isoliert oder unter Beteiligung anderer Organe im Rahmen eines kraniofazialen Syndroms auftreten. Je nach klinischem Erscheinungsbild und Beteiligung weiterer Organe unterscheidet man verschiedene Krankheitsgruppen:
- Akrozephalosyndaktylien (Apert-, Pfeiffer-, Jackson-Weiss-Syndrom),
- kraniofaziale Dysostosesyndrome (Crouzon-Syndrom, Crouzon-Syndrom mit Acanthosis nigricans, Beare-Stephenson-Cutis-gyrata-Syndrom),
- primär isolierte Kraniosynostosen.

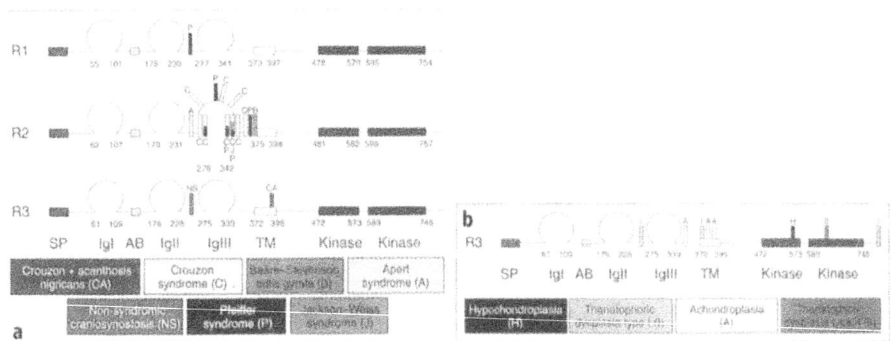

Abb. 9.5 a, b. Mutationen im FGFR-Gen. **a** Lokalisationen und Mutationen bei Kraniosynostosis-Syndromen, **b** Lokalisation der Mutationen bei Achondroplasie und thanatophorer Dysplasie. (Nach Webster u. Donaghue 1997)

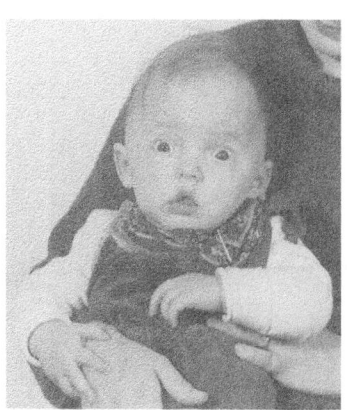

Abb. 9.6. Patient mit Crouzon-Syndrom. (Aus Buselmaier u. Tariverdian 1998)

Bei all diesen Krankheitsbildern findet man Mutationen in FGFR-Genen (Muenke 1997). Die klinischen Merkmale dieser einzelnen Syndrome sind in Tabelle 9.3
zusammengestellt. Eine Substitution von Prolin durch Argenin zwischen der 2.
und 3. Schleife verursacht z. B. das Pfeiffer-Syndrom, wenn sie im FGFR1-, das
Apert-Syndrom, wenn sie im FGFR2- und eine nicht syndromale Kraniosynos-
tose, wenn sie im FGFR3-Gen entsteht.

Die unterschiedlichen Mutationen in den Exons 3a und 3c vom FGFR2-Gen
verursachen Pfeiffer-, Crouzon- (Abb. 9.6) und Jackson-Weiss-Syndrom. Zwei
Kraniosynostosen sind mit Hautveränderungen assoziiert; dies sind das Beare-
Stephenson-Cutis-gyrata-Syndrom und das Crouzon-Syndrom mit Acanthosis ni-
gricans. Diese beiden Krankheiten entstehen jeweils durch Mutationen in der
Transmembrandomäne von FGFR2 oder FGFR3.

9.3.2 Mutation der Hedgehog-Gene und Holoprosenzephalie (HPE)

Mitglieder der homöotischen Gene spielen bei der embryonalen Entwicklung aller Spezies eine bedeutende Rolle. Bei den Säugetieren sind 3 Hedgehog-Homo-
loge bekannt: Sonic-, Desert- und Indian-Hedgehog.

Sonic-Hedgehoc (SHH) kontrolliert die Entwicklung des Notochords, die Regulation der Segmentierung und die Entwicklung der Segmente (Dean 1996).
Mäuse mit dem SHH-Defekt sterben wegen schwerer Fehlbildungen im Frontal-
bereich des Gehirns und zeigen schwere Fehlbildungen im Bereich des mittleren
Gesichtsschädels mit Einzelauge, Zyklopie (Abb. 9.7) bzw. Proboscis.

Viele dieser Fehlbildungsmuster erinnern an die Holoprosenzephalie, eine der
häufigen Fehlbildungen beim Menschen. Es handelt sich hier um eine Fehlbildung des Mittelgesichts und des frontalen Bereichs des Gehirns, die heterogen
verursacht wird. Die Holoprosenzephalie kommt bei 1:16000 Lebendgeborenen
und bei etwa 1:250 spontanabortierten Feten vor. Die phänotypische Ausprägung
ist sehr variabel, in ausgeprägtem Zustand besteht eine Anophthalmie bzw. eine
Zyklopie. Bei den leichter betroffenen Patienten liegt eine faziale Dysmorphie

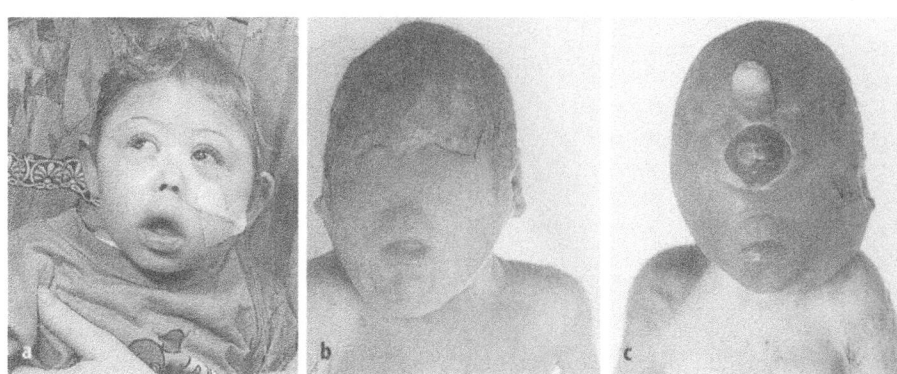

Abb. 9.7. Patienten mit Holoprosenzephalie unterschiedlicher Ausprägung. (Aus Buselmaier und Tariverdian 1998)

mit Hypertelorismus, eine Spalte bzw. Kerbe der Oberlippe und/oder Nase und eine Aplasie des N. olfactorius oder des Corpus callosum vor. In noch milderen Formen fehlt ein Schneidezahn, oder es finden sich andere Minimaldefekte.

Bis jetzt sind 4 HPE-Loci bekannt. HPE3 liegt am terminalen Ende des Chromosoms 7 (7q36). Durch physikalische Kartierung konnte die verantwortliche Region für HPE3- sowie das SHH-Gen als Ursache dieser Fehlbildung identifiziert werden. Es wurde bestätigt, daß die Mutation des SHH-Gens eine der genetisch bedingten Holoprosenzephalien verursacht (Belloni et al. 1996).

9.3.3 Mutation der PAX-Gene

In der letzten Zeit sind einige PAX-Gene auch beim Menschen identifiziert worden. Mutationen im PAX3-Gen führen beispielsweise zur Entstehung des *Waardenburg-Syndroms*. Charakteristisch sind Schwerhörigkeit, weiße Haarsträhne über der Stirnmitte und Irisheterochromasie mit autosomal-dominanter Vererbung. PAX6 ist an der Entwicklung des ZNS und des Auges beteiligt. Die Mutationen am PAX6-Gen verursachen eine *Aniridie* bzw. andere Entwicklungsstörungen des Auges. Kürzlich wurde ein Rearrangement in PAX3 gefunden, das einen seltenen Tumor im Kindesalter, das alveolare Rhabdomyosarkom, verursacht.

Durch gezielte Forschungsarbeiten werden in Zukunft mit Sicherheit weitere Mutationen an diesen Genfamilien festgestellt werden.

9.3.4 Mutation der Zinkfinger-Gene

Die Zinkfingerproteine spielen bei der Regulation der embryonalen Entwicklung eine wichtige Rolle. Es hat sich gezeigt, daß eine Deletion des multiplen Zinkfinger-Gens GLI3 auf Chromosom 7 zur Entstehung der Zephapolysyndaktylie Typ Greig führt. Auch beim Denys-Drash-Syndrom spielen Mutationen in Zinkfinger-Genen eine Rolle (Radhakrishna et al. 1997).

9.4 Beispiele für Fehlbildungs- oder Dysmorphiesyndrome

Auf die Pränataldiagnostik der häufigeren Fehlbildungssyndrome und Einzelfehlbildungen wird in Kap. 12 eingegangen. Im folgenden werden die klinischen Merkmale einiger Fehlbildungssyndrome geschildert.

9.4.1 Cornelia-Brachmann-de-Lange-Syndrom (Abb. 9.8)

Klinische Merkmale: Prä- und postnataler Minderwuchs, Mikrozephalie, lange und buschige Wimpern, über der Nasenwurzel zusammengewachsene, buschige Augenbrauen, Hypertelorismus, antimongoloide Lidachse, Stupsnase, hohes Philtrum, schmale Oberlippe, nach unten gezogene Mundwinkel, tiefe Haaransatzstellen an Nacken und Stirn, kleine Hände und Füße, proximal versetzte Daumen, kurze fünfte Finger, Klinodaktylie, rauhe Stimme, geistige Retardierung.

Erbgang: Meist sporadisch, uneinheitliche Chromosomenaberrationen wurden beobachtet. Patienten mit Duplikation von 3q26–27 zeigen einen ähnlichen Phänotyp, in selten beobachteten familiären Fällen wird ein autosomal-dominanter Erbgang mit verminderter Penetranz angenommen.

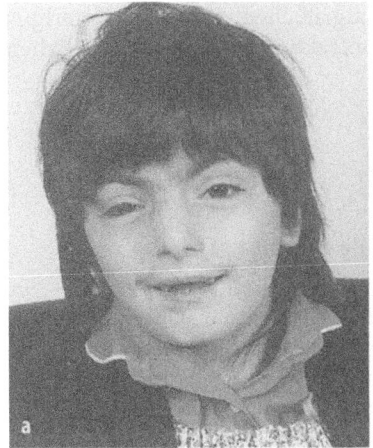
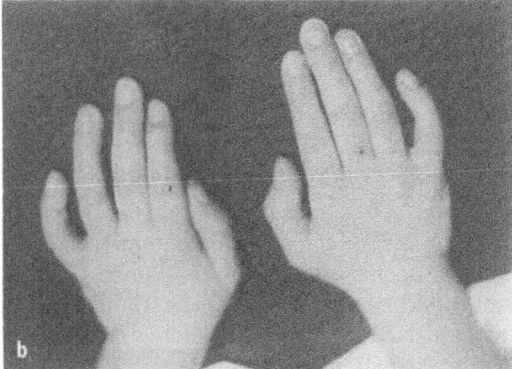

Abb. 9.8 a, b. Patientin mit Cornelia-Brachmann-de-Lange-Syndrom. (Aus Buselmaier u. Tariverdian 1998)

9.4.2 Dysostosis mandibulofacialis (Franceschetti- bzw. Treacher-Collins-Syndrom) (Abb. 9.9)

Klinische Merkmale: Antimongoloide Lidachse, Augenlidkolobome, spärliche Wimpern, schnabelartige große Nase, enge Nasennarinen, Hypoplasie der Jochbeine, Mandibulahypoplasie, Makrostomie, hoher schmaler Gaumen, Gaumenspalte, Fehlbildungen des äußeren Ohres, Gehörgangsatresie oder -stenose, Hautanhängsel und Blindfisteln zwischen Mundwinkeln und Ohren.
Erbgang: autosomal-dominant, das Gen ist auf Chromosom 5q32–33.1 lokalisiert.

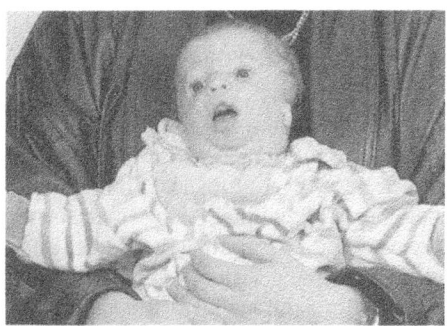

Abb. 9.9. Patient mit Franceschetti-Syndrom

9.4.3 Freeman-Sheldon-Syndrom (Whistling-face-Syndrom) (Abb. 9.10)

Klinische Merkmale: Maskenartiges Gesicht, tiefliegende Augen, Hypertelorismus, antimongoloide Lidachse, Epikanthus, breite Nasenwurzel, langes Philtrum, kleiner, wie zum Pfeifen gespitzter Mund, Hautgrübchen zwischen Unterlippe und Kinnspitze, Ulnardeviation der Hände, Kontraktur der Finger und Zehen, Klumpfüße, Kyphoskoliose.
Erbgang: autosomal-dominant.

9.4.4 Goldenhaar-Syndrom (okuloaurikulovertebrale Dysplasie) (Abb. 9.11)

Klinische Merkmale: Gesichtsasymmetrie, epibilbäres Dermoid, Oberlidkolobom, andere Augenanomalien, präaurikulare Anhängsel, Blindfisteln zwischen Mundwinkel und Ohren, spaltähnliche Mundwinkel, durch Wangenspalte bedingte Makrostomie, Zahnanomalien, leichte oder schwere, meist sporadische Fehlbildungen im Wirbelsäulenbereich.
Erbgang: Hinweise auf autosomal-dominanten Erbgang mit variabler Expressivität, meist sporadisch.

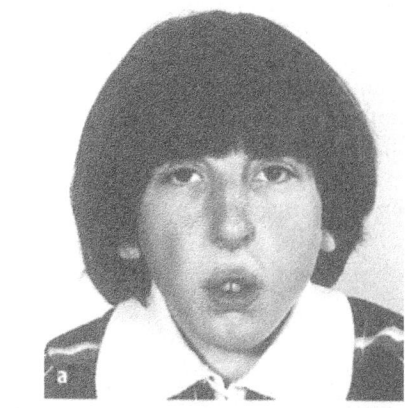

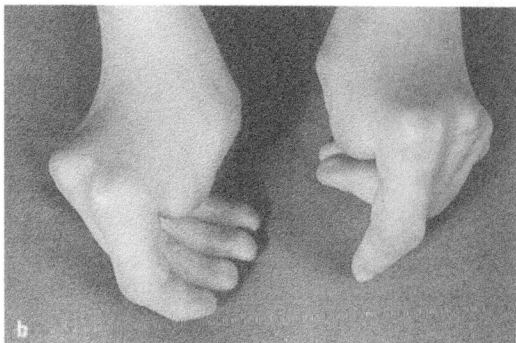

Abb. 9.10 a, b. Patientin mit Freeman-Sheldon-Syndrom. (Aus Buselmaier u. Tariverdian 1998)

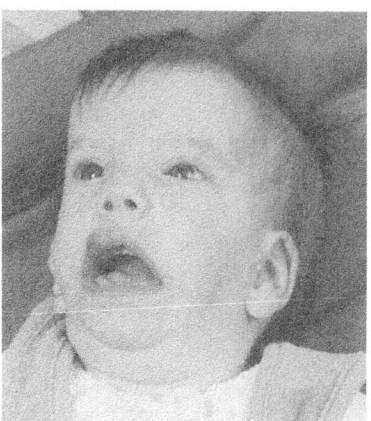

Abb. 9.11. Patient mit Goldenhaar-Syndrom. (Aus Buselmaier u. Tariverdian 1998)

9.4.5 Proteus-Syndrom (Abb. 9.12)

Klinische Merkmale: Partieller Riesenwuchs im Bereich der Hände und Füße, Hemihypertrophie, Schädelasymmetrie, subcutane Tumoren, Lipome, Lymphangiome, Hämangiome, Weichteilhypertrophie, vor allem in Fußsohlen und Handflächen.

Erbgang: unklar, wahrscheinlich somatische Mutationen; die bisher beobachteten Fälle sind ohne Ausnahme sporadisch.

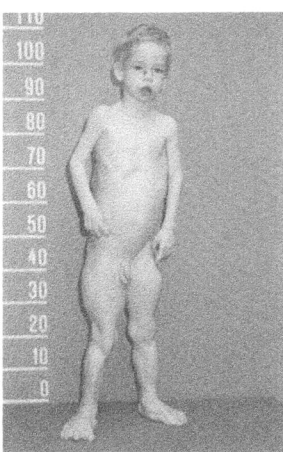

Abb. 9.12. Patient mit Proteus-Syndrom. (Aus Buselmaier u. Tariverdian 1998)

9.4.6 Robinow-Syndrom (Abb. 9.13)

Klinische Merkmale: Unproportioniert großer Hirnschädel mit vorstehender Stirn, kleines Gesicht (fetale Gesichtsausprägung), Hypertelorismus, weite Lidspalten, hypoplastisches Mittelgesicht, relativ kleine Nase, mesomele Dysplasie

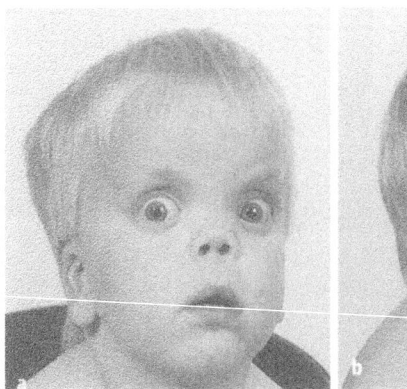
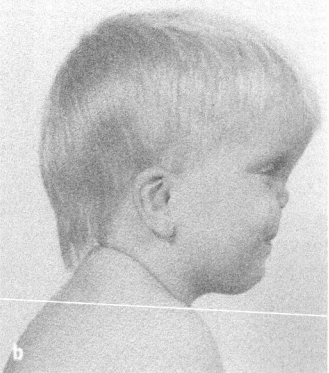

Abb. 9.13. Patient mit Robinow-Syndrom. (Aus Buselmaier u. Tariverdian 1998)

der oberen Extremitäten, Brachydaktylie, Mikropenis, Hypoplasie der Klitoris und Labia minora, Kryptorchismus, Minderwuchs.

Erbgang: Die meisten Fälle haben einen autosomal-dominanten Erbgang. Das gleiche Krankheitsbild kommt gelegentlich auch autosomal-rezessiv vor.

9.4.7 Rubinstein-Taybi-Syndrom (Abb. 9.14)

Klinische Merkmale: Minderwuchs, Mikrozephalie, antimongoloide Lidachse, schnabelförmiger gebogener Nasensteg, hoher spitzer Gaumen, breite Endphalangen der Daumen und Großzehen, gelegentlich auch der anderen Finger, Klinodaktylie, tiefsitzende und dysplastische Ohren, angeborener Herzfehler, geistige Retardierung.

Erbgang: meist sporadisch, einzelne Geschwisterfälle sind bekannt. Das Gen ist auf Chromosom Nr. 16 (p13.3) lokalisiert; etwa ein Drittel der Patienten zeigt eine Mikrodeletion dieser Region, die mit Hilfe der FISH-Methode erkannt werden kann.

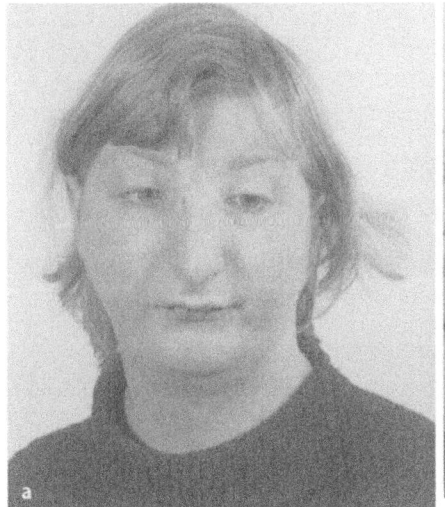
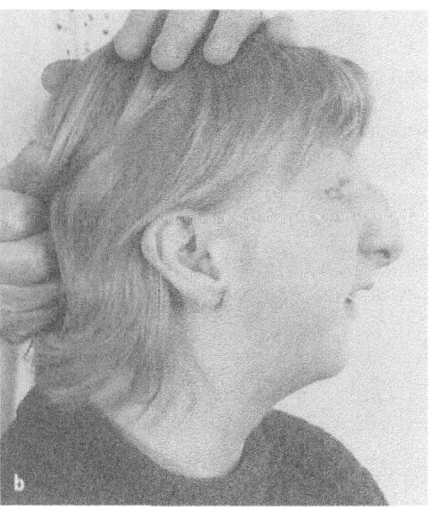
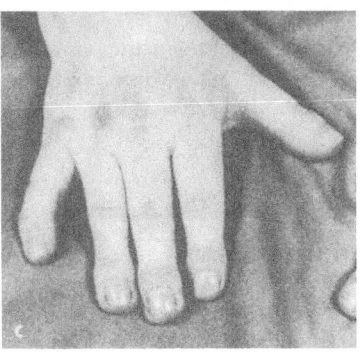

Abb. 9.14 a–c. Patientin mit Rubinstein-Taybi-Syndrom.
(Aus Buselmaier u. Tariverdian (1998)

9.4.8 Saethre-Chotzen-Syndrom (Abb. 9.15)

Klinische Merkmale: Mild ausgeprägter Turmschädel (Akrozephalie) als Folge der Kraniosynostosen, Gesichtsasymmetrie, breite flache Nasenwurzel, antimongoloide Lidachsen, leichter Exophthalmus, Dystopia canthorum, gebogene Nasenspitze, hypoplastischer Oberkiefer, kurze Finger mit Weichteilsyndaktylie, häufig leichte Hörstörung.

Erbgang: autosomal-dominant, verantwortliches Gen auf Chromosom 7p21 lokalisiert. Es handelt sich um ein Twist-Transkriptionsfaktor-Gen (El Ghouzzi 1997).

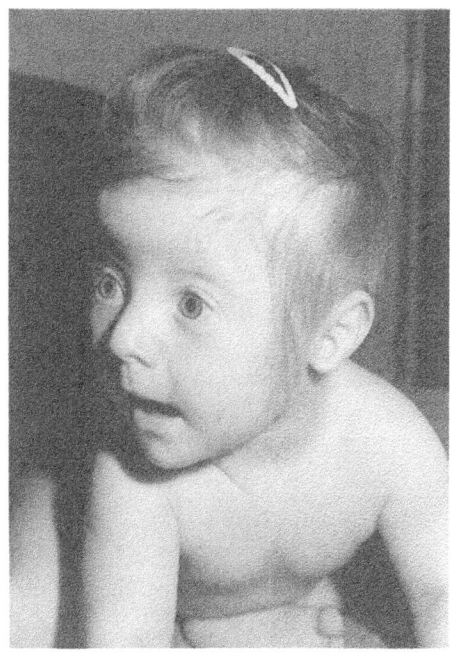

Abb. 9.15. Patientin mit Saethre-Chotzen-Syndrom

9.4.9 Seckel-Syndrom (Abb. 9.16)

Klinische Merkmale: Ausgeprägte intrauterine Wachstumsverzögerung, postnataler Minderwuchs, Mikrozephalie, prominente, gebogene Nase, Mikrogenie, dysplastische Ohren, antimongoloide Lidachsen.

Erbgang: autosomal-rezessiv.

9.4.10 Silver-Russel-Syndrom (Abb. 9.17)

Klinische Merkmale: Prä- und postnataler Minderwuchs, relativ großer Schädel mit betonter Stirn, hoher Haaransatz, verspäteter Fontanellenverschluß, kleines

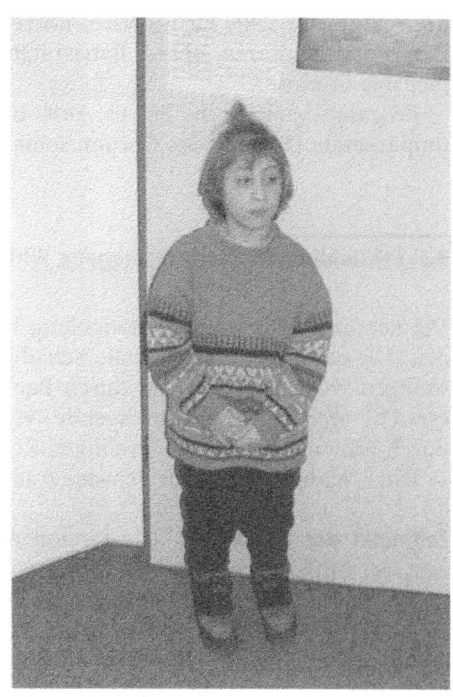

Abb. 9.16. Patientin mit Seckel-Syndrom

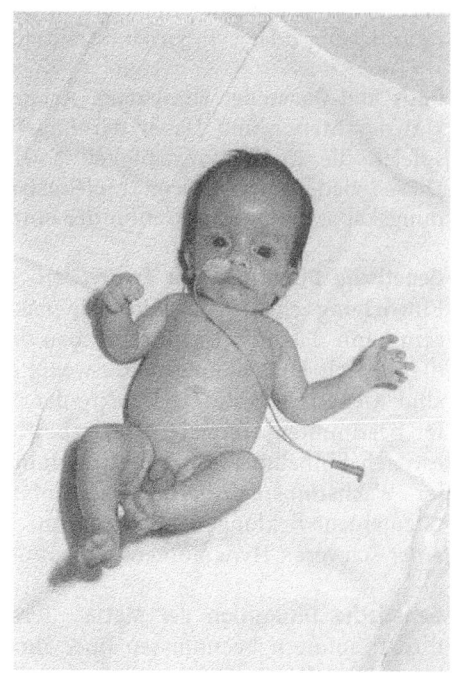

Abb. 9.17. Patient mit Silber-Russel-Syndrom

dreieckiges Gesicht, kleine Nase, kurzes Philtrum, Mikrogenie, Asymmetrie der Extremitäten, kurze obere Extremitäten, Klinobrachydaktylie des 5. Fingers, piepsige Stimme.

Erbgang: sporadisch, bei ca. 10% der Patienten findet man eine maternale, uniparentale Disomie des Chromosoms Nr. 7.

9.5 Fehlbildungen durch teratogene Wirkungen

Die normale embryonale Entwicklung kann durch exogene Faktoren gestört werden. Die embryonale bzw. fetale Schädigung kann durch direkte Wirkung der jeweiligen Noxe bzw. indirekt durch Beeinflussung des mütterlichen Stoffwechsels erreicht werden. Die schädigende Wirkung ionisierender Strahlen geschieht durch Einwirkung auf die jeweiligen Zellen der Frucht.

Die Schädigung und ihr Schweregrad ist von verschiedenen Faktoren abhängig:

Zeitpunkt der Einwirkung. Die teratogene Wirkung hat Folgen, wenn sie in der Zeit der Differenzierung und Morphogenese einwirkt, d.h., die Empfindlichkeit des Embryos gegenüber teratogenen Noxen hängt von seinem Entwicklungsstadium ab. In der Zeit der Blastogenese kann die durch eine teratogene Noxe entstandene Schädigung entweder vollständig regeneriert werden, oder die geschädigte Blastula stirbt ab. Es gilt die „Alles-oder-nichts-Regel".

Eine besondere Sensibilität besteht während der Organogenese. In der Fetalperiode sinkt die Sensibilität ab. In dieser Phase kann die Noxe zu Wachstumsretardierung oder evtl. zu Funktionsstörungen führen.

Dosis und Dauer der Einwirkung. Art und Schwere der Fehlbildungen sind auch von der Menge und Dauer der Einwirkung teratogener Stoffe abhängig. Dabei spielen die Resorptionsfähigkeit sowie der Plazentatransfer eine große Rolle. Diese wiederum sind von molekularem Gewicht, Lipidlöslichkeit, Proteinbindungskapazität und Ionisation der einzelnen Substanzen abhängig.

Genetische Disposition der Embryonen. Aus Tierexperimenten weiß man, daß die Einwirkung chemischer Stoffe je nach Genotyp des Embryos unterschiedlich sein kann. Für den Um- und Abbau der Medikamente werden Enzyme benötigt, die je nach Entwicklungsphase wenig oder gar nicht in aktiver Form vorhanden sind. Genetisch bedingte Defekte der entsprechenden Enzyme können somit unter bestimmten Voraussetzungen bestimmte Fehlbildungen bewirken. So kommt es nach Einnahme von z.B. Hydantoin, einem teratogenen Stoff, der zu pränataler Wachstumsretardierung, kraniofazialen Dysmorphiezeichen und Extremitätenfehlentwicklungen führen kann, in nur 5–10% der Fälle zur Entwicklung einer schweren Hydantoinembryopathie.

Genetische Disposition der Mutter. Teratogene Stoffe stören in der Regel nicht direkt, sondern beeinflussen über ihre Metaboliten die Organogenese des Embryos. Die Konzentration eines Arzneimittels bzw. dessen Metaboliten im Embryo wird von deren Aufnahme und Verteilung, der Stoffwechsellage der Mutter und der Plazentadurchlässigkeit beeinflußt. Da die Metabolisierung aller Stoffe genetisch unterschiedlich determiniert ist, besteht ein Zusammenhang zwischen der teratogenen Wirkung eines Arzneimittels und der genetischen Konstitution der Mutter.

Die teratogenen Faktoren können in 4 Gruppen zusammengefaßt werden:
1. Ionisierende Strahlen,
2. Medikamente oder andere Chemikalien und Genußmittel,
3. Infektionen während der Schwangerschaft,
4. mütterliche Stoffwechselerkrankungen.

9.5.1 Ionisierende Strahlen

Die verschiedenen Zellen reagieren in den einzelnen Phasen ihrer Vermehrung unterschiedlich auf Strahlen. Dies erklärt die hohe Empfindlichkeit der wachsenden intrauterinen Frucht auf Strahleneinwirkung. Die Internationale Strahlenschutzkommission hat darauf hingewiesen, die Exposition des Fetus während der ganzen Schwangerschaft auf eine Dosis von maximal 1 rem zu begrenzen.

Nach Schätzung der Strahlenschutzkommission der Bundesregierung (vgl. Strahlenschutz, Radioaktivität und Gesundheit; Publikationen im Auftrage des Bayerischen Staatsministeriums für Landesentwicklung und Umweltfragen, Mai 1986) beträgt die durchschnittliche Strahlenbelastung der Keimzellen aus natürlichen Quellen während eines Jahres in der Bundesrepublik etwa 125 rem. Auf eine Generationsdauer von 30 Jahren bezogen, bedeutet das $30 \times 125 = 3750$ mrem $= 3,75$ rem $= 0,0375$ Sv (Unscear Report 1982).

Nach Untersuchungen an verschiedenen Säugetieren, vor allem der Maus, beträgt diejenige Strahlendosis, die die natürliche, d.h. größtenteils nicht auf Strahlenwirkung zurückführbare Mutationshäufigkeit gerade verdoppelt, ungefähr 100,0 rem. Bei akuter Bestrahlung ist diese Verdoppelungsdosis etwas geringer, bei chronischer Bestrahlung ist sie etwas höher. Das bedeutet, daß die akute Bestrahlung biologisch wirkungsvoller ist als die chronische.

Mögliche mutagene Wirkungen nach Strahlenbelastung sind numerische bzw. strukturelle Chromosomenanomalien oder Punktmutationen.

Die teratogene Wirkung ionisierender Strahlen führt, wenn sie in der Präimplantationsphase stattfindet, entweder zum Absterben des Embryos oder zur vollständigen Reparation evtl. entstandener Schäden.

Im Stadium der Organogenese besteht selektiv eine hohe Strahlensensibilität. Die Auswirkung auf die Organentwicklung in den einzelnen Phasen ist seit langem bekannt. Bei höheren Belastungen, wie der radioaktiven Strahlung nach den Atombombenexplosionen in Hiroshima und Nagasaki, sind schwere Fehlbildungen des Neurokraniums, der Augen, des Skeletts und der inneren Organe festgestellt worden. Eine schädigende Wirkung bei niedrigen Strahlendosen, wie sie in der medizinischen Diagnostik verwendet werden, ist beim Menschen nicht bekannt. Es wurde berechnet, daß eine Belastung unter 20 rad (200 mGy) in der sensiblen Periode noch unter der Dosis bleibt, die eine Verdoppelung der Häufigkeit von Fehlbildungen bewirkt. Das Ausmaß der Strahlenbelastung für Mutter und Embryo bei einigen diagnostischen Untersuchungen zeigen die Tabellen 9.4 und 9.5.

Der beobachtete Anstieg der Häufigkeit der Trisomie 21 (Sperling et al. 1994) in Westberlin nach der Explosion des Kernreaktors in Tschernobyl wird von anderen Autoren als Zufallsbefund interpretiert. In der näheren Umgebung von Tschernobyl wurde über eine erhöhte Fehlbildungsrate und eine enorme Zunahme von Schilddrüsenkarzinomen berichtet. Eine intrauterine Schädigung durch

Tabelle 9.4. Strahlenexposition von Mutter und Embryo bei Untersuchungen mit Röntgenstrahlen – Mittelwerte und übliche Schwankungsbreiten bei verschiedenen Untersuchungsverfahren (Angaben in rem). (Nach Stieve 1978)

Untersuchungsart	Mittelwert der Einfalldosis	Schwankungsbreite	Mittelwert der Einfalldosis	Schwankungsbreite
Schädel	0,65	0,5–1,0	0,0002	0,0001–0,004
Lunge	0,14	0,01–2,0	0,003	0,0002–0,05
Abdomen (Übersicht)	0,4	0,1–5,0	0,1	0,025–1,3
Becken (Übersicht)	0,7	0,25–2,8	0,2	0,06–0,7
Lendenwirbelsäule	3,5	0,8–12,0	0,6	0,2–3,0
Magen-Darm-Passage	3,8	2,5–80,0	0,4	0,06–4,0
Kontrasteinlauf	15,0	5,0–50,0	0,9	0,01–3,0
Gallenblase	2,0	0,5–5,0	0,05	0,01–0,5
i.v.-Pyelogramm	2,0	0,5–10,0	0,4	0,2–1,0
Hysterosalpingographie	2,5	1,0–20,0	0,5	0,3–3,0

Tabelle 9.5. Strahlenexposition von Mutter und Embryo bei den wichtigsten Untersuchungen mit radioaktiven Stoffen. *GK* Ganzkörperdosis, *SD* Schilddrüsendosis, *LE* Leberdosis nach dem 50. Tag der Schwangerschaft p.c. (Nach Stieve 1978)

Nuklid	Appl. Akt. [μCi]	Ganzkörperdosis der Mutter [mrd]	Ganzkörper-/Organdosis des Embryos [Mittelw. in mrd]
[131]J-Jodid	50	1–100	GK: 9 SD: 25000
[99m]Tc-Pertechnetat	1000	10–15	GK: 17 SD: 560
[198]Au-Kolloid	300	390	–
[75]Se-Methionin	300	2400–3900	GK: 3000
[59]Fe-Citrat/Chlorid	10	180	GK: 250 LE: 3700

elektromagnetische Felder, wie sie an einem Bildschirmarbeitsplatz, einem Wohnort in der Nähe von Hochspannungsleitungen oder im Rahmen einer Diagnostik mittels MRT entstehen, ist bisher nicht bekannt.

9.5.2 Medikamente, Chemikalien und Genußmittel

Seit dem Auftreten der Thalidomidembryopathie ist man auf die teratogene Wirkung von Arzneimitteln besonders aufmerksam geworden. Die Teratogenität der Arzneimittel wird heute strenger getestet. Obwohl die Zahl spezieller Fehlbildungen, die auf Medikamente zurückzuführen sind, äußerst gering ist, sollten Arzneimittel in der Schwangerschaft nur dann gegeben werden, wenn es unabdingbar ist. Allerdings sollte auch nicht aus unbegründeter Angst ein für die Mutter lebensnotwendiges Medikament abgesetzt werden.

Bei der Anamneseerhebung im Rahmen einer genetischen Beratung sollte nicht nur nach Alkoholkonsum und anderen Genußmitteln gefragt werden. Im folgenden sind einige Medikamente und Genußmittel mit teratogenen Effekten zusammengestellt:

- Sicherer teratogen:
  - Alkohol,
  - Aminopterin und Methotrexat,
  - Retinoide,
  - Thalidomid,
  - Vitamin A in hohen Dosen.
- Mit hoher Wahrscheinlichkeit teratogen:
  - Antikonvulsiva,
  - Kumarinderivate,
  - Kokain,
  - Lithium,
  - Sexualhormone,
  - Zytostatika.

Thalidomid

Die Art der Fehlbildungen ist vom Zeitpunkt der Einnahme des Medikaments abhängig (Tabelle 9.6). In manchen Fällen besteht Ähnlichkeit mit dem autosomal-dominant erblichen *Holt-Oram-Syndrom*. Das Gen für das Holt-Oram-Syndrom als Mitglied der T-box-Transkriptionsfaktorfamilie ist auf dem 12q24.1 lokalisiert.

Neben Extremitätenfehlbildungen können bei der Thalidomidembryopathie Gesichtsnervenlähmungen, Anotie, Analatresie, Duodenalatresie, Herz- und Nierenfehlbildungen auftreten (Abb. 9.18 und Tabelle 9.7).

Tabelle 9.6. Beziehung zwischen dem Zeitpunkt der Einnahme von Thalidomid und der Art der Fehlbildungen. (Nach Lenz 1983)

Tage p.m.	Fehlbildungen
35	Anotie, Fazialislähmung, Augenmuskellähmung
37	Aplasie der Daumen bei erhaltenem Radius
38–40	Fehlen oder fast vollständiges Fehlen der Arme
41–43	Analatresie, Nierenfehlbildungen
43–45	Schwere Armfehlbildungen, Herzfehlbildungen, Duodenalatresie und -stenose
44–47	Schwere Beinfehlbildungen, Herzfehlbildungen
50	Triphalangie der Daumen, Analstenose

Tabelle 9.7. Thalidomidembryopathie als Phänokopie des dominanten Holt-Oram-Syndroms (+ häufig, (+) selten, – nicht beobachtet). (Mod. nach Lenz 1983)

Symptom	Thalidomid-embryopathie	Holt-Oram-Syndrom
Gehörgangsatresie	+	–
Fazialislähmung	+	–
Augenmuskellähmung	+	(+)
Phokomelie mit 3 Fingern bds.	+	+
Fehlbildungen der unteren Extremitäten	+	–
Radiusaplasie	+	+
Triphalangie des Daumens	+	(+)
Herzfehler	+	+
Hämangiome an Stirn, Nase und Oberlippe	+	(+)
Nierenfehlbildungen	+	–
Duodenalatresie	+	–

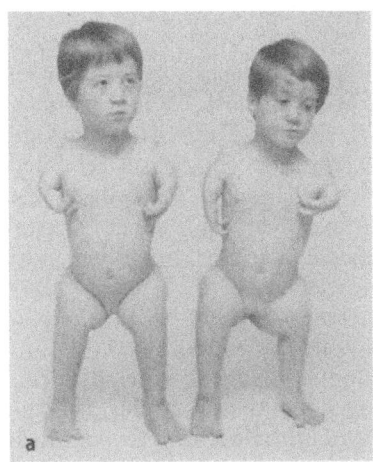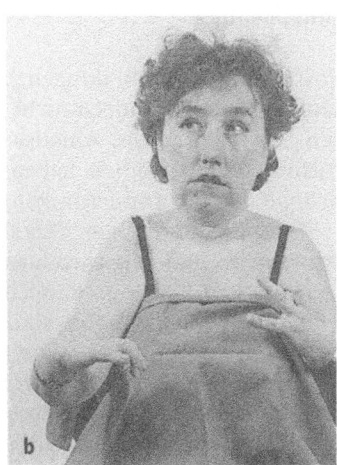

Abb. 9.18. a Zwillinge mit Thalidomidembryopathie, **b** Patientin mit Holt-Oram-Syndrom. (**b** Mit freundlicher Genehmigung von Frau Dr. S. Spranger)

Kumarinderivate

Die Antikoagulantientherapie mit synthetisch hergestellten Kumarinderivaten kann zu intrauterinem Fruchttod (20–40%) oder zu einem schweren Fehlbildungssyndrom führen, das dem *Conradi-Hühnermann-Syndrom* ähnlich ist. Zu den charakteristischen Merkmalen gehören: intrauterine Wachstumsretardierung, Hypoplasie des Nasenskeletts, Choanalatresie, Linsentrübung, Mikrophthalmus, Optikusatrophie, verkürzte Extremitäten und kalkspritzerförmige Einlagerungen in zahlreichen Epiphysen, Wirbelkörpern und im Kalkaneus, angeborene Herzfehler, ZNS-Fehlbildungen (Hall et al. 1980). Etwa 10% der exponierten Kinder zeigen diese Befunde. Die teratogene Wirkung ist höher, wenn die Kumarinderivate im 1. Trimenon verabreicht werden. Ab dem 2. Trimenon kann die Behandlung zu Blutungen führen. Es können auch Zerebralblutungen unter der Geburt auftreten.

Retinoide (Isotretinoin und Etretinat)

Diese Medikamente werden für die Behandlung der nodulozystischen Akne und schwerer Verhornungsstörungen in der Dermatologie verwendet. Die teratogene Wirkung von Retinoiden und Vitamin A in hohen Dosen (25000–50000 IE/Tag) ist nachgewiesen. Die Halbwertszeit dieser Medikamente ist sehr lang und beträgt je nach Präparat mehrere Monate bis Jahre. Entweder führen sie zu Aborten, oder die Kinder weisen verschiedene Fehlbildungen auf.

Charakteristisch sind: Gesichtsasymmetrie, Mikrootie, Gehörgangsatresie, Mikrophthalmie, Gaumenspalte, Herzfehler, ZNS-Fehlbildungen, Mikrozephalie, Hydrozephalus, Wirbelanomalien und Neuralrohrdefekte (Hall 1984). Die phänotypischen Merkmale sind dem Goldenhaar-Syndrom (Abb. 9.11) sehr ähnlich.

Antiepileptika

Unspezifische Fehlbildungen bei Kindern epileptischer Mütter sind 2- bis 3mal häufiger als bei Kindern nicht epileptischer Mütter, wahrscheinlich bedingt durch den Schweregrad des Anfallsleidens, aber auch durch die Wirkung von Antikonvulsiva. Große Studien haben gezeigt, daß die höchste Fehlbildungsrate in der Gruppe der nicht mit Antikonvulsiva behandelten Epileptikerinnen auftritt.

Die phänotypischen Merkmale bei Kindern, deren Mütter während der Schwangerschaft mit einzelnen antiepileptischen Mitteln behandelt werden, sind zum größten Teil sehr ähnlich. Die genauen Ursachen des embryotoxischen Effekts dieser Medikamente sind im einzelnen nicht bekannt. Unter anderem spielen aktive Epoxydmetaboliten eine Rolle (Janz et al. 1982).

Im Rahmen einer Familienplanung ist dringend zu empfehlen, eine Monotherapie anzustreben. Eine Umstellung oder Absetzung der Therapie während der Schwangerschaft sollte, wenn die Patientin anfallsfrei ist, vermieden werden. Die Neueinstellung bzw. die Reduzierung auf eine Monotherapie muß vor der Schwangerschaft durchgeführt.

Engmaschige sonographische Kontrollen bis zur 22. SSW, eine α-Fetoprotein-Bestimmung im Serum der Mutter und ggfs. eine Amniozentese sollten durchgeführt werden.

Hydantoin

Etwa 10% der Kinder von Epileptikerinnen, die während der Schwangerschaft mit Hydantoin behandelt werden, zeigen Auffälligkeiten, die als fetales Hydantoin-Syndrom bezeichnet wurden. Charakteristisch sind kraniofaziale Dysmorphiezeichen mit eingezogener Nasenwurzel, Epikanthus, Hypertelorismus, großer Mundöffnung, wulstige Lippen und Mikrozephalie. Weitere Auffälligkeiten sind hypoplastische Fingernägel und Endphalangen, angeborene Herzfehler, prä- und postnatale Wachstumsretardierung. Kinder mit einem Hydantoinsyndrom zeigen nicht alle diese Auffälligkeiten, oft liegen nur einige dieser Merkmale vor.

Die genaue Ursache dieser Auffälligkeiten ist noch nicht endgültig geklärt. Wahrscheinlich sind mehrere verschiedene Faktoren beteiligt. Man nimmt an, daß die Aktivität der Epoxihydrolase beim Embryo eine große Rolle spielt (Buehler et al. 1990). Auch ein Folsäuremangel wird als Ursache diskutiert. Aus diesem Grund wird bei Planung einer Schwangerschaft die Substitution mit Folsäure und Vitamin B_{12} empfohlen. Das Risiko für eine teratogene Wirkung wird nach einer Kombinationstherapie mit weiteren Antikonvulsiva deutlich höher (Lindhout et al. 1982). Ein erhöhtes Risiko für neuroektodermale Tumoren wurde vereinzelt beobachtet; diese Beobachtungen können nicht mit Zahlen belegt werden. Bei den Neugeborenen kann es wie nach der Therapie mit Barbituraten wegen Vitamin-K-Mangels zu Gerinnungsstörungen kommen. Zur Prophylaxe von Gerinnungsstörungen beim Fetus und Neugeborenen wird eine Vitamin-K-Gabe in den letzten 4 Schwangerschaftswochen und bei den Neugeborenen empfohlen.

Barbiturate

Zahlreiche Beobachtungen sprechen dafür, daß nach einer antiepileptischen Therapie mit Phenobarbital und Pyrimidon die Neugeborenen phänotypische Auffälligkeiten und eine mentale Entwicklungsretardierung zeigen. Bei etwa 15% der Kinder wurden typische Auffälligkeiten im Gesichtsbereich festgestellt, die dem Hydantoinsyndrom ähnlich sind. Spezifische Fehlbildungen bei diesen Kindern sind nicht bekannt.

Bei einer Kombinationstherapie mit Barbituraten und Hydantoin ist die fruchtschädigende Wirkung größer. Phenobarbital kann auf den Steroid-, Vitamin-D- und Vitamin-K-Stoffwechsel einwirken; aus diesem Grund besteht eine Blutungsneigung und Hypokalzämie beim Neugeborenen. Eine prophylaktische Vitamin K-Gabe ist indiziert.

Valproinsäure
Spina bifida und andere Neuralrohrdefekte treten bei Kindern von epileptischen Müttern, die mit Valproinsäure behandelt werden, 20fach häufiger auf. Das Risiko beträgt 2%. Auch andere Fehlbildungen, wie angeborene Herzfehler und Extremitätenanomalien, sowie kraniofaziale Dysmorphiezeichen und mentale Retardierung unterschiedlichen Grades sind beobachtet worden.

Trimethadion
Charakteristisch für die Kinder einer mit Trimethadion behandelten Schwangeren sind neben kraniofazialen Dysmorphiezeichen angeborene Herzfehler und Fehlbildungen des Urogenitalsystems.

Carbamazepin
Neben kraniofazialen Dysmorphiezeichen und Wachstumsretardierung treten bei exponierten Neugeborenen Neuralrohrdefekte etwa 10fach häufiger auf. Die teratogene Wirkung des Carbamazepins geht mit großer Wahrscheinlichkeit mit einer genetisch determinierten verminderten Aktivität der Epoxihydrolase einher.

Lithium

Lithium wird bei der Therapie von manisch-depressiven Psychosen eingesetzt. Große Studien zeigen ein erhöhtes Risiko für angeborene Herzfehler, vor allem für die Epstein-Anomalie. Es liegen auch andere Studien vor, nach deren Daten der Zusammenhang nicht bestätigt werden kann. In einzelnen Beobachtungen wurde von funktionellen kardialen Störungen bei Neugeborenen berichtet. Es kommt häufig zu Frühgeburten bzw. zu niedrigem Geburtsgewicht bei den Kindern.

Zytostatika

Zahlreiche Beobachtungen zeigen, daß eine Therapie mit Zytostatika während der Schwangerschaft die allgemeine Fehlbildungsrate erhöht. Bei einer Behandlung mit Methotrexat wird mit vermehrtem Auftreten von Neuralrohrdefekten gerechnet. Weiterhin sind vermehrt Aborte, intrauterine Wachstumsretardierung und mentale Retardierung beobachtet worden. Auch Antimetaboliten wie Purin-

und Pyrimidinantagonisten sind hoch teratogen. Bei Behandlung mit Cytosinarabinosid und Mitoxantron im 2. und 3. Trimenon sind keine kindlichen Schädigungen beobachtet worden. Bei einer immunsuppressiven Therapie mit Azathioprim und Cyclosporin ist bisher keine erhöhte Fehlbildungsrate festgestellt worden.

Oft wird nach der mutagenen Wirkung und Fertilitätsstörungen nach einer zytostatischen Therapie gefragt. Bisherige große Studien zeigen bei Kindern von Frauen und Männern, die vor der Konzeption zytostatisch behandelt wurden, keine erhöhte Fehlbildungsrate. Generell werden weiterführende sonographische Untersuchungen empfohlen. Fertilitätsstörungen werden nur bei etwa einem Drittel der Männer, die mit alkylierenden Substanzen behandelt wurden, festgestellt, während Frauen keine Fertilitätsabnahme zeigten.

Alkohol

Die Alkoholembryopathie hat wegen ihrer Häufigkeit eine große Bedeutung. Sie wird in der BRD auf etwa 1:600 Neugeborene geschätzt (Majewski 1978).

Die charakteristischen Merkmale sind Mikrozephalie, geistige Retardierung, Übererregbarkeit, verschiedene Fehlbildungen und kraniofaziale Dysmorphiezeichen. Die häufigsten Fehlbildungen sind angeborene Herzfehler, Fehlbildungen des Urogenitalsystems und Neuralrohrdefekte (Abb. 9.19). Besonders charakteristisch sind die Handfurchen: Dreifingerfurche mit abgeknickten Zwischenfingerabschnitten und Daumenfurche. Die Ausprägung der klinischen Merkmale ist vom Schweregrad des Alkoholismus der Schwangeren abhängig.

Die Schwerstbetroffenen zeigen neben den charakteristischen Dysmorphiezeichen eine geistige und statomotorische Retardierung.

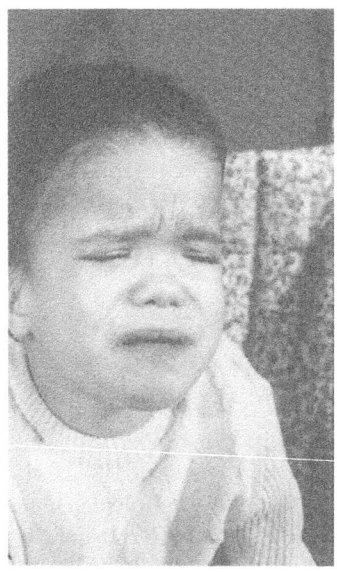

Abb. 9.19. Patient mit Alkoholembryopathie. (Aus Buselmaier und Tariverdian 1998)

Die mittelschwer Betroffenen zeigen diskrete kraniofaziale Dysmorphiezeichen, fallen durch Übererregbarkeit, Hyperkinese und Muskelhypotonie auf. Die statomotorische und geistige Entwicklung ist verzögert.

Die leicht Betroffenen fallen im Säuglings- und Kleinkindesalter durch Gedeihstörungen und Mikrozephalie, später durch Lern- und Verhaltensstörungen auf.

9.5.3 Mütterliche Infektionen

In vielen Fällen ist eine durchgemachte Infektion der Schwangeren oder auch der geäußerte Verdacht auf eine Infektion Grund für eine genetische Beratung. Die bedeutendsten Infektionen, die in der Beratung zur Diskussion stehen, sind:
- Röteln,
- Toxoplasmose,
- Zytomegalie,
- Varizellen-/Zosterinfektion,
- Parvovirus-B19-Infektion,
- Herpes simplex,
- erworbenes Immundefektsyndrom (Aids).

Neben diesen häufigsten Infektionen können auch viele andere im sog. TORCH-Schema (s. Übersicht) unter „Other infectious microorganisms" zusammengefaßte Infektionen in der Schwangerschaft eine Rolle spielen. Bezüglich ihrer Bedeutung wird auf die Fachliteratur verwiesen.

In der Beratung wird versucht, auf folgende Fragen eine Antwort zu finden:
- Hat eine Infektion der Mutter tatsächlich stattgefunden?
- Wann, d.h. zu welchem Zeitpunkt der Schwangerschaft, hat die Infektion stattgefunden?
- Wie hoch ist die Wahrscheinlichkeit für eine Infektion des Embryos bzw. des Fetus?
- Wie hoch ist bei angenommener oder auch sicherer Infektion des Fetus das Schädigungsrisiko?
- Welche Schädigungen des Embryos bzw. Fetus sind zu erwarten?
- Ist eine Therapie möglich bzw. indiziert?
- Stellen die zu erwartenden Fehlbildungen oder Schädigungen des Embryos bzw. Fetus für das betreffende Paar einen Grund für einen Schwangerschaftsabbruch dar?

Torch-Schema

- Toxoplasmose
- Other infections: Varicella-Zoster-Virus, Masernvirus, Mumpsvirus, Coxsackie-B-Virus, Hepatitis-B-Virus, HTLV-III-Virus, LCM-Virus (lymphozytäre Choriomeningitis), Parvovirus B19 (Ringelröteln), Papillomaviren (In-

fluenza A, Epstein-Barr), Treponema pallidum (Lues), Listerien, Gonokok-
ken, Chlamydien, β-Streptokokken, Plasmodien (Malaria), Borrelien
- Rötelnvirus
- Cytomegalievirus
- Herpes-simplex-Virus

Zu den genannten Erkrankungen werden im folgenden die wichtigsten Erkenntnisse und Empfehlungen zusammengefaßt.

Röteln

Epidemiologie
Man geht davon aus, daß ca. 5–10% der Frauen im gebärfähigen Alter Röteln-
Ak-negativ sind. In Deutschland wird insgesamt mit 50 Rötelnembryopathien
pro Jahr (1:16000 Neugeborenen) gerechnet (Enders 1998). Gemäß den Mutterschaftsrichtlinien ist von einer Immunität auszugehen, wenn im Rötelnhämaglu-
tinin-Hemmtest (HAH-Test) ein Titer von 1 zu 32 oder höher festgestellt wird.

Liegt der Titer unter 1 zu 8, muß von einer fehlenden Immunität ausgegangen
werden. Hier und auch bei schwach-positiven Titern zwischen 1 zu 8 und 1 zu
16 wird eine Titer-Kontrolle bis zur 17. SSW empfohlen. Bei 4fachem Titeranstieg
der IgG- oder nachgewiesenen spezifischen IgM-Antikörpern besteht der Verdacht
auf eine akute Rötelninfektion. Bei möglichem *Rötelnkontakt bei Seronegativität* ist
eine Rötelnimmunglobulingabe innerhalb von 8 Tagen nach Kontakt sinnvoll.

Serologie
3–6 Tage nach Beginn des Exanthems können zuerst die IgM-, kurz danach auch
IgG-Antikörper im mütterlichen Serum nachgewiesen werden.

Die IgM-Antikörper persistieren in der Regel bis zu 8 Wochen nach der Primärinfektion. Selten jedoch können sie wesentlich länger, auch bis zu einem
Jahr persistieren.

Embryonale/fetale Infektions- bzw. Schädigungsrate
Die embryonale bzw. fetale Infektionsrate (Virusnachweis in fetalem und/oder
Plazentagewebe bzw. positiver IgM-Ak-Nachweis bei Neugeborenen) ist vom
Zeitpunkt der mütterlichen Primärinfektion abhängig.

Die fetale Infektion führt nicht in allen Fällen zu einer Schädigung. Die Embryopathierate ist somit niedriger als die fetale Infektionsrate. Die ebenfalls vom
Zeitpunkt der mütterlichen und damit der fetalen Infektion abhängigen Embryo-
pathieraten (Miller et al. 1982; Grillner et al. 1983; Preblud u. Alford 1990; Cooper et al. 1995; Enders et al. bis 1997) sind in Tabelle 9.8 aufgeführt.

Neben der klassischen Rötelnembryopathie, die in ca. 50–70% der Fälle beobachtet wird (Tabelle 9.9), werden folgende Manifestationen einer embryonalen
bzw. fetalen Rötelninfektion beschrieben:
- Mikrozephalie, geistige und psychomotorische Retardierung, Dystrophie (ca.
40%);

Tabelle 9.8. Abhängigkeit der embryonalen/fetalen Infektionsrate und Embryopathierate vom Zeitpunkt der mütterlichen Rötelninfektion (*NR* Normalrisiko). (Mod. nach Enders 1998)

Zeitpunkt der mütterlichen Rötelninfektion	Embryonale/fetale Infektionsrate [%]	Embryopathierate [%]
Präkonz. bis 10 Tage p.m.	< 3,0	±3,5 (NR)
1.–11. SSW	90→70	65→25
12.–17. SSW	±54	20→ 8
18.–38. SSW	±20→35	±3,5

Tabelle 9.9. Rötelnembryopathie (Gregg-Syndrom)

Augensymptomatik	Cataracta congenita Mikrophthalmie Pseudoretinitis pigmentosa
Ohrensymptomatik	Innenohrschwerhörigkeit/Taubheit Fehlbildungen der Ohrmuschel
Herzfehler	Ductus arteriosus Botalli apertus Herzscheidewanddefekte

- viszerale Beteiligung: Hepatosplenomegalie, Thrombozytopenie, hämolytische Anämie, Myokarditis, Pneumonie, Enzephalitis, Osteopathie (45–60%);
- Late-onset-Rubellasyndrom (Beginn zwischen dem 4. und 6. Lebensmonat): chronisches Exanthem, rekurrierende Pneumonie, Wachstumsstillstand u. a.;
- Spätmanifestationen: Hörschäden, Diabetes mellitus und andere endokrine Störungen, Krampfleiden, progressive Panenzephalitis u. a.

Infektionen *nach früherer Impfung* können auftreten. Eine Rötelnembryopathie nach *Rötelnreinfektion* wird extrem selten beobachtet. Bei Auftreten einer Reinfektion bis zur 12. SSW bei negativem oder nicht bekanntem Vortiter, positiven IgM-Antikörpern und Symptomen sollte auch hier ein Schwangerschaftsabbruch ggf. nach vorangegangener Pränataldiagnostik erwogen werden.

Nach *versehentlicher Rötelnimpfung* vor oder in der Frühschwangerschaft wurden kindliche Schädigungen nicht beobachtet. Ein Schwangerschaftsabbruch oder eine invasive Diagnostik werden nach akzidenteller Impfung nicht mehr empfohlen.

Bei einer Untersuchung an insgesamt 170 Schwangeren, die vor oder in der Frühschwangerschaft geimpft wurden und lang persistierende IgM oder einen nicht abklärbar positiven IgM-Befund zeigten, waren die IgM-Befunde im fetalen Blut und der Virusnachweis im Fruchtwasser oder Fetalblut mittels PCR negativ; es wurden unauffällige Kinder geboren (Dirmeier et al. 1997).

Auch wurde eine intrauterine Infektion mit Schädigung des Embryos nach mütterlicher Infektion vor der Konzeption bis zu 10 Tagen nach der letzten Periode nicht beobachtet (Enders 1988).

Sonographie
Mögliche sonographische Auffälligkeiten auch schon im 2. Trimenon sind Herzfehler, Mikrozephalie, generalisierter Hydrops fetalis und intrauterine Wachstumsretardierung. In vielen Fällen, vor allen Dingen in jenen ohne Organbeteili-
gung, findet sich ein sonographisch unauffälliger Befund.

Invasive Pränataldiagnostik
Bei einer akuten maternalen Rötelninfektion vor der 10. SSW wird wegen der
hohen Embryopathierate die Erwägung eines Schwangerschaftsabbruchs auch
ohne vorangehende invasive Diagnostik empfohlen (Enders 1998).
    Eine invasive Pränataldiagnostik mit schnellem Virusnachweis durch PCR aus
Chorionzotten oder Fruchtwasser bringt jenseits der 10. SSW relativ große Sicherheit. Bei positivem Befund, d. h. bei Nachweis spezifischer Virus-RNA, ist
eine Abruptio schon zu diesem Zeitpunkt zu erwägen. Da in seltenen Fällen
nach PCR auch falsch-positive Ergebnisse beobachtet wurden, kann, falls die
Schwangere es wünscht, auch der Zeitpunkt der fetalen IgM-Antikörperbildung
abgewartet werden und der Befund durch Chordozentese jenseits der 22. SSW
bestätigt werden.
    Bei negativem PCR-Befund sollte in jedem Fall eine Chordozentese in der 22./
23. SSW zur Untersuchung von fetalem EDTA-Blut auf Virus-RNA und spezifische IgM-Antikörper erfolgen.
    Da die IgM-Antikörper aufgrund ihrer Molekulargröße die Plazentaschranke
nicht überwinden können, ist ein Nachweis von IgM-Antikörpern im Fetalblut
für eine fetale Rötelninfektion beweisend. IgM-Antikörper finden sich im Serum
von ca. 94% aller rötelninfizierten Feten (Patientinnenkollektiv Enders, 1992-4/
1997, mit akuter Infektion bis zur 17. SSW). Für den Virusnachweis mittels PCR
in Fruchtwasser und/oder fetalem Blut lag beim obengenannten Kollektiv die
Treffsicherheit positiver bzw. negativer Befunde bei 93% bzw. 70%.
    Bei der Beratung der Schwangeren muß somit bedacht werden, daß trotz
negativer PCR-Diagnostik und nicht nachgewiesener IgM-Antikörper im Nabelschnurblut eine embryonale/fetale Infektion nicht ausgeschlossen ist.
    Positive Befunde nach Virusnachweis bzw. Antikörperbestimmung zeigen mit
größerer Sicherheit an, daß eine fetale Infektion stattgefunden hat. Abhängig
vom Zeitpunkt der Infektion und der dadurch zu erwartenden embryonalen/
fetalen Schäden wird in diesen Fällen eine Entscheidung für oder gegen einen
Schwangerschaftsabbruch erfolgen.

Toxoplasmose

Epidemiologie
Bei ca. 50% der gebärfähigen Frauen ist davon auszugehen, daß sie keine Immunität bezüglich der Toxoplasmose haben. Man geht von 4–7 frischen Toxoplas-
moseinfektionen auf 1000 Schwangerschaften in Deutschland aus (Janischke
1994). Eine ähnlich hohe Inzidenz in Österreich und Frankreich konnte durch
die Einführung des Toxoplasmosescreenings in die Mutterschaftsfürsorge auf
1:10000 gesenkt werden.

Tabelle 9.10. Fetale Infektionsrate bei Toxoplasmose in Abhängigkeit vom Zeitpunkt der Infektion der Schwangeren. (Mod. nach Enders 1988)

Schwangerschaftsalter	Infektionsrate [%]
1. Trimenon	ca. 15
2. Trimenon	ca. 45
3. Trimenon	ca. 68

Fetale Infektionsrate

Die fetale Transmissionsrate beträgt durchschnittlich 50%, abhängig vom Alter des Fetus zum Zeitpunkt der Infektion (Tabelle 9.10).

Zur fetalen Infektion kann es *nur bei Erstinfektion* der Schwangeren mit Toxoplasmose kommen, da die Infektion des Fetus nur nach mütterlicher Parasitämie erfolgen kann. Die Parasitämie tritt bei Folgeinfektionen nicht mehr auf.

Bei der Toxoplasmose handelt es sich *immer um eine fetale Erkrankung*, da der Erreger zunächst die Plazenta infiziert und dann erst über den fetalen Kreislauf zur Frucht gelangt. Selbst nach mütterlicher Infektion in den ersten Schwangerschaftswochen kann der Erreger erst jenseits der 16. SSW den Fötus erreichen.

Fetale Schädigungsrate

Bei 10% der infizierten Neugeborenen wird eine *konnatale Toxoplasmose* diagnostiziert:

- intrazerebrale Verkalkungen mit nachfolgendem Hydrozephalus,
- Chorioretinitis,
- Hepatitis.

90% der Neugeborenen, die intrauterin infiziert wurden, haben subklinische Infektionszeichen. Bei einem Großteil dieser Neugeborenen zeigen sich postenzephalitische Spätschäden in Form von epileptiformen Anfällen und Intelligenzdefekten. Die genannten Risiken für den Fetus gelten für die Fälle ohne Behandlung.

Statistisch wird das Restrisiko nach Behandlung mit 3–5% für Spätmanifestationen angegeben. Eine manifeste Toxoplasmose bei Geburt ist nach Behandlung nicht zu erwarten.

Behandlung

- Bis zur 15. SSW: Spiramycin hochdosiert (3 g/Tag) für 4 Wochen;
- ab Beginn der 16. SSW: Kombinationstherapie mit Pyrimethamin, Sulfadiazin und Folinsäure über mindestens 4 Wochen, bei sicherer fetaler Infektion im Wechsel mit einer 4wöchigen Spiramycintherapie bis zum ET (Hlobil u. Friese 1998).

Sonographie

Sonographisch kann in seltenen Fällen schon pränatal ein Hydrozephalus auffallen. Auch kann die fetale Toxoplasmoseinfektion zu einem generalisierten Hydrops fetalis führen. Auf intrazerebrale und intrahepatische Verkalkungsherde sollte geachtet werden.

Toxoplasmosescreening

Bisher sehen die Mutterschaftsrichtlinien in Deutschland eine serologische Untersuchung auf Toxoplasmose nur bei begründetem Verdacht vor. Die Kommission „Toxoplasmose und Schwangerschaft" am Robert-Koch-Institut hält eine serologische Untersuchung aller Frauen mit Kinderwunsch möglichst schon vor einer geplanten Schwangerschaft, zumindest aber in der Frühschwangerschaft für sinnvoll.

Es wird empfohlen, zunächst die spezifischen IgG-Antikörper zu bestimmen. Falls diese positiv sind, sollte eine IgM-Ak-Bestimmung folgen. Bei vorhandenen IgG-Ak und nicht nachweisbaren IgM-Ak ist von einer latenten Toxoplasmoseinfektion der Schwangeren mit Immunschutz für das Neugeborene auszugehen. Bei Schwangeren ohne Immunschutz wird eine Kontrolle alle 8–12 Wochen bis zum Entbindungstermin empfohlen.

Bei IgM-Titern anläßlich der ersten Untersuchung müssen Verlaufsuntersuchungen und in Speziallabors angebotene Zusatzuntersuchungen darüber entscheiden, ob eine schwangerschaftsrelevante akute Erstinfektion vorliegt.

Pränatale Diagnostik

Bei gesicherter akuter Toxoplasmoseinfektion der Schwangeren oder dringendem Verdacht auf eine Infektion ist zum Nachweis einer fetalen Infektion die Fruchtwasseruntersuchung mit Virusnachweis durch PCR im Fruchtwasser in manchen Situationen indiziert. Gegenüber der Chordozentese mit IgM-Nachweis im fetalen Blut hat sie den Vorteil der früheren Durchführbarkeit und des geringeren Eingriffsrisikos. Während die serologischen Untersuchungen an fetalem Blut (IgM-Ak u.a.) nach Chordozentese, abhängig vom Gestationsalter, eine maximale Sensitivität von 60% zeigen, beträgt die Sensitivität der PCR 97% (Hohlfeld et al. 1994).

Vor Indizierung einer Amniozentese zum möglichst sicheren Ausschluß oder Nachweis einer fetalen Infektion sollte berücksichtigt werden, daß die Infektion länger als 4 Wochen zurückliegen muß, da ansonsten der Erreger das Fruchtwasser evtl. noch nicht erreicht hat, daß die Schwangere sich mindestens in der 16. SSW befinden muß und daß eine vorausgegangene Kombinationstherapie mit Pyrimethamin und Sulfadiazin evtl. zu falsch-negativen PCR-Befunden führen kann.

Die Konsequenz aus einem positiven PCR-Befund nach Amniozentese ist nicht klar festzulegen, da eine fetale Infektion, vor allen Dingen nach adäquater Behandlung, nur in wenigen Fällen zu einer fetalen Schädigung führt. Bei auffälligem sonographischen Befund schon im 2. Trimenon wird mit den Betroffenen ein Schwangerschaftsabbruch zu erwägen sein. Bei unauffälliger Sonographie wird bei sicher infizierten Feten/Kindern mit einer präpartalen (über die Mutter) und einer postpartalen antibiotischen Therapie behandelt werden.

Zytomegalie (CMV-Infektion)

Bedeutung und Epidemiologie

Die Zytomegalieinfektion in der Schwangerschaft ist die häufigste virusbedingte Ursache kongenitaler Erkrankungen. Die Seropositivenrate bei Frauen im gebärfähigen Alter liegt, in Abhängigkeit von sozioökonomischem Status, geographischer Lage, ethnischer Zugehörigkeit, Beginn und Aktivität des Sexualverkehrs, zwischen 40% und 90%. Weltweit sind 0,3–2,3% der Neugeborenen mit CMV infiziert (Demmler 1991). In Deutschland liegt die Neugeboreneninfektionsrate bei 0,2–0,3% (Enders 1994).

Das Virus persistiert lebenslang im Wirtsorganismus. Anders als bei Röteln und Parvovirus B19 kann es zu einer fetalen Infektion sowohl bei Erstinfektion als auch bei Reinfektion der Schwangeren kommen.

Fetale Infektions- und Schädigungsrate

Vor allen Dingen bei Erstinfektion während der Schwangerschaft ist eine *Übertragung auf den Fetus während der gesamten Schwangerschaft* möglich. Die intrauterine Infektionsrate beträgt in diesem Fall ca. 40%. Bei reaktivierter Infektion kommt es bei ca. 2% zu einer intrauterinen Infektion (Stagno 1992). Von den vorgeburtlich infizierten Neugeborenen zeigen 10% Symptome. 30% dieser Kinder sterben. Bei den über 90% asymptomatischen Neugeborenen ist zu 8–15% mit verschiedenartigen Spätmanifestationen zu rechnen (Dobbins et al. 1992; Stagno 1992). Die möglichen Folgen einer fetalen Zytomegalieinfektion sind in Tabelle 9.11 zusammengestellt.

Zu kindlichen Schädigungen kommt es am ehesten bei Primärinfektion der Mutter im 1. und 2. Trimenon. Es wird geschätzt, daß jährlich 500 Neugeborene und Kleinkinder von zytomegaliebedingten Schäden betroffen sind (Enders 1994).

Bei reaktivierten Infektionen sind bei immunkompetenten Frauen trotz möglicher fetaler Infektion kindliche Schäden bei Geburt nicht zu erwarten (Nigro et al. 1993; Enders 1994). In 5–8% der Fälle wurden jedoch Spätschäden vor allem in Form von einseitigen Hörstörungen beobachtet (Fowler et al. 1992). Die möglichen bleibenden Manifestationen sind in Tabelle 9.12 aufgeführt.

Sonographie

Mögliche sonographische Auffälligkeiten bei fetaler Zytomegalieinfektion sind generalisierter Hydrops fetalis, Hydro- oder Mikrozephalus, Hepatosplenomegalie, intrakranielle Verkalkungen und Wachstumsretardierung.

Invasive Pränataldiagnostik

Da die Erkrankung bei der Mutter meist asymptomatisch verläuft, wird eine Diagnose in der Schwangerschaft in den meisten Fällen nur zufällig gestellt. Bei serologisch-virologisch bewiesener Erstinfektion bis zur 20. SSW ist durch PCR der Nachweis viraler DNA pränatal möglich. Am häufigsten konnte die fetale Infektion durch den Virusnachweis im Fruchtwasser in der 19.–20. SSW nachgewiesen werden (Donner et al. 1994). Durch die CMV-IgM-Bestimmung aus fetalem Blut nach Chordozentese können nur 60–70% der fetalen Infektionen nachgewiesen werden. Bei Reinfektion ist wegen des sehr geringen Risikos für eine fetale Schädigung eine invasive Pränataldiagnostik nicht grundsätzlich indiziert.

Die Entscheidung für oder gegen eine Fortsetzung der Schwangerschaft wird im wesentlichen vom sonographischen Befund abhängig gemacht. Da jedoch auch bei unauffälligem Befund schwerwiegende Spätmanifestationen nicht aus-

Tabelle 9.11. Klinische Manifestationen bei Kindern mit kongenitaler CMV-Erkrankung in der Neugeborenenperiode. (Nach Daten aus Studien von Stagno 1992; Istas et al. 1995; Demmler 1996; Friese u. Enders 1998)

Symptome	Häufigkeit (%)
Allgemein	
Frühgeburt (<38. SSW)	34
Geringes Geburtsgewicht	50
Petechien	50–68
Ikterus	40–69
Hepatosplenomegalie	40–60
Purpura	14
Pneumonie	5–10
Tod in den ersten 6 Wochen	12–30
Neurologische Auffälligkeiten	
Eine oder mehrere	72
Mikrozephalie	50
Intrakranielle Verkalkungen	43
Lethargie/Hypotonie	25
Hörminderung	25
Chorioretinitis	10
Krampfanfälle	7
Laborbefunde	
Thrombozytopenie	60
Hämolytische Anämie	10–50
Direkte Hyperbilirubinämie	35–70
Erhöhte Leberwerte	46
Erhöhte Proteinwerte im Liquor	45–50

Tabelle 9.12. Bleibende Manifestationen bei Kindern im Alter von 6 Monaten bis 3 Jahren mit kongenitaler CMV-Infektion mit und ohne Symptomatik bei Geburt. (Nach Daten aus Studien von Pass et al. 1991; Fowler et al. 1992; Stagno 1992; Istas et al. 1995)

Bleibende Störung	Falls bei Geburt symptomatisch [%]	Falls bei Geburt asymptomatisch [%]
Hörverlust sensorineural	58	7,4
bilateraler Hörverlust	37	2,7
Sprachstörungen	27	1,7
Chorioretinitis mit/ohne Optikusatrophie	20	2,5
Mikrozephalie	38	1,8
Krampfanfälle	23	0,9
Parese/Paralyse	13	0
(Tod nach der Neugeborenenperiode	6	0,3)

zuschließen sind, wird letztlich die Schwangere über den Fortgang der Schwangerschaft entscheiden müssen.

Bei negativer PCR kann eine fetale Infektion grundsätzlich nicht ausgeschlossen werden. Diese Schwangerschaften sollten daher sonographisch und serologisch weiter kontrolliert werden.

Varizellen-/Zoster-Infektion

Bedeutung und Epidemiologie
Die Varizellen-Infektion ist eine der häufigsten Infektionen im Kleinkindesalter. Nur 5–7% der Frauen im gebärfähigen Alter haben keine Varizellen-Zoster-Virus-(VZV-)Antikörper und sind somit für die Erstinfektion empfänglich. Für die Impfung seronegativer Nichtschwangerer steht ein Lebendimpfstoff zur Verfügung.

Fetale Schädigungsrate
Eine Infektion in der Frühschwangerschaft führt zu einem etwas höheren Abortrisiko. Das Risiko für embryonale Anomalien ist gering.

Eine von Enders et al. (1994) durchgeführte prospektive Studie an 1739 Fällen ergab ein durchschnittliches Risiko von 1% für das konnatale Varizellensyndrom bei mütterlicher Varizellenerkrankung bis zur 20. SSW (Tabelle 9.13). Bei mütterlicher Infektion in der 1.–12. SSW liegt das Risiko bei 0,4%, in der 13.–20. SSW bei 2%. Bei mütterlichen Varizellen nach der 20. SSW wurde das konnatale Varizellensyndrom nicht mehr beobachtet (Enders et al. 1994).

Aufgrund des geringen Risikos ist bei unauffälligem sonographischen Befund ein Schwangerschaftsabbruch bei Varizelleninfektion in der Schwangerschaft nicht indiziert.

Tabelle 9.13. Klinische Manifestationen des kongenitalen Varizellensyndroms. (Mod. nach Enders et al. 1994; Schwarz 1998)

Klinische Manifestation	Häufigkeit [%]
Hauterscheinungen (Skarifikationen, Ulzerationen, Narben)	100
Hypoplasie der Gliedmaßen	86
Intrauterine Wachstumsretardierung	82
Paralyse mit Muskelatrophie einer Gliedmaße	70
Katarakt und/oder andere Augendefekte, Horner-Syndrom	64
Psychomotorische Retardierung und/oder Konvulsionen	50
Rudimentäre Finger	42
Chorioretinitis	41
Hirnatrophie	29
Letalität	47

Bei Ausbruch der Erkrankung ca. 5 Tage vor bis 2 Tage nach der Entbindung kann es zu einer schweren Varizelleninfektion des Neugeborenen kommen, die mit einer Letalität von ca. 8% einhergeht.

Die *Herpes-zoster-Infektion*, deren Erreger identisch ist mit dem Erreger der Windpocken, ist die Folge einer endogenen Reaktivierung nach Persistenz dieses Herpesvirus in den Ganglien.

Die Herpes-zoster-Erkrankung geht nicht mit einer virämischen Phase einher; somit ist eine fetale Erkrankung bei mütterlichem Herpes zoster nicht möglich.

Sonographie
Mögliche sonographische Auffälligkeiten sind fetale Wachstumsretardierung, Gliedmaßenhypoplasie, Hirnauffälligkeiten oder auch ein generalisierter Hydrops fetalis.

Invasive Pränataldiagnostik
Bei sonographischer Auffälligkeit ist eine invasive Pränataldiagnostik aus fetalem Blut und Fruchtwasser zum Virusnachweis mit PCR indiziert. Die Schwangere sollte darüber informiert sein, daß eine Infektion des Fetus weder mit letzter Sicherheit bestätigt noch ausgeschlossen werden kann.

Procedere bei Varizellen- oder Zosterkontakt bzw. Varizelleninfektion
- Bei Varizellen-Zoster-Kontakt bis zur 22./23. SSW: Nach Abklärung des Immunstatus, bei Seronegativität innerhalb von 1–3 Tagen nach Varizellenkontakt passive Immunprophylaxe mit Varizellen-Zoster-Immunglobulin (VZIG). Dadurch kann die Varizelleninfektion in 50% der Fälle verhindert werden. Aufgrund einer verminderten Virämie besteht auch bei Ausbrechen der Erkrankung ein geringeres Risiko für den Fetus. Nach Ausbruch des Exanthems ist in diesem Schwangerschaftszeitraum die VZIG-Prophylaxe überflüssig.

    Sonographische Untersuchung in der 20–24. SSW, bei unauffälliger Sonographie Abruptio nicht indiziert.
- Bei Exanthemausbruch 4–5 Tage vor der Entbindung: passive Immunprophylaxe mit VZIG bei der Schwangeren und dem Neugeborenen, sofort postpartal.

Parvovirus-B19-Infektion

Epidemiologie, Bedeutung und Serologie
Seit einigen Jahren ist bekannt, daß der Erreger der Ringelrötelninfektion Parvovirus B19 auch zu einer pränatalen Infektion führen kann. Die Inzidenz der Ringelrötelninfektion in der Schwangerschaft wird mit 1:400 angegeben. Bei 40–60% der Erwachsenen werden Antikörper gegen Parvo-B19-Viren gefunden (Enders u. Biber 1990). Bei Verdacht auf eine akute Erkrankung ist der serologische IgM-Antikörper-Nachweis im mütterlichen Blut möglich. Gleichzeitig ist ein kurzfristiges passageres Absinken der Hb-Konzentration, der Retikulozytenzahl sowie eine kurzdauernde Thrombozytopenie typisch (Harris 1992).

Fetale Infektion und Schädigung

Als Zeitspanne zwischen dem Beginn der mütterlichen Infektion und dem Beginn fetaler Komplikationen werden 2 Wochen bis 3 Monate angegeben. Während der gesamten Schwangerschaft kann es zur diaplazentaren Infektion des Fetus kommen. Die Transmissionsrate wird derzeit auf ca. 33% geschätzt (Public Health Laboratory Service Working Party on Fifth Disease 1990).

Hauptzielzellen für die Virusvermehrung im Fetus sind die Erythroblasten in Leber und Knochenmark, die Megakaryozyten und die kernhaltigen Erythrozyten. Als Folge der fetalen Infektion kommt es zur Hemmung der Erythropoese und damit zum steilen Hb-Abfall mit nachfolgendem Hydrops fetalis.

Die fetale Schädigungsrate wird verschieden angegeben. Es wird davon ausgegangen, daß es in 10–12% der Fälle zu einem Hydrops fetalis kommt. Eine prospektive Studie an insgesamt 1308 Schwangeren (Enders et al. 1997, noch nicht veröffentlicht) mit gesicherter Parvovirus-B19-Infektion in der Schwangerschaft ergab einen Hydrops fetalis mit und ohne Anämie in 17,5% der Fälle.

Über die Möglichkeit auch anderer durch den Virus induzierter fetaler/kindlicher Schäden wird berichtet. Das Risiko erscheint jedoch insgesamt gering. Die Mehrzahl auffälliger Befunde an Herz, Auge und anderen Organen, Lippen-Kiefer-Gaumenspalten u.a. wurden an abortierten Feten erhoben. Ob nicht auch die direkte Infektion von Myokardzellen zum Herzversagen bei infizierten Feten beiträgt, ist noch ungeklärt (Brown u. Young 1997).

Nach Infektion im 1. Trimenon beträgt die Rate für Abort bzw. intrauterinen Fruchttod mit einer Häufung zwischen der 10. und 22. SSW ca. 9% (Schwarz et al. 1988; Enders et al. 1994 u.a.). Nach Enders et al. kam es in 12,5% der Fälle zu einem Spontanabort bzw. intrauterinen Fruchttod.

Nach Infektion mit Ringelröteln besteht in 85–90% der Fälle kein erhöhtes Risiko für das erwartete Kind.

Pränatale Diagnostik und Therapie

Bei nachgewiesener Parvovirus-B19-Infektion der Schwangeren sollten wöchentlich *sonographische Kontrollen* bis ca. 12 Wochen nach Infektionsbeginn erfolgen, um schon Andeutungen eines Hydrops fetalis rechtzeitig zu erkennen. Da bei rechtzeitigem Erkennen die Schädigung der fetalen hämatopoetischen Stammzellen nicht vollständig ist, kann sich der Fetus nach überbrückender supportiver Therapie durch *intrauterine Transfusion* über die Nabelschnur in vielen Fällen erholen. Auch über spontane Zurückentwicklungen eines Hydrops fetalis wurde berichtet. Der Nutzeffekt einer intrauterinen Transfusion, der z.T. auch kontrovers diskutiert wird, erscheint bei massiver fetaler Anämie gesichert.

Der Nachweis einer intrauterinen Infektion erfolgt vor allen Dingen durch Virusnachweis mittels PCR im Fruchtwasser, fetalen Blut und Aszitespunktat. Die IgM-Antikörperbestimmung hat eine wesentlich schlechtere Trefferquote.

Eine invasive Diagnostik ist jedoch nur sinnvoll bei sonographisch festgestelltem Hydrops fetalis, da die fetale Gefährdung nach mütterlicher Parvovirus-B19-Infektion insgesamt gering ist.

Procedere bei Parvovirus-B19-Infektion
- Sonographische Kontrollen bis 12 Wochen nach Infektionsbeginn;
- bei beginnendem Hydrops fetalis jenseits der 18. SSW Chordozentese mit Virusnachweis in fetalem Blut, Anämieabklärung, intrauterine Transfusion.

Herpes simplex

Epidemiologie
Die Durchseuchung mit *HSV I* liegt im frühen Erwachsenenalter, abhängig von der sozialen Schichtzugehörigkeit, bei 40–90%.

Die Durchseuchung mit *HSV II* liegt, abhängig von der sexuellen Aktivität, bei 93%.

HSV-Infektionen während der Schwangerschaft sind 3mal häufiger als außerhalb der Schwangerschaft.

Virusverhalten und Serologie
Die Herpes-simplex-Viren Typ I und Typ II (verantwortlich vor allem für die Infektionen im Genitalbereich) persistieren nach Primärinfektion im Organismus und können zu rekurrierenden Infektionen führen. In 35–60% der Fälle kommt es bei den Primärinfizierten zu periodisch rekurrierendem Herpes genitalis.

Bei nur 10–50% der Primärinfizierten treten Symptome auf. Im allgemeinen kommt es 3–9 Tage nach Erstinfektion zu einer lokalisierten Virusvermehrung. Seltener ist eine Virämie mit Dissemination der Infektion.

Während der Inkubationszeit ist die Virusausscheidung gering. Nach Auftreten der Bläschen kann sie 14–21 Tage anhalten.

Die IgM- und auch IgA-Antikörper sind bei Erstinfektion für 3–5 Wochen, die IgG-Antikörper lebenslang nachweisbar.

Bei *rekurrierender Infektion* ist die Virusausscheidung auf 3–7 Tage verkürzt. Die IgG-Antikörper steigen nur geringfügig an, eine IgM-Antikörperbildung findet selten statt. Deshalb ist bei rekurrierenden Infekten der Virusnachweis aufschlußreicher.

Fetale/neonatale Schädigung
Es wird davon ausgegangen, daß eine intrauterine HSV-Primärinfektion durch transplazentare Übertragung zu einem Abort oder zu einer Totgeburt führt. Bei aktivem Herpes genitalis ist die Abort- und Frühgeburtenrate erhöht.

In einzelnen Fallbeispielen werden Fehlbildungen und Entwicklungsstörungen (Mikrozephalie, Mikrophthalmie, intrakranielle Kalzifikationen, mukokutaner Herpes) nach mütterlicher Infektion im 1. Trimenon beschrieben.

Wegen des mangelnden Beweises einer HSV-Embryopathie stellen primäre HSV-Infektionen mit Typ I und Typ II und rekurrierende Infektionen *keine Indikation zur Interruptio* dar.

Die Hauptbedeutung der genitalen Herpes-simplex-Infektion in der Schwangerschaft liegt in der Möglichkeit der Entwicklung einer Herpes-simplex-Infektion des Neugeborenen. In einem Großteil der Fälle (ca. 90%) kommt es zur

Übertragung bei der Passage durch den Geburtskanal, in wenigen Fällen erfolgt die Übertragung transplazentar oder durch Virusaszension vor der Geburt.

Bei einer *aktiven Primärinfektion* der Mutter kurz vor der Entbindung beträgt das Risiko einer kindlichen Erkrankung 40–50%. Bei einer aktiven *rekurrierenden Infektion* wird die neonatale Infektionsrate mit 1–5% (Friese u. Kachel 1998) angegeben.

Die neonatale Herpesinfektion führt in den meisten Fällen zu lokalisierten oder disseminierten sepsisähnlichen Erkrankungen. Sie ist zu 25% durch den HSV Typ I und zu 25% durch den HSV Typ II bedingt. Die Letalität liegt bei 40%.

Bei Primärinfektion mit HSV II oder auch bei rekurrierender symptomatischer genitaler HSV-Infektion kurz vor der Entbindung wird eine *Sectio caesarea* empfohlen. Wenn ein Blasensprung länger als 4–6 h zurückliegt, hat die Sectio gegenüber der Spontangeburt keinen Vorteil mehr.

Procedere bei primärem Herpes genitalis in der Schwangerschaft
Die folgenden Angaben beziehen sich auf Empfehlungen der Infectious Diseases Society of Obstetrics and Gynecology of America (1993; mod. nach Friese u. Kachel 1998):
- Information der Patientin über das fetale Risiko;
- orale Gabe von Aciclovir, bei schwerer symptomatischer Infektion i.v.-Therapie mit Aciclovir;
- bei Herpes genitalis im 3. Trimenon wöchentliche Viruskultur nach Abstrich von Zervix und Vulva;
- Kaiserschnitt bei Symptomen innerhalb von 4–6 Wochen vor errechnetem ET bzw. bei positiver HSV-Kultur unabhängig von einer medikamentösen Therapie, falls ein Blasensprung nicht länger als 4–6 h zurückliegt.

Procedere bei rekurrierendem Herpes genitalis in der Schwangerschaft
- Orale Gabe von Aciclovir im 2. und 3. Trimenon.
- Wöchentliche Viruskulturen sind bei anamnestisch rezidivierendem Herpes genitalis nicht notwendig; ggf. Kulturnachweis für HSV II zum Zeitpunkt der Entbindung bei Patientinnen mit anamnestisch rezidivierendem Herpes genitalis.
- Ein Kaiserschnitt sollte nicht generell, sondern nur bei jenen Schwangeren durchgeführt werden, die zu Beginn der Wehentätigkeit Herpesläsionen in Zervix und Vagina aufweisen.

Erworbenes Immundefektsyndrom (Aids)

In der gynäkologisch-geburtshilflichen Praxis ergibt sich in seltenen Fällen die Situation, daß die in der Frühschwangerschaft empfohlene HIV-Diagnostik positiv ausfällt oder eine HIV-positive Frau Kinderwunsch hat und Informationen über ihr Risiko und das ihrer Kinder wünscht. Bei 28,2% der Frauen mit einer HIV-Infektion wurde die Diagnose im Verlauf einer Schwangerschaft gestellt (Schäfer 1996).

Die Frage, ob eine Schwangerschaft durch die physiologischerweise zu erwartende Immunsuppression die Progredienz der Erkrankung fördert, wird unterschiedlich beurteilt. Generell konnte eine mit der Schwangerschaft in Zusammenhang zu bringende Verschlechterung der immunologischen Parameter nicht beobachtet werden (Brettle et al. 1995).

Es konnte nachgewiesen werden, daß die vertikale Transmission (intrauterine Infektion) nicht so hoch ist wie früher angenommen. Es wird von einer *vertikalen Transmission in 15–20%* der Fälle ausgegangen (European Collaborative Study 1992, 1996, 1998). Es ist anzunehmen, daß das kindliche Infektionsrisiko insgesamt nach Zusammenwirken der intrauterinen, perinatalen und frühpostnatalen Übertragung höher ist.

Durch *Therapie der Schwangeren mit AZT* (Azidothymidin/Zidovudin) – oral während der Schwangerschaft und intravenös während der Geburt – und durch orale AZT-Therapie des Neugeborenen konnte die vertikale Transmissionsrate von 25,5% in der Plazebogruppe auf 8,3% in der Therapiegruppe gesenkt werden (Böhler u. Buchholz 1998).

Das Virus kann die Plazenta passieren und ist in der Muttermilch und im Genitaltrakt vorhanden. Eine Chordozentese mit Virusnachweis aus fetalem Blut ist nicht sinnvoll, da eine Übertragung auch im Zeitraum nach der Chordozentese noch erfolgen kann und auch ein eingriffbedingter maternal-fetaler Plazentatransfer denkbar ist.

Procedere bei HIV-Infektion einer Schwangeren (mod. nach Enders 1988):

- Von einer Schwangerschaft sollte eher abgeraten werden, solange keine spezifische Therapie gegen HIV-Infektionen existiert.
- Während der Schwangerschaft sollte wiederholt auf HIV-Antikörper, evtl. auch auf Infektiosität durch Nachweis des HIV in Blutlymphozyten untersucht werden.
- Ein Schwangerschaftsabbruch ist wegen der eventuellen Gefährdung der Mutter und der hohen Wahrscheinlichkeit einer HIV-Übertragung auf das Kind zu erwägen, solange es keine Therapie gibt.
- Bei Fortführung der Schwangerschaft ist eine interdisziplinäre, infektiologisch-geburtshilfliche Betreuung angezeigt.
- Eine Therapie der Schwangeren mit AZT verringert die vertikale Transmissionsrate.
- Die pränatale Diagnostik einer fetalen HIV-Infektion wird wegen des Verschleppungsrisikos in den Fetus nicht empfohlen.
- Die Schnittentbindung am wehenfreien Uterus scheint bezüglich des kindlichen Infektionsrisikos günstiger zu sein (Schäfer u. Friese 1998: Transmission bei Sectio 5% vs. 13,6% bei vaginaler Entbindung). Diese Frage wird noch kontrovers diskutiert.
- Bei vaginaler Entbindung sollte die Geburt in einem separaten Gebärsaal mit entsprechenden Schutzmaßnahmen (Mundschutz, Handschuhe, Brille, Kind nicht durch Mundzug absaugen) erfolgen.
- Auf fetale EKG-Ableitung mit Kopfschwartenelektroden und Mikroblutuntersuchung aus der fetalen Kopfhaut sollte verzichtet werden.
- Beim Neugeborenen sollte Nabelschnurblut für HIV-Antikörperbestimmung und -isolierung gewonnen werden.

- Die Kinder sollten von ihren Müttern nicht gestillt werden, um eine postnatale Infektion eines nichtinfizierten Kindes durch die Muttermilch zu vermeiden.
- Zur Vermeidung von nosokomialen Infektionen wird Ganztags-rooming-in (Einzelzimmer mit Toilette) empfohlen.
- Der Kontakt des Neugeborenen mit Blut und Speichel, vor allem mit Schleimhautverletzungen der infizierten Mutter oder des Vaters, sollte vermieden werden.
- Das Neugeborene muß langfristig auf HIV-Antikörper und evtl. Infektiosität und aidsverdächtige Symptome hin untersucht werden.

Impfungen in der Schwangerschaft

Grundsätzlich gilt, daß Impfungen, falls vermeidbar, in der Schwangerschaft nicht durchgeführt werden sollten.

In vielen Fällen wird jedoch in Unwissenheit einer Schwangerschaft geimpft, oder es stellt sich die Frage, ob bei gegebener Exposition und nicht vorhandenem Impfschutz eine Impfung während der Schwangerschaft indiziert sei.

Allgemein gilt, daß Impfungen mit lebenden Erregern in der Schwangerschaft kontraindiziert sind, während solche mit Tot-, Toxoid- oder Subunit-Impfstoffen mit Ausnahmen zumindest ab dem 2. Trimenon verwendet werden können.

Eine Ausnahme stellt die trivalente Polio-Lebendschluckimpfung nach Sabin dar, die bei schon früher grundimmunisierten Schwangeren eingesetzt werden kann, wenn Familienangehörige damit geimpft werden oder wenn eine Reise in ein Endemiegebiet bevorsteht.

In Tabelle 9.14 sind Durchführbarkeit bzw. Kontraindikationen der wichtigsten Impfungen in den verschiedenen Phasen der Schwangerschaft aufgeführt.

9.5.4 Mütterliche Stoffwechselerkrankungen

Metabolische Erkrankungen der Mutter können, unabhängig von ihren genetischen Risiken, zu intrauterinen Entwicklungsstörungen des Kindes führen.

Mütterliche Phenylketonurie bzw. Hyperphenylalaninämie

Phenylalanin ist plazentagängig. Erhöhte Werte bei Schwangeren mit Phenylketonurie oder Hyperphenylalaninämie können während der Schwangerschaft zu einer schweren Schädigung des Kindes führen. Die betroffenen Kinder zeigen einen intrauterinen Entwicklungsrückstand mit Mikrozephalie, multiple Fehlbildungen, angeborene Herzfehler und eine schwere geistige Retardierung (Abb. 9.20). Durch eine konsequente diätetische Behandlung schon *vor der Konzeption* und *während der gesamten Schwangerschaft* können diese Schäden vermieden werden.

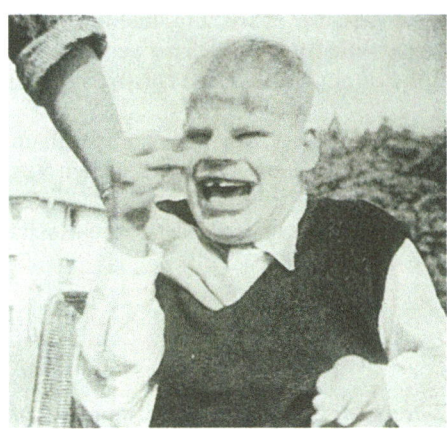

Abb. 9.20. Kind mit Phenylketonurie-Embryopathie. (Mit freundlicher Genehmigung von Prof. H. Bickel)

Tabelle 9.14. Impfungen in der Schwangerschaft. (Mod. nach Preiser 1996)

Vakzinationstyp	1. Trimenon	2. und 3. Trimenon
Lebendvakzine		
BCG	Nein	Nein
Polio (oral) n. Sabin	Ja	Ja (außer i. d. letzten SSW)
Masern, Mumps	Nein	Nein
Röteln	Nein	Nein
Varizellen	Nein	Nein
Gelbfieber	Nur bei strenger Indikationsstellung	Nur bei strenger Indikationsstellung
Typhus, Cholera (oral)	Wenn indiziert	Wenn indiziert
Totvakzine		
Tetanus	Wenn indiziert (postexpositionell)	Wenn indiziert (postexpositionell)
Diphtherie	Wenn indiziert	Wenn indiziert
Pertussis, Haem. infl. b	Nein	Nein
Polio (parenteral) n. Salk	Ja	Ja
FSME	Nur bei strenger Indikationsstellung	Nur bei strenger Indikationsstellung
Influenza	Nein	Wenn indiziert
Hepatitis A und B	Wenn indiziert	Wenn indiziert
Tollwut	Wenn indiziert (postexpositionell)	Wenn indiziert (postexpositionell)
Cholera (parenteral)	Nein	Nein
Typhus (parenteral)	Wenn indiziert	Wenn indiziert

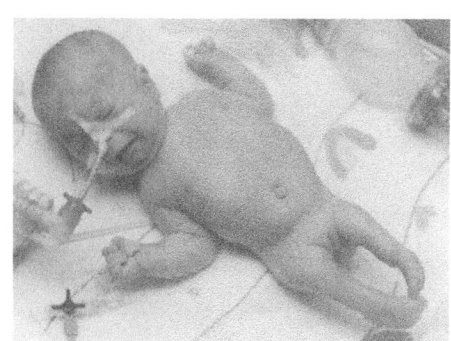

Abb. 9.21. Säugling einer nichtbehandelten diabetischen Mutter mit verkürzten und deformierten unteren Extremitäten. (Mit freundlicher Genehmigung der Univ.-Kinderklinik Heidelberg)

Mütterlicher Diabetes mellitus

Kinder diabetischer Schwangeren haben ein erhöhtes Allgemeinrisiko als Kinder nichtdiabetischer Schwangeren. Dazu gehört neben dem Risiko der pränatalen Entwicklung einer Makrosomie, einer postpartalen Hypoglykämie, Hypokalzämie und Ateminsuffizienz auch eine erhöhte kongenitale Fehlbildungsrate. Multiple Fehlbildungen, vorwiegend des Skelettsystems, des Zentralnervensystems, des Herzens und des Urogenitaltrakts, sind bei Kindern diabetischer Mütter 2- bis 3mal häufiger als in der Allgemeinbevölkerung.

Ein bei Kindern diabetischer Mütter gehäuft vorkommender Fehlbildungskomplex ist das *kaudale Regressionssyndrom*, das mit einer Hypoplasie des Steißbeins, der unteren Extremitäten und mit dem Fehlen mehrerer Lenden- und/oder Brustwirbelkörper einhergeht (Abb. 9.21).

9.5.5 Amniogene Fehlbildungen

Aus unbekannten Gründen reißt das Amnion bei etwa 1:10000 Frühschwangerschaften ein. Es bilden sich Amnionstränge und Amnionmembranen, in denen sich der Embryo mit Extremitäten oder Kopf verfangen kann. Dadurch können an den Extremitäten Schnürfurchen bzw. Amputationen entstehen. Durch Verschlucken von Amnionbändern kann es zu Gesichtsspalten und atypischen Lippen-Kiefer-Gaumen-Spalten kommen (Abb. 9.22). Durch Adhäsion von Membranen am Schädeldach und Traktion können Enzephalozelen oder andere Fehlbildungen im Schädelbereich entstehen, die als *ADAM-Komplex* (amniotic deformity adhesions mutilations) bezeichnet werden. – Die Ursache der Amnionruptur ist unbekannt, ganz selten sind familiäre Fälle beobachtet worden.

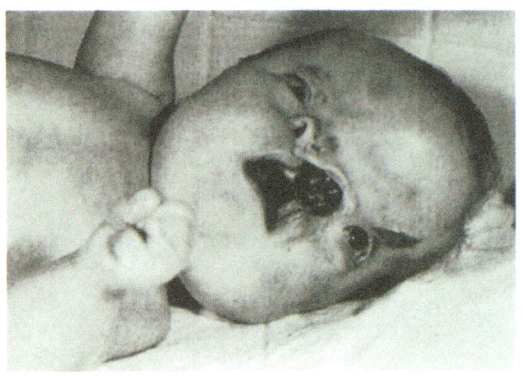

Abb. 9.22. Gesichtsspalte und Schnürfurchen bei Amnioruptur. (Mit freundlicher Genehmigung aus der Sammlung von Prof. F. Vogel, Heidelberg)

Tabelle 9.15. Fehlbildungssyndrome mit autosomal-dominanter Vererbung (*E* Expressivität, *P* Penetranz)

Syndrome	Bemerkungen
Achondro-/Hypochondroplasie	Neumutationen (paternal)
Akrofaziale Dysostose (Nager)[a]	E variabel
Akrorenales Syndrom	Heterogen
Akrozephalosyndaktylie (Typ Apert)	Meist Neumutation
Akrozephalosyndaktylie (Typ Pfeiffer)	Mit hohem Anteil an Neumutationen
Akrozephalosyndaktylie (Typ Saethre-Chotzen)	E variabel + P ↓
Bronchiootorenales Syndrom (BOR)	E variabel + P ↓
Crouzon-Syndrom	E variabel + P ↓
Ektodaktylie/-Ektodermaldysplasie (EEC)	–
Franceschetti-Syndrom (Dysostosis mandibulofacialis)	E + P ↓
Freeman-Sheldon-Syndrom (whistling face)	E variabel + P ↓
Holoprosenzephalie[a]	
Holt-Oram-Syndrom	E variabel
Kleidokranialdysostose	–
Leopard-Syndrom	Mit variabler Expressivität
Okulodentodigitales Syndrom[a]	E variabel + P ↓
Robinow-Syndrom[a]	–
Tanatophore Dysplasie (Neumutation)	–
Townes-Brocks-Syndrom	E variabel + P ↓
Trichorhinophangeale Dysplasie I, II	–
Van-der-Woude-Syndrom	E variabel + P ↓
Waardenburg-Syndrom	E variabel + P ↓ (heterogen)

[a] Auch autosomal-rezessiv vererbbar.

9.6 Genetische Beratung

Bei Dysmorphie- bzw. Fehlbildungssyndromen mit bekannter monogenen Vererbung wird das Wiederholungsrisiko entsprechend ihrem Erbgang berechnet. In den Tabellen 9.15–9.17 sind einige Fehlbildungssyndrome mit verschiedenen monogenen Erbgängen zusammengestellt. Bei einigen Fehlbildungssyndromen mit unbekanntem Erbgang, die relativ häufig beobachtet werden, wird das Wiederholungsrisiko auf empirische Ziffern gestützt.

In Tabelle 9.18 sind einige Fehlbildungssyndrome aufgeführt, bei denen vereinzelt Geschwisterfälle beobachtet wurden.

Bei den Fehlbildungssyndromen, die in Tabelle 9.19 aufgelistet sind, ist die chromosomale Lokalisation bekannt.

Tabelle 9.16. Fehlbildungssyndrome mit autosomal-rezessiver Vererbung

Achondrogenesie (verschiedene Typen)	Jarchot-Levin-Syndrom
Antley-Bixler-Syndrom	Jaubert-Syndrom
Atelosteogenesis	Jeune-Syndrom
Bloom-Syndrom	Kurzrippen-Polydaktylie-Syndrom (verschiedene Typen)
Carpenter-Syndrom	Marden-Walker-Malformation
Chondrodysplasia punctata (rhizomeler Typ)	McKusick-Kaufmann-Syndrom
Cohen-Syndrom	MMM-Syndrom
Diastrophische Dysplasie	Mohr-Claussen-Syndrom
Dubowitz-Syndrom	Neu-Laxova-Syndrom
Ellis-van-Creveld-Syndrom	Pena-Shokeir-Syndrom
Fraser-Syndrom	Roberts-Syndrom
Fryns-Syndrom	Seckel-Syndrom
Holoprosenzephaliesyndrom (heterogen)	Thrombozytopenie-Radiusaplasie-Syndrom (TAR)
Hydroletalussyndrom	Walker-Waarburg-Syndrom

Tabelle 9.17. Fehlbildungssyndrome mit X-chromosomaler Vererbung

Aarskog-Syndrom	Goltz-Gorlin-Syndrom
Aicardi-Syndrom	Mandibulofaziale Dysostose Typ Toriello
α-Thalassämie/XLMR (ATR-X)	Orofaziodigitales Syndrom Typ I
Börjeson-Forssmann-Lehman-Syndrom	Otopalatodigitales Syndrom Typ I + II
Coffin-Lowry-Syndrom	Simpson-Golabi-Bihmel-Syndrom
FG-Syndrom	Smith-Fineman-Myers-Syndrom

Tabelle 9.18. Fehlbildungssyndrome mit niedrigem Wiederholungsrisiko

Beckwith-Wiedemann-(EMG-)Syndrom	Proteus-Syndrom
CHARGE-Assoziation	Rubinstein-Taybi-Syndrom
Cornelia-Brachmann-de-Lange-Syndrom	Silver-Russel-Syndrom
Goldenhaar-Syndrom	Sotos-Syndrom
Hypoglossie-Hypodaktylie-Assoziation	Sturg-Weber-Syndrom
Kaudales Regressionssyndrom	VACTERL-Assoziation
Noonan-Syndrom	Weaver-Syndrom
Poland-Syndrom	Williams-Beuren-Syndrom

Tabelle 9.19. Deletionssyndrome mit Genlokalisationen

Syndrom	Lokalisation
Alagille-Syndrom	20p11–p12
Angelman-Syndrom	15q11–12 (Mikrodeletion, maternal)
Aniridiesyndrom	11p13 (PAX6 Genmutation)
Beckwith-Wiedemann-Syndrom	11p15 (Duplikation?)
Di-George-Syndrom	22q11 (Mikrodeletion)
Ektodaktylie	7q21
Greig-Zephalopolysyndaktylie	7p13
Holoprosenzephalie Typ 3	7q6.1-pter
Langer-Giedion-Syndrom	8q24.1
Miller-Dieker-Lissenzephalie	17p13.1 (Mikrodeletion)
Piebald-Albinismus	4q (KIT-Onkogenmutation)
Prader-Willi-Syndrom	15q11–12 (Mikrodeletion, paternal)
Rubinstein-Taybi-Syndrom	16p13
Smith-Magenis-Syndrom	17p11.2
Treacher-Collins-Syndrom	5q13
Trichorhinophalangeale Dysplasie I	8q24.1
Waardenburg-Syndrom	2q (PAX3-Genmutation)
WAGR-Syndrom	11p13
Williams-Beuren-Syndrom	7q11.2

Literatur

Aase J (1990) Diagnostic dysmorphology. Plenum, London

Baraitser M, Winter RM (1991) London Neurogenetics Database. A valuable computerized database of neurogenetic disorders. Oxford University Press

Belloni E, Muenke M, Roessler E et al. (1996) Identification of sonic hedgehog as a candidate gene responsible for holoprosencephaly. Nat Genet 14:353–356

Bergsma DS (1979) Birth defects atlas and compendium, 2nd edn. Williams & Wilkins, Baltimore

Böhler T, Buchholz B (1998) HIV-Infektion des Neugeborenen. In: Friese K, Kachel W (Hrsg) Infektionserkrankungen der Schwangeren und des Neugeborenen, 2. Aufl. Springer, Berlin Heidelberg New York Tokyo

Brettle RP, Raab GM, Rossa A et al. (1995) HIV infection in women: immunological markers and the influence of pregnancy. AIDS 9:1177–1184

Brown KE, Young NS (1997) Human parvovirus B19: pathogenesis of disease. In: Anderson LJ, Young NS (eds) Human parvovirus B19. Karger, Basel, pp 105–119 (Monogr Virol)

Brueton LA, Winter RM (1993) Molecular aspects of morphogenesis. Bailliere's Clin Paediat 1:345–373

Buehler BA, Delimont D, van Waes M et al. (1990) Prenatal prediction at risk of the fetal hydantoin syndrome. N Engl J Med 322:1567–1572

Connor JM, Ferguson-Smith (1993) Essential medical genetics, 3rd edn. Blackwell, Oxford

Cooper LZ, Preblud SR, Alford CA (1995) Rubella. In: Remington JS, Klein JO (eds) Infectious diseases of the fetus and newborn infant, 4th edn. Saunders, Philadelphia, pp 268–311

Dean M (1996) Polarity, proliferation and the hedgehog pathway. Nat Genet 14:245–247

Demmler GJ (1991). Infectious disease society of America and Centers of Disease Control – Summary on a workshop of surveillance for congenital cytomegalovirus disease. Rev Infect Dis 13:315–329

Demmler GJ (1996) Congenital cytomegalovirus infection and disease. Adv Pediat Infect Dis 11:135–162

Dirmeier D, Arents A, Schalasta G, Meier S, Enders G (1997, in print) Prenatal diagnosis of rubella virus infection detected by polymerase chain reaction in fetal samples. Clin Diagn Virol

Dobbins JG, Stewart JA, Demmler GJ (1992) Surveillance of congenital cytomegalovirus disease 1990–1991. Centers for Disease Control, Morbidity and Mortality. Weekly Report 41:35–39

Donner C, Liesnard C, Brancart F et al. (1994) Accuracy of amniotic fluid testing before 21 weeks gestation in prenatal diagnosis of congenital cytomegalovirus infection. Prenat Diagn 14:1055–1059

El Ghouzzi V, LeMerrer M, Perrin-Schmitt F et al. (1997) Mutations of the TWIST gene in the Saethre-Chotzen syndrome. Nat Genet 15:42–46

Enders G (1988) Infektionen und Impfungen in der Schwangerschaft. Urban & Schwarzenberg, München

Enders G (1994) Röteln, Zytomegalie und Ringelröteln. In: Friese K, Kachel W (Hrsg) Infektionskrankheiten der Schwangeren und des Neugeborenen. Springer, Berlin Heidelberg New York Tokyo

Enders G (1998) Röteln und Ringelröteln. In: Friese K, Kachel W (Hrsg) Infektionserkrankungen der Schwangeren und des Neugeborenen, 2. Aufl. Springer, Berlin Heidelberg New York Tokyo

Enders G, Biber M (1990) Ringelröteln: Probleme und Diagnostik. Ärztl Praxis 72:14–15

Enders G, Miller E, Cradock-Watson J et al. (1994) Consequences of varicella and herpes zoster in pregnancy. Prospective study of 1739 cases. Lancet 343:1547–1550

European Collaborative Study (1992) Risk factors for mother-to-child transmission of HIV-1. Lancet 339:1007–1012

European Collaborative Study (1996) Vertical transmission of HIV-1: maternal immune status and obstetric factors. AIDS 10:1675–1681

European Collaborative Study (1998) Therapeutic and other interventions to reduce the risk of mother-to-child transmission of HIV-1 in Europe. Br J Obstet Gynaecol 105:704–709

Fabel G (1998) Medikation in Schwangerschaft und Stillzeit, 2. Aufl. Urban & Schwarzenberg, München

Fowler KB, Stagno S, Pass RF et al. (1992) The outcome of congenital cytomegalovirus infection in relation to maternal antibody status. N Engl J Med 326:663–667

Friese K, Enders G (1998) Zytomegalie, Varizellen und Herpes. In: Friese K, Kachel W (Hrsg) Infektionserkrankungen der Schwangeren und des Neugeborenen, 2. Aufl. Springer, Berlin Heidelberg New York Tokyo

Friese K, Kachel W (Hrsg) (1998) Infektionserkrankungen der Schwangeren und des Neugeborenen, 2. Aufl. Springer, Berlin Heidelberg New York Tokyo

Gorlin RJ, Cohen MM Jr, Lewin LS (1990) Syndromes of the head and neck, 3rd edn. Oxford University Press

Grillner L, Forsgren M, Barr B et al. (1983) Outcome of rubella during pregnancy with special reference to the 17th–24th weeks of gestation. Scand J Infect Dis 15:321–325

Hall JG (1984) Vitamin A: a newly recognized human tertogen. Harbinger of things to come? J Pediatr 105:583–584

Hall JG, Pauli RM, Wilson KM (1980) Maternal and fetal of sequelae of anticoagulants during pregnancy. Am J Med 68:122–140

Hammer EJ (1985) Retinoic acid embryopathy. N Engl J Med 313:837–841

Hanson JW, Buchler BA (1982) Fetal hydantoin syndrome: current status. J Pediat 101: 816–818

Harris JW (1992) Parvovirus B 19 for hematologists. Am J Hematol 39:119–130

Hlobil H, Friese K (1998) Pränatale Toxoplasmose. In: Friese K, Kachel W (Hrsg) Infektionskrankheiten der Schwangeren und des Neugeborenen, 2. Aufl. Springer, Berlin Heidelberg New York Tokyo

Hohlfeld P, Daffos F, Cost JM et al. (1994) Prenatal diagnosis of congenital toxoplasmosis with a polymerase-chain-reaction test on amniotic fluid. N Engl J Med 331: 695–699

Istas AS, Demmler GJ, Dobbins JG, Stewart JA (1995) Surveillance for congenital cytomegalovirus disease: a report from the National Congenital Cytomegalovirus Disease Registry. Clin Infect Dis 20:665–670

Janischke K (1994) Stand der Serodiagnostik der Toxoplasmoseinfektion in der Schwangeren- und Kindervorsorge. In: Pohle HD, Remington JS (Hrsg) Toxoplasmoseerreger und Krankheit. SM, Gräfelfing

Janz DL, Bossi M, Dam H et al. (eds) (1982) Epilepsy, pregnancy, and the child. Raven, New York

Jones KL (1997) Smith's recognisable patterns of human malformations, 4th edn. Saunders, Philadelphia

Kreß W, Collmann H, Zeitler P et al. (1996) Kraniosynostosen – Widerspruch zwischen Genotyp und Phänotyp? Med Genet 4:310–313

Leiber B, Olbrich G (1981) Die Klinischen Syndrome. Urban & Schwarzenberg, München

Lenz W (1983) Medizinische Genetik, 6. Aufl. Thieme, Stuttgart

Lewanda AF, Cohen MM Jr, Jackson CE et al. (1994) Genetic heterogeneity among craniosynostosis syndromes: mapping the Saethre-Chotzen syndrome locus between D7S518 and D7S516 and exclusion of Jackson-Weiss and Crouzon syndrome loci from 7p. Genomics 19:115–119

Lindhout D, Meinradi H, Barth PG (1982) Hazard of fetal exposure to drug combination. In: Janz DL et al. (eds) Epilepsy, pregnancy, and the child. Raven, New York, pp 275–280

Majewski F (1978) Zur Häufigkeit und Pathogenese der Alkoholembryopathie. Mschr Kinderheilkd 126:284

McGinnis W, Krumlauf R (1992) Homeobox genes and axial patterning. Cell 68:283–302

Miller E, Cradock-Watson JE, Pollock JM (1982) Consequences of confirmed maternal rubella at successive stages of pregnancy. Lancet II:781–784

Milunsky A (ed) (1986) Genetic disorders and the fetus, 2nd edn. Plenum, New York

Moloney M, Slaney SF, Oldbridge M et al. (1996) Exclusive paternal origin of new mutations in Apert's syndrome. Nat Genet 13:48–53

Muenke M (1989) Clinical, cytogenetic and molecular approaches to the genetic heterogeneity of holoprosencephaly. Am J Hum Genet 34:237–245

Muenke M (1997) A unique point mutation in the fibroblast growth factor receptor 3 gene (FGFR3) defines a new craniosynostosis syndrome. Am J Hum Genet 60:555–564

Muenke M, Schell U (1995) Fibroblast growth factor receptor mutations in human skeletal disorders. Trends Genet 11:308–313

Muenke M, Schell U, Hehr A et al. (1994) A common mutation in the fibroblast growth factor receptor 1 gene in Pfeiffer's syndrome. Nat Genet 8:269–274

Nigro G, Clerico A, Mandaini C (1993) Symptomatic congenital cytomegalovirus infection in two consecutive sisters. Arch Dis Child 69:527–528

OSSUM: An illustrated database of skeletal dysplasias. C.P. Export Pty. Ltd., 613 St. Kilda Road, Melbourne 3004, Victoria/Australia

Pass RF, Fowler KB, Boppana SB (1991) Progress in cytomegalovirus research. In: Proceedings of the third international cytomegalovirus workshop, Bologna, Italy, June 1991. Landini, London (Excerpta Medica, pp 3–10)

POSSUM: Pictures of standard syndromes and undiagnosed malformations. C.P. Export Pty. Ltd., 613 St. Kilda Road, Melbourne 3004, Victoria/Australia

Preblud SR, Alford CA (1990) Rubella. In: Remington JS, Klein JO (eds) Infectious diseases of the fetus and new born infant, 3rd edn. Saunders, Philadelphia, pp 196–240

Preiser W (1996) Impfungen in der Schwangerschaft. TW Gynäkologie 9:425–435

Public Health Laboratory Service Working Party on Fifth Disease (1990) Prospective study of human parvovirus B 19 infection in pregnancy. BMJ 300:1166–1170

Radhakrishna U, Wild A, Grzeschik KH et al. (1997) Mutation in GLI3 in postaxial polydactyly type A. Nat Genet 17:1269–1271

Reardon W et al. (1997) Craniosynostosis associated with FGFR3 pro 250arg mutation results in a range of clinical presentations including unisutural sporadic craniosynostosis. J Med Genet 34:632–636

Rimoin DL, Connor JM, Pyeritz RE (eds) (1997) Emery and Rimoin's principles and practice of medical genetics, 3rd edn. Churchill Livingstone, Edinburgh

Schäfer APA (1996) Die HIV-Infektion in Geburtshilfe und Gynäkologie. Gynäkologe 29:129–137

Schäfer H, Friese K (1998) HIV-Infektion der Schwangeren. In: Friese K, Kachel W (Hrsg) Infektionserkrankungen der Schwangeren und des Neugeborenen, 2. Aufl. Springer, Berlin Heidelberg New York Tokyo

Schwarz TF, Roggendorf M, Hottenträger B et al. (1988) Human parvovirus B 19 infection in pregnancy. J Exp Clin Chemother 3:219–223

Shepard TH (1992) Catalog of teratogenic agents, 7th edn. Johns Hopkins University Press, Baltimore

Slack JMW (1991) From egg to embryo, 2nd edn. Cambridge University Press

Sperling K, Pelz J, Wegner RD et al. (1994) Significant increase in trisomy 21 in Berlin nine month after the Chernobyl reactor accident: temporal correlation or causal relation? Basisrisiko Med J 309:158–162

Spielmann H, Steinhoff R, Schaefer C, Bunjes R (1998) Arzneiverordnung in Schwangerschaft und Stillzeit. G. Fischer, Stuttgart

Spranger J, Langer LO, Wiedemann HR (1974) Bone dysplasias, an atlas of constitutional disorders of skeletal development. Saunders, Philadelphia

Spranger J, Bernischke K, Hall JC et al. (1982) Errors of morphogenesis: concepts and terms. Recommendations of an international working group. J Pediat 100:160–165

Stagno S (1992) Cytomegalovirus. In: Remington JS, Klein JO (eds) Infectious diseases of the fetus and newborn infant. Saunders, Philadelphia, pp 312–353

Tariverdian G (1995) Fehlbildungs- und Dysmorphiesyndrome. In: Sohn C, Holzgreve W (Hrsg) Ultraschall in Gynäkologie und Geburtshilfe. Thieme, Stuttgart, S 465–474

Temtamy SA, McKusick VA (1978) The genetics of hand malformations. Liss, New York (Birth Defects Original Article Series XIV)

Tercanli S, Enders G, Holzgreve W (1996) Aktuelles Management bei mütterlichen Infektionen mit Röteln, Toxoplasmose, Zytomegalie, Varizellen und Parvovirus B 19 in der Schwangerschaft. Gynäkologe 29:144

Unscear Report (1982) Ionizing radiation. Sources and biological effects. Annex 1: Genetic effects of radiation. United Nations, New York

Warkany J (1971) Congenital malformations. Year Book Medical Publishers, Chicago

Webster MK, Donoghue DJ (1997) FGFR activations in sceletal disorders: too much of a good thing. Trends Genet 13:178–182

Whittle MJ, Rubin PC (1989) Exposure to teratogens. In: Whittle MJ, Connor JM (eds) Prenatal diagnosis in obstetric practice. Blackwell, Oxford, pp 161–167

Wilkie AOM (1997) Craniosynostosis: genes and mechanisms. Hum Mol Genet 6:1647–1656

Winter RM, Baraitser M (1991) London Dysmorphology Database. Oxford University Press

Winter RM, Baraitser M (1991) Multiple congenital anomalies. Chapman & Hall, London

Wolf U (1995) The molecular genetics of human sex determination. J Mol Med 73:325–331

Wynne-Davies R (1987) Skeletal dysplasias. Basisrisiko Med J 295:685–686

KAPITEL 10

Tumorgenetik **10**

Der menschliche Körper enthält ungefähr 10^{14} Zellen, jede Zelle etwa 65000–80000 Gene. Die mittlere Mutationsrate pro Gen und Generation liegt bei 10^6. Daraus wird klar, daß jeder Mensch ein Mosaik für viele genetische Erkrankungen darstellt. Dennoch hat dies normalerweise keine Folgen, da nur einzelne Zellen betroffen sind.

Dies ändert sich jedoch, wenn eine Mutation eine Zelle zur pathologischen Proliferation befähigt. Sie erhält dadurch einen Selektionsvorteil, wenn es nicht gelingt, durch höhere Kontrollmechanismen im Gesamtorganismus den entstehenden Zellklon zu bremsen. Wahrscheinlich findet dieser Kampf um Selektionsvorteile in jedem vielzelligen und besonders länger lebenden Organismus ständig statt. Daß wir nicht alle an Krebs sterben, liegt nur daran, daß hoch entwickelte Organismen wie der Mensch über viele komplexe Kontrollmechanismen verfügen, um entartete Zellen, normalerweise durch *programmierten Zelltod* (Apoptose), im Interesse des Gesamtorganismus zu eliminieren.

Es müssen also gleich mehrere Mechanismen, über die die Unterordnung einer Zelle in das Ganze gesteuert wird, verändert werden – und dies geschieht genetisch über Mutationen –, um eine bösartige Proliferation zu ermöglichen. Dabei nimmt man heute allgemein zwei Wege an:

- Es gibt einige Mutationstypen, die die Zellproliferation steigern, um eine vergrößerte Zielpopulation von Zellen für weitere Mutationen zu schaffen.
- Bestimmte Mutationstypen destabilisieren das gesamte Genom und steigern damit die Gesamtmutationsrate.

Drei Gruppen von Genen sind dazu in der Lage:
- Tumorsuppressor-Gene,
- Onkogene,
- Mutator-Gene.

10.1 Tumorsuppressor-Gene

Die meisten erblichen Krebserkrankungen beruhen auf der Inaktivierung von Tumorsuppressor-Genen. Tumorsuppressor-Gene hemmen durch ihr Genprodukt die Zellproliferation.

Zur Krebsentstehung müssen beide Allele des Tumorsuppressor-Gens inaktiviert werden. Nur so geht die Suppression verloren. Wird nur ein Allel inaktiviert, so reicht die Basis des anderen aus, um den normalen Phänotyp zu erhalten. Eine sehr häufige Ursache von Tumorerkrankungen ist die Defektsituation oder der Verlust eines Gens mit dem Namen TP53. Das Genprodukt hiervon ist ein Transkriptionsfaktor mit dem Namen p53, der seine Tumorsuppressorwirkung bei mutierter Form des Gens verliert. Das Gen kartiert auf 17p12.

Nach heutiger Auffassung spielt p53 jedoch eine noch bedeutendere Rolle. Es ist im Interphasezyklus an der Kontrolle zwischen G_1- und S-Phase beteiligt. Zellen mit einem DNA-Schaden werden normalerweise in der G_1-Phase aufgehalten, bis der Schaden repariert ist. Ist p53 mutiert oder fehlt es, so gehen die Zellen in die S-Phase und ihre DNA wird repliziert. Die nicht reparierten DNA-Schäden können dann zu onkogenen Veränderungen führen.

Eine weitere wichtige Funktion scheint p53 bei der Apoptose, also dem programmierten Zelltod, zu spielen. Zellen ohne p53 machen keine Apoptose. Dies ist ein wohl häufiger Weg zur Karzinogenese. Sowohl Onkogene als auch mutierte Suppressor-Gene vergrößern die Zellpopulationen, an die Folgemutationen ansetzen, indem sie mehr oder weniger direkt auf den Zellzyklus einwirken.

10.2 Onkogene

Onkogene erhöhen die Proliferation. Solange diese Gene für eine normale Funktion kodieren, also für ein für die Zelle wichtiges Protein, bezeichnet man sie als *Protoonkogene*. Zu eigentlichen Onkogenen werden sie durch eine Mutation, die sie aktiv werden läßt. Dabei reicht bereits ein einziges mutiertes Allel.

Typische Protoonkogene sind solche, die etwa mit Zellwachstum und Zellzyklus zu tun haben. Es finden sich unter den Genprodukten Wachstumsfaktoren, Zelloberflächenrezeptoren, Teile des intrazellulären Signaltransfersystems oder Enzyme, die bei der Steuerung des Fortgangs des Zellzyklus beteiligt sind. Ursprünglich entdeckt und charakterisiert hat man solche Gene bei Viren, die eine neoplastische Transformation bewirken können. Zwischenzeitlich wurden auch beim Menschen zelleigene Gene, die entsprechend den Virusonkogenen als Protoonkogene das Zellwachstum regulieren, gefunden.

Die Mutationen, die Protoonkogene zu Onkogenen werden lassen, können vielfältig sein. Neben Punktmutationen in der kodierenden Sequenz kommen Insertionen außerhalb des Gens in Betracht, aber auch Genamplifikationen und Chromosomentranslokationen. Punktmutationen sind bei der Entstehung von Dickdarmkrebs, Lungenkrebs und Blasenkrebs der auslösende Faktor. In vielen Krebszellen findet man multiple Kopien von Onkogenen.

10.3 Mutator-Gene

Mutator-Gene sind im Gegensatz zu Onkogenen solche, die zu Veränderungen in der Replikation oder der *Reparatur* der DNA führen. So konnten z. B. Mutationen in einem Fehlerkorrektursystem, die zu einer Steigerung der spontanen Mutationsrate um das 100- bis 1000fache führen, bei einer Form des Nichtpolyposis-Dickdarmkrebses, bei der ein Gen auf 2p15–p22 mutiert ist, nachgewiesen werden. Mutator-Genmutationen sind rezessiv erblich, und es besteht ebenfalls ein 2-Treffer-Mechanismus, wobei im Tumor des genannten Beispiels die 2. Kopie des Allels verlorengeht (s. 10.5).

Mutator-Gene haben eine übergeordnete Funktion für ein geordnetes Zusammenspiel im Gesamtgenom. Ein Ausfall beider Allele eines solchen Gens erhöht die allgemeine Mutabilität, so auch die von Onkogenen und Tumorsuppressor-Genen.

Ein weiteres Beispiel ist das verantwortliche Gen für Ataxia teleangiectatica, das auf Chromosom 11q22–q23 lokalisiert ist und Sequenzhomologien zu einem Signalübertragungsenzym zeigt, das bei der Kontrolle von Zellzyklus und meiotischer Regulation beteiligt ist. Die genauen Funktionszusammenhänge sind allerdings noch nicht vollständig geklärt.

In Tabelle 10.1 sind einige monogene Krankheiten zusammengestellt, die eine hohe Inzidenz für maligne Entartung zeigen.

Tabelle 10.1. Monogene Krankheiten mit hoher Inzidenz für maligne Tumoren

Krankheiten	Erbgang	Häufige Tumorarten
Ataxia teleangiectatica	AR	Leukämie, Mamma-/Ovarialkarzinome, Hirntumor
Bloom-Syndrom	AR	Leukämie, Ösophagus-, Kolon- und Zungenkarzinome
Chédiak-Higashi-Syndrom	AR	Lymphome
Fanconi-Anämie	AR	Leukämie, Ösophaguskarzinom, Hepatom, Hautkrebs
Dyskeratosis congenita	XR	Pharynx-/Ösophaguskarzinome
Xeroderma pigmentosum	AR	Hautkrebs, Melanome, Leukämien
Tuberöse Sklerose	AD	ZNS-Tumoren, Rhabdomyosarkome
Werner-Syndrom	AR	Hepatom, Schilddrüsen-/Mammakarzinom, Leukämie
Neurofibromatose	AD	Verschiedene ZNS-Tumoren, Rhabdomyom, Nephroblastom
Familiäre Polyposis coli	AD	Kolorektale duodenale und Schilddrüsenkarzinome
v.-Hippel-Lindau	AD	ZNS-, Nieren-, Pankreas- und Lebertumoren
Peutz-Jeghers-Syndrom	AD	Gastrointestinal-, Mamma-, Ovarialkarzinome, Hodentumoren
Gardner-Syndrom	AD	Gastrointestinale und ZNS-Tumoren
Wiskott-Aldrich	XR	Leukämie, Lymphome

10.4 Chromosomenaberrationen und Tumorgenese

Eine Reihe tumorspezifischer Umlagerungen von chromosomalen Segmenten ist mehrfach beobachtet worden. Wahrscheinlich führt eine Chromosomenaberration zur Tumorbildung, weil sie die Regulation eines Onkogens beeinflußt.

Bei *chronisch myeloischer Leukämie* findet man in den malignen Zellen des Knochenmarks sowie in den Leukosezellen der Peripherie ein Markerchromosom. Es wurde 1963 in Philadelphia entdeckt und *Philadelphia-Chromosom* genannt. Durch Feinstrukturanalyse konnte gezeigt werden, daß es sich hierbei um eine reziproke Translokation zwischen Chromosom 9 und 22 handelt: t(9;22)(q34;q11). Diese Translokation verbindet große Teile des c-abl-Onkogens von Chromosom 9 mit einer sog. *Breakpoint-cluster-Region* (ber) auf Chromosom 22. Es entsteht ein Hybrid-Gen, welches Tyrosinkinase mit transformierenden Eigenschaften produziert.

Beim *Burkitt-Lymphom*, einem äußerst schnell wachsenden, hauptsächlich in Gesichtsknochen auftretenden Tumor, findet man eine Translokation des langen Arms des Chromosoms 8 auf Chromosom 14, 2 oder 22: t(8;14)(q24;q32), t(2;8)(p12:q24) oder t(8;22)(q24;q11). Hierdurch wird das MYC-Onkogen in der Nähe des Ig-Locus transloziert und damit in eine Umgebung, die antikörperproduzierende B-Zellen transkribiert, gebracht (Abb. 10.1). Das Exon 1 des MYC-Onkogens wird dabei nicht mit transloziert. Dadurch wird das MYC-Gen ohne seine eigentlichen Kontrollelemente in eine aktive transkribierende Domäne versetzt und beginnt in hohem Maße zu exprimieren.

Häufig beobachtete Chromosomenbefunde bei einigen malignen Erkrankungen sind in Tabelle 10.2 zusammengestellt.

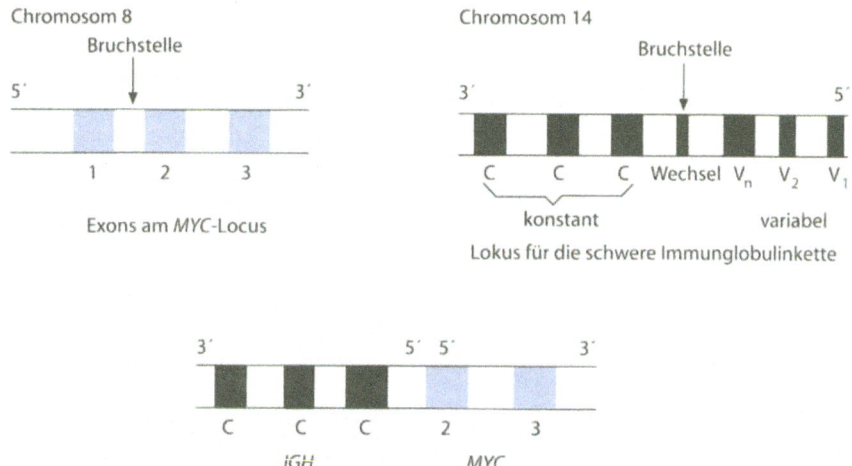

Abb. 10.1. Die häufigsten chromosomalen Translokationen zwischen dem MYC-Locus auf Chromosom 8 und dem Hämoglobinlocus auf Chromosom 14 beim Burkitt-Lymphom. (Nach Buselmaier u. Tariverdian 1998)

Tabelle 10.2. Häufige Chromosomenbefunde bei einigen malignen Erkrankungen

Art der Erkrankung	Chromosomenanomalie
Akute Lymphozytenleukämie, malignes Lymphom, multiples Myelom	14q+
Akute Monozytenleukämie	11q-
Akute Myeloblastenleukämie	t(8;21)
Akute Promyelozytenleukämie	t(15;17)
Blasenkarzinom	del(11p)
Brustkarzinom	1q+
Burkitt-Lymphom	t(8;14)
Chronische Myelozytenleukämie	t(9;22)
Kolonkarzinom	del(5q21–22)
Ewing-Sarkom	t(11;22)(q24;q12)
Hepatoblastom	del(11p13)
Kleinzelliges Lungenkarzinom	del(3)(p14p23)
Meningeom	–22,22q–
Nierenkarzinom	del(3)(p11–21)
Neuroblastom	del(1)(q13–14;p11)
Ovarialkarzinom	6q–
Retinoblastom	del(13)(q14)
Rhabdomyosarkom	t(2;13)(q37;q14)
Speicheldrüsentumor	t(3;8)
Wilms-Tumor	del(11)(p13)

10.5 Knudsons „Two-hit"-Hypothese

1971 publizierte Knudson seine bekannte Two-hit-Hypothese zur Erklärung der Tumorentstehung. Diese besagt, daß beispielsweise für die Entstehung eines Retinoblastoms beide Kopien des Retinoblastom-(RB-)Gens inaktiviert werden müssen.

Als erstes Ereignis muß eine Keimbahnmutation des RB-Gens in allen Zellen vorhanden sein. Liegt bereits eine Keimbahnmutation des RB-Gens vor, so steigt das Risiko für die Entstehung des Tumors, weil nur der Funktionsverlust des anderen Allels ausreicht, um einen Tumor auszulösen.

Als zweites Ereignis findet eine somatische Mutation statt, wobei die zweite Kopie des RB-Gens in Retinazellen ausgeschaltet wird. Dies geschieht oft durch eine Deletion. Dies kann als Verlust von Heterozygotie (LOH, loss of heterozygosity) im Tumorgewebe nachgewiesen werden. – Bei denjenigen Individuen, die keine Keimzellmutation haben, müssen zwei somatische Mutationen in den

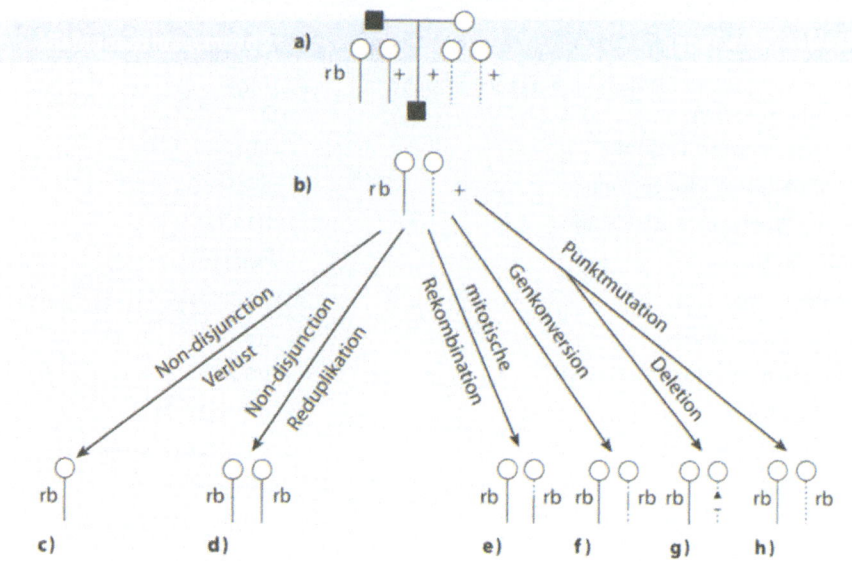

Abb. 10.2. Schema des 2-Treffer-Modells bei Retinoblastom nach der Knudson-Hypothese. (Cavanee et al. 1983)

Retinazellen stattfinden, damit sich ein Retinoblastom entwickelt. Eine einzige somatische Mutation bleibt ohne Erfolg.

Die Knudson-Hypothese (Abb. 10.2) gilt inzwischen als Modell für die Entstehung einer Reihe anderer Tumoren. Klinisch gesehen handelt es sich bei diesen Krankheiten um eine dominante Disposition zur Tumorentstehung; auf zellulärer Ebene liegt aber eine rezessive Genwirkung vor.

10.6 Genetisch bedingte maligne Erkrankungen

Faktoren, die eine genetische Ursache für eine Krebserkrankung wahrscheinlicher machen, sind:
- frühes Erkrankungsalter,
- familiäre Häufung,
- Auftreten von mehreren Primärtumoren,
- alle Erkrankungen mit einer erhöhten Tendenz für maligne Entartung (s. Tabelle 10.1).

In Tabelle 10.3 sind verschiedene maligne Erkrankungen mit monogenem Erbgang zusammengestellt. Einige Beispiele werden hier besprochen.

Tabelle 10.3. Maligne Krankheiten, die nach der Mendelschen Regel vererbt werden

Krankheiten	Gen/Lokalisation	Erbgang
Retinoblastom	RB1/13q14	AD
Wilms-Tumor	WT1/11p13	AD
Basalzellnävussyndrom	PTCH/9q22	AD
Maligne Melanome	CDKNZA (D16)/9p21	AD
Li-Fraumeni	TP53/17p3	AD
MEN I (Multiple endokrine Neoplasien)	MEN1/11q13	AD
MEN IIA, IIB	ReT/10q11	AD
Fam. Mamma- und/oder Ovarialkarzinom	BRCA1/17q21	AD
Fam. Mammakarzinom	BRCA2/13q12	AD
Hereditary non-polyposis colorectal cancer (HNPCC)	MLM 1/3p21–23 MSM2/2p16	AD

10.6.1 Mammakarzinom

Etwa 5% aller Mammakarzinome haben eine genetische Ursache. Mutationen an 5 Genen (BRCA1, BRCA2, Tp53, Ataxia-teleangiectatica-Gen und HRAS1) mit unterschiedlicher Penetranz können zur Entwicklung von Mamma- und Ovarialkarzinomen führen (Ford u. Easton 1995). Mutationen an BRCA1 und BRCA2 sind die Hauptursache für das genetisch bedingte Mamma- und Ovarialkarzinom.

In etwa 45% aller Familien mit häufigerem Auftreten von sog. Early-onset-Mammakarzinomen und in mindestens 75% aller Familien mit signifikant häufigem Auftreten von Mamma- und/oder Ovarialkarzinomen ist eine Mutation des BRCA1-Gens verantwortlich. Etwa 2,5% aller Mammakarzinome sind auf diese Ursache zurückzuführen. Statistisch beträgt das Risiko für Trägerinnen des BRCA1-Gendefekts, bis zum 70. Lebensjahr an einem Mammakarzinom zu erkranken, etwa 82% und das Risiko, an einem Ovarialkarzinom zu erkranken, ca. 60%.

Mutationen im BRCA2-Gen sind mit einem etwa ähnlichen Risiko für Mammakarzinom verbunden. Das Risiko für ein Ovarialkarzinom ist jedoch geringer als bei BRCA1-Mutationen. – Auch männliche Träger von BRCA2-Mutationen zeigen ein höheres Risiko für ein Brustkarzinom (etwa 5–7%). Bei den Mutationsträgern von BRCA1 und BRCA2 besteht ebenfalls ein erhöhtes Risiko für weitere maligne Erkrankungen, wie Prostata-, Kolon-, Pankreas- und Endometriumkarzinom.

Die Keimbahnmutation des BRCA1 wird autosomal-dominant vererbt. Dieses vererbte mutierte Allel fungiert wie eine rezessive Mutation. Erst durch Verlust bzw. Inaktivierung des normalen Allels in der somatischen Zelle kommt es zur Manifestation der malignen Erkrankung.

Verschiedene Mutationen an den BRCA1- und BRCA2-Genen führen zu Mamma- und/oder Ovarialkarzinomen. Entsprechend der Genotyp-Phänotyp-Korrelation scheinen die Mutationen im 3'-Bereich des BRCA1-Gens mit einer geringeren Anzahl von Ovarialkarzinomen verbunden zu sein. Bei den sporadischen

Fällen sind zwar in sehr geringer Zahl BRCA1-Mutationen, jedoch keine BRCA2-Mutationen gefunden worden. In den Tumoren der BRCA1-Mutationsträgerinnen zeigte sich in allen untersuchten Fällen in Übereinstimmung mit der Knudson-Hypothese ein Verlust der Heterozygotie in der BRCA1-Region.

Im Rahmen eines interdisziplinären Programms wird Risikopersonen nach einer ausführlichen genetischen Beratung und Einschätzung des Erkrankungsrisikos sowie nach Erläuterung der Möglichkeiten und Grenzen der genetischen Diagnostik, der Früherkennung, der therapeutischen Maßnahmen und der psychologischen Implikationen eine molekulargenetische Untersuchung angeboten.

10.6.2 Genetisch bedingte kolorektale Karzinome ohne Polyposis

„Hereditary non-polyposis colorectal cancer" (HNPCC) ist eine autosomal-dominante Erkrankung, die mit früh auftretenden kolorektalen Karzinomen und anderen Neoplasien einhergeht. Die klinische Diagnose des HNPCC wird wahrscheinlich, wenn die in folgender Übersicht zusammengestellten Kriterien erfüllt sind.

Diagnostische Kriterien für HNPCC

- Amsterdam-Kriterien
  (International Collaborative Group, Amsterdam 1990):
  - Mindestens 3 betroffene Verwandte, wobei einer dieser Patienten Verwandter ersten Grades der beiden anderen Patienten sein muß
  - Krankheitsmanifestation in mindestens 2 Generationen
  - Erstmanifestation eines kolorektalen Karzinoms vor dem 50. Lebensjahr bei mindestens einem Patienten.

- Erweiterte Kriterien mit zusätzlich berücksichtigten Tumoren (EUROFAP-Meeting, Kopenhagen 1993):
  - Endometriumkarzinom
  - Dünndarmkarzinom
  - Ovarialkarzinom vor dem 50. Lebensjahr
  - Magenkarzinom vor dem 50. Lebensjahr
  - Urothelkarzinom
  - Hepatobiliäre Karzinome.

Die Disposition für HNPCC wird durch Keimbahnmutationen in einem von mindestens 4 verschiedenen DNA-mismatch-repair-Genen verursacht. Bis jetzt sind 5 DNA-mismatch-repair-Gene beim Menschen identifiziert worden. Durch somatische Mutationen entstehen häufig zusätzliche Allele.

Bei HNPCC findet man Sequenzlängendifferenzen zwischen Tumor und gesundem Gewebe als Zeichen für eine fehlerhafte Replikation der DNA. Dieses Phänomen wird als Mikrosatelliteninstabilität (MIN) und der Tumor als „replication error positive" (RER$^+$) bezeichnet. Etwa 92% der Tumoren von familiären HNPCC-Patienten weisen MIN auf, während bei den sporadischen kolorektalen Karzinomen nur 15% MIN-positiv sind.

Keimbahnmutationen im hMSH2-Gen (Chromosom 2p16) und im hMLH1-Gen (Chromosom 3p13.3) sind für 80% der HNPCC-Fälle verantwortlich. Mutationen im hPMS1-Gen (Chromosom 2q31–33) und hPMS2-Gen (Chromosom 7p22) sind bis jetzt bei einem kleineren Teil der Betroffenen identifiziert worden. Vorwiegend handelt es sich um Punktmutationen, die in hoch konservierten Bereichen des Gens zu Stopcodons oder zu einem AS-Austausch führen. Es sind aber auch Deletionen beobachtet worden (Lynch u. Smyrk 1996).

10.6.3 Familiäre adenomatöse Polyposis (FAP)

Charakteristisch für die FAP ist das Auftreten zahlreicher kolorektaler adenomatöser Polypen, die sich bereits im Kindesalter oder später im Erwachsenenalter manifestieren (Abb. 10.3). Das Erkrankungsalter liegt zwischen dem 15. und 25. Lebensjahr. Bei den Polypen handelt es sich um Adenome verschiedener Größe, die zu Beginn der Erkrankung nur vereinzelt und sehr klein sind und keine klinischen Symptome verursachen. Erst im weiteren Verlauf entarten die Polypen maligne.

Bei einem Teil der Patienten können auch andere Tumoren vorkommen, wie Adenome bzw. Karzinome im Magen-Darm-Bereich, Epidermoidzysten, Osteome, Desmoidtumoren sowie Netzhautveränderungen, die als CHRPE (kon-

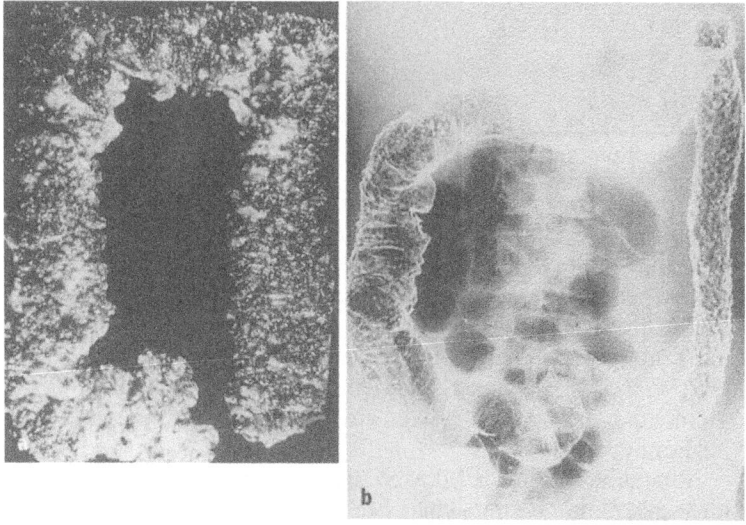

Abb. 10.3. Polyposis coli. (Mit freundlicher Genehmigung aus der Sammlung von Prof. F. Vogel, Heidelberg)

genitale Hypertrophie des retinalen Pigmentepithels) bezeichnet werden. Die Sehfähigkeit ist durch letztgenannte Tumorerkrankung nicht beeinträchtigt.

Das Gen für FAP ist auf dem langen Arm des Chromosoms 5q21–q22 lokalisiert und wird autosomal-dominant vererbt. Die Penetranz liegt bei 95%. Das Gen wird als APC-Gen (Adenomatosis Polyposis coli) bezeichnet. Es besteht aus 15 Exons, und die kodierende Sequenz enthält 8535 Nukleotide. Exon 15 mit 6575 Nukleotiden macht etwa 77% der gesamten kodierenden Sequenzen aus, während die anderen 14 Exons relativ klein sind (Friedel 1997).

Verschiedene Mutationen am APC-Gen führen zu hyperproliferativen Epithelveränderungen, die im Laufe des Lebens durch weitere genetische Veränderungen maligne entarten. Ein Allelverlust des langen Arms des Chromosoms Nr. 5 wird bei 60% der Karzinome und bei etwa 30% der Adenome beobachtet.

Heute kann mit Hilfe direkter und indirekter DNA-Analyse bei den Risikofamilien die Erkrankung präsymptomatisch diagnostiziert und durch prophylaktische Kolektomie die maligne Entartung verhindert werden.

10.6.4 Li-Fraumeni-Syndrom

Beim Li-Fraumeni-Syndrom handelt es sich um eine Erkrankung mit früh einsetzenden multiplen malignen Tumoren. Im Kindesalter treten Leukämien und Hirn- bzw. Nebennierentumoren auf. Später sind Mamma-, Lungen-, Pankreas-, Prostatamelanome oder Gonadentumoren häufig. Die Kombination ist sehr variabel.

Das Li-Fraumeni-Syndrom wird autosomal-dominant vererbt; bei den meisten Fällen findet man eine Keimzellmutation des p53-Gens (Suppressor-Gen) am kurzen Arm des Chromosoms 10, und die Tumoranalyse zeigt den Verlust des normalen Allels (LOH).

10.6.5 Multiple endokrine Neoplasien

Die multiplen endokrinen Neoplasien (MEN) sind durch das zeitlich voneinander unabhängige Auftreten endokriner, z. T. maligner Tumoren gekennzeichnet. Je nach Kombination unterscheidet man verschiedene Typen:

- Bei MEN 1 liegt ein Hypophysenadenom, ein primärer Hyperparathyreoidismus und ein Pankreastumor vor.
- Bei MEN 2a erkranken alle Patienten an einem medullären Schilddrüsenkarzinom, und bei etwa 75% liegt ein Phäochromozytom und eine Nebenschilddrüsenhyperplasie vor.

  Charakteristisch für MEN 2b sind neben den familiären medullären Schilddrüsenkarzinomen und Phäochromozytomen neurokutane Veränderungen wie Neurogangliomatose und marfanoider Habitus, aber keine Nebenschilddrüsenbeteiligung.

Die verantwortlichen Gene für beide Typen sind identifiziert. Das MEN-1-Gen liegt auf Chromosom 11q13, das MEN-2-Gen auf Chromosom 10 (Chandrasekharappa et al. 1997).

Bisher bekannte Mutationen an MEN 1 sind meist Nonsense-Mutationen oder kleine Deletionen, die zu einer Verkürzung oder Funktionsverlust des Proteinprodukts Menin führen (Mulligon et al. 1993). Die meisten Mutationen bei MEN 2a (ca. 85%) betreffen den extrazellulären zystenreichen Anteil des RET-Protoonkogens. Es handelt sich hier um eine Punktmutation mit Austausch eines einzelnen Nukleotids. Bei etwa 10% von MEN 2a liegen Mutationen in der intrazellulären Domäne des Proteins vor. Beim MEN-2b-Syndrom wird eine Punktmutation in der intrazellulären Tyrosinkinasedomäne des RET-Protoonkogens angenommen. Meist liegt ein Heterozygotenverlust vor (LOH)

Alle Typen werden autosomal-dominant mit hoher Penetranz und variabler Expressivität vererbt.

10.6.6 Retinoblastom

Das Retinoblastom ist eine maligne Erkrankung der Netzhaut bei Kindern und ein klassisches Beispiel für das „2-Treffer-Modell". 60% der Fälle sind sporadisch; hierbei ist nur ein Auge betroffen. Die restlichen 40% werden autosomaldominant vererbt, wobei beim *erblichen Retinoblastom* beidseitige oder multifokale Tumoren gehäuft auftreten.

Knudson hat seine Two-hit-Hypothese als Modell für die Entstehung von Retinoblastomen aufgestellt (s. 10.5). Danach sind 2 aufeinanderfolgende Mutationen an einem Gen in der Region 13q14 notwendig, um den Tumor auszulösen. Der erste „Treffer" ist häufig eine kleinere Mutation, die entweder durch Transmission von einem Elternteil stammt oder als Neumutation in der Keimbahn vorliegt, d.h. hereditär ist. Der zweite „Treffer" findet in der somatischen Zelle statt, aus der sich der Tumor entwickelt (Abb. 10.4).

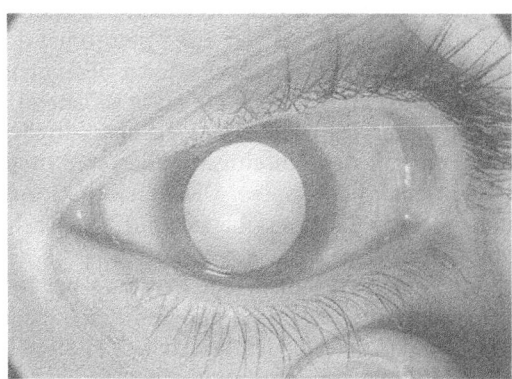

Abb. 10.4. Retinoblastom. (Mit freundlicher Genehmigung aus der Sammlung von Prof. F. Vogel, Heidelberg)

Der Erbgang der Keimbahnmutation ist autosomal-dominant. Bei den nicht erblich bedingten Formen des Retinoblastoms liegen 2 somatische Mutationen im betroffenen Gewebe vor. Deshalb sind bei diesen Patienten die Tumoren einseitig. Etwa 5% der Patienten mit Retinoblastom können zusätzliche weitere Merkmale zeigen.

Das Retinoblastom-Gen ist sequenziert. Das Gen hat eine Größe von 180 kb. Die exprimierte Sequenz ist auf 27 Exons verteilt (Toguchida et al. 1993).

10.6.7 Wilms-Tumor

Der Wilms-Tumor bzw. das Nephroblastom tritt bei etwa 5–10% der Fälle beidseitig auf und entsteht in etwa der Hälfte der Fälle vor dem 3. Lebensjahr. Die Häufigkeit beträgt 1:10000. Meist handelt es sich um sporadische Fälle, ca. 1% der Fälle ist familiär. Die familiären Formen werden autosomal-dominant vererbt und sind in der Regel beidseitig.

Gelegentlich kann eine Assoziation mit Aniridie, Fehlbildungen des Urogenitalsystems und mentaler Retardierung auftreten. Diese Assoziation wird als WAGR-Syndrom bezeichnet. Bei diesen Patienten findet man eine Mikrodeletion des Chromosoms 11p13.

Etwa 30% aller Tumoren zeigen einen Verlust von Heterozygotie für 11p13, meist aufgrund des Verlusts des maternalen Allels (s. Kap. 3). Bei Patienten mit Beckwith-Wiedeman-Syndrom und Perleman-Syndrom entwickelt sich in vielen Fällen ein Wilms-Tumor.

10.7 Genetische Beratung bei malignen Erkrankungen

Das Wiederholungsrisiko für Krebserkrankungen und genetische Syndrome mit Prädisposition für Malignität wird entsprechend der Erbgänge unter Berücksichtigung von Modifikationsfaktoren berechnet. So tritt beispielsweise das Retinoblastom, eine autosomal-dominante Erkrankung, in 60% der Fälle sporadisch auf und wird in 40% der Fälle autosomal-dominant mit unvollständiger Penetranz vererbt. Bei der nicht erblich bedingten Form ist nur ein Auge betroffen, während die erblich bedingte Form unilateral sowie bilateral bzw. multifokal auftreten kann. Die doppelseitigen sporadischen Fälle sind alle Neumutationen, während von den einseitigen Fällen nur 10–15% Neumutationen sind. Der Rest besteht aus Phänokopien. Diese beiden Gruppen können aber nicht unterschieden werden, daher ergibt sich für die Nachkommen ein Wiederholungsrisiko von 6%.

Ein weiteres Problem der Beratung bei Retinoblastom ist die unvollständige Penetranz von 90%, d.h., daß von den Anlageträgern 10% nicht erkranken, obwohl sie das defekte Gen besitzen. Alle diese Besonderheiten machen die genetische Beratung bei den sporadischen Fällen schwierig.

Tabelle 10.4. Genetische Risiken für die Nachkommenschaft bei einseitigem und doppelseitigem Retinoblastom. (Nach Fuhrmann u. Vogel 1982)

Kriterien	Risiko [%]
Einseitiges Retinoblastom	
Erkrankt, bei gleichzeitig erkranktem Elternteil oder Geschwister	45
Nicht erkrankt, ein Elternteil und Geschwister oder zwei Geschwister erkrankt	4,5
Erkrankt, keine anderen erkrankten Verwandten	ca. 6,0
Nicht erkrankt, ein erkranktes Kind	1,3
Nicht erkrankt, ein erkranktes Geschwister	<1
Doppelseitiges Retinoblastom	
Erkrankt, andere Familienmitglieder erkrankt	45
Erkrankt, keine anderen Familienmitglieder erkrankt	45
Nicht erkrankt, ein erkranktes Kind	4–5
Nicht erkrankt, ein erkranktes Geschwister	<1

Tabelle 10.5. Geschätzte kumulative Wahrscheinlichkeit von Brustkrebs bei einer Frau, die eine an Brustkrebs erkrankte Verwandte ersten Grades hat, nach Erkrankungsalter der Verwandten (Chang-Claude et al. 1995)

Alter der Frau	Verwandte ersten Grades mit Erkrankungsalter (Jahre)					
	20–29	30–39	40–49	50–59	60–69	70–79
29	0,003	0,002	0,001	0,001	0,001	0,001
39	0,025	0,018	0,013	0,009	0,007	0,006
49	0,070	0,051	0,039	0,028	0,023	0,020
59	0,109	0,081	0,064	0,049	0,042	0,038
69	0,146	0,112	0,091	0,073	0,064	0,059
79	0,205	0,158	0,128	0,104	0,091	0,084

Das Wiederholungsrisiko wird unter Berücksichtigung zusätzlicher Informationen aus dem Stammbaum errechnet (Tabelle 10.4).

In den Tabellen 10.5–10.7 sind die Wiederholungsrisiken für Mamma- und Ovarialkarzinom sowie für den Wilms-Tumor zusammengestellt.

Es ist bei einer Reihe von hereditären malignen Erkrankungen möglich, die Risikopersonen in einer Familie bezüglich der Krebsdisposition zu untersuchen, wenn die entsprechende Mutation bei der erkrankten Person bereits identifiziert ist. Vor einer prädiktiven Diagnostik für eine maligne Erkrankung sollten im Rahmen einer interdisziplinären Beratung alle damit zusammenhängenden Fragen und Probleme, auch psychosomatischer und ethischer Natur, sowie eventu-

Tabelle 10.6. Geschätzte kumulative Wahrscheinlichkeit von Brustkrebs bei einer Frau, die eine an Brustkrebs erkrankte Verwandte zweiten Grades hat, nach Erkrankungsalter der Verwandten (Chang-Claude et al. 1995)

Alter der Frau	Verwandte zweiten Grades mit Erkrankungsalter (Jahre)					
	20–29	30–39	40–49	50–59	60–69	70–79
29	0,002	0,001	0,001	0,001	0,001	0,000
39	0,014	0,011	0,008	0,007	0,007	0,005
49	0,042	0,032	0,026	0,022	0,022	0,018
59	0,068	0,055	0,046	0,040	0,039	0,034
69	0,096	0,080	0,069	0,062	0,062	0,055
79	0,136	0,113	0,098	0,087	0,087	0,078

Tabelle 10.7. Risiko für Verwandte, an Wilms-Tumor zu erkranken (Harper 1998)

Betroffene Familienmitglieder	Risiko für die Nachkommen [%]
Elternteil mit bilateralen Tumoren	30
Elternteil mit unilateralem Tumor, betroffener Verwandter	30
Eltern nicht betroffen, zwei betroffene Kinder	30
Elternteil mit unilateralem Tumor	10
Geschwisterkind mit bilateralen Tumoren	10
Geschwisterkind mit unilateralem Tumor; ohne Chromosomenstörung oder komplexe Fehlbildungen	1

elle therapeutische bzw. prophylaktische Konsequenzen ausführlich besprochen werden.

Auch bei anderen, nicht monogen vererbten malignen Erkrankungen wird eine familiäre Häufung beobachtet. Es wird angenommen, daß durch das Vorhandensein einer genetischen Disposition das Auftreten dieser malignen Erkrankungen begünstigt wird. Beim Ausbruch dieser Erkrankungen spielen Umweltfaktoren eine große Rolle. Das Risiko für Geschwister eines Kindes mit einer malignen Erkrankung ohne bekannten Erbgang ist im Vergleich zur Durchschnittsbevölkerung etwa 1,5- bis 2fach erhöht.

Literatur

Astrin SM, Costanzi C (1989) The molecular genetics of colon cancer. Semin Oncol 16:138–147

Buselmaier W, Tariverdian G (1999) Humangenetik, 2. Aufl. Springer, Berlin Heidelberg

Cavenee WK, Dryia TP, Phillips RA et al. (1983) Expression of recessive alleles by chromosomal mechanisms in retinoblastoma. Nature 305:779–784

Chandrasekharappa S, Guru S, Manickam P et al. (1997) Positional cloning of the gene for multiple endocrine neoplasia type 1. Science 276:404–407

Chang-Claude J, Becher H, Haman U, Schroeder-Kurth T (1995) Risikoabschätzung für das familiäre Auftreten von Brustkrebs. Zentralbl Gynäkol 117:423–434

Ford D, Easton DF (1995) The genetics of breast and ovarian cancer. Br J Cancer 72:8005–8012

Friedel W (1997) Importance of the APC-genotype for manifestation, screening and therapy of polyposis coli. Oncology 20:10–16

Fuhrmann W, Vogel F (1982) Genetische Familienberatung, 3. Aufl. Springer, Berlin Heidelberg New York

Hall JM, Lee MK, Newman B et al. (1990) Linkage of early-onset familial breast cancer to chromosome 17q21. Science 250:1684–1689

Knudson AG (1971) Mutation and cancer: statistical study of retinoblastoma. Proc Nat Acad Sci USA 68:820–823

Li FP, Fraumeni JF (1969) Soft tissue sarcomas, breast cancer, and other neoplasms: a familial syndrome? Ann Int Med 71:747–752

Lynch HT (1967) ,Cancer families': adenocarcinomas (endometrial and colon carcinoma) and multiple primary malignant neoplasms. Rec Results Cancer Res 12:125–142

Lynch HT, Smyrk T (1996) Hereditary nonpolyposis colorectal cancer (Lynch-syndrome). Cancer 78:1149–1160

Mulligon LM, Kwok JB, Healey CS et al. (1993) Germline mutations of the RET-protoonco-gene in multiple endocrine neoplasia type MEN 2 A. Nature 363:457–460

Rimoin DL, Connor JM, Pyeritz RE (eds) (1997) Emery and Rimoin's principles and practice of medical genetics, 3rd edn. Churchill Livingstone, Edinburgh

Slamon DJ (1987) Proto-oncogenes and human cancers. New Engl J Med 317:955–957

Toguchida J, McGee TL, Paterson JC et al. (1993) Complete genomics sequence and the human retinoblastoma susceptibility gene. Genomic 7:535–543

Vogel F, Motulsky AG (1996) Human genetics, problems and approaches, 3rd edn. Springer, Berlin Heidelberg New York Tokyo

Kapitel 11

Genetische Beratung   11

11.1 Allgemeine Grundlagen

Im Rahmen des Fortschritts der diagnostischen Methoden und des Rückgangs der Mortalität und Morbidität aufgrund exogen bedingter Krankheiten gewinnt die genetische Diagnostik und Beratung in der medizinischen Versorgung zunehmend an Bedeutung. Etwa ein Drittel der Patienten eines Kinderkrankenhauses leiden an einer genetisch bedingten Erkrankung. Bei ca. 3% der Neugeborenen liegt eine invalidisierende genetische Störung vor; die spät manifest werdenden Krankheiten eingeschlossen, ergibt sich eine Häufigkeit von 7–8%. 40% der Todesfälle im Kindesalter werden durch eine genetische Erkrankung verursacht (Tabelle 11.1).

Zahlreiche genetisch bedingte Krankheiten bzw. Fehlbildungen können heute pränatal oder prädiktiv erkannt werden. Die Erläuterung der aktuellen diagnostischen Möglichkeiten ist wichtiger Bestandteil der genetischen Beratung.

In einem genetischen Beratungsgespräch werden die Entstehung einer genetischen Erkrankung und das Erkrankungsrisiko innerhalb einer Familie erläutert. Darüber hinaus werden Sicherheit und Zuverlässigkeit der diagnostischen Methoden, aber auch Therapiemöglichkeiten, Alternativen wie Techniken der assistierten Reproduktion, Adoption bzw. Verzicht auf eigene Kinder besprochen. Sinn der genetischen Beratung ist es, den Ratsuchenden nach ausführlicher Information zu einer eigenen Entscheidung zu verhelfen.

Tabelle 11.1. Häufigkeit genetischer Erkrankungen pro 1000 Lebendgeborene

Erkrankung	Häufigkeit
Chromosomale Störungen	5,0
Monogene Erkrankungen autosomal-dominant	10,0
autosomal-rezessiv	2,0
X-chromosomal-rezessiv	2,0
Multifaktorielle Erkrankungen oder Fehlbildungen einschließlich der Krankheiten, die bei der Geburt noch nicht manifest sind	90,0

Das „Ad hoc Committee on Genetic Counselling" hat 1975 die genetische Beratung folgendermaßen definiert:

> Genetische Beratung ist ein Kommunikationsprozeß, der sich mit menschlichen Problemen befaßt, die mit dem Auftreten oder dem Risiko des Auftretens einer genetischen Erkrankung in einer Familie verknüpft sind. Dieser Prozeß umfaßt den Versuch einer oder mehrerer entsprechend ausgebildeten Personen, dem Individuum oder der Familie zu helfen,
> - die medizinischen Fakten einschließlich der Diagnose, des mutmaßlichen Verlaufs und der zur Verfügung stehenden Behandlung zu erfassen,
> - den erblichen Anteil der Erkrankung und das Wiederholungsrisiko für bestimmte Verwandte zu begreifen,
> - die verschiedenen Möglichkeiten, mit dem Wiederholungsrisiko umzugehen, zu erkennen,
> - eine Entscheidung zu treffen, die ihrem Risiko, ihren familiären Zielen, ihren ethischen und religiösen Wertvorstellungen entspricht, und in Übereinstimmung mit dieser Entscheidung zu handeln und
> - sich so gut wie möglich auf die Behinderung des betroffenen Familienmitgliedes und/oder auf ein Wiederholungsrisiko einzustellen.

11.2 Psychosoziale und ethische Aspekte

Neben den naturwissenschaftlich-medizinischen Fragen sind mit der genetischen Beratung eine Reihe psychosozialer Aspekte unmittelbar verbunden. Häufig sind die Ratsuchenden durch das Auftreten einer genetisch bedingten Krankheit oder Fehlbildung schwer erschüttert und aus dem Gleichgewicht gebracht. Es entstehen Angst, Empörung, Zorn und Schuldgefühle. Die Ratsuchenden wollen das Ereignis nicht wahrhaben und verdrängen die Bedeutung eines behinderten Kindes für ihr weiteres Leben.

Bis die verängstigte und besorgte Familie sich entschließt, eine genetische Beratungsstelle aufzusuchen, vergeht oft eine lange Zeit. Durch eine ungeschickte Äußerung seitens des Beraters oder der Beraterin bei der ersten Kontaktaufnahme kann es zu Hemmungen und/oder Enttäuschungen kommen, die den Verlauf des Beratungsgesprächs negativ beeinflussen. Liegt ein erhebliches Erkrankungsrisiko für eine schwerwiegende Krankheit vor, so kann allein die Mitteilung des Befundes bei den betroffenen Ratsuchenden schwere Schuldgefühle und psychische Belastungen auslösen, oder es können unausgesprochene Konflikte innerhalb einer Familie zutage treten (Fuhrmann u. Vogel 1982). Vom beratenden Arzt bzw. der beratenden Ärztin muß eine solche Situation erkannt werden. Eventuell muß in diesen Fällen eine psychotherapeutische Betreuung veranlaßt werden.

Oft können die entstandenen Probleme bzw. Konflikte nicht in einem einzigen Beratungsgespräch zu Ende diskutiert werden, und es sind weitere Gespräche erforderlich (Kessler 1984).

Die für den Erfolg einer Beratung notwendige Umsicht und Sensibilität erfordert geeignete Rahmenbedingungen. Deshalb sollte die genetische Beratung nicht im Rahmen einer generellen ärztlichen Sprechstunde stattfinden.

Die genetische Beratung während der Schwangerschaft betrifft in vielen Fällen die Abwägung der Möglichkeiten und Risiken der invasiven Pränataldiagnostik. Die Ratsuchenden müssen sich damit auseinandersetzen, daß einerseits die Entscheidung für die Untersuchung mit einem Risiko für eine Fehlgeburt verbunden ist, andererseits bei Entscheidung gegen die Untersuchung das Risiko, z. B. ein Kind mit einem Down-Syndrom zu bekommen, bestehen bleibt. Oft fühlen sich die Schwangeren durch die nondirektive Haltung des beratenden Arztes verunsichert. Sie sind es nicht gewöhnt, daß ihnen von ärztlicher Seite keine Entscheidung vorgegeben wird und sie diese selbst treffen müssen.

Eine Reihe von Krankheiten können heute präsymptomatisch durch Prädiktivdiagnostik festgestellt werden. Ebenso kann bei zahlreichen Erkrankungen der Heterozygotenstatus bei Verdacht auf eine Anlageträgerschaft erkannt werden. Auch diese Untersuchungen werfen psychosoziale Probleme auf (Wolff u. Jung 1994). Natürlich liegt die Entscheidung für eine Prädiktivdiagnostik (s. 11.6) oder für eine invasive pränatale Diagnostik und einen evtl. damit verbundenen Schwangerschaftsabbruch bei den Ratsuchenden, jedoch sollte sich der beratende Arzt und die beratende Ärztin der Verantwortung nicht entziehen. Ihre Aufgabe ist es, in einer derartigen Situation zusammen mit den Ratsuchenden eine Lösung zu finden, die ihrer persönlichen Situation entspricht und ethisch vertretbar ist. Es liegt im Wesen jeder Arzt-Patienten-Beziehung, daß der beratende Arzt und die beratende Ärztin Verantwortung für die Patienten übernimmt, deren Entscheidung akzeptiert und für diese auch Mitverantwortung trägt. Die persönliche Situation der Ratsuchenden, ihre Weltanschauung und ihre religiösen und ethischen Vorstellungen müssen hier berücksichtigt werden.

Die genetische Beratung dient nur dem Interesse der Ratsuchenden bzw. ihrer Familien und nicht dem der Gesellschaft. Die genetische Beratung verfolgt keine eugenischen Ziele, sondern befaßt sich mit den individuellen Problemen, die durch die Geburt eines Kindes mit einer genetischen Erkrankung oder durch das erhöhte Risiko eines Erbleidens für die Ratsuchenden bzw. für ihre Nachkommen entstanden sind. Die Entscheidung der Ratsuchenden sollte auch dann auf jeden Fall akzeptiert werden, wenn sie im Gegensatz zu der persönlichen Einstellung der beratenden Ärztin steht, sofern sie sich nicht im Gegensatz zu den allgemein gültigen rechtlichen und ethischen Grundsätzen befindet.

Der Umfang der Beratung, die Vorgehensweise sowie die erforderlichen diagnostischen Maßnahmen und die Nachbetreuung können je nach Beratungssituation im Laufe des Gesprächs individuell gestaltet werden.

11.3 Indikationen

Eine genetische Beratung ist indiziert, wenn ein erhöhtes Risiko für das Auftreten einer genetisch bedingten Krankheit vorliegt oder befürchtet wird.

- Risikofaktoren, die bereits vor der Schwangerschaft bekannt sind:
  - Einer oder beide Partner leiden an einer Krankheit, für die eine genetische Ursache vermutet wird
  - Gesunde Paare aus unauffälligen Familien, denen eines oder mehrere Kinder mit Erbleiden geboren wurden
  - In der Verwandtschaft eines oder beider Partner ist eine möglicherweise genetische Krankheit aufgetreten
  - Einer oder beide Partner sind als Überträger eines genetischen Defekts identifiziert
  - Verwandtenehe (z. B. Vetter/Cousine)
  - Zugehörigkeit zu einer bestimmten ethnischen Gruppe, bei der eine bestimmte genetische Erkrankung häufig auftritt
  - Vor der Schwangerschaft ist eine Strahlenbehandlung oder die Einnahme mutagener Medikamente erfolgt
  - Mütterliche Erkrankungen, die zu einer intrauterinen Entwicklungsstörung führen können
  - Habituelle Aborte ohne gynäkologische, endokrinologische oder immunologische Ursachen
  - Erhöhtes Alter der Mutter
  - Fertilitätsstörungen, für die eine genetische Ursache vermutet wird

- Risikofaktoren, die erst während der Schwangerschaft erkannt werden:
  - Abnormer Ultraschallbefund
  - Erhöhtes AFP im mütterlichen Serum
  - Pathologischer „Triple-Test"
  - Polyhydramnie
  - Oligohydramnie
  - Mütterliche Erkrankungen, die erst während der Schwangerschaft auftreten
  - Mütterliche Exposition mit teratogenen Noxen während der Schwangerschaft

Sehr häufig wird eine genetische Beratung von gesunden Paaren in Anspruch genommen, deren vorangegangenes Kind an einer genetisch bedingten Erkrankung oder Fehlbildung leidet (Abb. 11.1). Folgende Möglichkeiten sind in Betracht zu ziehen:
- Es kann sich um eine autosomal-rezessive Erkrankung mit einem Risiko von 1 zu 4 handeln.
- Es kann sich um eine autosomal-dominante Neumutation handeln, für die praktisch kein Wiederholungsrisiko besteht.

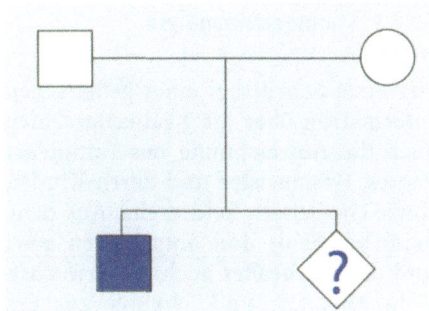

Abb. 11.1. Häufigste Beratungssituation: gesunde Eltern mit unauffälligem Stammbaum, einem kranken Kind und einer bestehenden Schwangerschaft

- Es kann eine X-chromosomal-rezessive Erkrankung vorliegen. In diesem Fall kann die Mutter Anlageträgerin sein; die Erkrankung kann jedoch auch durch eine Neumutation verursacht sein.
- Es könnte eine multifaktoriell bedingte Erkrankung sein, wobei genetische und nichtgenetische Faktoren zusammenwirken und das Wiederholungsrisiko entsprechend der Erkrankung empirisch ermittelt werden kann.
- Bei dem Kind kann eine Chromosomenstörung vorliegen. Das Wiederholungsrisiko ist davon abhängig, ob die Chromosomenstörung de novo entstanden oder familiär bedingt ist.
- Schließlich kann es sich um eine nicht genetisch bedingte Krankheit handeln.

11.4 Vorgehensweise

Die Beratungsgespräche vor und nach einer genetischen Diagnostik werfen eine Reihe von Problemen auf und nehmen in der Regel viel Zeit in Anspruch. Aus diesem Grund befindet sich der beratende Arzt in einer intensiven Interaktion mit den Ratsuchenden. Im folgenden werden die verschiedenen Bestandteile einer genetischen Beratung aufgeführt:
- Fragen über den Anlaß der Beratung,
- Anamnese und Stammbaumanalyse,
- klinische Untersuchung,
- Labordiagnostik,
- evtl. Untersuchung von anderen Familienmitgliedern,
- wenn erforderlich, Hinzuziehen anderer Spezialisten,
- Risikoberechnung,
- Ausführliches Beratungsgespräch mit Erläuterung der Optionen,
- Nachversorgung.

11.4.1 Stammbaumanalyse

Der erste Schritt bei einer genetischen Beratung ist die genaue und vollständige Information über die Krankengeschichte der ratsuchenden Familie. Dazu gehört auch die Aufzeichnung des Familienstammbaums. Sie umfaßt alle Kinder eines Paares, Geschwister und deren Kinder, Onkel und Tanten, Vettern und Cousinen sowie Großeltern beiderseits. Aus dem Stammbaum sollen auch die Geburtenreihenfolge, Fehl- und Totgeburten sowie verstorbene Kinder mit Todesursachen und das Sterbealter auch bei Erwachsenen erkennbar sein.

In Abb. 11.2 sind Symbole zur Erstellung eines Stammbaums zusammengestellt. Generationen werden ausgehend von der ältesten Generation mit römischen Ziffern bezeichnet. Innerhalb einer Generation wird von links nach rechts durchgehend arabisch numeriert.

Die Möglichkeit der Verwandtschaft zwischen den Partnern bzw. den Eltern eines Probanden ist gezielt zu erfragen. Dazu gehört auch die Frage nach den Familiennamen der Großeltern beiderseits, der Abstammung aus den gleichen oder benachbarten Orten sowie der ethnischen Herkunft.

11.4.2 Klinische Untersuchung

Für eine präzise genetische Beratung ist eine exakte Diagnosestellung erforderlich. Bei Verdachtsdiagnosen bzw. Diagnosen, die als Oberbegriffe gelten, ist eine erbprognostische Aussage nicht möglich. So können z. B. epileptische Anfälle entweder im Rahmen einer monogenen Stoffwechselstörung auftreten, als primäre Epilepsie multifaktoriell bedingt sein oder exogen durch ein Schädeltrauma verursacht werden. Eine Verdachtsdiagnose sollte durch aufmerksame ergänzende Untersuchungen gesichert werden.

Die klinische Untersuchung bei Verdacht auf ein Fehlbildungssyndrom unterscheidet sich insofern von einer Routineuntersuchung, als hier die einzelnen Dysmorphiezeichen und andere Mikrosymptome für die Diagnostik richtungsweisend sein können. Dysmorphiezeichen sind minimale Abweichungen von der Norm, die durch eine Wachstumsstörung in der Embryonal- bzw. Fetalperiode verursacht werden können. Nicht ein einzelnes, sondern die Kombination bestimmter Dysmorphiezeichen ist charakteristisch für eine bestimmte Erkrankung.

Diese Merkmale liegen oft bei Chromosomenstörungen und/oder Dysmorphiesyndromen vor, können aber auch einzeln bei der Normalbevölkerung ohne klinische Relevanz vorkommen. Von diagnostischer Bedeutung sind sie, wenn sie zusammen mit Fehlbildungen oder psychomotorischer Retardierung auftreten. Bei der Beobachtung von kraniofazialen Dysmorphiezeichen muß unbedingt das Alter der Betroffenen sowie die ethnische Herkunft berücksichtigt werden.

Einige Dysmorphiezeichen können sich mit zunehmendem Alter der Betroffenen abschwächen oder sich stärker ausprägen. Aus diesem Grund kann eine gut dokumentierte Verlaufsbeobachtung mit Fotodokumentation für die Diagnostik hilfreich sein.

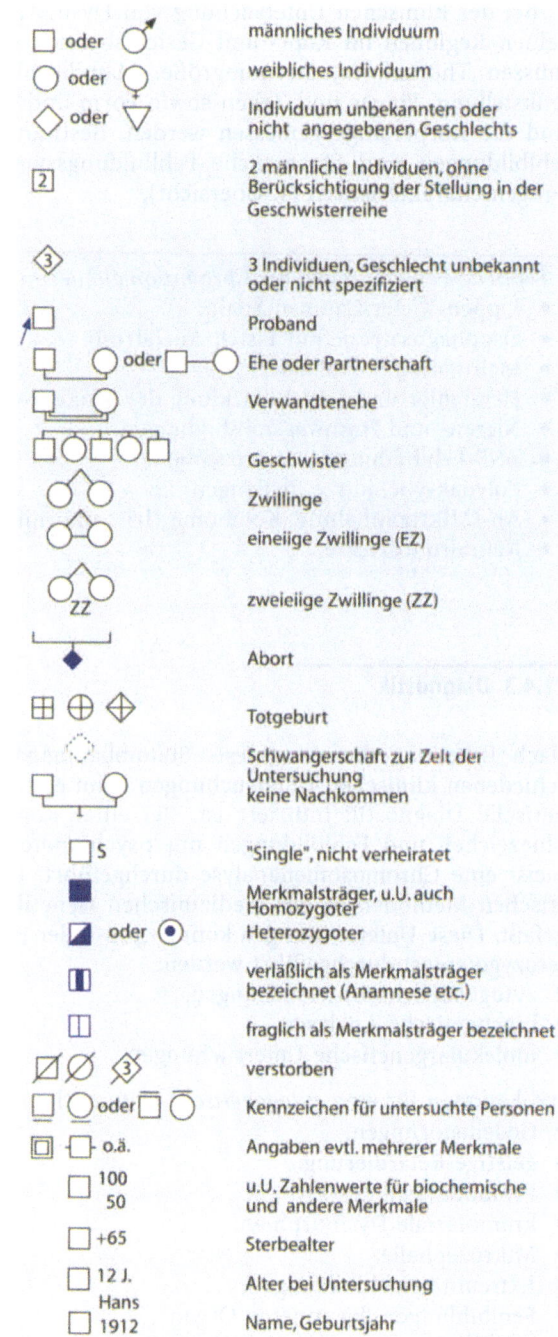

□ oder ♂	männliches Individuum
○ oder ♀	weibliches Individuum
◇ oder ▽	Individuum unbekannten oder nicht angegebenen Geschlechts
2	2 männliche Individuen, ohne Berücksichtigung der Stellung in der Geschwisterreihe
3	3 Individuen, Geschlecht unbekannt oder nicht spezifiziert
□	Proband
□—○ oder □—○	Ehe oder Partnerschaft
□—○	Verwandtenehe
□○○□○□	Geschwister
	Zwillinge
	eineiige Zwillinge (EZ)
ZZ	zweieiige Zwillinge (ZZ)
◆	Abort
⊞ ⊕ ◈	Totgeburt
◇	Schwangerschaft zur Zeit der Untersuchung
□—○	keine Nachkommen
□ S	"Single", nicht verheiratet
■	Merkmalsträger, u.U. auch Homozygoter
◨ oder ⊙	Heterozygoter
◫	verläßlich als Merkmalsträger bezeichnet (Anamnese etc.)
⊟	fraglich als Merkmalsträger bezeichnet
⊘ ⊘ 3	verstorben
□ ○ oder □̄ ○̄	Kennzeichen für untersuchte Personen
⊡ -⊡- o.ä.	Angaben evtl. mehrerer Merkmale
□ 100 50	u.U. Zahlenwerte für biochemische und andere Merkmale
□ +65	Sterbealter
□ 12 J.	Alter bei Untersuchung
□ Hans 1912	Name, Geburtsjahr

Abb. 11.2. Symbole zur Erstellung eines Stammbaums. (Aus Buselmaier u. Tariverdian 1998)

Bei der klinischen Untersuchung von Dysmorphiesyndromen werden die einzelnen Regionen im Kopf- und Gesichtsbereich gemessen und beurteilt. Ferner müssen Thoraxform, Sternumgröße, Mamillenabstand, Extremitätenlänge, Gelenkstellung, Finger und Zehen sowie Form und Struktur der Knochen beurteilt und die Körperlänge gemessen werden. Bestimmte Kombinationen von Organfehlbildungen sind für manche Fehlbildungssyndrome bzw. Chromosomenstörungen charakteristisch (s. Übersicht).

Typische Fehlbildungen bei Chromosomenaberrationen
- Lippen-Kiefer-Gaumen-Spalte
- Ösophagusatresie mit Fistel; Analatresie
- Malrotation, Omphalozele
- Herzfehler und Fehlentwicklung der großen Arterien
- Nieren- und Harnwegsmißbildungen
- ZNS-Fehlbildungen, Mikrozephalie
- Polydaktylie, kurze Phalangen
- An-/Mikrophthalmie, Kolobome (Iris, Chorioidea, Retina)
- Neuralrohrdefekte

11.4.3 Diagnostik

Nach Erhebung der Anamnese, Stammbaumanalyse und Vollendung der verschiedenen klinischen Untersuchungen kann erst entschieden werden, welche genetische Diagnostik indiziert ist. Bei einer Kombination bestimmter Dysmorphiezeichen und Fehlbildungen mit psychomotorischer Retardierung wird z.B. meist eine Chromosomenanalyse durchgeführt. Die verschiedenen labordiagnostischen Methoden in der medizinischen Genetik sind nachfolgend zusammengefaßt. Diese Untersuchungen können prä- oder postnatal, prädiktiv oder als Heterozygotentest durchgeführt werden:
- zytogenetische Untersuchungen,
- biochemische Analysen,
- molekulargenetische Untersuchungen.

Indikationen für eine *zytogenetische* Untersuchung sind:
- Gedeihstörungen,
- geistige Retardierung,
- Fehlbildungen des ZNS,
- kraniofaziale Dysmorphien,
- Mikrozephalie,
- Extremitätenfehlbildungen,
- Fehlbildungen der inneren Organe,
- Auffälligkeiten im Bereich der primären und sekundären Geschlechtsmerkmale,
- Infertilität.

11.5 Heterozygotentest

Die Anlageträgerschaft für eine genetisch bedingte Erkrankung wird als Carrierstatus bzw. Heterozygotie bezeichnet. Dies gilt nur für monogene Erkrankungen und balancierte Translokationen, jedoch nicht für multifaktorielle Erkrankungen. Die Heterozygoten für eine autosomal-rezessive Erkrankung sind in der Regel klinisch unauffällig, während sie bei einer autosomal-dominanten Erkrankung erkranken.

Bei einer Reihe genetischer Erkrankungen ist es möglich, die Anlageträgerschaft biochemisch festzustellen. Der biochemische Heterozygotentest kann nicht immer volle Sicherheit gewährleisten, da sich bei manchen Stoffwechselkrankheiten die Laborbefunde der Heterozygoten und homozygot Gesunden nicht deutlich genug unterscheiden. Bei einigen Erkrankungen ist der Heterozygotennachweis durch direkten Mutationsnachweis oder durch Haplotypanalyse mit polymorphen DNA-Markern möglich (s. Kap. 1 und 13). In Tabelle 11.2 sind die Untersuchungsmethoden für den Heterozygotennachweis zusammengestellt.

Eine Indikation für den Heterozygotentest besteht, wenn eine sehr hohe Heterozygotenhäufigkeit für eine schwerwiegende Krankheit in einer Population besteht, wie z. B. bei Hämoglobinopathien in den Mittelmeerländern, oder im Rahmen einer genetischen Beratung bei betroffenen Familien.

Tabelle 11.2. Untersuchungsmethoden für die Erkennung der Anlageträgerschaft

Methode	Beispiel
Biochemische Analyse	
– Primärdefekt	Glykogenspeicherkrankheit, Mukopolysaccharidose, Galaktosämie etc.
– Sekundärdefekt	Muskelenzyme bei Myopathie: CK bei Muskeldystrophie Typ Duchenne (DMD)
Bildgebende Diagnostik	
– Radiologie	Intrazerebrale Kalzifikation bei tuberöser Hirnsklerose
– CT/MRT	Intrazerebrale Neurofibrome bei Neurofibromatose Typ 1 (NF1)
Zytogenetische Untersuchung	Balancierte Translokation, Mikrodeletion
DNA-Diagnostik	Monogene Krankheiten mit bekannten Mutationen oder Chromosomenlokalisationen
Elektromyographie	Myotone Dystrophie, DMD, andere Myopathien
Hämatologische Untersuchung	Hämoglobinopathien
Ophthalmologische Untersuchung	X-chromosomale Retinitis pigmentosa oder andere Retinopathien
Klinische Untersuchung	Mikrosymptome, entsprechend der Erkrankung

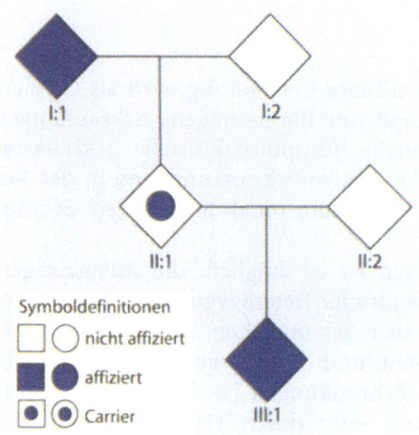

Abb. 11.3. Sichere Anlageträgerschaft für eine sich spät manifestierende Krankheit

Nicht selten können obligatorische Anlageträger ohne einen Heterozygotentest allein nach der Stammbaumanalyse als solche erkannt werden.

Die Wahrscheinlichkeit der Anlageträgerschaft für ein autosomal-rezessives Gen in einer Familie mit einer betroffenen Person ist in Abb. 4.17 aufgeführt. Bei einer autosomal-dominanten Erkrankung ist ein Individuum obligatorisch heterozygot, wenn ein Elternteil und eines seiner Kinder betroffen sind. Diese Situation kann vorliegen, wenn es sich um eine sich spät manifestierende Krankheit handelt (Abb. 11.3).

Bei einer X-chromosomal-rezessiven Erkrankung sind alle Töchter eines betroffenen Mannes, die Mutter zweier betroffener Söhne, eine Frau, die einen betroffenen Bruder und einen betroffenen Onkel (mütterlicherseits) hat, zwei Schwestern mit je einem betroffenen Sohn obligatorisch heterozygot.

11.6 Prädiktivdiagnostik

Die prädiktive genetische Diagnostik ist eine Untersuchung, bei der die Anlageträgerschaft für eine spät manifest werdende Krankheit festgestellt bzw. ausgeschlossen wird. Wenn die Mutation für eine bestimmte spät manifest werdende Krankheit bekannt ist, können die Risikopersonen bereits präsymptomatisch untersucht werden. Bei einer Krankheit, die behandelbar ist und bei der schweren Folgen vorgebeugt werden kann, ist die Prädiktivdiagnostik von großer Bedeutung. Bei nicht behandelbaren bzw. nicht verhinderbaren Krankheiten kann diese Untersuchung für die Person, die ein Erkrankungsrisiko für sich oder für ihre Nachkommen befürchtet, Probleme aufwerfen. Aus diesem Grund werden von der *Kommission für Öffentlichkeitsarbeit und ethische Fragen der Gesellschaft für Humangenetik e.V.* folgende Maßnahmen verlangt (Ulm, 12. April 1991):

I. Prädiktive genetische Diagnostik bedeutet die Untersuchung eines gesunden Menschen auf Anlagen hin, die zu Erkrankungen im späteren Leben disponieren. Im Hinblick auf Erkrankungen, die verhinderbar oder behandelbar sind, kann diese Untersuchung im individuellen Fall eine wichtige Hilfe bei Entscheidungen über eventuelle präventive oder therapeutische Maßnahmen sein. Bei nicht verhinderbaren und nicht behandelbaren Erkrankungen kann prädiktive genetische Diagnostik Personen, die ein Erkrankungsrisiko für sich oder ihre Nachkommen befürchten, wichtige Entscheidungsoptionen hinsichtlich der Lebens- und Familienplanung eröffnen. Aus ethischen Gründen kann deshalb prädiktive genetische Diagnostik betroffenen Personen nicht vorenthalten werden. Die Anwendung wirft jedoch zahlreiche, regelungsbedürftige Probleme auf, die ein behutsames Vorgehen unter Berücksichtigung der folgenden Forderungen verlangt:

1. Für alle Betroffenen muß ein umfangreiches Informationsangebot einschließlich einer Beratung über alternative Handlungsweisen sichergestellt sein.

2. Die Freiwilligkeit der Inanspruchnahme und damit das Recht auf Nicht-Wissen muß gewährleistet sein.

3. Aufklärung und Beratung über das Testangebot müssen nichtdirektiv erfolgen.

4. Prädiktive genetische Diagnostik darf nur bei Volljährigen erfolgen. Ausnahmen sind Erkrankungen, bei denen wichtige präventive oder therapeutische Maßnahmen schon im Kindesalter eingeleitet werden können.

5. Die Eigentumsrechte am Untersuchungsmaterial sowie die Rechte an der Verwendung der Untersuchungsergebnisse bedürfen eindeutiger Regelungen. Dabei ist datenschutzrechtlichen Belangen im weitesten Umfang Rechnung zu tragen. Ein Fragerecht von Dritten nach Durchführung oder Ergebnissen dieser Art von Diagnostik muß ausgeschlossen werden.

6. Prädiktive genetische Diagnostik darf keine Routinediagnostik sein. Bei der Entwicklung von Richtlinien zur Durchführung sollen weitgehend die Vorstellungen der Betroffenen berücksichtigt werden, wie dies international beispielhaft für die Huntingtonsche Krankheit erfolgt. Insbesondere ist auf die Einhaltung längerer Bedenkzeiten vor Beginn einer Diagnostik sowie die jederzeitige Widerruflichkeit der Einwilligung zu achten. Hinsichtlich der Umsetzung dieser Art von Diagnostik in die medizinische Praxis wird ausdrücklich auf die entsprechenden Erklärungen des Berufsverbandes Medizinische Genetik verwiesen.

II. Bei prädiktiver genetischer Diagnostik werden Daten erhoben, die dem Kernbereich der Privatsphäre zuzurechnen sind und deshalb die Gefahr der Diskriminierung und Ausgrenzung Betroffener in sich bergen. Dieser Gefahr ist durch das individuelle Angebot der Testverfahren, breite Aufklärung der Öffentlichkeit und durch rechtliche Regelungen, wie z. B. Richtlinien der Bundesärztekammer bzw. Verankerung von Vorgehensweisen in die Berufsordnung für Ärzte, sowie gesetzliche Regelungen für das Versicherungswesen und den Bereich der Arbeitsmedizin entgegenzuwirken.

III. Wegen der voraussehbaren, vielschichtigen Probleme sollte prädiktive genetische Diagnostik nur im Rahmen von wissenschaftlich begleitenden Pilotprojekten eingeführt werden.

IV. Humangenetische Institute und genetische Beratungsstellen sind gegenwärtig trotz fachlicher Kompetenz aufgrund ihrer personellen und sachlichen Ausstattung nur in begrenztem Umfang in der Lage, prädiktive genetische Diagnostik unter den geforderten Rahmenbedingungen sicherzustellen. Eine Ansiedlung dieser Art von Diagnostik einschließlich der erforderlichen Beratung an qualifizierte, nicht kommerziell arbeitende Institutionen ist jedoch anzustreben.

11.7 Risikoberechnung

Die Ermittlung bzw. Einschätzung des Wiederholungsrisikos ist das zentrale Thema der genetischen Beratung. Es ist außerordentlich wichtig, an die Möglichkeit der genetischen Heterogenität bei einigen Krankheiten zu denken. Phänotypisch ähnliche Krankheiten können völlig unterschiedliche Erbgänge haben. Bei einer Fehlbildung müssen die exogenen Ursachen ausgeschlossen werden; die Lippen-Kiefer-Gaumen-Spalte kann z. B. multifaktoriell bedingt sein oder im Rahmen einer Chromosomenstörung oder als Teilsymptom eines monogen bedingten Fehlbildungskomplexes auftreten. Nach einer sicheren Diagnosestellung kann nun, wenn der Erbgang bekannt ist, das Wiederholungsrisiko berechnet werden.

Bei den monogenen Erkrankungen wird das Wiederholungsrisiko je nach Erbgang und Stammbaum der ratsuchenden Familie errechnet. Diese Risikoangabe wird durch einige weitere Faktoren wie verminderte Penetranz und variable Expressivität, die Möglichkeit einer Neumutation oder eines Keimzellmosaiks sowie genomische Prägung, Antizipation und instabile expandierende Trinukleotide und schließlich durch klinische Manifestation erst in späterem Alter modifiziert (s. Kap. 4.5).

Bei den meisten Chromosomenstörungen und multifaktoriellen Erkrankungen orientiert man sich an empirischen Risikoziffern. Dabei wird die Häufigkeit der Erkrankung in der Population, aus der die Ratsuchenden stammen, berücksichtigt. Das Wiederholungsrisiko für die seltenen multifaktoriellen Krankheiten ist entsprechend niedriger als für die Krankheiten, die häufiger in der entsprechenden Population vorkommen. Das Ergebnis von Laborbefunden ist bei der Risikoermittlung oft hilfreich, kann aber manchmal die Risikoberechnung zusätzlich komplizieren. Grundlagen für die Berechnung des Risikos sind mathematische Prinzipien, wie z.B. Additions- und Multiplikationsregeln, sowie das Bayes-Theorem.

Die Risikozahlen müssen den Ratsuchenden durch klare Angaben verständlich gemacht werden. Oft ist der Umgang mit Zahlen, Prozenten oder Wahrscheinlichkeiten der Ereignisse schwierig. Auch ist die Antwort auf die Frage, welches Risiko akzeptabel ist, von Familie zu Familie unterschiedlich. Darüber hinaus muß bei der genetischen Beratung die Schwere der Erkrankung mit berücksichtigt werden. Ein Risiko von 50% für eine Syndaktylie, die operativ korrigiert werden kann, ist anders zu deuten als das Risiko von 2% für eine Spina bifida. Hier spielt die Tragekraft des einzelnen und der Familie, die wiederum von der psychosozialen und ökonomischen Lage der Betroffenen abhängt, eine große Rolle. Von nicht geringer Bedeutung ist auch die gesellschaftliche Akzeptanz der Behinderung.

11.8 Das Bayes-Theorem

Das Bayes-Theorem wurde 1763 als eine Methode für die Berechnung der Wahrscheinlichkeit von 2 Möglichkeiten publiziert. In der genetischen Beratung wird diese Methode zur Risikoberechnung bei komplizierten Situationen verwendet, z.B. wenn das Erkrankungsrisiko durch zusätzliche Informationen wie ein Untersuchungsergebnis oder ein unterschiedliches Manifestationsalter modifiziert wird. So wird die ursprüngliche bzw. *A-priori-Wahrscheinlichkeit*, welche auf einer Vorabinformation basiert, durch zusätzliche Informationen modifiziert. Daraus ergibt sich eine *bedingte Wahrscheinlichkeit*.

Das Ergebnis der Multiplikation von A-priori-Wahrscheinlichkeit und bedingter Wahrscheinlichkeit ergibt die sog. *kombinierte bzw. verbundene Wahrscheinlichkeit*. Schließlich wird durch Dividieren der kombinierten Wahrscheinlichkeit für jedes Ereignis durch die Summe der kombinierten Wahrscheinlichkeiten für beide Ereignisse die sog. tatsächliche bzw. *A-posteriori-Wahrscheinlichkeit* errechnet.

Beispiel 1: Ein 50jähriger Mann, dessen Vater an Chorea Huntington gestorben ist, fragt nach dem Risiko für seine Kinder (Abb. 11.4). Für ihn selbst besteht ein A-priori-Risiko von 50%. Chorea Huntington wird bei etwa 80% der Anlageträger im Alter von 50 Jahren manifest. Die Information, daß er bereits 50 Jahre alt und nicht erkrankt ist, verringert sein Risiko. Sein bedingtes Risiko beträgt somit 20% und die Wahrscheinlichkeit, daß er gesund ist, weil er das defekte Gen nicht trägt, ist 100%. Somit errechnet sich eine kombinierte Wahrscheinlichkeit von 10% und 50%. Daraus ergibt sich das A-posteriori-Risiko von 17%, daß er Anlageträger ist. Für seinen Sohn ergibt sich ein Risiko von 8,5% im Gegensatz zu einem Risiko von 25%, wenn man das Alter des Ratsuchenden nicht in Betracht gezogen hätte (Tabelle 11.3).

Tabelle 11.3. Risikoberechnung nach dem Bayes-Theorem bei Chorea Huntington unter Berücksichtigung der Informationen aus dem Stammbaum von Abb. 11.4

Risiken	Anlageträger II/1	Kein Anlageträger II/1
A-priori-Risiko	1/2	1/2
Bedingtes Risiko	1/5	1
Kombiniertes Risiko	1/2×1/5 = 1/10	1×1/2 = 1/2 bzw. 5/10
A-posteriori-Risiko	$\dfrac{1/10}{(1/10+5/10)} = 1/6 \approx 17\%$[a]	$\dfrac{5/10}{(1/10+5/10)} = 5/6$

[a] Das Risiko für seinen Sohn: $16 \times 1/2 = 8,5\%$.

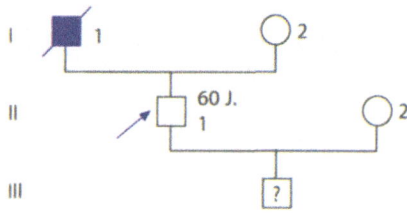

Abb. 11.4. Stammbaum einer Ratsuchenden mit Chorea Huntington in der Familie. Risikoberechnung in Tabelle 11.3. (Aus Buselmaier u. Tariverdian 1998)

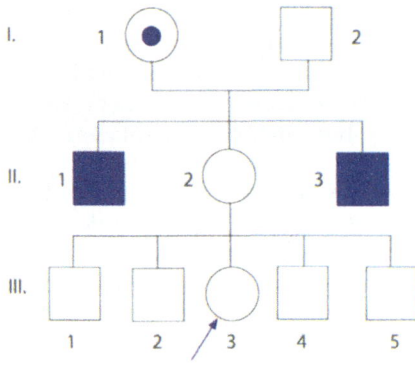

Abb. 11.5. Stammbaum einer Ratsuchenden mit X-chromosomaler Erkrankung in der Familie. Risikoberechnung in Tabelle 11.4. (Aus Buselmaier u. Tariverdian 1998)

Beispiel 2: Die Ratsuchende (III/3, Abb. 11.5) fragt, ob sie Anlageträgerin für die Muskeldystrophie Typ Duchenne ist. I/1 ist eine sichere Heterozygote, weil sie 2 erkrankte Söhne hat. Die Heterozygotenwahrscheinlichkeit ist für II/2 a priori 50% und für die Ratsuchende (III/3) 25%. Die zusätzliche Information aber, daß sie 4 gesunde Brüder hat, verringert ihre Heterozygotenwahrscheinlichkeit.

Zunächst muß man die Heterozygotenwahrscheinlichkeit für ihre Mutter (II/2) berechnen. II/2 ist die Tochter von einer obligaten Heterozygoten (I/1). Demzufolge beträgt ihre Heterozygotenwahrscheinlichkeit a priori 50%. Sie hat aber 4 gesunde Söhne. Nun ist ihre bedingte Wahrscheinlichkeit, daß sie heterozygot ist, aber ihre Söhne nicht be-

Tabelle 11.4. Risikoberechnung für Anlageträgerschaft nach Bayes-Theorem bei einer X-chromosomal-rezessiven Erkrankung, z. B. Muskeldystrophie Typ Duchenne, unter Berücksichtigung der zusätzlichen Information aus dem Stammbaum von Abb. 11.5

Risiken	Anlageträger II/2	Kein Anlageträger II/2
A-priori-Risiko	1/2	1/2
Bedingtes Risiko (2 gesunde Söhne)	$(1/2)^4 = 1/16$	1
Kombiniertes Risiko	$1/16 \times 1/2 = 1/32$	$1 \times 1/2 = 1/2 = 16/32$
A-posteriori-Risiko	$\dfrac{1/32}{(1/32 + 1/2)} = 1/17 \approx 6\%^a$	$\dfrac{1/2}{(1/32 + 1/2)} = 16/17$

[a] Die Heterozygotenwahrscheinlichkeit für ihre Tochter beträgt $6 \times 1/2 = 3\%$

troffen sind, $(1/2)^4$ bzw. 1/16. Die bedingte Wahrscheinlichkeit, daß ihre 4 Söhne nicht betroffen sind, weil sie nicht heterozygot ist, beträgt 1 bzw. 100%. Nun kann aus der A-priori-Wahrscheinlichkeit und der bedingten Wahrscheinlichkeit die kombinierte Wahrscheinlichkeit für eine Anlageträgerschaft bzw. Nichtanlageträgerschaft errechnet werden. Die kombinierte Wahrscheinlichkeit für II/2 mit vier gesunden Söhnen beträgt $1/2 \times 1/16 = 1/32$, die kombinierte Wahrscheinlichkeit, daß sie nicht Anlageträgerin ist, beträgt $1/2 \times 1 = 1/2$.

Nun ergibt sich aus den Verhältnissen der kombinierten Wahrscheinlichkeit für die Heterozygotie und der Summe von beiden mit allen Möglichkeiten die A-posteriori-Wahrscheinlichkeit (bzw. das tatsächliche Risiko). In unserem Fall beträgt das Risiko, daß die Ratsuchende (III/3) heterozygot ist, ca. 3% (Tabelle 11.4).

11.9 Risikoberechnung bei Verwandtenehe

Je nach der sozioökonomischen Situation in einer Gesellschaft oder einem Kulturkreis ist die Häufigkeit von Verwandtenehen unterschiedlich groß. In Industrieländern sind Verwandtenehen sehr selten. In Deutschland liegt ihr Anteil im Durchschnitt bei 0,1–0,3%. In manchen Bevölkerungsgruppen, z.B. in einzelnen Inseldörfern Japans, in arabischen Ländern, der Türkei und in Südindien ist der Anteil der Verwandtenehen größer. In der Türkei liegt er im Durchschnitt bei 20%. Betrachtet man die einzelnen Regionen in der Türkei (Tabelle 11.5), so fällt je nach der geographischen und sozioökonomischen Lage ein regionaler Unterschied auf. Kommt es in einer Population ohnehin häufiger zu Verwandtenehen,

Tabelle 11.5. Häufigkeit der Verwandtenehen (%) in verschiedenen Regionen der Türkei (nach Ulusoy u. Tunçbileu 1987, Turk J Popul Stud 9)

Verwandtengrad	West	Ost	Zentral	Nord	Süd
Vetter und Cousine 1. und 2. Grades	16,58	17,79	25,05	12,31	28,28

	Verwandtschafts-grad	Verwandtschafts-koeffizient	Inzuchts-koeffizient
 Onkel - Nichte Tante - Neffe	zweiter Grad	1/4	1/8
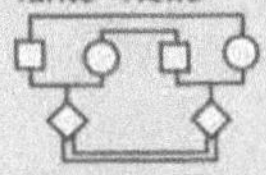 zweifach Vetter - Cousine 1. Grades	zweiter Grad	1/4	1/8
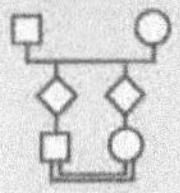 Vetter - Cousine 1. Grades	dritter Grad	1/8	1/16
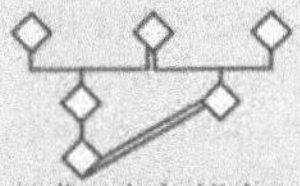 Halbonkel - Nichte Halbtante - Neffe	dritter Grad	1/8	1/16
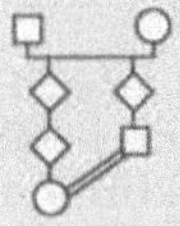 Vetter - Cousine 1. Grades mit Generationsverschiebung	vierter Grad	1/16	1/32
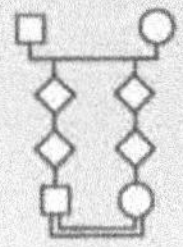 Vetter - Cousine 2. Grades	fünfter Grad	1/32	1/64
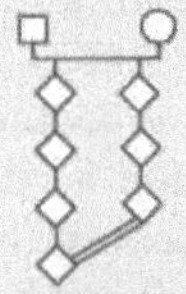 Vetter - Cousine 2. Grades mit Generationsverschiebung	fünfter Grad	1/64	1/128
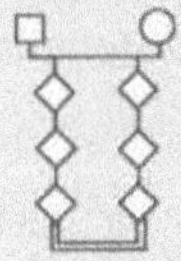 Vetter - Cousine 3. Grades	fünfter Grad	1/128	1/256

Abb. 11.6. Die wichtigsten Typen der Verwandtschaftsehen mit Verwandtschafts- und Inzuchtskoeffizienten. (Aus Buselmaier u. Tariverdian 1998)

so ist die Korrelation einer bestimmten Krankheit mit Verwandtenehen weniger wahrscheinlich als in den Populationen, in denen es nur selten zu Verwandtenehen kommt.

Inzwischen leben in mitteleuropäischen Ländern viele Familien aus Kulturkreisen, in denen Verwandtenehen häufig vorkommen. Bei einer genetischen Beratung dieser Familien muß durch eine sorgfältige Stammbaumanalyse der Verwandtschaftsgrad der Ratsuchenden geklärt werden. Oft kann man zwar, wenn die Diagnose eines Krankheitsbildes nicht feststeht, aus der Tatsache, daß die Eltern als Vetter und Cousine verwandt sind, den Schluß ziehen, daß eine autosomal-rezessive Erkrankung vorliegen könnte, jedoch ist diese Schlußfolgerung kein Nachweis, sondern ein zusätzlicher, richtungsgebender Hinweis für die Diagnosestellung.

Die wichtigsten Formen der Verwandtschaftsehen sind in Abb. 11.6 zusammengestellt.

Ein seltenes rezessives Gen kann in heterozygotem Zustand über Generationen weitergegeben werden. Erst durch das Zusammentreffen von Heterozygoten kann ein homozygot krankes Kind entstehen. Je näher der Verwandtschaftsgrad zwischen beiden Ehepartnern ist, um so größer ist die Heterozygotenwahrscheinlichkeit (Abb. 4.17). Patienten mit einer autosomal-rezessiven Erkrankung sind also unter den Nachkommen aus Verwandtenehen häufiger zu finden, als rein zufällig zu erwarten wäre.

Die häufige Frage lautet: Wie hoch ist das Risiko für eine genetische Erkrankung in einer Partnerschaft von Vetter und Cousine ersten Grades. Wir wissen, daß Vetter und Cousinen ersten Grades 1/8 der Erbanlagen gemeinsam von ihren Großeltern erhalten haben. Ist jemand für eine rezessive Erbanlage heterozygot, so findet sich diese mit einer Wahrscheinlichkeit von 1/8 auch bei seinen Vettern oder Cousinen (Abb. 4.17).

Ist die Häufigkeit einer autosomal-rezessiven Erkrankung wie z. B. der Phenylketonurie in einer Bevölkerung 1 zu 10 000, so beträgt die Heterozygotenhäufigkeit 1 zu 50. Daher sind Vetter-Cousinen-Ehen ersten Grades mit einer Wahrscheinlichkeit von 1/50×1/8 = 1/400 heterozygot für dieses bestimmte Gen. Ein Viertel der Kinder aus solchen Verbindungen ist homozygot krank, also 1/400× 1/4 = 1/1600, 6mal häufiger als Kinder von nichtverwandten Paaren. Abb. 11.7 zeigt die Wahrscheinlichkeit für Homozygotie eines autosomal-rezessiven Gens bei verschiedenen Situationen der Verwandtenehen.

Bei der genetischen Beratung von verwandten Partnern muß deutlich gemacht werden, daß wir heute über 2000 rezessive Anlagen mit meist krankmachenden Eigenschaften kennen, eine genaue individuelle Berechnung des Risikos jedoch nicht möglich ist, da für viele dieser Anlagen die Heterozygotenhäufigkeit gar nicht bekannt ist.

Gibt es in der Familienanamnese keinen Anhaltspunkt für eine genetische Belastung, so besteht kein ausreichender Grund, bei Verwandtenehe von Kindern abzuraten. Es muß aber erwähnt werden, daß das Allgemeinrisiko für autosomal-rezessive und multifaktorielle Erkrankungen sowie für Fehl- und Totgeburten im Vergleich zur Durchschnittsbevölkerung erhöht ist. Frühe Studien haben gezeigt, daß für die erste Lebensdekade der Kinder aus einer Vetter-Cousinen-Ehe ersten Grades ein 3% höheres Sterblichkeitsrisiko besteht als für Kinder aus

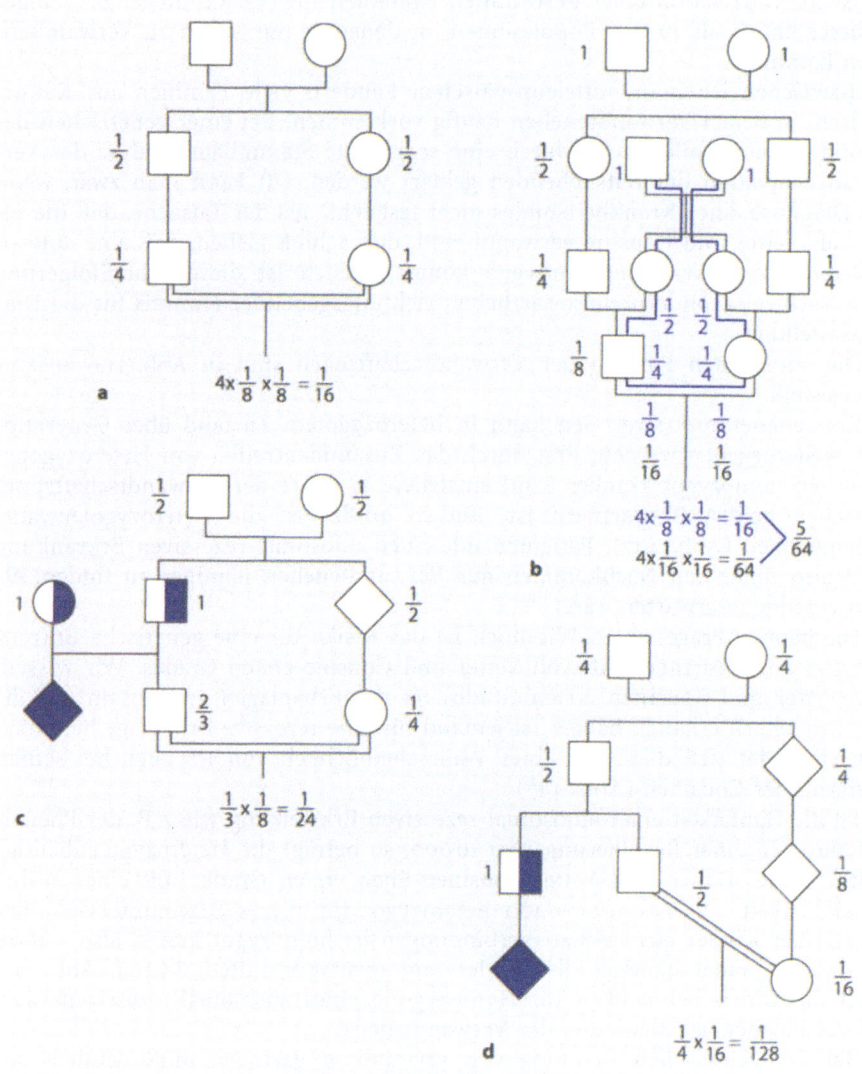

Abb. 11.7 a–d. Wahrscheinlichkeit der Homozygotie eines autosomal-rezessiven Allels für direkte Nachkommen aus einer Verwandtenehe. **a, b** Homozygotie für eines von 4 großelterlichen Allelen: **a** Vetter und Cousine 1. Grades, **b** zweifache Konsanguinität (*blau* 1. Grades, *schwarz* 2. Grades). **c, d** Homozygotie für eine bereits bekannte autosomal-rezessive Erkrankung in der Verwandtschaft: **c** Vetter und Cousine 1. Grades, **d** Vetter und Cousine 1. Grades mit Generationsverschiebung

einer Nichtverwandtenehe. Das Risiko für eine schwerwiegende Erkrankung oder Fehlbildung beträgt etwa 2% gegenüber dem Risiko von 1% in der Durchschnittsbevölkerung.

Literatur

Ad hoc Committee on Genetic Counselling (1975) Genetic Counselling. Am J Hum Genet 27:240–242

Emery AEH, Pullen I (eds) (1984) Psychological aspects of genetic counselling. Academic Press, London

Fuhrmann W, Vogel F (1982) Genetische Familienberatung. Springer, Berlin Heidelberg New York

Harper PS (1993a) Insurance and genetic testing. Lancet 341:224–227

Harper PS (1993b) Practical genetic counselling, 4th edn. Butterworth-Heinemann, Oxford

Harper PS, Clarke A (1990) Should we test children for 'adult' genetic diseases? Lancet 335:1205–1206

Kelly TE (1986) Clinical genetics and genetic counselling. Year Book, Chicago

Kessler S (1984) Psychologische Aspekte in der genetischen Beratung. Enke, Stuttgart

Modell B (1991) Social and genetic implications of customary consanguineous marriage among British Pakistanis. J Med Genet 28:720–723

Reif M (1989) Zugang zum Interaktionsprozeß in der genetischen Beratung. PSZ, Ulm

Reif M, Baitsch H (1986) Genetische Beratung. Springer, Berlin Heidelberg New York Tokyo

Schroeder-Kurth TM (1982) Ethische Probleme bei genetischer Beratung in der Schwangerschaft. Monatsschr Kinderheilkd 130:71

Schroeder-Kurth TM (1988) Medizinische Genetik in der Bundesrepublik Deutschland. Schweitzer, Frankfurt/M

Schroeder-Kurth TM (1989) Ethische Überlegungen zur pränatalen Diagnostik. Frauenarzt 5:489

Schroeder-Kurth TM (1990) Stand und zukünftige Entwicklung der pränatalen Diagnostik. In: Fuchs CH (Hrsg) Möglichkeiten und Grenzen der Forschung an Embryonen. Fischer, Stuttgart, S 35–49

Schroeder-Kurth TM (1996) Selbstbestimmung und Manipulation. Zu einem menschenwürdigen Umgang mit den Möglichkeiten der medizinischen Genetik. Berliner Medizinische Schriften 11

Stevenson AC (1970) Genetic counselling. Heinemann, London

Vogel F, Motulsky AG (1986) Human genetics. Problems and approaches. Springer, Berlin Heidelberg New York Tokyo, pp 482–502

White van Mourik MCA, Connor JM, Ferguson-Smith MA et al. (1992) The psychological sequelae of a second trimester termination of pregnancy for fetal abnormality over a 2 years old period. Birth Defects 28:61–74

Wolff G, Jung C (1994) Nichtdirektivität und genetische Beratung. Med Genet 6:195–204

Wolff G, Jung C (1995) Non-directiveness and genetic counseling. J Genet Council 4:3–25

Young ID (1991) Introduction to risk calculation in genetic counselling. Oxford University Press

Kapitel 12

Pränataldiagnostik 12

12.1 Allgemeine Grundlagen

Zur Pränataldiagnostik im weiteren Sinne gehören alle Untersuchungen, die im Rahmen der Mutterschaftsvorsorge mit dem Ziel, Informationen über den Gesundheitszustand des Embryos bzw. Fetus zu erhalten, durchgeführt werden.

An dieser Stelle soll nur auf jene vorgeburtliche Diagnostik eingegangen werden, die darauf abzielt, genetische und nicht genetisch bedingte embryonale bzw. fetale Erkrankungen zu erkennen.

Im Rahmen der in den letzten 25 Jahren rasch fortgeschrittenen Entwicklung zytogenetischer und molekulargenetischer Methoden, der Methoden der invasiven Diagnostik, der Sonographie und der Möglichkeiten, auf nichtinvasivem Weg über das Blut der Mutter zu Risikoeingrenzungen für fetale Störungen zu gelangen, ist auch dieser Teil der Pränataldiagnostik vielfach Thema in der gynäkologischen Praxis.

Sensibilisiert durch die Medien und die Beobachtung der Schwangerschaftsverläufe bei Verwandten und Freundinnen haben auch viele derjenigen Schwangeren, die anamnestisch nicht belastet sind, häufig schon zu Beginn der Schwangerschaft ein Bewußtsein für mögliche Screeninguntersuchungen oder auch invasive Untersuchungen zum möglichst sicheren vorgeburtlichen Ausschluß einer Erkrankung ihres erwarteten Kindes entwickelt.

Welche Verunsicherungen und Entscheidungszwänge sich aus den verschiedenen Untersuchungen ergeben können, ist den wenigsten Schwangeren zunächst bewußt. Dies bringt eine große Herausforderung für die Frauenärzte und Frauenärztinnen mit sich, die letztlich allen Schwangeren, unabhängig von deren Alter, alle zur Verfügung stehenden, während der Schwangerschaft durchführbaren Untersuchungen mit all ihren Möglichkeiten, Grenzen und den sich daraus ergebenden Konsequenzen erläutern müssen.

Eine Erleichterung dieser Aufgabe durch genetisch fachkundige Mitbetreuung im Rahmen einer genetischen Beratung ist zumindest in jenen Fällen sinnvoll, in denen eine nach den derzeitig festgelegten allgemeinen medizinischen Richtlinien und vertragsärztlichen Vereinbarungen definierte Indikation für eine invasive Pränataldiagnostik besteht oder in denen sich die Patientin aus anderen Gründen eine weiterführende Diagnostik wünscht.

Die Beratung vor jedem Einstieg in die Pränataldiagnostik sollte berücksichtigen, daß die verschiedenen zur Verfügung stehenden Untersuchungen wegen der individuell sehr unterschiedlichen Einschätzung der verschiedenen Risiken nicht als Routineuntersuchungen zu betrachten sind, sondern als Option für die werdenden Eltern bei gegebener Risikokonstellation für eine fetale Erkrankung.

Es sollte dabei die Entscheidungsautonomie der Schwangeren auf der einen Seite und das Lebensrecht des Ungeborenen auf der anderen Seite geachtet werden.

Dies impliziert, daß zum einen auch das Recht auf Nichtwissen berücksichtigt werden muß, zum anderen, da die Festlegung der Grenzen für Indikation bzw. Nichtindikation notgedrungen einer gewissen Willkür nicht entbehrt und ein Nullrisiko für keine der untersuchbaren Erkrankungen angegeben werden kann, letztendlich auch jenen Schwangeren eine weiterführende Diagnostik zu gewähren ist, die ihr nach den allgemeinen Richtlinien ggf. nicht erhöhtes Basisrisiko für sich persönlich als zu hoch einschätzen.

12.2 Invasive Pränataldiagnostik

Unabhängig vom Wunsch jeder Schwangeren nach einer umfassenden Information über alle zur Verfügung stehenden Möglichkeiten einer vorgeburtlichen Diagnostik können sich aus Familienanamnese, vorangegangener Schwangerschaft, Eigenanamnese oder aufgrund in der aktuellen Schwangerschaft erhobener Daten klare Gründe für konkrete Schritte in der Pränataldiagnostik ergeben, über die die Schwangere informiert werden muß. Ob eine bestimmte gegebene Konstellation in der konkreten Situation tatsächlich Grund für eine weiterführende invasive Diagnostik ist, hängt von der subjektiven Einstellung des betroffenen Paares ab. Der in allen anderen medizinischen Bereichen gebräuchliche Begriff „Indikation" ist daher in diesem Bereich der Pränataldiagnostik fragwürdig. Die Wahl des Eingriffs ist von der zugrundeliegenden Fragestellung, vom Zeitpunkt des Auftretens des Grundes, der Dringlichkeit für das Vorliegen eines Ergebnisses, den gewünschten Zusatzuntersuchungen und den individuellen Vorstellungen der Schwangeren bzw. des betroffenen Paares abhängig (s. Übersicht).

In Tabelle 12.3 sind die verschiedenen gebräuchlichen invasiven Methoden mit ihren Risiken, den Indikationen und dem Zeitpunkt der Durchführung aufgeführt.

Gründe für eine invasive vorgeburtliche Diagnostik
- Ausschluß einer fetalen Chromosomenstörung (90–95% der Eingriffe):
  - erhöhtes mütterliches Alter (ca. 50–85% der pränatalen Eingriffe sind auf diese Indikation zurückzuführen);
  - erhöhtes Risiko für Down-Syndrom oder eine andere Chromosomenanomalie nach Serumscreening (Triple-Test, freies β-HCG);
  - sonographische Auffälligkeit;
  - balancierte elterliche Translokation oder andere Chromosomenaberrationen (z.B. Mosaike, Aneuploidie bei einem Elternteil);
  - vorangegangenes Kind mit einer Chromosomenanomalie (vor allem Trisomie);
  - mehrere unklare Aborte oder Trisomie bei vorangegangenem Abort;
  - Schwangerschaft nach assistierter Reproduktion (z.B. nach ICSI und heterologer Insemination);
  - Exposition mit Mutagenen;
  - mütterliche bzw. väterliche Ängste.
- Ausschluß eines Neuralrohrdefekts: Untersuchung von α-Fetoprotein und Acetylcholinesterase im Fruchtwasser bei
  - erhöhtem mütterlichem Serum-AFP;
  - positiver Familienanamnese;
  - Exposition mit Antiepileptika (Valproinsäure, Carbamazepin).
- Ausschluß einer monogenen Erkrankung:
  - vorangegangenes Kind mit einer molekulargenetisch oder biochemisch untersuchbaren schwerwiegenden genetischen Erkrankung mit erhöhtem Wiederholungsrisiko;
  - bekannte Überträgerschaft beider Eltern für eine autosomal-rezessive Erkrankung (z.B. zystische Fibrose, Thalassämie);
  - bekannte Überträgerschaft der Schwangeren für eine X-rezessiv vererbte Erkrankung (z.B. Muskeldystrophie Duchenne, fra-X-Syndrom);
  - autosomal-dominante Erkrankung bei einem Elternteil (z.B. Chorea Huntington);
  - zwingender Verdacht auf Keimzellmosaik für obengenannte Krankheitsgruppen.
- Infektionskrankheiten der Mutter während der Schwangerschaft:
  - Virusnachweis mittels PCR bzw. IgM-Ak-Bestimmung;
  - Verdacht auf fetale Anämie (Chordozentese zur Fetalblutgewinnung, ggf. anschließende intrauterine Transfusion);
  - im Rahmen der Differentialdiagnostik bei nichtimmunologischem Hydrops fetalis;
  - bei bekannter Rhesusinkompatibilität.

12.2.1 Standardamniozentese

Die Amniozentese ist noch immer die häufigste und beliebteste invasive pränatale Untersuchung. Großer Vorteil der Untersuchung ist die überwiegend direkte fetale Herkunft der untersuchten Zellen und somit auch bei Mosaikbefunden die hohe Übereinstimmung zum kindlichen Karyotyp. Nachteil der Untersuchung ist der späte Untersuchungszeitpunkt.

Grundlagen und Durchführung (Abb. 12.1)

Der günstigste Zeitpunkt für die Standardamniozentese ist die *vollendete 15. SSW.* Zu diesem Schwangerschaftszeitpunkt beträgt das Fruchtwasservolumen ca. 150–200 ml. Amnion und Chorion liegen eng beieinander, und es werden in der Regel ausreichend Zellen zur Kultivierung im Fruchtwasser gefunden.

Diese Zellen stammen zu 70% vom Trophoblasten, 20% sind epithelialen Ursprungs (fetale Haut, Urogenital-, Respirations- und Gastrointestinaltrakt), und weniger als 10% sind die das höchste mitotische Potential aufweisenden Fibroblasten, die vom fetalen Bindegewebe stammen.

Zur Punktion werden überwiegend Spinalnadeln mit einem Durchmesser von 20–22 gg. (0,7–0,9 mm) verwandt. Die Punktion wird ohne örtliche Betäubung durchgeführt. Der Eingriff erfolgt heute unter *kontinuierlicher Ultraschallüberwachung.*

Unter diesen Bedingungen kann in über 99% der Fälle bei der ersten Insertion ausreichend Fruchtwasser gewonnen werden (10–20 ml). Um eine mütterliche Zellkontamination möglichst zu vermeiden, werden die ersten 1–2 ml Fruchtwasser nicht zur Chromosomenanalyse verwandt.

Bei der rh-negativen Schwangeren wird nach der Amniozentese, wie auch nach allen anderen pränatalen Eingriffen, eine *Anti-D-Prophylaxe* mit 250 IE vor der 20. SSW und 500 IE jenseits der 20. SSW durchgeführt.

Abb. 12.1. Amniozentese

Vor dem Eingriff erfolgt eine sorgfältige sonographische Untersuchung, um fetale Auffälligkeiten auszuschließen. Falls sich sonographische Hinweise auf ein erhöhtes Risiko für eine Chromosomenstörung ergeben, ist die zusätzliche Entnahme von Chorionzotten zur Erlangung eines schnelleren Ergebnisses sinnvoll. Auf die Besonderheiten der Amniozentese bei Mehrlingsschwangerschaften wird unter 12.7.8 eingegangen.

Mütterliche Komplikationen

In seltenen Fällen kommt es zu einer klinisch bedeutsamen Amnionitis. Etwa 8% der Schwangeren klagen nach dem Eingriff über vorübergehende Unterbauchschmerzen. In wenigen Fällen treten Blutungen auf.

Bis zu 2% der punktierten Schwangeren berichten über einen intermittierenden Fruchtwasserabgang (leakage), der in der Regel sistiert und keine weitere Bedeutung mehr hat.

Fetale Komplikationen

Die Hauptkomplikation für den betroffenen Fetus ist die *Erhöhung des Fehlgeburtenrisikos*. Eine brauchbare Aussage ist letztlich nur bei Berücksichtigung der noch zu erwartenden Rate von Spontanaborten bei gegebenem mütterlichem Alter möglich, da die Spontanabortrate vor allen Dingen vom Gestationsalter und vom maternalen Alter abhängig ist.

Die Ergebnisse einer prospektiv randomisierten Studie in Dänemark an 4606 unter 35jährigen Patientinnen (Tabor et al. 1986) ergaben eine Risikoerhöhung über die gesamte Restschwangerschaft von 1% für den Verlust der Schwangerschaft bzw. des Fetus. Die Frühgeburtenrate war nicht erhöht.

Vier weitere kontrollierte Studien, die von Ager u. Oliver (1986) ausgewertet wurden, ergaben eine Risikoerhöhung von 0,2–2,1%.

Das *allgemeine Risiko für einen Spontanabort* wird unterschiedlich angegeben. Eine kontrollierte randomisierte Studie an 1068 Frauen ergab noch nach der 16. SSW eine Spontanabortrate von 1,2% (Liu et al. 1987). Bei über 35jährigen Schwangeren ist insgesamt von einem noch höheren Spontanabortrisiko auszugehen. Es werden nach Feststellung einer intakten Schwangerschaft im Zeitraum zwischen der 7. und 10. SSW in dieser Altersgruppe Spontanabortraten von bis zu 4,5% jenseits dieses Gestationsalters angegeben (Wilson et al. 1984; Gilmore u. McNay 1985; Liu et al. 1987). Auf die Spontanabortrate über die gesamte Schwangerschaft wird in Kap. 8 ausführlich eingegangen.

Es wird eine signifikante Assoziation zwischen hohen Serum-AFP-Werten und dunklem Fruchtwasser und Fehlgeburtenrate beschrieben (Tabor et al. 1986). Ein weiterer Risikofaktor ist das Nichtverklebtsein der Amnion- und Chorionmembran. Die Aussagen über eine eventuelle Risikoerhöhung bei transplazentarer Insertion sind widersprüchlich.

Fetale Nadelverletzungen sind extrem selten (unter 0,1%).

In einigen Studien wurde über ein signifikant erhöhtes Risiko für eine *respiratorische Insuffizienz* berichtet (ca. 1% vs. 0,5%). Die Erklärung hierfür könnte in unbemerkten hohen Blasensprüngen mit transitorischer Oligohydramnie und einer damit einhergehenden mäßigen Lungenhypoplasie liegen.

Zytogenetik

Der zytogenetische Befund liegt nach minimal 7 Tagen bis maximal 3 Wochen vor.

Zu einer *Kontamination der Fruchtwasserprobe* durch maternale Zellen kommt es in 0,2–0,3% der Fälle (Crombach et al. 1995).

Pseudomosaike (Chromosomenanomalien an einer oder mehreren Zellen innerhalb eines einzigen Zellklons) werden, abhängig von den ausgewerteten Serien, bei 1–10% der Proben beobachtet. Sie sind ohne klinische Bedeutung.

Echte Mosaike (Chromosomenanomalien in Zellen aus mindestens 2 verschiedenen Kulturen) werden in 0,1–0,3% der Fälle diagnostiziert (Crombach et al. 1995). Je nach der in der aberranten Zelle gefundenen Chromosomenstörung finden sich unterschiedliche Bestätigungsraten bei der zytogenetischen Nachuntersuchung, z.B. wird beim Chromosomensatz 46/47+21 der Befund in 78% der Fälle bestätigt, bei 46/47+18 in 100% der Fälle und bei 45,X/46,XY in 80% der Fälle. Die durchschnittliche Bestätigungsrate beträgt 70%.

Kulturversager finden sich zu 0,1–0,7%. Sie sind häufiger bei dunkelbraunen Fruchtwasserproben bei Zustand nach Blutung in der Frühschwangerschaft und bei stärker frischblutigem Fruchtwasser nach Einblutung während der Punktion, vor allen Dingen bei transplazentarem Eingang (Giorlandino et al. 1994).

Die *Diagnosesicherheit* liegt bei 99,4–99,9%.

AFP im Fruchtwasser

Routinemäßig wird heute anläßlich der Amniozentese auch das α-Fetoprotein (AFP) im Fruchtwasser untersucht. Auf die Kinetik dieses in der fetalen Leber gebildeten Glykoproteins und die möglichen Ursachen einer Erhöhung im Fruchtwasser mit in der Regel nachfolgender Erhöhung im mütterlichen Serum wird in 12.5 eingegangen.

Der AFP-Spiegel im Fruchtwasser hat seinen höchsten Wert in der 12.–14. SSW und fällt danach bis zur 22. SSW kontinuierlich ab. Hauptursache einer AFP-Erhöhung ist der fetale Neuralrohrdefekt. Die Sensitivität des Tests liegt bei 98%, die Falsch-positiv-Rate bei 0,5% (Second Report of the UK Collaborative Study 1979). In der überwiegenden Mehrzahl der Schwangerschaften mit nicht gedecktem Neuralrohrdefekt beträgt die AFP-Konzentration im Fruchtwasser das 4- bis 5fache des Medianwerts (4–5 MoM, multiple of median).

Acetylcholinesterase-(AChE-)Test

Durch Bestimmung der Acetylcholinesterase, die als neurospezifisches Enzym bei nicht gedecktem Neuralrohrdefekt in das Fruchtwasser gelangt, kann die Diagnostik von Neuralrohrdefekten ergänzt werden. Oft wird in der Regel zunächst das α-Fetoprotein bestimmt. Zumindest bei all jenen Proben, die eine α-Fetoprotein-Konzentration von über 2,0 MoM zeigen, wird ein AChE-Test durchgeführt. Der AChE-Test allein zeigt eine Sensitivität von nahezu 100% (Report of Collaborative AChE Study 1981) bei einer Falsch-positiv-Rate von ca. 0,3%. Ein positiver AChE-Test kann auch durch fetale Blutbeimengung zustandekommen.

12.2.2 Frühamniozentese

In den 80er Jahren wurde als Möglichkeit einer früheren Diagnostik die Frühamniozentese diskutiert und in manchen Zentren durchgeführt. Die Technik ist dieselbe wie bei der Standardamniozentese. Da in vielen Fällen Amnion und Chorion noch nicht eng beieinander liegen und insgesamt noch wesentlich weicher sind, ist die größte Gefahr das sog. „tenting", d. h. das Vorschieben des Amnions mit der Nadel.

Die im Vergleich zur Dokumentation von Standardamniozentese und CVS insgesamt wenigen vorliegenden Serien (z. B. Byrne et al.1991; Eiben et al. 1994) haben ergeben, daß die Häufigkeit der Zweitinsertion, der Kulturversager und auch der Aborte nach Frühamniozentese höher ist als nach Standardamniozentese. Am größten sind diese Unterschiede bei der sehr frühen Amniozentese zwischen der 10. und 12. SSW.

Die Fruchtwasserpunktionen in der 12. und 14. SSW zeigen insgesamt etwas bessere Ergebnisse, bringen jedoch gegenüber der Standardamniozentese keine wesentlichen Vorteile an Zeitersparnis, da auch hier ein Abbruch bei pathologischem Ergebnis frühestens in der 15./16. SSW durchgeführt werden kann.

Eine prospektive vergleichende Studie zwischen früher Amniozentese und CVS in der 10–12. SSW (Nicolaides et al. 1994) hat bei 731 Frühamniozentesefällen und 570 CVS-Fällen ergeben, daß die Verlustrate (Fehlgeburten, intrauterine und neonatale Todesfälle) nach Frühamniozentese ca. dreimal höher ist als nach CVS. Alle anderen Parameter, wie Kulturerfolg, Entnahmeerfolg, Intervall zwischen der Entnahme und dem Resultat, waren nicht signifikant verschieden.

Falls somit das Ergebnis um die 12. SSW schon vorliegen sollte, erscheint die Chorionbiopsie die geeignetere Methode.

12.2.3 Chorionzottenbiopsie (CVS)

Die Chorionzottenbiopsie ist die Methode der Wahl zum Ausschluß molekulargenetisch oder einiger biochemisch erfaßbarer monogener Erkrankungen. Auch bei fetalen Auffälligkeiten im 1. Trimenon ist die CVS die naheliegende Untersuchung.

Wegen der *frühen Durchführbarkeit* und somit der Erlangung eines Ergebnisses schon im 1. Trimenon erscheint es gerechtfertigt, der Chorionzottenbiopsie auch in der Routinepränataldiagnostik bei erhöhtem mütterlichem Alter einen größeren Stellenwert einzuräumen. Der psychologische Nachteil der noch höheren Spontanaborte in jenem Zeitraum, in dem die CVS durchgeführt wird, wird durch die Möglichkeit eines früheren Schwangerschaftsabbruchs, der sowohl psychisch als auch körperlich risikoärmer ist, aufgewogen.

Durchführung (Abb. 12.2)

Nachdem die ersten Chorionbiopsien zunächst *transzervikal*, blind, Ende der 60er Jahre versucht wurden, wurde diese Methode im Rahmen der Bestrebungen nach einer frühen Diagnostik in den 70er und 80er Jahren weiterentwickelt und gewann durch die raschen Fortschritte in der DNA-Diagnostik, die auch das vorgeburtliche Erkennen monogener Erkrankungen möglich machten, zunehmend an Bedeutung.

Bis zu Beginn des Jahres 1986 wurden die meisten Chorionbiopsien auf transzervikalem Wege mit Kathetern durchgeführt (Brambati et al. 1990; Holzgreve u. Miny 1990; Ward u. Rodeck 1993).

Die *transabdominale Technik* wurde in Dänemark von der Gruppe um Smidt-Jensen und Hahnemann 1984 entwickelt. Der transabdominale Eingriff erfolgt über Spinalnadeln zwischen 18 und 22 gg. Durchmesser. Unter kontinuierlicher Ultraschallsicht wird die Nadel am besten longitudinal zur Plazenta inseriert. Es sollten 10–15 mg Zottengewebe entnommen werden, um gleichzeitig eine Kurzzeitkultur und eine Langzeitkultur anzulegen bzw. eine Analyse mittels Direktpräparation durchzuführen. Da die Nadel dicker ist als die Amniozentesenadel, ist in manchen Fällen die Betäubung der Bauchdecke sinnvoll.

Abb. 12.2. Chorionzottenbiopsie

Die *Erfolgsrate* nach erster Insertion ist nicht so hoch wie nach Amniozentese. Sie liegt bei transabdominaler CVS bei 90–96,5% und bei transzervikaler CVS bei 69–90% (Crombach et al. 1995).

Aufgrund der Tatsache, daß die transabdominale CVS für die Patientin eine kleinere Belastung bedeutet, leichter erlernbar ist, eine höhere Erfolgsrate bei der ersten Insertion sowie weniger Kontraindikationen hat (vaginale Infektionen) und seltener zu postoperativen vaginalen Blutungen führt, werden zunehmend mehr Chorionbiopsien von transabdominal durchgeführt. Die Lage des Uterus und damit der Plazenta läßt sich durch die mütterliche Blasenfüllung und ggf. durch eine vaginale Untersuchung mit Rotation oder Streckung des Uterus beeinflussen, so daß auch die Hinterwandplazenta in vielen Fällen von transabdominal her erreichbar ist.

Bei retroflektiertem Uterus und tiefsitzender Hinterwandplazenta ist bei gegebener Indikation die *transzervikale CVS* in der Hand des Geübten die Methode der Wahl.

Mütterliche Komplikationen

Uterine Blutungen werden insgesamt häufiger beobachtet als nach Amniozentese: nach transzervikaler CVS in 6–9%, nach transabdominaler CVS in 1,5–5% der Fälle (Crombach et al. 1995). Krampfartige Unterbauchschmerzen werden nach transabdominaler CVS etwas häufiger beobachtet als nach transzervikaler.

Fetale Komplikationen

Hier ist die Hauptkomplikation, wie bei der Amniozentese, der Abort. Eine andere, in Diskussion stehende Komplikation ist die Induktion fetaler Extremitätenfehlbildungen.

Nachdem zunächst von einem wesentlich höheren Abortrisiko nach CVS gegenüber dem Risiko nach Amniozentese ausgegangen wurde, haben die Auswertungen zahlreicher Fälle in mehreren Studien unter Mitberücksichtigung der Spontanabortrate in den gegebenen Schwangerschaftswochen und dem mütterlichen Alter, z.T. sorgfältig kontrolliert und randomisiert mit Amniozentesevergleichskollektiven, zwischen der Abortrisikoerhöhung nach Amniozentese sowie transzervikaler und transabdominaler Chorionzottenbiopsie in der Hand erfahrener und mit optimalen Mitteln ausgestatteter Untersucher keinen wesentlichen Unterschied ergeben. Das durch die Eingriffe zusätzlich induzierte Abortrisiko wird bei Berücksichtigung aller Aborte in der weiteren Schwangerschaft mit *bis zu 1%* angegeben. Nach mehr als 2 Biopsieversuchen wird übereinstimmend von einer höheren Abortrate berichtet. Nach 2 Insertionen erscheint die Abortrate nicht höher als nach einer Insertion (Brambati et al. 1998).

In den letzten Jahren haben zahlreiche Studien und Einzelfallbeobachtungen einen möglichen Zusammenhang zwischen der Chorionzottenbiopsie und fetalen Extremitätenfehlbildungen (transversale Strahlendefekte) nahegelegt. Vor allen Dingen war eine Korrelation zwischen der Schwere der Defekte und der Schwangerschaftswoche, in der die CVS durchgeführt wurde, zu verzeichnen (Firth et al. 1991). Je früher der Eingriff vorgenommen wurde, um so schwerer erschien der Defekt.

Ursächlich werden eine durch das plazentare Trauma verursachte Hypovolämie, Vasokonstriktionen, lokale Hypoxien aufgrund einer Unterversorgung nach z. B. Einschwemmung vasoaktiver Peptide oder eine Embolisation von Trophoblastpartikeln in die fetale Zirkulation während der empfindlichen Zeit der Organogenese der Extremitäten diskutiert.

Obwohl keine der einen möglichen Zusammenhang beschreibenden Studien letztlich den erforderlichen epidemiologischen Voraussetzungen genügt, wird empfohlen, die CVS erst jenseits der 10./11. SSW durchzuführen, da die Häufigkeit des Auftretens von Extremitätenfehlbildungen von der Schwangerschaftswoche, in der die CVS durchgeführt wird, abhängig ist.

Zytogenetik

Bei der CVS werden 2 verschiedene Arten von Zellen gewonnen, die eine unterschiedliche Aktivität zeigen und daher bei der Direktpräparation (oder Kurzzeitkultur) und bei der Langzeitkultur Diskrepanzen in der Auswertung aufweisen können.

Nach *Kurzzeitkultur* (oder Direktpräparation) werden die mitotisch aktiven epithelialen Zellen der Zytotrophoblastschicht untersucht, die im Blastozystenstadium ca. dreiviertel der 64-Zellen-Blastozyste ausmacht und die innere Zellmasse, den Embryoblasten, der aus 16 Zellen besteht, umgibt.

In der *Langzeitkultur* werden die Fibroblasten des mesodermalen Zottenkerns angezüchtet, die gemeinsam mit dem Embryo, dem Dottersack und dem Amnion aus der inneren Zellmasse der Blastozyste, dem Embryoblasten, hervorgegangen sind.

Es ist somit verständlich, daß die nach Kurzzeitkultur zytogenetisch untersuchten Zellen dem eigentlichen Embryo ferner sind als jene Zellen, die nach Langzeitkultur ausgewertet werden.

Aufgrund der größeren Zellmasse, aus denen die epithelialen Zellen stammen, die nach Direktpräparation oder Kurzzeitkultur ausgewertet werden, und deren mitotischer Aktivität ist auch verständlich, daß in diesen Zellen eher postzygotische Chromosomenfehlverteilungen (Non-disjunction) auftreten können als in den wenigen Zellen des mesodermalen Zottenkerns oder des Embryos. Dies erklärt auch die gelegentlich beobachteten diskrepanten Befunde und/oder die unterschiedliche Mosaikrate nach Kurz- und Langzeitkultur.

Die *Dauer* bis zur Erstellung des Befundes beträgt bei Direktpräparation oder Kurzzeitkultur wenige Stunden bis 2 Tage, bei Langzeitkultur 6–14 Tage.

Eine *Kontamination* der Chorionzotten mit mütterlicher Dezidua findet sich bei etwa 0,1–1,9%. Die maternale Kontamination ist nur von Bedeutung nach der Langzeitkultur, da die mütterlichen Zellen bei der Kurzzeitkultur nicht angehen.

In 0,8–1,5% der Präparate finden sich *Mosaike* (Crombach et al. 1995). Der Großteil dieser Befunde geht zu Lasten der Direktpräparation. Nur noch 15–25%

der Mosaike werden auch nach Langzeitkultur festgestellt (Pittalis et al. 1994). Von diesen lassen sich dann nach Untersuchung fetaler Zellen (nach Amniozentese oder Chordozentese) noch 10–25% bestätigen.

Unter optimalen technischen und zytogenetischen Bedingungen ergab sich in einer CVS und Frühamniozentese vergleichenden randomisierten kontrollierten Studie bei 570 CVS-Fällen, ähnlich wie bei der Frühamniozentese, ein *notwendiger Zweiteingriff in 2,5% der Fälle* (Nicolaides et al. 1994). Das Risiko bedeutsamer falsch-positiver Befunde wird auf 1:500–1000 geschätzt (Crombach et al. 1995).

Das Risiko falsch-negativer CVS-Befunde wird mit 1:1000 bis 1:10000 eingeschätzt. Da auch hier die Fehlbeurteilungen zum größten Teil zu Lasten der alleinigen Direktpräparation gehen, sollte eine Konsequenz im Sinne eines Schwangerschaftsabbruchs aus der Direktpräparation nur bei Vorliegen eines pathologischen sonographischen Befundes gezogen werden.

Trotz dieser Vorbehalte ergibt sich auch aus der Direktpräparation eine relativ hohe Sicherheit. In einer italienischen Multizenterstudie (Pittalis et al. 1994), die 4860 Fälle umfaßte, waren die Ergebnisse der Direktpräparation bei durchgehenden Normalbefunden zu 99,9%, bei durchgehender Trisomie 21, 18 und 13 sowie bei Klinefelter-Syndrom und Triploidien zu 100% zuverlässig. Das in der Direktpräparation festgestellte Turner-Syndrom wurde nur in 47% der Fälle nach Langzeitkultur bestätigt, unbalancierte Translokationen in 83% und seltene Aneuploidien in keinem Fall. Der Normalbefund nach zusätzlicher Langzeitkultur hatte eine Aussagesicherheit von 99,98%.

Molekulargenetische Untersuchung (DNA-Diagnostik)

Mit Hilfe molekulargenetischer Untersuchungsmethoden ist es heute möglich, eine Reihe monogener Erkrankungen mit bekannten Mutationen oder bekannter chromosomaler Lokalisation an fetalen Zellen pränatal zu erkennen. Über die verschiedenen Methoden und die Vorgehensweisen wird in Kap. 1 ausführlich eingegangen. In Tabelle 12.1 sind einige molekulargenetisch erkennbare Krankheiten zusammengestellt.

Biochemische Diagnostik von Stoffwechselstörungen

Bei einigen hundert Stoffwechselstörungen ist der biochemische Defekt bekannt. Über 80% dieser Krankheiten werden autosomal-rezessiv vererbt. Viele dieser Erkrankungen können durch Bestimmung von Enzymen oder Proteinen auch pränatal an Trophoblastzellen oder Amnionzellen diagnostiziert werden. In Tabelle 12.2 sind einige metabolische Störungen zusammengestellt, die pränatal erkannt werden können.

Tabelle 12.1. Einige Krankheiten, die durch direkte oder indirekte Genotypendiagnostik erkannt werden können*

Achondroplasie	Langer-Giedion-Syndrom
Adulte polyzystische Nieren	Leber-Optikusatrophie (LHON)
Angelman-Syndrom	Lesch-Nyhan-Syndrom
Anhidrotische ektodermale Dysplasie	Lowe-Syndrom
Apert-Syndrom	M. Krabbe
α_1-Antitrypsin-Mangel	Krankheiten mit Kraniosynostosen
Apolipoproteindefekte B, E	Marfan-Syndrom
Central-core-Erkrankung	Mitochondropathie Typ MELAS und MERFF
Charcot-Marie-Tooth (X)	Miller-Dieker-Syndrom
Charcot-Marie-Tooth 1A	Muskeldystrophie Typ Duchenne/Becker
Chorea Huntington	Muskeldystrophie Emerey-Dreifuss
Chorioidermie	Muskeldystrophie, fazio-skapulo-humerale Formen (FSHD)
Coffin-Lowry-Syndrom	Muskeldystrophie Gliedergürtel Typ 2A
Chronisch-progressive externe Ophthalmoplegie CPEO	Myotone Dystrophie
DiGeorge-Syndrom	Neurofibromatose Typ I/II
Dentato-rubro-pallidoluysiane Atrophie (DRPLA)	Norrie-Syndrom
	OTC-Defizienz
Dopasensitive Dystonie	Phenylketonurie (PKU)
Ehlers-Danlos-Syndrom Typ VII	Prader-Willi-Syndrom
Familiäre Hypercholesterinämie	Retinoblastom
Fragiles-X-Syndrom A	Retinoschisis
Fragiles-X-Syndrom E	Shprintzen-Syndrom
Friedreich-Ataxie	Spinale Muskelatrophie
Hämoglobinopathien	Spinobulbäre Muskelatrophie
Hämophilie A und B	Spinozerebelläre Ataxien Typ I–III, VI
Hunter-Syndrom (MPS Typ II)	Tay-Sachs-Syndrom
Hydrozephalus (XL)	Thanatophore Dysplasie I, II
21-Hydroxylasedefekt	Waardenburg-Syndrom Typ I/II
Hypochondroplasie	WAGR-Syndrom
Hypophosphatämie	Wilson-Erkrankung
Ichthyosis (XL)	Wiscott-Aldrich-Syndrom
Kallmann-Syndrom	Zystinosen
Kearns-Sayre-Syndrom	Zystische Fibrose
Kongenitale spondyloepiphysäre Dysplasie	

* nicht bei all diesen Erkrankungen ist eine pränatale Diagnostik indiziert

Tabelle 12.2. Krankheiten, die durch biochemische Untersuchungen pränatal nachgewiesen werden können (*AD* autosomal-dominant, *AR* autosomal-rezessiv, *XR* X-chromosomal-rezessiv)

Krankheit	Erbgang
Ahorn-Sirup-Krankheit	AR
Galaktosämie	AR
γ-Glutamylsynthetase-Defekt	AR
G_{M1}-Gangliosidose (alle Typen)	AR
G_{M2}-Gangliosidose (Tay-Sachs, Sandhoff)	AR
Glutarazidurie	AR
Glykogenspeicherkrankheit Typ II, III, IV, VIII	AR, XR (VIII)
Hämozystinurie	AR
Histidinämie	AR
21-Hydroxylasedefekt	AR
Hypercholesterinämie, Typ II	AD
Hyperglyzinämie, nichtketonische Form	AR
Lesch-Nyhan-Syndrom	AR
Manosidose	AR
Menkes-Syndrom	XR
Metachromatische Leukodystrophie	AR
Methylmalonazidämie	AR
Morbus Fabry	XR
Morbus Gaucher Typ I, II, III	AR
Morbus Krabbe	AR
Morbus Niemann-Pick Typ A, B, C	AR
Morbus Refsum	AR
Morbus Wolman	AR
Mukolipidose Typ I–IV	AR
Mukopolysaccharidose Typ I–IV, VI und VII	AR, XR (Typ II)
Propionazidämie	AR
Pyruvatdehydrogenasemangel	AR
Sialidosis	AR
Tyrosinämie	AR
Zystinose	AR

12.2.4 Plazentapunktion im 2. und 3. Trimenon

Auch in der späteren Schwangerschaft kann im Hinblick auf die Planung des perinatalen Vorgehens, vor allen Dingen bei erst später festgestellten fetalen Auffälligkeiten, bei Oligo- oder Anhydramnie und bei extremer Wachstumsretardierung, durch die Plazentapunktion (oft zusätzlich zur Amniozentese) ein rasches Ergebnis erlangt werden. Die Diagnosesicherheit liegt auch bei der späten Plazentapunktion bei über 99%. Die Fehlgeburtenrate ist ähnlich wie nach Amniozentese und früher CVS, bei alleiniger Plazentapunktion evtl. auch etwas niedriger (Cameron et al. 1994).

12.2.5 Chordozentese

Die *Chordo*zentese (d. h. die Punktion der Nabelschnur) wird von der Schwangeren nicht wesentlich anders erlebt als die Amniozentese. Die Punktion erfolgt mit einer dünnen Nadel (0,7–0,9 mm Durchmesser) ambulant, ohne Betäubung der Bauchdecke, unter kontinuierlicher Ultraschallsicht (Abb. 12.3).

Die Indikationen für die Chordozentese haben sich mit den Fortschritten in der molekulargenetischen Diagnostik und damit den Möglichkeiten, genetisch bedingte Hämoglobinopathien und Gerinnungsstörungen und auch fetale Infektionen durch direkten Virus-DNA-Nachweis (PCR) schon an Chorionzotten bzw. nach Amniozentese zu diagnostizieren, etwas gewandelt. Die *Hauptindikation* ist auch bei Chordozentese die fetale Blutentnahme zur raschen Karyotypisierung im 2. und 3. Trimenon nach Feststellung fetaler Fehlbildungen oder nach unkla-

Abb. 12.3. Chordozentese

Tabelle 12.3. Invasive Routinemethoden in der Pränataldiagnostik

Methode	Zeitraum der Durchführung	Abortrisiko-erhöhung [%]	Einsatz
CVS	10.–12. SSW	0,2–1	Karyotypisierung, molekulargenetische und biochemische Untersuchungen bei monogenen Erkrankungen, Virus-DNA-Nachweis, Rh- und Hb-A_1-Typisierung bei Rh-Inkompatibilität und V. a. Alloimmunthrombozytopenie
Früh-amniozentese	10.–14. SSW	bis zu 4	Zur frühen Karyotypisierung bei Kontraindikation gegen CVS vertretbar
Standard-amniozentese	ab der 15. SSW	0,2–1	An Amnionzellen: Karyotypisierung, DNA-Analysen und biochemische Untersuchungen Im Fruchtwasser: AFP und AChE, ggf. biochemische Analysen bei einzelnen Stoffwechselstörungen, Bilirubin bei Rh-Inkompatibilität
Plazenta-biopsie	ab der 12. SSW	0,1–1	Karyotypisierung im 2. und 3. Trimenon bei fetaler Fehlbildung, Retardierung, Fruchtwasseranomalie
Chordo-zentese	ab der 18. SSW	1	Karyotypisierung im 2. und 3. Trimenon, v. a. auch bei unklarem zytogenetischem Befund nach CVS und AC, Infektionsdiagnostik, molekulargenetische und biochemische Untersuchungen, Abklärung eines Hydrops fetalis und intrauterine Bluttransfusion, fetale Thrombozytenbestimmung (und Therapie) bei Alloimmunthrombozytopenie, fetale Therapie mit Antiarrhythmika und Schilddrüsenhormonen, Stammzelltherapie (evtl. in Zukunft bei bekannten angeborenen Erkrankungen)

ren zytogenetischen Befunden (z. B. Mosaiken, Markerchromosomen) nach CVS und Amniozentese. Das Ergebnis liegt nach 48–72 Stunden vor.

Auch bei *Verdacht auf eine fetale Infektion* hat die Chordozentese noch ihren Stellenwert zur Bestimmung von IGM-Antikörpern aus fetalem Blut (vor allem Röteln, Toxoplasmose, Zytomegalie, Parvo-Virus und Herpes). Die Untersuchung ist erst nach der 22. SSW sinnvoll, da vorher der Fetus noch keine IGM-Antikörper bildet.

Ein wichtiger Indikationsbereich liegt in der *Abklärung des Hydrops fetalis* bei bestehendem Verdacht auf eine zugrundeliegende fetale Anämie bei Rhesusinkompatibilität, bei Infektionen (Parvovirus B19) und Hämoglobinopathien (Thalassämien). Hier kann nach Diagnosestellung aus fetalem Blut über denselben Weg unmittelbar danach eine intrauterine Therapie in Form einer Transfusion erfolgen.

Auch in der Diagnostik und Therapie der *Alloimmunthrombozytopenie*, die mit einer Inzidenz von 1–2 auf 10000 Lebendgeburten auftritt, hat die Chordozentese Bedeutung. Es werden hier, ähnlich wie bei der Rhesusinkompatibilität, die antigenpositiven Thrombozyten des Fetus durch IgG-Antikörper einer thrombozytenantigennegativen Mutter zerstört, wodurch es sowohl während der Schwangerschaft als auch perinatal zu intrakraniellen Hämorrhagien kommen kann.

Weitere Indikationen für die Chordozentese sind die fetale Therapie mit Antiarrhythmika bei Herzrhythmusstörungen, die nicht über die Mutter therapierbar sind, und die Gabe von Schilddrüsenhormonen bei fetalem Kropf und Störung der autonomen fetalen Schilddrüsenhormonproduktion.

Mütterliche und fetale Komplikationen

Mütterliche Komplikationen, wie vorzeitige Wehen und Infektionen, sind selten.

Fetale Bradykardien werden in ca. 10% der Fälle beobachtet. In der Hand des Geübten wird von einem *intrauterinen Fruchttod bzw. einer Fehlgeburt* in ca. 1% der Fälle ausgegangen, falls der Fetus sonographisch unauffällig ist.

Die Transfusion über die Nabelschnur geht mit höheren Risiken für den Fetus einher. Das Risiko wird ca. 5mal höher eingeschätzt als nach diagnostischer Chordozentese.

12.2.6 Fetoskopie

Für die Fetoskopie gibt es nur noch sehr wenige Indikationen. Durch die Verbesserung der sonographischen Diagnostik können in der Regel auch schon kleine Fehlbildungen auf nichtinvasivem Wege festgestellt bzw. ausgeschlossen werden.

Durch die Entwicklung der molekulargenetischen Diagnostik ist in vielen Fällen eine Haut-, Leber- oder Muskelbiopsie unnötig geworden. Manche dieser Erkrankungen können an Choriongewebe schon im 1. Trimenon ausgeschlossen werden. Falls eine Biopsie der Leber oder auch der Haut zum Ausschluß einer Erkrankung notwendig ist, wird diese in der Regel unter sonographischer Sicht durchgeführt.

Ein neuer Einsatzbereich für die Fetoskopie ist die *Laserkoagulation* von Gefäßanastomosen bei fetofetalem Transfusionssyndrom (FFTS) bei monochorialen Gemini. Hier wird fetoskopisch das zu koagulierende Gefäß an der dem Amnion zugewandten Plazentaoberfläche aufgesucht und unter gleichzeitiger Ultraschalldarstellung die Laserkoagulation durchgeführt.

12.2.7 Hautbiopsie

Viele genetisch bedingte Hauterkrankungen sind durch DNA-Analysen an Choriongewebe oder Amnionzellen pränatal diagnostizierbar. Falls der Genlocus bzw. die Mutation noch nicht bekannt oder die betroffene Familie nicht informativ ist, wird zur Pränataldiagnostik die fetale Hautbiopsie mit anschließender Ul-

Tabelle 12.4. Hautkrankheiten*, die pränatal durch Hautbiopsie oder CVS diagnostiziert werden können (nach I. Anton-Lamprecht und I. Hauser, pers. Mitteilung)

Krankheiten	Erbgang	Untersuchungs-material
Epidermolysen		
EB atrophicans generalisata gravis Herlitz	AR	Haut/DNA
EB atrophicans generalisata mitis	AR	Haut/DNA
EB atrophicans inversa	AR	Haut/DNA
EB dystrophica recessiva Hallopeau-Siemens	AR	Haut/DNA
EB dystrophica Albopapuloidea Pasini	AD	Haut/DNA
EB herpetiformis Dowling-Meara	AD	Haut/DNA
Ichthyosen		
Bullöse Erythrodermia congenitalis ichthyosisformis Brocq	AD	Haut/DNA
Sjögren-Larsson-Syndrom	AR	Haut/DNA
Harlekin-Ichthyosis	AR	Haut
Ichthyosis congenita Typ II	AR	Haut/DNA
Ichthyosis congenita Typ IV	AR	Haut
Lamelläre Ichthyosis	AR	Haut
(Trichothiodystrophie, Tay-Syndrom: erst nach 24. SSW)	AR	Haut (Haar)
Ektodermaldysplasien		
Anhidrotische Ektodermaldysplasien (Christ-Siemens-Touraine-Syndrom)	XR	Haut/DNA
Anhidrotische Ektodermaldysplasie	AR	Haut
Andere Krankheiten		
Okulokutaner Albinismus	AR	Haut/DNA
Chediak-Higashi-Syndrom	AR	Haut
Incontinentia pigmenti Bloch-Sulzberger?[a]	XD	Haut

[a] Bei negativem Befund ist sicherer Ausschluß nicht möglich!
* Einige dieser Krankheiten können heute mit Hilfe von DNA-Analysen diagnostiziert werden.

trastrukturanalyse der Haut notwendig. Sie wird heute in der Regel unter Ultraschallsicht unter Verwendung von Spezialbiopsiezangen durchgeführt.

In der Tabelle 12.4 sind einige hauptsächlich durch Hautbiopsie pränatal diagnostizierbare Erkrankungen aufgeführt.

12.2.8 Leberbiopsie

Auch die fetale Leberbiopsie wird mit dem Fortschreiten der Entwicklung der molekulargenetischen Diagnostik seltener notwendig. Sie wird heute unter sonographischer Führung mit speziellen Biopsienadeln durchgeführt. Indikationen für eine fetale Leberbiopsie sind:

- Carbamylphosphatsynthetase-Mangel,
- Alaninglyoxalat-Aminotransferase-Mangel,
- Glukose-6-Phosphatase-Mangel.

12.3 Präimplantationsdiagnostik (PID)

Bei der Präimplantationsdiagnostik handelt es sich um ein Diagnoseverfahren, das eine *Untersuchung des Embryos vor der Implantation* ermöglicht. Dieses Verfahren ist gebunden an die In-vitro-Fertilisation oder kann theoretisch durch Gewinnung eines Embryos aus dem Cavum uteri nach natürlicher Befruchtung angewandt werden.

Nach erfolgreicher Befruchtung werden nach Abwarten des Blastozystenstadiums, das nach ca. 4 Tagen erreicht wird, 1–2 Zellen zur genetischen Untersuchung entnommen. Die genetische Untersuchung wird entweder über eine *Polymerasekettenreaktion* (PCR) vorgenommen, die es möglich macht, eine sehr kleine DNA-Menge zu amplifizieren, so daß sie einer DNA-Diagnostik zugeführt werden kann, oder mit Hilfe der *Fluoreszenz-in-situ-Hybridisierung* (FISH) durchgeführt. Die zur Anwendung der FISH-Methode erforderlichen fluoreszenzmarkierten Sonden stehen z.B. für den Nachweis spezifischer Gensequenzen auf den Chromosomen 13, 18, 21 sowie auf den Geschlechtschromosomen X und Y zur Verfügung. Mit Hilfe dieser Gensonden, die eine Diagnostik innerhalb eines Arbeitstages ermöglichen, konnten vor dem Embryotransfer numerische Chromosomenanomalien in Blastozysten festgestellt werden.

Nach Ausschluß der gesuchten Erkrankung kann der Embryo in die Gebärmutter transferiert oder retransferiert werden.

Die mehr als 30 bisher weltweit nach PID geborenen Kinder haben gezeigt, daß die Entnahme von 1–2 Zellen keine Auswirkung auf die natürliche Entwicklung des Embryos hat.

Die PID wurde in den USA, England, Italien, Belgien und Spanien bei bekanntem Risiko für monogene Erkrankungen, z.B. der Duchenne-Muskeldystrophie, des Lesch-Nyhan-Syndroms, der Hämophylie A oder der zystischen Fibrose, angewandt.

Der Vorteil dieser Methode liegt darin, daß bei hohem Risiko für eine der untersuchbaren Erkrankungen eine Ausschlußmöglichkeit besteht, ohne einen Schwangerschaftsabbruch hinnehmen zu müssen.

In Deutschland stehen die *Bestimmungen des Embryonenschutzgesetzes* der Entwicklung und dem Einsatz der Präimplantationsdiagnostik entgegen. Die Bedenken beruhen auf der Tatsache, daß es sich bei den dem Embryo zur Diagnostik entnommenen Zellen um totipotente Zellen handelt, die sich „bei Vorliegen der dafür erforderlichen weiteren Voraussetzungen, zu teilen und zu einem Individuum zu entwickeln vermögen" (Embryonenschutzgesetz § 8).

Totipotente Zellen finden sich in der frühen Embryonalentwicklung der Säugetiere bis zum Achtzeller. Das Achtzellstadium ist ca. 72 h nach der Befruchtung erreicht. Es wird durch die PID gewissermaßen ein Zwilling erzeugt, der dann untersucht wird, um nach erfolgter Diagnostik den ggf. gesunden Zwilling zu retransferieren oder zu transferieren.

Da nach den Richtlinien der Bundesärztekammer als Indikation für eine IvF nur Fertilitätsstörungen und keine embryopathischen Indikationen gelten, wäre die Präimplantationsdiagnostik in Deutschland auch an nichttotipotenten Zellen nicht zugelassen.

Die Gesellschaft für Humangenetik ist der Auffassung, „daß eine im Rahmen der berufsrechtlichen Regelungen zulässige Präimplantationsdiagnostik grundsätzlich allen Frauen zur Verfügung stehen sollte, die ein spezielles genetisches Risiko für eine schwerwiegende kindliche Erkrankung oder Entwicklungsstörung tragen und dieses Risiko mit dieser Methode abklären lassen möchten". Wegen der Mißbrauchsmöglichkeiten und der auch mit der PID wie mit der gesamten Pränataldiagnostik verbundenen Risiken für Psyche und Körper sollten jedoch vor einer solchen Diagnostik hohe Anforderungen an die Rahmenbedingungen gestellt werden. So darf die Präimplantationsdiagnostik nicht im Sinne einer Screeninguntersuchung bei In-vitro-Fertilisation routinemäßig durchgeführt werden und ist gebunden an eine vorausgehende und begleitende genetische Beratung. Die Gefahr eines Mißbrauchs wird in der PID höher eingeschätzt als nach konventioneller Pränataldiagnostik, da es hier zu einer Trennung der Untersuchungstechnik von der Schwangerschaft kommt.

12.4 Gewinnung von fetalen Zellen aus dem mütterlichen Kreislauf

Seit über 20 Jahren bemühen sich mehrere Arbeitsgruppen um die Entwicklung der Möglichkeit, sich in der Pränataldiagnostik die Tatsache zunutze zu machen, daß auch fetale Zellen im Blutkreislauf der Schwangeren nachweisbar sind. Da die Anzahl kindlicher Zellen in der mütterlichen Zirkulation gering ist (1:5000 bis 1:1 Mio.), zielen die Bemühungen im wesentlichen auf die Entwicklung brauchbarer Anreicherungsverfahren.

Es stehen verschiedene fetale Zelltypen im mütterlichen Blut zur Verfügung. Aus verschiedenen Gründen erscheint derzeit eine ausreichend frühe Pränataldiagnostik am sinnvollsten an *nukleierten Erythrozyten*. Als eine aussichtsreiche Methode hat sich die Isolierung fetaler Zellen mittels Dreifachdichtegradient und magnetisch aktiviertem Zellsorting (MACS) sowie nachfolgender Fluoreszenz-in-situ-Hybridisierung (FISH) mit chromosomenspezifischen Proben erwiesen (Basler Arbeitsgruppe um Gänshirt-Ahlert/Garritsen/Holzgreve).

Derzeit werden im Rahmen einer internationalen, von den amerikanischen National Institutes of Health geförderten, Kollaborativstudie Sensitivität und Spezifität der Methoden an einer großen Serie von Schwangerschaften geprüft. Vor einer Einführung in die Routinediagnostik sind zahlreiche Fragen zu klären und zu beachten, sowohl ethischer als auch organisatorischer Art (Kommission für Öffentlichkeitsarbeit und ethische Fragen der Gesellschaft für Humangenetik 1993).

In der wissenschaftlichen Erprobungsphase wird die Methode obligat nur im Rahmen einer genetischen Beratung und einer invasiven Pränataldiagnostik (CVS, Amniozentese, Chordozentese) durchgeführt.

Da die Untersuchung, falls sie genügend ausgereift ist, um als Screeningtest eingeführt zu werden, allen Schwangeren zur Verfügung gestellt werden muß, wird die Sicherstellung der Kapazität und Qualität einer individuellen Beratung, die die Schwangere in die Lage versetzt, dieser Untersuchung auf ausreichend hohem Niveau zuzustimmen oder sie abzulehnen, sehr schwierig.

Allgemein könnten durch diese Methode, falls sie sicher genug wird, die invasiven Untersuchungen – bei höherer Erkennungsrate fetaler Chromosomenstörungen – auf ein neu zu definierendes, im besten Falle kleineres Risikokollektiv beschränkt werden.

12.5 α-Fetoprotein-Bestimmung im mütterlichen Serum (MS-AFP-Bestimmung)

Im Serum der Schwangeren steigt der Gehalt an AFP infolge eines physiologischen amniomaternalen Transfers mit zunehmendem Schwangerschaftsalter an und erreicht einen Höchstwert in der 32. SSW.

Im fetalen Kompartiment (fetales Serum und Fruchtwasser) erreicht das AFP die höchste Konzentration am Ende des 1. Trimenons. Ab der 14. SSW fällt die Konzentration im fetalen Kompartiment, d.h. auch im Fruchtwasser, ab, obwohl die fetale Produktionsrate weiter ansteigt. Diese Diskrepanz zwischen dem Konzentrationsabfall des Wertes im fetalen Serum sowie im Fruchtwasser und dem gleichzeitigen Anstieg der fetalen Produktionsrate erklärt sich durch das überproportionale Ansteigen des fetalen Verteilungsvolumens.

Der Anstieg der Konzentration im mütterlichen Serum bis zur 32. SSW ist durch die bis dahin zunehmende fetale Produktionsrate erklärbar.

Insgesamt besteht zwischen den Kompartimenten fetales Serum bzw. Liquor/Fruchtwasser/mütterliches Serum ein erhebliches Konzentrationsgefälle. Diese 3 Kompartimente unterliegen jedes einer gestationsabhängigen charakteristischen Kinetik (Abb. 12.4).

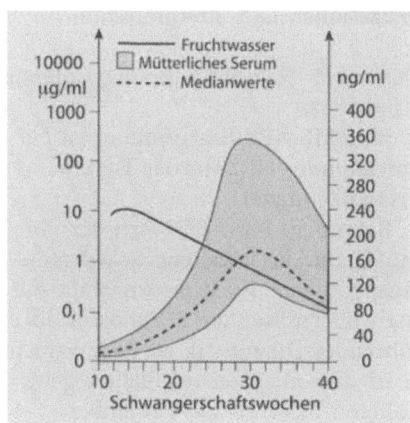

Abb. 12.4. Konzentrationsverlauf des AFP im Fruchtwasser und mütterlichen Serum während der Schwangerschaft (Leidenberger FA 1992)

MS-AFP-Erhöhung bei fetalen Fehlbildungen und Störungen

Die häufigste fetale Erkrankung, die mit dem Herausfließen von Liquor ins Fruchtwasser mit nachfolgender Erhöhung des AFP-Wertes sowohl dort als auch im mütterlichen Serum einhergeht, ist der nicht häutig gedeckte *Neuralrohrdefekt* (Spina bifida, Anenzephalus, Zephalozele).

Daher eignet sich die AFP-Bestimmung (heute in der Regel im Rahmen der Triple-Diagnostik durchgeführt) als Screeningmethode zur Erkennung dieser häufigen Fehlbildung (ca. 1:1000 in Mitteleuropa).

Auch zahlreiche andere fetale Erkrankungen und Störungen der Schwangerschaft führen zu AFP-Erhöhungen (s. Übersicht).

Fetale Fehlbildungen und Störungen, die mit einer AFP-Erhöhung im Fruchtwasser und mütterlichen Serum einhergehen
- Neuralrohrdefekt (Spina bifida, Anenzephalus, Zephalozele)
- Omphalozele/Gastroschisis
- Ösophagus-/Duodenalatresie
- Störungen des Urogenitaltrakts: kongenitale Nephrose, Nierenagenesie, poly- und multizystische Nierendysplasie, Urethralstenose
- Kongenitale Hautdefekte
- Chromosomenstörungen und Syndrome, die mit einer der obengenannten Fehlbildungen einhergehen: Trisomie 13, Trisomie 18, Triploidie, Meckel-Gruber-Syndrom, Prune-belly-Potter-Sequenz
- Teratom
- Hydrops fetalis
- Plazentastörungen: Plazentalösung/retroplazentares Hämatom, Chorangiom
- Intrauterine Wachstumsretardierung mit Oligohydramnie
- Intrauteriner Fruchttod
- Fetoamniale Einblutung (z. B. nach Blutungen, nach invasiver Diagnostik)
- Zwillingsschwangerschaft (AFP-Wert etwa doppelt so hoch).

Indikationen und Interpretation

Der beste Zeitpunkt für die Untersuchung liegt zwischen der 16. (15+) und 18. (17+) SSW.

Eine MS-AFP-Bestimmung ist bei allen Schwangeren mit *anamnestischer Risikoerhöhung* (NRD in der Familie, antikonvulsive Therapie vor allem mit Valproinsäure) indiziert.

Bei einem MS-AFP-Wert, der über dem 2,0- bis 2,5fachen Medianwert (2,0–2,5 MoM) für die gegebene Schwangerschaftswoche liegt, wird von einer Erhöhung ausgegangen. Die Erfassungsrate für einen Neuralrohrdefekt (NRD) beträgt 85% bei weiterführender Diagnostik ab einem 2fachen Medianwert, 75% bei weiterführender Diagnostik ab dem 2,5fachen Medianwert.

In den allermeisten Fällen geht der offene Neuralrohrdefekt mit wesentlich höheren MS-AFP-Werten einher.

Ein häufiger Grund für eine MS-AFP-Erhöhung im mütterlichen Serum ist die *fetoamniale Einblutung*. Da die Konzentration im fetalen Serum 100- bis 200fach höher ist als im Fruchtwasser, genügen sehr geringe Blutungen, um eine Konzentrationserhöhung im Fruchtwasser und somit auch im mütterlichen Serum zu verursachen. Sonographisch stellen sich in manchen Fällen retrochoriale bzw. retroamniale Hämatome dar.

Procedere bei erhöhtem MS-AFP-Wert
- Sonographische Untersuchung zur Überprüfung des Gestationsalters (Falls das Gestationsalter tatsächlich höher ist, als es eingeschätzt oder angegeben wurde, ist ein suspekt ausgefallener AFP-Wert u. U. doch als normal zu beurteilen oder zumindest als weniger suspekt einzustufen. Falls das Gestationsalter tatsächlich niedriger ist als es eingeschätzt oder angegeben wurde, ist ein suspekt ausgefallener AFP-Wert als noch suspekter einzustufen)
- Eigen- und Familienanamnese: Blutungen, Zustand nach Geminianlage, NRD oder andere Erkrankungen in der Familie
- Kontrolle des MS-AFP-Wertes zum Ausschluß einer fetomaternalen Einblutung nach Ablauf einer Woche
- Weiterführende Sonographie
- Amniozentese mit Fruchtwasser-AFP- und -AChE-Bestimmung bei suboptimalen sonographischen Bedingungen und/oder Wunsch der Schwangeren zum möglichst sicheren Ausschluß eines Neuralrohrdefekts.

12.6 Serumscreening auf Chromosomenanomalien (Triple-Test)

Seit Beginn der 90er Jahre steht zur individuellen Einschätzung des Risikos für ein Kind mit einer Chromosomenanomalie, vor allen Dingen des Down-Syndroms, die sog. Triple-Diagnostik (nichtinvasives Serumscreening, NIS) zur Verfügung.

Da eine klare Korrelation zwischen der Häufigkeit für eine freie Trisomie und dem mütterlichen Alter besteht (s. 3.12), wird Schwangeren ab dem 35. Lebensjahr ein Screening auf Down-Syndrom durch eine invasive Diagnostik (Amniozentese, Chorionzottenbiopsie) angeboten.

75–80% aller Down-Syndrom-Kinder werden jedoch von der Gruppe der unter 35jährigen Schwangeren geboren. Somit liegt die Erkennungsrate für Down-Syndrom nach invasiver Diagnostik in der Gruppe der über 35jährigen Schwangeren bei 20–25%.

Falls eine invasive Diagnostik in dem durch die Triple-Diagnostik neu formierten Risikokollektiv durchgeführt wird, liegt die Erkennungsrate – etwas unterschiedlich je nach angelegtem Cut-off-Level (Tabelle 12.5) und abhängig vom Alter der Schwangeren (Tabelle 12.6) bei weniger Eingriffen und damit einer geringeren Verlustrate (Tabelle 12.7) – bei durchschnittlich ca. 60% (Wald et al. 1992 u. a.), bei falsch-positiver Rate von ca. 3,7%.

Tabelle 12.5. Erkennungsrate für Down-Syndrom (*DS*) und Cut-off für invasive Diagnostik (nach Holzgreve 1997)

Cut-off-Risiko für invasive Diagnostik nach Triple-Test	Erkennungsrate für DS [%]
Über 1:50	80,4
1:51–1:200	66,4
1:201–1:400	56,4

Tabelle 12.6. Erkennungsrate für Down-Syndrom (*DS*) und Häufigkeit eines pathologischen Triple-Tests, abhängig vom Alter der Schwangeren (nach Holzgreve 1997)

Alter der Schwangeren (Jahre)	Erkennungsrate für DS [%]	Pathologischer Triple-Test [%]
18–19	42,7	3,93
20–24	43,8	4,19
25–29	49,5	5,76
30–34	63,0	11,1
35–39	83,5	29,1
40–44	96,1	61,0
>45	99,8	91,6
Gesamt	65,8	8,47

Tabelle 12.7. Pränatale Diagnostik mit Triple-Diagnostik und Altersindikation, bezogen auf 800000 Geburten pro Jahr in Deutschland, von denen 8% bei Frauen >35 Jahren auftreten (nach Daten von Hansmann u. Hansmann in Gerhard u. Runnebaum 1995)

Methode	Amniozentesen	Entdeckte Trisomie 21	Unentdeckte Trisomie 21	Verlust
Triple-Screening aller Schwangerschaften	40000	600	400	400
Altersindikation	68000	300	700	680
Triple-Screening und Altersindikation	97280	650	350	973

Biochemische Grundlagen

Es werden folgende 3 Parameter gemeinsam mit dem mütterlichen Alter unter Berücksichtigung des Gewichtes, der ethnischen Zugehörigkeit der Schwangeren und ggf. weiterer Parameter (Nikotin, insulinpflichtiger Diabetes mellitus) ausgewertet:

- α-Fetoprotein (AFP),
- humanes Choriongonadotropin: Gesamt-HCG, bestehend aus α- und β-Untereinheit) oder mit evtl. höherer Aussagekraft nur die freie β-Untereinheit (freies β-HCG),
- unkonjugiertes Östriol (uE3).

Die 3 Werte zeigen im Serum der werdenden Mutter, abhängig vom Schwangerschaftsalter, einen charakteristischen Konzentrationsverlauf:

Der *AFP-Wert* steigt im Laufe der Schwangerschaft der Mutter bis zur 32. SSW kontinuierlich an (Abb. 12.4).

Das *humane Choriongonadotropin*, bestehend aus der α-Untereinheit und der β-Untereinheit, hat ein Konzentrationsmaximum zwischen der 8. und 12. SSW. Die Konzentration fällt anschließend bis zur 20. SSW ab, um dann ein Plateau zu bilden (Abb. 12.5).

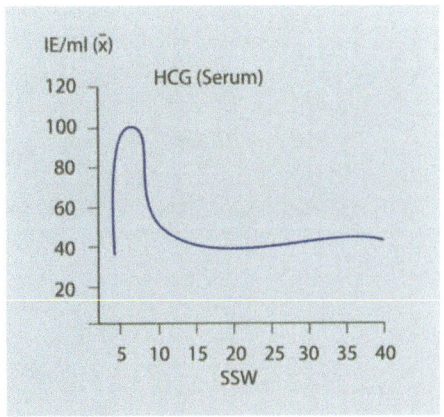

Abb. 12.5. Konzentrationsverlauf des HCG während der Schwangerschaft (mod. nach Gips 1993)

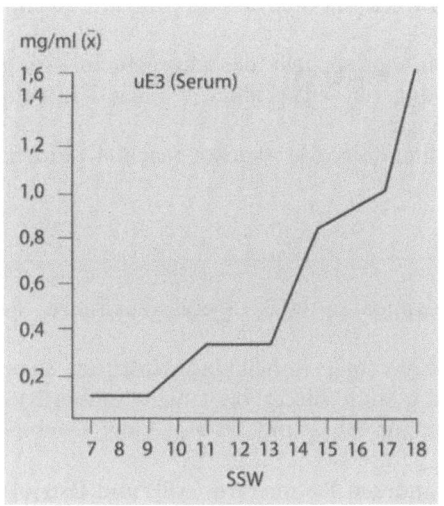

Abb. 12.6. Konzentrationsverlauf des freien Östriols während der Schwangerschaft (mod. nach Gips 1993)

Das *unkonjugierte Östriol* (uE3) ist ein Steroidhormon, das aus DHEAS und DHEA, die in der fetalen Nebennierenrinde produziert werden, nach 16-Hydroxylierung in der fetalen Leber, in der Plazenta weiter zum Östriol metabolisiert wird. Danach erfolgt die Sekretion in das mütterliche und fetale Serum. Ab der 14. SSW steigt die Konzentration im mütterlichen Serum kontinuierlich an (Abb. 12.6). Bei niedrigem Östriolwert sollte an einen Arylsulfatasedefekt, der bei geschlechtsgebundener Ichtyosis congenita vorliegt, gedacht werden.

Die Triple-Diagnostik beruht auf der Annahme, daß der Stoffwechsel bei Feten mit Down-Syndrom im 2. Trimester in einer gegebenen Schwangerschaftswoche nicht soweit ausgereift ist wie bei gesunden Feten. Dadurch kommt es zu einem Konzentrationsmuster der obengenannten Werte, wie es einer früheren Schwangerschaftswoche entspräche.

Dies bedeutet, daß bei Schwangerschaften mit einem fetalen Down-Syndrom von einem im Durchschnitt niedrigeren AFP- bzw. Östriol-Wert ausgegangen wird (0,7–0,8 MoM der normalen Schwangerschaft), da diese Werte im mütterlichen Serum kontinuierlich ansteigen.

Der HCG-Wert ist im Durchschnitt höher (1,6- bis 2facher MoM der normalen Schwangerschaft), da das Konzentrationsmaximum des HCG im mütterlichen Serum zwischen der 8. und 12. SSW liegt, um danach wieder abzufallen. Falls somit die Ausreifung der Plazenta zurückgeblieben ist, ist der HCG-Wert höher, als er es physiologischerweise bei unauffälliger Schwangerschaft in der 12.–16. SSW wäre.

Durchführung und Einschätzung

Der *optimale Zeitpunkt* für die Untersuchung liegt zwischen der 16. und 18. SSW (15+ und 17+). Die gemessenen Werte werden in Mehrfachen des Medians (MoM) angegeben.

Es ist nicht sinnvoll, den Test zu wiederholen, da die Aussagekraft mit zunehmendem Gestationsalter abnimmt.

Eine invasive Diagnostik sollte erwogen werden, falls das angegebene Risiko dem einer 35jährigen oder älteren Schwangeren entspricht. Je nach Zentrum schwanken hier die empfohlenen Cut-off-Levels.

Bei der *Einschätzung des Ergebnisses* sollten folgende Aspekte beachtet werden:
- Der MS-AFP-Wert ist *niedriger* bei
  - mütterlicher Adipositas,
  - Diabetes mellitus,
  - Leistungssport,
  - Einnahme von verschiedenen Medikamenten (z. B. Acetylsalicylsäure, β-Blocker, Erythromycin).
- Bei *starken AFP-Erhöhungen* im Rahmen einer Entwicklungsstörung, einer Einblutung oder einer fetalen Fehlbildung sollte dieser Wert nicht mitberücksichtigt werden. Auswertbar sind dann nur HCG und Östriol (sog. Double-Diagnostik).
- Der *HCG-Wert* ist im Vergleich zu den anderen Parametern (AFP und Östriol) bezüglich der Risikoermittlung für das Down-Syndrom der aussagekräftigste:
  - Besonders aussagekräftig ist ein niedriger HCG-Wert. Dieser deutet auf ein erhöhtes Risiko für eine Trisomie 18 oder eine Triploidie mit mütterlicher Herkunft des zusätzlichen haploiden Chromosomensatzes hin.
  - Besonders hohe HCG-Werte werden bei Triploidien mit väterlicher Herkunft des überzähligen Chromosomensatzes gefunden.
  - Der HCG-Wert ist erhöht bei mütterlichem Diabetes, erniedrigt bei Raucherinnen.

Eine deutsche Konsenz-Tagung zur Triple-Diagnostik hat sich im Jahr 1993 darauf geeinigt, daß ein generelles Triple-Screening nicht empfohlen werden kann. Als Risikogruppen, denen der Triple-Test auf jeden Fall angeboten werden sollte, werden angegeben:
- alle Schwangeren, bei denen bisher aufgrund der Anamnese (NRD in der Familie, Zustand nach intrauterinem Fruchttod u. a.) eine AFP-Bestimmung im Serum durchgeführt worden wäre,
- Down-Syndrom in der Familie,
- Schwangere ab dem 35. Lebensjahr, deren Altersrisiko ihnen als Grund für eine invasive Diagnostik nicht ausreicht,
- Schwangere über 30 Jahre.

Da bei insgesamt geringerer Verlustrate die pränatale Erkennungsrate für Down-Syndrom nach Erstellung eines neuen Risikokollektivs durch das nichtinvasive Serumscreening höher als nach invasivem Screening in der Gruppe der über 35jährigen Schwangeren ist, erscheint es sinnvoll, jenen Frauen, die eine individuelle Risikoeinschätzung wünschen, nach eingehender Beratung über die Aussagekraft der Untersuchung und der sich evtl. ergebenden Konsequenzen diese Untersuchung anzubieten.

Um unnötige, manchmal dramatische Verunsicherungen zu vermeiden, sollte klargestellt werden, daß es sich hier um eine nur statistische Risikoeingrenzung handelt. Die beratenden Frauenärztinnen und -ärzte sollten sich bewußt sein, daß die Diagnostik nur bei Paaren sinnvoll ist, für die eine u. U. empfohlene invasive Diagnostik mit nachfolgender Konsequenz in Frage kommt.

Unter Berücksichtigung dieser Aspekte kann die Triple-Diagnostik eine Hilfe sein, um sowohl den besorgten jüngeren Schwangeren als auch den Schwangeren über 35 Jahren, die auf eine invasive Diagnostik verzichten, eine individuelle Risikoeinschätzung zu ermöglichen und die individuell geeignete Vorgehensweise festzulegen.

Procedere bei pathologischem Triple-Test
- Sonographische Kontrolle zur Bestätigung des Gestationsalters. Bei Feststellen eines niedrigeren Gestationsalters als angenommen, kann sich ein vom Labor wegen z. B. eines niedrigen AFP-Wertes angegebenes erhöhtes Risiko für Down-Syndrom normalisieren. Eine Neuberechnung mit den vorhandenen Werten unter Berücksichtigung des korrigierten Gestationsalters ist in diesem Fall sinnvoll
- Beratung und Angebot einer invasiven Diagnostik
- Weiterführende Sonographie inkl. fetaler Echokardiographie vor allem bei Entscheidung gegen eine invasive Diagnostik.

12.7 Ultraschalldiagnostik

Mit zunehmender Verbesserung der Technik und der Ausbildung gewinnt die Sonographie in der Routineschwangerenvorsorge an Bedeutung. Sie ist ein wichtiger diagnostischer Bereich, der den Frauenarzt und die Frauenärztin mit genetischen Fragen in Berührung bringt und in vielen Fällen eine interdisziplinäre Zusammenarbeit fordert.

So werden heute auch in der Routinediagnostik z. T. schon kleinere Fehlbildungen gesehen, die weitere Schritte notwendig machen. Abhängig von der Gestationswoche muß das weitere Procedere überlegt und mit der besorgten Schwangeren gesprochen werden.

Nach weiterführender sonographischer Untersuchung stellt sich in einigen Fällen die Frage nach einer invasiven pränatalen Diagnostik zur fetalen Karyotypisierung, zur Untersuchung von AFP und AChE im Fruchtwasser und in seltenen Fällen auch zur molekulargenetischen Untersuchung.

Da die invasive pränatale Diagnostik auch mit Gefahren für die Schwangerschaft und den Fetus verbunden ist, sollte mit der Schwangeren und ihrem Partner die Option einer genetischen Beratung erörtert werden.

Hier wird versucht, die festgestellten Befunde in evtl. bekannte genetische oder nichtgenetische Erkrankungen einzuordnen und die Wahrscheinlichkeit für eine zu erwartende Chromosomenstörung angegeben, und geklärt, welche Form von Untersuchung in der konkreten Situation adäquat erscheint und mit den Vorstellungen der Schwangeren und ihres Partners am ehesten vereinbar ist.

Bei schon fortgeschrittener Schwangerschaft kann eine invasive vorgeburtliche Diagnostik zur Eingrenzung des Krankheitsbildes ebenfalls sinnvoll sein. Das Ergebnis hat Einfluß auf die Wahl der Geburtsklinik und das Vorgehen unter der Geburt.

Für die Schwangere ist es wichtig, sich schon vor der Entbindung auf die Erkrankung ihres Kindes einzustellen, sich zu informieren, ggf. schon vor der Entbindung Kontakte mit Selbsthilfegruppen aufzunehmen, um schon während der Schwangerschaft eine gewisse Stabilität zu erlangen, die dem Kind zugute kommt. Auch die Vermittlung dieser Kontakte, die Information über das Leben mit der zu erwartenden Behinderung sind Aufgaben der genetischen Beratung.

Falls das Austragen des Fetus „unzumutbar" erscheint, d.h. eine „schwerwiegende Beeinträchtigung des körperlichen und seelischen Gesundheitszustandes der Schwangeren" bedeuten würde, ist ein Schwangerschaftsabbruch im Rahmen einer medizinischen Indikation nach § 218a Abs. 2 möglich. Nach Wegfall der sog. embryopathischen Indikation im reformierten § 218 nach dem 01.10.98 ist nun auch formal nicht mehr die Schwere der zu erwartenden Behinderung und somit die Qualität eines Lebens mit Behinderung Gegenstand der Beurteilung der Berechtigung eines Schwangerschaftsabbruchs, sondern lediglich die Gesundheitsgefährdung der Schwangeren (siehe Anhang).

Nach der 22. SSW p.c. werden bei einer medizinischen Indikationsstellung zum Schwangerschaftsabbruch aufgrund der hier schon begrenzten Lebensfähigkeit des Kindes das mütterliche Erkrankungsrisiko und das kindliche Risiko durch die Frühgeburtlichkeit gegeneinander abgewogen.

Wir möchten in diesem Kapitel die in der Routinediagnostik bedeutendsten sonographischen Auffälligkeiten zu den damit aufgeworfenen genetischen Fragen in Beziehung setzen. Es soll die Bedeutung von genetischen Ursachen für feststellbare Fehlbildungen und Auffälligkeiten aufgezeigt werden, um damit der betreuenden Ärztin und dem betreuenden Arzt die Grundlagen für die Beratung der Schwangeren über sinnvolle weitere diagnostische und ggf. therapeutische Schritte in der aktuellen Schwangerschaft und im Hinblick auf weitere Schwangerschaften an die Hand zu geben.

12.7.1 Chorion und Plazenta

Noch vor der Implantation, d.h. ca. 4 Tage nach der Befruchtung, bildet sich innerhalb der Morula, die aus ungefähr 16 Zellen (Blastomeren) besteht, ein flüssigkeitsgefüllter Hohlraum. Die Morula wird dann zur Blastozyste. Schon in der Blastozyste wird zwischen der inneren Zellmasse, dem Embryoblasten, aus dem der menschliche Embryo hervorgeht, und der äußeren Zellschicht, dem Trophoblasten, der Embryoblast und Blastozystenhöhle umschließt, unterschieden. Am 6. Tag nach Befruchtung dringen die Trophoblastzellen in das Uterusepithel und das angrenzende Uterusstroma ein. Nach vollständigem Eindringen des Trophoblasten in das Endometrium (ca. 12./13. Tag p.c.) kommt es zur Differenzierung des Trophoblasten in Zytotrophoblast und Synzytiotrophoblast.

Durch Proliferation des Zytotrophoblasten, der innengelegenen zellulären Schicht, entstehen lokalisierte Zellansammlungen, die in das Synzytium vordringen und damit die primären Chorionzotten bilden, die sich nach Differenzierung zu Sekundärzotten und durch die Vaskularisation zu Tertiärzotten ausbilden.

Zur regelrechten Entwicklung von Embryo und Chorion ist das ausgewogene Zusammenwirken des in der Oozyte und dem Spermium vorhandenen genetischen Informationsmaterials unabdingbar.

Sonographisch erkennbare Veränderungen des Chorions und der Plazenta im 1. und 2. Trimenon als Folge einer fehlerhaften Zusammensetzung des weiblichen und männlichen genetischen Informationsmaterials sind die partielle und vollständige Blasenmole.

Partielle Blasenmole

Bei der partiellen Blasenmole fällt sonographisch oft erst im 2. Trimenon, jedoch in manchen Fällen auch schon im 1. Trimenon eine vergrößerte Plazenta mit zystischen Arealen unterschiedlicher Form und Größe auf (s. Abb. 8.1).

Der partiellen Blasenmole liegt in der Regel eine Polyploidie, d. h. ein mehrfaches Vorhandensein des haploiden Chromosomensatzes mit *väterlichem Ursprung* des zusätzlichen Chromosomensatzes zugrunde. Am häufigsten ist die *Triploidie* (s. Kap. 8.). Die Mehrzahl der Triploidien mütterlicher Herkunft gehen nicht mit Molen einher.

Falls sich ein Embryo/Fetus entwickelt, fällt primär eine extreme Oligo-/Anhydramnie im 2., selten auch schon im 1. Trimenon und eine typischerweise schwerwiegende, früh einsetzende asymmetrische Wachstumsretardierung auf (Thorax im Vergleich zum knöchernen Schädel und den Extremitäten stärker retardiert). Auch werden zahlreiche nichtspezifische Fehlbildungen bei Triploidie beobachtet, wie Erweiterung der Hirnventrikel, Herzfehler, Myelomeningozele, Syndaktylie und „Hitchhiker"-Daumen. Nur selten kommt es zu lebendgeborenen Kindern mit Triploidie.

Es wird angenommen, daß die Polyploidien zum Zeitpunkt der Befruchtung ca. 3% der Schwangerschaften ausmachen. In den meisten Fällen enden die Schwangerschaften mit einem Abort. Rund 20% der Aborte sind auf eine Polyploidie zurückzuführen. Bei nur 17% der Schwangerschaften mit Triploidiefeten wird eine partielle Mole beobachtet.

Das Auftreten der Triploidie ist nicht vom mütterlichen Alter abhängig. Das Wiederholungsrisiko ist eher gering.

Vollständige Blasenmole

Bei der vollständigen Blasenmole stellt sich sonographisch schon im 1. Trimenon ein in vielen Fällen die gesamte Fruchthöhle ausfüllendes, blasig aufgetriebenes Chorion dar. Ein Embryo ist nicht vorhanden. Die β-HCG-Werte sind hoch.

Die vollständigen Blasenmolen haben in den meisten Fällen einen XX-Chromosomensatz, der ausschließlich *väterlicher Herkunft* ist. Man geht davon aus, daß die Blasenmole auf die Befruchtung einer kernlosen Eizelle durch ein normales Spermium zurückzuführen ist, worauf es zur Verdopplung des haploiden Chromosomensatzes kommt (s. auch Kap. 8).

Es wurde ein familiäres Auftreten in mehreren Generationen beobachtet (Kircheisen u. Schroeder-Kurth 1991). Für weitere Schwangerschaften wird ein Wiederholungsrisiko von ca. 1% angegeben (Mortimer 1990).

Hydropische Plazenta

Im 2. und 3. Trimenon kann sonographisch eine verdickte Plazenta auffallen. Von einer hydropischen Plazenta wird bei einer Plazentadicke von 6 cm ausgegangen. Eine Plazentadicke am Nabelschnuransatz über 4 cm kann ein frühes Hinweiszeichen auf einen sich entwickelnden Hydrops fetalis sein oder auch bei mütterlichem Diabetes beobachtet werden.

12.7.2 Nabelschnur

Die *Umbilikalarterien*, die das sauerstoffarme, CO_2-reiche Blut zur Plazenta befördern, entspringen aus den Iliakalgefäßen links und rechts der Harnblase und verlassen über den Nabel den Fetus. Nach dem Abnabeln obliterieren die Arterien und bleiben als Chordae umbilicales übrig. Die *Umbilikalvene*, über die das sauerstoffangereicherte Blut von der Plazenta in den Fetus gelangt, tritt im Bereich des Nabels in den Bauch und nach kurzem extrahepatischen Verlauf in die Leber ein, wo sie unter Verjüngung in den Ductus venosus übergeht. Postnatal obliteriert sie und bleibt als Strang (Lig. teres hepatis) übrig.

Singuläre Umbilikalarterie (SUA)

Die häufigste und bedeutendste Nabelschnurauffälligkeit ist die singuläre Umbilikalarterie.

Definition und Pathogenese
Eine SUA liegt vor, wenn die Nabelschnur nur eine statt zwei Arterien enthält. Ob dies Folge einer primären Agenesie oder einer sekundären Atrophie einer Nabelschnurarterie oder auch einer Persistenz der ursprünglichen Allantoisgefäße ist, ist noch nicht geklärt. Die Tatsache, daß die Prävalenz der SUA in der Spätschwangerschaft höher als in der Frühschwangerschaft ist und daß in manchen Fällen zunächst eine große Kaliberschwankung zwischen beiden Umbilikalarterien auffällt, bevor nur noch eine Arterie sichtbar ist, könnte für die sekundäre Atrophie zumindest in diesen Fällen sprechen. In der überwiegenden Anzahl der Fälle von SUA fehlt die linke Nabelarterie.

Häufigkeit
Bei ca. 1% aller Einlingsgeburten wird eine SUA beobachtet. Bei Zwillingsgeburten wird von einer Inzidenz von 5%, bei Aborten von 2,5% ausgegangen. Die SUA ist häufiger bei Totgeburten und in Autopsieserien.

Sonographie
Die SUA ist sonographisch am besten im Querschnitt zu sehen, jedoch kann auch im Längsschnitt der Nabelschnur auffallen, daß sich um die Vene nur eine Arterie schlängelt (Abb. 12.7).

Farbdopplersonographisch stellen sich im Transversalschnitt auf der Höhe der fetalen Harnblase nicht wie normalerweise 2 Gefäße dar, die rechts und links der Harnblase vorbeiziehen, sondern nur eines. Hier kann auch festgelegt werden, ob die linke oder die rechte Nabelschnurarterie fehlt.

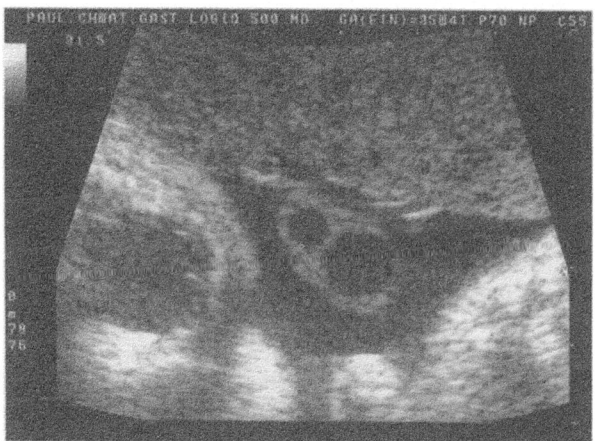

a

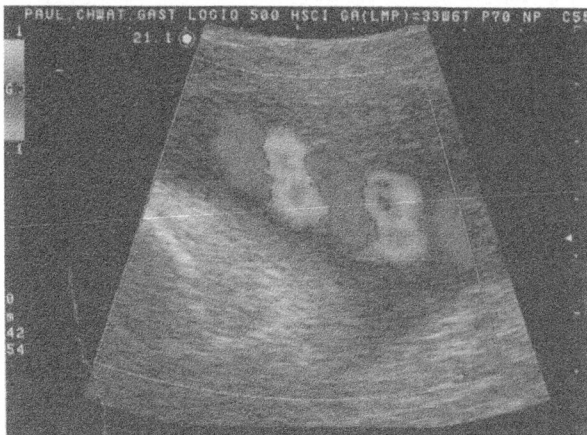

Abb. 12.7 a, b. Singuläre Umbilikalarterie. **a** Querschnitt, 19. SSW; **b** Längsschnitt, 34. SSW

b

Bedeutung
Die SUA gilt als wichtiges Hinweiszeichen auf fetale Fehlbildungen. In 30–50%
der Schwangerschaften mit SUA werden fetale Fehlbildungen mit und ohne
Chromosomenaberrationen gefunden. Insbesondere Fehlbildungen des fetalen
Urogenitaltrakts und des fetalen Herzens werden beobachtet (Zienert et al.
1992).

Falls sonographisch keine zusätzlichen Fehlbildungen gefunden werden, ist
das Risiko für eine zugrundeliegende Chromosomenanomalie eher gering einzu-
schätzen.

Im weiteren Verlauf der Schwangerschaften mit SUA muß von einem höheren
Risiko für intrauterine Wachstumsretardierung, Frühgeburtlichkeit, perinataler
Morbidität und Mortalität ausgegangen werden (Heifetz 1984; Romero et al. 1987
u.a.). Eine Untersuchung an 23 Feten mit SUA hat in den Fällen ohne zusätzliche Fehlbildungen kein erhöhtes geburtshilfliches Risiko ergeben (Geipel et al.
1998).

Procedere bei SUA
- Weiterführende Sonographie, insbesondere fetale Echokardiographie zum
  Ausschluß fetaler Fehlbildungen
- Karyotypisierung vor allem bei Zusatzfehlbildungen, auf Wunsch auch bei
  sonographisch isolierter SUA
- Engmaschige sonographische, ggf. dopplersonographische Untersuchungen
  im weiteren Verlauf.

Zysten der Nabelschnur

Zysten der Nabelschnur stellen Reste der Allantois oder des Ductus omphaloen-
tericus dar. Sie sind sehr selten, können isoliert oder im Rahmen chromosomaler und nichtchromosomaler fetaler Erkrankungen auftreten.

12.7.3 Dottersack

Der Dottersack ist das erste sonographisch sichtbare Zeichen eines vorhandenen
Embryos in der 6. SSW (p.m.). Die Bedeutung des Dottersacks für die Entwicklung des Keims ist noch nicht völlig geklärt. Es wird angenommen, daß der Dottersack an der Ernährung des Embryos beteiligt ist, bevor sich in der 4. und 5.
SSW der uteroplazentare Kreislauf ausbildet. Von der 5. SSW an entstehen in der
Wand des Dottersacks Blutzellen, bis in der 7. SSW die Leber die Blutbildung
übernimmt. Der Dottersack wächst kontinuierlich bis zur 11. SSW von 2 auf 6
mm Durchmesser (Abb. 12.8b).

Bedeutung einer Größenabweichung

In nur wenigen unauffälligen Schwangerschaften wird ein Dottersackdurchmesser von über 6 mm gemessen (Abb. 12.8a). Wenn somit der Durchmesser des Dottersacks *mehr als 7 mm* aufweist, ist mit großer Wahrscheinlichkeit von einer *Entwicklungsstörung* in der Frühgravidität mit ggf. nachfolgendem Spontanabort zu rechnen. Genauso werden bei zu kleinem Dottersack häufiger Entwicklungsanomalien mit nachfolgendem Abort beobachtet.

Da ein Großteil der Spontanaborte auf eine Chromosomenanomalie zurückzuführen ist, muß davon ausgegangen werden, daß das Risiko für eine embryonale Chromosomenstörung bei Abweichung des Dottersackdurchmessers vom Normalen überdurchschnittlich groß ist.

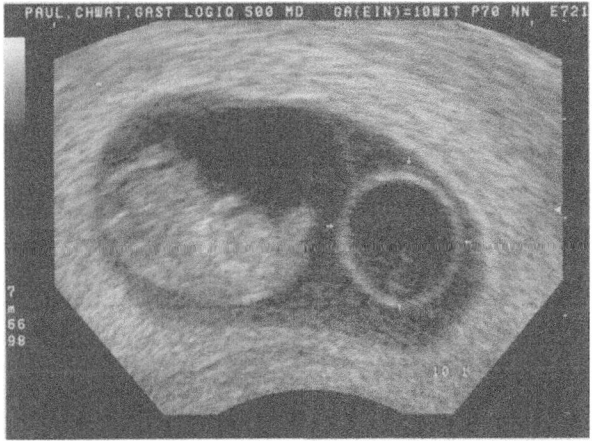

a

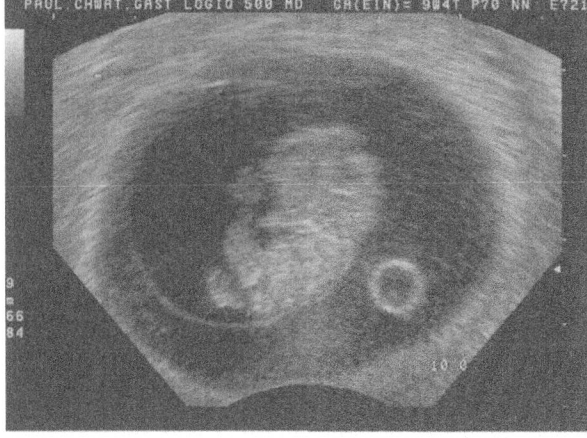

Abb. 12.8. a Vergrößerter Dottersack (13 mm) mit früh wachstumsretardiertem Embryo (SSW 10+1) nach IVF, chromosomal normal; b normaler Dottersack (6 mm, SSW 9+4)   b

Procedere bei vergrößertem Dottersack
- Erwägung einer Karyotypisierung bei einem Dottersackdurchmesser >7 mm
- Bei Weiterbestand der Schwangerschaft Fehlbildungsausschlußdiagnostik inkl. fetaler Echokardiographie in der 20.-22. SSW.

12.7.4 Intrauterine Wachstumsstörung

Wachstumsretardierung im 2. und 3. Trimenon

Als wichtiger Hinweis auf eine fetale Entwicklungsstörung mit oder ohne Chromosomenaberration ist die früh einsetzende *symmetrische Wachstumsretardierung* des Fetus anzusehen. Hier sind alle Teile des fetalen Körpers kleiner, als es der gegebenen Schwangerschaftswoche entsprechen würde.

Bei symmetrischer Wachstumsretardierung wird von einer Wahrscheinlichkeit für eine *Chromosomenanomalie* von ca. 20% ausgegangen. Die Wahrscheinlichkeit für eine Chromosomenanomalie ist größer, wenn keine Zeichen einer Plazentainsuffizienz, wie Oligohydramnie oder pathologische Flow-Werte vorliegen. Jedoch schließen pathologische Flow-Werte bis zu Zero-Flow und eine Oligohydramnie eine Chromosomenstörung nicht aus.

Im Gegensatz zur symmetrischen Wachstumsretardierung bei Trisomie 21, 13, 18 und Monosomie, liegt bei der *Triploidie* typischerweise eine schwerwiegende, früh einsetzende *asymmetrische Wachstumsretardierung* vor.

Bei strukturellen Chromosomenstörungen, bei den Trisomien 21 und 13 und der Monosomie X tritt eine Wachstumsretardierung in manchen Fällen erst im 3. Trimenon in Erscheinung.

Von Bedeutung ist auch, daß eine primär als symmetrisch angelegte Wachstumsretardierung nach der 34. SSW als asymmetrische Wachstumsretardierung mit einer Diskrepanz zwischen Thoraxumfang auf der einen Seite und Kopfumfang und Femurlänge auf der anderen Seite imponieren kann.

Wachstumsretardierung im 1. Trimenon

Durch die Möglichkeit, Schwangerschaften, die nach assistierter Befruchtung entstanden sind, sonographisch zu beobachten, konnte in mehreren Studien festgestellt werden, daß vor allem bei der *Trisomie 18*, in geringerem Ausmaß bei der *Triploidie*, auch schon im 1. Trimenon eine Wachstumsretardierung erkennbar sein kann. Es fand sich eine signifikante Differenz in der Scheitel-Steiß-Länge bei gesunden Feten und Feten mit Trisomie 18 und Triploidie. Die Scheitel-Steiß-Länge bei Feten mit Trisomie 21 und Trisomie 13 war nicht signifikant niedriger als bei gesunden Feten. In Tabelle 12.8 sind einige Syndrome zusammengestellt, die mit einer intrauterinen Wachstumsretardierung einhergehen.

Tabelle 12.8. Fehlbildungssyndrome mit pränataler Wachstumsretardierung (mod. nach Graham u. Rimoin 1997)

Syndrom	Weitere charakteristische Merkmale	Vererbung
Proportionierter Minderwuchs		
Aarskog-Syndrom	Hypertelorismus, Brachydaktylie, Schalskrotum, MR	XR
Coffin-Siris-Syndrom	Grobe Gesichtszüge, Makrostomie, wulstige Lippen, spärliche Kopfbehaarung, Hypertrichose des Gesichts, kleine Hände und Füße, MR	AR (?)
Cornelia-de-Lange-Syndrom	Mikrozephalie, Mikromelie, Synophrys, Hirsutismus, MR	NM (AD, ?)
Dubowitz-Syndrom	Ptosis, Ohrmuscheldysplasie, Mikrozephalie, suborbitale Wülste, MR	AR
Hallermann-Streiff-Syndrom	Mikrophthalmie, kleine spitze Nase, Hypotrichose, dysplastische Ohren, MR	AD (?)
Noonan-Syndrom	Pterygium colli, Trichterbrust, Pulmonalstenose, MR	Heterogen, AD
Opitz-(G-)Syndrom	Hypertelorismus, Hypospadie, L(KG)-Spalte, MR	XR
Robinow-Syndrom	Makrozephalie, breite, vorgewölbte Stirn mit flachem, hypoplastischen Mittelgesicht, hypoplastisches Genitale mit Hypospadie, kurze Unterarme und Finger, MR (mild)	AD, AR (?)
Rubinstein-Taybi-Syndrom	Mikrozephalie, schnabelförmige gebogene Nase, kurzes Philtrum, hoher Gaumen, breite Endphalangen, angeborene Herzfehler, MR	NM (AD, ?)
Seckel-Syndrom	Mikrozephalie, prominente Nase, Mikrogenie, MR	AR
Silver-Russell-Syndrom	Dreieckgesicht, relative Makrozephalie, Asymmetrie der Extremitäten, rel. kurze obere Extremitäten, MR	Mat. UPD 7 bei ca. 10%
Smith-Lemli-Opitz-Syndrom	Mikrozephalie, Syndaktylie der 2. u. 3. Zehe, Hypospadie, Ptosis, Muskelhypotonie, MR	AR
Williams-Beuren-Syndrom	Elfengesicht, prominente Lippen, supravalvuläre Aortenstenose, MR	NM (AD)
Disproportionierter Minderwuchs		
Achondrogenesis (versch. Typen)	Kurze Extremitäten, inkomplette Ossifikation der Wirbel, metaphysäre Abnormalitäten, großer Kopf	AR
Atelosteogenesis	Sehr kurze proximale Röhrenknochen, Mittelgesichtsdysplasie, Gaumenspalte	NM (AD)

MR = Mentale Retardierung, NM = Neumutation, UPD = Uniparentale Disomie,
AD = autosomal-dominant, AR = autosomal-rezessiv, XR = X-chromosomal-rezessiv

Tabelle 12.8 (Fortsetzung)

Syndrom	Weitere charakteristische Merkmale	Vererbung
Diastrophische Dysplasie	Hitchhiker-Daumen, Gelenkkontrakturen, dysplastische Ohren, Gaumenspalte	AR
Ellis-van-Creveld-Syndrom	Kurze Extremitäten, Polydaktylie, Nagelhypoplasie, Herzfehler	AR
Jarcho-Levin-Syndrom	Kurzer Thorax mit verminderter Mineralisierung der Rippen, Wirbelanomalien, Syndaktylie, Kamptodaktylie	AR
Kampomele Dysplasie	Verbiegung der langen Knochen, vor allem der Tibiae, Hautgrübchen, XY-Karyotyp und weibliches Genitale, hypoplastisches Mittelgesicht, gastrointestinale Fehlbildungen	NM
Kniest-Syndrom	Flaches Gesicht, prominente Gelenke, Platyspondylie, Hördefekt, Gaumenspalte, Retinadefekt	NM (AD)
Rhizomele Chondrodysplasia punctata	Kurzes Femur und kurzer Humerus, punktförmige bzw. spritzerartige Verkalkung in den Gelenken und im Bereich der Wirbelsäulenfortsätze	AR
Short-rib-Polydaktyliesyndrome	Kurze Extremitäten, kurze und gerade verlaufende Rippen, schmaler Thorax, Polydaktylie	AR
Spondyloepiphysäre Dysplasie (kongenital)	Verspätete epiphysäre Mineralisation, kurzer Stamm	AR
Thanatophore Dysplasie	Kurze Extremitäten, Hypotonie, Makrozephalie	NM (AD)

Procedere bei symmetrischer Wachstumsretardierung
- Karyotypisierung bei jeder Form von symmetrischer Wachstumsretardierung auch jenseits der 30. SSW im Hinblick auf die Planung der Geburt
- Weiterführende Sonographie zum Ausschluß fetaler Fehlbildungen, ggf. inkl. Doppler-flow-Untersuchungen zum Ausschluß einer Plazentainsuffizienz
- Ausschluß mütterlicher Erkrankungen, z. B. Infektserologie.

Makrosomie

Die pränatale Makrosomie ist wesentlich seltener und in den meisten Fällen auf einen mütterlichen Diabetes zurückzuführen. Syndrome, die mit einer Makrosomie einhergehen können, sind in Tabelle 12.9 zusammengestellt.

Tabelle 12.9. Fehlbildungs-Syndrome mit pränataler Übergröße (*AD* autosomal-dominant, *AR* autosomal-rezessiv, *XR* X-chromosomal-rezessiv, *MR* Mentale Retardierung, *NM* Neumutation) (mod. nach Graham u. Rimoin 1997)

Erkrankungen (Syndrome)	Weitere charakteristische Merkmale	Vererbung
Beckwith-Wiedemann	Makroglossie, Viszeromegalie, Exomphalus, Hemihypertrophie, neonatale Hypoglykämie, MR	NM (AD)
Perlmann	Hypotonie, Nephromegalie, kortikale Hämatome, Nephroblastome, MR	AD
Sotos	Makrozephalie, Dolichozephalie, antimongoloide Lidachsen, Hypertelorismus, große Hände und Füße, Kyphoskoliose, MR	NM (AD)
Weaver	Makrozephalie, rundes Gesicht, Hypotelorismus, antimongoloide Lidachsen, langes Philtrum, große Ohren, rauhe Stimme, Kamptodaktylie, hypoplastische Nägel, ausgeprägte Fingerkuppen, MR	NM (AD)
Bannayan-Riley-Ruvalcaba	Makrozephalie, mesodermale Hämatome, Pseudopapillenödeme, Hämatome, muskuläre Lipidspeicherung, Hypotonie, MR	AD
Simpson-Golabi-Behmel	Makrozephalie, grobes Gesicht, Makroglossie, Hypotonie, postaxiale Polydaktylie, Syndaktylie, polyzystische Nieren, gastrointestinale Fehlbildungen, MR	XR
Elejalde	Kraniosynostose, kurze Extremitäten, postaxiale Polydaktylie, Hautfalten im Nackenbereich, Herzfehler, dysplastische Nieren	AR
Nevo	Dolichozephalie, große tiefsitzende Ohren, akzelerierte Knochenreife, lange Extremitäten, Myopathie, generalisierte Ödeme, Gelenkkontrakturen, Akzeleration der Knochenreifung, MR	AR
Marshall-Smith	Pränatale Übergröße mit postnataler Wachstumsretardierung, Hypotonie, Anomalien der Atemorgane, Dolichozephalie, buschige Augenbrauen, Hypertrichose, Chonalatresie, Omphalozele, akzelerierte Knochenreife, MR	NM (AD)
Proteus	Regionale Übergröße von Händen und Füßen, asymmetrische Extremitäten, palmoplantare Hyperplasie, Hämangiome, Lipome, Lymphangiome, variköse epidermale Naevi, Makrozephalie, mentale Retardierung unterschiedlichen Grades	Somatische Mutation

12.7.5 Fruchtwassermenge

Voraussetzung für eine ungestörte Regulation des Fruchtwassers ist eine intakte maternofetoplazentare Einheit. Involviert in die Fruchtwassersekretion in die Amnionhöhle und in die Resorption in den fetalen und mütterlichen Kreislauf sind, abhängig vom Gestationsalter, in verschiedenem Maße:

- Plazenta, Nabelschnur und Eihäute, fetale Haut (*Sekretion und Resorption*, große Bedeutung im 1. Trimenon wegen der fehlenden Keratisierung der fetalen Haut);
- fetale Nieren- und Harnblase (*Sekretion*, zunehmende Bedeutung ab dem 2. Trimenon; in den letzten Schwangerschaftsmonaten werden täglich etwa 0,5 l Urin in die Amnionhöhle entleert);
- fetaler Gastrointestinaltrakt sowie Bronchopulmonaltrakt (*Resorption*). Um den Geburtstermin herum schluckt der Fetus ca. 400 ml Amnionflüssigkeit pro Tag.

Die Menge der Amnionflüssigkeit steigt normalerweise langsam an. Sie erreicht in der 12. SSW p.m. ca. 30 ml, in der 16. SSW ca. 150–200 ml, in der 22. SSW 350 ml und in der 39. SSW ca. 1000 ml. In der letzten Schwangerschaftswoche nimmt das Fruchtwasservolumen wieder ab.

Mit Hilfe von Radioisotopen konnte nachgewiesen werden, daß das Wasser in der Amnionflüssigkeit alle 3 h ausgetauscht wird.

Die Störung der Fruchtwassermenge gilt als ein wichtiger Hinweis auf eine eventuelle Entwicklungsstörung des Fetus.

Polyhydramnie

Definition und Sonographie
Von einer Polyhydramnie wird gesprochen, wenn der Fetus im Querschnitt ein weiteres Mal in das Fruchtwasserdepot hineinpassen würde. Daneben werden verschiedene andere obere Maße für die Definition einer Polyhydramnie herangezogen. So wird z. B. von einer Polyhydramnie auch ausgegangen, wenn das arithmetische Mittel aus den beiden größten, senkrecht zueinanderstehenden Meßstrecken oder das größte vertikale FW-Depot 80 mm übersteigt. Bei einem vertikalen Durchmesser von 8–11 cm wird von einer gering ausgeprägten Polyhydramnie, bei einem Durchmesser von 12–15 cm von einer mittelschweren Polyhydramnie und ab 16 cm von einer schweren Polyhydramnie ausgegangen. Es hat sich gezeigt, daß eine gute Korrelation zwischen dem Ausmaß der Polyhydramnie und der kindlichen Morbidität und Mortalität besteht.

Ätiologie
In einem Drittel der Fälle von Schwangerschaften mit Polyhydramnie wird die Ursache für die vermehrte Fruchtwassermenge nie klar.

Bei bis zu 30% der Schwangerschaften mit leichter Polyhydramnie ist ein *mütterlicher Diabetes* die Ursache. Die pathogenetischen Mechanismen, die bei schlecht eingestelltem mütterlichen Diabetes zur Polyhydramnie führen, sind noch nicht geklärt. Bei bis zu 30% werden sonographisch fetale Fehlbildungen gefunden.

Bei ca. 10% der Schwangerschaften mit Polyhydramnie liegt eine *fetale Chromosomenanomalie* vor. Die Wahrscheinlichkeit für eine Chromosomenstörung ist von den Begleitfehlbildungen abhängig.

In seltenen Fällen ist eine Infektion oder Blutgruppeninkompatibilität die Ursache.

Folgende Erkrankungen können zur Polyhydramnie führen:

1. Fetale Erkrankungen, die mit *verminderter gastrointestinaler Fruchtwasserresorption* einhergehen, sowohl anatomisch als auch neuromuskulär:
   - Stenosen und Atresien im Gastrointestinaltrakt (Ösophagus, Duodenum, Ileum, Jejunum, proximaler Teil des Dickdarms);
   - Schluckstörungen aufgrund neuromuskulärer Erkrankungen wie kongenitale myotonische Dystrophie (AD) und fetale Akinesien (Penar-Shokeir-Syndrom, Arthrogryposis multiplex) sowie bei schweren zentralnervösen Störungen (z. B. Anenzephalus) und bei anderen Fehlbildungen (LKG).
2. Fetale Erkrankungen, die mit *vermehrter fetaler Urinproduktion* einhergehen:
   - verminderte Urinkonzentration wie beim autosomal-rezessiv vererbten Bartter-Syndrom (Störung der Wasserrückresorption über eine Störung der Chloridresorption in der Henle-Schleife);
   - alle Zustände, die mit einem vermehrten Volumenangebot an den Fetus einhergehen (Akzeptor beim fetofetalen Transfusionssyndrom, Chorionhämangiom, Hals- und Steißbeinteratome): durch Vorhofüberdehnung stärkere Sezernierung des atrialen natriuretischen Faktors ANF; hierdurch Hemmung von Angiotensin II und Verminderung der Aldosteronproduktion mit nachfolgend verstärkter Diurese (Wieacker et al. 1992);
   - verstärkte Diurese bei fetalen Herzfehlern (Mechanismus wie oben).
3. Fetale Erkrankungen, die mit *verminderter Resorption durch die fetale Lunge* einhergehen, sowohl anatomisch als auch neuromuskulär:
   - verminderte Thoraxexkursionen (kongenitale myotonische Dystrophie, Akinesiesyndrome);
   - Verlagerung von Abdominalorganen in den Thorax (Zwerchfellhernie);
   - Einengung des Thoraxraums (Leber- und Milzvergrößerung);
   - Verringerung funktionsfähigen Lungengewebes, Lungenhypoplasie (zystische Lungenmalformation, zahlreiche Skelettdysplasien, die mit einer Thoraxenge einhergehen).

Procedere bei Polyhydramnie
- Weiterführende Sonographie inkl. fetaler Echokardiographie
- Ausschluß eines mütterlichen Diabetes (oGGT, Hb-A1c, C-Peptid)
- Ausschluß einer mütterlichen Infektion (TORCH-Diagnostik)
- Ausschluß einer Blutgruppeninkompatibilität (Ak-Suchtest, indirekter Coombs-Test)
- Karyotypisierung bei zusätzlichen Fehlbildungen (bei isolierter Polyhydramnie ist nicht mit einer Erhöhung des Risikos für eine Chromosomenaberration zu rechnen).

Oligohydramnie

Definition und Sonographie

Als Grundlage für die Definition einer Oligohydramnie werden verschiedene Fruchtwassermaße herangezogen. So wird von einer Oligohydramnie gesprochen, wenn im Zeitraum zwischen der 12. und 41. SSW das arithmetische Mittel aus den beiden größten senkrecht zueinander stehenden Meßstrecken weniger als 4 cm beträgt oder auch das größte meßbare vertikale Fruchtwasserdepot kleiner als 3 cm ist. Auch wird vorgeschlagen, von einer Oligohydramnie erst auszugehen, wenn das größte Fruchtwasserdepot 1 cm nicht übersteigt.

Ätiologie

Die Hauptursache einer Oligohydramnie liegt in einer verminderten fetalen Urinausscheidung bei Fehlbildungen der Nieren und des harnableitenden Systems. Als Folge der Oligo-/Anhydramnie entwickelt sich die Potter-Sequenz (12.7.13). Eine Chromosomenanomalie wird bei 20% der Feten mit Oligo- bzw. Anhydramnie gefunden.

Prognose

Wenn ein vorzeitiger Blasensprung oder eine Plazentainsuffizienz als Ursache der Oligohydramnie, in diesem Fall einhergehend mit einer intrauterinen Wachstumsretardierung, ausgeschlossen ist, muß von einer schwerwiegenden Entwicklungsstörung des Fetus ausgegangen werden. Je früher eine Oligo- oder Anhydramnie auftritt, desto schlechter ist die Prognose.

Unabhängig von den der Oligohydramnie evtl. zugrundeliegenden Fehlbildungen, die die Prognose mitbeeinflussen, ist diese Fruchtwasseranomalie prognosebestimmend, da es über eine sich entwickelnde Lungenhypoplasie zu einer respiratorischen Insuffizienz kommt.

Procedere bei Oligohydramnie
- Ausschluß eines vorzeitigen Blasensprungs (anamnestisch und ggf. nach Indigokarmininstillation, Amni-Check)
- Sorgfältige Biometrie und Suche nach fetalen Fehlbildungen, vor allen Dingen des Urogenitaltrakts, ggf. nach Auffüllung
- Dopplersonographische Untersuchung (Plazentainsuffizienz?)
- Karyotypisierung vor allem bei begleitenden Fehlbildungen und bei begleitender früher symmetrischer Wachstumsretardierung.

12.7.6 Nichtimmunologischer Hydrops fetalis (NIHF)

Definition

Von einem NIHF wird bei Flüssigkeitsansammlungen in den serösen Hohlräumen (Aszites, Pleuraerguß, Perikarderguß) und/oder im Interstitium (Hautödem, bei einer Hautdicke von mehr als 5 mm, Anasarka) des Fetus ohne Zeichen einer fetomaternalen Blutgruppen- oder Rhesusunverträglichkeit ausgegangen.

Häufigkeit
Etwa 3% aller fetalen Fruchttode sind auf einen NIHF zurückzuführen. Die Prävalenz des NIHF bei Neugeborenen liegt zwischen 1:1500 und 1:4000 (Hansmann u. Arabin 1993).

Sonographie
Auch schon geringgradige Flüssigkeitsansammlungen sind heute sonographisch sichtbar.

Ein leichter Aszites stellt sich als Flüssigkeitssichel um die Leber dar, ein ausgeprägter Aszites (Abb. 12.9) ist unverkennbar. Der Bauch ist aufgetrieben, die Darmschlingen flottieren im echoleeren Aszites, und zwischen Leberrand und Nabelansatz sind die Nabelvenen in der die Leber umspülenden Flüssigkeit als Stränge sichtbar. Auch Perikard- und Pleuraerguß sind der sonographischen Untersuchung gut zugänglich.

In vielen Fällen zeigt sich ein leicht ausgeprägtes bis z. T. monströses Hautödem (Abb. 12.10).

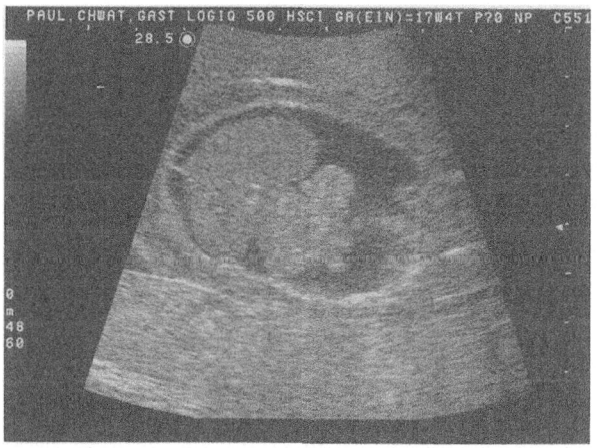

Abb. 12.9. Mäßig ausgeprägter Aszites bei NIHF, SSW 17+4

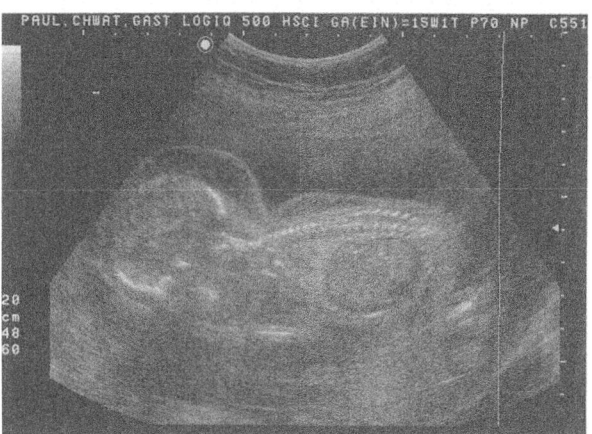

Abb. 12.10. Ausgeprägtes Hautödem bei generalisiertem Hydrops fetalis bei Trisomie 21 mit Herzfehler, 16. SSW

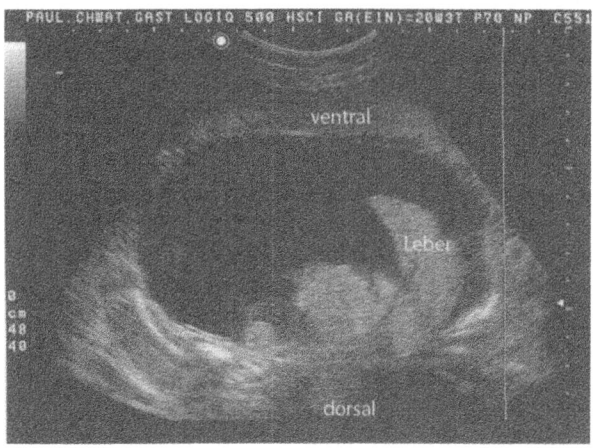

Abb. 12.11. Uroaszites bei Harnwegsobstruktion. Bauchdecken maximal erweitert, Anhydramnie (21. SSW)

Bei ca. 50–75% der Schwangerschaften mit Hydrops fetalis wird eine zusätzliche Polyhydramnie beobachtet. In seltenen Fällen kann zusätzlich eine Oligo- oder Anhydramnie vorliegen, so z. B. bei Uroaszites bei Harnwegsobstruktion mit Nierenfunktionsstörung (Abb. 12.11).

In vielen Fällen wird ein begleitendes Plazentaödem (Plazentadicke mehr als 6 cm) beobachtet. Bei Polyhydramnie muß von einem Ödem schon bei einer Plazentadicke von über 4 cm ausgegangen werden, da hier die Plazenta durch das Hydramnion komprimiert wird. Eine hydropische Plazenta bedeutet eine schlechtere fetale Prognose, da der Gasaustausch gestört ist.

Abhängig von der Ursache des Hydrops fetalis können je nach zugrundeliegender Pathophysiologie die Ausprägung und der Verlauf sehr unterschiedlich sein.

Ätiologie
Pathophysiologisch spielen bei der Entstehung des NIHF (z. T. überschneidend) viele verschiedene Zustände und Erkrankungen ursächlich eine Rolle. Nach sorgfältiger Abklärung in erfahrenen Zentren bleiben nur 15% aller Fälle von NIHF ungeklärt. Die wichtigsten werden im folgenden aufgeführt.

Kardiale Erkrankungen. Bei ca. 23% der Schwangerschaften mit NIHF sind fetale kardiale Erkrankungen, wie Herzrhythmus- und Reizleitungsstörungen (Tachykardien, Bradykardien, AV-Block), Fehlbildungen des Herzens und seiner Gefäßverbindungen, intrakardiale Tumoren, primäre Myokarderkrankungen oder endokardiale Fibroelastosen die Ursache.

Verminderter venöser Rückfluß. Zahlreiche genetisch und nicht genetisch bedingte fetale Erkrankungen können auf verschiedenem Wege über eine Obstruktion der großen Gefäße zu einer Rückflußbehinderung führen. In diese Gruppe fallen:
- Zwerchfellhernie,
- kongenitale zystische adenomatoide Malformation der Lungen (CCAML),
- intraabdominale Tumoren wie Neuroblastome oder Tumoren im Rahmen der tuberösen Sklerose,

- Viszeromegalie bei verschiedenen genetisch bedingten autosomal-rezessiv vererbten Stoffwechselstörungen wie Gangliosidosen, Mukopolysaccharidose, Mukolipidosen,
- Skelettdysplasiesyndrome mit engem Thorax, wie thanatophore Dysplasie, Achondrogenesie und Osteogenesis imperfecta Typ II, asphyxierende Thoraxdysplasie Typ Jeune, kampomele Dysplasie, Short-rib-Polydaktyliesyndrome.

Ausgeprägte fetale Anämie. Bei einem fetalen Hb-Wert unterhalb von 4 g/dl (in manchen Fällen auch schon bei Werten unterhalb von 6 g/dl) kommt es über verschiedene pathogenetische Mechanismen zum Hydrops fetalis. Die Ursachen einer fetalen Anämie können eine gestörte Hämoglobinsynthese, eine ausgeprägte Hämolyse oder wiederholte Blutungen sein.

Eine in der Pränataldiagnostik wichtige Anämieursache für einen Hydrops fetalis ist die *homozygote α-Thalassämie*. Es handelt sich dabei um eine autosomal-rezessiv vererbte Erkrankung, die in homozygotem Zustand dazu führt, daß kein normales α-Hämoglobin gebildet wird. Über das neben dem fetalen Hb (20%) zu etwa 80% gebildeten Hämoglobin BART's kann keine Sauerstofffreigabe im fetalen Gewebe erfolgen. So kommt es zur Gewebshypoxie mit nachfolgender Schädigung der Kapillaren, zu Herzinsuffizienz und Hypoproteinämie und dadurch zum Hydrops fetalis. Die Prognose ist infaust.

Die Thalassämien betreffen vor allem Populationen aus dem Mittelmeerraum, Indien, Pakistan und Westafrika.

Bei Verdacht auf eine fetale α-Thalassämie kann über eine Hb-Elektrophorese festgestellt werden, ob die Eltern jeweils heterozygot sind. Falls beide Eltern Anlageträger sind, ist über eine molekulargenetische Untersuchung aus elterlichen Lymphozyten und pränatal an fetalem Gewebe die Mutation am entsprechenden Gen auf dem kurzen Arm des Chromosoms 16 (16p12.13), feststellbar bzw. ausschließbar.

Im Gegensatz zur α-Thalassämie tritt bei *homozygoter β-Thalassämie* (Genort 11p15.5, vorwiegend Punktmutationen) kein Hydrops fetalis auf.

Eine weitere Ursache einer chronischen fetalen Anämie ist ein *Glukose-6-Phosphat-Dehydrogenase-Mangel*. Dies ist ein X-chromosomal-rezessiv vererbter Enzymmangel. Die Genhäufigkeit ist, abhängig von der ethnischen Zugehörigkeit, sehr unterschiedlich (in Südchina 5,5%, bei amerikanischen Schwarzen 10–15%, in Griechenland 30%). Bei Zufuhr oxydativ wirksamer Stoffe kann es bei G-6-Ph-Dehydrogenase-Mangel zu einer fetalen Hämolyse kommen.

Eine weitere in der Pränataldiagnostik bedeutsame Ursache eines anämisch bedingten Hydrops fetalis ist die *Parvovirus-B19-Infektion (Ringelröteln)*. Diese fetale Infektionskrankheit führt in ca. 12% der Fälle zu einer aplastischen und hämolytischen Anämie mit Entwicklung eines Hydrops fetalis.

Auch andere fetale Infektionen, wie u.a. Toxoplasmose, Röteln, Zytomegalie, und Herpes-simplex-Infektion können über verschiedene pathophysiologische Wege zum Hydrops fetalis führen. Sie machen insgesamt 4% der Hydrops-fetalis-Fälle aus.

Auch ein chronischer fetaler Blutverlust wie bei ausgeprägter fetomaternaler Einblutung kann Ursache eines Hydrops fetalis sein.

Fetale Hypoproteinämie. Zum Hydrops fetalis kann es auch durch auf verschiedenen Wegen entstandenen fetalen Eiweißmangel kommen. Hier spielt die autosomal-rezessiv vererbte *kongenitale Nephrose vom finnischen Typ* eine Rolle. Auch manche Infektionen führen über den Weg der verminderten Synthese von Proteinen zum Hydrops fetalis.

Beim Hydrops fetalis infolge des *zystischen Hygroma colli* (z. B. bei Turner-Syndrom oder Noonan-Syndrom) wird als Ursache ein Proteinverlust durch Transsudation über die ausgeweiteten Membrane des Hygroma angenommen.

Zahlreiche, in diese pathophysiologischen Ursachen nicht klar einzureihenden Syndrome können ebenfalls Ursache eines Hydrops fetalis sein, wie z. B. Penar-Shokeir-Syndrom, Arthrogryposis multiplex, Syndrom der multiplen Pterygien und viele andere, noch seltenere Syndrome. Die pränatale Eingrenzung ist hier oft nicht möglich. Insgesamt wird davon ausgegangen, daß bei ca. 10% der Hydrops-fetalis-Fälle ein Syndrom zugrunde liegt.

Chromosomale Anomalien werden in ca. 15% der Fälle mit Hydrops fetalis gefunden. In diesen Fällen sind, neben anderen Fehlbildungen, vor allem mit den Chromosomenstörungen assoziierte Herzfehler an der Entstehung des NIHF beteiligt. Die häufigste bei NIHF gefundene Chromosomenstörung ist die *Monosomie X* (Turner-Syndrom). Bei Monosomie X werden fliessende Übergänge zwischen zystischem Hygroma colli und generalisiertem Hydrops fetalis beobachtet.

Therapie

Eine pränatale Therapie ist nur bei fetaler Arrhythmie (medikamentöse Therapie über die Mutter oder auch fetal) und bei verschiedenen Formen der Anämien (Transfusion über die Nabelschnur) möglich. Alle anderen Ursachen eines Hydrops fetalis sind pränatal nicht behandelbar.

Prognose

Die Mortalität bei pränatal festgestelltem Hydrops fetalis liegt durchschnittlich bei ca. 80%. Je früher der Hydrops sich entwickelt, um so schlechter ist die Prognose. Sie ist von der zugrundeliegenden Erkrankung abhängig und bei therapierbarer Erkrankung günstiger bei unverzüglichem Einsatz der therapeutischen Maßnahmen. Zur Einschätzung der Prognose und damit zur Planung des weiteren Vorgehens sollte versucht werden, möglichst rasch eine Diagnose zu stellen. Dazu wird man sich über alle zur Verfügung stehenden nichtinvasiven zu den notwendigen invasiven Methoden vortasten.

Procedere bei Hydrops fetalis
- Weiterführende Sonographie inkl. fetaler Echokardiographie
- Zustandsdiagnostik des Fetus mit gleichzeitiger dopplersonographischer Untersuchung zum Ausschluß einer Plazentainsuffizienz
- Untersuchungen an der Schwangeren:
  - Ausschluß eines Gestationsdiabetes (oGTT u.a.), einer mütterlichen Infektion (vor allem Parvovirus B19), einer fetomaternalen Transfusion (Kleihauer-Betke-Test), mütterlicher hämatologischer Erkrankungen (mütterliches Blutbild, Thalassaemia minor über Hb-Elektrophorese)
  - MS-AFP-Bestimmung (erhöht bei zystischem Hygroma colli sowie einigen Infektionen wie Parvovirus und Zytomegalie)
- Invasive Untersuchungen am Fetus:
  - Karyotypisierung (abhängig vom Gestationszeitpunkt über Amniozentese, CVS oder Chordozentese, ggf. seröse Flüssigkeit aus Körperhöhlen), auch bei infauster Prognose
  - Virusnachweis an Chorionzotten, Amnionzellkulturen oder Lymphozyten, ggf. an Zellen aus seröser Flüssigkeit aus Körperhöhlen nach PCR. Ggf. Untersuchung spezifischer fetaler IgM-Titer nach Chordozentese
  - Untersuchung des fetalen Blutbilds, ggf. fetale Blutgasanalyse nach Chordozentese
  - Biochemische Untersuchungen bei Verdacht auf Stoffwechselstörung (an Amnionkulturen, Plazentagewebe oder fetalem Blut);
  - Molekulargenetische Untersuchungen bei Verdacht auf untersuchbare Stoffwechselstörung oder Thalassämie (an Amnionkulturen, Plazentagewebe oder fetalen Lymphozyten)
  - AFP im FW (erhöht bei kongenitaler Nephrose)
- Abhängig von der zugrundeliegenden Diagnose und damit der Prognose neonatologisches Konsil, Festlegung des weiteren Vorgehens mit der Schwangeren und abhängig vom Gestationszeitpunkt ggf. Erwägung eines Schwangerschaftsabbruchs.

Wichtig für weitere Schwangerschaften: Sorgfältige pathologische Untersuchung des Fetus bzw. des Neugeborenen mit Fotodokumentation und Röntgenaufnahme bei Verdacht auf eine Skeletterkrankung.

12.7.7 Sonographische Hinweise auf Chromosomenstörungen

Nahezu jede sonographische Abweichung von der Norm, größere und kleinere Fehlbildungen, Fruchtwasseranomalien, Wachstumsretardierung, vorübergehende sonographische Merkmale, gehen mit einem erhöhten Risiko für eine fetale Chromosomenstörung einher und sollten auch in der späteren Schwangerschaft im Hinblick auf die Risikoeinschätzung für weitere Kinder und die Planung des perinatalen Vorgehens zum Angebot einer Karyotypisierung führen. Bei nur sehr wenigen Ausnahmen kann auf eine Karyotypisierung verzichtet werden, so bei schon vorgeburtlich klar definierbaren Skelettdysplasiesyndromen und evtl. bei sicher isolierter Gastroschisis.

Fetale Fehlbildungen und Chromosomenaberrationen

Auf das jeweilige Risiko für eine Chromosomenstörung bei den verschiedenen konkreten Fehlbildungen wird an entsprechender Stelle in diesem Kapitel eingegangen.

Am häufigsten mit der Trisomie 21 assoziiert sind angeborene Herzfehler (v.a. VSD) und die Duodenalatresie bzw. -stenose. Am häufigsten mit dem Turner-Syndrom (45,X) assoziiert ist das Hygroma colli cysticum. Auf eine Trisomie 18 oder Trisomie 13 können Zwerchfellhernie, Ösophagusatresie, Omphalozele, Herzfehler und Lippen-Kiefer-Gaumen-Spalte hinweisen.

Allgemein ist das Risiko für eine zugrundeliegende Chromosomenstörung bei gegebener fetaler Fehlbildung größer, falls Begleitfehlbildungen gefunden werden.

Sonographische Merkmale ohne eigentlichen Krankheitswert und Chromosomenaberrationen

Da die Mehrzahl der Kinder mit Chromosomenanomalien von Frauen unter 35 Jahren geboren wird und die invasive Diagnostik, die bislang als einzige den Ausschluß einer fetalen Chromosomenanomalie möglich macht, mit Risiken für Fetus und Mutter einhergeht, kommt den Bemühungen große Bedeutung zu, das Risikokollektiv von Schwangeren, die einer invasiven Diagnostik zugeführt werden sollten, neu zu gruppieren.

Neben der Entwicklung biochemischer Parameter (u.a. Triple-Diagnostik in der 15./16. SSW, freies β-HCG in der 10.–14. SSW) spielt hierbei die *sonographische Untersuchung auch schon im 1. Trimenon* eine große Rolle.

Das Vorhandensein oder auch die Abwesenheit verschiedener Fehlbildungen und sonographischer Merkmale machen es möglich, das anhand des mütterlichen Alters und/oder biochemischer Parameter errechnete Risiko für eine fetale Chromosomenstörung zu modifizieren.

Dadurch wird eine wesentlich individuellere Risikoangabe möglich. Für manche Frauen jenseits des 35. Lebensjahrs wird dies bedeuten, daß sie bei ansonsten günstiger Risikokonstellation auf eine invasive Diagnostik verzichten können. Dagegen wird bei zahlreichen jüngeren Frauen eine invasive Diagnostik angeboten werden müssen, falls sich durch Sonographie und/oder biochemische Parameter ein erhöhtes Risiko ergibt.

Ob eine gegebene mathematische Risikoangabe hoch oder niedrig eingeschätzt wird, hängt von der Lebensgeschichte und der individuellen Einstellung eines Paares ab und davon, wie dieses Paar die eigenen Möglichkeiten, in dieser Gesellschaft mit einem behinderten Kind zu leben, einschätzt.

Auch wenn wir die verschiedenen individuellen Faktoren in einem ausführlichen Gespräch evtl. erfassen können, werden wir mit Sicherheit nicht darüber urteilen können. Somit sollte eine möglichst exakte Risikoeinschätzung einer fetalen Chromosomenstörung nicht dazu dienen, ein Paar zu einer invasiven Diagnostik zu drängen oder es von dem Wunsch dazu abzubringen. Es sollen den werdenden Eltern lediglich sinnvolle Parameter an die Hand gegeben werden, die für sie selbst richtige Entscheidung zu fällen.

Eine individuelle Risikoangabe setzt voraus, daß bei sonographischen Auffälligkeiten, die als Hinweise auf eine Chromosomenstörung gedeutet werden, die mit mütterlichem Alter zunimmt, d.h. alle autosomalen Trisomien, dazu in geringerem Ausmaß die Geschlechtschromosomenstörung 47,XXX und 47,XXY, immer auch das aktuelle mütterliche Alter mit berücksichtigt werden muß. So fällt z.B. die Risikoangabe für eine Trisomie 21 bei fetalem Nackenödem bei einer 35jährigen Schwangeren anders aus als bei einer 20jährigen. Ebenso ist das Risiko für eine Trisomie 18 bei Vorliegen von Plexus-choroideus-Zysten bei einer 35jährigen anders als bei einer 20jährigen.

Sinnvoll ist es somit, von einer Risikoerhöhung über das individuelle Basisrisiko hinaus zu sprechen. Das Basisrisiko ist vom mütterlichen Alter, von der Vorgeschichte (z.B. vorangegangene Aborte mit Trisomie, s. auch Kap. 8) und von evtl. schon vorangegangenen risikomodifizierenden Untersuchungen in der gegebenen Schwangerschaft (z.B. Triple-Diagnostik) abhängig.

Auch kann bei Abwesenheit von sonographischen Auffälligkeiten von einer Erniedrigung des so definierten Basisrisikos ausgegangen werden. So kann z.B. bei einer 35jährigen Schwangeren, deren Risikoangabe für ein fetales Down-Syndrom nach Triple-Diagnostik 1:1600 war, dieses Risiko noch geringer angegeben werden, falls eine sonographische Untersuchung inkl. fetaler Echokardiographie im Zeitraum zwischen der 20. und 22. SSW keine Hinweise auf ein Kind mit einem Down-Syndrom ergibt. Da die Hälfte der Feten mit Down-Syndrom bis zu diesem Zeitraum sonographische Auffälligkeiten zeigen, kann das Ausgangsrisiko als um die Hälfte reduziert angegeben werden. Für diese Schwangere wäre somit nun von einem Risiko von 1:3200 für ein fetales Down-Syndrom auszugehen.

Ein weiterer wichtiger Gesichtspunkt bei der Einschätzung des Risikos für eine fetale Chromosomenstörung ist die Mitberücksichtigung des Gestationsalters. Bei allen fetalen Chromosomenstörungen ergeben sich, abhängig von der intrauterinen Letalität, im Verlauf der Schwangerschaft sehr unterschiedliche, für jede Schwangerschaftswoche angebbare Risiken.

Aus der Inzidenz der verschiedenen Chromosomenstörungen in den verschiedenen Schwangerschaftswochen kann allgemein die Verlustrate während der Schwangerschaft errechnet werden. In Tabelle 12.10 sind die Risiken für die Trisomien 21, 18 und 13 in der 12., 20. und 40. SSW für verschiedene Altersgruppen angegeben. Tabelle 12.11 gibt für die wichtigsten Chromosomenanomalien die spontane Verlustrate zwischen CVS- bzw. AC-Zeitpunkt und ET an.

Die im folgenden aufgeführten sonographischen Merkmale haben als Hinweis auf eine fetale Chromosomenstörung Bedeutung erlangt. In den meisten Fällen sind sie vorübergehend und haben keinen Krankheitswert. Sie sind jedoch wichtig für die Modifizierung des Basisrisikos für eine Chromosomenstörung, vor al-

Tabelle 12.10. Geschätztes Risiko für Trisomie 21, 18 und 13 (1/Zahl in der Tabelle) in Abhängigkeit von Gestationsalter und Alter der Schwangeren (mod. nach Snijders et al. 1994; Hook et al. 1978)

Alter (Jahre)	Trisomie 21			Trisomie 18			Trisomie 13		
	12. SSW	20. SSW	40. SSW	12. SSW	20. SSW	40. SSW	12. SSW	20. SSW	40. SSW
20	898	1175	1527	2484	4897	18013	7826	14656	42423
25	795	1040	1352	2200	4336	15951	6930	12978	37567
30	526	688	895	1456	2869	10554	4585	8587	24856
35	210	274	356	580	1142	4202	1826	3419	9896
40	57	74	97	157	310	1139	495	927	2683

Tabelle 12.11. Geschätzte Rate der Spontanverluste (intrauteriner Fruchttod und Aborte) der Feten bei den wichtigsten Chromosomenstörungen jenseits der 12. SSW (CVS-Zeitpunkt) bis zum ET und jenseits der 16. SSW (AC-Zeitpunkt) bis zum ET (mod. nach Snijders et al. 1994, 1995)

Chromosomenstörung	Geschätzte Verlustrate [%]	
	12.–40. SSW	16.–40. SSW
Trisomie 21	40	30
Trisomie 18	85	75
Trisomie 13	80	70
Monosomie X	75	50
47,XXX,XXY,XYY	ca. 5	ca. 3
Triploidie	>99	>99

lem für die Trisomie 21, die häufigste fetale Chromosomenstörung. Nach Auswertung zahlreicher, insgesamt über 60000 Fälle erfassender Serien aus den bedeutendsten Zentren für Pränataldiagnostik haben Snijders und Nicolaides (Harris Birthright Research Center for Fetal Medicine, London) für jedes der folgenden sonographischen Merkmale, auf die im einzelnen eingegangen werden wird, einen Faktor angeben können, um den das Ausgangsrisiko (zusammengesetzt aus mütterlichem Alter, Gestationsalter und Vorgeschichte) für die Trisomie 21 (und z.T. auch andere Chromosomenstörungen) multipliziert werden muß, um somit das individuelle Risiko für eine fetale Chromosomenstörung anzugeben.

In Tabelle 12.12 werden diese Faktoren für die Trisomie 21 und bei Plexus choroideus-Zysten auch für die Trisomie 18 angegeben.

Die Faktoren, um die das Basisrisiko für eine Trisomie 21 bei Beobachtung eines der obengenannten sonographischen Marker multipliziert werden sollte, gelten nur bei isoliertem Auftreten dieser Fehlbildung. Falls Begleitfehlbildungen gefunden werden, ist das Risiko für eine Chromosomenstörung wesentlich größer.

Tabelle 12.12. Sonographische Marker mit Multiplikationsfaktor für das modifizierte Altersrisiko für Trisomie 21 (und Trisomie 18 bei Plexus-choroideus-Zysten) (mod. nach Snijders et al. 1996)

Sonographische Marker	Zeitpunkt des Auftretens	Multiplikationsfaktor für Trisomie 21
Dorsonuchales Ödem	10.–14. SSW	Abhängig von der Breite des Ödems zwischen 3 u. 22
Ödem/Nackenfalte >6 mm	2. Trimenon	10
Hyperechogener Darm	2. Trimenon	5,5
Kurzes Femur	2. Trimenon	2,5
Beidseitige Pyelektasie >5 mm	2. Trimenon	1,5
		Multiplikationsfaktor für Trisomie 18 (und 21?)
Plexus-choroideus-Zysten	2. Trimenon	1,5

Dorsonuchales Ödem (fetales Nackenödem, „nuchal translucency", Nackentransparenz) in der 10.–14. SSW

Definition
Das dorsonuchale Ödem ist eine Flüssigkeitsansammlung im fetalen Nackenbereich, deren Ausmaß im Zeitraum zwischen der 10. und 14. SSW p.m. (SSL 35–85 mm) bei chromosomal gesunden Feten kontinuierlich zunimmt und physiologischerweise ca. 0,5 bis ca. 2,3 mm beträgt (Snijders et al. 1996).

Bei einer Scheitel-Steiß-Länge von 35 mm beträgt sie durchschnittlich 1,3 mm, bei einer Scheitel-Steiß-Länge von 85 mm ca. 2 mm (50. Perzentile).

Ob mit dem Begriff „dorsonuchales Ödem" diese physiologische Flüssigkeitsansammlung zu beschreiben ist oder ein pathologischer Zustand mit einem verbreiterten Flüssigkeitsspalt, ist noch nicht einheitlich geregelt – während im anglosächsischen Sprachgebrauch das Wort „nuchal translucency" mit der entsprechenden Maßangabe sowohl den physiologischen als auch den pathologischen Zustand beschreibt.

Wir werden im folgenden den Ausdruck „dorsonuchales Ödem" auch für die Beschreibung des physiologischen Zustandes gebrauchen, der in der Regel immer mit einem mehr oder weniger breiten, im Grunde einem Ödem entsprechenden Flüssigkeitsspalt einhergeht.

Sonographie
Sonographisch stellt sich das dorsonuchale Ödem als echoleere, mehr oder weniger breite Zone im embryonalen/fetalen Sagittalschnitt dar. Die Messung sollte an der breitesten Stelle im Sagittalschnitt erfolgen. Die Meßmarken sollten jeweils an die Innenseiten der begrenzenden Membranen gesetzt werden (Abb. 12.12). Bei Berücksichtigung des Durchschnitts nach mehrfachem Messen an verschiedenen Bildern ergab sich bei gegebenem Cut-off-Wert für eine weiterführende Diagnostik eine insgesamt geringere Falsch-positiv-Rate (Schluchter et al. 1998).

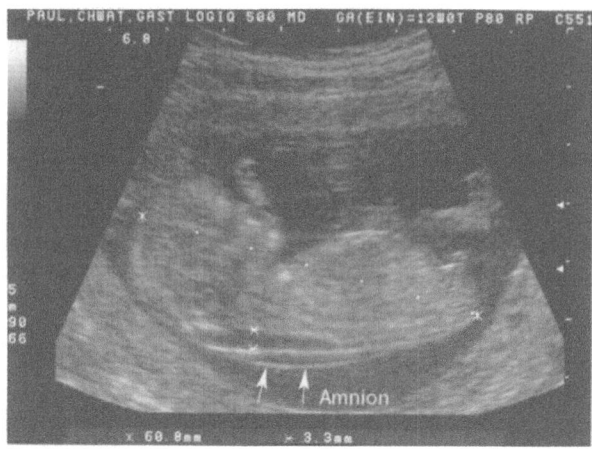

Abb. 12.12. Dorsonuchales Ödem, SSW 12+0. Fetus chromosomal gesund

Im dorsonuchalen Ödem finden sich in der Regel keine Binnenechos und keine Septen.

Zeitpunkt der Untersuchung
Der optimale Zeitpunkt zur Messung des Flüssigkeitsspalts im fetalen Nackenbereich ist die 11.–14. SSW p.m. (10+3–13+6).

Pathogenese und Ätiologie
Die Pathogenese des verbreiterten dorsonuchalen Ödems ist bisher nicht völlig geklärt. Da bei 75% der Nackenödeme über 4 mm ein Herzfehler gefunden wurde, geht man davon aus, daß wohl hämodynamische Gesichtspunkte bei der Entstehung eine Rolle spielen. Die pathoanatomische Untersuchung der großen Gefäße bei 34 Trisomie-21-Feten der 11.–16. SSW (Hyett et al. 1995) hat ergeben, daß der Aortenisthmus bei diesen Feten enger war und die Aorta ascendens, die Aortenklappe und der Ductus arteriosus Botalli weiter. Dies könnte dazu führen, daß es zu einer Überperfusion des Kopf- und Halsgewebes und somit zur Wasseransammlung im fetalen Halsbereich kommt.

In 56% der Fälle wurde ein VSD oder ASD gefunden.

Je ausgeprägter das dorsonuchale Ödem ist, um so größer ist die Wahrscheinlichkeit für einen zugrundeliegenden Herzfehler.

Bedeutung
Zahlreiche Studien (u. a. Szabo u. Gellen 1990; Nicolaides et al. 1994; Hafner et al. 1995; Pandya et al. 1995) haben ergeben, daß bei Vorliegen eines dorsonuchalen Ödems >2,5 mm, auch wenn es sich im weiteren Verlauf der Schwangerschaft zurückentwickelt, abhängig von der Breite des Ödems von einer Risikoerhöhung für eine fetale Chromosomenstörung auszugehen ist. Bei einer Breite zwischen 3 und 5 mm ist die Trisomie 21 die häufigste Chromosomenstörung. Bei einer Breite >6 mm ist häufiger mit einer Trisomie 18, einer Trisomie 13 oder einem Turner-Syndrom (45,X) zu rechnen. Auch ist von einer – insgesamt etwas geringeren – Risikoerhöhung für eine Triploidie auszugehen.

Tabelle 12.13. Breite des dorsonuchalen Ödems und zugrundeliegende Chromosomenstörungen bei 1015 Feten (nach Pandya et al. 1995; mod. aus Snijders et al. 1996)

Breite des Ödems	n	Trisomie 21	Trisomie 18	Trisomie 13	45,X	Andere
3 mm	696	24	8	3	1	11
4 mm	139	26	5	2	–	4
5 mm	66	24	8	1	–	1
6 mm	39	6	9	1	3	–
7 mm	24	6	10	3	3	–
8 mm	23	6	6	1	1	–
9 mm	28	8	5	1	6	–
Gesamt	1015	101	51	13	14	16

Tabelle 12.14. Multiplikationsfaktor für das altersbezogene Basisrisiko für Trisomie 21 zum einen und Trisomie 18 und Trisomie 13 zum anderen, abhängig von der Breite des dorsonuchalen Ödems (mod. aus Snijders et al. 1996 nach einer Serie von Pandya et al. 1995)

Breite des Ödems	Multiplikationsfaktor	
	Trisomie 21	Trisomie 18 u. 13
3 mm	3,2	3,1
4 mm	19,8	14,0
5 mm	28,6	27,8
6 mm	21,7	69,2

Die Ergebnisse einer Untersuchung an 1050 Feten mit verbreitertem dorsonuchalem Ödem (Pandya et al. 1995) sind in Tabelle 12.13 zusammengefaßt. Von den 16 Fällen mit „anderen Chromosomenstörungen" waren 10 auf eine Triploidie zurückzuführen.

Falls diese Zahlen mit dem vor allen Dingen vom mütterlichen Alter abhängigen Basisrisiko in Verbindung gebracht werden, ergibt sich, daß bei einer Breite des dorsonuchalen Ödems von 3 mm das Risiko für eine Trisomie 21 ca. 3mal höher ist als das Altersrisiko, bei 4 mm ca. 20mal höher, bei 5 mm ca. 29mal höher und bei über 6 mm ca. 22mal höher. Dies und auch die altersangepaßte Risikoerhöhung für Trisomie 13 und 18 zeigt Tabelle 12.14.

Ein von Nicolaides et al. entwickeltes Computerprogramm (Fetal Data Base) ermöglicht die Angabe des individuellen Risikos für das fetale Down-Syndrom oder andere Chromosomenstörungen unter Vorgabe der das Basisrisiko mitbestimmenden Faktoren und der gemessenen Breite des dorsonuchalen Ödems. Den Berechnungen wird hier die absolute Differenz zwischen der gemessenen

Tabelle 12.15. Erkennungsrate für fetale Chromosomenstörungen basierend auf der Messung des dorsonuchalen Ödems im Zeitraum zwischen der 10. und 14. SSW unter Berücksichtigung des mütterlichen Alters (nach Auswertung von 96 127 Schwangeren; mod. nach Snijders et al. 1998)

Fetaler Karyotyp	Anzahl (n)	Geschätztes Risiko $\geq 1{:}300$	Erkennungsrate (%)
Normal	95476	7907	
Trisomie 21	326	268	82,2
Trisomie 18	119	97	81,5
Trisomie 13	46	37	80
Monosomie X	54	48	89
Triploidie	32	20	63
Seltene Störungen	74	51	69
Gesamt	96127	8428	

Breite des dorsonuchalen Ödems und des bei gegebener Scheitel-Steiß-Länge zu erwartenden Medianwerts zugrunde gelegt.

Eine andere, ebenfalls vorgeschlagene Möglichkeit bestünde darin, die Breite des dorsonuchalen Ödems in Mehrfachen des Medians (MoM) auszudrücken (Schluchter et al. 1998). Eine invasive Diagnostik würde dann bei einem in MoM ausgedrückten festzulegenden Cut-off-Wert vorgeschlagen bzw. angeboten.

Die Zwischenauswertung einer prospektiven Multicenter-Studie (Snijders et al. 1998) ergab die in Tabelle 12.15 aufgeführten Erkennungsraten für die wichtigsten Chromosomenstörungen. Es wurden insgesamt 96127 Schwangerschaften ausgewertet. In allen Fällen wurde pränatal oder postnatal eine Chromosomenanalyse durchgeführt. Die angegebenen Erkennungsraten basieren auf der kombinierten Berücksichtigung eines dorsonuchalen Ödems >95. Perzentile oder >2,3–2,5 mm im Zeitraum zwischen der 10–14. SSW und des mütterlichen Alters. Der Cut-off für eine invasive Diagnostik lag bei einem Risiko von 1:300 für ein fetales Down-Syndrom.

In Tabelle 12.16 werden die Erkennungsraten bei Berücksichtigung verschiedener Kombinationen von Parametern aufgeführt (Noble et al. 1996).

Aus der Messung des embryonalen/fetalen dorsonuchalen Ödems ergibt sich somit eine sehr *hohe Erkennungsrate für fetale Chromosomenstörungen*, insbesondere die häufigste der Chromosomenstörungen, die Trisomie 21. Bei Mitberücksichtigung des mütterlichen Alters und zusätzlicher biochemischer Parameter wie dem freien β-HCG kann anhand der sonographischen Untersuchung im Zeitraum zwischen der 11. und 14. SSW schon recht früh eine Aussage über das in der gegebenen Schwangerschaft vorliegende Risiko für eine fetale Chromosomenanomalie getroffen werden, und eine Karyotypisierung über Chorionzottenbiopsie erfolgen.

Ein Nachteil dieser sehr frühen Diagnostik ist evtl. darin zu sehen, daß in einer Gestationszeit, in der bei Vorliegen einer Chromosomenstörung in zahlrei-

Tabelle 12.16. Erkennungsrate für Trisomie 21 bei Berücksichtigung verschiedener Parameter (Prospektive Studie an 5434 Schwangerschaften, falsch-positive Rate von 5%; Noble et al. 1996)

Berücksichtigte Parameter	Erkennungsrate
Mütterliches Alter	11 (31%)
Dorsonuchales Ödem	28 (78%)
Mütterliches Alter und dorsonuchales Ödem	28 (78%)
Mütterliches Alter, dorsonuchales Ödem und freies β-HCG	32 (86%)

chen Fällen ein natürlicher Fruchttod erfolgt, in diesen Fällen letztlich unnötigerweise eine mit psychischem und z.T. physischem Schmerz verbundene Diagnostik mit ggf. nachfolgender Abruptio durchgeführt wird. Dagegen muß gehalten werden, daß der späte Abbruch, der für die Schwangere wesentlich belastender ist, in zahlreichen Fällen durch einen möglichen früheren Schwangerschaftsabbruch ersetzt werden kann.

Prognose bei dorsonuchalen Ödemen >2,3-2,5 mm ohne Chromosomenanomalie

In den meisten Fällen mit kleinem dorsonuchalen Ödem bildet sich das Ödem im weiteren Verlauf der Schwangerschaft zurück und hat, falls keine Chromosomenstörung vorliegt, keine weitere Bedeutung mehr.

In einigen Fällen, vor allem bei ausgeprägtem dorsonuchalen Ödem, kommt es im weiteren Verlauf der Schwangerschaft zu einem *Hydrops fetalis*. In diesen Fällen sind bei der weiterführenden Sonographie, unabhängig davon, ob eine Chromosomenstörung zugrunde liegt, in der Regel zusätzliche fetale Fehlbildungen, vor allem Herzfehler oder Anomalien der großen Gefäße, erkennbar. Auch kann eine fetale Infektion die Ursache sein.

In sehr seltenen Fällen ist das fetale Nackenödem im 1. Trimenon erstes Zeichen eines klar definierten genetischen Syndroms oder einer anderen schwerwiegenden fetalen Erkrankung, die aufgrund eines begleitenden Herzfehlers oder über andere, z.T. nicht klare Mechanismen, zu einem Rückstau von Lymphflüssigkeit im Nackenbereich führen.

Hierzu gehören u.a. die im folgenden aufgeführten fetalen Erkrankungen.

- Noonan-Syndrom
- Osteochondrodysplasien
- Arthrogryposis multiplex
- Multiples Pterygiensyndrom
- Amnionbändersequenz
- Jarcho-Lavine-Syndrom
- Smith-Lemli-Opitz-Syndrom
- Stickler-Syndrom
- Hydrolethalus-Syndrom.

Procedere bei dorsonuchalen Ödemen >2,3–2,5 mm in der 10.–14. SSW
- Weiterführende Sonographie, zum Ausschluß ggf. schon im 1. Trimenon erkennbarer Fehlbildungen (z.B. großer VSD, AV-Kanal, Exomphalos jenseits der 12. SSW, NRD, Megazystis)
- Berechnung des individuellen Risikos für eine Chromosomenstörung, aufbauend auf dem Basisrisiko der betroffenen Schwangeren (nach Tabellen – s. Tab. 12.4 – oder durch zur Verfügung stehendes, von Nicolaides et al. entwickeltes Computerprogramm „Fetal Data Base")
- Bei erhöhtem Risiko (z.B. Risiko einer Schwangeren ⩾35 Jahre) Angebot einer CVS zur Karyotypisierung
- Nach Ausschluß einer Chromosomenstörung serielle Kontrollen, Fehlbildungsausschlußdiagnostik inkl. fetaler Echokardiographie in der 20. SSW, auch nach Zurückbilden des dorsonuchalen Ödems
- Falls sich das dorsonuchale Ödem nicht zurückentwickelt und ggf. in einen Hydrops fetalis übergeht, Suche nach mütterlichen Infektionen (erweitertes TORCH), ggf. wegen schlechter Prognose Erwägung einer Abruptio.

Fetales Nackenödem bzw. Nackenfalte im 2. (und 3.) Trimenon

Definition und Sonographie
Von der vermehrten Wasseransammlung im embryonalen/fetalen Nackenbereich im Zeitraum zwischen der 10. und 14. SSW muß die Verbreiterung des fetalen Nackens im weiteren Verlauf der Schwangerschaft unterschieden werden. Hierunter wird in der Regel eine Verdickung der Weichteile im fetalen Nackenbereich von mehr als 6 mm verstanden (Abb. 12.13).

Häufigkeit
Ein fetales Nackenödem im 2. Trimenon wird bei ca. 0,5% aller Feten beobachtet.

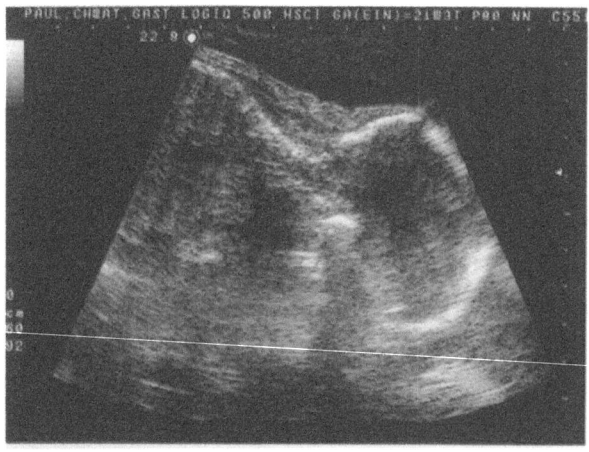

Abb. 12.13. Fetales Nackenödem (Nackenfalte) in der 20. SSW bei Turner-Syndrom

Bedeutung

In den 80er Jahren wurde nach zahlreichen Studien versucht, die Messung der fetalen Nackenfalte im Zeitraum zwischen der ca. 15. und 24. SSW als Screening-test im Rahmen der Erkennung von Schwangerschaften mit chromosomal ge-störten Feten zu etablieren. Obwohl bei Vorliegen einer verbreiterten Nackenfalte sowohl die Trisomie 21 als auch das Turner-Syndrom und andere Chromo-somenstörungen häufiger gefunden werden, ist die Sensitivität insgesamt nicht hoch.

In einer 144 Feten mit Nackenödem im 2. Trimenon umfassenden Serie wurde bei 37% eine Chromosomenanomalie gefunden (vor allem Trisomie 21, andere Trisomien, Triploidie, Turner-Syndrom u. a.) (Nicolaides et al. 1992a).

Procedere bei fetalem Nackenödem im 2. Trimenon
- Weiterführende Sonographie zum Ausschluß fetaler Fehlbildungen inkl. fe-taler Echokardiographie
- Bei isolierter Nackenfalte >6 mm Angabe eines erhöhten Risikos für Triso-mie 21 und Turner-Syndrom
- Erwägung einer Karyotypisierung.

Hyperechogener Darm

Ein hyperechogener Darm wird sonographisch bei 1:200 Feten im 2. Trimenon beobachtet. In der überwiegenden Anzahl der Fälle ist diese Auffälligkeit Folge einer intraamnialen Blutung, die nach sich zieht, daß der Fetus das bluthaltige Fruchtwasser schluckt. Falls keine Hinweise auf eine intraamniale Blutung vorlie-gen, ergibt sich bei isoliertem hyperechogenen Darm ein erhöhtes Risiko für eine fetale Chromosomenanomalie. Das individuelle Basisrisiko für eine fetale Trisomie 21 wird um den Faktor 5,5 erhöht angegeben.

Kurzes Femur

Falls, vor allen Dingen im 2. Trimenon, das Femur kürzer ist, als es der 5. Per-zentile entsprechen würde, ergibt sich hieraus – bei ansonsten unauffälligem Fetus – ein höheres Risiko für eine *Trisomie 21*. Die Erhöhung des individuellen Basisrisikos wird mit dem Faktor 2,5 angegeben. Auch das Risiko für andere Chromosomenstörungen, wie Trisomie 18, Triploidie und Turner-Syndrom, ist größer. Bei der Trisomie 13 ist der Unterschied nicht so ausgeprägt.

In den 80er Jahren wurden in mehreren Studien die Sensitivität und Spezifität des Femur-Bip-Indexes erkundet. Benacerraf et al. (1985) gaben an, daß, falls ein Femur-Bip-Index unter 0,91 in der 15.–21. SSW als pathologisch eingestuft wür-de, 86% der Trisomie-21-Feten erkannt würden. Nachfolgende Studien konnten dies nicht bestätigen. In einer Serie von 155 Feten mit Trisomie 21 (Harris-Birth-right-Research-Center for Fetal Medicine, Snijders et al. 1996) wurde ein Kopf-umfang-Femur-Index über der 97,5. Perzentile bei 28% der Feten mit Trisomie 21, bei 25% der Feten mit Trisomie 18, bei 60% der Feten mit Triploidie, bei 59% der Feten mit Turner-Syndrom und bei 9% der Feten mit Trisomie 13 ge-funden.

Plexus-choroideus-Zysten

Definition
Unter Plexus-choroideus-Zysten werden zystische Strukturen in einem oder beiden Plexus choroidei verstanden.

Häufigkeit
Plexus-choroideus-Zysten werden im Zeitraum zwischen der 16. und 24. SSW bei ca. 0,5–2% aller Feten beobachtet.

Sonographie
Sonographisch stellen sich die Plexus-choroideus-Zysten als echoleere, mehr oder weniger klar begrenzte, einzeln oder multipel auftretende Strukturen in einem oder beiden Plexus dar (Abb. 12.14).

Ätiologie und Bedeutung
Der Entstehungsmechanismus der Plexus-choroideus-Zysten ist bisher nicht geklärt. 1984 wurden diese Zysten von Chudleigh et al. erstmalig beschrieben und 1986 von Nicolaides et al. als mögliches Hinweiszeichen auf eine Trisomie 18 gedeutet.

Die Auswertung zahlreicher publizierter Studien durch Snijders et al. (1996) ergab eine Chromosomenstörung in 1% der Fälle bei isoliertem Auftreten und in 46%, falls zusätzliche Fehlbildungen gefunden wurden.

Bei 38 Trisomie-18-Feten fanden Snijders et al. in 97% der Fälle zusätzliche Anomalien. Aus anderen Studien ergaben sich bei insgesamt 22 Feten mit nachgewiesener Trisomie 18 zu nur 64% zusätzliche Anomalien.

Unter Berücksichtigung des altersbezogenen Risikos für eine Trisomie 18 zum gegebenen Schwangerschaftszeitpunkt (20. SSW), der Tatsache, daß 50% der Trisomie-18-Feten Plexus-choroideus-Zysten haben, und der Tatsache, daß 1% *aller* Feten Plexus-choroideus-Zysten haben, wurde so altersbezogen das Risiko für eine Trisomie 18 bei Vorhandensein von Plexus-choroideus-Zysten ohne zusätzliche Fehlbildung, mit einer zusätzlichen Fehlbildung und mit 2 und mehr zusätzlichen Fehlbildungen errechnet (Tabelle 12.17).

Ob sich das Risiko für andere chromosomale Störungen, u.a. auch Trisomie 21, bei Plexus-choroideus-Zysten erhöht, ist umstritten (Bromley et al. 1996; Snijders et al. 1996).

Bei isolierten Plexus-choroideus-Zysten ist von einer Erhöhung des individuellen Basisrisikos für die Trisomie 18 (und die Trisomie 21?) um den Faktor 1,5 auszugehen.

Prognose
Bei unauffälligem Chromosomensatz entwickeln sich die Plexus-choroideus-Zysten in über 90% der Fälle bis zur 28. SSW zurück und haben keine weitere Bedeutung.

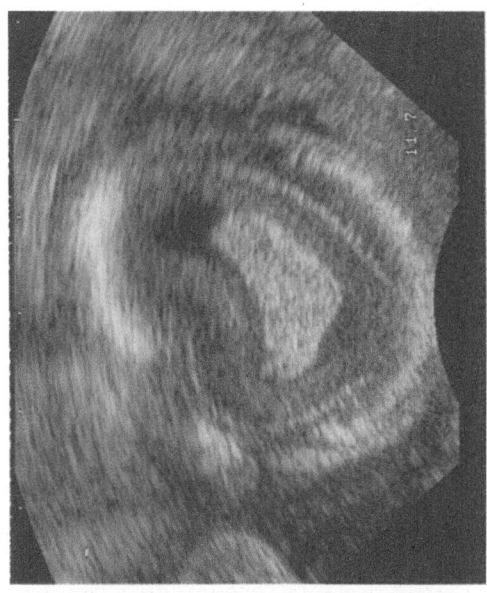

a

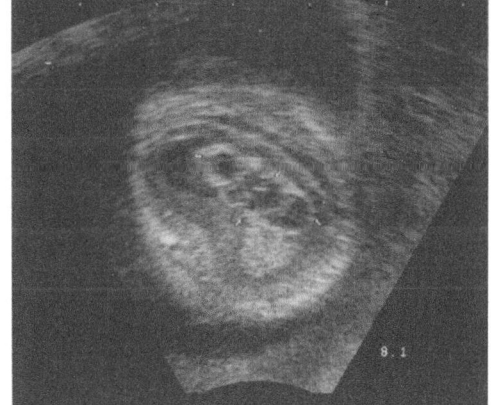

Abb. 12.14. a Normaler Plexus choroideus in der 16. SSW; **b** Plexus-choroideus-Zysten in der 18. SSW

b

Procedere bei Plexus-choroideus-Zysten
- Weiterführende Sonographie
- Angabe des von der Abwesenheit bzw. dem Vorhandensein von Begleitfehlbildungen abhängigen individuellen Risikos vor allem für eine Trisomie 18
- Karyotypisierung bei Begleitfehlbildungen, unabhängig von Lokalisation, Größe und Ein- oder Beidseitigkeit der Zysten; bei isolierten Zysten ggf. Verzicht auf Karyotypisierung bei Akzeptanz einer kleinen Risikoerhöhung für eine Trisomie 18 u. evtl. auch eine Trisomie 21
- Bei normalem Karyotyp serielle sonographische Kontrollen mit Beachtung der intrakraniellen Strukturen.

Tabelle 12.17. Geschätzte Risiken für eine Trisomie 18 (1/Zahl in der Tabelle) bei Feten in der 20.–24. SSW mit isolierten Plexus-choroideus-Zysten und zusätzlichen Fehlbildungen (nach Snijders et al. 1996)

Alter	Durchschnitts-bevölkerung	Plexus-choroideus-Zysten		Zusätzliche Anomalien		
		Nicht vorhanden	Vorhanden	0	1	2
20	6472	12944	129	4015	341	6
22	6233	12466	125	3950	328	6
24	5848	11696	117	3628	308	6
26	5267	10534	105	3267	277	5
28	4475	8950	90	2776	236	4
30	3529	7058	71	2189	186	3
32	2563	5126	51	1590	135	32
34	1722	3444	34	1068	91	<2
36	1086	2172	22	674	57	<2
38	655	1310	13	406	34	<2
40	384	768	8	238	20	<2
42	221	442	4	137	12	<2
44	125	250	3	78	7	<2
46	71	142	1	44	4	<2

Beidseitige fetale Pyelektasie

Definition und Sonographie

Unter diesem sonographischen Marker wird eine symmetrische beidseitige Aufweitung der fetalen Nierenbecken über 5 mm im a.-p.-Durchmesser verstanden (Abb. 12.15).

Häufigkeit

Eine beidseitige Erweiterung der fetalen Nierenbecken wird bei 1–2,5% aller Schwangerschaften gesehen.

Bedeutung

Die beidseitige fetale Pyelektasie hat als *isolierte Auffälligkeit* keinen Krankheitswert. In den letzten Jahren wurde diese Auffälligkeit zunehmend als Marker für ein erhöhtes Risiko einer fetalen Chromosomenstörung gesehen. Die größte Bedeutung hat hier die Trisomie 21, jedoch wird diese Auffälligkeit auch bei anderen Chromosomenstörungen gefunden. Die Prävalenz der beidseitigen Pyelektasie bei Trisomie-21-Feten ist 21%, verglichen mit 2,5% bei normalen Feten (Snijders et al. 1996).

Die Auswertung mehrerer Studien, die insgesamt 631 Feten mit Pyelektasie umfassen (Snijders et al. 1996), ergab eine Häufigkeit für Chromosomenstörun-

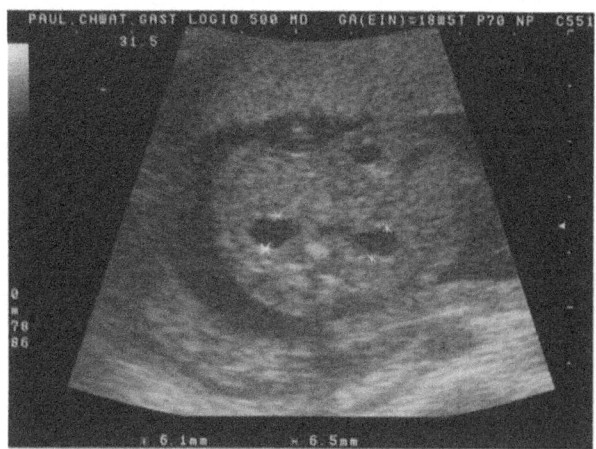

Abb. 12.15. Beidseitige Pyelektasie, 20. SSW

gen von 8%. Da in den meisten Fällen zusätzliche Fehlbildungen gefunden wurden, blieb für die isolierte Pyelektasie noch eine Häufigkeit von 2% für eine Chromosomenaberration.

Eine Studie an 1177 Feten mit Pyelektasie (Snijders et al. 1995) ergab bei isolierter Pyelektasie eine Chromosomenstörung in 1,1% der Fälle (insgesamt 805 Fälle), bei einer Zusatzfehlbildung in 5,4%, bei 2 Zusatzfehlbildungen in 22,9% und bei 3 und mehr zusätzlichen Fehlbildungen in 63,3% der Fälle. Bei 5 der 37 Feten mit Trisomie 21 war die Pyelektasie die einzige Auffälligkeit. Somit waren unter den 805 Feten mit isolierter Pyelektasie 5 Fälle von Trisomie 21 (0,62%). Die in diesem Kollektiv aufgrund der Altersverteilung für die gegebenen Gestationswochen erwartete Anzahl von Trisomie-21-Feten ist 0,4%.

Aufgrund dieser Auswertungen und auch der Auswertung anderer Studien (Benacerraf et al. 1990; Corteville et al. 1992), die ähnliche Zahlen ergaben, kann davon ausgegangen werden, daß bei Vorliegen einer isolierten fetalen Pyelektasie im 2. Trimenon das Basisrisiko für eine Trisomie 21 ca. um den Faktor 1,5 multipliziert werden muß.

Procedere bei beidseitiger fetaler Pyelektasie in der 15.–24. SSW
- Weiterführende Sonographie zum Ausschluß fetaler Fehlbildungen
- Bei isolierter fetaler Pyelektasie Errechnung des individuellen Risikos für eine fetale Trisomie 21 (Altersrisiko in der entsprechenden SSW × 1,5)
- Karyotypisierung bei erhöhtem Risiko, abhängig von der Risikoakzeptanz der Schwangeren.

Echodichte intrakardiale Struktur

In ca. 1% aller Schwangerschaften stellt sich sonographisch eine intrakardiale echodichte Struktur dar. Bei 90% der Feten findet sich diese auch „golf ball" genannte Struktur im linken Ventrikel. Über eine eventuelle Bedeutung des „golf ball" (Abb. 12.16) als Hinweiszeichen auf eine zugrundeliegende Chromosomen-

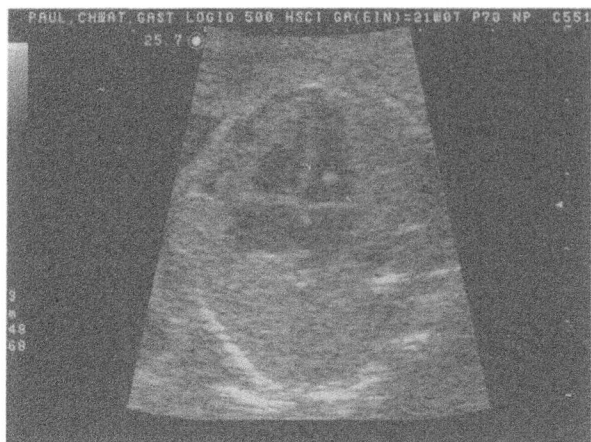

Abb. 12.16. Echodichte Struktur im linken Ventrikel („golf ball"), SSW 21+0

störung wird noch kontrovers diskutiert. Histologische Untersuchungen haben gezeigt, daß es sich bei dieser Struktur um eine Verkalkung innerhalb eines Papillarmuskels handelt (Brown et al. 1994). Verlaufsstudien haben ergeben, daß die Herzmuskel- und -klappenfunktion bei den betroffenen Feten normal ist (How et al. 1994; Faber et al. 1997). In jenen Fällen, in denen eine Chromosomenstörung festgestellt wurde, wurden sonographisch auch weitere Fehlbildungen gesehen (Twining 1993). Die Untersuchung an 34 Feten mit „golf ball" (Faber et al. 1997) ergab keine erhöhte Assoziation mit fetalen Fehlbildungen bzw. Chromosomenstörungen. Andere Autoren berichten von einem erhöhten Risiko für Trisomie 21 auch bei isoliertem „golf ball". Eine größere Risikoerhöhung wird bei „golf ball" in beiden Ventrikeln angegeben (Bromley et al. 1997, Benacerref 1998).

Allgemeine Berechnung des Risikos für ein Kind mit einem Down-Syndrom

Falls mehrere der oben genannten sonographischen Marker gefunden werden, ergibt sich das individuelle Risiko für eine fetale Trisomie 21, indem die den verschiedenen sonographischen Markern eigenen Multiplikationsfaktoren (s. Tabelle 12.10) miteinander und dem Basisrisiko multipliziert werden. Falls ein Triple-Test durchgeführt wurde, sollte das hieraus errechnete Risiko als Basisrisiko betrachtet werden.

Beispiel: Wenn bei einer 38jährigen Frau, die in der 16. SSW ein Risiko von 1:115 für eine fetale Trisomie 21 hat, der Triple-Test ihr Risiko auf 1:256 reduziert hat, würde bei Feststellung einer Pyelektasie und eines hyperechogenen Darms in der 16. SSW dieses Risiko nochmals um den Faktor 1,5 und den Faktor 5,5 multipliziert werden. Diese Schwangere hätte somit ein Risiko von 1:265×1,5×5,5 = ca. 1:32 für eine fetale Trisomie 21 zum Zeitpunkt der Untersuchung.

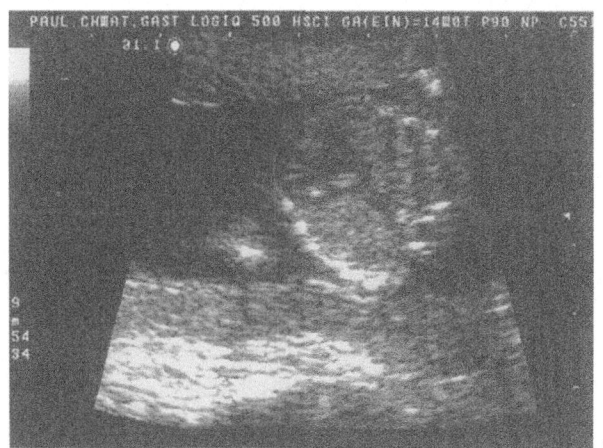

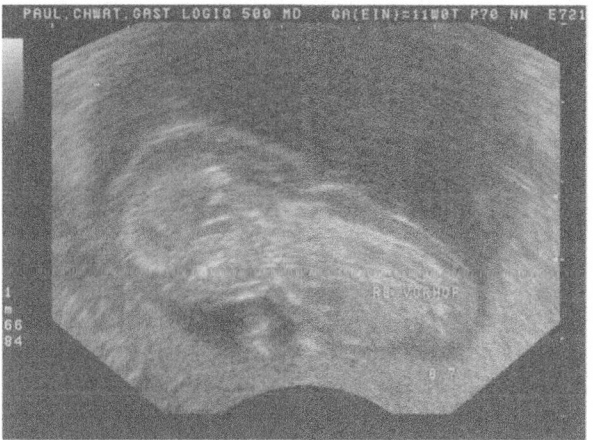

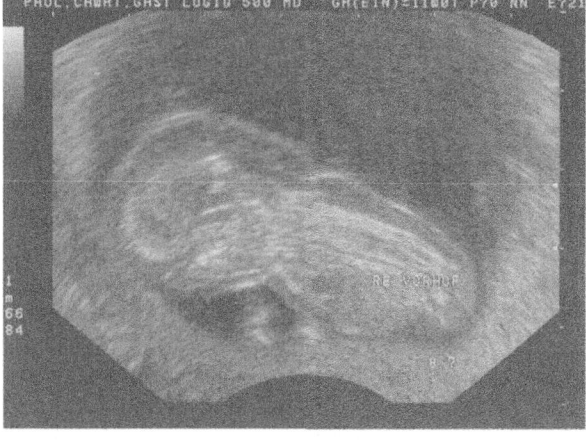

Abb. 12.17 a–c. Trisomie 21.
a AV-Kanal, SSW 14+0;
b flaches Profil, SSW 16+0;
c Herzfehler mit nachfolgendem Hydrops fetalis,
SSW 11+0

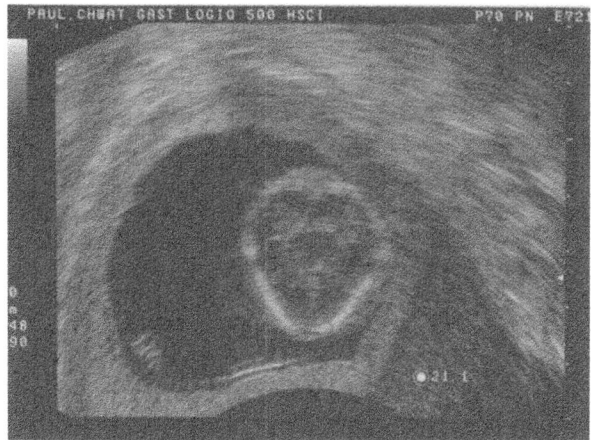

Abb. 12.18. Erdbeerförmiger Kopf bei Trisomie 18, 13. SSW, Transversalschnitt

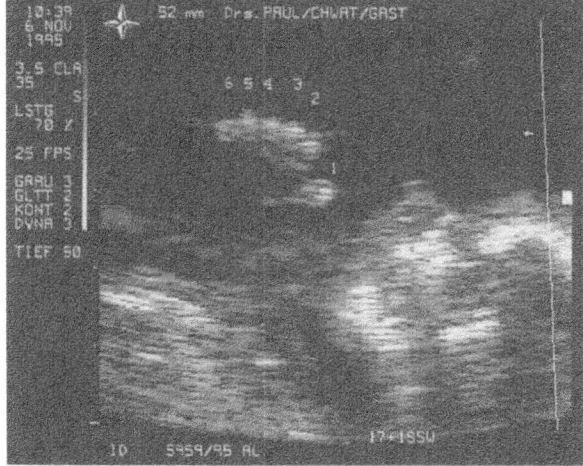

a

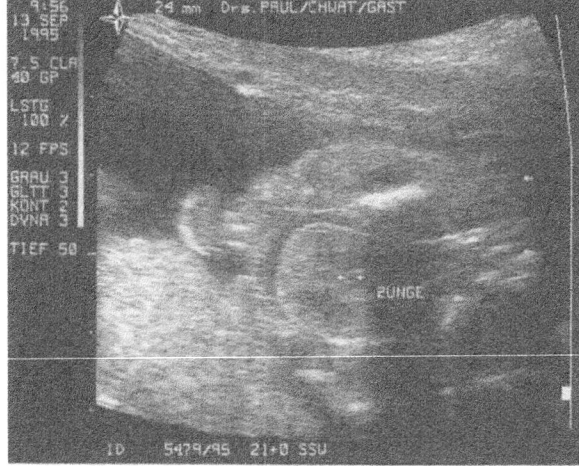

b

Abb. 12.19 a, b. Trisomie 13. **a** Polydaktylie (21. SSW); **b** LKG beids. (21. SSW), der mediane Anteil der Oberlippe stellt sich als Wulst dar (s. auch Abb. 3.10)

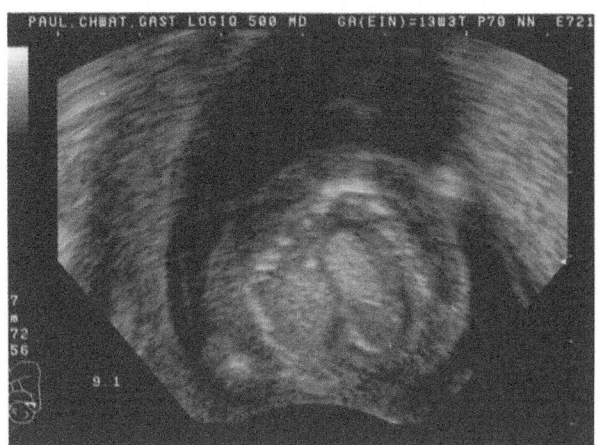

Abb. 12.20. Hydrops fetalis bei hypoplastischem Links-herz bei Monosomie X, 13. SSW

Falls im 1. Trimenon ein dorsonuchales Ödem ≥2,5 mm gefunden wird, sollte dies der vorrangige Parameter sein, da die Erkennungsrate auf Grundlage des dorsonuchalen Ödems mit ca. 80% mit Abstand die größte ist (Erkennungsrate durch Triple-Diagnostik 70%, durch die sonographische Untersuchung in der ca. 20. SSW ca. 50%).

Die sonographischen Hinweise auf das Down-Syndrom, die Trisomien 18 und 13 und die Monosomie X (Abb. 12.12–12.20) sind in einer Übersicht zusammengefaßt.

Hinweiszeichen wichtiger Chromosomenstörungen
- Trisomie 21 (Down-Syndrom)
  - Dorsonuchales Ödem >25 mm in der 10.–14. SSW (bei ca. 80%)
  - Herzfehler, vor allem AV-Kanal und Septumdefekte (bei 40–50%) (Abb. 12.17 a)
  - Duodenalatresie (bei 8%)
  - Nackenödem/Nackenfalte im 2. und 3. Trimenon (bei 7–45%)
  - Fetale beidseitige Pyelektasie (bei bis zu 25%)
  - Hyperechogener Darm (bei 12,5%, nach Bromley et al. 1994)
  - Brachyzephalie (vergrößerter BIP bei kürzerem FOD)
  - Flaches Profil (Abb. 12.24b)
  - Leichte Hirnventrikelerweiterung
  - Kurzes Femur
  - Sandalenlücke
  - Klinodaktylie (bei ca. 50%)
  - Hypoplasie der Mittelphalanx des 5. Fingers (bei bis zu 70%)
- Trisomie 18 (Edwards-Syndrom)
  - Schon im 1. Trimenon einsetzende ausgeprägte symmetrische Wachstumsretardierung
  - Herzfehler (bei ca. 99%)

- – Nierenfehlbildungen (bei bis zu 80%)
- – Typische Handstellung (Zeigefinger kreuzt über Mittelfinger) (bei bis zu 80%)
- – Plexus-choroideus-Zysten (bei 50%) (Abb. 12.14b)
- – Rocker-bottom-feet (Tintenlöscherfüße) (bei 50%)
- – Omphalozele (bei 22–40%)
- – Mehr oder weniger ausgeprägte Vergrößerung der Cysterna magna im Sinne einer Dandy-Walker-Malformation (bei ca. 16%)
- – Erdbeerförmiger Kopf (Abflachung des Hinterkopfes mit Verschmälerung des frontalen Teils des Kopfes) (Abb. 12.18)
- – Ösophagusatresie
- – Zwerchfellhernie
- – Myelomeningozele
- – LKG (bei 7–10%)
- – Balkenagenesie (bei 7%)
- – Dorsonuchales Ödem im 1. Trimenon und Nackenfalte im 2. Trimenon
- – Mikrognathie
- – Radiusaplasien
- – Klumpfüße

- • Trisomie 13 (Pätau-Syndrom)
  - – Herzfehler (bei 90%)
  - – Nierenfehlbildungen, vor allem vergrößerte multizystisch-dysplastische Nieren (bei 80%)
  - – Gesichtsauffälligkeiten wie mediane oder doppelseitige LKG bei ca. 40% (Abb. 12.19b u. Abb. 3.10)
  - – Mikrophalmie, Hypotelorismus
  - – Mikrozephalie und Fehlbildungen des ZNS, vor allem Holoprosenzephalie, Vergrößerung der Cysterna magna im Sinne einer Dandy-Walker-Malformation, Balkenagenesie (bei 25%)
  - – Omphalozele (bei 9–17%)
  - – Postaxiale Polydaktylie (Abb. 12.19a)

- • Triploidie
  - a) Bei väterlicher Herkunft des zusätzlichen haploiden Chromosomensatzes:
    - – Partielle Blasenmole, selten Embryo
  - b) Bei mütterlicher Herkunft des dritten haploiden Chromosomensatzes:
    - – Ausgeprägte asymmetrische Wachstumsretardierung vor allem im 2. Trimenon (typisch)
    - – Zahlreiche andere, eher nichttypische Fehlbildungen wie Herzfehler, Myelomeningozele, Hydrozephalus, Omphalozele, Mikrognathie, Syndaktylie
    - – Hitchhiker-Zeh

- 45,X (Turner-Syndrom)
  a) Sonographische Auffälligkeiten vor allem bei letaler Form des Turner:
    - Breites Hygroma colli cysticum (Abb. 12.42)
    - Hydrops fetalis (Abb. 12.20)
    - Herzfehler (z. B. hypoplastisches Linksherz; Abb. 12.20)
  b) Die nichtletale Form des Turner-Syndoms geht in der Regel nicht mit bedeutenden sonographischen Auffälligkeiten einher. Mögliche Hinweiszeichen sind:
    - Nuchales Ödem/Nackenfalte im 2. Trimenon (Abb. 12.13)
    - Hufeisenniere
    - Fuß- und Handrückenödeme
    - Herzfehler, vor allem Aortenisthmusstenose.

12.7.8 Mehrlingsschwangerschaft

Da der Großteil der Mehrlingsschwangerschaften Zwillingsschaften sind, werden wir im wesentlichen auf letztere eingehen.

Eine von 80 Geburten ist eine Zwillingsgeburt. Die Rate der Zwillingsschwangerschaften ist jedoch wesentlich höher. Die Ergebnisse zahlreicher ausgewerteter Berichte aus den letzten 20 Jahren (Gall 1996) ergaben, daß Zwillingsschwangerschaften ca. 5% aller Schwangerschaften ausmachen. Es wird geschätzt, daß 75% aller primär als Zwillingsschwangerschaften angelegte Schwangerschaften als Einlingsschwangerschaften enden.

Dizygote Zwillingsschwangerschaft

Häufigkeit
Etwa 70% aller Zwillingsschwangerschaften sind zweieiig (dizygot). Die Häufigkeit von zweieiigen Zwillingen ist nicht konstant. Sie hängt vom Alter der Schwangeren ab (nimmt bis zum 35.–40. Lebensjahr zu, um danach wieder abzusinken), ist genetisch bedingt (nach Geburt von dizygoten Zwillingen verdoppelt bis verdreifacht sich das Risiko für eine erneute Zwillingsschwangerschaft), ist von ethnischen Faktoren (Variation zwischen 4–50 auf 1000 Geburten) abhängig und steigt mit zunehmender hormoneller Sterilitätsbehandlung. In der BRD beträgt die Häufigkeit 0,8%.

Entstehung
Eine dizygote Zwillingsschwangerschaft bzw. mehrzygote Mehrlingsschwangerschaft entsteht durch die Befruchtung zweier bzw. mehrerer separater Oozyten durch zwei bzw. mehrere Spermatozoen (Abb. 12.21). Zweieiige Zwillinge sind *immer dichorial und diamniotisch*. Die Trennmembran hat 4 Schichten: Amnion-Chorion-Chorion-Amnion.

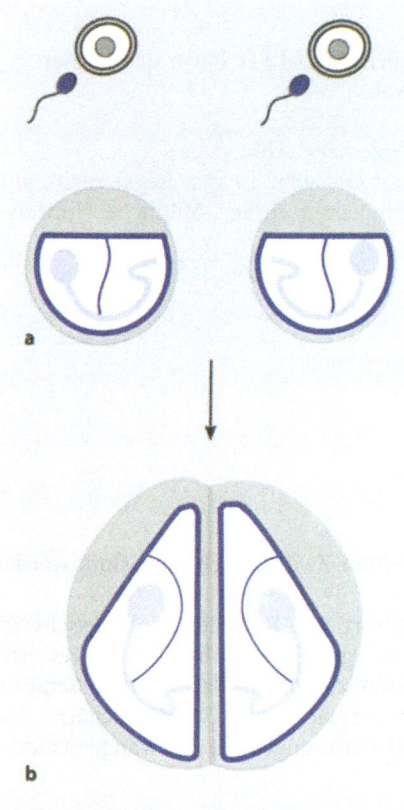

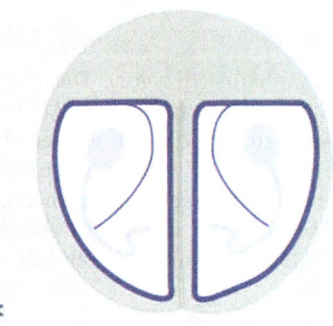

Abb. 12.21 a–c. Eihäute und Plazenten bei dizygoter Zwillingsschwangerschaft. **a** Dizygote Befruchtung, **b** Implantation an getrennten Orten in utero, **c** Fusion der primär getrennten Plazenten

Genetische Aspekte

Genetisch entsprechen sich zweieiige Zwillinge wie Geschwister und haben 50% ihrer genetischen Anlagen gemeinsam.

Sonographie

Sonographisch können Zwillinge nur dann als sicher zweieiig ausgewiesen werden, wenn sie zwei verschiedene Geschlechter haben, da auch monozygote Zwillinge dichorial-diamniotisch sind, falls sich die Trennung bis zum 3. Tag nach Konzeption (Zweifelphase) ereignet hat. Falls die Zwillinge eingeschlechtlich sind, kann die Ein- oder Zweieiigkeit bei dichorial-diamniotischen Zwillingsschwangerschaften nur durch die Untersuchung der Blutgruppenuntergruppen, durch zytogenetische Auffälligkeiten, durch HLA-Typisierung oder DNA-Analyse festgelegt werden.

Monozygote Zwillingsschwangerschaft

Häufigkeit

Der Anteil monozygoter Zwillinge beträgt 0,3% aller Geburten. Etwa 30% (ca. ein Drittel) aller Zwillingsschwangerschaften sind eineiig (monozygot).

Entstehung

Die Entstehung monozygoter Zwillinge ist ein Zufallsereignis, das mit einer Verzögerung der Implantation einhergeht. Es wird diskutiert, daß es dadurch zu einem Sauerstoff- und Nährstoffmangel kommt. Diese Theorie könnte die höhere Inzidenz von Fehlbildungen bei monozygoten Zwillingen, verglichen mit dizygoten, erklären.

Die Teilung des Embryos kann zu jedem Zeitpunkt im Zeitraum zwischen dem 2. und 15. Tag nach Empfängnis erfolgen (Abb. 12.22).

Die Trennung der Blastomeren im Zwei- bis Vierzellstadium, d.h. innerhalb der ersten 72 Stunden oder innerhalb der ersten 3 Tage nach Befruchtung, führt zu 2 identischen Embryonen mit den dazugehörigen Membranen (Chorion und Amnion). Bis zum Vierzellstadium sind beim Menschen die Blastomeren omnipotent und zeigen eine relativ geringe Adhäsion, die durch exogene Noxen oder sonstige Einflüsse mechanisch leicht lösbar ist. Jeder der beiden Embryonen kann sich an verschiedenen Stellen in der Gebärmutter implantieren. Hieraus resultiert die *dichorial-diamniotische Zwillingsschwangerschaft*, die weder sonographisch noch postnatal durch die Untersuchung der Plazenta und der Membranen von der dizygoten Zwillingsschwangerschaft unterscheidbar ist.

Die Trennungsmembran ist wie bei der dizygoten Schwangerschaft vierlagig und setzt sich aus Amnion-Chorion/Chorion-Amnion zusammen. Diese Form der Trennung wird bei ca. 30% aller monozygoten Zwillinge beobachtet.

Die Trennung des Embryos im frühen Blastozystenstadium – zwischen Tag 4 und Tag 8 nach Befruchtung – resultiert in der Trennung des zu diesem Zeitpunkt innengelegenen Embryoblasten. Die äußere Zellmasse, der Trophoblast, der sich zum Chorion entwickelt, trennt sich nicht. Da das Amnion zu diesem Zeitpunkt noch nicht entwickelt ist, kommt es zu einer *monochorial-diamnioti-*

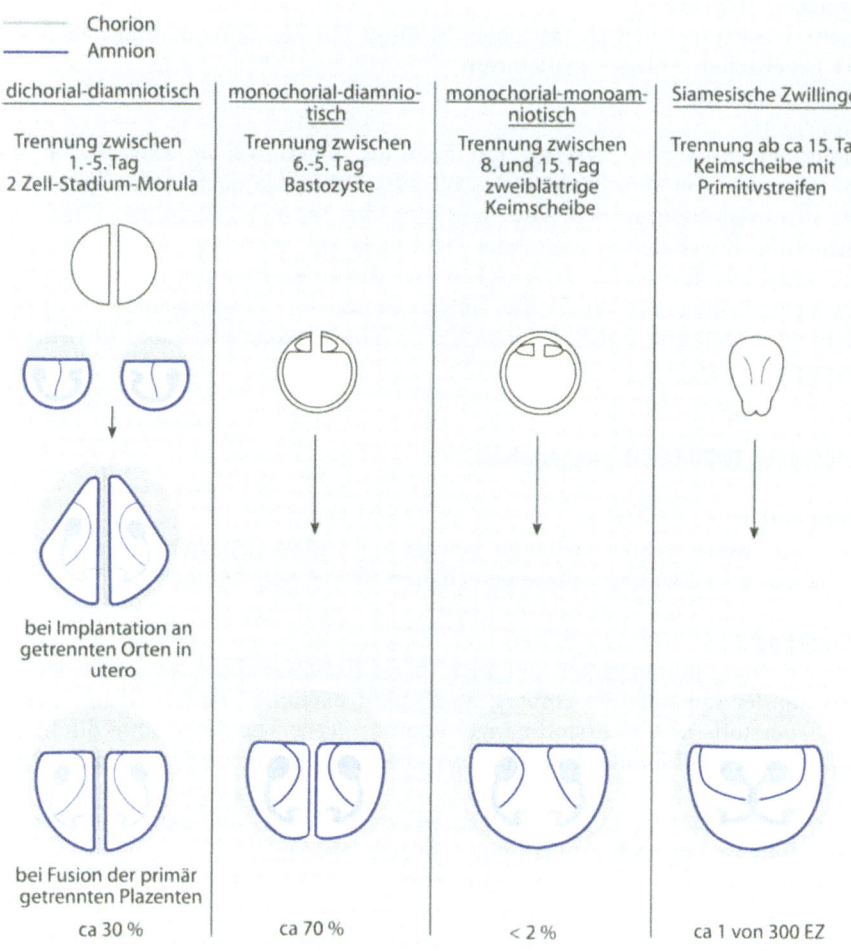

------ Chorion
—— Amnion

dichorial-diamniotisch	monochorial-diamnio-tisch	monochorial-monoam-niotisch	Siamesische Zwillinge
Trennung zwischen 1.-5.Tag 2 Zell-Stadium-Morula	Trennung zwischen 6.-5. Tag Bastozyste	Trennung zwischen 8.und 15. Tag zweiblättrige Keimscheibe	Trennung ab ca 15.Tag Keimscheibe mit Primitivstreifen

bei Implantation an getrennten Orten in utero

bei Fusion der primär getrennten Plazenten

| ca 30 % | ca 70 % | < 2 % | ca 1 von 300 EZ |

Abb. 12.22. Eihäute und Plazenten bei monozygoter Zwillingsschwangerschaft, abhängig vom Zeitpunkt der Trennung

schen Zwillingsschwangerschaft. Die Trennmembran hat 2 Schichten: Amnion/Amnion. Etwa 60% aller monozygoten Zwillinge sind monochorial-diamniotisch.

Die Trennung des Embryos zwischen Tag 8 und Tag 13 nach Befruchtung führt zu einer *monochorial-monoamniotischen Zwillingsschwangerschaft.* Zu diesem Zeitpunkt sind Chorion und Amnion schon ausgebildet, so daß es jetzt zu 2 Embryonen in einer gemeinsamen Amnion- und Chorionhöhle kommt. Weniger als 2% der monozygoten Zwillinge sind monochorial-monoamniotisch.

Wenn die Trennung des Embryos *jenseits des 12. Tages* nach Befruchtung erfolgt, kann es zu unvollständigen Trennungen kommen und damit zu den verschiedenen Formen der „conjoint twins" (*siamesische Zwillinge*). Die Häufigkeit siamesischer Zwillinge liegt bei 1:300 monozygoten Zwillingsschwangerschaften oder 1:100000 Geburten (Machin 1993).

Genetische Aspekte
Eineiige Zwillinge sind in der Regel genetisch identisch.

Sonographie
Von sicher eineiigen Zwillingen kann nur dann ausgegangen werden, wenn sonographisch eine Monochorionizität festgestellt wird. Von einer sicheren Monochorionizität kann bei den seltenen gleichzeitig monoamnialen Schwangerschaften ausgegangen werden (weitere sonographische Unterscheidungskriterien s. unten).

Aspekte der pränatalen Diagnostik bei Zwillingsschwangerschaft

Für die Prognose und somit die Planung der Überwachung einer Zwillingsschwangerschaft ist nicht so sehr von Bedeutung, ob es sich um eine dizygote oder monozygote Zwillingsschwangerschaft handelt, als vielmehr, ob sie dichorial oder monochorial ist. Aus der oben angegebenen Verteilung ergibt sich, daß insgesamt *80% aller Zwillingsschwangerschaften dichorial* (davon 10% monozygot) und ca. *20% monochorial* (alle monozygot) sind. Es wird von einer Mortalitätsrate von 8,9% in dichorialen diamniotischen Schwangerschaften gegenüber einer Mortalitätsrate von 25% in monochorialen diamniotischen Schwangerschaften ausgegangen (Benirschke 1994). Bei monoamniotischen Zwillingen liegt die Mortalitätsrate bei 50–60%.

Sonographische Unterscheidung zwischen monochorialen und dichorialen Zwillingsschwangerschaften
Die Unterscheidung zwischen Monochorionizität und Dichorionizität ist in der Frühschwangerschaft am einfachsten. Falls im 1. Trimenon – der beste Zeitpunkt ist die 9./10. SSW – 2 Fruchthöhlen mit 2 an verschiedenen Stellen gelegenen Chorien gesehen werden, ist mit großer Wahrscheinlichkeit von einer dichorialen Zwillingsschwangerschaft auszugehen. Auch können zu diesem Schwangerschaftszeitpunkt die verschiedenen Lagen Amnion und Chorion noch gut getrennt dargestellt werden (Abb. 12.23).

In vielen Fällen liegen auch bei dichorialen Schwangerschaften die Plazenten nebeneinander und sind sonographisch nicht als getrennte zu erkennen. Zur Unterscheidung dieser dichorialen von monochorialen Schwangerschaften kann das sog. λ-Zeichen als Kriterium dienen (Sepulveda et al. 1997). Mit diesem Begriff wird ein im Querschnitt sich dreieckig darstellender Ausläufer des Plazentagewebes zwischen die Trennmembranen bezeichnet (Abb. 12.24). Dieses Zeichen ist vor der 16. SSW am besten darstellbar (Sepulveda et al. 1997).

Im weiteren Verlauf der Schwangerschaft kann auch die Dicke der Trennmembran als allerdings nicht so sicheres Unterscheidungskriterium herangezogen werden. Die vierlagige Trennmembran bei dichorialer Zwillingsschwangerschaft ist immer gut sichtbar (Abb 12.25). Bei der monochorialen Zwillingsschwanger-

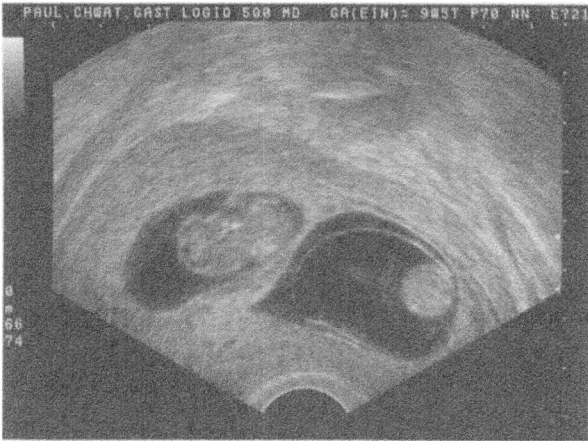

Abb. 12.23. Dichoriale diamniotische Zwillings-
schwangerschaft nach IVF
(SSW 9+5). Amnion und
Chorion sind noch getrennt
und gut voneinander zu unterscheiden

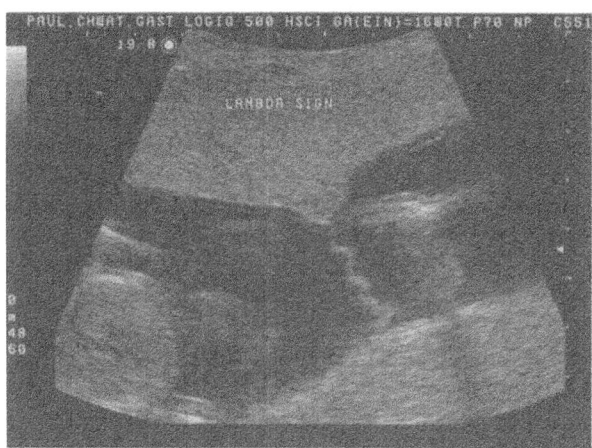

Abb. 12.24. λ-Zeichen bei
dichorialer Zwillings-
schwangerschaft, SSW 16+0

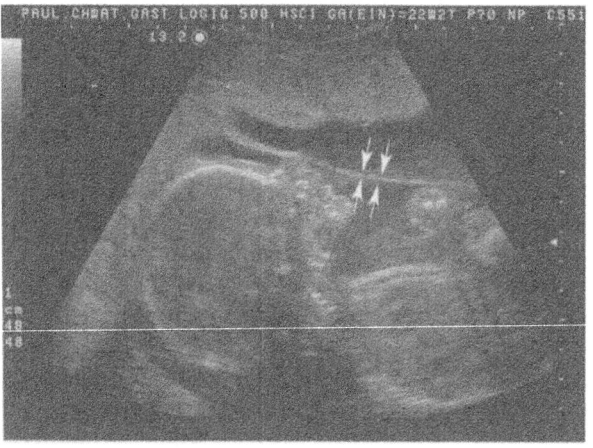

Abb. 12.25. Dichoriale diamniotische Zwillings-
schwangerschaft nach IVF
(SSW 22+2). Die dicke vierlagige Trennmembran ist
gut darstellbar

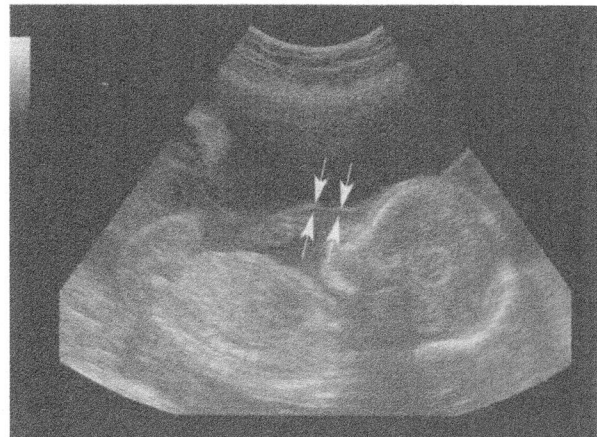

a

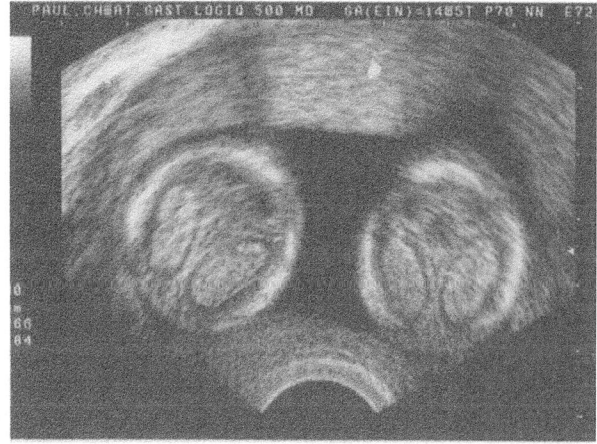

b

Abb. 12.26 a, b. Monochoriale diamniotische Zwillingsschwangerschaft. **a** Das zweilagige Amnion stellt sich als sehr dünne Membran dar (SSW 18+5). **b** Beide Embryonen sind von einer Chorionmembran umgeben; die sehr dünne Amniontrennmembran stellt sich in dieser Ebene nicht dar (SSW 14+5)

schaft ist die Trennmembran sehr dünn und auf den ersten Blick nicht immer darstellbar (Abb. 12.26). Bei guten sonographischen Sichtverhältnissen können auch die einzelnen Lagen voneinander abgegrenzt werden.

Fetofetales Transfusionssyndrom (FFTS)
Bei monochorialer Gravidität ist vor allen Dingen das Risiko eines fetofetalen Transfusionssyndroms (FFTS) gegeben. Das FFTS beruht auf unbalancierten Gefäßanastomosen in der Plazenta, die über verschiedene mögliche, letztendlich bezüglich des genauen Pathomechanismus noch nicht geklärten Wege zu einem Volumenungleichgewicht zwischen den monochorialen Feten führt. Der Akzep-

tor entwickelt eine Hypervolämie, einen hohen Hämatokrit, ein vergrößertes Herz, einen hohen renalen Blutfluß mit nachfolgender Polyhydramnie und einen Hydrops fetalis. Der Donor entwickelt eine Hypovolämie mit einem heruntergesetzten renalen Blutfluß und nachfolgender Oligohydramnie, eine Retardierung, eine Anämie, die ebenfalls zum Hydrops fetalis führen kann.

Bei ungefähr 12–20% aller monochorialen Zwillingsschwangerschaften werden Zeichen eines FFTS beobachtet.

Sonographisch stellt sich in schweren Fällen eine Polyhydramnie mit freier Beweglichkeit eines eher größeren Zwillings bei Retardierung und Unbeweglichkeit des anderen Zwillings dar. Die diamniotische Trennwand liegt im Extremfall dem kleineren, weniger beweglichen Zwilling nahe an und kann aus diesen Gründen sonographisch oft nur schwer dargestellt werden (sog. Stuck-twin-Phänomen). Die Harnblase des Donors ist stark gefüllt. Durch die Untersuchung der Strömungsverhältnisse im fetalen Herz und in den großen Gefäßen kann auch bei noch nicht so ausgeprägtem Zustand eine kardiale Belastung des Akzeptors erkannt werden (Zosmer et al. 1994). Ein verbreitertes dorsonuchales Ödem im 1. Trimenon kann als Folge einer schon beginnenden Volumenüberlastung erstes Zeichen eines sich entwickelnden FFTS sein (Sebire et al. 1997).

Die *Prognose* bei unbehandeltem FFTS ist sehr schlecht; die Mortalität liegt bei bis zu 100%. Durch serielle Entlastungspunktionen des Polyhydramnions oder fetoskopische Laserkoagulation der kommunizierenden plazentaren Gefäße kann eine Verlängerung der Tragzeit erreicht und damit die Überlebensrate erhöht werden. Die beiden Verfahren zeigen in bezug auf die Mortalität keine signifikanten Unterschiede. Sowohl nach Entlastungspunktionen als auch nach Laserbehandlung beträgt die Überlebensrate 50–60% (Ville et al. 1995; Plath u. Hansmann 1998). Lediglich bezüglich der Morbidität der überlebenden Kinder scheint die Laserbehandlung bessere Ergebnisse zu zeigen.

„Vanishing twin" und Aborte bei Zwillingsschwangerschaften

Zwischen der Rate der Zwillingsgeburten und der Rate der Zwillingsschwangerschaften besteht eine große Diskrepanz. Viele Zwillingsschwangerschaften werden im Laufe der Schwangerschaft durch den intrauterinen Fruchttod eines Zwillings zu Einlingsschwangerschaften oder enden in einem Abort.

Die Auswertung mehrerer Studien ergibt bei Berücksichtigung mono- und dichorialer Geminigraviditäten – abhängig vom Gestationsalter, in dem die Zwillingsschwangerschaft festgestellt wurde – eine Aborthäufigkeit von 20–71% (Meyers et al. 1995). Auswertungen des Schwangerschaftsverlaufs bei nach assistierter Reproduktion entstandenen Mehrlingen, d.h. dichorialen Mehrlingsschwangerschaften, ergaben, nachdem 2 Herzaktionen gesehen wurden, bei Zwillingen eine Gesamtverlustrate von 10,3% (Seoud et al. 1992; Lipitz et al. 1994). Die Auswertung anderer Studien (Crombach et al. 1998) ergab noch jenseits der 17. SSW bei Zwillingen eine fetale Verlustrate von 3,2–4,6% (Prömpeler et al. 1989; Ghidini et al. 1993; Brandenburg et al. 1994). Nicolaides et al. (1997, pers. Mitteilung) geben für dichoriale Zwillingsschwangerschaften im Zeitraum zwischen der 12. und 24. SSW eine Abortrate von 2%, für monochoriale Zwillingsschwangerschaften eine Abortrate von 12% an. Das Risiko für einen intrauterinen Fruchttod noch nach der 24. SSW bis zum Entbindungstermin wird bei dichorialen Zwillingsschwangerschaften mit 2%, bei monochorialen Zwillingsschwangerschaften mit 4% angegeben.

Eine prospektive Studie an 68 Zwillingsschwangerschaften, in denen im 1. Trimenon 2 Herzaktionen gesehen wurden (Benson et al. 1993), ergab, daß 54 der Schwangeren (79%) gesunde Zwillinge zur Welt brachten, 8 (12%) nur ein Kind und 6 (9%) keines. Interessant ist der Unterschied der Ergebnisse bei dichorialen Schwangerschaften (83% entbundene Zwillinge, 12% Einlinge, 5% kein Kind) und monochorialen Schwangerschaften (56% entbundene Zwillinge, 11% Einlinge, 33% kein Kind). Bei Berücksichtigung auch schon jener frühen Schwangerschaften, in denen noch kein Embryo mit Herzaktion beobachtet werden kann, ergäbe sich eine noch wesentlich höhere Spontanverlustrate.

Wenn ein Zwilling in einer Zwillingsschwangerschaft abstirbt, spricht man von einem „vanishing twin". Die Häufigkeit wird, abhängig vom Zeitpunkt der Feststellung einer Zwillingsschwangerschaft, mit 20–70% angegeben (Landy et al. 1986; Nakamura et al. 1990). Die Prognose für den verbleibenden Einling wird unterschiedlich eingeschätzt. Landy et al. haben nach Feststellung eines Vanishing twin im 1. Trimenon bei 14,3% der Schwangerschaften auch einen intrauterinen Fruchttod des verbleibenden Fetus beobachtet.

Die so komplizierten Schwangerschaften waren zum allergrößten Teil monochoriale Schwangerschaften. Es wird angenommen, daß die Prognose für den verbleibenden Zwilling um so besser ist, je früher einer der Zwillinge abstirbt. Ob der verbleibende Fetus ein höheres Risiko für eine Chromosomenstörung oder eine andere Erkrankung hat, bleibt bisher unklar. Bei monozygoten Zwillingen könnte man annehmen, daß eine beide Feten betreffende Erkrankung bei einem der Zwillinge zu einer stärkeren Ausprägung mit nachfolgendem Fruchttod geführt hat.

Fehlbildungen bei Zwillingen

Angeborene Fehlbildungen treten in Zwillingsschwangerschaften häufiger als in Einlingsschwangerschaften auf. Die Fehlbildungsrate wird für jeden Zwilling (bzw. Mehrling) etwa doppelt so hoch angegeben wie für Einlinge (bei größeren Fehlbildungen 2,12% gegenüber 1,05% bei Einlingen, bei kleineren Fehlbildungen 4,13% gegenüber 2,4% bei Einlingen (Fleischer et al. 1991).

Insgesamt ist die Rate an Fehlbildungen bei monozygoten Zwillingen wesentlich höher als bei dizygoten Zwillingen. Etwa 15% der monozygoten Zwillinge zeigen eine Einzelfehlbildung und 3–4% multiple Anomalien. Vor allen Dingen auf die frühe Embryogenese zurückzuführende Fehlbildungen und Fehlbildungskomplexe, wie Akranie, Sirenomelie, Blasenextrophie, Neuralrohrdefekte, VACTERL-Assoziation, gastrointestinale Fehlbildungen, Herzfehler und Holoprosenzephalie, werden bei monozygoten Zwillingen häufiger festgestellt.

Die *Konkordanz* ist je nach Fehlbildung und bezogen auf die Ein- oder Zweieiigkeit verschieden. Für genetisch bedingte und genetisch mitbedingte Krankheiten und Fehlbildungen besteht bei monozygoten Zwillingen, wie erwartet, eine höhere Konkordanz als bei dizygoten Zwillingen. Auch ist für diese Erkrankungen die Konkordanz bei dizygoten Zwillingen höher als bei nacheinander geborenen Geschwistern, da erstere sich in der gleichen uterinen Umgebung entwickeln. Für die Lippen-Kiefer-Gaumen-Spalte ergibt sich z.B. eine Konkordanz von 40% für eineiige Zwillinge und 8% für zweieiige Zwillinge.

Drei Theorien werden als Erklärung für die größere Häufigkeit von Fehlbildungen in Zwillingsschwangerschaften postuliert:

1. Dieselbe Störung, die zur Entstehung der monozygoten Zwillinge geführt hat, ist auch Ursache für die Entstehung verschiedener *Einzelfehlbildungen bzw. multipler Fehlbildungskomplexe.* Diese Fehlbildungen, die nur monozygote Zwillinge betreffen, sind auf die frühe Embryogenese aufgrund einer Störung der Gastrulation zurückzuführen und um so häufiger, je später die Zwillingsbildung erfolgt. In diese Gruppe gehören neben den oben genannten auch alle Doppelfehlbildungen im Gefolge der nicht vollständigen Trennung des Embryos („siamesische Zwillinge", parasitärer Zwilling, Steißbeinteratome).

2. Pathologische Blutflüsse über Anastomosen in der gemeinsamen Plazenta können über Zirkulationsunterbrechungen zu Entwicklungsstörungen aller Organe und Extremitäten führen. In diese Gruppe der *Disruptionen und Disruptionskomplexe* gehören auch jene Störungen, die während des Absterbens eines Mehrlings bei monochorialer Schwangerschaft durch Embolien über arteriovenöse Anastomosen zu Entwicklungsstörungen, vor allem des ZNS, mit nachfolgender Mikrozephalie, Porenzephalie und Hydrozephalus führen. Auch diese Störungen betreffen nur monozygote Zwillinge.

3. Es entstehen strukturelle Anomalien aufgrund des Vorhandenseins mehrerer Embryonen/Feten in einer Fruchthülle (crowding). Diese *Deformationen bzw. Deformationskomplexe* betreffen in gleicher Weise dizygote und monozygote Zwillinge. Es handelt sich hier um in der Regel behandelbare und nicht genetisch bedingte oder auch vorübergehende Störungen, wie Klumpfüße, Hüftdysplasien und -luxationen, Wirbelsäulenverkrümmungen, Gesichts- und Schädelasymmetrien und andere Störungen des Skeletts und des Muskelsystems.

Chromosomenstörungen bei Zwillingen

Die Wahrscheinlichkeit, daß bei einer Zwillingsschwangerschaft eine Chromosomenstörung bei einem der beiden Feten vorliegt, ist höher, als sie bei gegebenem mütterlichem Alter für eine Einlingsschwangerschaft angenommen würde. Die erhöhte Rate von Chromosomenstörungen bei monozygoten Zwillingen wird wie die erhöhte Rate von strukturellen Anomalien hypothetisch auf dieselbe Ursache zurückgeführt, die zur Entstehung der Zwillinge geführt hat. Monozygote Zwillinge haben in der Regel einen identischen Chromosomensatz. In seltenen Fällen kann es jedoch durch eine postzygotisch bei einem Zwilling entstandene Fehlverteilung zu einem diskordanten Befund kommen.

Bei dizygoten Zwillingen werden 2 Oozyten befruchtet. Jede der beiden befruchteten Oozyten hat ihr eigenes Risiko für eine Chromosomenstörung. Eine invasive Diagnostik sollte bei dizygoter Zwillingsgravidität ab dem mütterlichen Alter von 32 Jahren zu Diskussion gestellt werden, da in diesem Alter das Risiko für ein Kind mit einer Trisomie 21 demjenigen einer 35jährigen Schwangeren bei Einlingsschwangerschaft entspricht.

Allgemein kann bei Vorliegen einer Zwillingsschwangerschaft ohne Angaben über die Ein- oder Zweieiigkeit zur orientierenden Berechnung des Risikos für mindestens ein Kind mit einer Chromosomenstörung das altersbezogene Basisrisiko um den Faktor 5/3 multipliziert werden.

Bei monozygoten Zwillingen sind in der Regel beide Feten betroffen oder beide gesund.

Da heute in vielen Fällen – zum einen aufgrund der Möglichkeiten der sonographischen Diagnostik, zum anderen aufgrund der Kenntnisse über die Entstehungsmechanismen (Sterilitätsbehandlung) – schon vorgeburtlich bekannt ist, ob es sich um monozygote oder dizygote Zwillinge handelt, ist häufig eine angepaßtere Risikoangabe möglich. Die Risiken für die Betroffenheit eines, beider und mindestens eines der beiden Feten bei bekannter und unbekannter Zygotie sind in Tabelle 12.18 und, auf die einzelnen Altersstufen bezogen, in Tabelle 12.3 zusammengestellt.

Da die biochemischen Parameter (z.B. Triple-Test) zur nichtinvasiven Eingrenzung des Risikos für eine Chromosomenstörung bei Zwillingsschwangerschaften nicht so aussagekräftig sind wie bei Einlingsschwangerschaften und die

Tabelle 12.18. Modifikation genetischer Risiken für verschiedene Krankheitsgruppen bei Zwillingen in Abhängigkeit von ihrer Zygotie (mod. nach Crombach et al. 1997; Drugan et al. 1996)

Erkrankung (Anzahl betroffener Feten)	Monozygotie	Dizygotie	Zygotie unbekannt
Chromosomenanomalie			
Beide Feten	X*	X^2	1/3 X**
Mindestens ein Fetus	X	2X**	5/3 X**
Nur ein Fetus	–	2X**	4/3 X**
Autosomal-rezessiver Erbgang			
Beide Feten	1/4	1/16	1/8
Mindestens ein Fetus	1/4	7/16	3/8
Nur ein Fetus	–	6/16	1/4
X-chromosomaler Erbgang ***			
Beide Feten	1/4	1/16	1/8
Mindestens ein Fetus	1/4	7/16	3/8
Nur ein Fetus	–	6/16	1/4
Autosomal-dominanter Erbgang			
Beide Feten	1/2	1/4	1/3
Mindestens ein Fetus	1/2	3/4	2/3
Nur ein Fetus	–	1/2	1/3

* Maternales Altersrisiko für einen abnormen fetalen Karyotyp.
** Approximative Risikokalkulation.
*** Berechnung unter der Annahme, daß die Hälfte der Nachkommen männlich ist, von denen wiederum 50% betroffen sind. Dieses Risiko wird durch die frühzeitige Geschlechtsdiagnose modifiziert.

Erkennungsrate für eine fetale Chromosomenstörung durch eine sonographische Untersuchung im Zeitraum zwischen der 10. und 14. SSW zum Ausschluß einer Verbreiterung des dorsonuchalen Ödems wesentlich höher ist, kommt dieser Screeninguntersuchung bei Zwillingsschwangerschaften besondere Bedeutung zu.

Monogen vererbte genetische Krankheiten

Bei bekanntem erhöhtem Risiko für eine klar vererbte genetische Erkrankung sind die Risiken für jeden der beiden Feten in einer Zwillingsschwangerschaft anders anzugeben als bei einer Einlingsschwangerschaft. Unter der Annahme, daß 2 Drittel der Zwillinge zweieiig und ein Drittel eineiig sind, muß das Risiko bei autosomal-rezessiven Erkrankungen um den Faktor 3/8 multipliziert werden (d. h. 1/4 × 3/8). Bei autosomal-dominant vererbten Erkrankungen muß das Risiko um den Faktor 5/6 multipliziert werden (1/2 × 5/6). Bei X-gebundenen Erkrankungen kann im 2. Trimenon zunächst sonographisch festgestellt werden, ob die Feten weiblich oder männlich sind. Bei 2 männlichen Feten (bei bekannter Überträgerschaft der Mutter) ist das Risiko für jeden der beiden Feten wie bei dominanter Erkrankung zu errechnen. Bei einem männlichen und einem weiblichen Feten ist von einer dizygoten Schwangerschaft auszugehen. Der männliche Fetus hat dasselbe Risiko wie in einer Einlingsschwangerschaft.

Die bei Unklarheit des Geschlechts bestehenden Risiken und die modifizierten Risiken für andere monogene Erkrankungen und Chromosomenstörungen bei Zwillingsschwangerschaft sind in Tabelle 12.18 aufgeführt.

AFP und Triple-Diagnostik

Bei Zwillingsschwangerschaften sind der AFP-Wert im mütterlichen Serum durchschnittlich 2,0- bis 2,5fach, der Östradiolwert 1,7fach und die HCG-Werte 1,8- bis 2fach höher als bei Einlingsschwangerschaften.

Die höchsten MS-AFP-Werte werden bei dichorialer-diamniotischer Schwangerschaft gemessen, vermutlich da in diesen Schwangerschaften die von Eihäuten und Plazenta gebildete Austauschfläche besonders groß ist. Wenn der MoM (multiple of median) über 4,5 liegt, wird von einem erhöhten Wert ausgegangen. In diesem Fall sollte eine sorgfältige sonographische Untersuchung einen Neuralrohrdefekt oder andere Ursachen der AFP-Erhöhung ausschließen.

Die AFP- und AChE-Bestimmung im Fruchtwasser ist bei Zwillingsschwangerschaften nicht so aussagekräftig wie bei Einlingsschwangerschaften. AChE und AFP diffundieren durch die Trennmembranen und sind den Feten nicht klar zuzuordnen. Eine Diskordanz im Fruchtwasser-AFP-Wert wird häufiger bei dizygoten Zwillingen beobachtet, vermutlich wegen der dickeren Membran.

Die Aussagekraft der Triple-Diagnostik ist bei Zwillingsschwangerschaften eingeschränkt. Da die im mütterlichen Serum gemessenen Werte immer nur die Summe der von beiden Feten stammenden Werte sein können, ist nur eine orientierende Aussage möglich.

Es existieren Programme, die wie bei Einlingsschwangerschaften anhand der gemessenen Werte und deren Multiplikationsfaktor für Mehrlinge orientierend das Risiko für Down-Syndrom angeben.

Invasive Diagnostik

Da die dizygoten Mehrlingsschwangerschaften mit mütterlichem Alter zunehmen, die Sterilitätsbehandlung zunehmend erfolgreich auch bei Frauen über 35
Jahren zu Schwangerschaften, vor allem auch Zwillingsschwangerschaften führt,
Chromosomenstörungen bei Zwillingsschwangerschaften häufiger sind als bei
Einlingsschwangerschaften, bei Zwillingen vermehrt Fehlbildungen gefunden
werden, die den Ausschluß einer Chromosomenstörung notwendig machen, werden viele Zwillingsschwangere einer invasiven Diagnostik zugeführt. Da vor einer invasiven Diagnostik bei Zwillingsschwangerschaft aufgrund der Möglichkeit
eines diskordanten Befundes als möglicher nächster Schritt ein selektiver Fetozid
im Raum steht, muß bei der genetischen Beratung besonders auf die hiermit
verbundenen moralischen und ethischen Fragen eingegangen werden. Auch
wenn zwischen Schwangerschaftsabbruch bei Einlingsschwangerschaft nach invasiver Diagnostik und selektivem Fetozid vom moralischen und ethischen Stand-
punkt sicher keine wesentlichen Unterschiede bestehen, kommt für manche
Zwillingsschwangere dieser Eingriff allein aus körperlicher Sicht nicht in Frage.

Falls im 1. Trimenon eine fetale Auffälligkeit gefunden wird (AV-Kanal, dorsonuchales Ödem >2,5 mm), ist eine Chorionzottenbiopsie zu erwägen. Bei nicht
klaren topographischen Verhältnissen (evtl. fusionierte Chorien bei dichorialer
Gravidität) ist es aufgrund der evtl. nicht klar zuzuordnenden Ergebnisse sinnvoll, den Zeitpunkt der Amniozentese abzuwarten. Mehrere Studien ergaben,
daß in 5% der Fälle nach Chorionzottenbiopsie Ungewißheit darüber besteht, ob
beide Plazenten biopsiert wurden.

Die Punktion von Mehrlingsgraviditäten unterscheidet sich in der Regel von
der Punktion von Einlingsschwangerschaften lediglich durch die Notwendigkeit,
ggf. mehrere Fruchtblasen zu erreichen.

Bei der seltenen monochorial-monoamniotischen Mehrlingsschwangerschaft
mit genetisch identischen Feten wird, wie bei der Einlingsschwangerschaft, die
eine gemeinsame Fruchtblase punktiert. Auch bei sicher monochorial-diamnioti-
schen Zwillingen sollten beide Amnionhöhlen punktiert werden, um auch die
seltene Diskordanz zu erfassen, die auf einer postzygotisch entstandenen Chro-
mosomenfehlverteilung bei einem der monozygoten Feten beruht.

In seltenen Fällen, bei topographisch unklaren Amnionverhältnissen, wird
nach der Punktion des ersten Mehrlings ein Farbstoff instilliert. Methylenblau
sollte nicht mehr verwandt werden, da nach Applikation von Methylenblau eine
erhöhte Inzidenz von fetalen Darmobstruktionen beobachtet wurde. Obwohl
auch nach Anwendung von Indigokarmin in Einzelfällen Dünndarmatresien beobachtet wurden, ist dies der derzeit angewandte Farbstoff.

Das Risiko der Auslösung einer Fehlgeburt bei Mehrlingsschwangerschaften
wird unterschiedlich angegeben. Sorgfältige Vergleichsstudien mit Zwillingskol-
lektiven, an denen *keine* Amniozentese durchgeführt wurde (3,5% Abortrate vs.
3,2%, Ghidini et al. 1993) und mit Einlingsschwangerschaften, an denen ebenfalls
eine Amniozentese durchgeführt wurde (Anderson et al. 1991), ergaben keine
wesentlichen Unterschiede.

Eine Untersuchung an 128 Zwillingsschwangerschaften, bei denen eine CVS
im Zeitraum zwischen der 9. und 12. SSW durchgeführt wurde, ergab ebenfalls
keine wesentlich erhöhte Fehlgeburtenrate gegenüber der Fehlgeburtenrate nach

CVS bei Einlingsschwangerschaften (Pergament et al. 1992). Andere Studien ergaben ein etwas höheres Fehlgeburtenrisiko.

Diskordanter Befund bei Zwillingen

Falls bei nur einem von beiden Feten eine Anomalie oder Chromosomenstörung diagnostiziert wird, besteht die Möglichkeit, die Schwangerschaft unverändert auszutragen, die gesamte Schwangerschaft abzubrechen oder einen selektiven Fetozid durchzuführen. Bei dichorialen Schwangerschaften kann der Fetozid durch intrakardiale oder intravenöse KCl-Injektion herbeigeführt werden. Die Fehlgeburtenrate wird nach selektivem Fetozid jenseits der 18.–20. SSW mit bis zu 15%, vor der 16. SSW mit 5% angegeben.

Bei monochorialen Schwangerschaften ist ein selektiver Fetozid nur möglich durch eine unter Ultraschallsicht endoskopisch durchgeführte Ligatur der Nabelschnur, um den Transport von thromboplastischem Material zum gesunden Fetus über eventuelle Gefäßanastomosen zu vermeiden.

Procedere bei Mehrlingsschwangerschaften
- Frühe sonographische Untersuchung zur Festlegung der Chorionizität und zum Ausschluß einer embryonalen/fetalen Fehlbildung (z.B. dorsonuchales Ödem >2,5 mm, AV-Kanal u.a.)
- Bei fetaler Auffälligkeit und/oder mütterlichem Alter über 32 Jahre Erwägung einer Karyotypisierung; bei hohem schon früh erkennbarem Risiko für eine fetale Chromosomenstörung ggf. über CVS (bei Monochorionizität oder bei getrennten Chorien bei dichorialer Geminigravidität)
- Sonographische Untersuchung inkl. fetaler Echokardiographie in der 20.–22. SSW, besonders wichtig bei monochorialen Zwillingen
- Im weiteren Schwangerschaftsverlauf (vor allem bei Monochorionizität) engmaschige sonographische Kontrollen zum Ausschluß eines fetofetalen Transfusionssyndroms (FFTS). Bei beginnendem FFTS, abhängig von der Gestationswoche und vom Ausmaß, evtl. Zuführung zu einer Laserkoagulation der verantwortlichen Anastomosen.

12.7.9 Fehlbildungen des Zentralnervensystems

Hydrozephalus

Häufigkeit

Der Hydrozephalus ist neben den Herzfehlern und den Fehlbildungen des Urogenitaltrakts eine der häufigsten angeborenen Fehlbildungen. Die Prävalenz liegt bei ca. 0,5 auf 1000 Geburten. Bei Risikokollektiven in Perinatalzentren wird von einer Häufigkeit von ca. 6% ausgegangen.

Definition

Der Hydrozephalus wird allgemein als eine vermehrte Liquoransammlung im Gehirn definiert, die mit einer Erweiterung verschiedener Abschnitte des zerebralen Ventrikelsystems einhergeht. Grundlage ist ein Ungleichgewicht zwischen Liquorproduktion und Liquorresorption.

Pathophysiologie

Der Liquor cerebrospinalis wird vor allem in den Plexus choroidei in den Seitenventrikeln gebildet und fließt von den Seitenventrikeln durch die Foramina interventricularia Monroi in den 3. Ventrikel und durch den Aquaeductus cerebri in den 4. Ventrikel. Auf der Höhe des 4. Ventrikels fließt der Liquor durch die seitlichen Foramina Luschkae und durch das mediane Foramen Magendi in das Subarachnoidalsystem. Aus dem Subarachnoidalraum wird der Liquor in den Sinus sagittalis superior reabsorbiert (Abb. 12.27).

Bei Behinderung dieser Zirkulation und Störung der Resorption sind, abhängig vom Ort der Obstruktion, die entsprechenden vorgeschalteten Abschnitte des Ventrikelsystems erweitert.

Von diesen Störungen sind pathologische intrakranielle Liquoransammlungen als Folge primärer Gehirnfehlbildungen, wie bei der Holoprosenzephalie oder der Porenzephalie als Folge von z. B. Noxen und intrakraniellen Blutungen abzugrenzen.

Die überwiegende Mehrzahl der Fälle von angeborenem Hydrozephalus ist Folge einer Obstruktion.

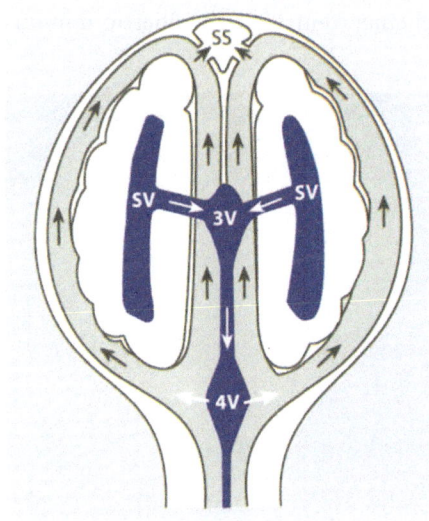

Abb. 12.27. Schematische Darstellung des physiologischen intrazerebralen Liquorflusses (nach Romero et al. 1987). Der Liquor wird vor allem durch die Plexus choroidei in den Seitenventrikeln (*SV*) gebildet, fließt dann von dort langsam in den 3. (*3V*) und 4. Ventrikel (*4V*) und danach in den Subarachnoidalraum (*grau schraffiert*). Von dort fließt er in den Sinus sagittalis superior (*SS*), wo er reabsorbiert wird

Formen

Die in der Pränataldiagnostik vor allem bezüglich der Ätiologie und Pathogenese unterscheidbaren wichtigsten Formen des Hydrozephalus sind:

- Hydrocephalus internus bei Aquäduktstenose (ca. 43% aller Fälle),
- Hydrocephalus externus (38%),
- Hydrocephalus internus bei Dandy-Walker-Malformation (12%),
- Hydrozephalus bei Arnold-Chiari-Malformation Typ 2 als Folge einer Spina bifida.

Ätiologie

Die Ursache der Hydrozephalie ist, abhängig von der Hydrozephalusform, sehr unterschiedlich. Die zytogenetische Analyse bei Feten mit sonographisch isoliertem Hydrozephalus zeigte in 2% der Fälle einen pathologischen Karyotyp (Snijders et al. 1996). Bei Zusatzfehlbildungen war die Häufigkeit 17%. Die Wahrscheinlichkeit für eine Chromosomenstörung ist größer bei nur leicht ausgeprägter Ventrikelerweiterung.

Sonographie

Sonographisch fällt bei den meisten Formen des Hydrozephalus zunächst die Erweiterung der Seitenventrikel auf (Abb. 12.28). Als Orientierung zur Unterscheidung von Normalbefund und Pathologie kann der sog. *Ventrikel-Hemisphären-Index (VH-Index)* hilfreich sein. Jenseits der 24. SSW ist ein VH-Index von über 0,5 als sicher pathologisch einzustufen. Falls somit jenseits dieser Gestationszeit der Seitenventrikel mehr als die Hälfte der Hirnhemisphäre einnimmt, ist von einem Hydrozephalus auszugehen.

Der VH-Index beträgt physiologischerweise in der 15. SSW um 0,7, fällt bis zum Beginn des 3. Trimenons auf 0,3 ab und bleibt danach bis zum Entbindungstermin konstant bei diesem Wert.

Auch kann die *maximale Ventrikelweite* gemessen werden. Eine Pathologie muß bei einer Ventrikelweite über 10 mm im 2. und 3. Trimenon angenommen werden.

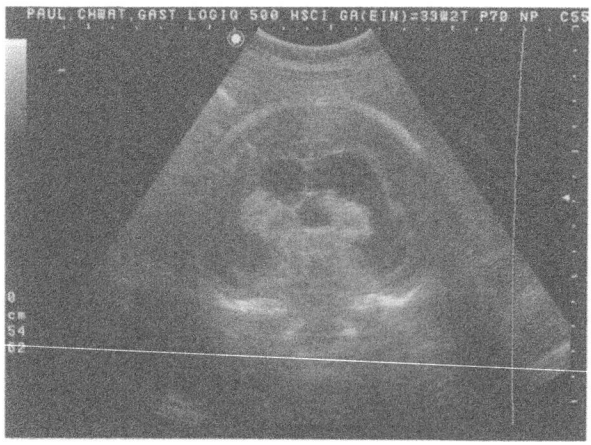

Abb. 12.28. Erweiterung der Seitenventrikel und des 3. Ventrikels in der 34. SSW, Frontalschnitt

In ca. einem Drittel der Fälle wird die Diagnose eines Hydrozephalus erst jenseits der 24. SSW gestellt. Auch sind die verschiedenen Formen des Hydrozephalus pränatal oft nicht zu unterscheiden.

Man geht davon aus, daß in bis zu 80% der Fälle unter optimalen Bedingungen die Ursache einer Hydrozephalie auch schon pränatal gefunden wird.

Begleitfehlbildungen
Intrakranielle Begleitfehlbildungen werden in 30–40%, extrakranielle in ca. 60% der Fälle beobachtet. Bei 30% der vorgeburtlich diagnostizierten Hydrozephalien liegt ein Neuralrohrdefekt vor.

Wiederholungsrisiko
Bei isoliertem ungeklärtem Hydrozephalus wird für Geschwister eines Betroffenen ein Risiko von 2% angegeben. Ist das betroffene Kind ein Junge, dann ist das Risiko höher und beträgt 4–5%. Wenn 2 Kinder betroffen sind, liegt das Wiederholungsrisiko für jedes weitere Kind bei 8%.

Bei geklärtem Hydrozephalus ist das Wiederholungsrisiko dasjenige des zugrundeliegenden Syndroms oder das empirische Wiederholungsrisiko der entsprechenden Hydrozephalusform.

Auch das Risiko für einen Neuralrohrdefekt ist bei Verwandten 1. Grades eines Betroffenen (mit isoliertem Hydrozephalus) 2–5fach erhöht. Auch umgekehrt wurde bei familiärer Belastung durch Neuralrohrdefekte ein höheres Hydrozephalusrisiko festgestellt.

Im folgenden wird auf die verschiedenen Formen des Hydrozephalus, vor allem bezüglich der unterschiedlichen Ätiologie und der hierin implizierten genetischen Faktoren, im einzelnen eingegangen.

Hydrozephalus bei Aquäduktstenose

Häufigkeit
In 43% der Fälle von Hydrozephalus ist eine Aquäduktstenose die Ursache.

Definition
Die primäre Aquäduktstenose stellt eine Obstruktion der Verbindung zwischen dem 3. und 4. Ventrikel dar.

Sonographie
Die Aquäduktstenose geht zunächst mit einer isolierten Erweiterung des 3. Ventrikels und der beiden Seitenventrikel einher. Im weiteren Verlauf kann es zur Aufweitung des gesamten Ventrikelsystems kommen.

Ätiologie
Die Ätiologie ist uneinheitlich. In 50% der Fälle sind Infektionen (Toxoplasmose, Lues, Zytomegalie, Röteln, Varizellen, Hepatitis, Influenzavirus, Mumps, Epstein-Barr) die Ursache.

Bei männlichen Patienten mit Aquäduktstenose ist zu ca. 25% mit einem X-chromosomal gebundenen Erbgang zu rechnen. Der Genort befindet sich auf dem langen Arm des X-Chromosoms (Xq27.3).

In Risikofamilien ist bei obligatorischen Überträgerinnen eine molekulargenetische Diagnostik auch schon vorgeburtlich möglich. Von dieser Form können nur männliche Feten betroffen sein. Bei bekannter Überträgerschaft der Schwangeren besteht für jeden männlichen Fetus ein Risiko von 50%, betroffen zu sein. Jeder weibliche Fetus wird mit einer Wahrscheinlichkeit von 50% Überträgerin sein. Ist das betroffene Kind männlich und besteht kein sicherer Hinweis auf eine X-chromosomal-rezessive Vererbung, dann beträgt das empirische Wiederholungsrisiko ca. 10%.

Bei 17% der Feten/Kinder mit der X-chromosomal vererbten Form der Aquäduktstenose wird zusätzlich eine typische Stellungsanomalie der Daumen beobachtet. Die Daumen sind flektiert und adduziert.

In wenigen Familien wird ein autosomal-rezessiver Erbgang beschrieben. Selten wird die Aquäduktstenose bei Chromosomenstörungen, Hirntumoren, Neurofibromatose und tuberöser Hirnsklerose beobachtet.

Kommunizierender Hydrozephalus (Hydrocephalus externus)

Häufigkeit
Der Hydrocephalus externus macht 38% aller Fälle von Hydrozephalus aus.

Definition
Der kommunizierende Hydrozephalus wird definiert als eine Erweiterung des Subarachnoidalraums und der Ventrikel, die auf einer Obstruktion des Liquorflusses außerhalb des Ventrikelsystems beruht.

Pathophysiologie
In der Pathogenese der für diese Form des Hydrozephalus pathognomonischen Erweiterung des Subarachnoidalraums spielen die Störung der Rückresorption des Liquors in den Sinus sagittalis superior durch Verlegung der für diese Resorption verantwortlichen Wege durch Subarachnoidalblutungen, die Abwesenheit der Paccioni-Granulationen und durch Plexus-choroideus-Papillomata eine Rolle.

Sonographie
Der Hydrocephalus externus kann sich zu Beginn der Entstehung als isolierte Erweiterung des Subarachnoidalraums darstellen. Später sind auch bei dieser Form alle Ventrikel erweitert und der Subarachnoidalraum vermutlich aufgrund der Druckverhältnisse als solcher nicht mehr darstellbar.

Ätiologie
Die Ätiologie ist unklar. Postnatal sind Subarachnoidalblutungen die häufigste Ursache. Pränatal liegt in vielen Fällen ein Neuralrohrdefekt vor.

Wiederholungsrisiko
Das Auftreten ist in der Regel sporadisch. Familiäre Fälle wurden wenige beobachtet. Das Wiederholungsrisiko wird mit 1–2% angegeben.

Hydrozephalus bei Dandy-Walker-Malformation (DWM)

Häufigkeit
Die DWM macht 12% aller Fälle von kongenitalem Hydrozephalus aus.

Definition
Die DWM ist charakterisiert durch die Assoziation einer Zyste in der hinteren Schädelgrube, eines Defekts des Vermis cerebelli, durch den die Zyste mit dem 4. Ventrikel kommuniziert, und eines verschieden stark ausgeprägten Hydrozephalus.

Es handelt sich hierbei um eine Hydrozephalusform, die ihren Ausgang in der hinteren Schädelgrube nimmt.

Pathogenese und Pathophysiologie
Die Pathogenese der DMW ist nicht geklärt. Man geht von einer komplexen Entwicklungsstörung der rhomboenzephalen Mittellinienstrukturen aus. Es wird postuliert, daß eine Überproduktion des Liquor cerebralis auf der Höhe des 4. Ventrikels evtl. zu einer frühen Erweiterung dieses Ventrikels und damit zu einer Kompression und nachfolgenden Hypoplasie des Vermis cerebellis führt. Das Cerebellum wird nach kranial und dorsal verdrängt. Es besteht eine Verbindung zwischen der sog. Dandy-Walker-Zyste und dem 4. Ventrikel.

Die Zyste kann sehr groß werden und die beiden Kleinhirnhemisphären auseinanderdrängen. Falls die Foramina Luschkae und Magendi verschlossen sind, kommt es im weiteren Verlauf zum Hydrocephalus internus mit Erweiterung des gesamten Ventrikelsystems.

Sonographie
Die DWM stellt sich zunächst als Zyste in der hinteren Schädelgrube dar. Im weiteren Verlauf kann es auch hier bei Verschluß der Foramina Luschkae und Magendi zu einer Erweiterung aller 4 Ventrikel kommen (Abb. 12.29).

Begleitfehlbildungen
In über 50% der Fälle werden intrakranielle und extrakranielle Begleitfehlbildungen gefunden.

Ätiologie
Die Auswertung von 5 insgesamt 101 Feten umfassenden Studien ergab bei primärer zystischer Erweiterung der hinteren Schädelgrube (DWM) in durchschnittlich 44% der Fälle eine zugrundeliegende Chromosomenstörung. Die häufigste Chromosomenstörung ist die *Trisomie 18* (Snijders et al. 1996).

Auch bei isolierter Erweiterung der Cysterna magna, ohne Vermisdefekt, wird von einem erhöhten Risiko für eine Chromosomenstörung, vor allen Dingen die Trisomie 18, ausgegangen. Diese sonographische Auffälligkeit kann als Minimalausprägung der Dandy-Walker-Malformation gedeutet werden. Die Hauptchromosomenstörungen sind neben der Trisomie 18 die Trisomie 13, die Trisomie 21 und die Triploidie.

Sonographische Bilder wie bei DWM, jedoch mit z.T. anderer Pathogenese, werden bei verschiedenen seltenen monogen vererbten Syndromen beobachtet,

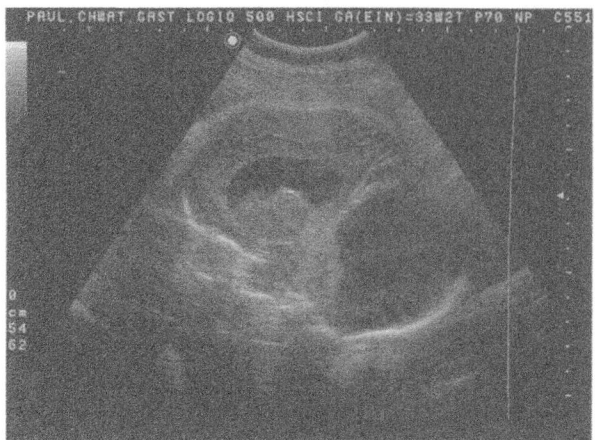

Abb. 12.29. Dandy-Walker-Malformation mit maximaler Ausweitung der hinteren Schädel-grube durch Liquor und nachfolgender Erweiterung auch der Seitenventrikel in der 34. SSW; Dandy-Walker-Zyste und 4. Ventrikel sind als solche nicht mehr zu erkennen (Sagittalschnitt)

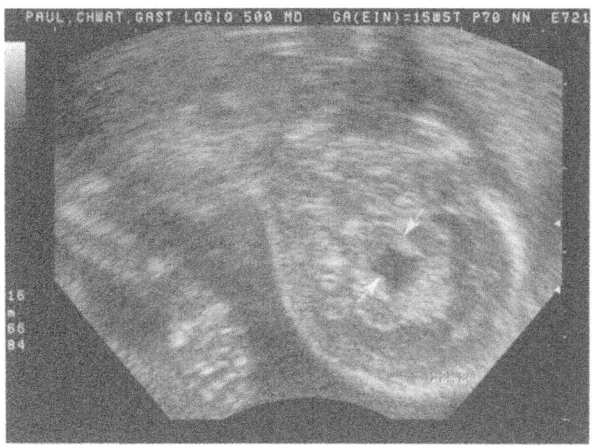

Abb. 12.30. Walker-Warburg-Syndrom in der 16. SSW bei positiver Familienanamnese (Frontalschnitt). Die beiden Kleinhirnhemisphären sind auseinandergedrängt, der Vermis cerebelli ist nicht darstellbar

z. B. dem *Walker-Warburg-Syndrom* zusammen mit Mikrophtalmie, Retinadyspla-sie, angeborener Muskeldystrophie sowie Oligophrenie (autosomal-rezessiver Erbgang) (Abb. 12.30).

Eine ebenfalls mit einer Vermisagenesie einhergehende genetische Erkran-kung (autosomal-rezessiv vererbt) ist das *Joubert-Boltshauser-Syndrom*, das in einem Teil der Fälle mit chorioretinalen Kolobomen und fakultativ mit zahlrei-chen anderen Begleitfehlbildungen einhergeht. Einige Syndrome, die häufig mit

Tabelle 12.19. Verschiedene Syndrome, die mit Dandy-Walker-Malformation einhergehen (*AR* autosomal-rezessiv, *XD* X-chromosomal-dominant, *MR* Mentale Retardierung)

Krankheit	Weitere charakteristische Merkmale	Erbgang
Neu-Laxova-Syndrom	Mikrozephalie, Lissenzephalie, Exophthalmus, intrauterine Wachstumsretardierung, Ichthyosis, letal	
Aicardi-Syndrom	Mikrozephalie, Balkenagenesie, Mikrophthalmie, Kolobome, Chorioretinopathie, Epilepsie, MR	XD
Meckel-Gruber-Syndrom	Polydaktylie, zystische Nieren, okzipitale Enzephalozele, letal	AR
Short-rip-Polydaktyliesyndrom, Typ II	Disproportionierter Minderwuchs, kurze Rippen, Polydaktylie, letal	AR
Walker-Warburg-Syndrom	Lissenzephalie Typ II, Agyrie, ZNS-Fehlbildungen, Augenfehlbildungen, Muskeldystrophie, MR	AR
Marden-Walker-Syndrom	Minderwuchs, Mikrozephalie, Blepharophimosis, Gelenkkontrakturen, Skoliose, Arachnodaktylie, letal	AR
Fryns-Syndrom	Zwerchfelldefekt, grobe Gesichtszüge, Gaumenspalte, hypoplastische Endphalangen, ZNS-Anomalie, letal	AR
OFD Typ II	Minderwuchs, breite Nasenspitze, Lippenspalte, gelappte Zunge, Frenulae, Polysyndaktylie, andere Skelettfehlbildungen, MR	AR
Joubert-Boltshauser	Nystagmus, Kolobome, Enzephalozele, andere ZNS-Fehlbildungen, MR	AR

einer Dandy-Walker-Malformation einhergehen, sind in Tabelle 12.19 zusammengestellt.

Als Ursache der DWM kommen auch Virusinfektionen (Röteln, Zytomegalie), Alkoholkonsum, Medikamente (Kumarine, Isotretinoin) und ein mütterlicher Diabetes in Frage

Bei isolierter DWM wird von einer heterogenen Entstehung ausgegangen. Aufgrund des Auftretens in Geschwisterschaften wird in manchen Familien ein autosomal-rezessiver Erbgang vermutet.

Wiederholungsrisiko
Bei gesicherter Diagnose und isolierter DWM wird ein empirisches Wiederholungsrisiko für Geschwister eines sporadischen Falles von 1–5% angegeben. Diese Risikoangabe ist in der Regel erst nach postnataler Abklärung möglich.

Hydrozephalus bei Arnold-Chiari-Malformation Typ 2

Definition
Es werden mehrere Typen von Arnold-Chiari-Malformation unterschieden. Die Arnold-Chiari-Malformation Typ 2 ist definiert als Herniation des Kleinhirnwurms, des 4. Ventrikels und der Medulla oblongata in den zervikalen Spinalkanal als Folge einer oder in Assoziation mit einer Myelomeningozele.

Sonographie
Als erstes Zeichen kann die Verformung des Kleinhirns konvex zur hinteren Schädelgrube mit Aufhebung der typischen Einkerbung und die Verkleinerung der kaudal gelegenen Cysterna cerebellomedularis auffallen („banana sign", Abb. 12.31). Auch die aufgrund der veränderten Druckverhältnisse typische Verformung des Kopfes („lemon sign", Abb. 12.32) kann ein erstes Zeichen sein. In der

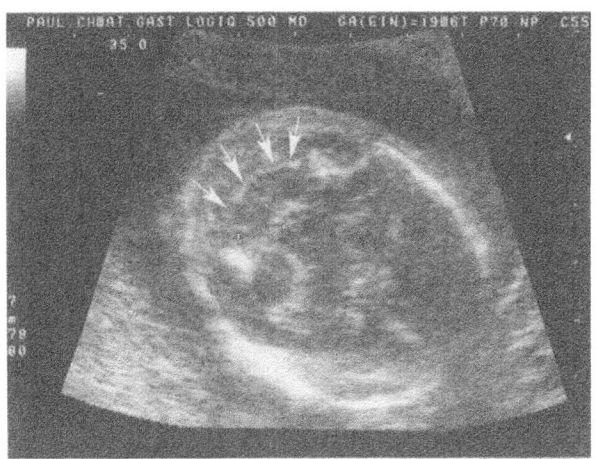

Abb. 12.31. „Banana sign" bei lumbosakraler Spina bifida mit Meningozele in der 20. SSW

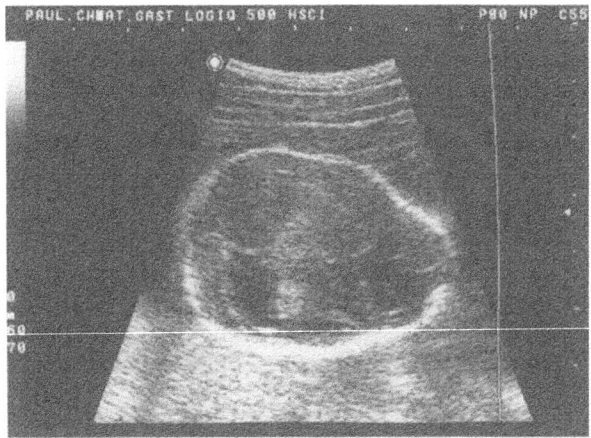

Abb. 12.32. „Lemon sign" bei Holoprosenzephalie in der 17. SSW

Folge kann es zu einer ausgeprägten Erweiterung des gesamten Ventrikelsystems kommen.

Ätiologie
Hauptursache bzw. Begleitfehlbildung im Rahmen dieser Hemmungsmißbildung im zerebellospinalen Übergangsfeld ist ein Neuralrohrdefekt.

Wiederholungsrisiko
Das Wiederholungsrisiko für Geschwisterfälle ist bei gleichzeitigem Vorliegen eines Neuralrohrdefekts dasjenige des Neuralrohrdefekts (2–4%).

Prognose bei Hydrozephalus (allgemein)
Die Prognose eines Hydrozephalus im Rahmen einer Chromosomenstörung oder eines Syndroms mit Begleitfehlbildungen ist von der zugrundeliegenden Erkrankung abhängig.

Bei isoliertem Hydrozephalus ist die Prognose schwer einschätzbar. Die Dicke des verbleibenden kortikalen Gewebes bei ausgeprägter Ventrikelerweiterung, allein betrachtet, ist ein unzuverlässiger Prognosefaktor. Die pränatale Einschätzung der Prognose wird durch die häufige Assoziation mit intrakraniellen Fehlbildungen erschwert, die in vielen Fällen, z. T. aufgrund der veränderten topographischen Verhältnisse, sonographisch nicht diagnostiziert werden.

Die Feststellung eines mäßig ausgeprägten Hydrozephalus ohne Begleitfehlbildungen vor der 24. SSW ist wegen der schwierigen Einschätzung der Prognose für Pränatalmediziner, Genetiker und Perinatologen eine große Herausforderung in bezug auf die Beratung und die Begleitung der betroffenen Schwangeren. Die Dopplersonographie kann hier in manchen Fällen hilfreich sein. Es ergab sich ein signifikanter Zusammenhang zwischen der Verminderung des Hirnmantels und erhöhten Pulsatility-Indexwerten in der A. cerebri.

Eine intrauterine Druckentlastung durch intrauterine Ventrikulozentesen und Shuntimplantationen hat bisher nur wenig überzeugende Ergebnisse erbracht. Die besten Ergebnisse zeigten sich nach Behandlung einer Aquäduktstenose.

Procedere bei pränatal diagnostiziertem Hydrozephalus
- Ausführliche Eigen- und Familienanamnese (Alkoholabusus, Medikamente, Diabetes mellitus, weitere Betroffene mit Geschlechtsangabe, Neuralrohrdefekt in der Familie?)
- Sonographische Suche nach Begleitfehlbildungen und Versuch einer Eingrenzung der vorliegenden Form des Hydrozephalus
- Bei jeder Form von Hydrozephalus, unabhängig von der Gestationswoche, Karyotypisierung, wenn möglich zumindest zusätzlich über Amniozentese, zur gleichzeitigen Bestimmung von AFP und AChE
- Ausschluß maternaler bzw. fetaler Infektionen (erweitertes TORCH)
- Molekulargenetische Diagnostik bei Verdacht auf X-chromosomal vererbte Aquäduktstenose
- Entbindung in einem Perinatalzentrum; Sectioentbindung bei Makrozephalie und aufgrund der besseren Prognose bei zusätzlichem Neuralrohrdefekt

- Bei starker Ausprägung und/oder schwerwiegenden Begleitfehlbildungen Erwägung einer Abruptio.

Wichtig für weitere Schwangerschaften:
- Sorgfältige pathoanatomische Untersuchung des Fetus, insbesondere des fetalen Gehirns, zur Einschätzung des Wiederholungsrisikos
- Genetische Beratung nach Bestätigung und Eingrenzung der Hydrozephalusform (postnatal bzw. pathoanatomisch).

Defekte der intrakraniellen Mittellinie

Hierzu gehören die Holoprosenzephalie und die Corpus-callosum-Hypo- und -Agenesie.

Holoprosenzephalie

Häufigkeit
Die Prävalenz bei Neugeborenen beträgt 1:10000–16000. Im Rahmen der Pränataldiagnostik muß jedoch von einer wesentlich höheren Prävalenz ausgegangen werden.

Definition und Sonographie
Die Holoprosenzephaliesequenz entsteht infolge einer *zerebralen Teilungsstörung.*

Je nach Ausmaß der Teilungsstörung kommt es zu verschiedenen Ausprägungsformen der Holoprosenzephalie, die sonographisch in manchen Fällen auch pränatal unterscheidbar sind:
- Bei der *alobären Form* stellt sich ein einzelner erweiterter medianer Ventrikel ohne Trennlinie zwischen den beiden Hemisphären dar.
- Bei der *semilobären Form* sind die Hemisphären im posterioren Teil getrennt. Die Seitenventrikel sind verschmolzen.
- Bei der *lobären Form* sind nur die vorderen Anteile der Hemisphären nicht getrennt. Das Cavum septi pellucidi stellt sich nicht dar.

Die definitionsgemäß mit den obengenannten intrakraniellen Auffälligkeiten einhergehenden Mittellinienstörungen im Gesicht können sehr verschiedene Ausmaße haben und reichen von der Zyklopie (mediane Monophthalmie) über die Ethmozephalie (Hypotelorismus, d.h. zu enger Augenabstand) mit Proboscis, die Zebozephalie (Hypotelorismus, blind endende, einfache mediane Nasenöffnung), die mediane Lippenspalte mit Hypotelorismus und flacher Nase bis zu nur diskreten fazialen Dysmorphien (Hypotelorismus, flache Nase, Anomalien im Schneidezahnbereich).

Bei pränatal diagnostiziertem Hypotelorismus kombiniert mit einer der oben beschriebenen Hirnauffälligkeiten muß an eine Holoprosenzephalie gedacht werden.

Ätiologie

Die Holoprosenzephalie wird vor allen Dingen bei der *Trisomie 13*, jedoch auch bei zahlreichen anderen Chromosomenstörungen beobachtet. Die Wahrscheinlichkeit einer zugrundeliegenden Chromosomenstörung ist bei isolierten Fehlbildungen im Kopf- und Gesichtsbereich eher gering. Chromosomenstörungen wurden bei 46% der Feten mit zusätzlichen extrakraniellen und fazialen Fehlbildungen gefunden, jedoch bei keinem der Feten mit isolierter Holoprosenzephalie ohne oder mit zusätzlichen Gesichtsfehlbildungen (Berry et al. 1990).

Die durchschnittliche Häufigkeit von Chromosomenstörungen bei fetaler Holoprosenzephalie wird mit 33% angegeben (Snijders et al. 1996), bei sonographisch isolierter Holoprosenzephalie ist die Häufigkeit 4% und bei zusätzlichen Fehlbildungen 39%.

Die Holoprosenzephalie kann Teilsymptom von über 50 Fehlbildungs-Syndromen und Erkrankungen sein.

Die Ursache der *isolierten Holoprosenzephaliesequenz* ist heterogen. In manchen Familien fand sich ein autosomal-dominanter Erbgang mit variabler Expressivität und verminderter Penetranz (Genort 7q34–36) (s. Kap. 9.3.2). Auf Minimalsymptome bei Merkmalsträgern (einzelner oberer mittlerer Schneidezahn) sollte geachtet werden. Auch ein autosomal-rezessiver Erbgang ist bekannt (Genort 2p21).

Infektionen (Zytomegalie, Röteln, Toxoplasmose) und teratogene Substanzen (Alkohol, Chlordiazepoxyd, Phenytoin) werden ebenfalls als Ursachen einer fetalen Holoprosenzephalie diskutiert. Das teratogene Risiko diabetischer Mütter wird mit 1–2% angegeben (Cohen 1989).

Wiederholungsrisiko

Das Wiederholungsrisiko ist von der zugrundeliegenden Erkrankung und dem evtl. nach Familienanamnese zu vermutenden Erbgang abhängig. Bei nicht geklärter Ursache und *isolierter Holoprosenzephalie* wird ein empirisches Wiederholungsrisiko von 6% für jede weitere Schwangerschaft angegeben (De Myer 1977; Roach et al. 1978; Cohen 1982).

Procedere bei Holoprosenzephaliesequenz
- Eigenanamnese und Familienanamnese: Aborte, Infektionen, Medikamente, Alkohol, Diabetes mellitus, weitere Betroffene?
- Sonographische Suche nach Begleitfehlbildungen
- Karyotypisierung.

Balkenagenesie (Corpus-callosum-Agenesie, CCA)

Definition

Der Balken ist eine Hirnstruktur aus weißer Substanz, die zum Austausch von Erinnerungs- und Lerninhalten zwischen den beiden Hemisphären dient. Er ist eine phylogenetisch sehr junge Struktur, die für die lebensnotwendigen Funktionen nicht unabdingbar ist. Eine Balkenagenesie liegt vor, wenn diese Struktur nicht angelegt ist.

Häufigkeit
Eine Studie an radiologischen Serien ergab eine Prävalenz der Balkenagenesie von 0,7%.

Sonographie
In der Pränataldiagnostik ist die sonographische Diagnose der isolierten CCA selten. In der Regel fallen zunächst die begleitenden Fehlbildungen auf. Bei weiterem gezieltem Suchen wird dann als assoziierte Fehlbildung auch die CCA festgestellt.

Haupthinweiszeichen sind eine Verdickung der medialen Wand der Seitenventrikel, d.h. eine stärkere Trennung der Seitenventrikel, eine Ausdehnung des 3. Ventrikels nach kranial und die Nichteinstellbarkeit des Cavum septi pellucidi.

Ätiologie
Die CCA wird in der Pränataldiagnostik als Begleitfehlbildung anderer Mittelliniendefekte, wie der Holoprosenzephaliesequenz, bei zahlreichen Fehlbildungs-Syndromen und bei Chromosomenstörungen gefunden (Trisomie 13, Trisomie 18).

Bei isolierter CCA ist sowohl autosomal-rezessive und autosomal-dominante als auch X-gebundene Vererbung möglich.

Prognose
Die Prognose der isolierten CCA ist gut. Bei Zusatzfehlbildungen hängt sie von der zugrundeliegenden Erkrankung ab.

Eine Veränderung des normalen Vorgehens während Schwangerschaft und Geburt ist bei isolierter CCA nicht notwendig.

Procedere bei CCA
- Sonographische Suche nach Begleitfehlbildungen, insbesondere Mittelliniendefekte
- Karyotypisierung
- Bei der isolierten Balkenagenesie keine Veränderung der Schwangerenvorsorge und der Geburtsplanung.

Mikrozephalie

Definition
Mit dem Begriff Mikrozephalie wird ein Krankheitsbild beschrieben, das mit einem *zu kleinen Kopfumfang* einhergeht. Die Grenze wird verschieden angegeben. Wenn der gemessene Kopfumfang unterhalb der 3. Standardabweichung oder unterhalb der 5. Perzentile liegt, sollte von einer Mikrozephalie gesprochen werden. Ebenso wird von einer Mikrozephalie ausgegangen bei einem Kopfumfang-Femur-Index unterhalb der 2,5. Perzentile für die gegebene Schwangerschaftswoche.

Die Mikrozephalie geht nicht immer mit intrakraniellen Strukturauffälligkeiten einher.

Es sollte zwischen der isolierten Mikrozephalie und der Mikrozephalie mit Begleitfehlbildungen unterschieden werden.

Häufigkeit
Die Prävalenz der Mikrozephalie liegt bei 1:1000 Geburten.

Sonographie
In der sonographischen Diagnostik fällt ein zu kleiner Kopfumfang auf. Im Profil zeichnet sich die Mikrozephalie durch ein Mißverhältnis zwischen dem normal großen Gesichtsschädel und einem zu kleinen Hirnschädel aus, wodurch es zu einer fliehenden Stirn kommt (Abb. 12.33).

Begleitfehlbildungen
Intra- und extrakranielle Begleitfehlbildungen sind häufig.

Ätiologie
Von der Ätiologie her ist es sinnvoll, zwischen der *isolierten primären Mikrozephalie* und der *Mikrozephalie mit und ohne Begleitfehlbildungen* im Rahmen von genetischen Syndromen, Chromosomenstörungen, Stoffwechselstörungen und als Folge von Infektionen und Teratogenen zu unterscheiden. Die Häufigkeit einer zugrundeliegenden Chromosomenstörung bei Mikrozephalie wird mit 15% (Nicolaides et al. 1992a) bis 25% (Eydoux et al. 1989) angegeben.

Bei der Microcephalia vera werden autosomal-rezessive Faktoren als Ursache diskutiert.

In Tabelle 12.20 sind die in der Prä- und Perinatalmedizin wichtigsten Ursachen der Mikrozephalie aufgeführt.

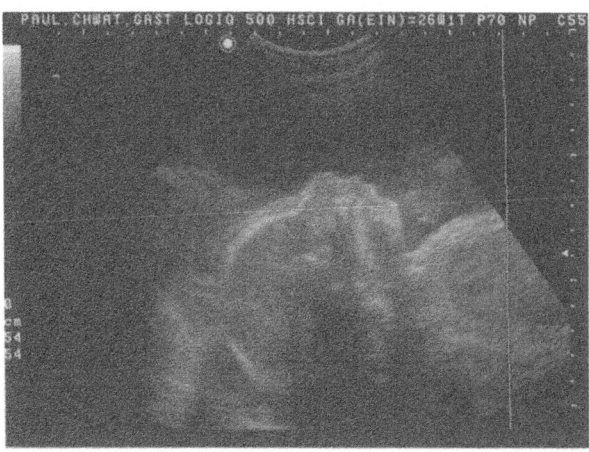

Abb. 12.33. Mikrozephalie, 26. SSW

Tabelle 12.20. Klassifizierung der Mikrozephalie (*AR* autosomal-rezessiv, *XR* X-chromoso-mal-rezessiv) (mod. nach Romero et al. 1987)

Mikrozephalie mit Begleitfehlbildungen	Mikrozephalie ohne Begleitfehlbildungen
1. Genetisch bedingt	
a) Chromosomenstörungen:	
Trisomie 13, 18	–
4p-Minus-Syndrom (Wolf-Syndrom)	–
5p-Syndrom (Cri-du-chat-Syndrom)	–
b) Monogene Erkrankungen:	
Dubowitz-Syndrom (AR)	Mikrocephalia vera (AR)
Fanconi-Anämie (AR)	Paine-Syndrom (XR)
Bloom-Syndrom (AR)	Renpenning-Syndrom (XR)
Meckel-Gruber-Syndrom (AR)	Stoffwechselstörungen:
Cockayne-Syndrom (Typ 2) (AR)	– Phenylketonurie (AR) – Methylmalonsäurestörung (AR)
Smith-Lemli-Opitz-Syndrom (AR, Genort 7q34/qter)	– Hyperlysinämie (AR) – Folsäurestoffwechselstörungen (AR)
Norman-Roberts-Syndrom (AR)	– Seckel-Syndrom (AR) – Lissenzephalie (AR)
2. Äußere Einflüsse:	
Pränatale Infektionen (Röteln, Zytomegalie, Herpes, Toxoplasmose)	Pränatale Strahlenexposition
	Fetale Unterversorgung
Exposition mit Alkohol und Medikamenten (Hydantoin, Aminopterin)	Perinatales Trauma oder O_2-Mangel
Mütterliche Phenylketonurie	

Prognose
Die Prognose der Mikrozephalie hängt von der zugrundeliegenden Erkrankung ab. Bei primärer Mikrozephalie ist die begleitende geistige Retardierung vom Ausmaß der Mikrozephalie abhängig.

Wiederholungsrisiko
Auch das Wiederholungsrisiko hängt von der zugrundeliegenden Erkrankung ab. Bei isolierter *primärer Mikrozephalie* (Microcephalia vera) wird, bei sporadischem Auftreten, für Geschwister eines Betroffenen je nach Literatur ein empirisches Wiederholungsrisiko von 10–20% angegeben. Bei Verwandtenehe oder zwei erkrankten Kindern muß von einem autosomal-rezessiven Erbgang ausgegangen werden. Es muß in diesen Fällen ein Wiederholungsrisiko von 25% angenommen werden.

Procedere bei Mikrozephalie
- Eigen- und Familienanamnese: Alkohol, Medikamente, Infektionen, Strahlenexposition, Verwandtenehe, mütterliche Phenylketonurie, weitere Betroffene?
- Karyotypisierung
- Bei frühzeitiger Diagnose ist wegen der in der Regel mit der Mikrozephalie verbundenen schweren geistigen Retardierung ein Schwangerschaftsabbruch zu erwägen.

Wichtig für weitere Schwangerschaften: sorgfältige Abklärung der Ursache der Mikrozephalie (Ausschluß der genannten Stoffwechselstörungen und Syndrome, ggf. sorgfältige pathoanatomische Untersuchung des fetalen Gehirns, ggf. Röntgenaufnahme des Fetus).

Die sonographische Verlaufsuntersuchung ist als Früherkennungsmaßnahme bei gegebenem Wiederholungsrisiko nicht verläßlich, da sich die Mikrozephalie in vielen Fällen erst im Verlauf der Schwangerschaft entwickelt.

Neuralrohrdefekte (NRD)

Definition
Die Neuralrohrdefekte sind durch einen unvollständigen Verschluß des Neuralrohrs, das sich zwischen dem 19. und 27. Tag der Embryonalentwicklung ausbildet, gekennzeichnet. Die Neuralrohrdefekte umfassen *Spina bifida, Anenzephalus, Zephalozele* und *Rachischisis.* Kraniale Verschlußstörungen führen zu Anenzephalus und Zephalozele. Kaudale Läsionen führen zur Spina bifida.

Häufigkeit
Die Neuralrohrdefekte, insbesondere Spina bifida und Anenzephalus, sind die häufigsten Fehlbildungen des Zentralnervensystems. Die Häufigkeit ist regional unterschiedlich. In Mitteleuropa beträgt sie 1–2 und in Wales 5 auf 1000 Neugeborene. Die Häufigkeit, vor allen Dingen der Anenzephalie, bei Aborten ist wesentlich höher.

Formen
Im folgenden wird bezüglich Definition und sonographischer Darstellung auf die verschiedenen Formen von Neuralrohrverschlußstörungen eingegangen.

Spina bifida. Es wird zwischen Spina bifida occulta (15–20%) und Spina bifida aperta unterschieden.

Die *Spina bifida occulta* hat in der Pränataldiagnostik keine Bedeutung. Sie ist in der Regel Zufallsbefund nach einer Röntgenaufnahme der LWS. Vom genetischen Aspekt her muß auch nach der Diagnose einer Spina bifida occulta bei einem Kind oder bei einem Elternteil von einem erhöhten Risiko für weitere Geschwister oder die Kinder ausgegangen werden.

Die *Spina bifida aperta* kann sich sonographisch sehr unterschiedlich darstellen. In manchen Fällen ist die offene Stelle durch eine dünne Membran bedeckt.

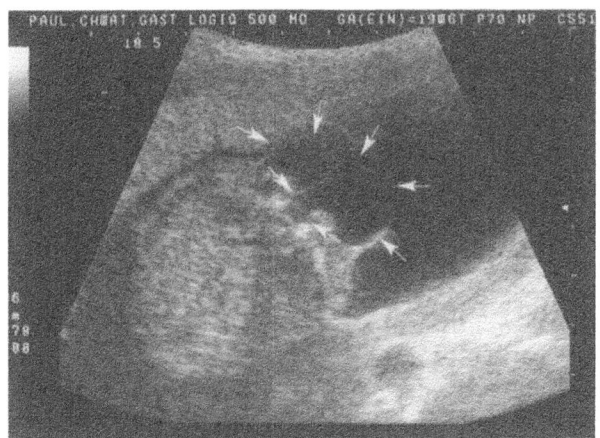

a

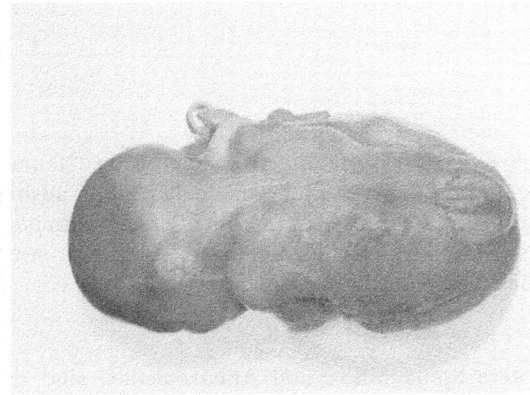

b

Abb. 12.34 a, b. Spina bifida aperta mit Meningozele. **a** Darstellung des „offenen" Wirbel-körpers und der dünnwandigen, nicht häutig gedeckten Zele im Transversalschnitt (20. SSW). **b** Fetus mit Spina bifida und Meningozele

In 25% der Fälle ist die Spina bifida mit einer reinen Meningozele (Abb. 12.34), in 75% mit einer Myelomeningozele assoziiert. Etwa 90% der Spinae bifidae sind im LWS-Bereich lokalisiert. Es kann einer oder auch mehrere Wirbelkörper be-troffen sein. *Sonographisch* ist die Darstellung der Myelomeningozele in vielen Fällen schon sehr früh möglich. In der Diagnostik sollte versucht werden, die Wirbelsäule in allen verfügbaren Ebenen, der Horizontalebene, der Sagittalebene und der Frontalebene, zu untersuchen. Ein Hinweis kann sich aufgrund eines auffälligen Hautprofils oder anhand von Veränderungen der knöchernen Struk-tur der Wirbelsäule ergeben.

Hinweise auf eine Spina bifida können sich auch durch die Veränderung der Schädelkontur („lemon sign", Abb. 12.32) oder durch die bananenförmige Verfor-mung und die Verschiebung des Kleinhirns nach dorsokaudal („banana sign", Abb. 12.31) mit ggf. begleitendem Hydrozephalus ergeben. Diese Veränderungen entstehen aufgrund der Druckveränderungen bei bestehender Myelomeningozele bzw. sind vermutlich ebenfalls Folge einer der Spina bifida zugrundeliegenden komplexen ZNS-Entwicklungsstörung. Ursache der genannten kraniellen und intrakraniellen Auffälligkeiten ist die Arnold-Chiari-Malformation Typ 2, die dadurch charakterisiert ist, daß der Kleinhirnwurm und die Medulla oblongata durch das Foramen magnum in den Spinalkanal sinken.

Anenzephalie. Die Anenzephalie ist eine *sonographisch sehr früh diagnostizierbare fetale Störung.* Schon in der 10. SSW ist erkennbar, daß eine sich verknöchernde Schädelkalotte fehlt.

Es werden verschiedene Formen von Anenzephalie unterschieden. Das Großhirn kann nahezu vollständig fehlen (klassische Anenzephalie) oder auch – häufig gedeckt – z.T. vorhanden sein (Abb. 12.35). Letztere Form der Anenzephalie, die exenzephale Akranie oder Exenzephalie entspricht Typ V einer im Jahr 1925 von Nanagas vorgeschlagenen morphologischen Einteilung.

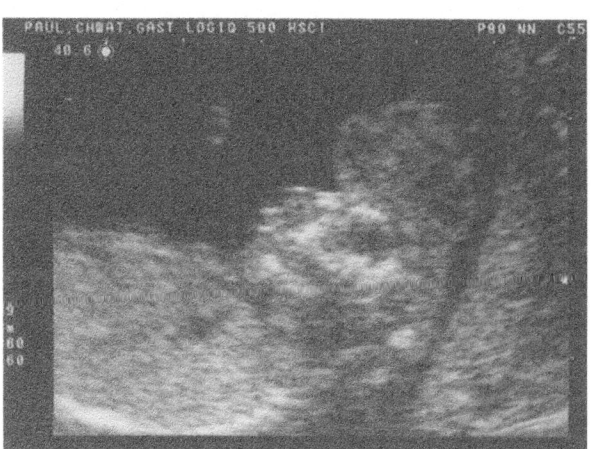

Abb. 12.35. Exenzephalie, 17. SSW

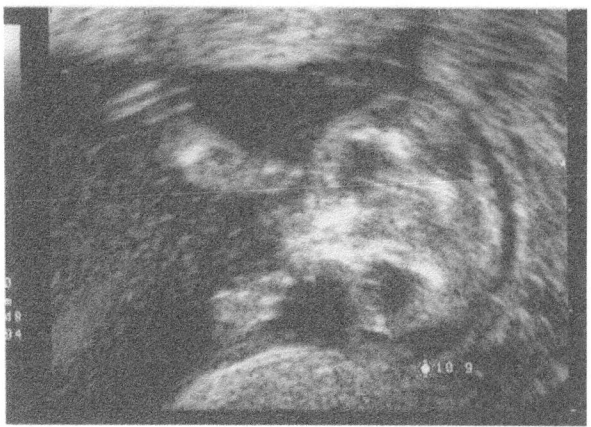

Abb. 12.36. Anenzephalie, 15. SSW

Die klassische Anenzephalie (Abb. 12.36) entspricht Typ I dieser Einteilung. Dazwischen liegen 3 weitere Typen, die hier nicht näher beschrieben werden.

In der späteren Schwangerschaft ist die Nichtdarstellbarkeit einer fetalen Stirn und der knöchernen Strukturen des Hirnschädels noch wesentlich auffälliger.

Die Anenzephalie geht vermutlich wegen einer begleitenden Schluckstörung in vielen Fällen mit einer Polyhydramnie einher. Auch wird ein typisches, etwas hektisches Bewegungsmuster beobachtet. Begleitfehlbildungen sind eher selten.

Zephalozele. Die Zephalozele ist als ein Herausverlagern von Hirnanteilen und/ oder Hirnhäuten aus dem Schädel durch einen knöchernen Schädeldefekt definiert. Wenn nur Hirnhäute herausverlagert sind, wird auch von einer kranialen Meningozele gesprochen. Wenn Hirnanteile mitherausverlagert sind, wird von einer *Enzephalozele* gesprochen. 75% der Zephalozelen sind am Hinterhaupt lokalisiert. Auch liegen sie in der Regel median.

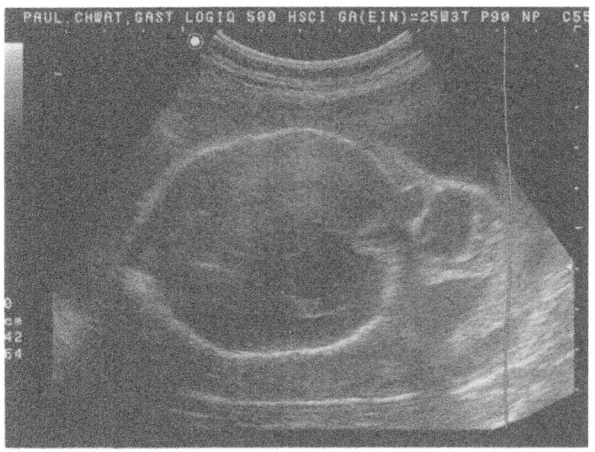

a

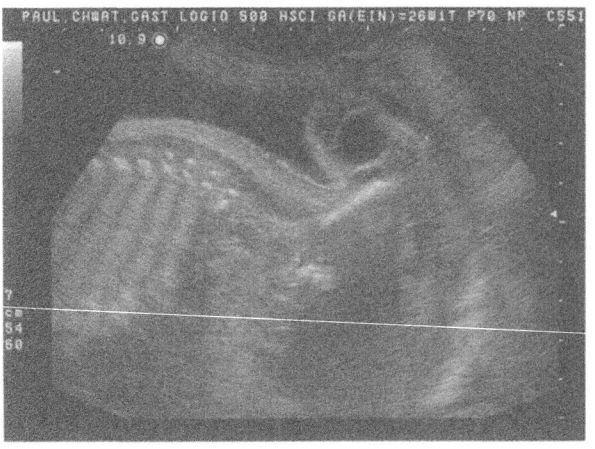

b

Abb. 12.37 a, b. Isolierte Zephalozele, 26. SSW. **a** Transversalschnitt. **b** Sagittalschnitt

Sonographisch fällt die Zephalozele im Horizontal- und Sagittalschnitt als mehr oder weniger echoleere, von einer Membran umgebene Struktur auf (Abb. 12.37). *Differentialdiagnostisch* muß das Hygroma colli cysticum abgegrenzt werden.

AFP und AChE
Die Neuralrohrdefekte gehen in den meisten Fällen mit einer α-Fetoprotein-/AChE-Erhöhung im Fruchtwasser und mit einer α-Fetoprotein-Erhöhung im mütterlichen Serum einher. Bei häutig gedecktem Defekt findet sich keine Erhöhung dieser Eiweißstoffe im Fruchtwasser und mütterlichen Serum. Auch bei nur mit Hirnhaut gedecktem Defekt kann die AFP-Erhöhung ausbleiben.

Ätiologie
Die Ätiologie des überwiegenden Anteils der Neuralrohrdefekte ist multifaktoriell. Es wird davon ausgegangen, daß neben äußeren Faktoren (Folsäuremangel, Vitaminmangel) auch genetische Faktoren bei der Entstehung beteiligt sind. Über die im einzelnen ggf. involvierten Gene besteht noch keine Klarheit.

Der Zusammenhang zwischen einem *Folsäuremangel* und der Entstehung von Neuralrohrdefekten kann heute als gesichert gelten. Folsäure ist als Koenzym am Homocysteinstoffwechsel beteiligt und ist so in der Lage, erhöhte Blutkonzentrationen dieser Aminosäure, die als Risikofaktor in der Pathogenese der Neuralrohrdefekte eine große Rolle spielt, abzubauen. Vor allem sind Frauen mit modifiziertem Methioninsäurestoffwechsel betroffen. Doch auch ohne diese genetische Disposition kommt es bei Folsäuremangel vermehrt zu Neuralrohrdefekten. Mehrere nichtrandomisierte und randomisierte Studien, von denen die Interventionsstudie des Medical Research Council (MRC 1991) die überzeugendste ist,

Tabelle 12.21. Einige monogene Krankheiten mit Neuralrohrdefekten (NRD) (*AD* autosomal-dominant, *AR* autosomal-rezessiv, *XR* X-chromosomal-rezessiv)

Krankheit	Hauptmerkmale	Erbgang
Aprosenzephaliesyndrom	Aprosenzephalie, Extremitätenfehlbildungen	AR
Anenzephaliesyndrom	Anenzephalie (häufig bei iranischen Juden)	AR (?)
Koussef-Syndrom	Sakrale Meningomyelozele; Herzfehler	AR
Gollop-Syndrom	Frontale Enzephalozele, Hypertelorismus, Lidspalte	AR
Knobloch-Syndrom	okzipitale Enzephalozele, schwere Myopie	AR (?)
Waardenburg-Syndrom	Innenohrschwerhörigkeit, weiße Haarsträhne, partieller Albinismus, breite Nase, NRD	AD/pax3-Mutation
X-chromosomaler NRD	Spina bifida, Anenzephalie, Enzephalozele	XR (?)
DiGeorge-Syndrom	Herzfehler, Thymushypoplasie, Gaumenspalte, NRD	AD/CATcH 22

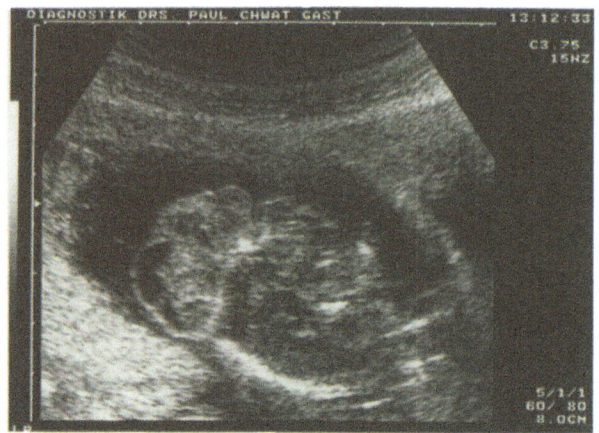

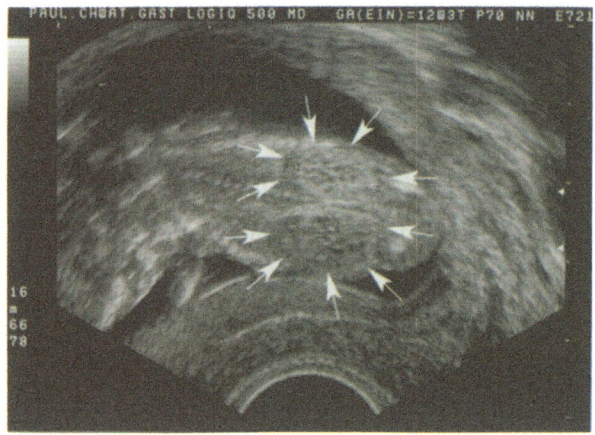

Abb. 12.38 a, b. Meckel-Gruber-Syndrom. **a** Zephalozele im Transversalschnitt, SSW 16+5. **b** Feinzystisch vergrößerte Nieren beids. im Frontalschnitt, SSW 12+3

haben ergeben, daß durch Folsäuregabe schon vor der Empfängnis und in der Frühschwangerschaft die Prävalenz fetaler Neuralrohrdefekte auf etwa ein Drittel bis ein Viertel vermindert werden kann.

In seltenen Fällen ist die Spina bifida Begleitfehlbildung im Rahmen von Syndromen mit oder ohne zugrundeliegende Chromosomenstörung.

Die am häufigsten beobachteten Chromosomenstörungen sind die Trisomien 18 und 13. Auch kann der Neuralrohrdefekt als Folge teratogener Einflüsse (Valproinsäure, weniger Carbamazepin) auftreten. In Tabelle 12.21 sind einige Fehlbildungssyndrome mit Neuralrohrdefekten zusammengestellt.

Eine Anenzephalie wird auch als Folge einer Aminopterinmedikation und bei mütterlichem Diabetes mellitus gehäuft beobachtet.

Die Zephalozele tritt im Rahmen zahlreicher verschiedener Syndrome auf.

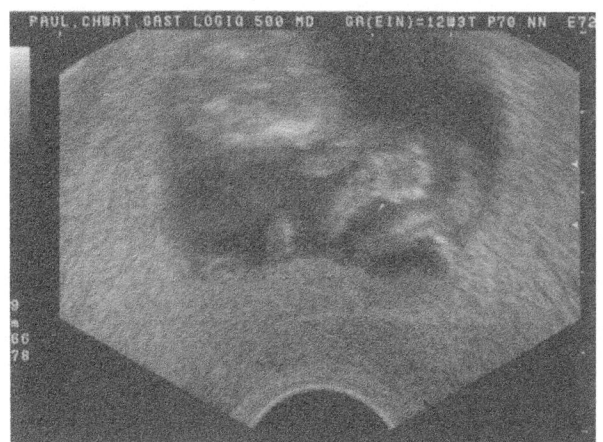

c

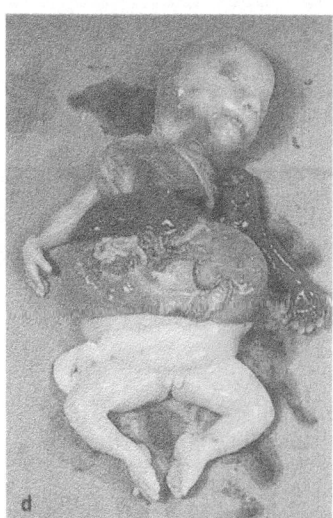

Abb. 12.38 c, d. Meckel-Gruber-Syndrom. **c** Postaxiale Polydaktylie, SSW 12+3 (an der ulnaren Seite
der Hand stellt sich ein kleines Anhängsel dar).
d Fetus

Das in der Pränataldiagnostik wichtigste Syndrom ist das *Meckel-Gruber-Syndrom* (Abb. 12.38). Diese autosomal-rezessiv vererbte fetale Erkrankung mit infauster Prognose geht typischerweise mit einer Zephalozele, einer postaxialen
Hexadaktylie (Zusatzfinger bzw. -zeh auf der ulnaren bzw. fibularen Seite) und
einer zystischen Dysplasie der Nieren einher. Die Wiederholungswahrscheinlichkeit in einer weiteren Schwangerschaft liegt bei 25%.

Wiederholungsrisiko

Das Wiederholungsrisiko für Verwandte eines Betroffenen wird empirisch ermittelt. Das Wiederholungsrisiko betrifft jeweils auch die Möglichkeit einer anderen
Ausprägung, so die Möglichkeit einer Spina bifida bei vorangegangenem Anenzephalus und umgekehrt.

Tabelle 12.22. Empirisches Risiko für einen Neuralrohrdefekt in verschiedenen Situationen (mod. nach Romero et al. 1987; Main u. Mennuti 1986)

Situation	Risiko auf 1000 Geburten
Allgemeine Inzidenz	1,4–1,6
Frauen mit Diabetes mellitus	20
Frauen nach Valproinsäuretherapie im 1. Trimenon	10–20
Ein Kind betroffen	15–30
Zwei Kinder betroffen	57
Ein Elternteil betroffen	11
Ein Halbgeschwister betroffen	8
Cousine oder Cousin 1. Grades betroffen	3
Ein Kind mit Spina bifida occulta	15–30

Tabelle 12.23. Risiko für ein Neuralrohrdefekt bei erwartetem/geplantem Kind in verschiedenen Situationen in Abhängigkeit von der Häufigkeit in der jeweiligen Bevölkerung (in %) (mod. nach Harper 1993)

Situation	Inzidenz in der Bevölkerung		
	1:200	1:500	1:1000
Ein Kind betroffen	5	3	2
Zwei Kinder betroffen	12	10	10
Ein Elternteil betroffen	4	4	4
Verwandte 2. Grades betroffen	2	1	1
Verwandte 3. Grades betroffen	1	0,5–1	0,5

In Tabelle 12.22 ist die Inzidenz eines Neuralrohrdefekts auf 1000 Neugeborene unter verschiedenen Voraussetzungen aufgelistet. Die Häufigkeit und Wiederholungsrisiken für NRD sind je nach Population unterschiedlich (Tabelle 12.23).

Prognose
Die Prognose bei Spina bifida ist von Ausmaß und Lokalisation der Verschlußstörung und den begleitenden kraniellen Anomalien abhängig. Die Spina bifida ist eine ernsthafte Erkrankung, die in der Regel mit mehr oder weniger ausgeprägten Lähmungen von Blase, Mastdarm und Extremitäten einhergeht. 25% der Betroffenen behalten eine komplette Parese.

Die Prognose bei Zephalozele ist vom Inhalt der Zele abhängig. Falls Hirnsubstanz herausverlagert ist, ist die Prognose wesentlich schlechter.

Die Prognose bei Anenzephalie ist infaust.

Procedere bei Neuralrohrdefekt

- Eigen- und Familienanamnese: Spina bifida occulta, Antiepileptika, weitere Betroffene mit Neuralrohrdefekt, Aborte, Diabetes mellitus?
- Weiterführende Sonographie zum Ausschluß von Begleitfehlbildungen
- Bei Begleitfehlbildungen Karyotypisierung (bei sicher isolierter Spina bifida, Zephalozele oder Anenzephalus Karyotypisierung fakultativ)
- Bei Feststellung einer Spina bifida vor Lebensfähigkeit in der Regel sehr aufwendige Beratung der Schwangeren über Prognose und Behandlungsmöglichkeiten im Hinblick auf eine Entscheidung über das weitere Vorgehen; bei Diagnosestellung bei bereits zu erwartender Lebensfähigkeit engmaschige Kontrollen; bei Anenzephalie und ausgeprägter Zephalozele wegen infauster Prognose Abruptio unabhängig von der Schwangerschaftswoche
- Bei Entwicklung eines ausgeprägten Hydrozephalus evtl. vorgezogene Entbindung in einem Perinatalzentrum, am schonendsten durch Sectio caesarea.

Wichtig für weitere Schwangerschaften:

- Folsäureprophylaxe schon 4 Wochen vor der Empfängnis bis mindestens 8 Wochen nach der Empfängnis mit 4 mg Folsäure/Tag
- Frühe sonographische Untersuchung (ab der 11. SSW) zum Ausschluß eines Anenzephalus oder eines größeren Neuralrohrdefekts oder ggf. der zugrundeliegenden Erkrankung in weiteren Schwangerschaften
- MS-AFP-Bestimmung, ggf. Fruchtwasser-AFP- und -AChE-Bestimmung zusätzlich zu einer weiterführenden sonographischen Untersuchung im 2. Trimenon.

12.7.10 Auffälligkeiten und Anomalien im fetalen Gesichts- und Halsbereich

Die Beurteilung des fetalen Gesichts hat in der sonographischen Pränataldiagnostik eine große Bedeutung, da sowohl viele Chromosomenstörungen als auch genetisch und nichtgenetisch bedingte Syndrome mit Gesichtsauffälligkeiten einhergehen.

Lippen-Kiefer-Gaumen-Spalte (LKG), isolierte Gaumenspalte

Definition
Die Lippen-Kiefer-Gaumen-Spalten sind Hemmungsmißbildungen, die im Zeitraum zwischen der 3. und 8. Embryonalwoche determiniert sind. In 50% der Fälle liegt das Vollbild vor, in 25% wird eine isolierte Lippenspalte und in 25% eine isolierte Gaumenspalte gefunden.

Die *Lippenspalte mit oder ohne Gaumenspalte* und die *isolierte Gaumenspalte* sind zwei verschiedene Fehlbildungen. Es ergeben sich unterschiedliche Wiederholungsrisiken für Geschwister und Kinder von Betroffenen. Auch die Geschlechtsverteilung ist verschieden. Bei der Lippenspalte mit oder ohne Gaumenspalte sind die Jungen doppelt so häufig betroffen wie die Mädchen, bei der Gaumenspalte ist es umgekehrt. Die linke Seite ist bei einseitigem Befall doppelt so häufig betroffen wie die rechte. Die LKG ist in 25% der Fälle beidseitig.

Die mediane Lippenspalte macht nur 0,2–0,7% aller Lippenspalten aus. Sie kann wie die LKG Teilsymptom im Rahmen einiger Fehlbildungssyndrome, so z. B. bei Holoprosenzephalie, Median-cleft-face-Syndrom, DiGeorge-Syndrom, sein.

Häufigkeit

Die LKG ist nach dem angeborenen Herzfehler die häufigste kongenitale Fehlbildung und macht 13% aller Fehlbildungen aus. Die Prävalenz bei Neugeborenen beträgt 1:700.

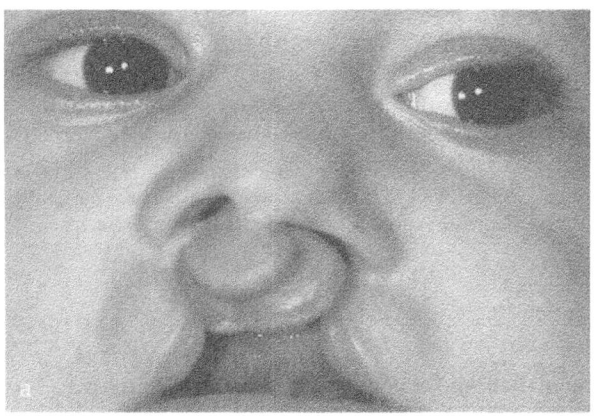

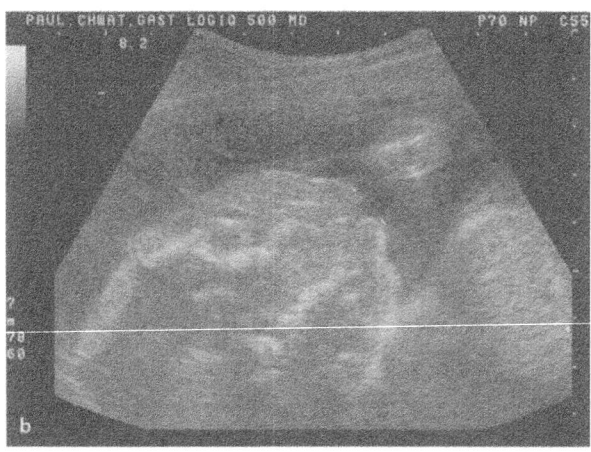

Abb. 12.39 a, b. Lippen-Kiefer-Gaumen-Spalte.
a Kind mit LKG;
b Einseitige LKG, 20. SSW mit Transversalschnitt

Sonographie

Sonographisch ist die Lippen-Kiefer-Gaumen-Spalte im Frontal- und im Horizontalschnitt sichtbar. Es zeigt sich eine deutliche Einkerbung der im Normalfall durchgehenden Lippen- und Kieferkontur (Abb. 12.39).

Die isolierte Gaumenspalte bleibt sonographisch in vielen Fällen unentdeckt.

Begleitfehlbildungen

Begleitfehlbildungen werden bei 60% der Feten gefunden. Postnatal zeigen 50% der Patienten mit isolierter Gaumenspalte Begleitfehlbildungen, während bei nur 13% der Patienten mit Lippen-Kiefer-Gaumen-Spalte zusätzliche Fehlbildungen beobachtet werden.

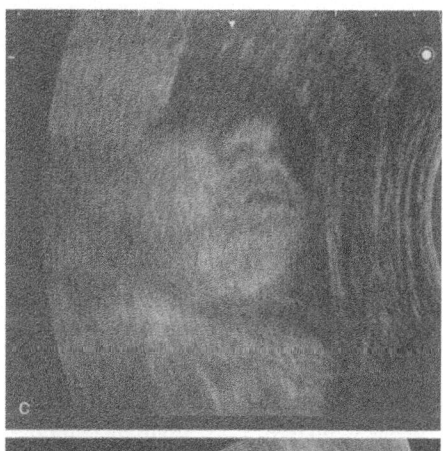

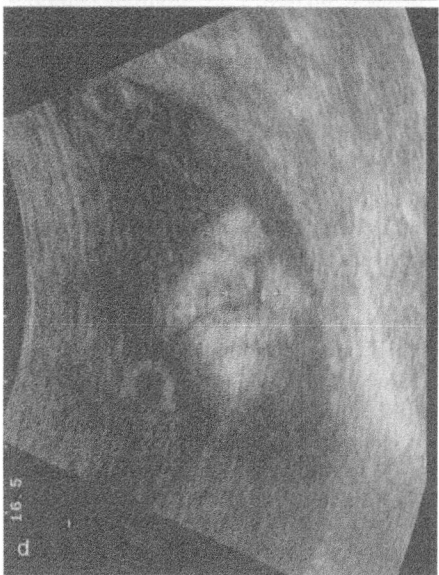

Abb. 12.39 c, d. LKG.
c Normale Lippenkontur mit Nase im Frontalschnitt; d einseitige LKG im Frontalschnitt

Tabelle 12.24. Krankheiten mit Lippen-Kiefer-Gaumen-Spalte oder nur Lippenspalte (*AD* autosomal-dominant, *AR* autosomal-rezessiv, *XD* X-chromosomal-dominant) (mod. nach Cohen et al. 1997)

Krankheit	Weitere charakteristische Merkmale	Erbgang
EEC-Syndrom	Ektrodaktylie der Hände und Füße, ektodermale Dysplasie, Oligodontie	AD
Orofaziodigitales Syndrom Typ I	Gespaltene oder gelappte Zunge, intraorale Frenula, Hamartome der Zunge, Zahnanomalien, Brachysyndaktylien, polyzystische Nieren	XD
Kraniofrontonasale Dysplasie	Kraniosynostose, frontale Vorwölbung, breite Nasenrücken, breite Großzehen, Syndaktylie	XD
Hay-Wells	Ankyloblepharon, palmoplantare Keratose, Nagelhypoplasie, schütteres Haar	AD
Hypertelorismus-Hypospadie (Opitz)	Hypertelorismus, Hypospadie, breite Nasenwurzel, Balkenagenesie, intraorale Frenula	AD (22q11.2) XD (Xp22)
Popliteales-Pterygium-Syndrom	Hypoplastische Finger, popliteales Pterygium, Lippenfistel, Ankyloblepharon	AD
Rapp-Hodgkin-Syndrom	Schütteres Haar, dysplastische Nägel, Zahnanomalien, kleine Nase mit hypoplastischen Narinen	AD
Short-rib-Polydaktylie Typ Majewski	Prä- und postaxiale Polydaktylie, kurze Rippen, kurze Extremitäten	AR
Van der Woude-Syndrom	Unterlippengrübchen, Zahnanomalien	AD (1q32)
ADAM-Komplex	Multiple Gesichtsspalten, amniogene Schnürfurchen mit oder ohne Extremitätendefekte	Sporad.

Ätiologie

Die Ätiologie ist uneinheitlich. Bei *isolierter LKG* ist in den meisten Fällen von einer multifaktoriellen Entstehung auszugehen. Es wird angenommen, daß genetische Faktoren und Umweltfaktoren gemeinsam zur Entstehung dieses Merkmals führen. In manchen Familien werden auch monogene Erbgänge beobachtet.

Neuere Daten deuten darauf hin, daß ein Auslöser für die Gaumenspalte mit dem Gen für den transformierenden Wachstumsfaktor (TGF, transforming growth factor) gekoppelt ist.

Sowohl die LKG als auch die isolierte Gaumenspalte können bei zahlreichen definierten Syndromen mit und ohne Chromosomenstörungen auftreten. In den Tabellen 12.24 und 12.25 sind einige Fehlbildungssyndrome mit LKG bzw. isolierter Gaumenspalte zusammengestellt.

Tabelle 12.25. Krankheiten mit Gaumenspalte ohne Lippenspalte (*AD* autosomal-dominant, *AR* autosomal-rezessiv, *XL* X-linked) (mod. nach Cohen et al. 1997)

Krankheit	Weitere charakteristische Merkmale	Erbgang
Apert-Syndrom	Kraniosynostosen, hypoplastisches Mittel-gesicht, Syndaktylie der Hände und Füße	AD
Zerebrokosto-mandibulares Syndrom	Ausgeprägte Mikrognathie, tiefsitzende dysplastische Ohren, Rippenanomalien	?
Diastrophische Dysplasie	Unproportionierter Minderwuchs, Hitch-hiker-Daumen, Klumpfüße, Gelenk-kontrakturen	AR (5q31–q34)
Dyssegmentale Dysplasie	Kurze Extremitäten, Klumpfüße, Hirsutismus, letal	AR
Fryns-Syndrom	Hypoplastische Lunge, Zwerchfelldefekt, Herzfehler, ZNS-Fehlbildungen, letal	AR
Kniest-Syndrom	Spondyloepimetaphysäre Dysplasie, prominente Gelenke, Retinadefekt, Hörstörung	AD
Larsen-Syndrom	Angeborene multiple Gelenkluxationen, teilweise Kontrakturen, Gesichts-dysmorphien	AD
Mandibulofaziale Dysostosis (Treacher-Collins)	Fehlbildungen des äußeren Ohres, Gehör-gangsatresie, antimongoloide Lidachse, Kolobome, groß wirkende Nase, Hypoplasie der Jochbeine	AD (5q31.3–q33.3)
Otopalatodigitales Syndrom Typ I	Minderwuchs, prominente Stirn, kräftige, supraorbitale Wülste, kleiner Mund, Adontie, kurze breite Finger mit Extensionsschwäche	XL (Xq28)
Otopalatodigitales Syndrom Typ II	Mikrozephalie, schmaler Mund, anti-mongoloide Lidachsen, überlappende Finger mit Flexionskontrakturen, Skelettanomalien	XL
Stickler-Syndrom	Degenerative Gelenkdeformierungen, Retinopathie, Mikrogenie	AD (12q13.11–q13.2)
Velokardiofaziales Syndrom (DiGeorge)	Konotrunkale Herzfehler, Thymusaplasie, Nebenschilddrüsenaplasie, Neuralrohrdefekt	AD (22q11.2)

Während postnatal bei nur 1% der Patienten mit Lippen-Kiefer-Gaumen-Spalte eine Chromosomenstörung zugrunde liegt, wird pränatal in 40% der Fälle eine Chromosomenstörung diagnostiziert. Bei allen Feten mit Chromosomenstörungen wurden zusätzliche Fehlbildungen gefunden. Die *Trisomie 13* ist die häufigste Chromosomenstörung, die mit einer LKG einhergeht (39%). 10% der Feten mit Trisomie 18 haben eine LKG.

Tabelle 12.26. Risiko für eine Lippen-Kiefer-Gaumen-Spalte bzw. isolierte Gaumenspalte bei erwartetem/geplantem Kind in verschiedenen Situationen (aus verschiedenen Quellen)

Situation	LKG [%]	Isolierte Gaumenspalte [%]
Allgemeinbevölkerung	0,1	0,04
Ein Elternteil betroffen	3–4	3
Ein Elternteil und ein Kind betroffen	15–17	15–17
Eltern gesund, ein Kind betroffen	4	2
Eltern gesund, 2 betroffene Kinder	10	8
Beide Eltern betroffen	35	–
Verwandte 2. Grades betroffen	0,6	–
Verwandte 3. Grades betroffen	0,3	–

Wiederholungsrisiko

Das empirische Wiederholungsrisiko bei isolierter LKG oder Gaumenspalte wird in Tabelle 12.26 zusammengefaßt.

Da bei der Lippen-Kiefer-Gaumen-Spalte eine Androtropie (2:1) und bei der Gaumenspalte eine Gynäkotropie (2:1) beobachtet wurde, besteht bei der Lippen-Kiefer-Gaumen-Spalte ein höheres Risiko für Verwandte einer Merkmalsträgerin als für die eines Merkmalsträgers. Ebenso ist das Risiko für männliche Verwandte jeweils höher als das für weibliche.

Prognose

Die Prognose der LKG und der isolierten Gaumenspalte ist, falls sie nicht Teil einer übergeordneten Krankheit sind, günstig. Die Lippenspalten werden 3–4 Monate nach der Geburt, die Gaumenspalten in mehreren Sitzungen im Zeitraum zwischen 1,5 und 4 Jahren versorgt.

Procedere bei LKG
- Eigen- und Familienanamnese
- Weiterführende Sonographie zum Ausschluß von Begleitfehlbildungen
- Karyotypisierung
- Bei isoliertem Defekt ggf. schon pränatal kinderchirurgisches Konsil zur Stärkung der Zuversicht der Schwangeren
- Entbindung in Gegenwart eines mit der Problematik vertrauten Kinderarztes.

Wichtig für weitere Schwangerschaften: Evtl. Folsäureprophylaxe (4 Wochen vor Empfängnis bis mindestens 8 Wochen danach mit 4 mg Folsäure/Tag). Die Wirksamkeit der Folsäureprophylaxe bei LKG ist noch umstritten.

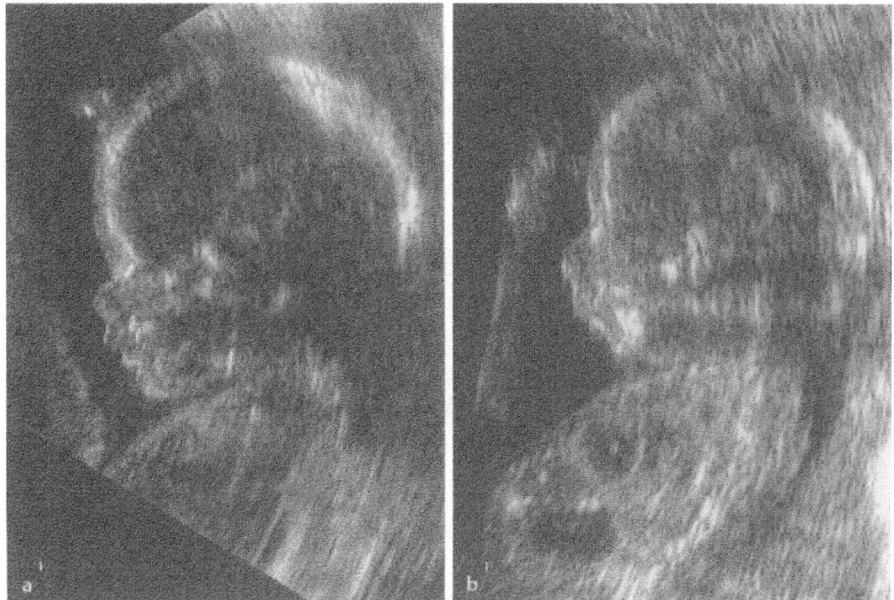

Abb. 12.40 a, b. Mikrognathie. **a** Normales Profil, 15./16. SSW. **b** Mikrognathie bei Trisomie 13, 15./16. SSW

Mikrogenie

Unter Mikrogenie wird ein zurückliegendes verkleinertes Kinn verstanden, das sich sonographisch bei der Einstellung des fetalen Profils darstellt. Die Diagnose Mikrogenie ist in vielen Fällen nicht eindeutig zu stellen, da es sich hierbei nicht um eine meßbare Fehlbildung handelt. Trotzdem kann sie ein wertvoller Hinweis auf eines der zahlreichen Syndrome mit und ohne Chromosomenstörungen sein, die mit dieser Auffälligkeit einhergehen (Abb. 12.40).

Eine Chromosomenstörung wurde bei 62% von 65 Feten mit Mikrogenie gefunden (Nicolaides et al. 1993; Turner u. Twining 1993). Die häufigste Chromosomenstörung war die Trisomie 18.

Hypertelorismus

Unter Hypertelorismus wird ein vergrößerter Augenabstand verstanden. Für den Abstand zwischen beiden Innenseiten der Orbitae, meßbar im Horizontal- oder Frontalschnitt, bestehen Normkurven, bei deren Überschreitung von einem Hypertelorismus auszugehen ist.

Der Hypertelorismus ist in der Regel mit Fehlbildungen im Rahmen unzähliger verschiedener Syndrome mit oder ohne Chromosomenstörungen assoziiert. Das *Median-cleft-face-Syndrom* (frontonasale Dysplasie) und die *Kraniosynostosen* (Apert-, Crouzon-, Pfeiffer- und Carpenter-Syndrom) sind einige davon.

Hypotelorismus

Der Hypotelorismus (zu kleiner Augenabstand) wird sehr selten beobachtet und ist fast immer mit weiteren schwerwiegenden Fehlbildungen assoziiert. Der Hypotelorismus ist vor allem Bestandteil der *Holoprosenzephaliesequenz*, die in vielen Fällen mit zusätzlichen Mittelliniendefekten des Gesichts einhergeht.

Makroglossie

Bei der Beurteilung des Gesichts sollte regelmäßig auf den Mund und die Zunge geachtet werden. Von 69 beobachteten Feten mit *Trisomie 21* wurde von Nicolaides et al. (1993) bei 10% vor der 28. SSW und bei 20% nach der 28. SSW eine vergrößerte Zunge beobachtet. Eine Makroglossie kann auch bei Beckwith-Wiedemann-Syndrom bereits pränatal vorliegen.

Ohrauffälligkeiten

Sowohl mit Chromosomenstörungen als auch mit anderen Syndromen gehen in vielen Fällen Auffälligkeiten der fetalen Ohren einher. Die Ohren können kleiner sein, verformt oder tiefsitzend imponieren.

Procedere bei Gesichtsauffälligkeiten
All diese letztlich nicht als Fehlbildungen zu definierenden Gesichtsauffälligkeiten sollten Veranlassung sein zu einer
- weiterführenden Sonographie und
- ggf. Karyotypisierung.

Hygroma colli cysticum

Definition und Pathophysiologie
Das Hygroma colli cysticum beruht auf einer *Entwicklungsstörung der Lymphabflußgebiete*. Die Entwicklung des Lymphsystems beginnt am Ende der 5. Embryonalwoche. Die Lymphgefäße des Halses drainieren zunächst in das juguläre Lymphsäckchen. Ungefähr am 40. Tag der Embryonalentwicklung entsteht eine Verbindung zwischen dieser primitiven Struktur und der Jugularvene.

Bei Störungen dieser Verbindung kommt es zur Erweiterung der Lymphgefäße und des jugulären Lymphsäckchens und somit zur jugulären lymphatischen Obstruktionssequenz (Abb. 12.41). Auf diese Weise entstehen die zystischen Strukturen im Halsbereich und, wenn die Verbindung auch später nicht entsteht, ein peripheres Lymphödem und ggf. ein nichtimmunologischer Hydrops fetalis (12.7.6).

Falls sich die Verbindung im weiteren Verlauf der Schwangerschaft noch entwickelt, kann die Flüssigkeit wieder resorbiert werden, und die zystischen Strukturen verschwinden (in ca. 20% der Fälle).

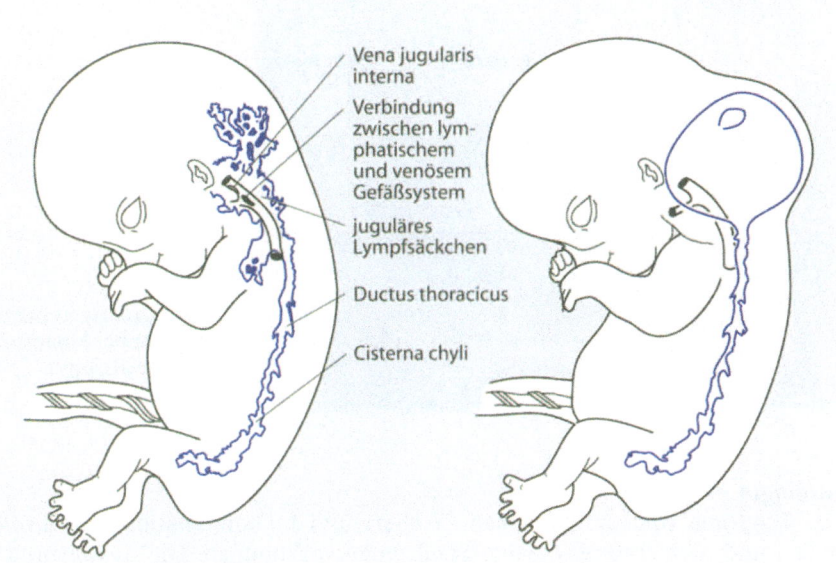

Vena jugularis interna

Verbindung zwischen lymphatischem und venösem Gefäßsystem

juguläres Lympfsäckchen

Ductus thoracicus

Cisterna chyli

Abb. 12.41. Fetales Lymphgefäßsystem im Normalfall und bei Hygroma colli cysticum (mod. nach Chervenak et al. 1983)

Häufigkeit
Byrne et al. (1984) fanden bei einem von 200 spontan abortierten Feten ein Hygroma colli. Die Häufigkeit bei Lebendgeborenen ist nicht bekannt.

Sonographie
Sonographisch stellen sich im fetalen Halsbereich mehr oder weniger große echoleere Strukturen dar (Abb. 12.42). Das Hygroma colli ist durch ein dickes medianes Band charakterisiert, das dem nuchalen Ligament entspricht. Innerhalb dieser zystischen Struktur zeigen sich dünnere Septen, die entweder fibrösen Strukturen oder auch der Ablagerung von Fibrin entsprechen.

Differentialdiagnose
Das Hygroma colli cysticum sollte vom *dorsonuchalen Ödem* unterschieden werden, das, ohne selbst Krankheitswert zu haben, als Hinweis auf eine Chromosomenstörung gelten kann. Das dorsonuchale Ödem stellt sich ohne medianes Band und ohne Septen dar.

Differentialdiagnostisch sollten auch *laterale Halszysten*, die in der Regel eine gute Prognose haben, zervikale Meningozele, Zephalozele und Halstumoren abgegrenzt werden.

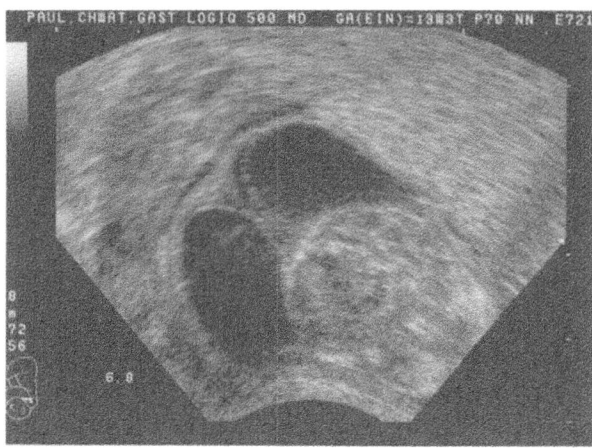

Abb. 12.42. Hygroma colli
cysticum bei Monosomie X,
Transversalschnitt
(SSW 13+3)

Ätiologie

Das Hygroma colli cysticum kann isoliert und in Kombination mit chromosomalen und nichtchromosomalen Syndromen vorkommen. Die Auswertung zahlreicher verschiedener Studien durch Snijders et al. (1996) hat ergeben, daß bei
46–90% der Feten mit Hygroma colli cysticum eine Chromosomenstörung diagnostiziert wurde.

Die *Monosomie X (Turner-Syndrom, 45,X)* ist die häufigste zugrundeliegende
Chromosomenstörung (50% aller Fälle mit Hygroma colli).

Auch bei sonographisch isoliertem Hygroma colli ist das Risiko für eine
Chromosomenstörung erhöht, da sowohl bei Turner-Syndrom als auch bei
Down-Syndrom in vielen Fällen sonographisch keine Zusatzfehlbildungen gefunden werden.

In manchen Familien wurde das isolierte Hygroma colli als autosomal-dominant vererbtes Merkmal beobachtet. Hygroma colli und multiple Pterygien kommen in einer Reihe definierter Syndrome vor (s. auch 12.7.7), die unterschiedlich
vererbt werden. Eines dieser Syndrome ist das Noonan-Syndrom, dessen phänotypische Merkmale denjenigen bei Turner-Syndrom ähnlich sind. Das Noonan-
Syndrom kann jedoch beide Geschlechter betreffen (s. auch Tabelle 12.28).

Prognose

Die Prognose bei *isoliertem Hygroma colli cysticum* ist vom Ausmaß abhängig.
Bei zusätzlich vorhandenem Hydrops fetalis ist die Prognose sehr schlecht. Bei
isoliertem Hygroma colli geringeren Ausmaßes besteht eine gewisse Chance, daß
sich die Lymphwege im Verlauf der Schwangerschaft öffnen und eine Drainage
der Lymphe in das venöse System erfolgt. Es bleibt dann nur die erweiterte Haut
(Pterygium colli), die postnatal der Operation zugänglich ist. Als Operationsfolgen werden partielle Paresen, eine Verlegung der Luftwege und Kieferschlußstörungen beschrieben.

Procedere bei Hygroma colli cysticum
- Eigen- und Familienanamnese
- Weiterführende Sonographie zum Ausschluß von Begleitfehlbildungen
- Karyotypisierung, unabhängig vom Gestationsalter
- Bei isoliertem Hygroma colli cysticum, abhängig vom Ausmaß und der Gestationswoche, Erwägung eines Schwangerschaftsabbruchs oder Begleitung der Schwangeren in der Hoffnung auf eine Regression der Symptomatik
- Bei ausgedehntem isoliertem Hygroma colli ggf. zur Schonung des Kindes Sectio caesarea in einem Zentrum mit neonatologischer Intensivbetreuung.

12.7.11 Auffälligkeiten des fetalen Thorax und Fehlbildungen der Thoraxorgane

Der fetale Thorax enthält in der von ventral/kaudal nach dorsal/kranial transversal verlaufenden Vierkammerblickebene zu einem Drittel das fetale Herz und zu 2 Dritteln die beiden Lungenflügel. Dabei liegt ein Drittel des Herzens in der rechten Thoraxhälfte, 2 Drittel in der linken. Die Herzspitze ist nach links gerichtet. Links dorsal liegt der linke Ventrikel, rechts mehr ventral der rechte Ventrikel (Abb. 12.43).

Der Thoraxraum ist nach unten vom Zwerchfell begrenzt, das sich in den Sagittalschnitten als feine echoleere Kuppel (Abb. 12.44) zwischen der etwas echoärmeren Leber und der echodichteren Lunge bzw. dem Herzen darstellt.

Um sich ein erstes Bild von der Richtigkeit der topographischen Verhältnisse zu verschaffen und damit Drehungsanomalien (Heterotaxiesyndrome) als wichtige Hinweiszeichen auf in vielen Fällen vorhandene begleitende strukturelle Herzfehler auszuschließen, ist im Zusammenhang mit der Beurteilung dieser Transversalebene im Thoraxraum eine Beurteilung des oberen Abdomens im Querschnitt sinnvoll. Nach Feststellung der fetalen Lage im Uterus sollte nun im Nor-

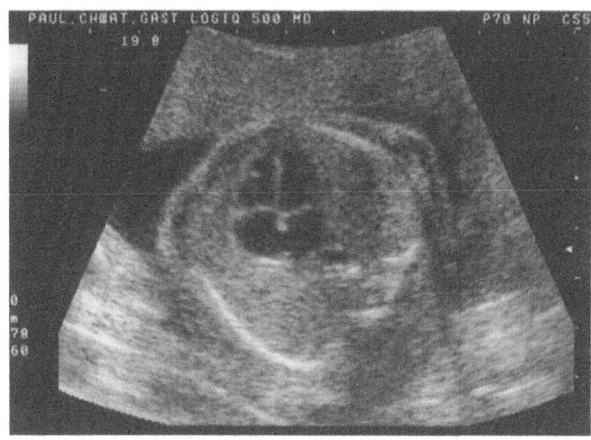

Abb. 12.43. Physiologischer Thoraxtransversalschnitt in der 23. SSW. Herzspitze nach links gerichtet; das Herz nimmt insgesamt ca. ein Drittel des Thoraxraumes ein

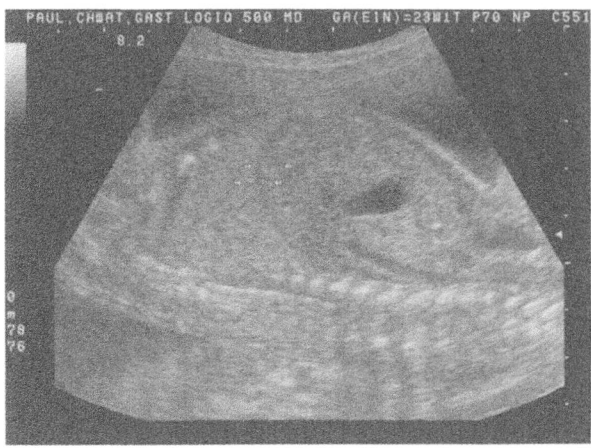

Abb. 12.44. Physiologischer Thorax-Abdomen-Sagittal-schnitt. Die feine echoarme Linie zwischen echodichter Lunge und echoärmerer Leber stellt die Zwerchfell-ebene dar

malfall der Magen links auf derselben Seite wie die Herzspitze gefunden werden. Unmittelbar links vor der Wirbelsäule stellt sich die pulsierende Aorta im Querschnitt, und weiter ventral rechts der Wirbelsäule und ventral rechts der Aorta die nicht pulsierende V. cava inferior dar.

Eine Veränderung dieser topographischen Verhältnisse kann erster Hinweis sein auf ein *Heterotaxiesyndrom* (Herzlage rechts und Herzspitze nach rechts bei Situs inversus, verschiedene andere mögliche Herzlagen und Rotationsanomalien bei Situs ambiguus), eine *Zwerchfellhernie* (Herzverschiebung nach rechts oder nach links, je nach Sitz der Hernie), eine *zystisch-adenomatoide Lungenmalformation* (Verschiebung des Herzens in Richtung der gesunden Lunge durch zystische Vergrößerung der betroffenen Lunge), auf ein *Skelettdysplasiesyndrom* mit Thoraxenge (Herz nimmt wesentlich mehr als ein Drittel des verengten Thorax ein), eine *Kardiomegalie* bei Herzinsuffizienz oder Kardiomyopathie (Herz insgesamt vergrößert und nimmt relativ zur Lunge mehr Raum ein).

Herzfehlbildungen

Embryologie
Das kardiovaskuläre System ist das erste funktionierende System in der Embryonalentwicklung. Das Blut beginnt am 24. Tag nach Konzeption zu fließen. Die Entwicklung des Herzens ist in der 8. Embryonalwoche abgeschlossen, so daß ein großer Teil, vor allem die primär strukturellen Herzfehler, bis zu diesem Zeitpunkt angelegt ist.

Häufigkeit
Der Herzfehler ist die häufigste angeborene Fehlbildung. Ein angeborener Herzfehler wird bei 0,4–1% aller Lebendgeborenen diagnostiziert. Somit sind allein in Deutschland ca. 4000–9000 Kinder betroffen. Pränatal ist die Häufigkeit der Herzfehler wesentlich höher, da ein Großteil der Feten mit Herzfehler aufgrund

dieser Fehlbildung oder der im Rahmen eines Syndroms mit dem Herzfehler assoziierten Begleitfehlbildungen intrauterin verstirbt.

Die Auswertung mehrerer Studien durch Chaoui u. Gembruch (1997) hat bei Totgeburten und Spontanaborten eine minimale Prävalenz von 20,5 und eine maximale Prävalenz von 154 auf 1000 Fälle ergeben. Während postnatal Ventrikelseptumdefekt (VSD) (mit 32,1%) und Pulmonalstenose (mit 9%) die häufigsten Herzfehler sind, finden sich in der Pränataldiagnostik AV-Kanal und VSD (häufigste Herzfehler bei Trisomie 21) als die am häufigsten diagnostizierten Herzfehler.

Sonographie
Sonographisch stellen sich die verschiedenen Herzfehler sehr unterschiedlich dar. In der Routinediagnostik fällt in der Regel ein nicht einstellbarer oder atypischer Vierkammerblick auf, der dann zu einer weiterführenden Echokardiographie Anlaß gibt (Abb. 12.45).

Durch die Darstellung der Ebene des Vierkammerblicks lassen sich in einem Low-risk-Kollektiv 40% der angeborenen Herzfehler erkennen. Falls dazu die Proportionen und die Topographie mit beurteilt werden (das Herz sollte ein Drittel des fetalen Brustkorbes ausmachen und die Herzspitze nach links zeigen), können bis zu 60% aller Herzfehler ausgeschlossen werden. Falls auch die Ausflußtrakte der beiden großen Arterien, Aorta und A. pulmonalis, eingestellt werden, kann die Erkennungsrate auf 70% gesteigert werden.

Da bei ca. 90% aller Schwangerschaften mit Feten mit Herzfehlern primär kein erhöhtes Risiko vorliegt, sollte das Einbeziehen der Beurteilung des Vierkammerblicks in die Routinediagnostik der Schwangeren angestrebt werden.

Während bei 30% der Lebendgeborenen mit Herzfehlern zusätzliche Begleitfehlbildungen beobachtet werden, haben Feten, die intrauterin verstorben sind, zu ca. 68% Begleitfehlbildungen (Chinn et al. 1989; Chaoui 1995).

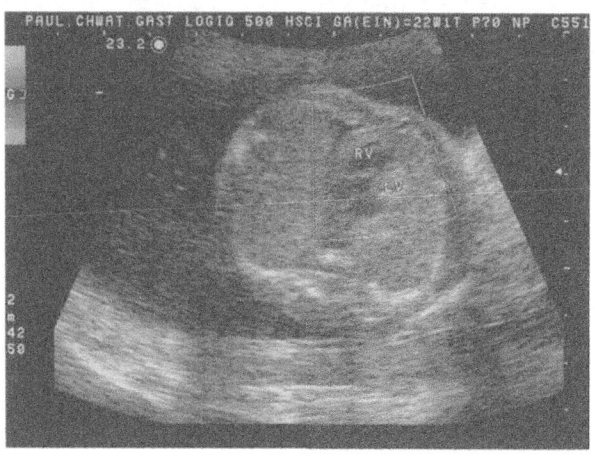

Abb. 12.45. Hypoplastisches Linksherz, 23. SSW

Ätiologie und Wiederholungsrisiken

Nur 20% aller Herzfehler können auf eine spezifische Ursache zurückgeführt werden.

Multifaktorielle Entstehung. Bei ca. 70–80% der Herzfehler wird eine multifaktorielle Entstehung, d.h. ein Zusammenwirken von genetischen und Umweltfaktoren, angenommen.

In diesen Fällen werden die *Wiederholungsrisiken* für Verwandte eines Betroffenen, d.h. vor allem für Kinder und Geschwister, empirisch ermittelt. Für die Geschwister eines betroffenen Kindes von gesunden Eltern wird allgemein ein Wiederholungsrisiko von 2–4% angegeben. Für die Kinder eines betroffenen Elternteils ist das Risiko etwas höher. Der maternale Einfluß ist stärker als der paternale: die Kinder einer betroffenen Mutter haben ein Risiko von 6–12%, die eines betroffenen Vaters von 2–4%. Verschiedene Theorien (Imprinting, mitochondriale Vererbung) könnten diesen Unterschied erklären.

In nur 50% der Fälle wiederholt sich der Herzfehler in ähnlicher Weise wie schon vorgekommen. – In Tabelle 12.27 werden die Wiederholungsrisiken für die häufigsten Herzfehler zusammengefaßt.

Bei einigen isolierten Herzfehlern läßt die Art der Wiederholung in einem Teil der Familien auf einen Mendelschen Erbgang schließen. Hierzu zählen die supravalvuläre Aortenstenose (autosomal-dominanter Erbgang mit herabgesetzter Penetranz und variabler Expressivität) und die familiäre Form der subvalvulären Aortenstenose (hypertrophische Kardiomyopathie, AD), die im Kindesalter ca. 30–50% der Fälle ausmacht. Bei ca. 50% der Fälle mit hypertrophischer Kardiomyopathie liegt eine Mutation in den Cardiac-myosin-heavy-chain-Genen

Tabelle 12.27. Wiederholungsrisiken bei isolierten angeborenen Herzfehlern (mod. nach Nora u. Nora 1991)

Herzfehler	Wiederholungswahrscheinlichkeit [%]		
	Geschwister	Kinder	
		Mutter betroffen	Vater betroffen
Ventrikelseptumdefekt (VSD)	3	6–10	2,5
Vorhofseptumdefekt (ASD)	2,5	4– 6	1,5
AV-Kanal	2,5	14	1
Pulmonalstenose	2	3,5–4	2
Fallot-Tetralogie	2,5	2,5	1,5
Transposition der großen Gefäße	1,5	–	–
Aortenisthmusstenose	2	4	2,5
Aortenstenose valvulär (ohne sub- und supravalvulär)	2	13–18	5
Persistierender Ductus arteriosus	3	4	2

(CMHC) am langen Arm von Chromosom 14 (14q1) zugrunde. Das Wiederholungsrisiko für Kinder eines Merkmalsträgers liegt bei 50%.

Herzfehler im Rahmen von Syndromen und molekulargenetische Aspekte. Durch die Weiterentwicklung molekularbiologischer Verfahren konnten in den vergangenen Jahren große Fortschritte in der Klärung der molekularen Pathogenese und damit der genetischen Grundlage einer Reihe primärer Herzfehler und Syndrome mit Herzbeteiligung gemacht werden.

Es ist anzunehmen, daß einzelne Gendefekte sehr viel häufiger als bisher angenommen Ursache von Herzerkrankungen sind. In diese Gruppe gehören 5–10% aller Herzfehler. Insgesamt werden über 700 definierte genetische Syndrome beschrieben, die mit einem Herzfehler einhergehen können. Bei einem Teil dieser Syndrome ist der zugrundeliegende Gendefekt bekannt.

Ein wichtiger Schritt bei der Suche nach genetischen Faktoren im Rahmen der Entstehung von Herzfehlern konnte durch die Entdeckung der Assoziation einer Gruppe von Herzfehlern (konotrunkale Defekte) mit einer Mikrodeletion auf dem langen Arm des Chromosoms 22 (q11) getan werden.

Bei mehreren bisher bekannten autosomal-dominant vererbten Syndromen (DiGeorge-Syndrom, Shprintzen-Syndrom und konotrunkale Gesichtsanomaliesyndrome) wurde in der übergroßen Mehrzahl der Fälle (80–90%) eine Mikrodeletion an der beschriebenen Stelle gefunden. Diese Erkrankungen werden dem Akronym CATCH 22 (*c*ardiac defects, *a*bnormal facies, *t*hymic hypoplasia, *c*left palate, *h*ypocalcaemia, Chromosom 22) zugeordnet (s. Kap. 3).

Es wird angenommen, daß eine aufgrund der Monosomie des genannten Locus auf Chromosom 22 entstehende Migrationsstörung von Neuralleistenzellen ursächlich an den Entwicklungsdefekten von CATCH 22 beteiligt ist.

Auch bei etwa 1% der Kinder mit isoliertem Herzfehler wird eine Deletion in dieser Region auf dem langen Arm von Chromosom 22 gefunden.

In Tabelle 12.28 werden die wichtigsten genetischen Syndrome mit begleitendem Herzfehler und bekanntem Genlocus zusammengefaßt.

Herzfehler und numerische und strukturelle Chromosomenstörungen. Während in nur 6–10% aller kongenitalen Herzfehler eine Chromosomenstörung diagnostiziert wird, ist dieser Anteil vorgeburtlich wesentlich höher. Die Auswertung mehrerer pränataler sonographischer Studien durch Snijders et al. (1996) ergab eine durchschnittliche Häufigkeit von 28% (n=829). Die Häufigkeit einer Chromosomenstörung bei sonographischer Diagnose eines isolierten Herzfehlers lag bei 16%.

Bei zusätzlichen Fehlbildungen wurde eine Chromosomenstörung in 65% der Fälle gefunden. Die häufigsten Chromosomenstörungen waren die Trisomien 21, 18, 13 und das Turner-Syndrom.

In Tabelle 12.29 sind die typischen mit den wichtigsten numerischen und strukturellen Chromosomenaberrationen assoziierten Herzfehler und die Häufigkeit eines Herzfehlers bei der entsprechenden Störung aufgeführt.

Herzfehler und exogene Faktoren. In ca. 2% der Fälle sind exogene Faktoren für die Entstehung eines Herzfehlers verantwortlich. Hier spielen vor allen Dingen

Tabelle 12.28. Genetische Syndrome mit Herzfehler und bekanntem Genlocus bzw. Mutation (mod. nach Zerres et al. 1990; Mennicke u. Schwinger 1997)

Genetische Krankheit	Symptomatik	Typische Herzfehler und Häufigkeit	Chromosomale Lok./ Mutation	Vererbung
Bourneville-Pringle (Tuberöse Sklerose)	Adenoma sebaceum, Epilepsie, MR	50% Rhabdomyome	9q34, 16p13	AD
DiGeorge (Shprinzen)	Thymusaplasie, Nebenschilddrüsen-aplasie, LKG, Ge-sichtsdysmorphie, MR	90% konotrunkale Herzfehler	22q11, 10p	AD
Ehlers-Danlos IV	Akrogeroide Haut, Fingergelenküber-streckbarkeit	50% Mitralklappen-prolaps, Neigung zu spontanen Arterien-rupturen	2q31	AD
Holt-Oram	Präaxiale radiale Strahlendefekte der oberen Extremität	85% ASD Typ II (Secundum-Typ) mit Leitungsdefekten, VSD	12q2	AD
Heterotaxie	Situs ambiguus, Asplenie, Poly-splenie	100% Dextrokardie, gemeinsamer Vorhof, Defekte im AV-Kanal und Ausflußtrakt, Lungenvenenfehl-mündungen	14q32, 6q21, Xq26.2	AR, AD, XR
Marfan	Disproportionierter Hochwuchs, Arach-nodaktylie, Gelenk- und Linsenluxationen	90% Mitralklappen-prolaps, Aorten-wurzeldilatation	15q21	AD
Noonan	Minderwuchs, tiefer Haaransatz, tief-sitzende Ohren, prä-natal: Hygroma colli, MR	60% valvuläre Pulmonalstenose	12q22–qterm	AD
Rubinstein-Tayibi	Breite Daumen, Minderwuchs, MR	25% PDA, ASD, VSD	16q12.3	AD
Williams van Beuren	Koboldgesicht, infantile Hyper-kalzämie, MR	100% supravalvuläre Aortenstenose, supravalvuläre Pulmonalstenose	7q11–23	AD

ASD atrioseptaler Defekt, Vorhofseptumdefekt, *VSD* Ventrikelseptumdefekt, *PDA* persistierender Ductus arteriosus, *AD* autosomal-dominant, *AR* autosomal-rezessiv, *XR* X-chromosomal-rezessiv, *MR* Mentale Retardierung.

Tabelle 12.29. Wichtigste numerische und strukturelle Chromosomenstörungen* und kongenitale Herzfehler (mod. nach Romero et al. 1987; Nora u. Nora 1988; Mennicke u. Schwinger 1997)

Chromosomenaberration	Häufigkeit eines Herzfehlers [%]	Typische Herzfehler
Trisomie 21	40–50	AV-Kanal, VSD
Trisomie 18	99	Konotrunkale und Mehrklappendefekte, VSD, persistierender Ductus arteriosus (PDA)
Trisomie 13	90	VSD, PDA, ASD und Dextrokardie
Partielle Trisomie 22 (Cat-eye-Syndrom)	40	Komplette Lungenvenen-Fehlmündungen, VSD, ASD
Triploidie	60	VSD
4p- (Wolff-Syndrom)	40	ASD, VSD, PDA
5p- (Cri-du-chat-Syndrom)	20	VSD, ASD, PDA
Monosomie X (Turner-Syndrom, 45,X)	30–40	Aortenstenose, Aortenisthmusstenose, hypoplastisches Linksherz

* Mikrodeletionen sind nicht berücksichtigt.

der Alkoholabusus der Schwangeren, Infektionen wie Röteln und Zytomegalie und der mütterliche Diabetes mellitus eine große Rolle.

In Tabelle 12.30 sind die wichtigsten teratogenen Einflüsse, die Häufigkeit eines damit assoziierten Herzfehlers und die jeweils häufigsten Herzfehler aufgeführt.

Der günstigste Zeitpunkt für eine geplante fetale Echokardiographie ist der Zeitraum zwischen der 20. und 22. SSW.

Bei schon im 1. Trimenon erhöhtem Risiko für einen fetalen Herzfehler (fetales Nackenödem, Hygroma colli cysticum, Herzfehler bei vorangegangener Schwangerschaft) kann eine auf transvaginalem Weg durchgeführte Echokardiographie schon ab der 12.–14. SSW hilfreich sein. Einige Herzfehler, vor allem die mit der Trisomie 21 am häufigsten assoziierten Herzfehler AV-Kanal und großer Septumdefekt können zu diesem Schwangerschaftszeitpunkt ggf. schon erkannt werden.

Fetale Echokardiographie
Im Rahmen der Routineschwangerenvorsorge kommt neben der sorgfältigen Einstellung des Vierkammerblicks, ggf. der Ausflußbahnen und der Beurteilung der Lage des Herzens im Thorax, vor allen Dingen der Erkennung jener Schwangeren, die einer fetalen Echokardiographie zugeführt werden, große Bedeutung zu (s. Übersicht).

Tabelle 12.30. Teratogene Einflüsse und Herzfehler (nach verschiedenen Quellen)

Ursache	Häufigkeit eines Herzfehlers [%]	Häufigste Herzfehler
Alkoholabusus	25–50	VSD, PDA, ASD
Medikamente		
Lithium	10	Epstein-Anomalie, Trikuspidalatresie, ASD
Sexualhormone	3	VSD, TGA, TOF
Hydantoin	2–3	PS, AS, ISTA
Trimethadon	30	TGA, TOF, HLHS
Amphetamine	10	VSD, PDA, TGA
Infektionen		
Röteln	35	Periphere Pulmonalstenose, PS, PDA, VSD, ASD
Zytomegalie	?	?
Andere maternale Erkrankungen		
Diabetes mellitus	3–5	TGA, VSD, ISTA, DORV, TAC
	30–50	Kardiomegalie, Kardiomyopathie, erst im Verlauf der Schwangerschaft sichtbar
Lupus erythematodes visceralis	20–40	Kompletter AV-Block
Phenylketonurie	25–50	TOF, VSD, ASD

AS Aortenstenose, *ASD* Vorhofseptumdefekt, *DORV* double outlet right ventricle, *HLHS* hypoplastisches Linksherzsyndrom, *ISTA* Aortenisthmusstenose, *PDA* persistierender Ductus arteriosus, *PS* Pulmonalstenose, *TAC* Truncus arteriosus communis, *TGA* Transposition der großen Gefäße, *TOF* Fallot-Tetralogie, *VSD* Ventrikelseptumdefekt.

Indikationen zur fetalen Echokardiographie
- Positive Eigen- und Familienanamnese:
  - Herzfehler bei der Schwangeren, bei einem Kind oder in der näheren Verwandtschaft
  - Mit Herzfehlern assoziierte Syndrome bei der Schwangeren, in einer vorangegangenen Schwangerschaft (betroffenes Kind, Abort), in der näheren Verwandtschaft
- Einflüsse in der Schwangerschaft:
  - Infektionen (z. B. Röteln, Zytomegalie)
  - maternale Erkrankungen (z. B. Diabetes mellitus, Phenylketonurie, Lupus erythematodes)
  - Alkoholabusus
  - Medikamente (Antiepileptika, Lithium)
  - Hohe Dosen ionisierender Strahlen

- Fetale Auffälligkeiten:
  - Verdacht auf Herzfehler im Screening (suspekter Vierkammerblick, abnorme Herzlage)
  - Arrhythmien (strukturelle Anomalien bei Bradyarrhythmien: ca. 40%, bei Tachyarrhythmien ca. 5–10%, bei Extrasystolen: selten)
  - Nichtimmunologischer Hydrops fetalis
  - Frühe, vor allem symmetrische Wachstumsretardierung
  - Nachgewiesene fetale Chromosomenaberration, zur Einschätzung der Prognose (z.B. Turner-Syndrom, Down-Syndrom, Mosaike)
  - Singuläre Nabelschnurarterie
  - Zwillingsgravidität (vor allem bei monozygoten Zwillingen erhöhtes Risiko für Fehlbildungen)
  - Alle extrakardialen fetalen Fehlbildungen
  - Alle als Hinweiszeichen auf eine Chromosomenstörung geltenden fetalen Abweichungen, dorsonuchales Ödem >2,5 mm in der 10.–14. SSW, auch bei unauffälligem Karyotyp und Zurückentwicklung
- Verzicht auf invasive Diagnostik zur Karyotypisierung bei höherem Ausgangsrisiko für fetale Chromosomenstörung.

Prognose

Die Prognose bei angeborenem Herzfehler ist entscheidend von einer adäquaten Planung des präpartalen, peripartalen und postpartalen Vorgehens abhängig.

Eine pränatale Eingrenzung des Herzfehlers ist für die Prognose somit von großer Bedeutung. Viele komplexe Herzfehler können heute früh korrigiert werden. Einige können auch nichtchirurgisch mittels Kathetertechnik behandelt werden.

Durch die Fortschritte in der pränatalen Erkennung und der Behandlung konnte die Letalität in den letzten Jahrzehnten von 85% auf 15% gesenkt werden.

Procedere bei Verdacht auf fetalen Herzfehler
- Weiterführende Sonographie zum Ausschluß von Begleitfehlbildungen und fetale Echokardiographie mittels Farbdoppler (Degum 2/3)
- Eigen- und Familienanamnese (weitere Herzfehler in der Familie, Syndrome mit begleitendem Herzfehler, Medikamente, Alkoholabusus, Infektionen, Diabetes mellitus?)
- Bei AV-Block 3. Grades RO- und LE-Antikörper (Lupus erythematodes)
- Nach Diagnosestellung kinderkardiologisches Konsil und Planung des weiteren prä- und des perinatalen Vorgehens
- Engmaschige Kontrollen zur frühen Erkennung einer fetalen Herzinsuffizienz (Hydrops fetalis)
- Bei Herzfehlern mit infauster Prognose (z.B. hypoplastisches Linksherz, s. Abb. 12.45) Erwägung eines Schwangerschaftsabbruchs.

Heterotaxiesyndrome

Definition

Als *Situs solitus* wird die normale Lage des Herzens und der Abdominalorgane bezeichnet. Von *Situs inversus*, einer extrem seltenen Anomalie, wird bei einer spiegelbildlichen Drehung des Herzens und der Abdominalorgane gesprochen.

Alle dazwischenliegenden Drehungsanomalien, die mehr oder weniger die Abdominalorgane und das Herz betreffen, werden mit *Situs ambiguus* bezeichnet. Der Situs ambiguus zeichnet sich durch die Tendenz primär asymmetrisch angelegter Organe zur symmetrischen Anordnung aus.

Die sog. *bilaterale Rechtsseitigkeit* (rechtsseitiger Isomerismus) führt zur Abwesenheit der links gelegenen Milz, d.h. zum Asplenie-Syndrom. Die *bilaterale Linksseitigkeit* (linksseitiger Isomerismus) führt zum Polyspleniesyndrom.

Alle diese mit einem Situs ambiguus einhergehenden Syndrome werden unter dem Begriff *Heterotaxiesyndrome* zusammengefaßt.

Häufigkeit

Bei ca. 4% aller Lebendgeborenen mit einem Herzfehler liegt ein Heterotaxiesyndrom vor. Da aufgrund der schweren Herzfehler, die in den meisten Fällen mit den Heterotaxiesyndromen assoziiert sind, in vielen Fällen ein intrauteriner Fruchttod zu erwarten ist, ist in der Pränataldiagnostik von einer größeren Häufigkeit dieser Syndrome auszugehen.

Sonographie

An ein Heterotaxiesyndrom sollte gedacht werden, wenn eine Lageanomalie des Herzens oder der Abdominalorgane auffällt.

Bestes Hinweiszeichen auf ein Heterotaxiesyndrom ist die nicht regelrechte Lage der großen Gefäße Aorta und V. cava inferior zueinander und im oberen Abdomen.

Beim Situs solitus liegt die Aorta links und die V. cava inferior rechts ventral der Aorta und rechts der Wirbelsäule. Beim Situs inversus liegen diese Gefäße spiegelbildlich verkehrt. Beim rechtsseitigen Isomerismus liegen V. cava inferior und Aorta auf derselben Seite, die V. cava inferior in der Regel ventral der Aorta. Beim linksseitigen Isomerismus fehlt die V. cava inferior (in 70% der Fälle). Das Blut fließt über die V. azygos dorsal der meistens median ventral der Wirbelssäule verlaufenden Aorta und mündet in die links oder rechts gelegene V. cava superior.

Begleitfehlbildungen

Das *Aspleniesyndrom* geht in fast allen Fällen mit einem Herzfehler einher (Lungenvenenfehlmündung zu fast 100%, AV-Kanal 85%, singulärer Ventrikel 50%, Transposition der großen Gefäße 58%, Pulmonalstenose und -atresie 70%, Dextrokardie 42%) (Chaoui 1995).

Das *Polyspleniesyndrom* geht häufig mit Rhythmusstörungen, insbesondere einem AV-Block 3. Grades, einher. Auch hier werden in einer Großzahl der Fälle begleitende Herzfehler gefunden, so z.B. Lungenvenenfehlmündungen in 70%, Dextrokardie in 37%, AV-Kanal in 43% der Fälle (Chaoui 1995).

Ätiologie und Genetik
Die Ätiologie der Heterotaxiesyndrome ist heterogen. Beobachtungen von Geschwisterfällen und Konsanguinität der Eltern sprechen für eine autosomal-rezessive Vererbung. Bei den Familien mit X-chromosomal-rezessiver Vererbung konnte das Gen auf Xq26.2 lokalisiert werden. Es handelt sich hier um ein Zinkfinger-Transkriptionsfaktorgen (ZIC3). Sowohl bei familiären als auch bei sporadischen Fällen wurden frameshift- und nonsense-Mutationen identifiziert.

Beziehungen bestehen auch zum Kartagener-Syndrom (vor allem autosomal-rezessiv, selten autosomal-dominant vererbt). Der diesem Syndrom zugrundeliegende Gendefekt manifestiert sich in einer Funktionsstörung der strukturell veränderten Zilien, vor allem der Bronchialschleimhautzellen und der Spermien. In 50% der Fälle geht diese Funktionsstörung mit einem Heterotaxiesyndrom einher. Den Zusammenhang erklärt man sich so, daß die viszerale Asymmetrie des Menschen normalerweise durch den Zilienschlag von Zellen während der Embryogenese determiniert wird und somit bei Störung dieses Mechanismus die Seitigkeit vom Zufall bestimmt wird.

Kongenitale zystische adenomatoide Malformation der Lunge (CCAML)

Definition und Pathogenese
Diese insgesamt seltene, jedoch häufigste sonographisch feststellbare Fehlbildung der Lunge entspricht einem Hamartom. Es kommt zu einer überschüssigen Wucherung der terminalen Bronchiolen, die verschieden ausgeprägt sein kann. Sie kann eine Lunge und beide Lungen betreffen, einen ganzen Lungenflügel befallen oder auf ein Segment beschränkt sein. Je nach Zystengröße werden 3 Typen unterschieden:
Typ 1 Zystengröße >2 cm,
Typ 2 Zystengröße 0,5–2 cm,
Typ 3 Zystengröße <0,5 cm.

Häufigkeit
Die CCAML ist eine sehr seltene Lungenfehlbildung. Es werden in der Literatur mehrere hundert Fälle beschrieben.

Sonographie
Sonographisch sind bei Typ 1 und 2 der CCAML mehr oder weniger große zystische Strukturen in einem oder beiden Lungenflügeln darstellbar. Bei der CCAML Typ 3 stellt sich der betroffene Lungenanteil als echodichte vergrößerte Struktur dar. Das Herz ist zur kontralateralen Seite hin verdrängt oder zwischen den betroffenen Lungenflügeln komprimiert (Abb. 12.46). Aufgrund der Verschiebung oder der Kompression der zuführenden Gefäße kann es zum Hydrops fetalis kommen. Die Kompression des Ösophagus kann über die Behinderung des Schluckakts zu einer Polyhydramnie führen.

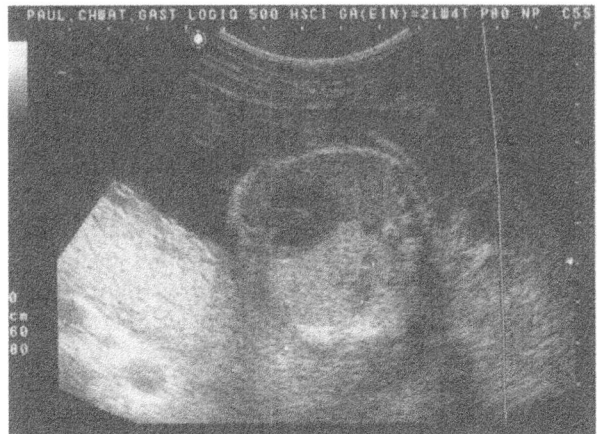

a

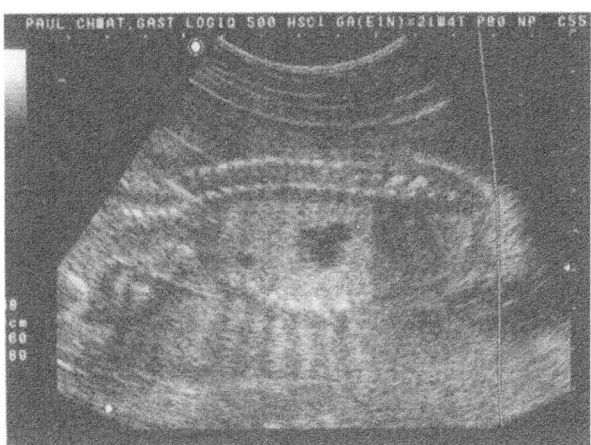

b

Abb. 12.46 a, b. Zystisch-adenomatoide Lungenmalformation. **a** Transversalschnitt: Das Herz ist nach rechts verdrängt, die linke Lunge erscheint insgesamt mikrozystisch echodicht und zeigt einzelne großzystische Areale (klare Typenzuordnung aufgrund nicht durchgeführter pathoanatomischer Untersuchung nicht möglich). **b** Sagittalschnitt durch denselben Fetus

Begleitfehlbildungen
Bei der CCAML Typ 2 werden in 30–50% der Fälle Begleitfehlbildungen gefunden. Beobachtet wurden u. a. Fehlbildungen an Nieren, Herz, Darm und Skelettsystem.

Differentialdiagnose
Differentialdiagnostisch sind bronchiogene Zysten, zystische Teratome, Rhabdomyome, Lungensequester und eine Zwerchfellhernie mit Magen- oder Darmverlagerung ins Abdomen auszuschließen bzw. zu erwägen.

Ätiologie und Wiederholungsrisiko
Die Ursache der CCAML ist nicht klar. Das Wiederholungsrisiko ist extrem gering. In wenigen Fällen wurde die Assoziation mit einer Chromosomenstörung beschrieben.

Prognose
Die Prognose ist von Typ und Ausdehnung abhängig. Die schlechteste Prognose hat Typ 3. In einigen wenigen Fällen konnten die betroffenen Feten über eine erfolgreiche Zystendrainage über Shunt (bei Typ 1) oder über eine pränatale Resektion des betroffenen Lungenlappens in offener intrauteriner Chirurgie (Harrison et al. 1990) gerettet werden.

Procedere bei CCAML
- Weiterführende Sonographie zum Ausschluß von Begleitfehlbildungen, vor allem bei Typ 2
- Erwägung einer Karyotypisierung
- Bei ausgedehntem Lungenbefall mit Typ-3-Zysten und begleitendem Hydrops fetalis wegen infauster Prognose Erwägung eines Schwangerschaftsabbruchs.

Lungenhypoplasie

Die Lungenhypoplasie ist in der Regel keine embryopathologisch determinierte Fehlbildung der Lunge, sondern Folge zahlreicher genetisch und nichtgenetisch bedingter Faktoren, die die Entwicklung und Entfaltung der fetalen Lunge beeinträchtigen und somit letztlich über die damit immer einhergehende Respirationsinsuffizienz die Prognose bestimmen. Da in der pränatalsonographischen Diagnostik die zur Lungenhypoplasie führenden Fehlbildungen und Auffälligkeiten (Zwerchfellhernie, CCAML, Oligohydramnie, Hydrothorax, knöcherne Thoraxenge bei Skelettdysplasiesyndromen, Akinesiesyndrome, Zwerchfellhochstand durch Hepatosplenomegalie, intraabdominale Tumoren, Aszites, Obstruktionen in Magen-Darm- und Harntrakt) das eigentliche Leitsymptom darstellen, ist nicht die primäre Diagnose der Lungenhypoplasie von Bedeutung, sondern die Einschätzung des Ausmaßes.

Mittels der farbcodierten Dopplersonographie wird die Beurteilung der qualitativen und quantitativen pulmonalen Perfusion des Feten ermöglicht.

Hydrothorax

Der Hydrothorax kann als isolierte Auffälligkeit und als Symptom des generalisierten Hydrops fetalis auftreten. Die häufigste Form des isolierten Hydrothorax ist der sog. *Chylothorax*. Der Chylothorax entsteht durch eine Anomalie des Ductus thoracicus, wodurch es zur Ansammlung von Lymphe in der Pleurahöhle kommt. Im Gefolge des Chylothorax kann es über eine venöse Rückflußbehinderung oder auch über einen Proteinverlust über das defekte Lymphsystem zu einem generalisierten Hydrops fetalis kommen.

Ein isolierter Hydrothorax wurde sowohl beim Turner-Syndrom als auch beim Down-Syndrom beobachtet. Eine Karyotypisierung ist indiziert.

12.7.12 Erkrankungen und Fehlbildungen des fetalen Skelettsystems

Im folgenden werden die wichtigsten Auffälligkeiten der fetalen Extremitäten und des fetalen knöchernen Thorax beschrieben, die in der sonographischen Routinediagnostik der Schwangeren Bedeutung erlangen können. In diesem Rahmen ist es sinnvoll, zwischen den in den meisten Fällen einem Mendelschen Erbgang folgenden *Osteochondrodysplasien* (Skelettdysplasiesyndrome; Inzidenz ca. 2 auf 10000 Geburten), die auf eine generelle Entwicklungsstörung des Knorpels und des Knochens, und den *einzelnen Skelettfehlbildungen*, die in der Regel auf eine Störung primär regelrecht angelegter Skeletteile zurückzuführen sind, zu unterscheiden. Letztere sind wesentlich häufiger. Sie werden bei 1:100 Neugeborenen beobachtet. Einige dieser Fehlbildungen sind in vielen Fällen erste Hinweiszeichen auf zugrundeliegende chromosomal oder nichtchromosomal bedingte fetale Erkrankungen.

Tabelle 12.31. Mittelwerte der langen Röhrenknochen (mm) (mod. nach Romero et al. 1987)

Schwangerschaftswoche	18	19	20	21	22
Femur	25	28	31	34	36
Tibia	22	25	27	30	32
Fibula	23	26	28	31	33
Humerus	25	28	30	33	35
Radius	22	24	27	29	31
Ulna	24	26	29	31	33

Die fetalen Knochen sind der sonographischen Diagnostik sehr gut zugänglich. Schon Ende der 6. SSW ist das gesamte Extremitätenskelett knorpelig angelegt. Die Verknöcherung der langen Röhrenknochen beginnt Anfang der 7. Woche, ausgehend von primären Knochenkernen in der Diaphyse. Die kritische Periode für die Entwicklung der oberen Extremitäten reicht vom 24. bis zum 42. Tag, die der unteren bis zum 44. Tag der Embryonalentwicklung. Die Finger und Zehen entwickeln sich 2 Wochen später. Die Einwirkung von Teratogenen in dieser Zeit kann zu Extremitätenfehlbildungen führen.

Der beste Zeitpunkt für eine gezielte Untersuchung der Extremitäten (z. B. bei gegebener Risikosituation) ist die 18.–22. SSW. In dieser Zeit sind eine Reihe der Osteochondrodysplasiesyndrome schon erkennbar. Einige der nichtletalen Dysplasiesyndrome, so die Achondroplasie, zeigen eine Verkürzung der langen Röhrenknochen in vielen Fällen erst jenseits der 26. SSW.

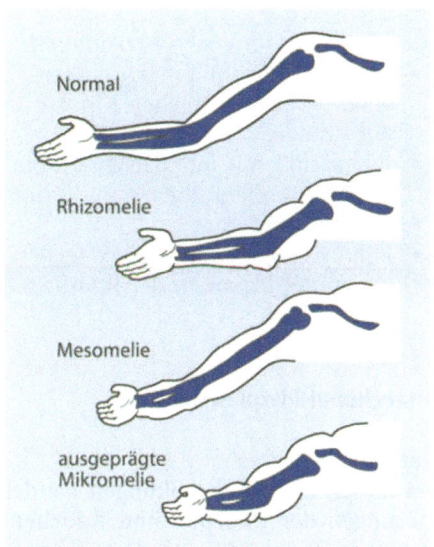

Abb. 12.47. Verschiedene Formen der Verkürzung der langen Röhrenknochen (mod. nach Fleischer et al. 1996)

Der Fuß hat im obengenannten Zeitraum dieselbe Länge wie das Femur. Der Radius ist immer etwas kürzer als die Ulna und ist unabhängig von Hand- und Armbewegungen auf der Seite des Daumens. Die beiden Unterschenkelknochen Tibia und Fibula stellen sich über die gesamte Schwangerschaft gleich lang dar. In Tabelle 12.31 werden die Mittelwerte der langen Röhrenknochen für die Schwangerschaftswochen 18–22 aufgeführt.

Mit Ausnahme der Achondroplasie, die quoad vitam eine gute Prognose hat, ist in der genannten Zeit bei allen Osteochondroplasien mit schlechter Prognose von einer wesentlichen Verkürzung der Extremitäten auszugehen. Je nach betroffenem Abschnitt und Ausmaß der Verkürzung wird unterschieden zwischen

- Rhizomelie: Verkürzung des proximalen Teils der Extremitäten (Femur und/ oder Humerus);
- Mesomelie: Verkürzung des distalen Teils der Extremitäten (Radius/Ulna und/ oder Tibia/Fibula);
- Mikromelie: Verkürzung der Extremitäten insgesamt (Abb. 12.47).

Weitere gebräuchliche Begriffe in der Beschreibung von Extremitätenfehlbildungen sind:

- Phokomelie: Hände und Füße sitzen unmittelbar an Schultern und Hüften an;
- Amelie: Fehlen einer Extremität.

Eine gezielte sonographische Untersuchung des fetalen Skelettsystems sollte bei bestimmten Risikosituationen vorgenommen bzw. in die Wege geleitet werden (s. Übersicht).

Indikationen für eine weiterführende Sonographie des Skelettsystems
- Mit Skelettfehlbildungen einhergehende Erkrankung bei der Schwangeren, einem vorangegangenen Kind/vorangegangenem Abort oder in der näheren Verwandtschaft
- Exposition mit teratogenen Noxen (Zytostatika, Thalidomid, Antiepileptika – hier vor allem Phenytoin, Retinoide, Chinin)
- Amnionbänder
- Polyhydramnie und andere fetale Fehlbildungen
- Zu kurzes Femur in der Routinebiometrie.

Osteochondrodysplasien

Definition
Bei diesen Skeletterkrankungen handelt es sich um eine heterogene Gruppe von Störungen der Knorpel- und Knochenentwicklung und des Knochenwachstums, die *in der Regel erblich bedingt* sind. Einige dieser Erkrankungen, auf die im folgenden eingegangen wird, haben auch in der Pränataldiagnostik Bedeutung.

Häufigkeit
Die durchschnittliche Häufigkeit der Skelettdysplasien bei perinatalen Todesfällen liegt bei ca. 9:1000. In Tabelle 12.32 sind die Häufigkeiten der wichtigsten Osteochondrodysplasien aufgeführt.

Thanatophore Dysplasie und Achondrogenesis machen zusammengenommen 72% aller *letalen* Osteochondrodysplasien aus.

Sonographie
In der Routinediagnostik ist in den meisten Fällen ein zu kurzes oder verbogenes Femur das Leitsymptom, das zur Diagnose einer Osteochondrodysplasie hinführt.

Tabelle 12.32. Häufigkeit der wichtigsten Osteochondrodysplasien auf 10000 Geburten (mod. nach Camera u. Mastroiacovo 1982)

Thanatophore Dysplasie	0,69
Achondroplasie	0,37
Achondrogenesis	0,32
Osteogenesis imperfecta Typ 2	0,18
Asphyxierende Thoraxdysplasie	0,14
Chondrodysplasia punctata	0,09
Kampomele Dysplasie	0,05
Chondroektodermale Dysplasie	0,05

Bei der eingrenzenden sonographischen Diagnostik ist in erster Linie die Beurteilung der *Röhrenknochen* (Ausmaß der Verkürzung und Krümmung), des *Thorax* (kurze Rippen, Rippenfrakturen), der *Ossifikation* (u. a. Schalldurchlässigkeit des Schädels, Verformbarkeit der Schädelkalotte), der *Hände* (Tatzenhand, Polydaktylie) und des *Schädels* (Makrozephalie, Kleeblattschädel) wichtig. In zweiter Linie sollte auch das fetale Gesicht beurteilt werden (Mikrognathie und Hypertelorismus bei kampomeler Dysplasie, typische eingesunkene Nasenwurzel bei thanatophorer Dysplasie), und es sollte nach Begleitfehlbildungen gesucht werden (z. B. Herzfehler bei Ellis-van-Crefeld-Syndrom).

Die Osteochondrodysplasien gehen in vielen Fällen, vermutlich aufgrund einer Behinderung der Fruchtwasseraufnahme über die Lungen bei engem Thorax, mit einer Polyhydramnie einher.

Die Aufgabe der Pränataldiagnostik ist bei diesen Erkrankungen weniger die Namensgebung als die Einschätzung der Prognose, um der betroffenen Schwangeren im Prozeß der Entscheidung für oder gegen einen Schwangerschaftsabbruch alle notwendigen Informationen an die Hand geben zu können.

In vielen Fällen ist eine eindeutige Diagnosestellung erst nach Geburt durch den zusätzlichen Einsatz der Röntgendiagnostik möglich.

In Tabelle 12.33 sind die sonographischen Leitsymptome den entsprechenden Osteochondrodysplasien zugeordnet.

Tabelle 12.33. Sonographische Leitsymptome bei Osteochondrodysplasien (mod. nach Meinel 1985)

Leitsymptom	In Frage kommende Osteochondrodysplasie
Thoraxenge durch zu kurze Rippen (primär angelegt oder nach Frakturen)	Thanatophore Dysplasie, Achondrogenesis I und II, Kurzrippenpolydaktylie-Syndrome Typ I, II und III, Osteogenesis imperfecta Typ II, Chondrodysplasia punctata, kampomele Dysplasie, chondroektodermale Dysplasie (Ellis van Creveld), metatrophische Dysplasie
Verkürzung der Diaphysen der langen Röhrenknochen	Thanatophore Dysplasie, Achondrogenesis I und II, Osteogenesis imperfecta Typ II, Kurzrippenpolydaktylie-Syndrome I, II, und III, chondroektodermale Dysplasie (Ellis van Crefeld), Hypophosphatasie, Achondroplasie, diastrophische Dysplasie, Chondrodysplasia punctata
Verkrümmte Diaphysen	Thanatophore Dysplasie (Telefonhörerverkrümmung bei Typ 1), kampomele Dysplasie, Osteogenesis imperfecta Typ II, Hypophosphatasie, Achondrogenesis
Ossifikationsrückstand (vermehrte Schalldurchlässigkeit der Knochen, Knochenbrüche)	Achondrogenesis I und II, Osteogenesis imperfecta Typ II, Hypophosphatasie
Polydaktylie	Kurzrippenpolydaktylie-Syndrome I, II und III, asphyxierende Thoraxdysplasie (Jeune), chondroektodermale Dysplasie (Ellis van Creveld)

Prognose

Die in der Pränataldiagnostik bedeutenden Osteochondrodysplasietypen haben in der Regel eine extrem schlechte Prognose. Die meisten sind primär letal, die anderen sind zu einem geringen Prozentsatz mit einem kurzen Leben vereinbar (s. Übersicht).

Letale Osteochondrodysplasien
- Thanatophore Dysplasie
- Achondrogenesis
- Osteogenesis imperfecta Typ 2
- Short-rib-Polydaktyliesyndrome (Typ 1, 2, 3)
- Fibrochondrogenesis
- Atelosteogenesis
- Hypophosphatasie
- Homozygote Achondroplasie.

Einzige Ausnahme ist die Achondroplasie, die im heterozygoten, d.h. im häufigsten Zustand eine normale Lebenserwartung hat.

Hauptursache der schlechten Prognose bei den pränatal schon diagnostizierbaren Osteochondrodysplasien ist die mit den meisten dieser Krankheitsbilder einhergehende Thoraxenge, die über eine Lungenhypoplasie zur respiratorischen Insuffizienz führt.

Im folgenden werden wir auf die in der Pränataldiagnostik bedeutendsten Osteochondrodysplasien eingehen.

Thanatophore Dysplasie

Definition

Die thanatophore Dysplasie ist eine letale Osteochondrodysplasie, charakterisiert durch eine *extreme Rhizomelie* (Verkürzung der proximalen Extremitätenknochen Humerus und Femur). Es werden sowohl klinisch als auch genetisch 2 verschiedene Typen unterschieden:
- Typ 1 geht mit stark gekrümmten Röhrenknochen („Telefonhörer") ohne Kleeblattschädel einher.
- Typ 2 geht mit einem Kleeblattschädel und verkürzten, aber geraden langen Röhrenknochen einher.

Sonographie

Neben den stark verkürzten Extremitätenknochen stellen sich sonographisch ein schmaler Thorax durch zu kurze Rippen (Sektkorkenphänomen), ein auffälliges Gesichtsprofil mit eingesunkener Nasenwurzel und breite Hände mit kurzen, plumpen Fingern (Tatzenhand) dar. Begleitfehlbildungen sind Hufeisenniere, Hydronephrose, ASD und andere Herzfehler, Analatresie und Radioulnarsynostose.

Ätiologie und Wiederholungsrisiko
Pathogenetisch geht man von einer verminderten Proliferation und Reifung der Chondrozyten aus. Für beide Typen der thanatophoren Dysplasie konnten *Mutationen* in einem der beim Menschen bekannten Gene, die für die Expression der Rezeptoren für die Fibroblastenwachstumsfaktoren von Bedeutung sind, gefunden werden. Diese Fibroblastenwachstumsfaktor-Rezeptoren sind in zahlreiche biologische Prozesse, Zellwachstum, Zelldifferenzierung, Migration, Wundheilung und Angiogenese, involviert (s. Kap. 9).

In den meisten Fällen handelt es sich um eine Neumutation. Das Wiederholungsrisiko ist gering (s. Keimzellmosaik, Kap. 4).

Prognose
Die Prognose ist aufgrund der mit der Thoraxenge einhergehenden respiratorischen Insuffizienz infaust.

Achondrogenesis

Definition und Sonographie
Es handelt sich hier um eine letale, in 2 Typen unterteilte Chondrodystrophie, die einhergeht mit
- einer extremen Verkürzung der langen Röhrenknochen (Abb. 12.48),
- einem vor allen Dingen in der Wirbelsäule darstellbaren Ossifikationsrückstand,
- einem großen Kopf mit strahlentransparenter Schädelkalotte.

In Typ IA kommt es zu multiplen Rippenfrakturen. Der Thorax ist schmal. Von allen Chondrodysplasien geht die Achondrogenesis mit der *stärksten Verkürzung* der Röhrenknochen einher.

Die Achondrogenesis geht in der Regel mit einer Polyhydramnie und in manchen Fällen auch mit einem Hydrops fetalis einher. Es wird vermutet, daß sowohl der venöse Rückfluß als auch die Fruchtwasseraufnahme aufgrund des zu engen Thorax behindert sind.

Ätiologie und Wiederholungsrisiko
Die *Achondrogenesis Typ IA und IB* wird autosomal-rezessiv vererbt. Es wurde festgestellt, daß Typ IB auf Mutationen in demselben Gen, das auch für die diastrophische Dystrophie verantwortlich ist, zurückzuführen ist. Dieses Gen kodiert für einen Sulfattransporter. Das Wiederholungsrisiko für Geschwister beträgt 25%.

Die *Achondrogenesis Typ II* (Langer-Saldino) ist in der Regel sporadisch. Es wurden Mutationen auf einem für die Kollagensynthese mitverantwortlichen Gen (COL2A1) gefunden (Godfrey u. Hollister 1988; Horton 1992). Da die Betroffenen für die Mutationen heterozygot waren, geht man in diesen Fällen von einer autosomal-dominanten Vererbung aus. Jedoch ist auch bei Achondrogenesis Typ II ebenfalls eine autosomal-rezessive Vererbung möglich.

Prognose
Die Prognose ist infaust.

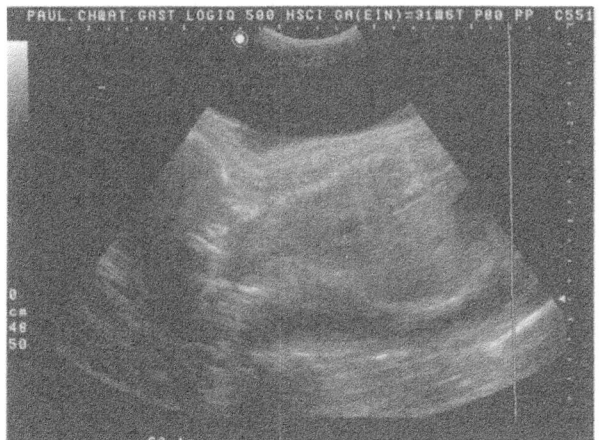

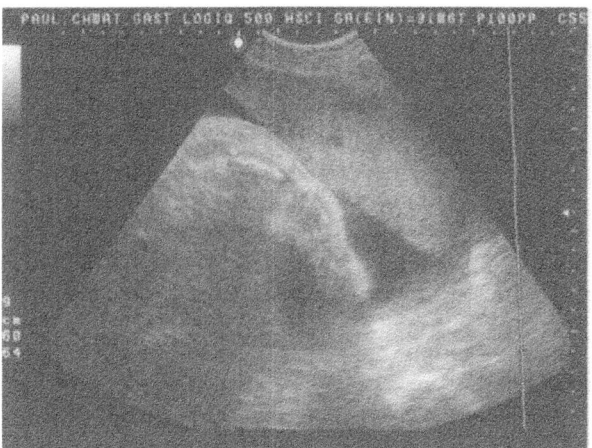

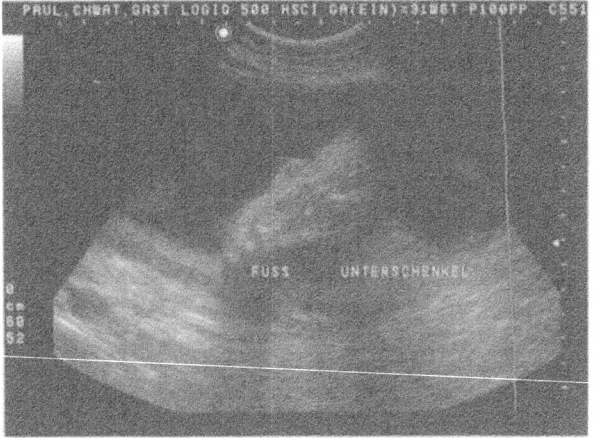

Abb. 12.48 a–c. Achondrogenesis in der 32. SSW.
a Sagittalschnitt durch Thorax und Abdomen, „Sekt-
korkenphänomen";
b extrem verkürzte obere
Extremität; c extrem ver-
kürzte untere Extremität

Osteogenesis imperfecta (OI)

Definition
Unter dem Begriff OI wird eine heterogene Gruppe von Kollagenbildungs- und -funktionsstörungen zusammengefaßt. Der letale Typ, der in der Pränataldiagnostik die größte Rolle spielt, ist die OI Typ 2.
Die OI Typ 3 ist milder ausgeprägt, kann sich jedoch auch schon in der 15. SSW darstellen. Dieser Typ ist durch blaue Skleren und zahlreiche Frakturen bei Geburt charakterisiert.

Sonographie
Sonographisches Leitsymptom der OI Typ 2 ist der *Ossifikationsrückstand*. Hierdurch kommt es zu einem in der Regel schon durch den Schallkopf verformbaren fetalen Schädel, einer größeren Schädeltransparenz und multiplen Rippen- und Diaphysenfrakturen, die zu einem glockenförmigen Thorax und zu verkürzten und verkrümmten Röhrenknochen (Pseudomikromelie) führen (Abb. 12.49, 12.50).

Differentialdiagnostik
Die Differentialdiagnose zur Hypophosphatasie, einer autosomal-rezessiv vererbten, ebenfalls durch Ossifikationsrückstand charakterisierten, als neonatale Form letalen Osteochondrodysplasie, kann schwierig sein.

Ätiologie und Wiederholungsrisiko
Verschiedene Mutationen in den für die Kollagensynthese wichtigen Genen sind für die Entstehung der OI verantwortlich. Bei den in der Pränataldiagnostik bedeutenden Typen 2 und 3 kann der Erbgang sowohl autosomal-rezessiv als auch autosomal-dominant sein (Tabelle 12.34).
Eine molekulargenetische Diagnostik über DNA aus Chorionzotten ist in manchen Risikofamilien möglich.

Prognose
Die Prognose der OI Typ 2 ist infaust. Die Prognose der OI Typ 3 ist von der Ausprägung abhängig.

Short-rib-Polydaktyliesyndrome (SRPS)

Definition
Unter diesem Begriff werden mehrere autosomal-rezessiv vererbte Typen von Osteochondrodysplasien zusammengefaßt, die alle letal sind. Die verschiedenen Typen von SRPS, die verwandte asphyxierende Thoraxdysplasie Typ Jeune und die chondroektodermale Dysplasie Ellis van Crefeld und ihre Unterscheidungskriterien sind in Tabelle 12.35 zusammengefaßt.

Sonographie
Die SRPS gehen sonographisch alle mit kurzen Röhrenknochen, einem engen Thorax durch zu kurze Rippen und einer postaxialen Polydaktylie (zusätzliches Glied auf der ulnaren bzw. fibularen Seite) einher.

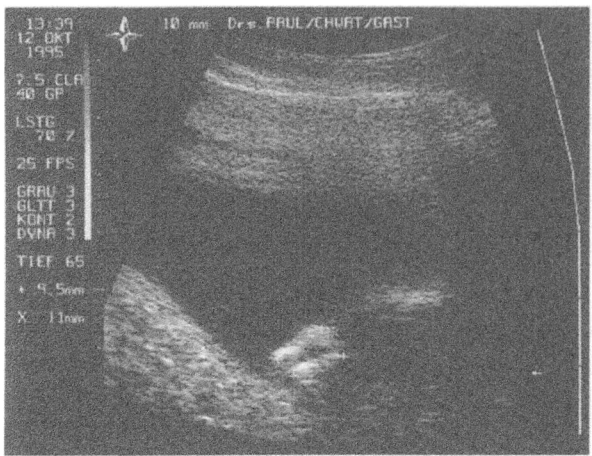

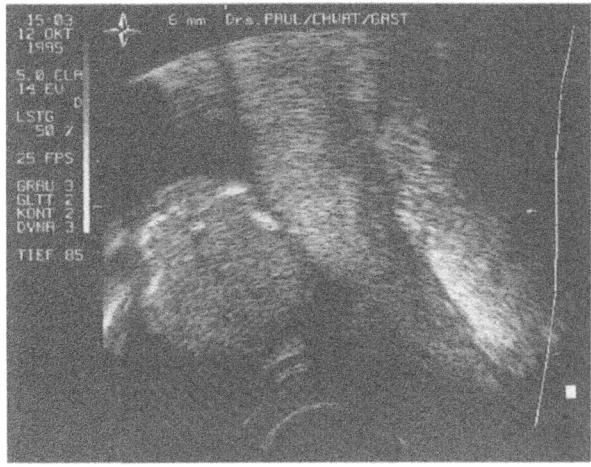

Abb. 12.49 a–d. Osteogenesis imperfecta Typ II, 18./19. SSW. **a** Ausgeprägte Verkürzung und Verkrümmung von Tibia und Fibula. **b** Durch multiple Frakturen verkürzte und verkrümmte Rippen, Glockenthorax.

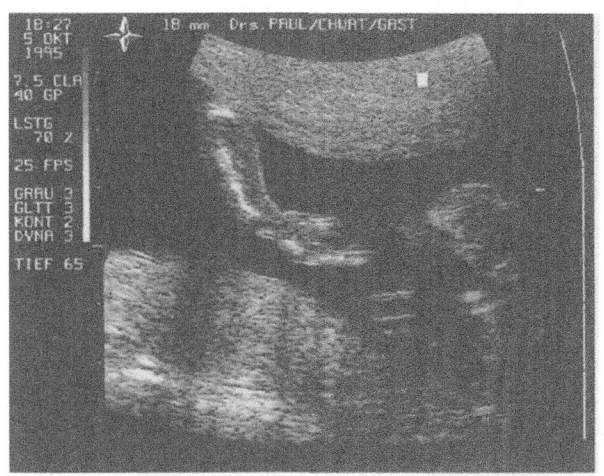

c

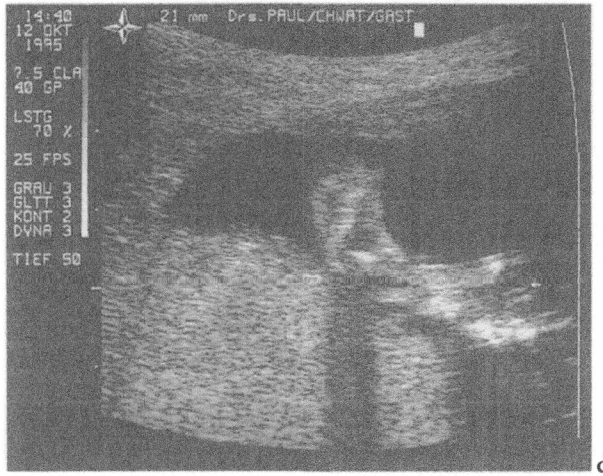

d

Abb. 12.49 a–d. Osteogenesis imperfecta Typ II, 18./19. SSW. **c, d** Unterarme; die unterschiedlich starke Betroffenheit der langen Röhrenknochen kann zu einem asymmetrischen Erscheinungsbild führen (s. auch Röntgenbild Abb. 12.50)

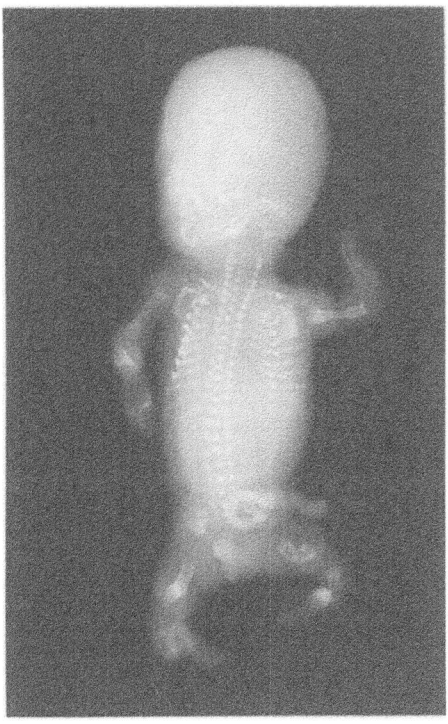

Abb. 12.50. Röntgenbild eines Fetus mit Osteogenesis imperfecta Typ II nach Abruptio in der 19. SSW

Begleitfehlbildungen
Die SRPS gehen mit zahlreichen Begleitfehlbildungen einher. Es sind Herz, Magen, Gastrointestinal- und Urogenitaltrakt betroffen.

Differentialdiagnostik
Die Differentialdiagnose zur *asphyxierenden Thoraxdysplasie* (Jeune) und der *chondroektodermalen Dysplasie* (Ellis van Crefeld) ist manchmal schwierig (s. Tabelle 12.33). Gemeinsam ist all diesen Osteochondrodysplasien der enge Thorax. Herzfehler werden bei der chondroektodermalen Dysplasie und den SRPS gefunden. Auch die Polydaktylie ist eine Begleiterscheinung der chondroektodermalen Dysplasie. Bei der asphyxierenden Thoraxdysplasie (Jeune) wird sie etwas seltener beobachtet.

Ätiologie und Wiederholungsrisiko
Alle Typen dieser Erkrankung werden *autosomal-rezessiv* vererbt. Weibliche Feten sind häufiger betroffen als männliche. Vermutlich ist dies darauf zurückzuführen, daß bei einem Teil der SRPS, auch bei weiblichem oder unklarem Phänotyp, der Chromosomensatz und die Gonaden männlich sind. Diese Eigenart wird auch bei der kampomelen Dysplasie beobachtet.
   Das Wiederholungsrisiko in weiteren Schwangerschaften beträgt 25%.

Tabelle 12.34. Verschiedene Typen der Osteogenesis imperfecta (*AD* autosomal-dominant, *AR* autosomal-rezessiv)

Typ/ Subtyp	Hauptmerkmale	Erbgang	Biochemische und molekular-genetische Befunde
Typ I	Normale Körpergröße, blaue Skleren, leichte Deformierung der Röhrenknochen, Schwerhörigkeit, Dentinogenesis imperfecta	AD	Verminderte Produktion des Typ-I-Prokollagens, Substitution des Glycins in Triple-Helix des a_1 (I)
IA	Normaler Zahnstatus		
IB	Dentinogenesis imperfecta		
IC	Ähnlich wie Typ IA, jedoch mit wesentlich schwererem Verlauf		
Typ II	Letal in Perinatalperiode, veränderte Mineralisation der Schädelkalotte, Platyspondylie	AD/AR	Rearrangement in dem KOL+1A1- und KOLA2-Gen, Substitution des Glycins in Triple-Helix-Domäne von $a_1(I)$- und $a_2(I)$-Ketten, Deletionen und Punktmutationen in Promotor und Enhancer
IIA	Verkürzte breite Röhrenknochen, nicht voneinander abgrenzbare Rippenfrakturen	AD	
IIB	Deformierung und Verkürzung der Röhrenknochen, keine Rippenfrakturen	AD/AR	
IIC	Dünne, stark verbogene Röhrenknochen, Rippenfrakturen	AR	
Typ III	Schwere Form, dünne, progressive Deformierung der Röhrenknochen, Minderwuchs, Deformierung der Wirbelsäule, blaue Skleren (nicht immer), Schwerhörigkeit, Dentinogenesis imperfecta	AD/AR	Punktmutationen in $a_1(I)$- oder $a_2(I)$-Ketten, Frame-shift-Mutation
Typ IV	Geringe Knochenbrüchigkeit, leichte Deformierung der Röhrenknochen (wenn überhaupt), normale Skleren	AD	Punktmutationen und Deletionen in $a_2(I)$-Kette, selten Punktmutationen in $a_1(I)$-Kette
IVA	Ohne Dentinogenesis imperfecta		
IVB	Mit Dentinogenesis imperfecta		

Tabelle 12.35. Krankheiten mit Thoraxdysplasie und Polydaktylie (*AR* autosomal-rezessiv, *SRP* Short-rib-Polydaktylie) (mod. nach Spranger 1996)

Krankheit	Klinische Merkmale	Radiologische Befunde	Erbgang
Asphyktische Thoraxdysplasie (Jeune Typ I)	Schmaler Thorax, kurze Extremitäten milder Ausprägung, Polydaktylie, Herzfehler	Kurze, vertikale Rippen, irreguläre Metaphysen der Röhrenknochen, vertikale Verkürzung der Ilia, flache Azetabula, WS unauffällig, Zapfenepiphyse der Mittelphalangen	AR
Asphyktische Thoraxdysplasie (Jeune Typ II)	Schmaler Thorax, kurze Extremitäten milder Ausprägung, Polydaktylie, Herzfehler	Im Vergleich zu Jeune Typ I Verkürzung der Ilia nicht ausgeprägt, Metaphysen der Röhrenknochen regelmäßig, WS unauffällig	AR
Chondroektodermale Dysplasie (Ellis van Creveld)	Minderwuchs, postaxiale Polydaktylie, Herzfehler, schmaler Thorax, hypoplastische Nägel, Zahnanomalien, dünne Haut, kurze Unterlippe, gelegentlich neonatale Zähne	Beckendysplasie, Spornbildung des Azetabulums, vorzeitige Ossifikation der proximalen Femura und Humerusepiphysen, Verkürzung der Röhrenknochen, Zapfenepiphyse	AR
SRP Typ I (Saldino-Noonan)	Schwerer Minderwuchs, schmaler Thorax, postaxiale Polydaktylie, multiple viszerale Fehlbildungen, Leber- und Nierenzysten, letal	Kurze und mangelhaft verknöcherte Rippen	AR
SRP Typ II (Verma-Naumoff)	Schwerer Minderwuchs, Hydrops, schmaler Thorax, Polydaktylie, eingezogene Nasenwurzel, viszerale Fehlbildungen, Nieren- und Pankreaszysten, letal	Skelettveränderungen wie Typ I mit gezackten Knochenenden	AR
SRP Typ III (Le Marec)	Minderwuchs, schmaler Thorax, Polydaktylie, häufig Hydrops, Situs inversus, hypoplastisches Linksherz, Larynxhypoplasie, Pankreasfibrose, letal	Kurze Rippen, kurze, gut modellierte Röhrenknochen, prämature Verknöcherung der proximalen Femur- und Humerusepiphysen	AR
SRP Typ IV (Yang)	Schwerer Minderwuchs, schmaler Thorax, Polydaktylie, Hydrops, assoziierte viszerale Fehlbildungen, letal	Ähnliche Veränderungen wie bei Typ III, schwere Verbiegung von Ulna und Tibia	AR (?)

Tabelle 12.35 (Fortsetzung)

Krankheit	Klinische Merkmale	Radiologische Befunde	Erbgang
SRP Typ V (Majewski)	Minderwuchs, schmaler vergleichsweise großer Kopf, eingesunkene Nasenwurzel, LKG, angeborene Zähne, Arrhinenzephalie, viszerale Fehlbildungen, letal	Kurze Rippen, disproportionierte, kurze, ovale Tibiae, relativ gut modellierte Röhrenknochen	AR
SRP Typ VI (Beemer-Langer)	Minderwuchs, Thoraxdysplasie, fakult. Polydaktylie, Lippenspalte, Hydrozephalus, gelegentlich Kleeblattschädel, viszerale Fehlbildungen, letal	Wie Typ V, besser ausgebildete Tibien	AR

Prognose
Die Prognose bei den SRPS ist wegen der Lungenhypoplasie mit nachfolgender respiratorischer Insuffizienz infaust.

Asphyxierende Thoraxdysplasie (Morbus Jeune)

Definition und Sonographie
Bei dieser Erkrankung steht der glockenförmige Thorax mit kurzen, horizontalstehenden Rippen im Vordergrund. Die langen Röhrenknochen sind normal oder nur wenig verkürzt und nicht gebogen.

Differentialdiagnostik
Die Differentialdiagnose zu den SRPS und der chondroektodermalen Dysplasie (Ellis van Crefeld) ist oft schwierig (s. Tabelle 12.35).

Ätiologie und Wiederholungsrisiko
Die Erkrankung wird autosomal-rezessiv vererbt. Das Wiederholungsrisiko in weiteren Schwangerschaften beträgt 25%.

Prognose
Die Prognose ist schlecht. 80% der Kinder sterben in der neonatalen Zeit an respiratorischer Insuffizienz und Infektionen.

Chondroektodermale Dysplasie (Ellis van Crefeld)

Definition und Sonographie
Leitsymptome sind eine *Verkürzung der Unterarme und Unterschenkel* (Akromesomelie), eine *postaxiale Polydaktylie* (in 100% der Fälle) und ein enger Thorax. In 50% der Fälle wird ein zusätzlicher *Herzfehler* (vor allem ASD) gefunden.

Differentialdiagnostik
Eine differentialdiagnostische Abgrenzung zu den SRPS ist möglich durch die geringere Ausprägung der Thoraxenge und Knochenverkürzung (s. auch Tabelle 12.35).

Ätiologie und Wiederholungsrisiko
Die Erkrankung wird autosomal-rezessiv vererbt. Das Wiederholungsrisiko in weiteren Schwangerschaften beträgt 25%.

Prognose
Die Prognose ist schlecht, wenn gleichzeitig ein komplizierter Herzfehler vorliegt. Ein Drittel der Kinder stirbt im ersten Lebensmonat an Herz-Lungen-Problemen.

Kampomele Dysplasie

Definition und Sonographie
Diese Erkrankung ist durch verkürzte gebogene lange Röhrenknochen, vor allen Dingen der unteren Extremitäten, prätibiale Hautgrübchen, Klumpfüße und hypoplastische Scapulae charakterisiert. Sonographisch fallen u. a. die verbogenen Tibiae und Femura auf, die anderen Röhrenknochen sind normal oder verkürzt. Die Verkürzung ist in der Regel nicht sehr ausgeprägt (Abb. 12.51).

Begleitfehlbildungen
Zahlreiche Begleitfehlbildungen können mit der Krankheit einhergehen, vor allen Dingen Herzfehler (30%), Hydronephrose (30%) und Hydrozephalus (23%). In 90–99% der Fälle werden zusätzliche kraniofaziale Fehlbildungen gefunden, wie Makrozephalie, Lippen-Kiefer-Gaumen-Spalte und Mikrognathie.

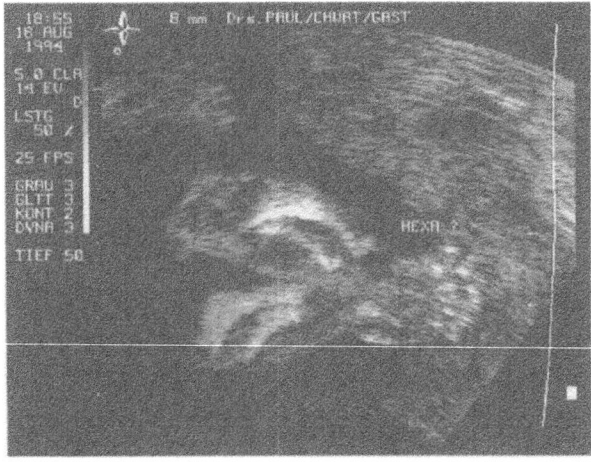

Abb. 12.51. Kampomele Dysplasie, 20. SSW. Beide Unterschenkel mit verkürzten und gebogenen Tibiae und Fibulae; Füße in Klumpfußstellung

Differentialdiagnostik
Differentialdiagnostisch kommen alle Krankheiten in Frage, die mit gebogenen Röhrenknochen einhergehen (OI, Hypophosphatasie und mesomele Dysplasie).

Ätiologie und Wiederholungsrisiko
Die kampomele Dysplasie wird durch Mutationen im SOX9-Gen, einem dem SRY verwandten Gen auf Chromosom 17q24, verursacht. Etwa die Hälfte der Fälle mit XY-Karyotyp zeigen phänotypisch ein undifferenziertes bzw. weibliches äußeres Genitale. Wegen der Beobachtung von Geschwisterfällen wurde früher ein autosomal-rezessiver Erbgang angenommen. Jedoch ist in keinem der bis jetzt untersuchten Fällen eine SOX-Mutation in beiden Allelen gefunden worden. Dies zeigt, daß es sich in den meisten Fällen um eine autosomal-dominante Erkrankung handelt.

Prognose
Die Prognose ist sehr schlecht. In den meisten Fällen ist die Erkrankung letal.

Chondrodysplasia punctata

Definition und Sonographie
Wichtigstes Kennzeichen sind die verkürzten gebogenen proximalen Röhrenknochen, vor allen Dingen der Arme. Es kann zu Kontrakturen und zu einer Fixierung der Finger in Flexion kommen. Röntgenologisch kann der Verdacht bereits pränatal durch typische kalkspritzerartige Veränderungen in den Epiphysen gestellt werden.

Ätiologie und Wiederholungsrisiko
Diese Erkrankung wird heterogen vererbt. Es werden eine X-chromosomal-dominante (Xq28), eine X-chromosomal-rezessive (Xp22.3), eine autosomal-dominante und eine autosomal-rezessive Vererbung (6q22–q24) beschrieben. In der Pränataldiagnostik spielt der seltene, schwerwiegende, autosomal-rezessiv vererbte rhizomele Typ die bedeutendste Rolle. Diese Erkrankung ist zurückzuführen auf Mutationen in einem Gen (PEX 7), das im Peroxisomen-Stoffwechsel eine Rolle spielt (Braverman et al. 1997; Purdue et al. 1997).

Prognose
Die Prognose bei Typ 1 ist sehr schlecht. Die Kinder sterben in der Regel im 1. und 2. Lebensjahr aufgrund einer respiratorischen Insuffizienz.

Achondroplasie/Hypochondroplasie

Definition und Sonographie
Die häufigste nichtletale Skelettdysplasie ist die Achondroplasie. Sie ist durch einen disproportionierten Zwergwuchs mit großem Kopf, rhizomeler Mikromelie (Verkürzung des Femurs stärker ausgeprägt als jene des Humerus), breiten Händen mit plumpen Fingern (Brachydaktylie) und einem typischen Profil mit großer Stirn und eingesunkener Nasenwurzel charakterisiert. Die sonographische

Diagnose ist in vielen Fällen nicht vor der 26. SSW möglich, da erst zu diesem Zeitpunkt das Wachstum der Röhrenknochen zurückbleibt.

Ätiologie und Wiederholungsrisiko
Der Achondroplasie/Hypochondroplasie liegt ein Fibroblast-growth-factor-Rezeptoren (FGFR)-Defekt zugrunde (s. Kap. 9). Die Erkrankung wird autosomal-dominant vererbt. Somit haben die Kinder eines Betroffenen ein Risiko von 50%, ebenfalls betroffen zu sein. In 80% der Fälle ist die Erkrankung Folge einer Neumutation.

Das Risiko für diese Erkrankung nimmt mit väterlichem Alter zu. Das Risiko für Geschwister eines Betroffenen ist somit, falls die Eltern gesund sind, nicht erhöht.

Prognose
Die Prognose quoad vitam der heterozygoten Achondroplasie ist gut. Die Erkrankung geht mit einer normalen Lebenserwartung einher.

Die mittlere erreichbare Körpergröße für Männer ist 132 cm und für Frauen 125 cm. In vielen Fällen bestehen orthopädische und neurologische Probleme.

Extremitätenfehlbildungen und -fehlstellungen

Extremitätenfehlbildungen und -fehlstellungen können isoliert oder im Rahmen zahlreicher monogen vererbter Syndrome, genetisch noch ungeklärter Syndrome und Chromosomenstörungen auftreten.

Amputationen

Definition und Sonographie
Unter Amputation wird das Fehlen eines mehr oder weniger großen distalen Teils einer oder mehrerer Extremitäten verstanden.

Ätiologie und Wiederholungsrisiko
Während das unilaterale Fehlen eines Teils der oberen Extremitäten in der Regel als isolierte Auffälligkeit beobachtet wird, deren Entstehungsursache bzw. -zusammenhang oft unklar bleibt, gehen das Fehlen bzw. die kongenitale Amputation eines Teils der unteren Extremitäten sowie die bilaterale Amputation der oberen Extremitäten oder eine Reduktion aller Extremitäten in der Regel mit anderen Fehlbildungen im Rahmen eines Syndroms einher. Syndrome, die mit Reduktionsanomalien der Extremitäten in Form von Amputationen einhergehen, sind u. a. das Aglossie-Adaktylie-Syndrom und das CHILD-Syndrom.

In der Ätiologie isolierter Amputationen können die Amnionbändersequenz, Teratogene (Warfarin?), mütterlicher Diabetes mellitus (?) oder vaskuläre Prozesse (z. B. nach CVS vor der 9. SSW) eine Rolle spielen.

Das Wiederholungsrisiko ist sehr gering. In wenigen Familien wurden Wiederholungen bei Geschwistern beobachtet.

Phokomelie

Definition und Sonographie
Bei der Phokomelie setzen Hände und Füße unmittelbar an Schulter und Hüfte an. Die Extremitäten sind extrem hypoplastisch.

Ätiologie
Hauptteratogene Ursache ist die *Thalidomid-Exposition*, die in den 60er Jahren zur Geburt zahlreicher betroffener Kinder geführt hat.

Ein pränatal diagnostizierbares Syndrom, das mit einer Phokomelie einhergeht, ist das *Roberts-Syndrom* (Pseudothalidomidsyndrom). Es handelt sich hierbei um eine autosomal-rezessive Erkrankung mit sehr schlechter Prognose, die durch die Assoziation einer Tetraphokomelie mit Gesichtsanomalien charakterisiert ist (beidseitige oder mediane Lippen-Kiefer-Gaumen-Spalte, Hypertelorismus).

Radiusaplasie

Definition
Unter Radiusaplasie im engen Sinn wird die ein- oder beidseitige Abwesenheit der Speiche (Radius) verstanden.

Die Ausprägung dieser Fehlbildung im weiten Sinne kann sehr unterschiedlich sein und reicht von einem dünnen Metacarpale I über eine Daumenhypoplasie oder -aplasie bis zur vollständigen Radiusaplasie.

Sonographie
Obligat bei kompletter Radiusaplasie ist die radiale Abweichung der Hand (Klumphand).

Ätiologie
Die Radiusaplasie kann isoliert, jedoch auch als wichtiges Hinweiszeichen auf ca. 25 verschiedene Syndrome auftreten. Die isolierte Radiusaplasie ist in der Regel sporadisch.

Wichtige Syndrome, die mit einer Radiusaplasie oder einem Defekt im radialen Strahl einhergehen, sind die *Fanconi-Anämie* (autosomal-rezessiv, makrozytäre Anämie, Skelettanomalien, insbesondere Daumen- und Radiushypoplasie, Chromosomenbrüchigkeit), das *TAR-Syndrom* (thrombocytopenia with absent radius, autosomal-rezessive Erkrankung mit Thrombozytopenie, in allen Fällen bilateraler Radiusaplasie und zahlreichen zusätzlichen Anomalien), das *Holt-Oram-Syndrom* (autosomal-dominant, Aplasie oder Hypoplasie der radialen Strukturen und angeborene Herzfehler, vor allem ASD, Gen auf Chromosom 12:12q2), die *VACTERL-Assoziation* (Akronym: vertebrale und vaskuläre Anomalie, anale und aurikuläre Fehlbildungen, cardiale Fehlbildungen, Tracheoösophagusfistel, E für Ösophagusatresie, Radiusaplasie, renale Fehlbildungen, Rippenanomalien, Limb anomalies = Extremitätenfehlbildungen; Ursache unklar, Disruptionssequenz gehäuft in Zwillingsschwangerschaften) sowie die *Trisomien 18, 13 und 21*.

Ulnaaplasie

Die Defekte des ulnaren Strahls sind wesentlich seltener. Hier weicht die Hand zur ulnaren Seite hin ab. Die Ulnaaplasie wird häufiger als isolierte Anomalie beobachtet, ist jedoch auch Teil zahlreicher Syndrome.

Angeborener Klumpfuß (Talipes)

Definition
Bei der häufigsten Form des Klumpfußes (Talipes equinovarus) handelt es sich um eine Fußdeformität, die mit einer Supination bei gleichzeitiger Adduktion und Plantarflektion des Fußes einhergeht.

Häufigkeit
Der Klumpfuß wird bei 1:1000 Lebendgeborenen beobachtet. Männliche Feten sind häufiger betroffen als weibliche (2:1).

Sonographie
Sonographisch fällt auf, daß sich der Fuß im Sagittalschnitt des fetalen Beins nicht wie gewohnt in der Verlängerung des Unterschenkels darstellt, sondern abgeknickt erscheint (Abb. 12.52).

In der Längsdarstellung des Unterschenkels im Frontalschnitt sieht man normalerweise Tibia, Fibula und Ferse, während der Vorfuß in dieser Ebene nicht zur Darstellung kommt. Beim Klumpfuß hingegen erscheint durch die charakteristische Fußdeformität auch der Vorfuß in dieser Ebene im Bild.

Die isolierte Darstellung der Fußsohle in gewohnter Form gelingt nicht. Die Fußsohle erscheint breiter, da immer auch ein Teil des Sprunggelenks mit abgebildet wird (s. Abb. 12.53b).

Ätiologie und Wiederholungsrisiko
Der Klumpfuß kann isoliert und im Rahmen unzähliger Syndrome auftreten. Sowohl äußere Einflüsse, Oligohydramnie, Lageanomalien als auch genetische Faktoren können beim isolierten Klumpfuß eine Rolle spielen. Das Wiederholungsrisiko für Geschwister betroffener Mädchen wird empirisch mit 6%, für Geschwister betroffener Jungen mit 2% angegeben. Falls ein Elternteil und ein Kind betroffen sind, wird von einer Wiederholungswahrscheinlichkeit von 10–25% ausgegangen.

Der Klumpfuß ist eine häufige Begleitfehlbildung bei Spina bifida. Andere Syndrome, die in der Regel mit einem Klumpfuß einhergehen, sind Skelettdysplasiesyndrome (z. B. diastrophische Dysplasie, Ellis-van-Crefeld-Syndrom, kampomele Dysplasie), Akinesiesyndrome (Arthrogryposis multiplex congenita, Penar-Shokeir-I-Syndrom), Chromosomenstörungen (Trisomie 13, 18 und 4p-).

Polydaktylie

Definition
Es wird zwischen einer postaxialen Polydaktylie (zusätzliches Glied auf der ulnaren bzw. fibularen Seite) und der präaxialen Polydaktylie (zusätzliches Glied auf der radialen bzw. tibularen Seite) unterschieden. Am häufigsten ist die post-

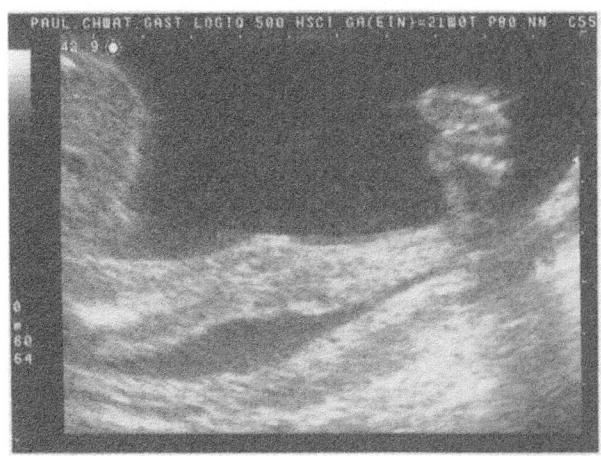

a

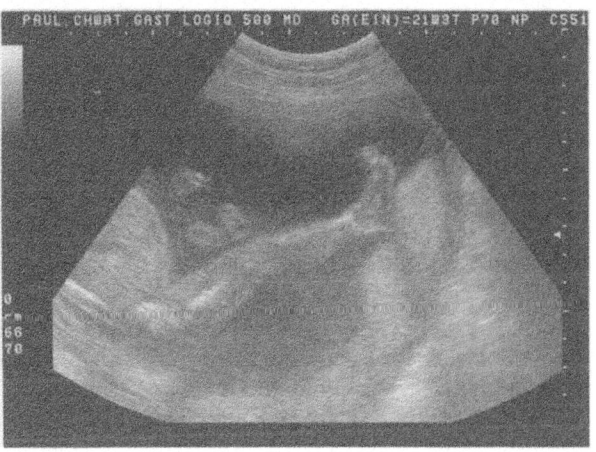

Abb. 12.52. a Klumpfüße beidseits (21. SSW): Longitudinalschnitt durch Bein und Fuß bei Klumpfußstellung; vom zweiten Fuß sind die Zehen sichtbar. **b** Unauffälliges Bein im Longitudinalschnitt (22. SSW)

b

axiale Polydaktylie. Die Ausprägung ist unterschiedlich. Merkmalsträger können auch eine nur leichte Andeutung eines zusätzlichen Fingers haben.

Sonographie
Sonographisch fällt bei der Darstellung der Hände bzw. Füße eine zusätzliche knöcherne Struktur bzw. evtl. auch ein zusätzlicher integraler Finger auf (s. Abb. 12.19a und 12.38c).

Ätiologie und Wiederholungsrisiko
Die Polydaktylie kann isoliert und im Rahmen zahlreicher Syndrome vorkommen. Als isolierte Auffälligkeit wird sie in vielen Fällen autosomal-dominant vererbt. Das Risiko für Kinder eines Merkmalsträgers ist dann 50%.

Die wichtigsten Syndrome, die mit einer Polydaktylie einhergehen, sind:
- Trisomie 13 (Pätau-Syndrom),
- Meckel-Gruber-Syndrom,

- Short-rib-Polydaktyliesyndrome 1, 2,
- Ellis-van-Crefeld-Syndrom,
- Morbus Jeune,
- Carpenter-Syndrom,
- Greigg-Syndrom,
- akrokallosales Syndrom,
- hydroletales Syndrom
- Bardet-Biedl-Syndrom.

Syndaktylie

Die Syndaktylie ist als knöcherne und häutige oder nur häutige Fusion von Fingern und/oder Zehen definiert. Sonographisch fällt auf, daß die Finger während der gesamten Untersuchung zusammenbleiben. Selten wird die Syndaktylie bei sporadischem isoliertem Auftreten pränatal gesehen. Dies hätte letztlich auch keine große Bedeutung. Die Syndaktylie kann als Begleitsymptom verschiedener Syndrome für die evtl. schon pränatale Eingrenzung einer fetalen Erkrankung Bedeutung erlangen.

Die *isolierte Syndaktylie* wird in der Regel autosomal-dominant vererbt.

Wichtige Syndrome, die mit einer Syndaktylie einhergehen, sind das *Fraser-Syndrom* (+ Kryptophthalmus, Nierenagenesie, Larynxstenose, Ohrauffälligkeiten, autosomal-rezessiv), die *Akrozephalosyndaktylie-Syndrome* (s. Kap. 9), das *Carpenter-Syndrom* (autosomal-rezessiv).

Ektrodaktylie (Spalthand bzw. Spaltfuß)

Bei dieser seltenen Defektfehlbildung ist die Hand oder der Fuß in 2 Teile gespalten, die sich wie bei einer Hummerschere gegenüberstehen, da mehrere Finger- bzw. Zehenstrahlen fehlen. Die verbleibenden Finger bzw. Zehen sind meist im Sinne einer Syndaktylie miteinander verklebt.

Die Ektrodaktylie kann mit anderen Fehlbildungen im Rahmen verschiedener Syndrome z.B. Ectrodactyleyelectrodermale dysplasia clefting (EEC) oder isoliert

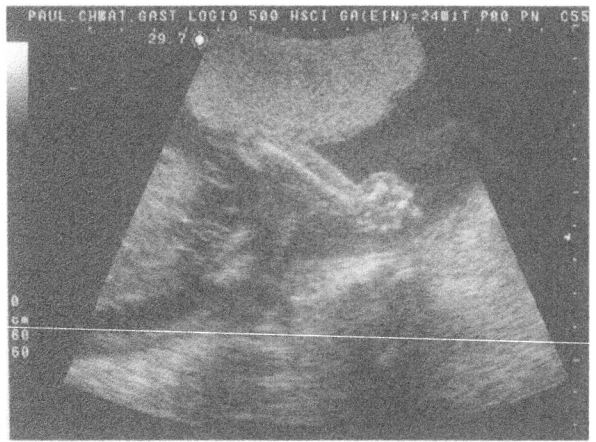

Abb. 12.53 a–d. Distale Arthrogryposis multiplex congenita Typ I. **a** Typische fixierte Handstellung

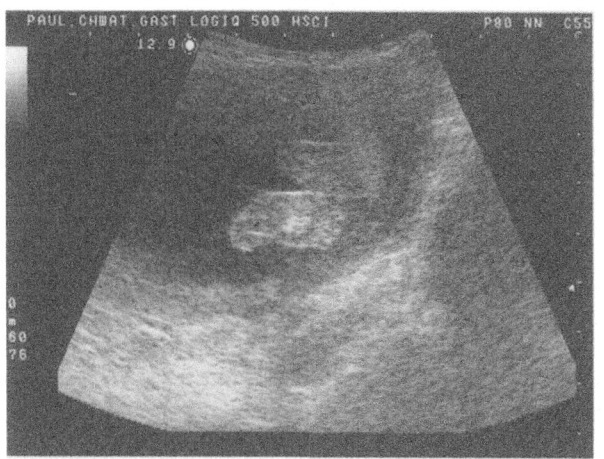

b

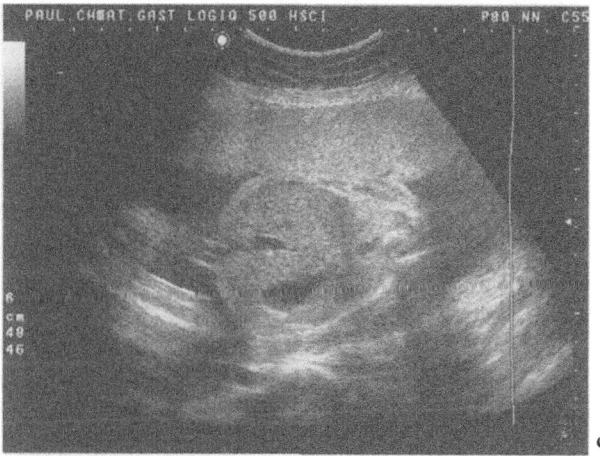

c

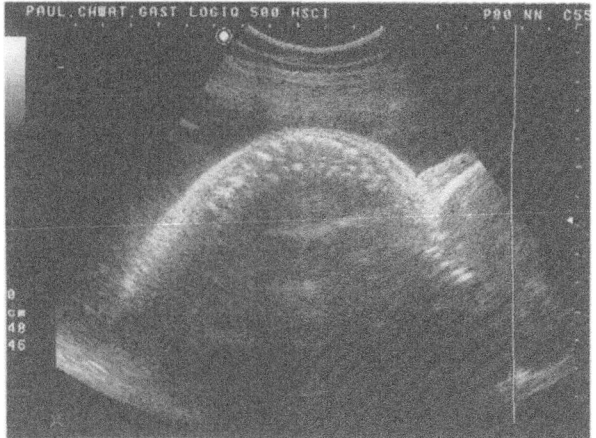

Abb. 12.53 b–d. b Fußsohle bei
mäßig ausgeprägtem Klump-
fuß, **c** schmaler Thorax,
d kurzer Hals

d

auftreten. Der isolierten Fehlbildung liegt ein autosomal-dominanter Erbgang mit hoher Penetranz und stark wechselnder Expressivität zugrunde.

Extremitätenfehlstellungen durch Kontrakturen

Die in der Pränataldiagnostik wichtigsten Krankheitsbilder, die mit Kontrakturen einhergehen, sind jene, die unter dem Oberbegriff fetale Akinesie/Hypokinesie-Sequenz, Arthrogryposissequenz oder Arthrogryposis multiplex congenita zusammengefaßt werden.

Es handelt sich hier um eine heterogene Gruppe auf der Grundlage verschiedener neurologischer, zentralnervöser und muskulärer Entwicklungsstörungen von Bindegewebe und Skelettsystem, die zu einer fetalen Bewegungseinschränkung mit den nachfolgenden, mehr oder weniger ausgeprägten Kontrakturen und Extremitätenfehlhaltungen führen. Mit den verschiedenen Typen dieser Erkrankung sind verschiedene begleitende Fehlbildungen assoziiert. Die Prognose ist von der zugrundliegenden Erkrankung abhängig.

Eine in der Pränataldiagnostik mehrfach beschriebene Form von Akinesiesequenz ist das *Penar-Shokeir-Syndrom Typ 1* (Arthrogryposis congenita mit Lungenhypoplasie). Diese Erkrankung wird autosomal-rezessiv vererbt. Sie geht mit zahlreichen Begleitfehlbildungen und einer Polyhydramnie einher. Die Prognose ist in den meisten Fällen infaust.

Sonographisch fallen schon zu Beginn des 2. Trimenon eine extreme Bewegungsarmut und typische Kontrakturen aller 4 Extremitäten auf (Beobachtung bei gezielter Diagnostik in einer Risikofamilie).

Eine andere Form der Arthrogryposissequenz mit guter Prognose und autosomal-dominantem Erbgang ist die *distale Arthrogryposis multiplex congenita Typ 1*. Hier sind vorwiegend die Sehnen im Bereich der distalen Extremitätengelenke betroffen. Die Fingerhaltung ist ähnlich wie beim Edwards-Syndrom (Trisomie 18). Später kommt es zur Ulnardeviation der Finger und Kamptodaktylie (Windmühlenflügelstellung). Begleitende Auffälligkeiten sind Klumpfüße, ein kurzer Hals, ein relativ enger Thorax und schmale Schultern (Abb. 12.53).

Anläßlich enger sonographischer Kontrollen bei einer Risikoschwangeren, die selbst und deren erstes Kind betroffen ist, konnten wir feststellen, daß alle diese Auffälligkeiten erst jenseits der 15. SSW anfingen, sich zu entwickeln. Vor dieser Gestationszeit war der Fetus völlig unauffällig.

Die Prognose dieser Erkrankung ist gut. Die Fehlstellungen sind durch physiotherapeutische Maßnahmen und Operation (Klumpfüße) angehbar.

Extremitätenauffälligkeiten als Hinweiszeichen auf Chromosomenstörungen

Ein *kurzes Femur* ist in vielen Fällen der erste Hinweis auf eine Chromosomenstörung, vor allem auf die Trisomie 21 und 18 (s. auch 12.7.7).

Zwei Extremitätenauffälligkeiten, die Hinweise auf eine *Trisomie 18* sein können, sind die Tintenlöscherfüße (rocker-bottom feet, bei 50% aller Trisomie-18-Feten), bei denen die fetale Fußsohle konvex geformt ist und eine typische Handstellung mit über dem Zeigefinger gekreuzten Mittelfinger (overlapping finger, bei bis zu 80% aller Trisomie-18-Feten).

Hinweise auf eine *Trisomie 21* können eine Hypoplasie der Mittelphalanx des 5. Fingers (bei 70% der Down-Syndrom-Feten), eine Klinodaktylie (bei 50% der Down-Syndrom-Feten) oder eine Sandalenlücke sein.

Die *Polydaktylie* kann Hinweiszeichen auf eine Trisomie 13 sein.

Procedere bei Auffälligkeiten der Extremitäten und des knöchernen Thorax
- Eigen- und Familienanamnese: Medikamente, Antiepileptika, Zytostatika, Diabetes mellitus, angelegte Zwillingsschwangerschaft, weitere Betroffene, Minimalsymptome in der Verwandtschaft?
- Versuch einer Diagnose durch weiterführende Sonographie insbesondere des gesamten fetalen Skeletts, jedoch auch aller anderen Organe, der Fruchtwassermenge und der Nabelschnur
- Karyotypisierung bei Skelettreduktionsmalformationen und Fehlhaltungen. Bei Osteochondrodysplasien ist eine Karyotypisierung nicht erforderlich
- Bei letalen und schwerwiegenden Skelettfehlbildungssyndromen Erwägung eines Schwangerschaftsabbruchs
- Bei nicht letalen, schwerwiegenden Skeletterkrankungen, die mit engem Thorax und möglicherweise respiratorischen Problemen einhergehen, Entbindung in einem Perinatalzentrum nach vorherigem Konsil mit Neonatologen
- Bei isolierten Skelettfehlbildungen ist eine Änderung des Geburtsmodus in der Regel nicht erforderlich. Eine Beratung der Schwangeren mit Orthopäden und Chirurgen (z.B. bei angeborenem Klumpfuß) kann auch schon vorgeburtlich sinnvoll sein.

Wichtig für weitere Schwangerschaften: Nach Abruptio sorgfältige pathoanatomische Untersuchung und vor allem Röntgenaufnahme des Fetus zur Eingrenzung des Risikos für weitere Schwangerschaften.

12.7.13 Fehlbildungen und Auffälligkeiten des Urogenitaltrakts

Angeborene Fehlbildungen der Nieren und des harnableitenden Systems machen 25–50% aller kongenitalen Fehlbildungen aus. Je nach Literaturangabe wird bei 2–5% aller Schwangerschaften eine Fehlbildung im Bereich des Urogenitaltrakts diagnostiziert.

Embryologie und Pathogenese

Die Niere entwickelt sich aus zwei verschiedenen Keimblättern, der *epithelialen Ureterknospe* und dem *mesenchymalen metanephrogenen Blastem*, deren Zusammentreffen in der 5. Embryonalwoche für eine regelrechte Nierenentwicklung unabdingbar ist. Nach dem Zusammentreffen entwickeln sich aus der Ureterknospe Sammelrohre, Kelche, Nierenbecken und Ureter und aus dem metanephrogenen Blastem Nephra und Nierenstroma. In der 8. Embryonalwoche beginnt die Nephroninduktion durch zentrifugale Sammelrohraufzweigungen der

Ampulle. Die Nephroninduktion ist erst in der 36. SSW abgeschlossen. Die weitere Differenzierung der Nierenstrukturen setzt sich auch noch postpartal fort.

Abhängig vom Manifestationszeitpunkt einer Störung (z. B. Hypoxie, maternaler Diabetes, Röntgenstrahlen, Rötelninfektion der Mutter, Thalidomid, Obstruktion im harnableitenden System) lassen sich Art und Ausmaß der daraus resultierenden Erkrankung bzw. Fehlbildung herleiten. Zerres et al. haben 1984 folgende Auffälligkeiten der Nieren und des harnableitenden Systems, abhängig vom Zeitpunkt einer Störung, in einer pathogenetisch einheitlichen Reihe zusammengefaßt:

- Nierenagenesie: Störung vor der 5. Embryonalwoche, d. h. vor dem Kontakt von metanephrogenem Blastem und Ureterknospe;
- zystische Nierendysplasie Typ 2: Störung unmittelbar nach Kontakt von metanephrogenem Blastem und Ureterknospe;
- zystische Nierendysplasie Typ 4: Störung in fortgeschrittenen Stadien der Nierenentwicklung, vor allem durch Obstruktion, daher entstehen die Zysten nur noch subkortikal;
- Hydronephrose: bei Auswirkung einer Obstruktion nach abgeschlossener Nierenentwicklung kommt es nicht mehr zur Dysplasie, es entwickelt sich lediglich eine Hydronephrose.

Potter-Sequenz

Die klassische Potter-Sequenz, die vielfach auch Potter-Syndrom genannt wird, ist eine fetale Erkrankung, die sich infolge einer bilateralen Nierenagenesie entwickelt (nach Edith Potter erstmals 1946 beschrieben). Sie geht mit einer Lungenhypoplasie und druckbedingten Gesichts- und Extremitätendysmorphien (tiefsitzende dysplastische Ohren, Abflachung und Verbreiterung der Nase, Mikrognathie, Klumpfüße, Kontrakturen, Gutis laxa) einher.

Unter *Sequenz* wird eine Folge von verschiedenen Defekten verstanden, die alle pathogenetisch auf eine primäre Störung zurückzuführen sind. Die eigentliche Ursache, die zur Potter-Sequenz führt, ist die Oligo-/Anhydramnie, in klassischer Weise als Folge der bilateralen Nierenagenesie. Dieselbe Erkrankung, vielleicht dann besser symptomatische Potter-Sequenz oder Oligohydramniesequenz genannt, ist bei allen Nierenfunktionsstörungen und anderen Störungen, die mit einem Fruchtwassermangel einhergehen, zu beobachten. Über die Ursache und die Art der Störung wird mit dem Begriff Potter-Sequenz keine Aussage gemacht.

Bilaterale Nierenagenesie (BNA)

Definition und Embryologie
Von einer BNA wird gesprochen, wenn beide Nieren nicht angelegt sind. Die BNA ist die Ursache der klassischen Potter-Sequenz. Sie beruht auf einer Störung der Nierenentwicklung vor der 5. Embryonalwoche.

Häufigkeit
Die Inzidenz wird auf 1:3000 Geburten geschätzt (Inzidenz bei unilateraler Nierenagenesie 1–2:1000). Das männliche Geschlecht ist wesentlich häufiger betroffen als das weibliche (2,5:1).

Sonographie
Die sonographische Diagnose ist nicht immer leicht. Da ab der 16. SSW die Amnionflüssigkeit hauptsächlich aus fetalem Urin besteht, kommt es erst ab diesem Zeitpunkt zu einer *Oligohydramnie/Anhydramnie*. Falls die Fruchtwassermenge reduziert ist, sollte sorgfältig nach beiden Nieren gesucht werden (cave Nebennieren, die bei Nierenagenesie nicht ihre kuppenartige Form haben, sondern sich größer darstellen). Bei der Diagnose der Nierenagenesie ist die fehlende Darstellung der Aa. renales bei der Farbdoppleruntersuchung hilfreich. Die fetale Harnblase sollte sich bei unauffälliger Nierenfunktion in einem zweistündigen Beobachtungszeitraum füllen.

In manchen Fällen ist eine Diagnosestellung nur nach Fruchtwasserauffüllung möglich. Gleichzeitig kann durch die Instillation von Farbstofflösung ein Blasensprung ausgeschlossen werden und eine Chromosomenanalyse an den aus der zugeführten Flüssigkeit gewonnenen Zellen erfolgen.

Begleitfehlbildungen
Die BNA geht zu ca. 30% mit Begleitfehlbildungen einher. Die Begleitfehlbildungen können alle Organsysteme betreffen.

Ätiologie
Die Ätiologie ist unterschiedlich. Die BNA wird in einem größeren Anteil der Fälle als *isolierte Fehlbildung* beobachtet.

Eine BNA wird jedoch auch bei *monogen vererbten Syndromen* (z.B. Fraser-Syndrom, autosomal-rezessiv; BOR-Syndrom: brachiootorenale Dysplasie, autosomal-dominant) und *nicht klar vererbten fetalen Erkrankungen* (z.B. VACTERL-Assoziation) beobachtet.

Eine zugrundeliegende *Chromosomenstörung* wurde in durchschnittlich 15% der Fälle gefunden (Snijders et al. 1996), bei isolierter BNA in 5% der Fälle, bei Begleitfehlbildungen in 30% der Fälle. Trisomie 13 und 18 sind die am häufigsten diagnostizierten Chromosomenstörungen.

Auch als Folge *teratogener Einflüsse* (z.B. mütterlicher Diabetes mellitus) wurde eine BNA beobachtet.

Bei isoliertem Auftreten wird in den meisten Fällen von einer multifaktoriellen Entstehung ausgegangen.

In einigen wenigen untersuchten Familien wurde eine autosomal-rezessive oder X-chromosomale Vererbung beobachtet. In den meisten Fällen bleibt die BNA sporadisch.

Wiederholungsrisiko
Nach sporadischer isolierter BNA wird für jede weitere Schwangerschaft ein empirisches Wiederholungsrisiko von ca. 3% angegeben. Dieses Risiko ist höher, falls ein Elternteil oder weitere Geschwister eine unilaterale Nierenagenesie ha-

ben. Eine Untersuchung der näheren Familienangehörigen und eine sorgfältige Familienanamnese helfen, ein möglichst genaues empirisches Risiko festzulegen.

Nach Auftreten einer bilateralen Nierenagenesie ist nicht nur das Risiko für diese Erkrankung erhöht, sondern auch für eine unilaterale Nierenagenesie und eine multizystische Nierendysplasie.

Prognose
Die Prognose ist infaust.

Procedere bei Verdacht auf bilaterale Nierenagenesie
- Weiterführende Sonographie, evtl. nach Auffüllung
- Karyotypisierung
- Wegen infauster Prognose Erwägung eines Schwangerschaftsabbruchs.

Wichtig für weitere Schwangerschaften: Sorgfältige genetische und pathoanatomische Untersuchungen des Fetus, Nierenuntersuchungen bei Eltern und weiteren Kindern, Familienanamnese im Rahmen einer genetischen Beratung.

Unilaterale Nierenagenesie

Die unilaterale Nierenagenesie ist recht häufig (1–2:1000) und letztlich als isolierte Auffälligkeit ohne Krankheitswert. Sie ist jedoch noch wesentlich häufiger als die zystischen Nierenerkrankungen Bestandteil zahlreicher Syndrome. Somit sollte die Feststellung einer unilateralen Nierenagenesie Anlaß zu einer weiterführenden Sonographie und Karyotypisierung sein.

Auch ergibt sich bei isolierter unilateraler Nierenagenesie für weitere Kinder ein höheres Risiko für eine bilaterale Nierenagenesie oder andere Nierenerkrankungen.

Zystische Nierenerkrankungen

Es werden verschiedene Formen von zystischer Nierenerkrankung unterschieden, die nicht alle auch in der Pränataldiagnostik eine Bedeutung haben.

Die in der Pränataldiagnostik wichtigen Formen von Nierenzysten wurden entsprechend ihrem morphologischen Substrat in 4 Typen unterteilt (Systematisierung u.a. durch Zerres et al. 1984, 1985). Die Unterteilung und Bezeichnung dieser 4 Typen nach Potter (Potter 1946; Osathanondh u. Potter 1964) ist nach neueren Erkenntnissen nur noch als rein morphologisch deskriptive Klassifikation aufzufassen (Zerres u. Waldherr 1990). Die sonographischen Kriterien zur Unterscheidung der Typen bleiben, soweit welche zur Verfügung stehen, unverändert. Da das Manifestationsalter kein eindeutiges Beschreibungsmerkmal ist, werden die Begriffe „infantil" bzw. „adult" bei der autosomal-rezessiven bzw. der autosomal-dominanten Form vielfach nicht mehr verwandt.

Tabelle 12.36. Verschiedene Formen zystischer Nierenerkrankungen

Erkrankung	Genlocus
Autosomal-rezessive polyzystische Nephropathie (ARPN)[a]	6p21-cen
Autosomal-dominante polyzystische Nephropathie (ADPN)[b]	16p13.3, Gen: PBP (polycystic breakpoint gene) 4q21-q23
Zystische Nierendysplasien[c]	–

[a] Syn. infantile polyzystische Nierenerkrankung, Zystennieren Typ 1 nach Potter.
[b] Syn. adulte polyzystische Nierenerkrankung, Zystennieren Typ 3 nach Potter.
[c] Syn. multizystische Nierendysplasie, Zystennieren Typ 2A (vergrößerte Niere) und Typ 2B (hypoplastische Niere) und peripher-kortikale zystische Nierendysplasie, Zystennieren Typ 4 nach Potter.

Die multizystischen Nierenerkrankungen der Typen 2 und 4 nach Potter werden unter dem Begriff zystische Nierendysplasien zusammengefaßt. Vom morphologischen Aspekt her werden sie als verschiedene Ausprägungen einer Nierenentwicklungsstörung, je nach Zeitpunkt der Einwirkung des Störfaktors, gesehen (s. oben). Eine wichtige Störung, die zur Nierendysplasie führt, ist die Obstruktion. Es konnte in Tierversuchen gezeigt werden, daß es bei früher Ureterligatur zu multizystischen Veränderungen der betroffenen Niere, bei später Ureterligatur zu nur noch hydronephrotischen Veränderungen kommt (Beck 1971).

Die multizystischen Nierendysplasien vom Typ 2a und 2b gehören, obwohl sie vom Erscheinungsbild her sehr unterschiedlich sind, in dieselbe Gruppe, da morphologisch keine prinzipiellen Unterschiede bestehen (Böhm 1984).

Im folgenden wird auf die verschiedenen, in Tabelle 12.36 zusammengestellten Typen zystischer Nierenerkrankungen eingegangen.

Autosomal-rezessive polyzystische Nephropathie (ARPN)

Definition und Morphologie
Bei dieser Erkrankung sind Anzahl und Gestalt der Nephrone normal. Es handelt sich um eine sekundäre Störung der primär normal geformten Sammelrohre. Pathoanatomisch entsprechen die Zysten einer Erweiterung der Sammelrohre auf 1–2 mm. Es sind *immer beide Nieren* befallen. Die Erkrankung geht obligatorisch mit einer Leberfibrose und häufig auch mit Zysten in der Leber einher. Es werden verschiedene Typen der Erkrankung unterschieden. In der Pränataldiagnostik ist lediglich der perinatale Typ von Bedeutung.

Häufigkeit
Die Prävalenz dieser Nierenerkrankung bei Neugeborenen wird verschieden angegeben. Sie liegt bei 1:10000–40000. Die Heterozygotenhäufigkeit beträgt somit 1:50–1:100.

Sonographie
Sonographisch zeigt sich eine *immer bilaterale Nierenvergrößerung.* Die Nieren stellen sich *echodicht* dar. Einzelne Zysten sind nicht abgrenzbar. Die Echodichte entsteht aufgrund der Schallverstärkung durch die aneinanderliegenden Wände der zahlreichen mikroskopischen zystischen Strukturen. Begleitfehlbildungen finden sich nie.

Ätiologie und Wiederholungsrisiko
Die Erkrankung wird autosomal-rezessiv vererbt. Dies bedeutet ein 25%iges Wiederholungsrisiko für jedes weitere Geschwisterkind. Eine frühe sonographische Diagnostik in Risikofamilien ist problematisch, da sich die Zysten und die Nierenfunktionsstörungen mit anschließender Oligohydramnie oft erst im 3. Trimenon manifestieren. Das verantwortliche Gen ist auf dem kurzen Arm des Chromosoms Nr. 6 lokalisiert (6p21-cen). Eine indirekte molekulargenetische Untersuchung ist in einzelnen Familien möglich.

Prognose
Die Prognose ist, falls im 2. Trimenon schon eine Oligohydramnie besteht, schlecht. In diesem Fall ist ein Schwangerschaftsabbruch zu erwägen.

Autosomal-dominante polyzystische Nephropathie (ADPN)

Definition und Morphologie
Bei der ADPN (auch adulte polyzystische Nierenerkrankung und Zystennieren Typ 3 nach Potter genannt) werden unterschiedlich große Zysten in allen Abschnitten der Nephrone gefunden. Charakteristisch für diese Erkrankung ist das Nebeneinander normaler und zystisch veränderter Strukturen.

Seltener als bei der infantilen Form finden sich auch Zysten in Leber, Pankreas und Milz.

Häufigkeit
Die Prävalenz liegt bei 1:1000. Da die Erkrankung ihren Manifestationszeitpunkt in den meisten Fällen erst im Erwachsenenalter hat, spielt sie in der Pränataldiagnostik eine geringere Rolle.

Sonographie
Sonographisch sind einzelne Zysten abgrenzbar. Zu Beginn der Erkrankung, vor allem pränatal, ist evtl. zunächst nur eine Niere betroffen. Eindeutige sonographische Erkennungsmerkmale und Unterscheidungskriterien zu den zystischen Nierendysplasien existieren nicht.

Es sollte daher bei allen abgrenzbaren Nierenzysten auch an diese Erkrankung gedacht und eine Familienanamnese erhoben werden.

Ätiologie und Wiederholungsrisiko
Die ADPN ist eine der häufigsten monogen erblichen Erkrankungen. Sie wird autosomal-dominant vererbt, somit beträgt das Risiko für Kinder eines Betroffenen 50%. Bei ca. 95% der Betroffenen ist der Genort auf dem kurzen Arm des

Chromosoms 16 lokalisiert (16p13.3). Über die Untersuchung einer Familie, in der sowohl die ADPN als auch die tuberöse Hirnsklerose, deren Genort ebenfalls auf 16p13.3 lokalisiert ist, vorkam, konnte das Gen isoliert werden (The European Polycystic Disease Consortium 1994). Ein zweiter Genort wurde auf dem langen Arm des Chromosoms 4 (4q21–q23) lokalisiert (Kimberling et al. 1993; Peters et al. 1993).

Zystennieren wie bei ADPN, d.h. Zysten vom Typ 3, werden wie die zystischen Nierendysplasien (Typ 2 und 4 nach Potter) im Rahmen zahlreicher Syndrome gefunden, wie z.B. bei *Hippel-Lindau-Syndrom* (AD), *tuberöser Hirnsklerose* (AD), *orofaziodigitalem Syndrom I* (X-chromosomal-dominant) gefunden.

Zystische Nierendysplasien

Definition und Morphologie

In diese Gruppe gehören die bisher sog. multizystische Nierendysplasie Typ 2a und 2b und die peripher-kortikale zystische Nierendysplasie Typ 4 nach Potter. Vom pathogenetischen Aspekt her sind diese Formen von Nierenzysten ähnlich einzustufen, nur ist die zugrundeliegende Störung – in den meisten Fällen eine Obstruktion – bei den Nierenzysten Typ 4 später in der Nierenentwicklung eingetreten, so daß sich Zysten nur noch im subkortikalen Areal entwickeln konnten, d.h. jenem Teil der Niere, der sich im Rahmen der zentrifugalen Nephronentwicklung zuletzt ausbildet.

Die Obstruktion selbst ist in Kombination mit dieser Nierendysplasie in der Regel in Form einer Hydronephrose sichtbar.

Morphologisch sind bei den Typ-2-Zysten Sammelrohre und Nephra vermindert und die verbliebenen Sammelrohre erweitert. Die Manifestation ist sehr unterschiedlich. Abhängig von der Größe der dysplastischen Niere wird zwischen *Typ 2a (vergrößerte Niere)* und *Typ 2b (hypoplastische Niere)* unterschieden. Histologisch bestehen zwischen beiden Typen keine prinzipiellen Unterschiede.

Diese Nierenerkrankung kann ein- oder beidseitig (in 40% der Fälle) auftreten. Sie kann einen Teil der Niere oder die gesamte Niere betreffen. Die Zysten können unterschiedlich groß sein.

Häufigkeit

Die zystische Nierendysplasie ist die in der Pränataldiagnostik am häufigsten beobachtete Form.

Sonographie

Sonographisch fällt bei *Typ 2a* eine ein- oder beidseitig vergrößerte traubenförmige Niere mit verschieden großen Zysten auf. Die typische Nierenkontur ist aufgehoben. Nierenbecken und Parenchym sind nicht darstellbar (Abb. 12.54).

Typ 2b ist sonographisch oft nicht von der Nierenagenesie zu unterscheiden. Bei der peripher-kortikalen Nierenzystenerkrankung fallen sonographisch in vielen Fällen vor allem die anderen Folgen der Obstruktion, d.h. ggf. eine Hydronephrose und/oder Megaureteren und Megazystis auf.

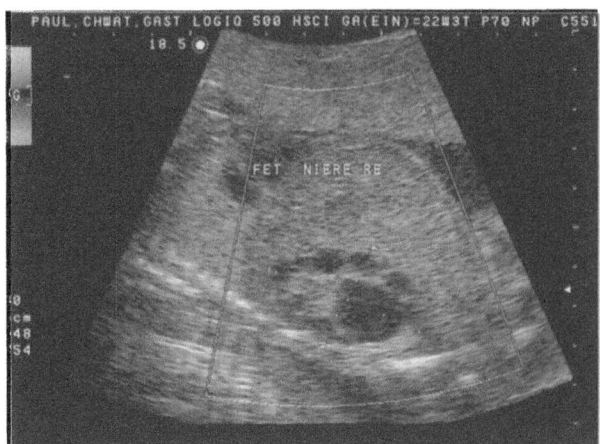

Abb. 12.54. Einseitige multizystische Nierendysplasie Typ 2 A, Sagittalschnitt, 23. SSW

Begleitfehlbildungen

Begleitfehlbildungen werden in einer großen Anzahl der Fälle beobachtet. Diese Fehlbildungen können alle Organsysteme betreffen. In vielen Fällen geht die zystische Nierendysplasie mit einer Hydronephrose einher. In 30–50% werden andere Fehlbildungen an der kontralateralen Niere gefunden.

Ätiologie

Die zystischen Nierendysplasien können isoliert und als Bestandteil zahlreicher Syndrome auftreten (s. Übersicht).

Erkrankungen, die mit einer multizystischen Nierendysplasie einhergehen
- Autosomal-rezessive Syndrome
  - Meckel-Gruber (+ Enzephalozele und Polydaktylie) (Abb. 12.38b)
  - Short-rib-Polydaktyliesyndrome Typ 1 (Saldino-Noonan) und Typ 2 (Majewski)
  - Asphyxierende Thoraxdystrophie (Typ Jeune) (+ kurze Extremitäten, enger Thorax)
  - Zellweger-Syndrom (zerebrohepatorenales Syndrom) (+ Muskelhypotonie und Hepatosplenomegalie)
  - Retina-renale Dysplasie (+ Retinaaplasie oder tapetoretinale Degeneration)
  - Roberts-Syndrom (+ Tetraphokomelie und LKG)
  - Fryns-Syndrom (+ Zwerchfellaplasie, kraniofaziale Dysmorphien, LKG und u. v. m.)
  - Smith-Lemli-Opitz-Syndrom (+ Mikrozephalus und Polydaktylie, u. v. m.)
  - Laurence-Moon-Bardet-Biedl-Syndrom (+ Obesitas, Polydaktylie, Retinopathie, Oligophrenie)

- Autosomal-dominante Syndrome
  - Akrozephalosyndaktylie Typ Apert (+ Akrozephalie und Syndaktylie)
  - Tuberöse Sklerose (+ Krampfanfälle, Adenoma sebaceum)
  - Brachiootorenales Syndrom = BOR (+ Präaurikular- und Halsfisteln, Taubheit)
- Erkrankungen ohne monogene Vererbung
  - VACTERL-Assoziation (zu 50% Nierendysplasie + WS-Defekt, Analatresie und Radiusaplasie u. a.)
  - Prune-belly-Sequenz (+ beidseitige Megaureteren und Bauchdeckenaplasie)
- Chromosomenstörungen
  - Vor allem Trisomie 13, 18, Triploidie und Trisomie 21 (Chromosomenstörungen bei isolierter multizystischer Dysplasie zu 5%, bei Begleitfehlbildungen zu 38%; Snyders et al. 1996).

Bei isoliertem Vorkommen ist in den meisten Fällen davon auszugehen, daß es sich um ein sporadisches Ereignis handelt. Für Geschwister eines Betroffenen bzw. nachfolgende Schwangerschaften wird bei isoliertem bisher sporadischem Vorkommen ein empirisches Wiederholungsrisiko von 5% angegeben.

In wenigen Familien wird ein autosomal-dominanter Erbgang mit unvollständiger Penetranz und variabler Expressivität diskutiert.

Auch *teratogene Einflüsse*, wie Hypoxie, Röntgenstrahlen, Thalidomid, mütterlicher Diabetes und Röteln, können zu multizystischen Nieren vom Typ 2 führen.

Prognose

Die Prognose hängt im wesentlichen vom uni- bzw. bilateralen Befall und den Begleitfehlbildungen ab. Wie weit eine dysplastisch veränderte Niere noch funktionstüchtig ist, d. h. wie ausgeprägt die Dysplasie ist, ist sonographisch nicht zu erkennen. Es kann große Diskrepanzen zwischen dem sonographischen Bild und dem Ausmaß einer Dysplasie geben. Dopplersonographische Untersuchungen der Nierengefäße können bei der Einschätzung des Ausmaßes der Schädigung mit herangezogen werden, machen jedoch auch noch keine klare Aussage möglich.

Falls nur eine Niere betroffen ist und die andere Niere unauffällig bleibt, ist die Prognose gut.

Procedere bei fetaler zystischer Nierenerkrankung
- Eigen- und Familienanamnese: Rötelninfektion, Diabetes mellitus, Röntgenstrahlen, Nierenauffälligkeiten, z. B. unilaterale Nierenagenesie, Nierenauffälligkeit bei vorangegangenem Abort, weitere Betroffene in der Familie, vor allem Nierenzysten?
- Weiterführende Sonographie zum Ausschluß von Begleitfehlbildungen
- Karyotypisierung auch bei isolierter Nierendysplasie

- Molekulargenetische Diagnostik in molekulargenetisch voruntersuchten Familien.
- Bei beidseitigem Befall im 2. Trimenon Erwägung eines Schwangerschaftsabbruchs
- Regelmäßige Verlaufskontrollen, mit Beachtung vor allem auch der kontralateralen Niere.

Wichtig für weitere Schwangerschaften: Nierenuntersuchung der Eltern zur Festlegung der Diagnose. Erste Nierenuntersuchung am Ende des 1. Trimenons in der nächsten Schwangerschaft.

Hydronephrose

Definition
Definitionsgemäß wird von einer Hydronephrose bei einem Nierenbecken-a.-p.-Durchmesser von über 10 mm gesprochen. Ein anderes Maß ist der Quotient Nierenbecken-a.-p.-Durchmesser/Gesamtniere-a.-p.-Durchmesser = >50.

Häufigkeit
Die Hydronephrose ist die häufigste Fehlbildung des Fetus. Das männliche Geschlecht ist, je nach Obstruktionsform, 2- bis 5mal häufiger betroffen als das weibliche.

Sonographie
Sonographisch stellt sich die Hydronephrose bei typischer Ausprägung als *Aufweitung des Nierenbeckens* und der in das Nierenparenchym hineinreichenden Kelche dar. In vielen Fällen ist das Bild nicht so typisch. Die Differentialdiagnostik zu evtl. auch gleichzeitig vorhandenen Zysten ist nicht immer leicht. Die Darstellung konfluierender zystischer Strukturen ist für die Hydronephrose beweisend.

Die Hydronephrose kann unilateral oder bilateral vorkommen. Falls sie Folge einer Urethralobstruktion ist, ist sie immer bilateral und in der Regel mit einer Megazystis kombiniert. Bei einseitiger Ureterstenose ist auch die Hydronephrose einseitig. Bei subpelviner Stenose stellt sie sich als aufgeweitetes Nierenbecken dar. Bei supravesikaler Stenose oder Stenose im Verlauf des Ureters ist sie kombiniert mit einem Megaureter oder Teilmegaureter. Abhängig vom Zeitpunkt des Wirksamwerdens einer Obstruktion kann die Hydronephrose mit einer zystischen Nierendysplasie vom Typ 2 oder 4 assoziiert sein.

Von dieser schweren Form der Hydronephrose muß die *beidseitige fetale Pyelektasie* unterschieden werden. Diese vermutlich aufgrund einer Unreife des harnableitenden Systems entstandene Auffälligkeit hat keinen Krankheitswert, sondern hat als Hinweiszeichen auf eine Chromosomenstörung, vor allem die Trisomie 21 (s. 12.7.7), Bedeutung erlangt.

Begleitfehlbildungen
Begleitfehlbildungen sind häufig.

Ätiologie
Die Hydronephrose kann isoliert und begleitet von renalen und extrarenalen Fehlbildungen im Rahmen zahlreicher chromosomaler und nichtchromosomaler Syndrome auftreten.

Die Auswertung mehrerer Serien mit obstruktiven Erkrankungen des harnableitenden Systems (Snijders et al. 1996) ergab in 9–14% der Fälle eine zugrundeliegende Chromosomenstörung. Bei *isolierter Hydronephrose* lag eine Chromosomenstörung in bis zu 7% der Fälle vor, bei Obstruktion *mit Begleitfehlbildungen* in bis zu 35% der Fälle. Bei leicht ausgeprägter Hydronephrose (Pyelektasie) war die Trisomie 21 die häufigste Chromosomenstörung, bei mittelgradig und stark ausgeprägter Hydronephrose wurden am häufigsten die Trisomien 13 und 18 gefunden.

Wiederholungsrisiko
Das Wiederholungsrisiko ist von der zugrundeliegenden Erkrankung abhängig. Bei *isolierter Hydronephrose* wird für Geschwister eines Betroffenen ein empirisches Wiederholungsrisiko für eine Nierenfehlbildung von bis zu 5% angegeben, das bei Betroffenheit weiterer Familienangehörigen höher ist.

Prognose
Die Prognose der Hydronephrose hängt von der Möglichkeit der Entwicklung der Niere ab. Bei zunehmender Hydronephrose wird die fetale Niere zerstört und funktionslos. Bei einseitigem Befund ist die Prognose gut. Bei Betroffenheit beider Nieren (vor allem bei Urethralstenose) wird mit zunehmender Kompression der Nieren, abnehmendem Fruchtwasser und einem Gestationsalter noch vor der 32. SSW ein invasives Vorgehen sinnvoll (Prüfung der Nierenfunktion durch fetale Urinuntersuchung, vesikoamnialer Shunt).

Megazystis

Definition und Sonographie
Eine vergrößerte Blase mit Wandverdickung ist der sonographischen Untersuchung gut zugänglich. Die Blase ist erstmalig darstellbar in der 10. Embryonalwoche. Sie zeigt in der 20. SSW einen Querdurchmesser von 8 mm, in der 40. SSW von 29 mm. Die Frequenz der Blasenentleerung liegt zwischen 15 und 120 min.

Ätiologie
Eine vergrößerte Blase kann sich auf der Grundlage eines Urinabflußhindernisses im Rahmen der *Prune-belly-Potter-Sequenz* (Urethralstenose im Bereich der Pars membranacea urethrae, s. unten) oder infolge von posterioren Urethralklappen entwickeln. Sie ist in diesen Fällen mit beidseitigen Megaureteren und einer Hydronephrose, ggf. im Rahmen einer Gesamtstörung oder als Folge der Obstruktion mit einer zystischen Dysplasie der Nieren kombiniert. Eine Megazystis in diesem Rahmen betrifft überwiegend das männliche Geschlecht.

Eine Megazystis schon im 1. Trimenon kann erstes Hinweiszeichen auf eine sich entwickelnde schwere Störung im Urogenitaltrakt sein und wird im Rahmen von Chromosomenstörungen (z. B. Trisomie 18) beobachtet. In diesen Fällen sind frühe Karyotypisierung und engmaschige sonographische Kontrollen indiziert.

Eine Megazystis ohne Wandhypertrophie wird bei *Megazystis-Mikrokolon-Syndrom* (MMS) beobachtet. Diese seltene Erkrankung mit infauster Prognose, die hauptsächlich das weibliche Geschlecht betrifft, geht mit einer Blasenhypoperistaltik und einem Mikrokolon einher. Im Gegensatz zur Hirschsprung-Erkrankung sind die Ganglienzellen normal.

Genetische Grundlagen und Wiederholungsrisiko

In der Regel tritt die Megazystis im Rahmen der obengenannten Erkrankungen sporadisch auf. MMS wird autosomal-rezessiv vererbt. Bei familiärer Prune-belly-Sequenz mit unvollständigen Angaben handelt es sich zum Teil um dieses Syndrom. In wenigen Familien wurde eine Wiederholung bei Geschwistern beobachtet, so daß von einem gering erhöhten Risiko in weiteren Schwangerschaften ausgegangen werden muß.

Prognose

Die Prognose bei Megazystis mit zusätzlichen Megaureteren bei Obstruktion der Harnröhre ist von der Nierenbeteiligung abhängig. Bei zunehmender Hydronephrose und noch gegebener Nierenfunktion ist ggf. eine intrauterine Therapie mit Entlastung der Blase über einen vesikoamnialen Shunt lebensrettend.

Procedere bei Obstruktion im harnableitenden System
- Familien- und Eigenanamnese: weitere Betroffene?
- Weiterführende Sonographie zum Ausschluß von Begleitfehlbildungen
- Karyotypisierung
- Regelmäßige sonographische Kontrollen; bei beidseitigem Befall und Progredienz Shunteinlage; ggf. nach Lungenvorreifung vorzeitige Entbindung in einem Perinatalzentrum.

Prune-belly-Potter-Sequenz (PBPS)

Definition und Pathogenese

Die Pathogenese dieser Sequenz ist noch nicht geklärt. Am ehesten ist die PBPS wohl auf eine primäre Schädigung in der 6.–8. SSW zurückzuführen, die zu einer Urethralstenose im Bereich der Pars membranacea urethrae führt, dort wo die Harnröhre durch den Beckenboden tritt. Folge dieser subvesikalen Stenose sind Megazystis, beidseits erweiterte und geschlängelte Ureteren und eine beidseitige zystische Nierendysplasie mit nachfolgender Bauchdeckenaplasie und Kryptorchismus beim männlichen Geschlecht. Auch ist nicht ausgeschlossen, daß die PBPS Folge eines frühen mesodermalen Defektes der Bauchdecken und des Harntrakts ist.

Die PBPS betrifft vor allem das männliche Geschlecht.

Sonographie
Sonographisch stellen sich mehrere echoleere Strukturen im erweiterten Abdomen dar, die den erweiterten und geschlängelten Ureteren, der vergrößerten Harnblase und den aufgestauten Nieren entsprechen. Je nach Ausprägung kann zusätzlich eine verminderte Fruchtwassermenge und ein Aszites meist urinärer Herkunft auffallen. Durch die Erweiterung der harnableitenden Wege kommt es zu einer stark aufgetriebenen Bauchdecke, die nach bisherigen Annahmen wohl sekundär zur *Bauchdeckenaplasie* führt. Die postpartal eingefallenen Bauchdecken gaben der Sequenz den Namen.

Ätiologie und Wiederholungsrisiko
Bei Zwillingen wird sie häufiger als bei Einlingen beobachtet (Zwillingsinzidenz allgemein in der Bevölkerung 1:80, bei PBPS 1:23). In der Regel ist nur ein Zwilling betroffen. In einer von uns mitbetreuten Geminigravidität entwickelten beide Feten mit einer Verzögerung von ca. einer Woche eine Prune-belly-Sequenz (Abb. 12.55). Bei unklaren Fällen kann es sich um ein MMS-Syndrom handeln

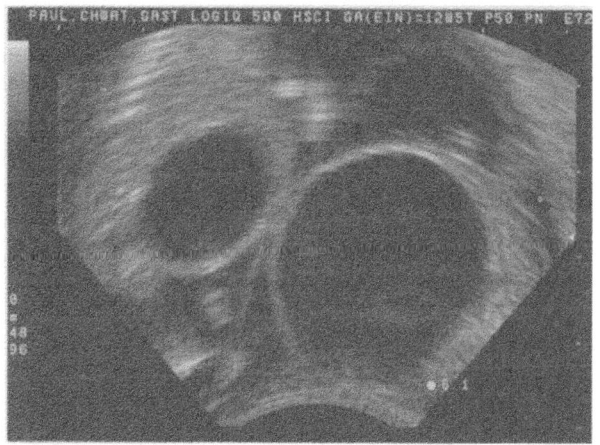

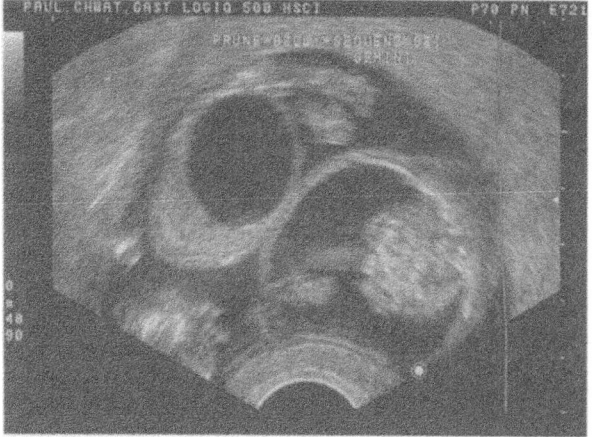

Abb. 12.55 a–c. Prune-belly-Sequenz, konkordant bei Gemini. **a** 13. SSW: Megazystis (bei beiden Feten etwas verschieden ausgeprägt). **b** 14. SSW: Uroaszites mit wieder kleiner Blase bei einem der Feten, zunehmende Megazystis beim anderen

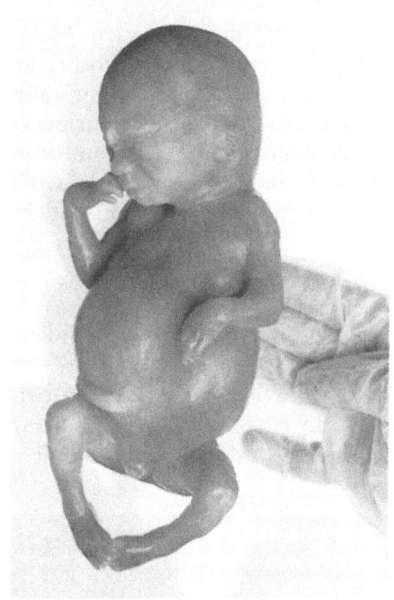

c

Abb. 12.55 a–c. Prune-belly-Sequenz, konkordant bei Gemini. **c** Fetus mit Prune-belly-Sequenz

(s. S. 443). Die genaue Ursache des PBPS ist nicht bekannt. Die PBPS wird auch bei chromosomalen Anomalien (Trisomie 13, 18, Turner-Syndrom) beobachtet.

Die PBPS tritt in der Regel sporadisch auf. In wenigen Familien wurde jedoch ein wiederholtes Auftreten bei Geschwisterkindern beobachtet.

Prognose
Die Prognose ist von der Ausprägung der PBPS, die ein sehr breites Spektrum zeigt, abhängig. Falls die Diagnose schon im 2. Trimenon gestellt wird und schon zu diesem Zeitpunkt eine Oligohydramnie vorliegt, ist die Prognose schlecht. Die operative Korrektur der Bauchdecken ist möglich, in vielen Fällen schwierig.

Procedere bei PBPS
- Karyotypisierung
- Bei Manifestation schon im 2. Trimenon Erwägung einer Abruptio (abhängig vom Ausmaß)
- Sorgfältige Beratung der Eltern gemeinsam mit einem Kinderchirurgen.

Erkrankungen der Nieren sowie des harnableitenden Systems und Chromosomenstörungen

Bei Chromosomenstörungen sind in 30–60% der Fälle die Nieren beteiligt. Somit ist die Wahrscheinlichkeit einer zugrundeliegenden Chromosomenstörung bei Auffälligkeiten an den Nieren und im harnableitenden System groß. Bei einer isolierten Fehlbildung in diesem System fanden Snijders et al. (1996) nach Auswertung mehrerer pränataler Serien in 3% der Fälle eine Chromosomenstörung, bei zusätzlichen Fehlbildungen lag in 24% der Fälle eine Chromosomenstörung vor. Die durchschnittliche Häufigkeit von Chromosomenstörungen liegt bei 12%. Die häufigsten Chromosomenstörungen sind Trisomie 18, 13, und 21, Triploidie, Monosomie X (Turner-Syndrom) und XXY (Klinefelter-Syndrom).

Da die häufigsten Chromosomenstörungen Trisomien sind, ist die Risikoangabe für eine zugrundeliegende Chromosomenstörung auch vom mütterlichen Alter abhängig. Das Altersrisiko für eine Trisomie ist bei isolierten Fehlbildungen im Urogenitaltrakt um den Faktor 3 erhöht, bei zusätzlichen Fehlbildungen um den Faktor 30 (Nicolaides et al. 1992b). Die Prävalenz einer Chromosomenstörung ist beim weiblichen Geschlecht ungefähr doppelt so häufig wie beim männlichen. Dies rührt daher, daß aufgrund der embryonalen Entwicklungsgeschichte isolierte (nicht chromosomal bedingte) Fehlbildungen im harnableitenden System beim männlichen Geschlecht häufiger vorkommen als beim weiblichen.

Genitalfehlbildungen

Hydrozele
Die häufigste vorgeburtlich feststellbare Fehlbildung des männlichen Genitales ist die Hydrozele. In der Regel handelt es sich um eine harmlose Wasseransammlung, die innerhalb des ersten Lebensjahres verschwindet. Falls die Hydrozele auch vorgeburtlich schon zunimmt, muß an eine Inguinalhernie gedacht werden. Diese sollte postnatal durch einen Neonatologen ausgeschlossen werden.

Hypospadie
Bei dieser recht häufigen Fehlbildung (Häufigkeit 1:300) mündet die Harnröhre nicht auf der Glans penis, sondern an der Unterseite des Penis oder am Serotum. Die Hypospadie ist eine Begleitfehlbildung zahlreicher Fehlbildungssyndrome. Der sonographische Verdacht sollte Anlaß zur weiteren Suche nach Fehlbildungen und zur *Karyotypisierung* geben. Eine Form der Hypospadie wird autosomal-dominant vererbt.

Unklares Genitale
Die häufigste Ursache eines sonographisch unklaren Genitales ist das *adrenogenitale Syndrom* (AGS) beim weiblichen Fetus. Die Inzidenz in Deutschland ist 1:7000, die Heterozygotenhäufigkeit 1:40. Es handelt sich um eine autosomal-rezessiv vererbte Erkrankung. Aufgrund eines Enzymdefekts in der Kortisolsynthese kommt es zu Androgenüberproduktion über eine vermehrte ACTH-Sekretion. Der häufigste zugrundeliegende Enzymdefekt ist der *21-Hydroxylase-Defekt*. Beim weiblichen Fetus kommt es schon vorgeburtlich zur Androgenisierung, d.h. zur Klitorishypertrophie, zur Hypertrophie der Labia majora und zur Fehlbildung von Vagina und Urethra. Eine Therapie über die Mutter mit Dexametha-

son kann die Entwicklung des kongenitalen AGS bei weiblichen Feten verhindern.

Bei Risikofamilien und sonographischem Verdacht auf ein AGS ohne Vorgeschichte ist ein Ausschluß dieser Erkrankung auch schon vorgeburtlich durch DNA-Analysen und HLA-Typisierung an Chorionzotten oder Fruchtwasserzellen möglich.

Seltener sind *Hermaphroditismus verus* (gleichzeitiges Vorhandensein von Ovar- und Hodengewebe) und isolierte Genitalfehlbildungen im Rahmen anderer Syndrome die Ursache eines unklaren Genitale. Eine Karyotypisierung und die Suche nach Zusatzfehlbildungen sind indiziert.

12.7.14 Bauchwanddefekte

Omphalozele

Definition und Embryologie
Unter Omphalozele wird der median gelegene *Prolaps von Bauchorganen* in einem von Peritoneum (innen) und Amnion (außen) umgebenen Bruchsack unter Einbeziehung des Nabelschnuransatzes verstanden.

Eine *physiologische Omphalozele* (Abb. 12.56) entwickelt sich in der 5. Embryonalwoche durch den Austritt der im Rahmen der Entwicklung des Mitteldarms nach ventral gerichteten und zunehmend wachsenden Nabelschleife aus der zu engen Bauchhöhle in das Nabelschnurzölom. In der 10. Embryonalwoche (bei einer SSL von ca. 43 mm) werden die Darmschlingen in die Bauchhöhle zurückverlagert.

Eine *pathologische Omphalozele* als Folge einer komplexen Entwicklungsstörung ist somit erst ab diesem Zeitpunkt (12. SSW p.m.) diagnostizierbar.

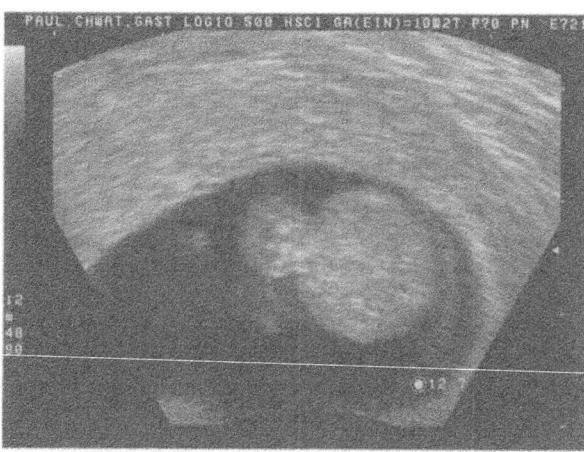

Abb. 12.56. Physiologische Omphalozele im Transversalschnitt (SSW 10+2)

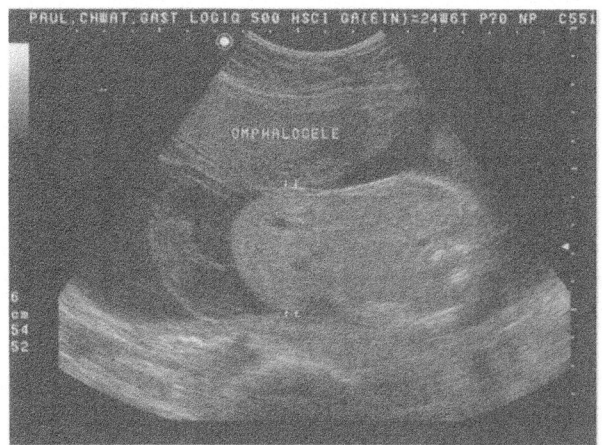

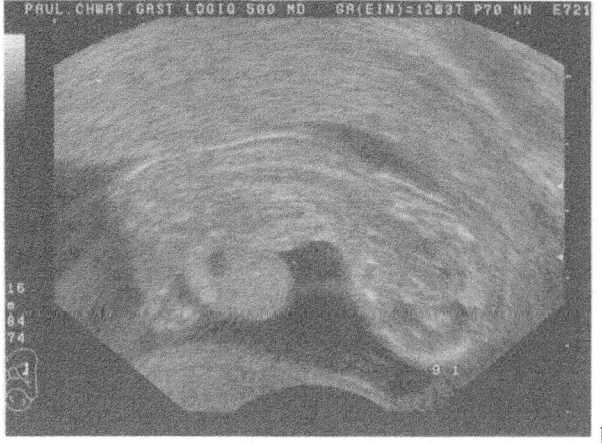

Abb. 12.57 a, b. Omphalozele. **a** Transversalschnitt, 24./25. SSW; **b** Longitudinalschnitt, SSW 12+3. In beiden Fällen sind Leber und Magen mit herausverlagert

Häufigkeit
Die Prävalenz der Omphalozele bei Neugeborenen beträgt ca. 1:3000. Vorgeburtlich ist von einer wesentlich höheren Prävalenz auszugehen. Eine Screeningstudie an 15726 Einlingsschwangerschaften zwischen der 11. und 14. SSW ergab eine Prävalenz von ca. 1:1000 Feten (Snijders et al. 1995).

Sonographie
Sonographisch stellt sich im fetalen Transversal- und Sagittalschnitt auf der Höhe des Nabelschnuransatzes eine in den meisten Fällen eher *echodichte, runde, der vorderen Bauchwand angelagerte Struktur* dar (Abb. 12.57). Diese Struktur entspricht herausverlagerten Abdominalorganen, die von einem Bruchsack umgeben sind. In dem aus Peritoneum und Amnion bestehenden Bruchsack können sich Darmschlingen, jedoch auch Magen und Leber befinden.

Differentialdiagnose
Differentialdiagnostisch muß die Gastroschisis abgegrenzt werden. Hier liegt der Defekt paramedian. Die ausgetretenen Bauchorgane sind nicht von einem Bruchsack umgeben, sondern flottieren frei im Fruchtwasser.

Begleitfehlbildungen
Begleitfehlbildungen sind häufig. Die Häufigkeitsangaben sind unterschiedlich. Sie liegen zwischen 27 und 49%. Am häufigsten sind *Herzfehler,* vor allem VSD, ASD und Fallot-Tetralogie (47%). In 40% der Fälle werden zusätzlich Urogenitalfehlbildungen und in 39% Neuralrohrdefekte gefunden. Wachstumsretardierungen werden in 20% der Fälle beobachtet.

Ätiologie und Wiederholungsrisiko
Die Ätiologie ist sehr unterschiedlich. In einem großen Teil der Fälle wird eine Chromosomenstörung diagnostiziert (u.a. Trisomie 18, 13 und Triploidie). Bei zusätzlichen Fehlbildungen wurde in 46% der Fälle, bei isolierter Omphalozele in 13% eine zugrundeliegende Chromosomenstörung gefunden (Snijders et al. 1996). Die Wahrscheinlichkeit für eine zugrundeliegende Chromosomenstörung ist größer, wenn die Omphalozele nur Darm enthält.

Die Omphalozele kann auch Bestandteil zahlreicher nichtchromosomaler Syndrome sein. Zwei in diesem Zusammenhang zu erwähnende Syndrome sind das *Beckwith-Wiedemann-Syndrom* (*E*xomphalos, *M*akroglossie und *G*igantismus, daher auch EMG-Syndrom genannt, und neonatale Hypoglykämie, s. Kap. 3) und die *Cantrell-Pentalogie* (Upper-midline-Syndrom, + Defekte an Sternum, Zwerchfell und Perikard sowie Herzfehler, neben sporadischem Vorkommen auch X-chromosomal, Genort Xq25–26).

Bei der isolierten Omphalozele wird auch ein autosomal-dominanter und X-chromosomaler Erbgang beschrieben. In der Regel tritt sie jedoch sporadisch auf. Das *Wiederholungsrisiko* für Geschwisterfälle einer isolierten sporadischen Omphalozele wird mit 1% angegeben.

Prognose
Die Prognose der *isolierten Omphalozele* ohne Chromosomenstörung und Begleitfehlbildungen ist von den im Bruchsack enthaltenen Organen abhängig. In der Regel ist die Prognose bei isolierter Omphalozele gut. Bei kleinem Defekt kann eine Korrektur nach einmaliger Operation erfolgen. Bei größerem Defekt erfolgt die Korrektur in mehreren Etappen, u.U. unter Zuhilfenahme von Fremdmaterial. Die Überlebensrate beträgt ca. 90%.

Procedere bei Omphalozele
- Karyotypisierung auch bei isoliertem Defekt
- Weiterführende Sonographie inkl. fetaler Echokardiographie zum Ausschluß von Begleitfehlbildungen
- Bei isolierter Omphalozele engmaschige sonographische Kontrollen
- Neonatologisch-kinderchirurgisches Konsil
- Entbindung in einem Perinatalzentrum, zumindest bei großem Defekt durch Sectio caesarea; durch Erhalten des Amnionsacks kann das Infektionsrisiko vermindert werden.

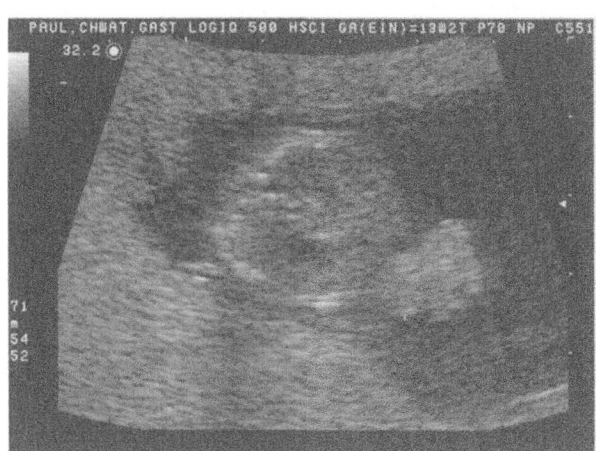

Abb. 12.58. Gastroschisis im
Transversalschnitt
(SSW 13+2)

Gastroschisis

Definition und Embryologie
Die Gastroschisis ist ein paraumbilikaler Defekt der vorderen Bauchwand. Der Defekt liegt in der überwiegenden Anzahl der Fälle rechts eines intakten Nabelschnuransatzes.

Die Gastroschisis wird als Disruption verstanden. Es wird vermutet, daß sich die physiologischerweise erst zwischen dem 28. und 32. Tag der Embryonalentwicklung zurückbildende omphalomesenteriale Arterie schon früher zurückbildet, wodurch es über eine Ischämie zum Defekt kommt.

Häufigkeit
Die Gastroschisis ist wesentlich seltener als die Omphalozele. Die Prävalenz bei Neugeborenen liegt zwischen 1:10000 und 1:15000.

Sonographie
Sonographisch fallen die frei flottierenden Darmschlingen im Fruchtwasser auf (Abb. 12.58). Auch andere Abdominalorgane können herausverlagert sein. Die herausverlagerten Organe sind nicht von einer Membran umgeben. In vielen Fällen liegt gleichzeitig eine Polyhydramnie vor, vermutlich aufgrund des gestörten gastrointestinalen Transits.

Begleitfehlbildungen
Begleitfehlbildungen sind bei der Gastroschisis wesentlich seltener als bei der Omphalozele. Die Angaben schwanken zwischen 5 und 30%. In diese Gruppe fallen auch jene Begleitfehlbildungen, die direkt mit der Gastroschisis im Zusammenhang stehen, wie z.B. Darmmalrotationen, Atresien, Stenosen, Infarzierungen. Eine intrauterine Wachstumsretardierung wurde bei bis zu 27% aller Feten beobachtet.

Sowohl bei Omphalozele als auch bei der Gastroschisis ist in 77% der Fälle das MS-AFP erhöht.

Ätiologie
In den meisten Fällen tritt die Gastroschisis sporadisch auf. In wenigen Familien wird ein autosomal-dominanter Erbgang mit unterschiedlicher Expressivität vermutet. Begleitende Chromosomenaberrationen sind extrem selten (in wenigen Fällen Triploidie oder Trisomie 18?).

Prognose
Die Prognose ist von der Größe des Defekts und den herausverlagerten Organen abhängig. Vor allem am Ende der Schwangerschaft können sich die Darmschlingen durch die zunehmende Konzentration harnpflichtiger Substanzen im Fruchtwasser entzünden und auch mechanisch verletzt werden. Die Mortalitätsrate wird mit 8–28% angegeben. Neben intraoperativen Komplikationen spielen Frühgeburtlichkeit und Sepsis eine Rolle.

Procedere bei Gastroschisis
- Nach Ausschluß von Begleitfehlbildungen Karyotypisierung nicht obligat, jedoch zu erwägen
- Bei isolierter Gastroschisis kinderchirurgisches Konsil zur Einschätzung und Besprechung der Prognose mit der Schwangeren
- Regelmäßige sonographische Kontrollen zur Beurteilung von Veränderungen des Darms und der Fruchtwassermenge – bei Komplikationen und gegebener Lungenreife evtl. frühzeitige Entbindung in einem Perinatalzentrum
- Elektive Sectio umstritten, jedoch allein wegen der besseren Planbarkeit der in der Regel gewählte Entbindungsweg.

12.7.15 Fehlbildungen und Auffälligkeiten des Gastrointestinaltrakts

Im fetalen Bauchraum sind neben Magen-Darm-Trakt auch Leber und Milz der Sonographie zugänglich. Für diese beiden Organe existieren Normkurven. Änderungen in Größe und Beschaffenheit können Hinweise auf zugrundeliegende fetale Erkrankungen wie Infektionen, Stoffwechselstörungen, Anämie und Herzinsuffizienz sein. Mit einer Hepatosplenomegalie geht das *Beckwith-Wiedemann-Syndrom* einher, mit einer Hepatomegalie das *Zellweger-Syndrom* (AR).

Mit einer Asplenie bzw. Polysplenie gehen die *Heterotaxiesyndrome* und das *Ivemark-Syndrom* einher. Mit diesen Syndromen sind in der Regel auch Herzanomalien und Lageanomalien der Baucheingeweide assoziiert.

In der Routinediagnostik spielen die Stenosen bzw. Atresien von Ösophagus, Duodenum und der weiteren Darmabschnitte, auf die im folgenden eingegangen wird, die größte Rolle.

Ösophagusatresie

Definition und Embryologie
Der obere Respirationstrakt und der obere Gastrointestinaltrakt entwickeln sich zwischen dem 21. Tag und der 5. Embryonalwoche. Die Ösophagusatresie ist als Verlust eines Ösophagussegments mit oder ohne Fistel zur Trachea definiert. Abhängig vom fehlenden Teil und einer vorhandenen Fistel werden die Ösophagusatresien in verschiedene Typen unterteilt.

Bei ca. 90% der Ösophagusatresien endet der proximale Ösophagusteil blind. Der distal in den Magen mündende Teil ist über eine Fistel mit der Trachea verbunden, über die auf dem Weg über die Lunge Flüssigkeit in den Magen gelangen kann.

Häufigkeit
Die Häufigkeit der Ösophagusatresie wird mit 1:800 bis 1:5000 Lebendgeburten angegeben.

Sonographie
Sonographisch fällt eine mehr oder weniger ausgeprägte *Polyhydramnie* und der nicht wie üblich gefüllte Magen auf. Bei ca. 60% aller Feten kann sich der fetale Magen aufgrund der Fistel zur Trachea und der Eigensekretion leicht gefüllt darstellen. Somit ist die Diagnose der Ösophagusatresie nicht immer eindeutig. Die Mitbeurteilung der fetalen Schluckbewegungen kann in der Diagnostik hilfreich sein.

Begleitfehlbildungen
Kardiale, gastrointestinale und urogenitale Begleitfehlbildungen werden in über 50% der Fälle beobachtet.

Ätiologie und Wiederholungsrisiko
In postnatalen Serien wird bei 3–4% der betroffenen Neugeborenen eine Chromosomenstörung gefunden. Eine pränatale Serie von 20 Feten mit nicht sichtbarem Magen ergab zu 85% eine Trisomie 18 (Nicolaides et al. 1992c). Auch das Risiko für eine Trisomie 21 ist bei Ösophagusatresie höher.

Eine der häufigsten nichtchromosomalen fetalen Erkrankungen, die mit einer Ösophagusatresie einhergehen, ist die *VACTERL-Assoziation* (in der Regel sporadisch, gehäuft bei Zwillingsschwangerschaften).

Das Wiederholungsrisiko nach sporadischer isolierter Ösophagusatresie wird mit 0,6% angegeben.

Prognose
Die Prognose der Ösophagusatresie hängt vor allen Dingen von den Begleitfehlbildungen, der mit der Ösophagusatresie in vielen Fällen einhergehenden Wachstumsretardierung und der bei Polyhydramnie häufigen Frühgeburtlichkeit ab.

Duodenalatresie/-stenose

Embryologie

In der 5.-6. Woche kommt es physiologischerweise zu einer Verklebung des Darmrohrs mit nachfolgender Rekanalisation in der 11. SSW. Bei Störung dieser Rekanalisation kommt es zur Duodenalobstruktion.

Die Entwicklung einer fetalen Duodenalatresie nach Thalidomidexposition zwischen dem 30. und 40. Entwicklungstag läßt vermuten, daß dies die entscheidende Zeit für die dieser Fehlbildung zugrundeliegende embryonale Entwicklungsstörung ist.

Der Magen verlagert sich in der 6./7. Embryonalwoche ins Abdomen, und in der 11. Woche ist die glatte Muskulatur ausgebildet. Die erste Peristaltik kann in der 16.-18. SSW p.m. gesehen werden.

Häufigkeit

Die Inzidenz der Duodenalatresie bei Geburt beträgt ca. 1:10000.

Sonographie

Sonographisch stellt sich bei Duodenalatresie das typische *Double-bubble-Phänomen* dar. Es werden zwei nebeneinanderliegende zystische Strukturen beobachtet, die dem Magen und dem Duodenumabschnitt proximal, d.h. oberhalb der Stenose, zuzuordnen sind. Aufgrund des Passagehindernisses geht mit der Duodenalatresie in der Regel eine Polyhydramnie einher.

Die Duodenalatresie ist in vielen Fällen erst jenseits der 24. SSW sonographisch erkennbar.

Begleitfehlbildungen

Begleitfehlbildungen werden in 50% der Fälle mit Duodenalatresie gefunden (andere Gastrointestinalfehlbildungen 26%, Wirbelsäulenauffälligkeiten 37%, Herzfehler, vor allem Endokardkissendefekte und VSD 20%, Nierenauffälligkeiten 8%). Diese Risikoangaben für Begleitfehlbildungen beziehen sich auf die Neugeborenen. Pränatal ist die Rate der Begleitfehlbildungen höher.

In 20% der Fälle wird ein Pancreas anulare beobachtet. Ob dies die Ursache der Stenose oder Atresie ist oder im Rahmen eines allgemeinen Entwicklungsdefekts eine zusätzliche Auffälligkeit, ist noch nicht klar.

Ätiologie

Chromosomenstörungen, vor allen Dingen die *Trisomie 21*, sind bei Duodenalatresie sehr häufig. Die Auswertung pränataler Serien durch Snijders et al. (1996) ergab eine Gesamthäufigkeit von 57% für eine Chromosomenstörung. Auch bei isolierter Duodenalatresie war das Risiko für eine Chromosomenstörung 38%. Dies liegt daran, daß Down-Syndrom-Feten in vielen Fällen keine weiteren größeren Fehlbildungen aufweisen.

Postnatal wurde bei 20–30% der Kinder mit Duodenalatresie eine Trisomie 21 diagnostiziert.

Die isolierte Duodenalatresie ohne Chromosomenstörung und ohne Begleitfehlbildungen tritt in der Regel *sporadisch* auf. In manchen Familien jedoch
wurde auch ein autosomal-rezessiver Erbgang beschrieben.

Prognose
Die Prognose ist von den Begleitfehlbildungen, der begleitenden Polyhydramnie
und der Wachstumsretardierung abhängig. Wegen der Möglichkeit einer soforti-
gen adäquaten Versorgung nach der Geburt ist eine frühzeitige vorgeburtliche
Diagnose prognoseverbessernd.

Weitere Dünndarm-, Dickdarm- und Analatresien

Pathogenese
Die Intestinalobstruktionen entwickeln sich in der Regel erst im Laufe der
Schwangerschaft. Sie sind in den meisten Fällen nicht Folge einer Entwicklungsstörung, sondern *Folge einer Minderdurchblutung* durch vaskuläre Störungen
und Unterbrechung der Blutzufuhr bei z.B. Volvulus oder Malrotation des
Darms. Somit ist die Häufigkeit von extragastrointestinalen Begleitfehlbildungen
eher gering. Atresien sind insgesamt häufiger als Stenosen.

Häufigkeit
Die Obstruktionen des Dünndarms sind insgesamt 4mal häufiger als diejenigen
des Kolons. Die Inzidenz der Dünndarmobstruktionen ist 1:5000 bei Geburt,
diejenige der Dickdarmatresien 1:20000, diejenige der Analatresien 1:2500. Am
häufigsten sind Obstruktionen im proximalen Jejunum und distalen Ileum.

Sonographie
Sonographisch fallen mehr oder weniger große echoleere Strukturen im Abdomen auf, die differentialdiagnostisch von Duodenalatresie, Ovarialzysten, Hydro-
nephrosen, Megaureteren und Mesenterialzysten durch die bei längerem Hin-
schauen feststellbare Peristaltik und die in der Flüssigkeit flottierenden feinen
Binnenechos unterschieden werden können (Abb. 12.59).

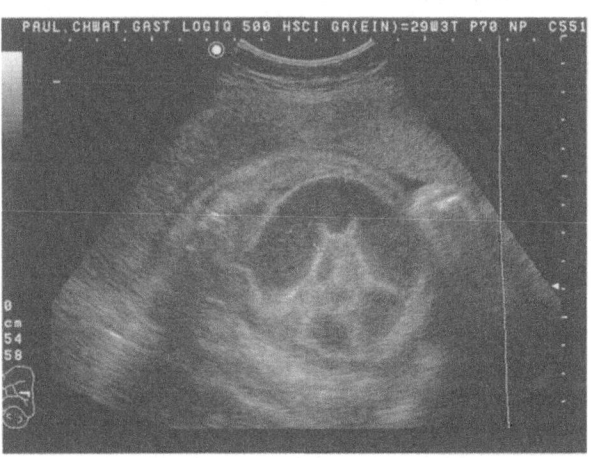

Abb. 12.59. Jejunalatresie in
der 30. SSW

An eine Obstruktion sollte gedacht werden, wenn im 3. Trimenon der innere Durchmesser der größten beobachteten Dünndarmschlinge 7 mm übersteigt (Romero et al. 1987).

Eine pathogenetisch noch nicht eindeutig geklärte, leicht ausgeprägte Darmerweiterung wird auch in vielen Fällen von Plazentainsuffizienz beobachtet.

Atresien bzw. Stenosen im unteren Darmbereich gehen in der Regel nicht mit einer Polyhydramnie einher.

Falls sich bei längerer Beobachtung des weitgestellten fetalen Darms keine Peristaltik findet, so muß an das *Megakolon* (Morbus Hirschsprung) gedacht werden. Bei Morbus Hirschsprung handelt es sich um eine heterogene Erkrankung (Passarge 1972, 1993). Verschiedene Mutationen an verschiedenen Genen vor allem auf den Chromosomen 10 und 13 (10q11-21; 13q22) wurden als mögliche Ursache für die Entstehung des Morbus Hirschsprung gefunden (Martuciello et al. 1992; Edery et al. 1994; Puffenberger et al. 1994). Jungen werden häufiger betroffen als Mädchen (3,45:1). Sowohl autosomal-dominante als auch autosomalrezessive als auch X-chromosomale Vererbung (Auricchio et al. 1996) wurden beobachtet und werden diskutiert. Wegen der Möglichkeit eines autosomal-dominanten Erbgangs sollte auf Mikrosymptome bei klinisch gesunden Familienmitgliedern geachtet werden. Das empirische Wiederholungsrisiko für Schwestern eines leicht betroffenen Jungen liegt bei 0,6%, für Brüder eines schwer betroffenen Mädchens bei 18%. Durchschnittlich wird von einem Wiederholungsrisiko von 10% für Geschwister ausgegangen.

Bei Darstellung echodichter Strukturen im Bauchraum muß an einen *Mekoniumileus*, bei zusätzlichem Aszites an eine *Mekoniumperitonitis* nach Darmperforation gedacht werden. Da sich Mekonium allgemein erst zwischen der 16. und 20. SSW p.m. bildet, muß hieran differentialdiagnostisch erst jenseits dieses Zeitraums gedacht werden. Die Mekoniumperitonitis ist in 25-40% aller Fälle Folge eines Mekoniumileus, der sich bei *zystischer Fibrose* (Mukoviszidose) entwickelt hat. In 10-15% der Fälle mit zystischer Fibrose wird ein Mekoniumileus beobachtet. Bei Verdacht auf Mekoniumileus bzw. Mekoniumperitonitis ist bei Eltern und Fetus eine molekulargenetische Diagnostik indiziert.

Ein *hyperechogener Darm* kann ebenfalls Hinweis auf eine intraamniale Blutung sein, die dazu geführt hat, daß der Fetus Blutbestandteile geschluckt hat, die sich auf diese Weise darstellen oder als Hinweiszeichen auf eine Trisomie 21 oder andere Chromosomenstörungen gelten. Bei nicht auf eine der genannten Ursachen zurückzuführendem hyperechogenem Darm wird von einer Erhöhung des Basisrisikos für ein fetales Down-Syndrom um den Faktor 5,5 (Snijders et al. 1996) ausgegangen.

Die *isolierte Analatresie* ist pränatal in der Regel nicht diagnostizierbar, da sie nicht mit den typischen Zeichen einer Obstruktion wie Hyperperistaltik und erweiterten proximalen Darmschlingen einhergeht.

Begleitfehlbildungen

Begleitfehlbildungen außerhalb des Gastrointestinaltrakts werden bei Jejunal- und Ilealatresien selten beobachtet, da es sich hierbei in der Regel nicht um Entwicklungsanomalien handelt. Jedoch werden in 45% der Fälle zusätzliche gastrointestinale Fehlbildungen gefunden. Die anorektalen Malformationen sind häufiger von anderen Fehlbildungen begleitet, die im wesentlichen das Urogenitalsystem betreffen.

Ätiologie und Wiederholungsrisiko

In den meisten Fällen tritt die Darmatresie bzw. -stenose sporadisch auf.

Chromosomenstörungen sind eher selten. Die Auswertung mehrerer Serien ergab, daß bei 589 Kindern mit einer Jejunalatresie in 5 Fällen ein Down-Syndrom diagnostiziert wurde (Snijders et al. 1996). In einigen Fällen, vor allen Dingen bei mehrfachen intestinalen Atresien und bei einer typischen Apfelschalenkonfiguration entlang der Mesenterialarterie im Zusammenhang mit Mikrozephalus und Augenanomalien wurde ein autosomal-rezessiver Erbgang beobachtet.

Bei Diagnose einer zystischen Fibrose als Ursache einer Mekoniumperitonitis beträgt die Wiederholungswahrscheinlichkeit für eine zystische Fibrose bei weiteren Kindern 25%.

Bei der Entstehung der isolierten *Analatresie* wird ein X-chromosomaler, sehr selten ein autosomal-rezessiver oder polygener Erbgang beschrieben.

Die Analatresie ist auch Symptom bei mehreren mit anderen Fehlbildungen einhergehenden Erkrankungen:

- Cat-eye-Syndrom (+ Iriskolobom),
- Townes-Brocks-Syndrom (+ Extremitätenfehlbildungen, Ohrfehlbildungen, Schwerhörigkeit) (AD? Genort 16q12.1?),
- VACTERL-Assoziation,
- FG-Syndrom (+ Muskelhypotonie, Herzfehler, Extremitätenfehlbildungen und v. a. m., X-chromosomal).

Das empirische Wiederholungsrisiko bei isolierter Analatresie liegt für Geschwister eines männlichen Betroffenen bei 1:20 bis 1:10. Das Risiko für Geschwister eines Mädchens ist wesentlich geringer, da bei familiärem Vorkommen hauptsächlich Jungen betroffen sind.

Prognose

Die Prognose ist vom Sitz der Obstruktion, von der Länge des betroffenen Segments bzw. des verbleibenden Darms nach Operation, den Begleitfehlbildungen, der begleitenden Wachstumsretardierung und dem Vorhandensein einer Perforation abhängig. Bei Mekoniumperitonitis wird insgesamt eine Mortalität von bis zu 62% angegeben.

Procedere bei Obstruktion im Gastrointestinaltrakt

- Weiterführende Sonographie inkl. fetaler Echokardiographie zum Ausschluß von Begleitfehlbildungen
- Karyotypisierung (am wichtigsten bei Duodenum- und Ösophagusatresie)
- DNA-Diagnostik bei Verdacht auf zystische Fibrose
- Sonographische Verlaufsuntersuchungen; bei drohender Perforation ggf. vorzeitige Entbindung nach Lungenreifung, bei extremer Polyhydramnie ggf. Entlastung, Tokolyse und Lungenvorreifung
- Anstreben der Entbindung eines reifen Kindes in einem Perinatalzentrum nach neonatologisch-kinderchirurgischem Konsil.

Zwerchfellhernie

Definition
Das Zwerchfell ist nach der abgeschlossenen 8. Embryonalwoche völlig ausgebildet, d.h., daß nur Störungen bis zu diesem Zeitpunkt zu einem Zwerchfelldefekt führen können. Die Zwerchfellhernie kann sehr verschieden ausgeprägt sein. Vom vollständigen Fehlen des Zwerchfells, d.h. der Zwerchfellagenesie, bis zur kongenitalen Hiatushernie werden alle Ausprägungen beobachtet. Am häufigsten sind die *posterolateralen Defekte* (75–85%). In 80% der Fälle sind die Defekte auf der linken Seite. Ein Bruchsack ist nur bei 5–10% der Fälle vorhanden. Bei einer linksseitigen Hernie sind hauptsächlich Dünndarm (90%) und Magen (60%) in den Thorax verlagert. Bei rechtsseitiger Zwerchfellhernie sind hauptsächlich Leber und Gallenblase verlagert.

Häufigkeit
Eine Zwerchfellhernie liegt bei 1 von 2000–5000 Neugeborenen vor.

Sonographie
Sonographisch fallen im Thoraxraum neben Herz und Lunge in der Regel weitere echoleere Strukturen auf, die dem verlagerten Magen oder einem Teil des Darms entsprechen können (Abb. 12.60). Bei Verlagerung der Leber, bei rechtsseitigem Defekt, ist die Diagnose schwieriger, da Leber und Lungen sonographisch nicht immer eindeutig trennbar sind. In manchen Fällen fällt zunächst auch nur die Verlagerung des fetalen Herzens auf.

Bei schwerwiegendem Defekt mit schon früher Verlagerung von Abdominalorganen in den Thorax kann die Diagnose in manchen Fällen auch schon im 2. Trimenon gestellt werden. Bei kleinem Defekt verlagern sich die Organe evtl. erst später. Diese Fälle sind prognostisch günstiger, da die Lunge sich noch ausbilden konnte und somit die Hauptursache des Kindstods bei Zwerchfellhernie, die respiratorische Insuffizienz, nicht so ausgeprägt ist.

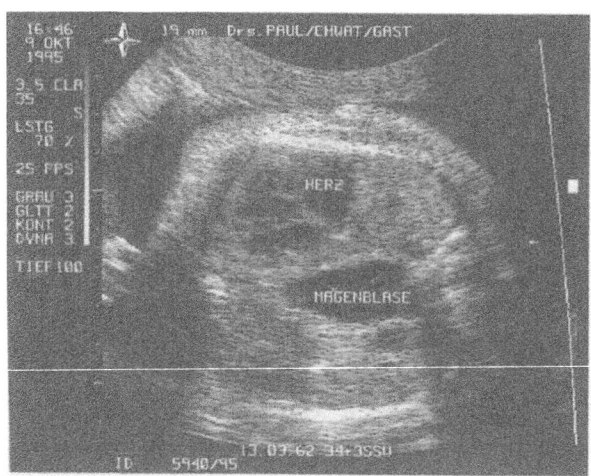

Abb. 12.60. Zwerchfellhernie in der 35. SSW, Transversalschnitt. Das Herz ist nach rechts verdrängt, in derselben Schnittebene sind das Herz und der in den Thorax verlagerte Magen sichtbar

Begleitfehlbildungen
Begleitfehlbildungen werden, je nachdem, ob pränatale oder postnatale Fälle ausgewertet wurden, zu 40–75% beschrieben. Vor allem werden andere Verschlußstörungen (NRD, LKG und Omphalozelen) beobachtet. Begleitende Herzfehler (vor allem VSD und Fallot-Tetralogie) werden bei 23% aller Neugeborenen mit kongenitaler Zwerchfellhernie beschrieben.

Differentialdiagnose
Differentialdiagnostisch sollte an die zystisch-adenomatoide Lungenmalformation, bronchiogene Zysten, intrathorakale und mediastinale Tumoren gedacht werden.

Ätiologie und Wiederholungsrisiko
Die Zwerchfellhernie ist ein heterogenes Krankheitsbild. In den meisten Fällen tritt die isolierte Zwerchfellhernie sporadisch auf. In diesen Fällen wird eine multifaktorielle Vererbung angenommen. Aufgrund von Wiederholungsfällen in manchen Familien wird ein empirisches Wiederholungsrisiko für Geschwister eines Betroffenen von ca. 2–5% angegeben (Wolf 1980).

In manchen Familien muß von einer autosomal-rezessiven Vererbung ausgegangen werden. Das Männlich-weiblich-Verhältnis ist bei familiären Fällen höher (2,10 vs. 0,67 bei sporadischen Fällen). Auch sind bei familiären Fällen die beidseitigen Defekte häufiger (20% vs. 3% bei sporadischen Fällen).

Chromosomenstörungen wurden durchschnittlich bei 18% aller Feten mit kongenitaler Zwerchfellhernie gefunden (Snijders et al. 1996). Bei isolierter Zwerchfellhernie liegt in nur 2% der Fälle eine Chromosomenstörung vor, bei zusätzlichen Fehlbildungen in 34%. Die Hauptchromosomenstörung ist die Trisomie 18, seltener die Trisomie 21.

Teratogene, wie mütterliche Einnahme von Chinin und Antiepileptika, und mütterlicher Diabetes werden ebenfalls als mögliche Ursachen für die Entstehung eines Zwerchfelldefekts diskutiert.

Syndrome, die mit einer Zwerchfellhernie einhergehen können, sind:

- das Fryns-Syndrom (+ Anomalien des Gastrointestinaltrakts, Herzfehler, kraniofaziale Dysmorphien, Extremitätenfehlbildungen u. a., AR)
- das thorakoabdominale Syndrom (Cantrell-Pentalogie: anterolateraler Zwerchfelldefekt + Bauchwanddefekte und Herzfehler, XR).

Prognose
Die Prognose ist von Ausmaß und Beginn der Lungenverdrängung durch abdominale Organe im Thorax abhängig.

Wichtig für die Prognose ist die vorgeburtliche Erkennung der Zwerchfellhernie, da eine sofortige adäquate postpartale Behandlung die Chancen wesentlich verbessert.

Die vorgenommenen Versuche einer operativen präpartalen Korrektur blieben bislang noch experimentell. Die Mortalität bei isoliertem Zwerchfelldefekt wird mit bis zu 70% angegeben. Hauptursache ist die respiratorische Insuffizienz aufgrund einer wegen der Verlagerung von Abdominalorganen in den Thoraxraum entstandenen Lungenhypoplasie.

Die pränatale Einschätzung der Prognose, auch in bezug auf die Planung des weiteren Vorgehens gemeinsam mit den Eltern, ist sehr schwierig und anhand der zur Verfügung stehenden Parameter nicht immer verläßlich.

Procedere bei Zwerchfellhernie
- Weiterführende Sonographie zum Ausschluß von Begleitfehlbildungen
- Karyotypisierung
- Engmaschige sonographische Kontrollen inkl. Doppler-flow-Untersuchungen
- Bei Erkennung vor Lebensfähigkeit, abhängig vom Befund, Erwägung eines Schwangerschaftsabbruchs
- Entbindung in einem Perinatalzentrum, bei normaler Entwicklung vaginal am Termin, bei Wachstumsretardierung und Plazentainsuffizienz durch Sectio.

Literatur

Ager RP, Oliver RW (1986) The risk of midtrimester amniocentesis, being a comparative, analytical review of the major clinical studies. Salford University Press

Aitken DA, Crossley JA (1995) Prenatal screening - biochemical. In: Whittle MJ, Connor JM (eds) Prenatal diagnosis in obstetric practice. Blackwell, Oxford, pp 12–29

Allan LD, Sharland GK, Chita SK, Lockhart S, Maxwell DJ (1991) Chromosomal anomalies in fetal congenital heart disease. Ultrasound Obstet Gynecol 1:8–11

Allan LD, Sharland GK, Milburn A, Lockhart SM, Groves AM, Anderson RH, Cook AC, Fagg NLK (1994) Prospective diagnosis of 1006 consecutive cases of congenital heart disease in the fetus. J Am Coll Cardiol 23:1452–1458

Anderson RL, Goldberg JD, Golbus MS (1991) Prenatal diagnosis in multiple gestation: 20 years experience with amniocentesis. Prenat Diagn 11:263–270

Assel BG, Lewis SM, Dickermann LH, Park VM, Jassani MN (1992) Single-operator comparison of early and mid-second-trimester amniocentesis. Obst Gynecol 79:940–944

Association of Clinical Cytogenetics Working Party on Chorionic Villi in Prenatal Diagnosis (1994) Cytogenetic analysis of chorionic villi for prenatal diagnosis: an ACC collaborative study of U.K. data. Prenatal Diagn 14:363–379

Auricchio A, Brancolini V, Casari G, Milla PJ, Smith VV, Devoto M, Ballabio A (1996) The locus for a novel syndromic form of neuronal intestinal pseudoobstruction maps to Xq28. Am J Hum Genet 58:743–748

Beck AD (1971) The effect of intrauterine urinary obstruction upon the development of the fetal kidney. J Urol 105:784

Benacerraf BR (1998) Ultrasound of fetal syndromes. Churchill Livingstone, Edinburgh

Benacerraf BR, Barss VA, Laboda LA (1985) A sonographic sign for the detection in the second trimester of the fetus with Down's Syndrome. Am J Obstet Gynecol 151:1078–1079

Benacerraf BR, Mandell J, Estroff JA, Harlow BL, Frigoletto FD (1990) Fetal pyelectasis: a possible association with Down's Syndrome. Obstet Gynecol 76:58–60

Benirscke K (1994) Multiple gestation: incidence, etiology and inheritance. In Creasy R, Resnik R (eds) Maternal fetal medicine, 3rd edn. Saunders, Philadelphia

Benson CB, Doubilet PM, Laks MP (1993) Outcome of twin gestations following sonographic demonstration of the heart beats in the first trimester. Ultrasound Obstet Gynecol 3:343–345

Berry SM, Gosden CM, Snijders RJM, Nicolaides KH (1990) Fetal holoprosencephaly: associated malformations and chromosomal defects. Fetal Diagn Ther 5:92–99

Böhm N (1984) Kinderpathologie. Farbatlas und Lehrbuch. Schattauer, Stuttgart

Bonilla-Musoles FM, Raga F, Ballester RJ, Serra V (1994) Early detection of embryonic malformations by transvaginal and colour doppler sonography. J Ultrasound Med 13:347–355

Boué J, Boué A, Lasar A (1975) Retrospective and prospective epidemiology of 1500 karyotypical spontaneous human abortions. Teratology 12:11–26

Brambati B, Lanzani A, Tului L (1990) Transabdominal and transcervical chorionic villus sampling: efficiency and risk evaluation of 2411 cases. Am J Med Genet 35:160–164

Brambati B, Tului L, Cislaghi C, Alberti E (1998) First 10000 chorionic villus samplings performed on singleton pregnancies by a single operator. Prenat Diagn 18:255–266

Brandenburg H, van der Meulen JHP, Jahoda MGJ, Wladimiroff JW, Niermeijer M, Habbema JDF (1994) A quantitative estimation of the effect of prenatal diagnosis in dizygotic twin pregnancies in women of advanced age. Prenat Diagn 14:243–256

Braverman N, Steel G, Obie C et al. (1997) Human PEX7 encodes the peroxisomal PTS2 receptor and is responsible for rhizomelic chondrodysplasia punctata. Nature Genet 15:369–376

Bromley B, Estroff JA, Sanders SP, Parad R, Roberts D, Frigoletto FD, Benacerraf BR (1992) Fetal echocardiography: Accuracy and limitations in a population at high and low risk for heart defects. Am J Gynecol 166:1473–1481

Bromley B, Doubilet P, Frigoletto FD Jr, Krauss C, Estroff JA, Benacerraf BR (1994) Is fetal hyperechoic bowel on second-trimester sonogram an indication for amniocentesis? Obstet Gynecol 83:647–651

Bromley B, Liebermann E, Benacerraf BR (1996) Choroid plexus cysts: not associated with Down Syndrome. Ultrasound Obstet Gynecol 8:232–235

Bromley B, Liebermann B, Benacerref BR (1997) The detection of Down syndrome using a scoring index of sonographic markers and maternal age. Ultrasound Obstet Gynecol 10:321–324

Brown DL, Roberts DJ, Miller WA (1994) Left ventricular echogenic focus in the fetal heart: pathologic correlation. J Ultrasound Med 13:613–616

Brumfield CG, Davis RO, Joseph DB, Cosper P (1991) Fetal obstructive uropathies: importance of chromosomal abnormalities and associated anomalies to perinatal outcome. J Reprod Med 36:662–666

Buselmaier W, Tariverdian G (1998) Humangenetik, 2. Aufl. Springer, Berlin Heidelberg New York Tokyo

Byrne DL, Marks K, Azar G, Nicolaides KH (1991) Randomized study of early amniocentesis versus chorionic villus sampling: a technical and cytogenetic comparison of 650 patients. Ultrasound Obstet Gynecol 1:235–240

Byrne J, Blanc W, Warburton D, Wigger J (1984) The significance of cystic hygroma in fetuses. Hum Pathol 15:61–67

Camera G, Mastroiacovo P (1982) Birth prevalence of skeletal dysplasias in the italian multicentric monitoring system for birth defects. In: Papadatos CJ, Bartsocas CS (eds) Skeletal dysplasias. Liss, New York, pp 441–449

Cameron AH, Edwards JH, Derom R, Thiery M, Boelaert R (1983) The value of twin surveys in the study of malformations. Eur J Obstet Gynecol Reprod Biol 14:347–356

Cameron AD, Murphy KW, McNay MB et al. (1994) Midtrimester chorionic villus sampling: an alternative approach? Am J Obstet Gynecol 171:1035–1037

Canadian Collaborative CVS Amniocentesis Clinical Trial Group (1989) Multicentre randomised clinical trial of chorion villus sampling and amniocentesis. First report. Lancet 1:1–6

Chaoui R (1995) Thorax, Herz und Lunge. In: Sohn C, Holzgreve W (Hrsg) Ultraschall in Gynäkologie und Geburtshilfe. Thieme, Stuttgart

Chaoui R, Gembruch U (1997) Zur Epidemiologie des kongenitalen Herzfehlers beim Feten und Neugeborenen. Gynäkologe 3:165–169

Chervenak FA, Isaacson G, Blakemore KJ et al. (1983) Fetal cystic hygroma. Cause and natural history. N Engl J Med 309:822

Chinn A, Fitzsimmons J, Shepard JH, Fantel AG (1989) Congenital heart disease among spontaneous abortuses and stillborn fetuses: prevalence and associations. Teratology 40:475–482

Chitty L, Campbell S (1992) Ultrasound screening for fetal abnormalities. In: Brock DJH, Rodeck CH, Ferguson-Smith MA (eds) Prenatal diagnosis and screening. Livingstone, London, pp 595–609

Chudleigh P, Pearce JM, Campbell S (1984) The prenatal diagnosis of transient cysts of the fetal choroid plexus. Prenat Diagn 4:135–137

Cohen M (1982) An update on the holoprosencephalic disorders. J Pediatr 101:865–869

Cohen M (1989) Perspectives on holoprosencephaly III. Spectra distinctions, continuities and discontinuities. Am J Med Genet 34:271–288

Cohen MM Jr, Gorlin RJ, Fraser FC (1997) Craniofacial disorders. In: Rimoin DL, Connor JM, Pyeritz RE (eds) Emery and Rimoin's principles and practice of medical genetics, 3rd edn. Churchill Livingstone, Edinburgh, pp 1121–1147

Connor JM, Ferguson-Smith MA (1993) Essential medical genetics, 3rd edn. Blackwell, Oxford

Corteville JE, Dicke JM, Crane JP (1992) Fetal pyelectasis and Down Syndrome: is genetic amniocentesis warranted? Obstet Gynecol 79:770–772

Crombach G, Eckardstein S von, Reihs T, Röhrborn G (1995) Stellenwert der invasiven Pränataldiagnostik im ersten Trimenon im Vergleich zur Standardamniozentese. Gynäkologe 28:302–314

Crombach G, Tutschek B, Reihs T, Goecke TO (1998) Spezielle Aspekte der nicht-invasiven und invasiven Pränataldiagnostik bei Mehrlingen. Gynäkologe 31:218–228

Cuckle H, Wald N, Stevenson JD et al. (1990) Maternal serum alpha fetoprotein screening for open neural tube defects in twin pregnancies. Prenat Diagn 10:71–77

Delhanty JDA (1994) Preimplantation diagnosis. Prenat Diagn 14:1217–1227

Delia J, Gruikshank D, Keye W (1990) Fetoscopic neodymium: YAG laser occlusion of placental vessels in severe twin-twin transfusion syndrome. Obstet Gynecol 75:1046–1053

DeMyer W (1977) Holoprosencephaly. In: Vinken PJ, Bruyn GW (eds) Handbook of clinical neurology. Elsevier, Amsterdam (Biomedical Press, vol 30, pp 431–478)

Drugan A, Johnson MP, Krivchenia EL, Evans MI (1996) Genetics and genetic counseling. In: Gall SA (ed) Multiple pregnancy and delivery. Mosby, St. Louis, pp 85–97

Edery P, Pelet A, Mulligan LM et al. (1994) Long segment and short segment familial Hirschsprung's disease: variable clinical expression at the RET locus. J Med Genet 31:602–606

Egmond H van, Orye E, Praet M, Coppens M, Devloo-Blancquaert A (1988) Hypoplastic left heart syndrome and 45X-karyotype. Br Heart J 60:69–71

Eiben B, Goebel R, Hansen S, Hammans W (1994) Early amniocentesis. A cytogenetic evaluation of over 1500 cases. Prenat Diagn 14:497–501

Eydoux P, Choiset A, Le Porrier N et al. (1989) Chromosomal prenatal diagnosis: Study of 936 cases of intrauterine abnormalities after ultrasound assessment. Prenat Diagn 9:255–268

Faber R, Abitzsch, Springer C, Stephan H, Viehweg B (1997) Haben linksventrikuläre echodichte Strukturen eine klinische Bedeutung? Ultraschall Med [Suppl]: 17

Firth HV, Boyd PA, Chamberlain P, MacKenzie IZ, Lindebaum RH, Hudson SM (1991) Severe limb abnormalities after chorionic villus sampling at 65–66 days' gestation. Lancet 337:762–763

Firth HV, Boyd PA, Chamberlain PF, MacKenzie IZ, Morris-Kay GM, Huson SM (1994) Analysis of limb reduction defects in babies exposed to chorionic villus sampling. Lancet 343:1069–1071

Fleischer AC, Manning FA, Jeanty P, Romero R (1996) Sonography in obstetrics and gynecology, principles and practice, 5th edn. Prentice-Hall, Upper Saddle River/NJ

Gall SA (ed) (1996) Multiple pregnancy and delivery. Mosby, St. Louis

Geipel A, Germer U, Gembruch U (1998) Pränatale Diagnostik der singulären Nabelschnurarterie. Ultraschall Med 18 [Suppl]: 11

Gembruch U, Chaoui R (1997) Möglichkeiten und Grenzen eines Screeningprogrammes. Pränatale Diagnostik fetaler Herzfehler durch Untersuchung von „high-risk"- und „low-risk"-Kollektiven. Gynäkologe 30:191–199

Gembruch U, Knöpfle G, Bald R, Hansmann M (1993) Early diagnosis of fetal congenital heart disease by transvaginal echocardiography. Ultrasound Obstet Gynecol 3:310–317

Gembruch U, Baschata A, Knöpfle G, Hansmann M (1996) First and early second trimester diagnosis of fetal cardiac anomalies. In: Wladimiroff JW, Pilu G (eds) Ultrasound and the fetal heart. Parthenon, New York, pp 39–46

Gerhard Y, Runnebaum B (1995) Endokrine Marker zur Risikoermittlung in der Pränataldiagnostik. Gynäkol Prax 19:405–410

Germer U, Baschat AA, Gembruch U (1997) Frühe fetale Echokardiographie. Gynäkologe 30:200–208

Ghidini A et al. (1993) The risk of second-trimester amniocentesis in twin gestations: a case control study. Am J Obstet Gynecol 169:1013–1016

Gilli G, Berry AC, Chantler C (1985) Syndromes with a renal component. Williams & Wilkins, Baltimore

Gilmore DH, McNay MB (1985) Letter to the editor: spontaneous fetal loss rate in early pregnancy. Lancet II:107

Giorlandino C, Mobili L, Bilancioni E, D'Alessio P, Carcioppolo O, Gentili P, Vizzone A (1994) Transplacental amniocentesis: is it really a higher-risk procedure? Prenatal Diagn 14:803–806

Gips H (1993) Die Triple-Diagnostik/AFP im mütterlichen Serum. (Broschüren, Anschr. d. Hrsg.: Max-Planckstr. 36, 61381 Friedrichsdorf)

Godfrey M, Hollister DW (1988) Type II achondrogenesis-hypochondrogenesis: Identification of abnormal Type II collagen. Am J Hum Genet 43:904

Gorlin RJ, Cohen MM Jr, Levin LS (1990) Syndromes of the head and neck, 3rd edn. Oxford University Press

Graham JM Jr, Rimoin DL (1997) Abnormal body size and proportion. In: Rimoin DL, Connor JM, Pyeritz RE (eds) Emery and Rimoin's principles and practice of medical genetics, 3rd edn. Churchill Livingstone, Edinburgh, pp 737–751

Hafner E, Schluchter K, Philipp K (1995) Screening for chromosomal abnormalities in an unselected population by fetal nuchal translucency. Ultrasound Obstet Gynecol 6:330–333

Hansmann M, Arabin B (1993) Nonimmune hydrops fetalis. In: Chervenak FA, Isaacson GC, Campbell S (eds) Ultrasound in obstetrics and gynecology. Little & Brown, Boston, pp 1027–1051

Hansmann M, Gembruch U, Bald R et al. (1991) Fetal tachyarrhythmias: transplacental and direct treatment of the fetus – a report of 60 cases. Ultrasound Obstet Gynecol 1:162

Harper PS (1993) Practical genetic counselling, 4th edn. Butterworth-Heinemann, Oxford

Harrison MR et al. (1990) Antenatal intervention for congenital adenomatoid malformation. Lancet 336:965–967

Heifetz SA (1984) Single umbilical artery: a statistical analysis of 237 autopsy cases and review of the literature. Perspect Pediat Pathol 8:345–352

Heling KS, Chaoui R, Kirchmair F, Stady S, Bollmann R (1997) Die pränatale Diagnostik des fetalen Ileus. Gynäkol Prax 212:35–52

Hildebrandt F (1995) Genetic renal diseases in children. Curr Opin Pediat 7:182–191

Hildebrandt F, Weber M, Brandis M (1995) Hereditäre Erkrankungen der Niere. Internist 36:254–262

Hogge WA, Hogge JS, Boehm CD (1993) Increased echogenicity in the fetal abdomen: Use of DNA analysis to establish a diagnosis of cystic fibroses. J Ultrasound Med 12:451–454

Holzgreve W (1997) Nicht invasives Serum-Screening. Vortrag auf dem 14. Lübecker Ultraschallseminar für Frauenärzte in Travemünde

Holzgreve W, Miny P (1990) Transabdominale und transzervikale Chorionbiopsien. Indikationen, Techniken und bisherige Ergebnisse. Gynäkologe 23:261–265

Holzgreve W, Feiel R, Louwen F, Miny P (1993) Prenatal diagnosis and management of fetal hydrocephaly and lissencephaly. Child New Syst 9:408–412

Holzgreve W, Gänshirt-Ahlers D, Miny P (1995) Pränatale Diagnostik an fetalen Zellen im mütterlichen Blut. In: Becker R, Fuhrmann W, Holzgreve W, Sperling K (Hrsg) Pränatale Diagnostik und Therapie. Wissenschaftliche Verlagsgesellschaft, Stuttgart

Holzgreve W, Miny P, Sehloo R, Tercanli S (1995) Maternales Serumscreening zur Erfassung kindlicher Chromosomenanomalien. Gynäkologe 28:280–288

Holzgreve W, Tercanli S, Miny P (1996) Effizienzbewertung der Pränataldiagnostikmethoden und deren Patientenselektionskriterien. Gynäkologe 29:565–572

Hook EB, Fabia JJ (1978) Frequency of Down Syndrome in live births by single-year maternal age interval: results of a Massachusetts study. Teratology 17:223–228

Horcher E (1998) Angeborene Bauchwanddefekte. Gynäkol Prax 22:39–47

Horton WA (1992) Characterization of a type II collagen gene (COL2A1) mutation identified in cultured chondrocytes from human hypochondrogenesis. Proc Nat Acad Sci USA 89:4583

How HY, Villafane J, Parihus RR, Spinnato JA (1994) Small hyperechoic foci of the fetal cardiac ventricle: a benign sonographic finding? Ultrasound Obstet Gynecol 4:205–207

Hyett JA, Moscoso G, Nicolaides KH (1995) First trimester nuchal translucency and cardiac septal defects in fetuses with trisomy 21. Am J Obstet Gynecol 172:1411–1413

Hyett JA, Perdu M, Sharland GK, Snijders RSM, Nicolaides KM (1997) Increased nuchal translucency at 10–14 weeks of gestation as a marker for major cardiac defects. Ultrasound Obstet Gynecol 10:242–246

Kimberling WJ, Kumar S, Gabow PA, Kenyon JB, Conno CJ, Somlo S (1993) Autosomal dominant polycystic kidney disease: localization of the second gene to chromosome 4q13–q23. Genomics 18:467–472

Kircheisen R, Schröder-Kurth T (1991) Familiäres Blasenmolen-Syndrom und genetische Aspekte dieser Trophoblastentwicklung. Geburtsh Frauenheilkd 51:569–571

Kommission für Öffentlichkeitsarbeit und ethische Fragen der Gesellschaft für Humangenetik (1993) Gegenwärtiger Stand der Diskussion zur nichtinvasiven Pränataldiagnostik von Chromosomenstörungen an fetalen Zellen aus mütterlichem Blut. Med Gen 4

Kommission für Öffentlichkeitsarbeit und ethische Fragen der Gesellschaft für Humangenetik (1995) Stellungnahme zur Präimplantationsdiagnostik. Med Gen 4:420

Kurtz AD, Wapner RJ, Mata J, Morgan P (1992) Twin pregnancies: accuracy of first trimester abdominal US in predicting chorionicity and amnionicity. Radiology 185:759–762

Landy MJ, Weiner S, Corson SL et al. (1986) The "vanishing twin". Ultrasonographic assessment of fetal disappearance in the first trimester. Am J Obstet Gynecol 155:14–19

Ledbetter DH, Martin AO, Verlinsky Y, Pergament E, Jackson L, Yang-Feng T, Schonberg SA, Gilbert F et al. (1990) Cytogenetic results of chorionic villus sampling: high success rate and diagnostic accuracy in the United States collaborative study. Am J Obstet Gynecol 162:495–501

Leiber B, Olbrich G (1996) Die klinischen Syndrome. Syndrome, Sequenzen und Syndromenkomplexe. Urban & Schwarzenberg, München

Leidenberger FA (1992) Klinische Endokrinologie für Frauenärzte. Springer, Berlin Heidelberg New York Tokyo

Lipitz S, Reichman B, Uval J, Shalev J, Achiron R, Barkai G, Lusky A, Mashiach S (1994) A prospective comparison of the outcome of triplet pregnancies managed expectantly or by multifetal reduction of twins. Am J Obstet Gynecol 170:874–879

Liu DTY, Jeavons B, Preston C, Pearson D (1987) A prospective study of spontaneous miscarriage in ultrasonically normal pregnancies and relevance to chorionic villus sampling. Prenatal Diagn 7:223–227

Machin GA (1993) Conjoined twins: implications for blastogenesis. Birth Defects 29:141–179

Mahoney B, Petty C, Nyberg D, Luthy D, Hictok D, Hirsch J (1990) The "stuck twin" phenomenon: ultrasonographic findings, pregnancy outcome and management with serial amniocentesis. Obstet Gynecol 77:537–540

Main DM, Mennuti MT (1986) Neural tube defects: issues in prenatal diagnosis and counselling. Obstet Gynecol 67:1–16

Martuciello G, Bicocchi MP, Dodero P et al. (1992) Total colonic aganglionosis with interstitial deletion of the long arm of chromosome10. Pediat Surg Int 7: 308–310

McFadyen IR (1989) Early fetal loss. In: Rodeck CH (ed) Fetal medicine. Blackwell, Oxford

Meinel K (1985) Sonoanatomische Untersuchungen zum Nachweis oder Ausschluß kindlicher Fehlbildungen im zweiten Schwangerschaftstrimester. Habilitationsschrift, Universität Leipzig

Meinel K (1995) Skelett- und Muskelsystem. In: Sohn C, Holzgreve W (Hrsg) Ultraschall in Gynäkologie und Geburtshilfe, Thieme, Stuttgart

Mennicke K, Schwinger E (1997) Genetische Aspekte kongenitaler fetaler Herzerkrankungen. Gynäkologe 30:181–189

Meyers C, Elias S, Arrabal P (1995) Congenital anomalies and pregnancy loss. In: Keith LG, Papiernik E, Keith DM, Luke B (eds) Multiple pregnancy: epidemiology, gestation and perinatal outcome. Parthenon, New York, pp 73–92

Miny P, Hammer P, Schloo R, Horst J, Tercanli S, Gerlach B, Holzgreve W (1991) Pränatale Diagnostik an Chorionzotten und Placentapunktaten vom ersten bis dritten Schwangerschaftstrimenon: Diagnostische Zuverlässigkeit von Chromosomenuntersuchungen. Geburtsh Frauenheilkd 51:694–703

Moore JC, Nur K (1986) An international survey of gastroschisis and omphalocele (490 cases). Nature and distribution of additional malformations. Pediat Surg Internat 1:46–50

Moore KL (1993) Embryologie. Lehrbuch und Atlas der Entwicklungsgeschichte des Menschen. Schattauer, Stuttgart

Morrow RJ, Whittle MJ, McNay MB et al. (1993) Prenatal diagnosis and management of anterior abdominal wall defects in the west of Scotland. Prenat Diagn 13:111–116

Mortimer G (1990) Hydatiform mole. In: Buyse ML (ed) Birth defects Encyclopedia. Blackwell, Oxford, pp 884–886

MRC Vitamin Study Research Group (1991) Prevention of neural tube defects: Results of the Medical Research Council Study. Lancet 338:131–137

MRC Working Party on the Evaluation of Chorion Villus Sampling (1991) Medical Research Council European Trial of chorion villus sampling. Lancet I:1491–1499

Müller S (1996) Anmerkungen zur rechtlichen Situation der Präimplantationsdiagnostik in Deutschland. Med Gen 8:272–273

Myrianthopoulos NC (1975) Congenital malformations in twins: epidemiologic survey. Birth Defects 11:1–39

Nanagas JC (1925) A comparison of the growth of the body dimensions of anencephalic human fetuses with normal fetal growth as determined by graphic analysis: an empirical formula. Am J Anat 35:455–494

Nava S, Godmilow L, Reeser S, Ludominky A, Donnenfeld AE (1994) Significance of sonographically detected second trimester choroid plexus cysts: a series of 211 cases and a review of the literature. Ultrasound Obstet Gynecol 4:448–451

Neilson IR, Russo P, Laberge JM et al. (1991) Congenital adenomatoid malformation of the lung, current management and progress. J Pediat Surg 26:975–981

Nicolaides KH (1994) Screening for fetal chromosomal abnormalities: need to change the rules. Ultrasound Obstet Gynecol 4:353–354

Nicolaides KH, Campbell S, Gabbe SG, Guidetti R (1986) Ultrasound screening for spina bifida: cranial and cerebellar signs. Lancet II:72–74

Nicolaides KH, Berry S, Snijders RJM, Thorpe-Beeston JG, Gosden CM (1990) Fetal lateral cerebral ventriculomegaly: associated malformations and chromosomal defects. Fetal Diagn Ther 5:5–14

Nicolaides KH, Snijders RJM, Gosden CM, Berry C, Campbell S (1992a) Ultrasonographically detectable markers of fetal chromosomal abnormalities. Lancet 340:704–707

Nicolaides KH, Cheng H, Abbas A, Snijders RJM, Gosden GM (1992b) Fetal renal defects, associated malformations and chromosomal defects. Fetal Diagn Ther 7:1–11

Nicolaides KH, Snijders RJM, Cheng M, Gosden CM (1992c) Fetal gastrointestinal and abdominal wall defects: associated malformations and chromosomal defects. Fetal Diagn Ther 7:102–115

Nicolaides KH, Salvesen DR, Snijders RJM, Gosden CM (1993) Fetal facial defects: associated malformations and chromosomal abnormalities. Fetal Diagn Ther 8:1–9

Nicolaides KH, Brizot ML, Snijders RJM (1994) Fetal nuchal translucency: ultrasound screening for fetal trisomy in the first trimester of pregnancy. Br J Obstet Gynaecol 101:906–907

Noble PL, Abraha HD, Snijders RJM, Sherwood R, Nicolaides KH (1996) Screening for fetal trisomy 21 in the first trimester of pregnancy: maternal serum free-hCG and fetal nuchal translucency thickness. Ultrasound Obstet Gynecol 6:390–395

Nora JJ, Nora AH (1991) Cardiovascular Diseases. Genetics, epidemiology and prevention. Oxford University Press

Nora JJ, Nora AM (1988) Update on counseling the family with a first degree relative with a congenital heart defect. Am J Med Genet 29:127–142

Nyberg DA, Kramer D, Resta RG, Kapur R (1993) Prenatal sonographic findings of trisomy 18. J Ultrasound Med 2:103–113

Nyberg DA, Resta RG, Mahony BS, Dubinsky T, Luthy DA, Hickoc DE, Luthardt FW (1993) Fetal hyperechogenic bowel and Down's Syndrome. Ultrasound Obstet Gynecol 3:330–333

O'Connor DM, Gerassimides A (1996) Classification, placentation and pathology. In: Gall SA (ed) Multiple pregnancy and delivery. Mosby, St. Louis, pp 23–50

Osathanondh U, Potter E (1964) Pathogenesis of polycystic kidneys. Arch Pathol 77:459

Paladini D, Calabro R, Palmieri S, D'Andrea J (1993) Prenatal diagnosis of congenital heart disease and fetal karyotyping. Obstet Gynecol 81:679–682

Pandya PP, Kondylios A, Hilbert L, Snijders RJM, Nicolaides KH (1995) Chromosomal defects and outcome in 1015 fetus with increased nuchal translucency. Ultrasound Obstet Gynecol 5:15–19

Passarge E (1972) Genetic heterogeneity and recurrence risk of congenital intestinal aganglionosis. Birth Defects 8:63–67

Passarge E (1993) Wither polygenic inheritance: mapping Hirschsprung disease. Nat Genet 4:325–326

Pergament E (1995) Prenatal genetic diagnosis: amniocentesis and chorionic villus sampling. In: Keith LG, Papiernik E, Keith DM, Luke B (eds) Multiple pregnancy: epidemiology, gestation and perinatal outcome. Parthenon, New York, pp 313–324

Pergament E, Schulman JD, Copeland K (1992) The risk and efficacy of chorionic villus sampling in multiple gestation. Prenat Diagn 12:377–384

Peters DJM, Spruit L, Saris JJ et al. (1993) Chromosome 4 localization of a second gene for autosomal dominant polycystic kidney disease. Nat Genet 5:359–362

Pittalis MC, Dalpra L, Torricelli F et al. (1994) The predictive value of cytogenetic diagnoses after CVS based on 4860 cases with both direct and cuture methods. Prenat Diagn 14:267–278

Plath H, Hansmann M (1998) Diagnostik und Therapie zwillingsspezifischer Anomalien. Gynäkologe 31:229–244

Potter E (1946) Bilateral renal agenesis. J Pediat 29:68

Prömpeler HJ, Wilhelm C, Madjar H, Prem C, Schillinger H (1989) Prognose von sonographisch früh diagnostizierten Zwillingsschwangerschaften. Geburtsh Frauenheilkd 49:715-719

Puffenberger EG, Kauffman ER, Bolk S et al. (1994) Identity-by-descent and association mapping of a recessive gene for Hirschsprung disease on human chromosome 13q22. Hum Mol Genet 3:1217-1225

Purdue PE, Zhang JW, Skoneczny M, Lararow PB (1997) Rhizomelic chondrodysplasia punctata is caused by deficiency of human PEX7, a homologue of the yeast PTS2 receptor. Nat Genet 15:381-384

Report of Collaborative Acetylcholinesterase Study (1981) Amniotic fluid acetylcholinesterase electrophoresis as a secondary test in the diagnosis of anencephaly and open spina bifida in early pregnancy. Lancet II:321-325

Rhoads GG, Jackson LG, Schlesselmann SE et al. (1989) The safety and efficacy of chorionic villus sampling for early prenatal diagnosis of cytogenetic abnormalities. N Engl J Med 320:609-617

Rinke U, Koletzko B (1991) Prävention von Neuralrohrdefekten durch Folsäurezufuhr in der Frühschwangerschaft. Sonderdruck „Deutsches Ärzteblatt - Ärztliche Mitteilungen", Heft 1/2

Roach E, DeMyer W, Conneally PM et al. (1978) Holoprosencephaly. Birth data, genetic and demographic analyses of 30 families. Birth Defects 11:294

Robertson FM et al. (1994) Prenatal diagnosis and management of gastrointestinal anomalies. Semin Perinat 18:182-195

Rodis JF et al. (1990) Calculated risk of chromosomal abnormalities in twin gestations. Obstet Gynecol 76:1037-1041

Romero R (1990) Fetal skeletal anomalies. Radiol Clin North Am 28:75-99

Romero R, Pilu G, Jeanty P, Ghidini A, Hobbins JC (eds) (1987) Prenatal diagnosis of congenital anomalies. Appleton & Lange, East Norwalk

Rosati D, Guariglia (1996) Transvaginal sonographic assessment of the fetal urinary tract in early pregnancy. Ultrasound Obstet Gynecol 7:95-100

Schluchter K, Wald N, Hackshaw AK, Hafner E, Lieblhart E (1998) The distribution of nuchal translucency at 10-13 weeks of pregnancy. Prenat Diagn 18:281-286

Schneider KTM, Kaisenberg C v, Holzgreve W (Hrsg) (1994) Manual der fetalen Medizin. Springer, Berlin Heidelberg New York Tokyo

Schroeder-Kurth TM (1985) Die Bedeutung von Methoden, Risikoabwägung und Indikationsstellung für die pränatale Diagnostik. In: Reiter J, Theile U (Hrsg) Genetik und Moral. Grünewald, Mainz

Schroeder-Kurth TM (1988) Ethische Überlegungen zur Pränataldiagnostik. Gynäkologe 21:168-173

Schroeder-Kurth TM, Hübner J (1989) Ethics and medical genetics in the Federal Republic of Germany. In: Weitz D, Fletcher JC (eds) Ethics and human genetics. A cross cultural survey in 17 nations. Springer, Berlin Heidelberg New York Tokyo, pp 156-175

Sebire NJ, D'Ercole C, Hughes K, Carvalho M, Nicolaides KH (1997) Increased nuchal translucency at 10-14 weeks of gestation as a predictor of severe twin-to-twin transfusion syndrome. Ultrasound Obstet Gynecol 10:86-89

Sebire NJ, Thornton S, Hughes K, Snijders RJM, Nicolaides KH (1997) The prevalence and consequences of missed abortion in twin pregnancies at 10 to 14 weeks of gestation. Br J Obstet Gynaecol 104:8847-8848

Second Report of the UK Collaborative Study on Alphafetoprotein in relation to neural tube defects (1979) Amniotic fluid alphafetoprotein measurements in antenatal diagnosis of anencephaly and open spina bifida in early pregnancy. Lancet II:625-662

Seoud MAF, Toner JP, Kruithoff C, Muasher SJ (1992) Outcome of twin, triplet and quadruplet in in vitro fertilization pregnancies: the Norfolk experience. Fertil Steril 57:825-834

Seppälä M, Ranta T, Geroff L, Lindgren J (1979) Alphafetoprotein in obstetrics and gyne-cology. In: Weitzel HK, Schneider J (eds) Alphafetoprotein in clinical medicine. Thieme, Stuttgart

Sepulveda W, Sebire NJ, Hughes K, Kalogeropoulos A, Nicolaides KH (1997) Evolution of the Lambda or twin-chorionic peak sign in dichorionic twin pregnancies. Obstet Gyne-col 89:439–441

Serville F, Benit P, Saugier P et al. (1993) Prenatal exclusion of X-linked hydrocephalus-stenoses of the aqueduct of sylvius-sequence using closely linked DNA markers. Prenat Diagn 13:435–439

Sherer DM, Ghezzi F, Cohen J, Romero R (1997) Fetal skeletal anomalies. In: Fleischer AC, Manning FA, Jeanty P, Romero R (eds) Sonography in obstetrics and gynecology, prin-ciples and practice, 5th edn. Prentice-Hall, Upper Saddle River/NJ

Simpson JL, Elias S (1994) Isolating fetal cells in maternal circulation for prenatal diagno-sis. Prenat Diagn 14:1229–1242

Smidt-Jensen S, Hahnemann N (1984) Transabdominal fine needle biopsy from chorionic villi in the first trimester. Prenat Diagn 4:163–169

Smidt-Jensen S, Permin M, Philip J, Lundsteen C, Zachary JM, Fowler SE, Grüning K (1992) Randomised comparison of amniocentesis and transabdominal and transcervi-cal chorionic villus sampling. Lancet 340:1237–1244

Smidt-Jensen S, Lind A-M, Permin M, Zachary JM, Lundsteen C, Philip J (1993) Cytogen-etic analysis of 2928 CVS samples and 1075 amniocenteses from randomised studies. Prenat Diagn 13:723–740

Snijders RJM, Nicolaides KH (1996) Ultrasound markers for fetal chromosomal defects. Parthenon, New York

Snijders RJM, Holzgreve W, Cuckle H, Nicolaides KH (1994) Maternal age-specific risks for trisomies at 9–14 weeks of gestation. Prenat Diagn 14:543–552

Snijders RJM, Sebire NJ, Nicolaides KH (1995) Maternal age and gestational age specific risk for chromosomal defects. Fetal Diagn Ther 10:356–367

Snijders RJM, Sebire NT, Souka A, Santiago C, Nicolaides KH (1996) Fetal exomphalos and chromosomal defects: relationship to maternal age and gestation. Ultrasound Obstet Gynecol 6:250–255

Spranger J (1998) Kurzripp-Polydaktylie-Syndrome. In: Adler G et al. (Hrsg) Die klini-schen Syndrome, 8. Aufl. Urban & Schwarzenberg, München, S 452–454

Stranc LC, Evans JA, Hamerton JL (1994) Prenatal diagnosis in Canada; a review. Prenat Diagn 14:1253–1265

Stümpflen I, Stumpflen A, Wimmer M, Bernaschek G (1996) Effect of detailed fetal echo-cardiography as part of routine prenatal ultrasonographic screening on detection of congenital heart disease. Lancet 348:854–857

Szabo J, Gellen J (1990) Nuchal fluid accumulation in trisomy 21 detected by vaginosono-graphy in first trimester. Lancet II:1133

Tabor A, Madsen M, Obel EB, Philip J, Bang J, Norgaard-Pedersen B (1986) Randomised controlled trial of genetic amniocentesis in 4606 low-risk women. Lancet I:1287–1293

The European Polycystic Kidney Disease Consortium (1994) The polycystic kidney disease 1 gene encodes a 14 kb transcript and lies within a duplicated region on chromosome 16. Cell 77:881–894

The Fetal Medicine Foundation (1997) The 10–14 week scan, theoretical course 2. (Corre-spondence: 8, Devonshire Place, London WIN 1 PB)

Tolmie JL, McNay MB, Stephenson JBP, Doyle D, Connor JM (1987) Microcephaly: genetic counselling and antenatal diagnosis after the birth of an affected child. Am J Med Gen 27:583–594

Tolmie JL (1995) Chromosome disorders. In: Whittle MS, Connor JM (eds) Prenatal diag-nosis in obstetric practice, 2nd edn. Blackwell, Oxford

Turner GM, Twining P (1993) The facial profile in the diagnosis of fetal abnormalities. Clin Radiol 47:389–395

Tutschek B, Thomas M, Williamson R, Rodeck CH (1995) Nichtinvasive Pränataldiagnostik an fetalen Zellen im mütterlichen Blut. Gynäkologe 28:289–301

Twining P (1993) Echogenic foci in the fetal heart: incidence and association with chromosomal disease. Ultrasound Obstet Gynecol 3 [Suppl 2]:Abstract 190

Ville Y, Hyett J, Hecher K, Nicolaides K (1995) Preliminary experience with endoscopic laser surgery for severe twin-twin transfusion syndrome. N Engl J Med 332:224

Voigt HJ, Beinder E, Caussen U (1994) Sonographische Erkennung von Hinweiszeichen für eine Chromosomenanomalie im 1. und 2. Trimenon. Ergebnisse einer prospektiven Studie. Geburtsh Frauenheilkd 54:460–467

Wald NJ, Cuckle HS, Densem JW et al. (1988) Maternal serum screening for Down's Syndrome in early pregnancy. Br Med J 297:883–887

Wald NJ, Cuckle HS, Densem JW, Stone RB (1992) Maternal serum unconjugated oestriol and human chorionic gonadotrophin levels in pregnancies with insulin-dependent diabetes: implications for screening for Down's syndrome. Br J Obstet Gynaecol 99:51–53

Wapner RJ (1995) Genetic diagnosis in multiple pregnancies. Semin Perinatol 19:351–362

Wapner RJ, Johnson AG Davis A, Urban A, Morgan P, Jackson L (1993) Prenatal diagnosis in twin gestations: a comparison between second trimester amniocentesis and first trimester chorion villus sampling. Obstet Gynecol 82:49

Ward RHT, Rodeck CH (1993) Letter to the editor: comparison of amniocentesis and transabdominal and transcervical chorionic villus sampling. Lancet 341:186–187

Ward RHT, Modell B, Petrou M, Karagozlu F, Dourtsos E (1983) Method of sampling chorionic villi in first trimester of pregnancy under guidance of real time ultrasound. Br Med J 286:1542–1544

Wieacker P, Wilhelm C, Prömpeler H et al. (1992) Pathophysiology of polyhydramnios in twin transfusion syndrome. Fetal Diagn Ther 7:87

Wiedemann HR, Kunze J (1995) Atlas der klinischen Syndrome für Klinik und Praxis, 4. Aufl. Schattauer, Stuttgart

Wilson RD, Kendrick V, Wittmann BK, McGillivray BC (1984) Risk of spontaneous abortion in ultrasonically normal pregnancies. Lancet I:920–921

Wilson RD, Kendrick V, Wittmann BK, McGillivray BC (1984) Letter to the editor: risk of spontaneous abortion in ultrasonically normal pregnancies. Lancet II:920–921

Young SR, Shipley CF, Wade RV, Edwards JG, Waters M, Cantu ML, Best RG, Dennis EJ (1991) Single-center comparison of results of 1000 prenatal diagnoses with chorionic villus sampling and 1000 diagnoses with amniocentesis. Am J Obstet Gynecol 165:255–263

Zerres K, Waldherr R (1990) Zystische Nierenerkrankungen – Klassifikation und neue Aspekte. Dtsch Ärztebl 87, Heft 43

Zerres K, Völpel MC, Weiß H (1984) Cystic kidneys – genetic, pathologic anatomy, clinical picture and prenatal diagnosis. Hum Genet 68:104

Zerres K, Hansmann M, Krupple G, Stephan M (1985) Prenatal diagnosis of genetically determined early manifestation of autosomal-dominant polycystic kidney disease. Hum Genet 71:368

Zerres K, Gembruch U, Schwanitz G, Rebel D, Bald R, Goltschlich A, Hansmann M (1990) Fetale Echokardiographie und klinische Genetik – Eine enge Wechselbeziehung. Z Kardiol 79:96–106

Zienert A, Bollmann R, Chaoui R, Bartho S (1992) Die singuläre Umbilikalarterie – Konsequenzen dieser pränatalen Diagnose. Zentralbl Gynäkol 114:131–135

Zosmer N, Bajoria R, Weiner E, Rigby M, Vaughan J, Fisk NM (1994) Clinical and echographic features of in utero cardiac dysfunction in the recipient twin in twin-twin transfusion syndrome. Br Heart J 72:74

KAPITEL 13

Therapie genetischer Krankheiten 13

13.1 Konventionelle Therapie

Bereits vor Jahren hat man mit der Therapie genetischer Krankheiten begonnen. Die Therapie war zunächst nur symptomatisch, wie z. b. die Gabe von Erythrozytenkonzentraten bei Hämoglobinopathien oder die Faktor-VIII-Substitution bei Hämophilie.

Heute stehen für eine Reihe von genetisch bedingten Krankheiten wesentlich bessere Therapiemöglichkeiten zur Verfügung. Einige Stoffwechselkrankheiten können durch eine spezielle Diät erfolgreich behandelt werden. So entwickeln sich beispielsweise Patientinnen und Patienten mit Phenylketonurie altersentsprechend, wenn sie bereits in den ersten Lebenstagen, vor Eintritt der klinischen Symptome, mit phenylalaninarmer Diät ernährt werden. Die Patientinnen mit PKU sollten bis ins gestationsfähige Alter behandelt werden bzw. sollte, wenn die diätetische Behandlung zwischendurch beendet wurde, die diätetische Behandlung im Falle einer Familienplanung vor der Konzeption wieder aufgenommen werden, um die Entstehung einer Phenylalaninembryopathie (s. 9.5.4) zu verhindern.

Bei einigen Krankheiten kann durch medikamentöse Therapie eine klinische Besserung erreicht werden, so bei Gicht, Hypercholesterinämie Typ II und III und kongenitaler Nebennierenhyperplasie.

Bei einer anderen Gruppe von Krankheiten kann durch Vermeidung exogener, krankheitsauslösender Faktoren, wie z. B. bestimmter Medikamente oder Nahrungsmittel, der Verlauf entscheidend verbessert oder in Einzelfällen die Manifestation sogar vermieden werden. Beispiele hierfür sind Glukose-6-Phosphatdehydrogenase-Defekt, Pseudocholinesterasedefekt, Leberacetylasedefekt und Porphyrie.

Bei a_1-Antitrypsin-Defekt kann durch eine adäquate Berufswahl und die Vermeidung von aktivem und passivem Rauchen die klinische Manifestation verhindert bzw. die Schwere der Verlaufsform beeinflußt werden.

Bei pränatalem Erkennen schwerer Fehlbildungen lassen sich durch ein entsprechendes Geburtsmanagement und die Einleitung einer adäquaten Therapie unmittelbar nach der Geburt Komplikationen vermeiden. Einige Krankheiten können durch eine intrauterine Therapie im Verlauf günstig beeinflußt oder sogar therapiert werden. Dazu gehören die Erythroblastose, Herzarrhythmien, das adrenogenitale Syndrom.

Bei manchen genetischen Erkrankungen, die eine hohe Inzidenz für eine maligne Entartung zeigen, wie beispielsweise bei familiärer Dickdarmpolyposis, kann durch rechtzeitige Operation die Entartung verhindert werden. Als weitere Maßnahmen sind hier Organtransplantationen wie die Knochenmarktransplantation bei Fanconi-Anämie oder die Nierentransplantation bei der adulten Form der polyzystischen Nierenerkrankung zu nennen.

Von besonderer Bedeutung ist die Förderung der Entwicklung sowie die Verhütung medizinischer Komplikationen bei Kindern mit Chromosomenstörungen oder psychomotorischen Entwicklungsretardierungen. Im Rahmen der Frühförderung spielen krankengymnastische Übungen, Beschäftigungstherapie, sensorische Integration und Sprachtherapie eine große Rolle.

13.2 Substitutionstherapie mit gentechnisch hergestellten Medikamenten

Eine Reihe von Genprodukten kann heute durch Rekombinationstechnik hergestellt und substituiert werden. Über Expressionsklonierung kann man die Produktion des entsprechenden Genprodukts veranlassen und auf diese Weise Arzneimittel herstellen. In der Regel geschieht dies in Bakterien; dieser Weg ist aber nicht zwingend. Man kann hierfür auch eukaryonte Zellen wie Hefezellen oder Säugerzellen verwenden. Ein weiterer Weg ist der, Zellsysteme zu verlassen und ganze Tiere, sog. transgene Tiere, denen man das Gen in die Zygote injiziert hat, zu verwenden. Einige Medikamente, die gentechnisch hergestellt werden, sind in Tabelle 13.1 zusammengefaßt.

1982 wurde in den USA mit einem *Humaninsulin* das erste gentechnisch hergestellte Medikament zugelassen. 15 Jahre danach sind 30 Präparate im Handel und 32 weitere Medikamente und Diagnostika in der Entwicklung. 120 Medikamente werden bereits klinisch erprobt. Drei der im Handel befindlichen Medikamente gehören zu den 10 umsatzstärksten Arzneimitteln weltweit. Dies sind Erythropoetin, Humaninsulin und Interferon. Das Humaninsulin hat weitgehend das bis dahin verwendete verdrängt. Aufgrund der Speziesunterschiede in der Aminosäuresequenz sind Schweine- oder Rinderinsulin potentiell immunogen; so ist Humaninsulin besonders nützlich für Menschen mit hochgradiger Immunreaktion.

Das wichtigste Wachstumshormon Somatotropin muß nicht mehr aus den Hypophysen Verstorbener gewonnen werden. Die frühere Verwendung ungeprüfter Hypophysen zur Extraktion von Somatotropin hat bei einigen Patienten zur Creutzfeldt-Jakob-Krankheit, dem menschlichen Äquivalent zu BSE, geführt.

Nach Substitution mit gentechnologisch gewonnenem Faktor VIII zeigten einige der Hämophilie-A-Patienten eine Überreaktion des Immunsystems. Es wird daran gearbeitet, diese zu beseitigen.

Große Hoffnung wird auch in die Gruppe körpereigener Substanzen gesetzt. Es handelt sich hier um koloniestimulierende Faktoren G-CSF und GM-CSF (*colony stimulating factor* für Granulozyten und/oder Monozyten). Sie fördern

Tabelle 13.1. Durch Expressionsklonierung hergestellte Pharmaka

Pharmakon	Anwendungsgebiet
Blutgerinnungsfaktor VIII	Hämophilie A
Blutgerinnungsfaktor IX	Hämophilie B
Erythropoetin	Anämie bei chronischem Nierenversagen
G-CSF	Neutropenie nach Chemotherapie
Glukagonhydrochlorid	Diabetes mellitus (hypoglykämischer Schock)
GM-CSF	Knochenmarktransplantationen
Hepatitis-B-Impfstoff	Hepatitis-B-Prophylaxe
Hämophilus-B-Impfstoff	Hämophilus-B-Prophylaxe
Humaninsulin	Diabetes mellitus
α-Interferon	Leukämie, chronische Hepatitis
β-Interferon	Multiple Sklerose
γ-Interferon	Chronische Polyarthritis
Interleukin 2	Nierenkarzinom
Somatotropin	Wachstumshormonmangel
TPA	Akuter Herzinfarkt

TPA = *Tissue plasminogen activator*

bei der Entwicklung von Blutzellen die Differenzierung und das Wachstum von Vorstufen unterschiedlicher Zelltypen.

Auch einige Impfstoffe können heute gentechnisch hergestellt werden, wodurch sich im Vergleich zu den herkömmlichen Impfstoffen wesentliche Vorteile bieten.

Durch die neue Biotechnologie sind einerseits Pharmaka herstellbar, die sonst nicht oder nur mit unvergleichlich höherem Aufwand produziert werden könnten, andererseits werden Risiken der herkömmlich hergestellten Arzneimittel vermieden.

Allerdings ist auch diese Technologie nicht ganz ohne Risiko. Die menschlichen Gene können auch bei der Expressionsklonierung mutieren, wozu ein einziges Bakterium ausreicht. Hierdurch können z. B. veränderte Proteine als Verunreinigung entstehen, die dann eine Immunantwort bei der Anwendung der Pharmaka auslösen.

13.3 Somatische Gentherapie

Nachdem es zunehmend möglich wurde, viele menschliche Gene zu isolieren und zu klonieren, konnte 1990 der erste Gentherapieversuch unternommen werden. Dabei ist der Grundgedanke der, das defekte Gen durch ein normales Gen zu ersetzen.

Da die genetisch veränderte somatische Zelle nicht zur Veränderung der Keimbahn führt und sich damit tatsächlich nur direkt auf die Patienten und nicht auf ihre Nachkommen auswirkt, unterscheidet sich die somatische Gentherapie nicht so sehr von der Therapie auf Genproduktebene. Neben den Hoffnungen haben sich auch eine Reihe z. Z. noch nicht überwindbare Irritierungen ergeben, so daß die somatische Gentherapie gegenwärtig noch in den Kinderschuhen steckt.

Die amerikanische Gesundheitsbehörde National Institute of Health hat dies Ende 1995 folgendermaßen zusammengefaßt: „Obwohl die Erwartungen und Hoffnungen bei der Gentherapie groß sind, konnte eine klinische Wirkung bis jetzt in keinem Gentherapieprodukt definitiv gezeigt werden. Die Gentherapie muß ihren Platz im therapeutischen Arsenal der Medizin erst noch finden" (Report of the Committee on the Ethics of Gene Therapy 1992).

Monogene, rezessive Erkrankungen, die sich durch den Defekt oder das Fehlen eines einzelnen definierten Genprodukts, wie z. B. eines Enzyms, auszeichnen, sind am besten für eine somatische Gentherapie geeignet. Bei Funktionsverlust-Mutationen kann eine erfolgreiche Wirkung auch schon dann eintreten, wenn das in Somazellen eingebaute Gen nur eine schwache Exprimierung zeigt. Weiterhin sollte das Zielgewebe möglichst leicht zugänglich sein. Auch sollte die zu transferierende kodierende DNA nicht zu groß sein, da sie dann leichter in Vektoren zu überführen ist.

Auch bei rezessiven Funktionsverlust-Mutationen können Probleme auftreten. So wären z. B. β-Thalassämien prinzipiell ideale Kandidaten für eine somatische Gentherapie, zumal das β-Globin kloniert und sehr klein ist. Es muß aber genauso viel β- wie γ-Globulin produziert werden, da es bei einem Überschuß von β-Globulin zur α-Thalassämie kommt. Genau diese Kontrolle kann jedoch bisher nicht gewährleistet werden.

Für die eigentliche Gentherapie gibt es im wesentlichen 2 Strategien. Entweder werden Patientenzellen entnommen, Zellkulturen hergestellt, mit dem Ziel-Gen gerüstet und dann wieder reimplantiert (Ex-vivo-Strategien), oder die Ziel-DNA wird über Vektoren dem Patienten direkt verabreicht, in der Hoffnung, daß sie in die Zielzellen oder auch in andere Zellen eingebaut wird, die über die Produktion des Genprodukts den Defekt kompensieren können (In-vivo-Strategien) (Friedmann 1991).

Die Wahl der Vektoren ist ein weiteres Problem. Verschiedene Strategien werden angewandt. Der Vektor soll quasi als „Gen-Taxi" das erwünschte Gen an seinen Zielort verbringen. Grundsätzlich geeignet sind hierzu Viren, wobei es 2 verschiedene Klassen gibt, die von ihren grundsätzlichen Eigenschaften her verschieden arbeiten. Die erste Klasse von Viren befördert ihre Genfracht nur bis in den Zellkern, während die zweite Klasse die Erbinformation direkt in das Wirkgenom einbringt.

Ein Verbringen nur in den Zellkern bedeutet ein „Parken" der Gene gleichsam im Foyer der genetischen Bibliothek. Auch hier wird die Information gelesen und das Genprodukt synthetisiert. Teilt sich allerdings die substituierte Zelle, so wird beim Kopieren das zusätzliche Gen nicht mit berücksichtigt. Die eingeschleuste Information geht mit der Zeit verloren. Der Therapieerfolg ist also ein zeitlich begrenzter, und die Therapie muß in der Regel nach einigen Wochen wiederholt werden. Für diese Art des Gentransfers hat man bisher z. B. *Adenovi-*

ren benutzt, denen man die Virulenz genommen hat, indem die viruseigenen Gene entfernt und dafür das Ziel-Gen eingebaut wurde.

Bei der zweiten viralen Klasse handelt es sich um *Retroviren*, die von ihrem Genom bekanntlich eine DNA-Kopie erstellen und diese in das Wirkgenom einbauen. Um sie gentherapeutisch einsetzen zu können, werden auch diese Viren verkrüppelt. Sie können dann immer noch in die Zellen eindringen und sich ins Genom integrieren, jedoch ist ihnen die Fähigkeit genommen, sich weiter zu vermehren, und dadurch ist ein Krankheitsrisiko im Normalfall ausgeschlossen.

Dennoch ist es theoretisch denkbar, daß die eingeschleusten viralen Gene mit endogenen Retroviren rekombinieren und so genetisch veränderte Folgeviren entstehen, die zu einer Infektion fähig sind. Realistisch viel größer ist aber ein anderes Risiko: Die Retroviren transportieren das zu verbringende Gen nicht an eine gezielte Stelle im Genom, sondern integrieren es an eine beliebige Stelle. So kann das Gen auch an einer Stelle landen, wo es nicht exprimiert wird, z. B. in einer stark kondensierten heterochromatischen Region. Die Integration kann auch zum Tod der Wirtszellen führen, wenn das Gen in ein anderes essentielles Gen integriert wird. Dies gilt jedoch als vernachlässigbar, da diese Konsequenzen jeweils einzelne von vielen Zellen treffen.

Viel bedenklicher ist die Möglichkeit einer Krebsentstehung. So kann das Expressionsmuster von Genen, die für die Kontrolle der Zellteilung zuständig sind, durcheinandergeraten. Es kann ein Onkogen oder ein Tumorsuppressor-Gen aktiviert oder ein Gen für Apoptose inaktiviert werden. Hier reicht tatsächlich ein einziges solches Ereignis in einer Zelle, um einen Tumor entstehen zu lassen. Dieses Risiko ist bei der Ex-vivo-Strategie geringer als bei der In-vivo-Strategie, da man die kultivierten Zellen auf neoplastische Transformation hin untersuchen kann.

Neben Viren als Gentaxis – und wegen der Bedenken gegen sie – gibt es in der Zwischenzeit noch eine Reihe weiterer Ansätze, wie beispielsweise die DNA in *Liposomen* zu verpacken, die dann mit der Plasmamembran fusionieren. Um die Risiken bei der In-vivo-Therapie zu reduzieren, werden auch andere Methoden wie direkte Injektion der DNA, Partikelbeschuß mit Metallkügelchen, die mit DNA beschichtet sind, DNA-Einschleusung über rezeptorvermittelte Endozytose usw. angewandt.

Um die Zufälligkeit der Integration des Ziel-Gens zu umgehen, gibt es zwischenzeitlich eine Reihe neuer experimenteller Ansätze, auf die jedoch hier nicht weiter eingegangen wird, da diese Ansätze bisher noch nicht in die praktische Anwendung umgesetzt werden konnten und wohl auch noch recht weit davon entfernt sind.

13.4 Bisherige und geplante gentherapeutische Behandlungen

1990 wurde die 4 Jahre alte Ashanti DeSilva therapiert, die an dem rezessiv-erblichen Mangel an *Adenosindesaminase* (ADA) litt.

ADA wird in vielen unterschiedlichen Zelltypen hergestellt und dient der Purinrückgewinnung beim Nukleinsäureabbau. Ein Mangel dieses Enzyms wirkt sich vor allem auf die T-Lymphozyten, einen Hauptzelltyp des Immunsystems, aus und führt daher zu Immunschwäche. Es gibt zwar für den ADA-Mangel alternative Therapieformen, die beste ist jedoch die Knochenmarktransplantation mit passendem HLA-Typ von einem nahen Verwandten. Ein weiterer Ansatz ist die ADA-Injektion, die aber letztlich nicht befriedigend ist, da die Lebenserwartung durch den T-Zell-Defekt und die fehlende T-Zell-Kontrolle dennoch erheblich reduziert wird.

Die Vorgehensweise war folgende: Das recht kleine ADA-Gen wurde in einen Retrovirusvektor kloniert und in ADA⁻-T-Lymphozyten der Patientin ex vivo übertragen. ADA⁺-Zellen wurden selektioniert, kultiviert und der Patientin reimplantiert. Diese Prozedur, die zu einer stabilen Genexpression über Wochen führt, muß in regelmäßigen Abständen wiederholt werden. Insofern handelt es sich nicht um eine Heilung. Hierzu müßte man das Gen stabil in Stammzellen des Knochenmarks einbauen können, die aber bis jetzt schwer zu isolieren sind. Auch ist die effiziente Verbringung der Retroviren in Stammzellen schwierig. Dennoch war die Therapie außerordentlich erfolgreich: Das Immunsystem erholte sich schnell, Infektionen gingen zurück, und die Patientin kann, mit Ausnahme der Wiederholungen der Therapie im Abstand von 3–6 Monaten, ein normales Leben führen. Da allerdings die konventionelle medikamentöse Therapie aus ethischen Gründen parallel weiter erfolgen mußte, kann man den ausschließlichen Erfolg dieser Gentherapie schwer abschätzen. Die somatische Gentherapie bei ADA-Mangel wurde zwischenzeitlich bei anderen Patienten, wie z. B. 1992 bei einem Jungen aus Sizilien, wiederholt.

Bis jetzt weniger erfolgreich war man bei der zystischen Fibrose. Mutationen im CFTR-Gen, das einen cAMP-kontrollierten Chloridkanal kodiert, führen vor allem zu pulmonalen und intestinalen Symptomen. Trotz konventioneller therapeutischer Fortschritte sterben etwa die Hälfte der Patienten vor dem 25. Lebensjahr an den Folgen der pulmonalen Komplikationen. Im Gegensatz zum ADA-Mangel handelt es sich hier um keine seltene, sondern um die häufigste autosomal-rezessive Erkrankung der weißen Bevölkerung überhaupt, mit einer Heterozygotenhäufigkeit von 5% und einer Homozygotenrate von 1:2000 (40000 betroffene Patienten in Deutschland).

1993 wurde der erste gentherapeutische Versuch auf der Basis von Adenoviren durchgeführt. Mit dem CFTR-Gen substituierte Viren wurden den Patienten auf Bereiche des Nasenepithels und in das Lungenepithel eingebracht (Rosenfeld 1992). Der Chloridtransport ließ sich für eine gewisse Zeit wiederherstellen. Das Gen wurde also tatsächlich von den Zellen aufgenommen. Allerdings war die Effizienz des Gentransports durch die Viren gering. Da die meisten Zellen in Epithelgeweben alle paar Monate erneuert werden, müßte eine solche Therapie mehrmals jährlich durchgeführt werden; zumindest so lange, bis man die seltenen langlebigen Nachschubzellen erreicht hätte, die dann ein normales CFTR-Gen vielleicht dauerhaft ins Erbgut aufnehmen würden. Der Versuch läßt sich allerdings nicht beliebig wiederholen, da der Organismus gegen Adenoviren eine Immunreaktion aufbaut, die sie schließlich eliminiert und die absichtliche Infektion der Zellen verhindert. Gegenwärtig laufen deswegen weitere Gentherapieversuche mit Liposomen als Trägermolekülen.

Ein weiterer Gentherapieversuch wurde bei Patienten mit familiärer *Hypercholesterinämie* unternommen, indem man chirurgisch einen relativ großen Teil der

Leber entfernte (20–35%) und eine Hepatozytenkultur anlegte. Normale LDL-Rezeptor-Gene wurden über Retroviren in diese Hepatozyten übertragen und die so behandelten Zellen über einen Zweig des Portalvenensystems zurückinjiziert. Die Zellen finden von selbst in die Leber zurück. Eine Verbesserung des LDL/HDL-Verhältnisses konnte über längere Zeit aufrecht erhalten werden. – Abbildung 13.1 zeigt eine schematische Darstellung der verschiedenen gentherapeutischen Methoden.

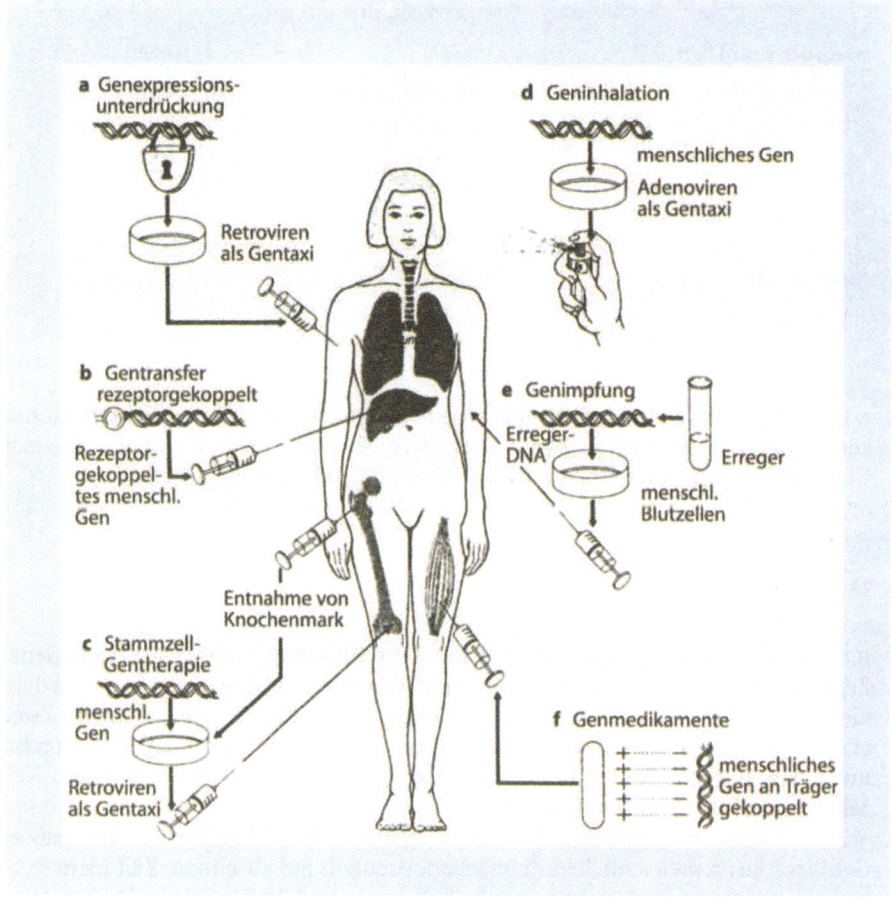

Abb. 13.1 a–f. Die verschiedenen Wege zum somatischen Gentransfer beim Menschen. **a** Unterdrückende Gene könnten die Wucherung von Krebszellen stoppen. **b** An Rezeptoren gekoppelt, könnte ein Gen spezifisch in bestimmte Zellen transportiert werden. **c** Das korrekte Gen wird in die Stammzellen gebracht. **d** Mit Adenoviren als Gentaxi kann ein normales Gen in das Bronchialepithel gebracht werden. **e** Erreger-Gene könnten in menschliche Blutzellen gebracht werden und deren Zelloberfläche so verändern, daß die zelluläre Abwehr in Gang gesetzt wird. **f** An Trägersubstanzen gekoppelte Gene könnten direkt in die erkrankten Körperteile injiziert werden. (Aus Buselmaier u. Tariverdian 1998)

Tabelle 13.2. Versuche bzw. Ansätze somatischer Gentherapie beim Menschen

Krankheit	Häufigkeit	Zielorgan
Adenosindesaminasedefekt (ADA)	Sehr selten	Knochenmark
α_1-Antitrypsin-Defekt	1:3500	Leber
Zystische Fibrose	1:2000	Lungenepithel
Duchenne-Muskeldystrophie	1:3000 (männl.)	Muskel
Familiäre Hypercholesterinämie	1:500 (heterozygot) 1:1.000.000 (homozygot)	Leber
Gaucher-Krankheit	1:3000	Leber
Glykogenspeicherkrankheit Ia	1:100.000	Leber
Hämophilie A + B	1:10.000 (männl.)	Leber
Hämoglobinopathie	1:600 (Mittelmeerraum)	Knochenmark
Lesch-Nyhan-Syndrom	Selten	ZNS
Lysosomale Speicherkrankheiten	1:1500 (alle Typen)	Knochenmark, ZNS
Malignes Melanom	Selten	Leukozyten
Phenylketonurie	1:10.000	Leber

Die Ergebnisse der bisherigen Gentherapieversuche waren nicht beeindruk-
kend (Vogel u. Motulsky 1996). Derzeitige Versuche bzw. Ansätze somatischer
Gentherapie beim Menschen sind in Tabelle 13.2 zusammengestellt.

13.5 Gentransfer in Keimzellen

1983 gelang erstmals experimentell die Einschleusung eines Wachstum-Gens in
Zygoten von Mäusen und die Erzeugung von Riesenmäusen. Seitdem werden in
vielen Laboratorien *transgene Mäuse* für unterschiedliche experimentelle Zwecke
erzeugt. Derartige Untersuchungen werfen die Frage auf, ob man damit rechnen
muß, daß ähnliche Manipulationen in der Zukunft auch an menschlichen Keimzellen ausgeführt werden könnten.

Es ist heute die Meinung des überwiegenden Teils aller Beobachter, daß eine
Gentherapie an menschlichen Keimzellen jedenfalls auf absehbare Zeit nicht in Frage komme. Auch wird nicht nur von Theologen und Philosophen das berechtigte
Argument vorgebracht, eine „genetische Manipulation" des ganzen Menschen ver-
stoße gegen die Menschenwürde. Es ist ein Ausdruck von Hybris, den Menschen
nach seinem Idealbild verändern zu wollen. Auch besteht Einigkeit darüber, daß
es keine medizinische Indikation für einen Gentransfer in die Keimzelle gibt.

Literatur

Anderson WF (1992) Human gene therapy. Science 256:808–813

Friedmann T (ed) (1991) Therapy of genetic disease. Oxford University Press

Harrison MR, Golbus MS, Filly RA (1984) The unborn patient. Prenatal diagnosis and treatment. Grune & Stratton, London

Manning FA, Harrison MR, Rodeck CH (1986) Catheter shunts for fetal hydronephrosis and hydrocephalus. Report of the International Fetal Surgery Registry. N Engl J Med 315:336–340

Nicolaides KH, Rodeck CH (1985) Fetal therapy. In: Studd J (ed) Progress in obstetrics and gynecology, vol 5. Churchill Livingstone, Edinburgh, pp 40–57

Report of the Committee on the Ethics of Gene Therapy (1992) The recommendations of the committee chaired by Sir Cecil Clothier on the ethical of somatic cell and germ-line gene therapy. HMSO, London

Rosenfeld M (1992) In vivo transfer of the human cystic fibrosis transmembrane conductance regulator gene to the airway epithelium. Cell 68:143–155

Vogel F, Motulsky AG (1996) Human genetics, problems and approaches, 3rd edn. Springer, Berlin Heidelberg New York Tokyo

Anhang

Erklärung zum Schwangerschaftsabbruch nach Pränataldiagnostik*
Bekanntgaben der Herausgeber
Bundesärztekammer Bekanntmachungen

Vorwort

Das Ziel ärztlichen Handelns ist Heilung, Linderung oder Vermeidung von Krankheit und Behinderung, jedoch nicht die Tötung von Kranken und Behinderten. Im Rahmen der Schwangerenbetreuung gilt die Aufmerksamkeit und Fürsorge des Arztes sowohl dem Gesundheitszustand der Schwangeren als auch dem Gesundheitszustand und der Entwicklung des Ungeborenen. Die pränatale Diagnostik dient dazu, die Schwangere von der Angst vor einem kranken oder behinderten Kind zu befreien sowie Entwicklungsstörungen des Ungeborenen so frühzeitig zu erkennen, daß eine intrauterine Therapie oder eine adäquate Geburtsplanung unter Einbeziehung entsprechender Spezialisten für die unmittelbare postnatale Versorgung des Ungeborenen erfolgen kann.

Da präventive oder therapeutische Möglichkeiten bislang aber nicht für alle Erkrankungen oder Entwicklungsstörungen, die im Rahmen der Pränataldiagnostik festgestellt werden, zur Verfügung stehen, ergibt sich für Schwangere mit einem betroffenen Fetus und ihre Familien sowie für den Arzt möglicherweise eine schwere Konfliktsituation. Die Schwangere fühlt sich zuweilen dem Leben mit dem Kind und dessen Versorgung aus unterschiedlichen Gründen nicht gewachsen und wünscht den Abbruch der Schwangerschaft. Der Arzt ist in dem Konflikt, daß er einerseits zur Hilfe für die Schwangere verpflichtet ist, sofern eine Gefährdung ihrer Gesundheit besteht, andererseits aber auch zur Hilfe für das Ungeborene, dessen Lebensrecht er unabhängig von bestimmten Eigenschaften, Krankheiten oder Entwicklungsstörungen zu respektieren hat.

Ist postnatal die Tötung eines Menschen, weil dessen Existenz und Versorgung aufgrund seines gesundheitlichen Zustandes zu einer gesundheitlichen Gefährdung eines anderen Menschen führen würde, zweifelsfrei ethisch und rechtlich nicht zu rechtfertigen, wird dies pränatal unter Berücksichtigung der spezifisch engen Verbindung von Schwangerer und Ungeborenem unter bestimmten Voraussetzungen vom Gesetzgeber eingeräumt. Eine wesentliche Änderung für das ärztliche Handeln im Zusammenhang mit einem Schwangerschaftsabbruch erfolgte im Rahmen des am 1. 10. 1995 in Kraft getretenen Schwangeren- und Familienhilfeänderungsgesetzes durch die Subsumierung der alten embryopathischen unter die nun geltende medizinische Indikation des

---

* Dt. Ärztebl 1998; 95:A-3013–3016 [Heft 47].

§ 218a Abs. 2 StGB. Hierbei muß klar sein, daß bei der traditionellen mütterlich-medizinischen Indikation die Tötung des Kindes nicht das Ziel, immer aber die unvermeidliche Konsequenz ist, während bei der jetzt integrierten „embryopathischen" Indikation wegen der Unzumutbarkeit für die Schwangere durchaus die Tötung des Kindes gemeint ist. Der Wegfall der embryopathischen Indikation alter Fassung hat – stichwortartig benannt – drei wesentliche Folgen: 1. Wegfall der Zäsur von 22 Schwangerschaftswochen post conceptionem für Schwangerschaftsabbrüche nach Pränataldiagnostik, 2. Wegfall der Beratungspflicht und 3. Wegfall einer spezifischen statistischen Erfassung.

Ist einmal im Rahmen der Indikationsstellung gemeinsam mit der Schwangeren die Entscheidung gefallen, daß das Ungeborene getötet werden soll, liegt die sich daran anschließende Wahl der Abbruchmethode in der Verantwortung des Arztes. Eine der möglichen Methoden ist der Fetozid durch intrakardiale Injektion von Kaliumchlorid oder Unterbindung der Blutversorgung über die Nabelschnur. Auf diese Weise ist das Ungeborene tot, bevor die Geburt eingeleitet wird. Ein Fetozid, bei dem die beschriebene Methode nur gewählt würde, um den „Erfolg" eines späten Abbruchs bei gegebener extrauteriner Lebensfähigkeit des Ungeborenen zu ermöglichen, wird als nicht akzeptabel angesehen. Vertretbar ist die Methode aber möglicherweise, wenn sie bei ohnehin indiziertem Abbruch für das Ungeborene je nach dessen Entwicklungsstand das geringste verfahrensbedingte Leiden mit sich bringt.

Die Ärzteschaft sieht im Hinblick auf alle genannten Aspekte gesetzgeberischen Handlungsbedarf zum Schutz kranken und behinderten Lebens! Auch wenn für einzelne gesellschaftliche Gruppierungen die in der vorliegenden Erklärung erhobenen Empfehlungen und Selbstverpflichtungen angesichts des embryonalen und fetalen Schutzanspruchs zu kurz greifen und sie eher eine grundsätzliche Änderung des § 218 anstreben, halten wir die geleistete Selbstreflexion und Grenzziehung unterhalb der Gesetzesebene für einen wichtigen Beitrag ärztlicher Selbstverantwortung. Die Bundesärztekammer hat, entstehend aus der 5. Medizinisch-ethischen Klausur- und Arbeitstagung vom 3.–5. Oktober 1997 in Schloß Schwarzenfeld unter dem Titel „Pränatale Medizin im Spannungsfeld von Ethik und Recht", in Zusammenarbeit mit den betroffenen Fachgesellschaften und Arbeitsgruppen die folgende Erklärung mit dem Ziel verfaßt, in der Öffentlichkeit die Diskussion über die aufgezeigten Konflikte und Probleme anzuregen und eine Änderung im gesellschaftlichen Bewußtsein zu bewirken. Ein weiteres Anliegen ist es, den Gesetzgeber auf bestimmte Regelungsschwächen aufmerksam zu machen. Den betroffenen Ärzten soll die Erklärung eine Hilfe an die Hand geben, die ethisch begründeten Grenzen ihrer Entscheidungs- und Handlungsspielräume im Hinblick auf Schwangerschaftsabbrüche nach Pränataldiagnostik abzustecken.

Prof. Dr. med. Dr. med. h.c. K. Vilmar
Präsident der Bundesärztekammer
und des Deutschen Ärztetages

Prof. Dr. med. K.-D. Bachmann
Vorsitzender des Wissenschaftlichen Beirates
der Bundesärztekammer

Anlaß der Erklärung

Die frühere sogenannte embryopathische Indikation des § 218a StGB alter Fassung (a. F.) ist im Rahmen des Schwangeren- und Familienhilfeänderungsgesetzes (SFHÄndG) vom 21.8.1995 als solche weggefallen und de facto in die sogenannte medizinische Indikation integriert worden. § 218a Abs. 2 StGB lautet: „Der mit Einwilligung der Schwangeren von einem Arzt vorgenommene Schwangerschaftsabbruch ist nicht rechtswidrig, wenn der Abbruch der Schwangerschaft unter Berücksichtigung der gegenwärtigen und zukünftigen Lebensverhältnisse der Schwangeren nach ärztlicher Erkenntnis angezeigt ist, um eine Gefahr für das Leben oder die Gefahr einer schwerwiegenden Beeinträchtigung des körperlichen oder seelischen Gesundheitszustandes der Schwangeren abzuwenden, und die Gefahr nicht auf eine andere für sie zumutbare Weise abgewendet werden kann."

Im Hinblick auf Schwangerschaftsabbrüche nach Pränataldiagnostik kommt es durch die Neufassung des Gesetzes zu drei wesentlichen Änderungen:

1. Wegfall der embryopathischen Indikation im Sinne des § 218a StGB a. F., in deren Rahmen eine Frist von 22 vollendeten Wochen post conceptionem für Schwangerschaftsabbrüche vorgeschrieben war;

2. Wegfall der Beratungspflicht nach § 219 StGB, die im Rahmen der alten embryopathischen Indikation bestand, und damit Wegfall der Frist von drei Tagen nach Beratung bis zur Durchführung des Abbruchs nach Pränataldiagnostik;

3. Wegfall der speziellen statistischen Erfassung von Schwangerschaftsabbrüchen, bei denen eine fetale Erkrankung, Entwicklungsstörung oder Anlageträgerschaft für eine Erkrankung für die Indikationsstellung von Bedeutung ist.

Der Begriff des Schwangerschaftsabbruchs beinhaltet in juristischer Hinsicht definitionsgemäß die Absicht, das Ungeborene zu töten. In ethischer Hinsicht muß eine weitere Differenzierung berücksichtigt werden. Demnach können mit einem Schwangerschaftsabbruch im konkreten Fall zwei unterschiedliche Ziele verfolgt werden:

a) die Beendigung der Schwangerschaft als eines die Schwangere akut gesundheitlich bedrohenden Zustandes; der Tod des ungeborenen Kindes ist nicht beabsichtigt und wird als unvermeidbare Folge in Kauf genommen, wenn das Kind noch nicht extrauterin lebensfähig ist;

b) der Tod des ungeborenen Kindes, da dessen prä- und postnatale Existenz zur Gefahr einer schwerwiegenden Beeinträchtigung des körperlichen oder seelischen Gesundheitszustandes der Schwangeren führen würde. Es scheint – wenn auch umstritten – gesellschaftlich akzeptiert zu sein, daß eine pränataldiagnostisch festgestellte Erkrankung, Entwicklungsstörung oder Anlageträgerschaft des Kindes für eine Erkrankung eine derartige Gefahr darstellen kann.

Gemäß § 12 Schwangerschaftskonfliktgesetz (SchKG) ist niemand verpflichtet, an einem Schwangerschaftsabbruch mitzuwirken, es sei denn, daß „die Mitwirkung notwendig ist, um von der Frau eine anders nicht abwendbare Gefahr des Todes oder einer schweren Gesundheitsschädigung abzuwenden". Es besteht für den einzelnen Arzt[1] grundsätzlich das Recht, einen Schwangerschaftsabbruch nach Pränataldiagnostik i. S. der Freistellungsklausel zu verweigern. Dennoch verschärft sich durch die Änderungen des SFHÄndG für die Ärzteschaft als Berufsstand die Problematik, im Spannungsfeld von gesellschaftlichen Erwartungen, gesetzlichen Vorgaben und ärztlichem Ethos Schwangerschaftsabbrüche nach Pränataldiagnostik durchzuführen.

---

[1] Zur besseren Lesbarkeit des Textes wird auf die ausdrückliche Nennung der weiblichen Formen verzichtet. Mit „Arzt" ist selbstverständlich auch die Ärztin gemeint.

1. Frist-Problematik

Die medizinische Indikation ohne Fristbindung gemäß § 218a Abs. 2 StGB in der geltenden Fassung könnte unzutreffend so verstanden werden, als wäre die bloße Tatsache einer festgestellten Erkrankung, Entwicklungsstörung oder Anlageträgerschaft des Kindes für eine Erkrankung bereits eine Rechtfertigung für einen Schwangerschaftsabbruch. Diese Fehlinterpretation hängt damit zusammen, daß es nach § 218a StGB a. F. neben einer medizinischen Indikation ohne Fristbindung auch eine embryopathische Indikation gab, nach der unter bestimmten Voraussetzungen ein Schwangerschaftsabbruch bis 22 Schwangerschaftswochen post conceptionem (p.c.) durchgeführt werden konnte. In der Praxis konnte diese Indikation entgegen dem Wortlaut und Willen des Gesetzgebers so gehandhabt werden, als dürfe *allein* aufgrund eines auffälligen Befundes eine Schwangerschaft innerhalb der genannten Frist in zulässiger Weise beendet werden. Nachdem die embryopathische Indikation weggefallen ist, könnte heute, auf dem Boden dieser unzutreffenden Auffassung, fälschlich davon ausgegangen werden, daß auch nach einer pränatal festgestellten Diagnose zu einem späteren Zeitpunkt der Schwangerschaft allein wegen eines auffälligen Befundes beim Kind eine Beendigung der Schwangerschaft medizinisch indiziert sei. Dabei wird verkannt, daß die medizinische Indikation im Zusammenhang mit einer Erkrankung, Entwicklungsstörung oder Anlageträgerschaft des Ungeborenen für eine Erkrankung die Feststellung voraussetzt, daß – nach ärztlicher Erkenntnis – die Fortsetzung der Schwangerschaft die Gefahr einer schwerwiegenden Beeinträchtigung des körperlichen oder seelischen Gesundheitszustandes der Schwangeren bedeuten würde, die nicht auf andere für sie zumutbare Weise abgewendet werden kann. Eine solche Gefahr kann sich auf den auffälligen Befund gründen, der Befund allein darf jedoch nicht automatisch zur Indikationsstellung führen.

Die Fortschritte in der medizinischen Versorgung von Frühgeborenen haben in den letzten Jahren dazu geführt, daß bereits Kinder mit etwa 500 Gramm Geburtsgewicht und einem entsprechenden Reifegrad überleben können. Dies entspricht einem Schwangerschaftsalter von etwa 22 bis 24 Wochen post menstruationem (p.m.). Da sich zumindest in den Fällen gegebener extrauteriner Lebensfähigkeit der Schutzanspruch des ungeborenen Kindes aus ärztlicher Sicht nicht von demjenigen des geborenen unterscheidet, soll der Zeitpunkt, zu dem die extrauterine Lebensfähigkeit des Ungeborenen gegeben ist, in der Regel als zeitliche Begrenzung für einen Schwangerschaftsabbruch angesehen werden. In besonderen Ausnahmefällen schwerster unbehandelbarer Krankheiten oder Entwicklungsstörungen des Ungeborenen, bei denen postnatal in der Regel keine lebenserhaltenden Maßnahmen ergriffen würden, kann nach Diagnosesicherung und interdisziplinärer Konsensfindung von dieser zeitlichen Begrenzung abgewichen werden.

Sollte ausnahmsweise die Indikation für einen so späten Schwangerschaftsabbruch gestellt werden, kann gemeinsam mit der Schwangeren bzw. den Eltern des Kindes erwogen werden, ob ein Fetozid vor Einleitung des Schwangerschaftsabbruchs vorgenommen wird. Der Fetozid erfolgt dann nur, um dem Kind das Leiden, das durch das Verfahren des Schwangerschaftsabbruchs verursacht werden kann – nicht etwa das krankheits- oder behinderungsbedingte Leiden –, zu ersparen.

2. Ärztliche Beratung nach gesicherter Diagnose einer fetalen Erkrankung, Entwicklungsstörung oder Anlageträgerschaft für eine Erkrankung [2]

Eine gesicherte Diagnose setzt eine qualifizierte pränatalmedizinische Untersuchung voraus. Als gesichert kann eine Diagnose dann angesehen werden, wenn sie von einem für die jeweilige Diagnostik qualifizierten Arzt erbracht und ggf. durch einen zweiten Untersucher bestätigt wurde. [3]

Die Schwangere kann eine Entscheidung darüber, ob sie einen Schwangerschaftsabbruch in Erwägung zieht, nur dann in verantwortungsvoller Weise treffen, wenn sie umfassend aufgeklärt und beraten worden ist. Ärzte haben ohne eingehendes Gespräch mit der Schwangeren keine Grundlage für die Indikationsstellung. Die Beratungen müssen ergebnisoffen und nichtdirektiv erfolgen. Die Teilnahme des Vaters an der Beratung ist wünschenswert.

Folgende Aspekte sind zunächst Gegenstand der Beratungsgespräche mit Ärzten entsprechender Fachgebiete:

- Erläuterung des Befundes,
- die Art der Erkrankung, Entwicklungsstörung oder Anlageträgerschaft für eine Erkrankung,
- die möglichen Ursachen der Erkrankung, Entwicklungsstörung oder Anlageträgerschaft für eine Erkrankung,
- das zu erwartende klinische Bild mit dem Spektrum der Manifestationsformen und möglichen Schweregrade,
- die therapeutischen Möglichkeiten,
- die möglichen Folgen der Erkrankung, Entwicklungsstörung oder Anlageträgerschaft des Kindes für eine Erkrankung, für das Leben der Schwangeren und ihrer Familie,
- das Erleben und die Einschätzung der Erkrankung, Entwicklungsstörung oder Anlageträgerschaft für eine Erkrankung durch andere betroffene Personen,
- medizinische, psychosoziale und finanzielle Hilfsangebote,
- die Möglichkeiten der Vorbereitung auf das Leben mit dem kranken/behinderten Kind, auch im Hinblick auf das soziale Umfeld,
- das Angebot der Vermittlung von Kontaktpersonen, Selbsthilfegruppen und anderen unterstützenden Stellen,
- die etwaige Erwägung des Abbruchs der Schwangerschaft, wenn der beratende Arzt den Eindruck hat, daß die Voraussetzungen der medizinischen Indikation nach § 218a Abs. 2 StGB gegeben sind.

Erwägt oder wünscht die Schwangere den Abbruch der Schwangerschaft, sind folgende Aspekte Gegenstand weiterer Beratungsgespräche:

- die formalen und rechtlichen Voraussetzungen eines Schwangerschaftsabbruchs mit der Aufklärung darüber, daß Gegenstand der Indikation nicht die Erkrankung, Entwicklungsstörung oder Anlageträgerschaft des Ungeborenen für eine Erkrankung ist, sondern ausschließlich die Unzumutbarkeit für die Schwangere, die für sie entstehende Gefahr einer Beeinträchtigung ihres körperlichen oder seelischen Gesundheitszustandes auf andere Weise abzuwenden als durch einen Schwangerschaftsabbruch,
- Art und Schwere der drohenden gesundheitlichen Gefährdung der Schwangeren,
- medizinische, psychosoziale und finanzielle Hilfsangebote, die es der Schwangeren ermöglichen können, die gesundheitliche Gefährdung auf andere Weise abzuwenden als durch einen Schwangerschaftsabbruch,
- die verschiedenen Methoden des Schwangerschaftsabbruchs und ihre jeweiligen Risiken,

---

[2] Die folgenden Erläuterungen zur Beratung umfassen auch die Inhalte der Aufklärung.
[3] vgl. Richtlinien zur pränatalen Diagnostik (im Druck).

- die möglichen psychischen Folgeprobleme und ihre Behandlungsmöglichkeit,
- die Einhaltung einer angemessenen Bedenkzeit zwischen Beratungen und Schwangerschaftsabbruch,
- bei fortgeschrittener Schwangerschaft die Möglichkeit der Geburt eines lebenden und lebensfähigen Kindes mit der ärztlichen Pflicht, das Kind zu behandeln, sowie den durch den frühen Geburtszeitpunkt bedingten zusätzlichen gesundheitlichen Risiken für das Kind,
- die Möglichkeit psychosozialer Betreuung nach einem Schwangerschaftsabbruch,
- die gesetzlichen Regelungen bei Lebend- und Totgeburt.

Bei Bedarf sollen Ärzte oder Berater spezieller Fachgebiete hinzugezogen werden. Die beratenden Ärzte haben die Gespräche zu dokumentieren. Mindestens zwei der beratenden Ärzte haben die Indikation einvernehmlich zu bescheinigen.

Eine angemessene Bedenkzeit zwischen den Beratungen nach gesicherter Diagnose einer fetalen Erkrankung, Entwicklungsstörung oder Anlageträgerschaft für eine Erkrankung und einen Schwangerschaftsabbruch hat sich als sinnvoll und für die zu treffende Entscheidung wie für die seelische Verarbeitung durch die Schwangere und ihren Partner als notwendig herausgestellt. Da sich die Indikation zum Schwangerschaftsabbruch nach Pränataldiagnostik meist auf die Beeinträchtigung der seelischen Gesundheit der Schwangeren bezieht und die Schwangere nach den Beratungen Zeit benötigt, um ihre Entscheidung sorgfältig zu bedenken, ist die Einhaltung einer solchen Bedenkzeit in der Regel erforderlich.

3. Statistische Erfassung

Um die Folgen der Gesetzesänderung im Laufe der Zeit verfolgen zu können, ist eine spezielle statistische Erfassung derjenigen Schwangerschaftsabbrüche, bei denen eine fetale Erkrankung, Entwicklungsstörung oder Anlageträgerschaft für eine Erkrankung für die medizinische Indikationsstellung von Bedeutung ist, erforderlich. Hierfür sind die gesetzlichen Voraussetzungen zu schaffen. Bei Nichterfassung steht zu befürchten, daß wichtige epidemiologische Daten über Fehlbildungen nicht erhoben werden, die für Ursachenforschung und Qualitätssicherung unverzichtbar sind.

Empfehlungen

In Achtung vor der jedem Menschen – auch dem Ungeborenen – unabhängig von seinen Eigenschaften zukommenden Menschenwürde und dem daraus abgeleiteten Recht auf Leben sowie im Bewußtsein der ärztlichen Verantwortung für die Schwangere und das Ungeborene werden im Hinblick auf einen Schwangerschaftsabbruch nach pränataldiagnostisch erhobenem auffälligem Befund folgende Empfehlungen gegeben:

- Nach gesicherter Diagnose einer fetalen Erkrankung, Entwicklungsstörung oder Anlageträgerschaft für eine Erkrankung sollen Beratungsgespräche gemäß Abschnitt 2 durchgeführt und dokumentiert werden. Die Indikation zu einem Schwangerschaftsabbruch, bei dem eine fetale Erkrankung, Entwicklungsstörung oder Anlageträgerschaft für eine Erkrankung die Unzumutbarkeit begründet, den Konflikt auf eine andere Art und Weise zu lösen, soll durch mindestens zwei der beratenden Ärzte einvernehmlich gestellt werden. Es soll eine angemessene Bedenkzeit zwischen Beratungen und Schwangerschaftsabbruch eingehalten werden.
- Der Zeitpunkt, zu dem die extrauterine Lebensfähigkeit des Ungeborenen gegeben ist, soll, abgesehen von den in Abschnitt 1 genannten seltenen Ausnahmefällen, in der Regel als zeitli-

che Begrenzung für einen Schwangerschaftsabbruch nach pränataldiagnostisch erhobenem auffälligem Befund angesehen werden.

- Es sollen die gesetzlichen Voraussetzungen dafür geschaffen werden, daß die spezielle statistische Erfassung derjenigen Schwangerschaftsabbrüche, bei denen eine fetale Erkrankung, Entwicklungsstörung oder Anlageträgerschaft für eine Erkrankung von Bedeutung war, gewährleistet ist. Im Hinblick auf die vom Bundesverfassungsgericht festgestellte Beobachtungs- und Nachbesserungspflicht sowie aus Gründen der Qualitätssicherung sollen die Indikationsgrundlage, das Schwangerschaftsalter, die Methode des Schwangerschaftsabbruchs sowie die postnatale Befundsicherung erfaßt werden.

- Es sollen die gesetzlichen Voraussetzungen dafür geschaffen werden, daß das Weigerungsrecht, an einem Schwangerschaftsabbruch mitzuwirken, ausschließlich für die Fälle unmittelbarer Lebensgefahr der Schwangeren aufgehoben ist.

Stellungnahme zur Neufassung des § 218a StGB mit Wegfall der sogenannten embryopathischen Indikation zum Schwangerschaftsabbruch*

I. Am 29. Juni 1995 hat der Deutsche Bundestag eine Neufassung des § 218a StGB beschlossen, nach der die bisherige sog. embryopathische Indikation als Voraussetzung für einen straffreien Schwangerschaftsabbruch ersatzlos entfällt. Die Straffreiheit für einen Schwangerschaftsabbruch soll demnach in Zukunft nur noch in drei Situationen gegeben sein:

1. im Rahmen einer Fristenregelung bis zur vollendeten 12. Woche nach Konzeption und mindestens drei Tage nach einer verbindlichen Schwangerschaftskonfliktberatung nach § 219 StGB (§ 218a, Abs. 1);
2. im Rahmen einer sog. kriminologischen Indikation bis zur 12. Schwangerschaftswoche nach Konzeption ohne verbindliche Schwangerschaftskonfliktberatung nach § 219 (§ 218a, Abs. 3);
3. im Rahmen einer sog. medizinischen Indikation ohne Fristbegrenzung und ohne verbindliche Schwangerschaftskonfliktberatung nach § 219 (§ 218a, Abs. 2).

Aus der Begründung des Änderungsantrages sowie verschiedener, bisher vorliegender Kommentare geht hervor, daß mit der Neufassung beabsichtigt ist, die embryopathische Indikation in der medizinischen Indikation aufgehen zu lassen. Dadurch soll insbesondere dem Mißverständnis entgegengewirkt werden, behindertes Leben genieße weniger Lebensschutz als nichtbehindertes, obwohl auch die frühere Regelung eindeutig nur auf die Frage einer eventuellen unzumutbaren Belastung für die Schwangere abstellte, ohne damit ein Werturteil über behindertes Leben zu fällen.

Die Neuregelung hat z.T. zur Verunsicherung geführt und die Frage aufgeworfen, ob unter diesen Bedingungen Pränataldiagnostik überhaupt noch zulässig und ein Schwangerschaftsabbruch nach Pränataldiagnostik rechtmäßig ist. Da die Neuregelung nach der Beschlußfassung im Bundesrat voraussichtlich noch in diesem Jahr geltendes Recht wird, soll im folgenden aus Sicht der Humangenetik zu den sich hieraus ergebenden praxisrelevanten Fragen Stellung genommen werden.

II. Der Wortlaut der medizinischen Indikation (§ 218a, Abs. 2): „Der mit Einwilligung der Schwangeren von einem Arzt vorgenommene Schwangerschaftsabbruch ist nicht rechtswidrig, wenn der Abbruch der Schwangerschaft unter Berücksichtigung der gegenwärtigen und zukünftigen Lebensverhältnisse der Schwangeren nach ärztlicher Erkenntnis angezeigt ist, um eine Gefahr für das Leben oder die Gefahr einer schwerwiegenden Beeinträchtigung des körperlichen oder seelischen Gesundheitszustandes der Schwangeren abzuwenden und die Gefahr nicht auf eine andere für sie zumutbare Weise abgewendet werden kann."

III. Die Neuregelung des § 218a mit Wegfall der embryopathischen Indikation erfordert keine grundsätzliche Änderung der bisherigen medizinischen Praxis im Bereich der Pränataldiagnostik. Auch in Zukunft kann Pränataldiagnostik einer besorgten Schwangeren verfügbar gemacht werden, wenn sie hierüber ein kindliches Erkrankungs- oder Fehlentwicklungsrisiko abklären lassen möchte. Wie bisher sollte die Schwangere in der Beratung vor Pränataldiagnostik auf die Möglichkeit einer schwierigen Konfliktsituation nach einem auffälligen Befund sowie die rechtlichen Rahmenbedingungen für einen Schwangerschaftsabbruch hingewiesen werden.

---

* Kommission für Öffentlichkeitsarbeit und ethische Fragen der Gesellschaft für Humangenetik e.V. und Berufsverband Medizinische Genetik e.V. (1995): Stellungnahme zur Neufassung des § 218a StGB. Med. Genetik 7:360–361

IV. Schon die frühere embryopathische Indikation hob entscheidend auf die Zumutbarkeit einer Belastung für die Schwangere ab, wobei nach einhelliger Auffassung die letzte Entscheidung hierüber bei der Frau lag. Die embryopathische Indikation zum Schwangerschaftsabbruch war gegeben, wenn die Voraussetzungen des § 218a Abs. 3 vorlagen und die Frau sich wegen der Unzumutbarkeit einer aktuellen und zukünftigen Situation zum Schwangerschaftsabbruch entschied. Es hat sich deshalb schon immer um ein Mißverständnis gehandelt, wenn davon ausgegangen wurde, daß die Bewertung einer kindlichen Erkrankung oder Fehlentwicklung als „lebensunwert" der eigentliche Grund für eine Indikationsstellung zum Schwangerschaftsabbruch im Rahmen einer embryopathischen Indikation gewesen sei. In der Neuregelung entfällt die gesonderte Hervorhebung einer Situation nach Feststellung einer kindlichen Erkrankung oder Behinderung oder eines Risikos hierfür. Insofern wird dem Mißverständnis, behindertes Leben genieße weniger Lebensschutz als nichtbehindertes, vorgebeugt.

V. Die Neuregelung bedeutet nicht, daß nach einem auffälligen pränataldiagnostischen Befund keine Indikation mehr zu einem Schwangerschaftsabbruch gestellt werden kann. Die medizinische Indikation sieht ausdrücklich die Berücksichtigung der gegenwärtigen und zukünftigen Lebensverhältnisse der Schwangeren vor. Hierzu ist auch ein pränataldiagnostischer Befund zu rechnen mit seiner aktuellen Bedeutung für die Schwangere und seiner evtl. Aussage über die kindliche Entwicklung und deren Auswirkungen auf die zukünftigen Lebensverhältnisse der Schwangeren. Die Beratung nach Pränataldiagnostik muß deshalb nach wie vor eine ausführliche Information der Schwangeren über den auffälligen Befund und seine Bedeutung für die kindliche Entwicklung beinhalten. Die Indikationsstellung zum Schwangerschaftsabbruch hat sich jedoch ausschließlich danach zu richten, ob in der Situation nach einem auffälligen pränataldiagnostischen Befund – unabhängig von der Art des Befundes und der Schwere einer zu erwartenden kindlichen Erkrankung oder Behinderung – nach ärztlicher Erkenntnis die Gefahr für eine schwerwiegende Beeinträchtigung des körperlichen oder seelischen Gesundheitszustandes der Schwangeren besteht. Entscheidendes Kriterium bleibt hierbei weiterhin die Bewertung der Zumutbarkeit alternativer Lösungen zur Behebung der Gesundheitsgefahren für die Schwangere, über die sie ebenfalls beraten werden muß. Wie bei der früheren embryopathischen Indikation beinhaltet das Zumutbarkeitskriterium eine Bewertung vor allem durch die Schwangere. Gleichwohl erwächst dem Arzt aus der neuen Regelung eine schärfer umrissene Aufgabe, da er erkennen soll, ob die Gefahr einer schwerwiegenden Beeinträchtigung des Gesundheitszustandes der Schwangeren besteht oder künftig entstehen könnte. Dies gilt insbesondere dann, wenn die Schwangere selbst die jeweiligen Folgen verschiedener Handlungsalternativen für ihren Gesundheitszustand nicht einschätzen kann.

Die ausschließliche Orientierung am Gesundheitszustand der Mutter bedeutet auch, daß kein Arzt einer Schwangeren wegen eines auffälligen Befundes zum Schwangerschaftsabbruch raten muß.

Nach wie vor darf der Arzt dem Begehren nach einem Schwangerschaftsabbruch aufgrund der Feststellung eines eventuell unerwünschten Normalmerkmals nicht nachgeben (siehe hierzu Stellungnahmen zur pränatalen Geschlechtsdiagnostik und Vaterschaftsdiagnostik (Med. Genetik 2/2; 3 (1990) 8 und Med. Genetik 4/2 (1992) 12).

VI. Die Neuregelung sieht wie bisher keine Fristbegrenzung für einen Schwangerschaftsabbruch aus medizinischer Indikation vor. Innerhalb der ersten 12 Wochen nach Konzeption ergibt sich deshalb – wie bisher – ein rechtliches Nebeneinander der Fristenregelung und der medizinischen Indikation. Ein solches rechtliches Nebeneinander bestand bisher auch für die embryopathische und medizinische Indikation bis zur 22. Woche nach Konzeption. Nach der Neuregelung ist nun ab der 13. Woche nach Konzeption ein straffreier Schwangerschaftsabbruch ausschließlich im Rahmen einer medizinischen Indikation möglich. Dies bedeutet für die Zeit nach der 22. Woche nach Konzeption keine Änderung gegenüber der bisherigen Regelung.

Deshalb ergibt sich für die Zeit nach der 22. Woche nach Konzeption aus dieser Neuregelung auch keine Änderung gegenüber der bisherigen Praxis. Wie bisher sollte nach der 22. Woche nach Konzeption eine Indikation zur Pränataldiagnostik nur dann gestellt werden, wenn sich aus einem Ergebnis unmittelbare Konsequenzen für eine bessere oder differenziertere Behandlung der Schwangeren oder des Kindes ergeben, oder wenn der Befund für die Schwangere unerläßlich ist, um sich auf die Geburt eines kranken oder behinderten Kindes vorzubereiten. Wie bisher müßten nach der 22. Woche nach Konzeption bei einer medizinischen Indikationsstellung zum Schwangerschaftsabbruch bei einem zu dieser Zeit in der Regel lebensfähigen Kind das mütterliche Erkrankungsrisiko und das kindliche Risiko durch die Frühgeburtlichkeit gegeneinander abgewogen werden.

VII. Die Neuregelung sieht bei der medizinischen Indikation keine Pflicht zur Beratung nach § 219 (Schwangerschaftskonfliktberatung) und keine 3-Tages-Frist zwischen Beratung und Schwangerschaftsabbruch vor. In einer früheren Erklärung wurde bereits festgestellt, daß im Zusammenhang mit der embryopathischen Indikation die Beratung nach § 219 entfallen sollte, sofern eine genetische Beratung erfolgt, welche entsprechend zahlreicher Stellungnahmen ein verbindlicher Rahmen für eine pränatale Diagnostik ist (Med. Genetik 6 (1994) 187). Die Einhaltung einer mehrtägigen Frist zwischen einer Beratung nach Pränataldiagnostik und einem Schwangerschaftsabbruch hat sich in vielen Fällen als sinnvoll und für die seelische Verarbeitung durch die Schwangere und deren Partner als notwendig herausgestellt. Auch wenn eine solche Frist im Rahmen der medizinischen Indikation nicht mehr vorgeschrieben ist, sollten – wenn aus medizinischen Gründen vertretbar – überstürzte Entscheidungen und Maßnahmen vermieden werden. Der Schwangeren sollten die positiven Aspekte der Einhaltung einer Frist zwischen Indikationsstellung und Schwangerschaftsabbruch dargelegt werden.

VIII. Die Neuregelung bedeutet nicht, daß eine Schwangere nach einer Pränataldiagnostik mit auffälligem Befund vor der medizinischen Indikationsstellung zum Schwangerschaftsabbruch regelmäßig an einen anderen Facharzt zur Beurteilung der Gefahr für eine körperliche oder seelische Gesundheitsschädigung verwiesen werden müßte. In dem Kontext genetischer Pränataldiagnostik erfolgt die Indikationsstellung am besten im Rahmen einer genetischen Beratung durch einen medizinischen Genetiker (Facharzt für Humangenetik). Hierdurch kann – insbesondere aufgrund der in der Weiterbildungsordnung verankerten Qualifikation für psychologische und ethische Aspekte genetischer Beratung – allen in § 218a, Abs. 2 genannten Erfordernissen für eine medizinische Indikation zum Schwangerschaftsabbruch in einer solchen Situation genügt werden (siehe hierzu auch frühere Stellungnahme zur embryopathischen Indikation, Med. Genetik 6 (1994) 187).

Positionspapier der Gesellschaft für Humangenetik e.V. *

1. Präambel

Humangenetik ist die Wissenschaft von der genetisch bedingten Variabilität des Menschen. Sie untersucht die Mechanismen und Gesetzmäßigkeiten der Vererbung beim Menschen, die Ursachen für genetisch bedingte Unterschiede zwischen den Menschen und die Umsetzung der genetischen Information in einen Phänotyp (ein wahrnehmbares Erscheinungsbild). Der hierdurch gewonnene Kenntniszuwachs hat zu einem besseren Verständnis der genetisch bedingten Variabilität beim Menschen geführt. Für weite Bereiche der Medizin und angrenzende Gebiete kann die Humangenetik eine allgemeine Theorie zum Verständnis der Entstehung von Erkrankungen und Fehlentwicklungen liefern. Die Humangenetik beansprucht jedoch nicht, die Variabilität des Menschen allein aus der Genetik zu erklären. Gerade aufgrund ihrer spezifischen Fachkenntnisse sind sich Humangenetiker in besonderer Weise der Rolle bewußt, die exogene Faktoren bei der Ausbildung eines Phänotyps spielen können. Die Humangenetik kann deshalb für einzelne Merkmale und Befunde nur Teilerklärungen liefern.

Für die medizinische Praxis bringt die humangenetische Forschung eine Fülle neuer Diagnosemöglichkeiten. Diese führen zu einer genaueren Kenntnis und damit zu einem besseren Verständnis einer Erkrankung oder Fehlentwicklung und ermöglichen dadurch eine Verbesserung der Krankheitsprävention im Sinne einer Verhütung oder Verzögerung des Krankheitsausbruchs. Im Bereich der therapeutischen Forschung hat die Entdeckung von krankheitsverursachenden Genen zusammen mit der methodischen Weiterentwicklung in der Molekulargenetik zu neuen Therapieansätzen geführt. Bei Erkrankungen oder Entwicklungsstörungen, deren Auftreten nicht durch vorbeugende medizinische Behandlung verhindert werden kann, bzw. solchen, die nicht behebbar sind oder für die es keine Heilungsmöglichkeiten gibt, eröffnet eine verbesserte prädiktive und pränatale genetische Diagnostik betroffenen Personen bzw. Familien die Möglichkeit, auf der Grundlage eines Ausschlusses bzw. Nachweises einer Störung Entscheidungen über die Lebens- und Familienplanung zu treffen.

Der Übergang zwischen Grundlagenforschung und praktischer Anwendung ist gerade im Bereich der Humangenetik immer unmittelbarer geworden. Humangenetiker sind sich deshalb in besonderer Weise ihrer Verantwortung dahingehend bewußt, daß wertbesetzte Entscheidungen nicht erst bei der Anwendung, sondern bereits bei der Auswahl und Projektierung von Forschungsvorhaben anstehen.

Humangenetische Forschung führt zu einer Vermehrung unseres Wissens um unsere genetische Konstitution. Dieser Wissenszuwachs eröffnet neue und mehr Handlungsoptionen. Um mit diesem Wissenszuwachs allgemein und im Einzelfall verantwortlich umzugehen, bedarf es der Orientierung an Prinzipien und Handlungszielen, die das Wohl des Einzelnen in den Mittelpunkt stellen. Die spezifische Geschichte der Humangenetik in Deutschland hat gezeigt, daß sie in die Gefahr geraten kann, den Respekt vor der Würde des Menschen zu verlieren, mißbraucht zu werden und schließlich diesen Mißbrauch aktiv zu unterstützen. Dies geschah in der Zeit des Nationalsozialismus, wobei die Prinzipien ärztlichen und wissenschaftlichen Handelns verletzt wurden. Der Gleichheitsgrundsatz und das Selbstbestimmungsrecht des Menschen wurde staatlichen und politischen Interessen untergeordnet bis hin zur Verletzung bzw. vollständigen Mißachtung und Außerkraftsetzung menschlicher Grundrechte. Hierdurch wurde großes Leid über viele Menschen und deren Familien gebracht. Humangenetiker sind sich ihrer Verantwortung bewußt, der Wiederholung solcher Entwicklungen entgegenzuwirken.

* Kommission für Öffentlichkeitsarbeit und ethische Fragen der Gesellschaft für Humangenetik e.V. (1996): Positionspapier. Med Genetik 8:125–131.

Zielsetzungen und Mittel der Humangenetik unterliegen wie die anderer Wissenschaften in Forschung und Anwendung einem historischen und gesellschaftlichen Wandel. Dieser Wandel ist sowohl bedingt durch die historische Erfahrung und wissenschaftlich-technische Wissensakkumulation als auch durch ständige Modifikation gesellschaftlicher Wertvorstellungen und Normen. Charakteristisch für die erste Hälfte dieses Jahrhunderts war die Orientierung an einer eugenischen, zudem wissenschaftlich nicht begründbaren Utopie, die die Ziele und Mittel sowohl der positiven Eugenik (im Sinne der Verbesserung des Genpools einer Bevölkerung) als auch der negativen Eugenik (im Sinne der Verhinderung der Weitergabe vermeintlich schlechter Gene) propagierte. Mittelbare und unmittelbare Zwangsmaßnahmen, die der Umsetzung dieser Zielvorstellungen dienten, wurden auch von Humangenetikern aktiv unterstützt.

In der zweiten Hälfte dieses Jahrhunderts wurden mit der modernen Humangenetik bzw. der medizinischen Genetik eugenische Ziele weitgehend durch in ihrem Wesen grundsätzlich andere, auf die einzelne Familie ausgerichtete, präventivmedizinische Vorstellungen im Sinne der Verhinderung krankheitsbedingten Leidens in dieser und folgenden Generationen verdrängt. Im Zusammenhang mit einer raschen Methodenentwicklung bedeutete dies für die Forschung eine Konzentration auf die Aufklärung der Ursache genetisch bedingter Erkrankungen und Fehlentwicklungen, d.h. der jeweiligen krankheitsverursachenden genetischen Faktoren. Von betroffenen Patienten und Familien wurde erwartet, daß sie im Sinne der Leidensminderung und im Eigeninteresse sog. vernunftgeleitetes Verhalten zeigten, welches durch entsprechende ärztliche Maßnahmen zu fördern war.

Zunehmende kritische Auseinandersetzung mit präventivmedizinisch orientierten Ansätzen in der Humangenetik und praktische Erfahrungen aus der genetischen Beratung führten jedoch zu der Erkenntnis, daß das primäre Ziel nur die Hilfe für den einzelnen Patienten oder die einzelne Familie sein kann, und daß die Berücksichtigung und Integration psychosozialer Faktoren bei einer solchen Zielsetzung unerläßlich ist. Eine solche individuell orientierte Zielsetzung erfordert die ständige Reflektion der Funktion von Humangenetik auf gesellschaftlicher und individueller Ebene. Die Gesellschaft für Humangenetik e.V. (GfH) fühlt sich dieser Zielsetzung und den Prinzipien, deren Wahrung zur Erreichung dieses Zieles unverzichtbar sind, verpflichtet und hat dies auch in einer Erklärung anläßlich ihrer ersten Tagung im Jahr 1989 zum Ausdruck gebracht (Med. Genetik 1 (1989) 51).

Die GfH hält es für erforderlich, ihre Maßstäbe für verantwortliches Handeln in Forschung und Praxis offenzulegen. Die Beschreibung ihrer Positionen berücksichtigt den Stand der Diskussion innerhalb des Faches Humangenetik. Diese Positionsbeschreibung hat gleichzeitig die Bedeutung einer Selbstverpflichtung der GfH zur Wahrung der hier aufgeführten Prinzipien.

2. Prinzipien

Das übergeordnete, handlungsleitende Prinzip ist der Respekt vor der Würde des einzelnen Menschen, insbesondere die Achtung der Würde und des Gefühls derjenigen Menschen, die von einer genetisch bedingten Erkrankung oder Behinderung betroffen sind. Aus diesem Prinzip leiten sich als weitere Grundprinzipien die Respektierung des Selbstbestimmungsrechtes, die Respektierung des Gleichheitsgrundsatzes und der Vertraulichkeit ab, damit verbunden die Respektierung des Rechtes auf umfassende Aufklärung, sowie die Wahrung des „informed consent", der Schweigepflicht und der Freiwilligkeit.

In der Forschung müssen diese Prinzipien sowohl bei der Planung als auch bei der Durchführung von Forschungsprojekten Anwendung finden. Diskriminierung oder Stigmatisierung von Personengruppen oder einzelnen Personen müssen vermieden und die Auswirkungen eventueller praktischer Anwendungen möglicher Forschungsergebnisse berücksichtigt werden. Diese Prinzipien verdienen besondere Beachtung bei der Untersuchung von Erkrankungen und Behinderungen, bei denen Stigmatisierung und Diskriminierung erfahrungsgemäß besonders leicht erfolgen, wie z.B. bei psychiatrischen Erkrankungen, geistigen Behinderungen oder solchen mit besonderen Auffälligkeiten im Aussehen oder Verhalten. Das bedeutet, daß bei der Planung derartiger Forschungsprojekte anwendungsbezogene Problemaspekte in der Regel in Form einer entsprechenden psychosozialen Evaluation einbezogen werden sollen.

In der medizinischen Anwendung verbieten die genannten Prinzipien nicht nur die Ausübung jeglichen Zwangs, sondern erfordern darüber hinaus die aktive Förderung von individueller Autonomie und Enscheidungsfreiheit. Dies schließt auch die Achtung der kulturellen Verschiedenheit und der unterschiedlichen Interpretationen von Gesundheit und Krankheit bzw. Behinderung ein, sofern diese Interpretationen wiederum nicht die Menschenwürde und die individuelle Autonomie anderer verletzen.

3. Handlungsziele

Für die meisten Bereiche der Medizin hat die Verhinderung oder Erleichterung krankheitsbedingten menschlichen Leidens als Handlungsziel allgemeine Gültigkeit. Ein solches Handlungsziel läßt sich jedoch nicht voraussetzungslos auf alle Bereiche der Humangenetik übertragen. Allzuleicht wird Prävention und Leidensminderung im Zusammenhang mit humangenetischer Forschung und Praxis gleichgesetzt mit der Zielvorstellung von Elimination oder Verhinderung der Zeugung oder Geburt von Betroffenen. Die GfH distanziert sich ausdrücklich von einem solchen Verständnis von genetischer Prävention. Sie ist vielmehr der Auffassung, daß die wissenschaftlichen und praktischen Möglichkeiten dieses Faches genutzt werden müssen, um Patienten und Familien mit genetisch bedingten Erkrankungen und Behinderungen die jeweils bestmögliche Hilfe zukommen zu lassen. Welches die bestmögliche Hilfe ist, kann nicht allgemein und für alle Personen verbindlich festgelegt werden, sondern muß im Einzelfall erarbeitet werden. Damit ist der Bereich der Patienten- und Familienberatung angesprochen, der im Zentrum der praktischen Umsetzung von humangenetischem Wissen in die Praxis steht. Das wichtigste Handlungsziel der angewandten Humangenetik ist die bestmögliche Beratung, Diagnostik und Therapie im Einzelfall. Bei der Auswahl der Mittel, mit denen dieses Ziel im Einzelfall zu erreichen versucht wird, müssen die o. g. Prinzipien beachtet werden. Es läßt sich jedoch nicht allgemein festlegen, welcher dieser drei Bereiche – Beratung, Diagnostik, Therapie – im Vordergrund zu stehen hat. Deshalb müssen Forschungsbemühungen und Bemühungen um eine Verbesserung der Praxis in allen drei Bereichen gleichermaßen gefördert werden.

Die GfH distanziert sich ausdrücklich von Handlungszielen, die sich primär auf die Reduzierung der Prävalenz bestimmter, vor allem nicht behandelbarer Erkrankungen oder Behinderungen in einer Bevölkerung oder einzelnen Bevölkerungsgruppen, oder auf deren genetische Konstitution insgesamt beziehen, sofern ein solches Handlungsziel nur über die gezielte Beeinflussung von Entscheidungen und Handlungen Einzelner erreicht werden könnte. Hierbei bestünde die Gefahr der Verletzung der Würde des einzelnen Menschen durch die Ausübung von Zwang. Die Abnahme der Prävalenz von genetisch bedingten Erkrankungen oder Behinderungen in einer Bevölkerung kann ein möglicher Nebeneffekt, nicht jedoch das primäre Handlungsziel der angewandten Humangenetik sein. Jedes überindividuelle Handlungsziel birgt die Gefahr, daß durch die Mittel, die zur Erreichung dieses Zieles eingesetzt werden müßten, grundlegende Prinzipien verletzt würden.

Die Veränderung oder Verbesserung einer als „normal" angesehenen Konstitution mit Hilfe genetischer Maßnahmen wird abgelehnt. Es gibt keine wissenschaftliche Grundlage, auf der „genetische Normalität" definiert werden könnte. Darüber hinaus könnte nicht die Frage beantwortet werden, wer Normalität und die Zielrichtung einer Verbesserung ggf. definieren sollte. Vielmehr ist die bestehende genetisch bedingte Variabilität – einschließlich aller natürlich vorkommenden Extreme der Manifestation – eine „normale" Eigenschaft jeder Population.

4. Verhältnis zu sozialen Ungerechtigkeiten und Nachteilen

Gesellschaftliche Normen und Wertvorstellungen sind in der Regel sozial konstruiert. Werden sie verletzt, so kann dies zu Stigmatisierung und Diskriminierung der von der Norm abweichenden Person oder Personengruppe führen. Eine Verstärkung latent bestehender Stigmatisierung und Diskriminierung kann durch die mißbräuchliche Anwendung von Diagnoseverfahren hervorgerufen werden, durch die bestimmte Personen oder Personengruppen aufgrund einer Eigenschaft, eines Merkmals oder einer Erkrankung identifiziert, ausgesondert und gezielt benachteiligt werden können.

Gerade bei der Erklärung von Verhaltensauffälligkeiten bzw. Abweichungen von sozial normiertem Verhalten besteht eine Tendenz in der Gesellschaft, zu vereinfachen und die Ursachen solcher Abweichungen auf „Vererbung" zurückzuführen bzw. die Auffälligkeiten im Sinne eines genetischen Reduktionsmus als ausschließlich genetisch bedingt zu erklären. Eine solche soziale Zuschreibung genetischer Faktoren als Ursache negativ bewerteter Verhaltensweisen oder Krankheitsbilder begünstigt die Stigmatisierung und Diskriminierung von Betroffenen und von deren Familien. Die Definition von normalem und abweichendem Verhalten ist jedoch – insbesondere wenn Minderheiten betroffen sind – wesentlich durch kulturelle Werte und Normen beeinflußt. Diese sind veränderlich und unterliegen einem historischen Wandel. Ausschließlich genetische Erklärungskonzepte für sozial verursachte Probleme ignorieren den Einfluß sozialer Normen und ihre Veränderlichkeit und sind geeignet, die Entwicklung und den Bestand einer sozial gerechten, solidarischen Gesellschaft zu gefährden. Durch Individualisierung von Verantwortung und Schuldzuweisungen wird der gesellschaftliche Anteil von Verantwortung und Verursachung ignoriert. Dies würde zu Entsolidarisierung und sozialer Isolierung führen und einen angemessenen sozialen Umgang mit Verhaltensauffälligkeiten erschweren bzw. verhindern.

Wegen dieser Gefahren ist es erforderlich, den Geltungsbereich humangenetischer Aussagen und deren Grenzen unmißverständlich deutlich zu machen. Dies gilt insbesondere hinsichtlich solcher Merkmale, Erkrankungen oder Behinderungen, die vom Ursachenspektrum her komplex, d. h. sowohl durch wechselseitig wirksame exogene Faktoren wie z. B. soziale Schichtzugehörigkeit, Verhaltensgewohnheiten, Exposition zu Umwelteinflüssen u.a. als auch durch endogene Faktoren wie genetische Disposition bedingt sind. Das schließt nicht aus, daß das Erkennen von genetischen Unterschieden auch zu einem besseren Verständnis eines Merkmals, einer Erkrankung oder einer Behinderung bzw. der jeweils hiervon Betroffenen beitragen kann. Je genauer die einzelnen Ursachenfaktoren einer Erkrankung, Behinderung oder sonstigen Auffälligkeit bekannt sind, um so besser kann das Verständnis der hiervon Betroffenen und damit der soziale Umgang mit ihnen sein. Der Information und Aufklärung der Öffentlichkeit über humangenetische Tatbestände und Problemaspekte und hierbei insbesondere der Diskussion und Kooperation mit Betroffenengruppen und Selbsthilfeverbänden wird deshalb eine große Bedeutung beigemessen.

Genetische Erklärungskonzepte dürfen auch nicht die Entwicklung einer sozial gerechten Umwelt beeinträchtigen. Gesundheitsgefährdende Umweltbedingungen müssen so weit als möglich minimiert werden und dürfen nicht durch Selektionsmaßnahmen auf der Basis genetischer Tests Akzeptanz finden.

5. Versorgung, Zugang, Inanspruchnahme

Für alle Bevölkerungsgruppen sollten die Zugangsmöglichkeiten zu genetischer Information, Beratung und Diagnostik gleich sein. Eine allgemein verfügbare, angemessene und qualifizierte Information sowie ausreichende Beratungs- und Untersuchungskapazitäten sind hierfür die Voraussetzung.

Wegen der Reichweite genetischer Diagnosen darf die Inanspruchnahme von genetischer Beratung und Diagnostik grundsätzlich nur auf freiwilliger Basis erfolgen. Humangenetische Untersuchungen dürfen weder unmittelbar noch mittelbar erzwungen werden. Insofern darf jeder ein Recht auf Nichtwissen seiner genetischen Konstitution für sich in Anspruch nehmen. Ebenso darf niemand zum Verzicht auf genetische Beratungs- und Diagnoseleistungen gedrängt werden. Sowohl Personen, die bestimmte genetische Untersuchungen in Anspruch nehmen, als auch Personen, die die Inanspruchnahme verweigern, laufen Gefahr, diskriminiert oder stigmatisiert zu werden. Durch verstärkte Information und Aufklärung muß solchen Tendenzen in der öffentlichen Meinung entgegengewirkt werden. Zur Wahrung des Rechts auf informationelle Selbstbestimmung wird ein gesetzlicher Regelungsbedarf im Arbeits- und Versicherungsrecht gesehen, um Nachteile beim Zugang zu Arbeitsplätzen und zu Versicherungsleistungen einschließlich der Krankenversicherung auszuschließen. So darf es privaten und öffentlichen Institutionen nicht erlaubt sein, prädiktive genetische Untersuchungen als Vorbedingung für die Gewährung bestimmter Leistungen zu verlangen. Auch die Freiwilligkeit der Inanspruchnahme genetischer Diagnostik, die der Abklärung beschäftigungsbedingter Krankheitsrisiken dient, muß gewährleistet sein. Die Nichtinanspruchnahme jeglicher Art von genetischer Diagnostik muß ausdrücklich geschützt sein.

Die einzige, derzeit erkennbare Ausnahme vom Prinzip der Freiwilligkeit bei der Inanspruchnahme von genetischer Diagnostik ist die Untersuchung von Neugeborenen (Neugeborenenscreening) auf genetisch bedingte Erkrankungen, für die eine frühzeitige Behandlungs- oder Präventionsmöglichkeit zur Verfügung steht.

6. Individuelle Autonomie bei der Lebens- und Familienplanung

Aus den genannten Prinzipien und Handlungszielen ergibt sich, daß das Selbstverständnis der GfH die Förderung der individuellen Entscheidungsfreiheit sowohl im Hinblick auf die Inanspruchnahme von humangenetischen Leistungen als auch im Hinblick auf die Konsequenzen, die sich aus einer bestimmten genetischen Situation ergeben, einschließt. Entscheidungen, die die Lebens- und Familienplanung betreffen, sind nicht zwangsläufig Folge einzelner genetischer Befunde, sondern können nur von den Betroffenen – und dies sind im Falle der Familienplanung die Eltern – auf der Grundlage eines individuell erwünschten und für sie tragbaren Wissens gefällt werden.

Die GfH setzt sich dafür ein, daß eine so verstandene individuelle Entscheidungsautonomie aktiv vor den Interessen einzelner Dritter oder privater und öffentlicher Institutionen geschützt wird. Eine Verletzung dieser Autonomie gefährdet die Integrität des Einzelnen und verletzt das Prinzip der Menschenwürde. Entscheidungsautonomie setzt dabei den freien Zugang zu medizinischen Ressourcen sowie Informationen und ggf. deren verständliche Übermittlung voraus. Informationsmöglichkeiten und Handlungsoptionen, die die Humangenetik zur Verfügung stellen kann, sollten allen Personen unabhängig von deren Vorwissen oder finanziellen Möglichkeiten zugänglich sein. Die GfH setzt sich deshalb weiterhin für einen verstärkten Ausbau von humangenetischer Beratung und Diagnostik ein.

Eltern haben darüber hinaus ein Anrecht darauf, daß die Gesellschaft die ökonomischen und sozialen Rahmenbedingungen gewährleistet, die ihnen die Wahrnehmung aller Entscheidungsoptionen ermöglicht. Hierzu gehört der Schutz vor ökonomischen und sozialen Nachteilen sowohl bei der Inanspruchnahme als auch bei der Nichtinanspruchnahme von humangenetischen Leistungen. Ein Ausbau humangenetischer Leistungen ist deshalb nur dann vertretbar, wenn er von einem Ausbau medizinischer und sozialer Unterstützungsleistungen für genetisch bedingt Erkrankte und Behinderte begleitet ist.

7. Vertraulichkeit und Schweigepflicht

Vertraulichkeit und Schweigepflicht sind allgemein bindende Prinzipien, die für alle ärztlichen Handlungen gelten und in der ärztlichen Berufsordnung festgelegt sind. Selbstverständlich gelten diese Prinzipien auch für humangenetische Beratung und Diagnostik. Allerdings sind die im Zusammenhang mit der Humangenetik anfallenden Informationen sowohl für die Betroffenen als auch deren Familien und Angehörige in der Regel von einer Tragweite, die nicht nur die jeweilige persönliche Gesundheit, sondern die Lebens- und Familienplanung betrifft. Humangenetikern erwächst hieraus die Verpflichtung zu einem besonders sorgfältigen Umgang mit diesen Prinzipien und zu einer restriktiven Auslegung in Zweifelsfällen.

Genetische Daten müssen in besonderer Weise vor dem Interesse und der Nachfrage Dritter geschützt sein, da sie dem Kern der Persönlichkeit eines Menschen zuzurechnen sind. Ein Zugang zu genetischen Daten darf nicht allgemein, sondern nur spezifisch mit einer schriftlichen Entbindung von der Schweigepflicht nach voller Aufklärung der Betroffenen über den Nutzungszweck möglich sein. In jedem Einzelfall ist zu prüfen, ob sich die Entbindung von der Schweigepflicht konkret auf die aktuelle Frage und auf die zu informierende Person bezieht, und ob die Entbindung von der Schweigepflicht in Kenntnis aller ggf. weiterzugebenden Fakten und im Bewußtsein der Tragweite der Weitergabe erfolgt. Nachfragen, die nicht zusammen mit einer solchen Entbindung von der Schweigepflicht erfolgen, darf nicht stattgegeben werden. Ein Humangenetiker kann eine Entbindung von der Schweigepflicht also nur dann als wirksam anerkennen, wenn diese ausdrücklich an ihn gerichtet ist, den Nutzungszweck benennt und spezifisch seine Untersuchungsergebnisse und ggf. Beratungsinhalte zur Weitergabe bestimmt. Er sollte sich weiterhin darüber vergewissern, daß der Patient sich aller eventuellen Konsequenzen bewußt ist. Diese Forderung überschreitet deutlich das allgemeine ärztliche Verständnis von der Schweigepflicht.

Die genannten Prinzipien können in Konflikt geraten mit dem ärztlichen Grundsatz, Leiden und Schaden für Dritte zu verhindern. In der Humangenetik werden häufig Befunde erhoben, die Rückschlüsse auf gesundheitliche Risiken für weitere Familienangehörige und deren Nachkommen zulassen. Diese Informationen sind dann von besonderer Bedeutung, wenn auf ihrer Grundlage eine vorsorgende Untersuchung durchgeführt, eine Behandlung eingeleitet oder eine Pränataldiagnostik in Anspruch genommen werden könnte. Insofern kann für Familienangehörige eine moralische Verpflichtung gesehen werden, genetisches Wissen zu teilen. In gleicher Weise kann für Partner eine moralische Verpflichtung gesehen werden, sich gegenseitig über genetisches Wissen zu informieren, sofern es um gemeinsame Kinder geht.

Werden genetische Informationen unter den Mitgliedern einer Familie nicht weitergegeben, so werden hierdurch Personen u. U. von ihnen erwünschte und für sie wichtige, gesundheitsrelevante Informationen vorenthalten. Es handelt sich bei dieser Situation für den Humangenetiker, der über diese Information verfügt, um einen prinzipiell unlösbaren Konflikt. Unabhängig davon, wie er sich verhält, verletzt er zwangsläufig wichtige Handlungsprinzipien. Bei Drängen auf Weitergabe der Information oder eigener Weitergabe durch den Humangenetiker wird die Patientenautonomie, ggf. auch die Schweigepflicht verletzt, und im Falle der Nichtweitergabe ggf. die Verpflichtung zur Hilfeleistung. Zur Lösung dieses Dilemmas kann es also keine allgemein anwendbaren Regeln geben, sondern nur eine Abwägung im Einzelfall unter Einbeziehung möglichst vieler Beteiligter. Bei nicht behandelbaren und nicht verhinderbaren Erkrankungen sollte das Recht auf informationelle Selbstbestimmung Vorrang vor dem Recht auf Information haben. Wenn sie nicht selbst nachgefragt haben, sollen Angehörige nicht informiert werden („Recht auf Nichtwissen", siehe hierzu auch Stellungnahme zur postnatalen prädiktiven genetischen Diagnostik (Med. Genetik 3/2 (1991) 10–11) und Grundsätze genetischer Beratung des Berufsverbandes Medizinische Genetik e.V. (Med Genetik 2/4 (1990) 5).

Eine spezielle Problemsituation entsteht, wenn der Wunsch nach Untersuchungen geäußert wird, deren Ergebnis unmittelbar auch eine Aussage über den genetischen Status eines weiteren Angehörigen erlaubt (z. B. eineiige Zwillinge und direkte, prädiktive Gendiagnose bei Kindern von noch nicht betroffenen Eltern). Auch in diesen Fällen kann keine grundsätzliche Entscheidung für oder gegen die Durchführung solcher Untersuchungen bzw. die Ergebnismitteilung erfolgen, sondern es muß im Einzelfall nach einer Lösung unter Einbeziehung möglichst aller Beteiligter gesucht werden.

8. Recht auf umfassende Aufklärung

Die Information über alle bekannten, für eine Entscheidung im Einzelfall relevanten Tatbestände sowie eine umfassende Aufklärung über alle erhobenen Befunde sind eine unabdingbare Voraussetzung für die Ausübung individueller Entscheidungsautonomie. Deshalb sind besonders hohe Anforderungen an die Qualität einer Beratung schon vor der Durchführung einer Untersuchung zu stellen. Eine solche Beratung soll eine qualifizierte Zustimmung oder Ablehnung ermöglichen und muß deshalb den Prinzipien des „informed consent" genügen. Hierzu gehören (Andrews et al. (Hrsg) Assessing genetic risks. National Academy Press, Washington, 1994, S. 156):

- die angemessene Erläuterung aller Maßnahmen und ihrer Zwecke einschließlich der genauen Abgrenzung solcher Verfahren, die experimentellen Charakter haben;
- eine Darstellung des voraussichtlichen Nutzens und der Risiken, einschließlich von Nutzen und Risiken möglicher zukünftiger Behandlungsmaßnahmen;
- die Aufklärung über angemessene alternative Verfahrensweisen, die ebenfalls einen Nutzen haben können;
- eine Beratung über die Konsequenzen und Entscheidungsalternativen, die sich aus einem Befund ergeben können;
- das Angebot, weitere Fragen zu besprechen;
- der Hinweis, daß die Untersuchung abgelehnt werden kann;
- eine ausreichende Dokumentation des Einverständnisses mit der Durchführung der Untersuchung.

Nach der Durchführung von genetischen Untersuchungen haben untersuchte Personen ein Anrecht auf vollständige Information über alle Ergebnisse, die für die eigene Gesundheit oder diejenige eines Kindes von Bedeutung sein können. Sie können jedoch auch jederzeit ein Recht auf Nichtwissen für sich in Anspruch nehmen, welches den Berater bzw. Untersucher verpflichtet, auf die Weitergabe einer genetischen Information zu verzichten. Eine Ausnahme von der grundsätzlichen Verpflichtung zur Weitergabe eines Untersuchungsergebnisses ist dann gegeben, wenn diese Information für die Gesundheit einer Person oder deren Nachkommen keine Bedeutung hat.

Die Aufklärung soll im Rahmen einer genetischen Beratung durch den Humangenetiker erfolgen. Sie soll unabhängig vom Schweregrad einer infrage stehenden Erkrankung oder Behinderung umfassend sein, die Darstellung möglicher Folgen für die persönliche Lebenssituation unter Respektierung sozialer, ethischer und religiöser Wertvorstellungen der Ratsuchenden einschließen und die individuellen Verarbeitungsmöglichkeiten berücksichtigen. Auch unklare und problematische Befunde sollen auf der Basis des aktuellen Wissensstandes mitgeteilt werden.

9. Genetische Beratung

Genetische Beratung ist ein ärztliches Angebot an alle, die an einer genetisch bedingten Krankheit oder Behinderung leiden und/oder ein Erkrankungsrisiko für sich oder Angehörige befürchten. In der genetischen Beratung wird einzelnen Personen oder Familien umfassende medizinisch-genetische Information und ggf. Diagnostik zur Verfügung gestellt. Die Beratung schließt darüber hinaus die einfühlsame, von Respekt getragene Unterstützung eines Prozesses ein, in der eine Person oder Familie zu einer für sie tragbaren Einstellung bzw. Entscheidung hinsichtlich einer genetisch bedingten Erkrankung oder Behinderung bzw. eines Risikos hierfür findet.

Genetische Beratung wird als ein verpflichtender Rahmen für jede Art genetischer Diagnostik angesehen, die Aussagen über Erkrankungsrisiken für eine Person oder deren Angehörige machen soll. Über eine heute allgemein akzeptierte Nichtdirektivität mit der Respektierung unterschiedlicher Werthaltungen hinaus erfordert genetische Beratung eine Orientierung an der Einstellung und Erfahrung des individuellen Patienten bzw. Ratsuchenden, die die Erarbeitung individuell tragbarer Entscheidungen ermöglicht.

Die Entscheidungsfreiheit im Hinblick auf die Inanspruchnahme medizinisch-genetischer Leistungen und die persönliche Lebens- und Familienplanung hat auf gesellschaftlicher Ebene nicht nur die Abwesenheit unmittelbaren oder mittelbaren Zwangs zur Voraussetzung, sondern auch die Förderung ökonomischer und sozialer Rahmenbedingungen, die eine individuelle Handlungsfreiheit überhaupt erst ermöglichen.

Die GfH teilt ein Verständnis von genetischer Beratung als medizinisch kompetenter, individueller Entscheidungshilfe, wie es in den Grundsätzen genetischer Beratung des Berufsverbandes Medizinische Genetik e.V. mit der Festlegung von Form und Inhalt genetischer Beratung zum Ausdruck kommt (Med. Genetik 2/4 (1990) 5).

10. Postnatale prädiktive Diagnostik

Die moderne Humangenetik eröffnet zunehmend die Möglichkeit der prädiktiven genetischen Diagnostik bei gesunden Menschen, d.h. der Identifizierung von Genen, die zu Erkrankungen im späteren Leben führen oder hierzu disponieren.

Im Hinblick auf Erkrankungen, deren Ausbruch verhindert werden könnte oder die behandelbar sind, kann diese Untersuchung im Einzelfall eine wichtige Hilfe bei Entscheidungen über eventuelle präventive oder therapeutische Maßnahmen sein. Die Klärung eines Erkrankungsrisikos durch prädiktive genetische Diagnostik kann jedoch auch bei Krankheiten, die weder verhinderbar noch behandelbar sind, neue Entscheidungsmöglichkeiten hinsichtlich der Lebens- und Familienplanung eröffnen. Prädiktive genetische Diagnostik sollte daher auf Nachfrage grundsätzlich zur Verfügung stehen. Vor dem Hintergrund einer zunehmenden Anzahl prädiktiv diagnostizierbarer Erkrankungen bzw. Krankheitsdispositionen besteht jedoch die Gefahr, daß Untersuchungsergebnisse nicht ausschließlich zum Wohle der untersuchten Personen Verwendung finden. Die Durchführung prädiktiver Testverfahren ist deshalb nur dann vertretbar, wenn vor ihrer Einführung mehrere Bedingungen erfüllt sind (vgl. hierzu die Stellungnahme zur postnatalen prädiktiven genetischen Diagnostik (Med. Genetik 3/2 (1991) 10–11) sowie Stellungnahme zur Entdeckung des Brustkrebsgens BRCA1 (Med. Genetik 7 (1995) 8–10):

- Wichtigste Voraussetzung ist die Sicherstellung eines ausreichenden Informations- und Beratungsangebotes zu allen wesentlichen Aspekten der zu untersuchenden Krankheit bzw. Krankheitsdisposition.

- Die Eigentumsrechte am Untersuchungsmaterial sowie die Rechte an der Verwendung der Untersuchungsergebnisse bedürfen eindeutiger Regelungen, ein Fragerecht von Dritten nach Durchführung oder Ergebnissen dieser Art von Diagnostik muß ausgeschlossen sein.
- Prädiktive Diagnostik darf nur bei Volljährigen durchgeführt werden. Ausnahmen sind Krankheiten, bei denen wichtige präventive oder therapeutische Maßnahmen bereits im Kindesalter eingeleitet werden können (siehe hierzu Stellungnahme zur genetischen Diagnostik im Kindes- und Jugendlichenalter, Med. Genetik 7 (1995) 358–359).
- Prädiktive genetische Diagnostik kann Informationen über den genetischen Status nicht untersuchter Familienmitglieder offenbaren. Dieser Situation ist bei der Beratung vor der Testung in besonderem Maße Rechnung zu tragen. Dabei sollte es das Ziel aller beteiligter Personen sein, ein Einvernehmen zwischen den Angehörigen zu erzielen.
- Prädiktive genetische Diagnostik sollte im Rahmen wissenschaftlich begleiteter Pilotprojekte eingeführt werden, bei denen gleichzeitig Nutzen, Risiken und potentielle Folgewirkungen untersucht werden.

Es ist notwendig, für jede prädiktiv diagnostizierbare Erkrankung Richtlinien zu erarbeiten, so wie dies erstmals paradigmatisch für die Huntington-Krankheit unter Einbeziehung Betroffener umgesetzt wurde. Im Hinblick auf die Rahmenbedingungen prädiktiver genetischer Diagnostik wird ausdrücklich auf frühere Stellungnahmen des Berufsverbandes Medizinische Genetik e.V. zur humangenetischen Beratung (Med. Genetik 2/4 (1990) 5) und zur molekulargenetischen Diagnostik (Med. Genetik 1/1 (1989) 4) verwiesen.

11. Heterozygotendiagnostik und Heterozygotenscreening

Die Fortschritte der molekularen Humangenetik haben neue Möglichkeiten geschaffen, Heterozygotie (Anlageträgerschaft) für zahlreiche rezessiv-erbliche Erkrankungen festzustellen. Es ist zu erwarten, daß derartige Untersuchungsverfahren in Zukunft für eine große Anzahl von Krankheiten zur Verfügung stehen. Damit wird es möglich, den Heterozygotenstatus gesunder Personen im Einzelfall, aber auch systematisch in Bevölkerungsgruppen (Bevölkerungsscreening) festzustellen.

Die GfH ist der Auffassung, daß Heterozygotentests ausreichend informierten Personen zugänglich sein sollten, wenn die Durchführung gewünscht wird, insbesondere Mitgliedern einer Familie, in der schon einmal eine autosomal oder geschlechtsgebunden rezessiv-erbliche Erkrankung aufgetreten ist, oder Personen, die aus einer Bevölkerungsgruppe mit bekannt hoher Genfrequenz für eine rezessiv erbliche Erkrankung stammen, oder Partnern, die miteinander verwandt sind.

Voraussetzung für eine Untersuchung ist in jedem Fall, unabhängig vom Anlaß, eine umfassende Aufklärung über Häufigkeit, Ursache, Symptomatik, Verlauf und Therapie derjenigen Krankheit, auf deren Anlageträgerschaft hin untersucht werden soll. Nur auf der Basis dieses Wissens kann eine qualifizierte Entscheidung über die Inanspruchnahme erfolgen. Eine derartige Aufklärung schafft die Voraussetzungen für ein Verständnis der Bedeutung eines Testergebnisses.

Voraussetzung für ein Bevölkerungsscreening wäre neben der umfassenden und sachgerechten Aufklärung der Bevölkerung die Sicherstellung der Freiwilligkeit der Teilnahme an einer Untersuchung und die Einsichtsfähigkeit der zu untersuchenden Personen in die Tragweite ihrer Entscheidung sowie die Sicherstellung der Qualifikation der für die Beratung und Untersuchung Verantwortlichen und eine vorhergehende Evaluation eventueller Risiken. Die GfH lehnt ein solches Bevölkerungsscreening zum jetzigen Zeitpunkt deshalb ab, weil die Rahmenbedingungen hierfür nicht gegeben sind. Dies betrifft sowohl die Aufklärung der Öffentlichkeit als auch die Sicherstellung der erforderlichen qualifizierten Beratung und die Durchführung wissenschaftlicher Projekte, auf deren Grundlage weitere Entscheidungen gefällt werden könnten. In diesem Zusammenhang wird ausdrücklich auf die Stellungnahme der GfH und die Erklärung des Berufsverbandes Medizinische Genetik zum Heterozygotenscreening Bezug genommen (Med. Genetik 3/2 (1991) 11–12 und Med. Genetik 1/2 (1990) 3).

12. Pränataldiagnostik

Die individuelle Entscheidung von Eltern, eine vorgeburtliche Diagnostik im Hinblick auf eine kindliche Erkrankung oder Fehlentwicklung mit der Möglichkeit eines Schwangerschaftsabbruchs bei einem betroffenen Kind in Anspruch zu nehmen, ist zu respektieren. Diese Untersuchung ist für viele Frauen und Familien eine wichtige Option bei der Familienplanung. Voraussetzung für die Inanspruchnahme ist nach Auffassung der GfH eine umfassende Aufklärung, die den Ansprüchen einer genetischen Beratung genügt (s. Nr. 9) und der Schwangeren eine qualifizierte Entscheidung für oder gegen die Untersuchung ermöglicht.

Eine pränatale Diagnostik soll jedoch nur durchgeführt werden, wenn sie zur Klärung einer medizinischen Problemstellung erforderlich ist. Eine vorgeburtliche Befunderhebung, die ausschließlich dem Zweck dient, Aussagen über Merkmale ohne Krankheitswert zu machen, auf deren Grundlage eine Entscheidung über einen selektiven Schwangerschaftsabbruch gefällt werden könnte, wird abgelehnt. Eine pränatale Vaterschaftsdiagnostik wird deshalb ebenfalls abgelehnt, es sei denn, daß eine medizinische Problemstellung vorliegt (siehe Stellungnahme zur pränatalen Vaterschaftsdiagnostik, Med. Genetik 4/2 (1992) 12). Ebenso ist eine Pränataldiagnostik zur Geschlechtswahl nicht vertretbar (siehe Erklärung zur pränatalen Geschlechtsdiagnostik, Med. Genetik 2/2, 3 (1990) 8). Eine gezielte vorgeburtliche Geschlechtsdiagnostik soll ausschließlich bei einem erhöhten Risiko für eine geschlechtsgebunden erbliche Erkrankung durchgeführt werden. Eine pränatale Diagnostik mit dem ausschließlichen Ziel der Feststellung des Heterozygotenstatus des ungeborenen Kindes für eine rezessiv-erbliche Erkrankung oder Entwicklungsstörung soll ebenfalls nicht durchgeführt werden.

In jüngster Zeit sind Methoden entwickelt worden, die voraussichtlich in Zukunft eine genetische Pränataldiagnostik an fetalen Zellen aus mütterlichem Blut erlauben werden. Als eine Weiterentwicklung nicht-invasiver Testverfahren zu einer risikolosen, in der frühen Schwangerschaft einsetzbaren Untersuchungsmethode ist die Diagnostik an fetalen Zellen aus mütterlichem Blut positiv zu werten.

Bei einer solchen nicht-invasiven vorgeburtlichen Untersuchungsmethode hat der Wegfall einer ansonsten noch üblichen Indikationsstellung im Rahmen einer Abwägung von Eingriffsrisiken gegen die Wahrscheinlichkeit für eine kindliche Chromosomenstörung zur Folge, daß die Untersuchung keiner Schwangeren vorenthalten werden kann bzw. allen Schwangeren zugänglich gemacht werden muß. Als Hauptproblem wird in diesem Zusammenhang allerdings die Sicherstellung der Kapazität und Qualität einer individuellen Beratung angesehen, die der Schwangeren eine qualifizierte Entscheidung über die Inanspruchnahme ermöglicht. Ohne eine solche Beratung wird die Einführung dieser Untersuchungsmethode in die medizinische Praxis für nicht vertretbar erachtet.

Der gegenwärtige Stand der Diskussion zur nicht-invasiven Pränataldiagnostik von Chromosomenstörungen an fetalen Zellen aus mütterlichem Blut ist in einer Stellungnahme der Kommission für Öffentlichkeitsarbeit und ethische Fragen der GfH zusammengefaßt (Med. Genetik 5 (1993) 347–348).

Die Forschung zu genetischer Präimplantationsdiagnostik ist unter den gegenwärtigen Rahmenbedingungen des Embryonenschutzgesetzes in Deutschland praktisch nicht durchführbar und wegen der Richtlinien zur Durchführung des intratubaren Gametentransfers, der In-vitro-Fertilisation mit Embryotransfer und anderer verwandter Methoden in seiner Zulässigkeit umstritten. In mehreren Ländern außerhalb Deutschlands wird Präimplantationsdiagnostik jedoch in speziellen Fällen als wichtige Ergänzung konventioneller Pränataldiagnostik angesehen und deshalb erforscht, weiterentwickelt und praktiziert. Aus diesen Gründen ist eine Diskussion auch dieser Art von Pränataldiagnostik in Deutschland notwendig. Die GfH ist der Auffassung, daß eine im Rahmen der (berufs)rechtlichen Regelungen zulässige Präimplantationsdiagnostik grundsätzlich allen Frauen zur Verfügung stehen sollte, die ein spezielles genetisches Risiko für eine schwerwiegende kindliche Erkrankung oder Entwicklungsstörung tragen und dieses Risiko mit dieser Methode abklären lassen möchten. Wegen der einer solchen Diagnostik inhärenten Probleme wären jedoch hohe Anforderungen an die Rahmenbedingungen zu stellen, die insbesondere die Beratung mit Abwägung von genetischen Risiken und den Problemen und Risiken der Untersuchungsmethode beträfen. Eine unabdingbare Voraussetzung für die Einführung von Präimplantationsdiagnostik in die medizinische Praxis wäre deshalb die berufsrechtliche Verankerung, daß Indikationsstellung und Durchführung nur im Rahmen einer genetischen Beratung erfolgen dürfen und an die entsprechenden Qualifikationen bzw. Fachkunden gebunden sind. Auf die Stellungnahme zur Präimplantationsdiagnostik wird ausdrücklich verwiesen (Med. Genet 7 (1995) 420).

Der Zugang zur Pränataldiagnostik soll allen Schwangeren offen stehen. Da eine vorgeburtliche Diagnostik auch der Vorbereitung auf die Geburt eines kranken oder behinderten Kindes dienen kann, dessen Eltern einen Schwangerschaftsabbruch grundsätzlich ablehnen, darf der Zugang zur Pränataldiagnostik nicht von einer vorangehenden Entscheidung über einen Schwangerschaftsabbruch bei einem betroffenen Kind abhängig gemacht werden.

Auf die Stellungnahme zur Pränataldiagnostik und zum Schwangerschaftsabbruch wird ausdrücklich verwiesen (Med. Genetik 5 (1993) 176).

13. Gentherapie

Die Entwicklung der somatischen Gentherapie ist eine wünschenswerte Folge der molekulargenetischen Aufklärung von genetisch bedingten Erkrankungen beim Menschen. Hierbei wird mit verschiedenen Methoden versucht, eine genetische Information in die Körperzellen eines Patienten einzubringen mit dem Ziel, hierdurch eine Heilung oder Milderung der Symptomatik herbeizuführen. Ein solches Verfahren ist wünschenswert, weil es die Möglichkeit verspricht, Krankheiten, die bisher nicht oder nur unzulänglich therapierbar waren, behandeln zu können und damit einen Beitrag zur Verminderung menschlichen Leidens durch Krankheit darstellt. Die GfH vertritt deshalb die Auffassung, daß parallel zu konventionellen Therapieverfahren die Entwicklung und Anwendung von somatischer Gentherapie gefördert werden sollte. An den Einsatz einer solchen Gentherapie sind die üblichen Anforderungen wie an sonstige ärztliche Behandlungen und die vorausgehende Beratung der Patienten zu stellen. Die GfH lehnt jedoch die Entwicklung und Anwendung gentherapeutischer Verfahren ab, die nicht der Behandlung von Krankheitssymptomen eines Patienten dienen.

Die sog. Keimbahntherapie ist dagegen keine medizinische Behandlung eines Patienten, sondern eine genetische Manipulation embryonaler Zellen nach einer In-vitro-Fertilisation mit dem Ziel der Erzeugung eines Menschen ohne eine bestimmte genetisch bedingte Erkrankung. Gegenwärtig und auf absehbare Zeit sind aus wissenschaftlich-technischen und medizinisch-ethischen Gründen keine vernünftigen und verantwortbaren Einsatzmöglichkeiten für diese Technik absehbar. Praktisch immer besteht eine Wahrscheinlichkeit von mindestens 50%, daß ein Embryo ohne die infrage stehende Genmutation erzeugt wird. Insofern kann die genetische Manipulation embryonaler Zellen mit dem Ziel der Vermeidung einer genetisch bedingten Erkrankung bei einer Person und deren Nachkommen als überflüssig angesehen werden. Angesichts knapper Ressourcen für die Forschung erscheint es nicht vertretbar, die extrem seltenen Einzelfälle mit einem 100%igen genetischen Risiko als ausreichende Begründung für die Entwicklung und Einführung eines solchen Verfahrens anzusehen.

Grundsätzliche ethische Bedenken ergeben sich darüber hinaus aus der Tatsache, daß es sich bei der sog. Keimbahntherapie um ein Experiment handelt, dessen zugrundeliegende Hypothese durch eine menschliche Existenz verifiziert oder falsifiziert wird. Da die Ergebnisse dieses Experiments, unabhängig davon, ob sie fehlerhaft sind oder nicht, in allen nachfolgenden Generationen reproduziert werden, muß die Schadensgröße unabhängig von der Eintrittswahrscheinlichkeit für einen Schaden als potentiell unbegrenzt angesehen werden.

Aus diesen Gründen wird die Entwicklung und Anwendung einer sog. Keimbahntherapie beim Menschen abgelehnt.

Arbeitsgemeinschaften, Selbsthilfe- und Kontaktgruppen

ABC-Club e.V. Internationale **Drillings-
und Mehrlingsinitiative**
Strohweg 55, 64297 Darmstadt
Tel.: 06151-55430, Fax: 06151-596388

Angelman-Syndrom e.V.
Zentrale: Prettauer Pfad 8, 12207 Berlin
Tel.: 030-8178438, Fax: 030-6149172

Arbeitsgemeinschaft **Spina bifida
und Hydrocephalus** e.V. (ASbH)
Herr Langenhorst
Münsterstr. 13, 44145 Dortmund
Tel.: 0231-861050-0, Fax: 0231-861050-50

Arbeitskreis **Cornelia-de-Lange-Syndrom** e.V.
Familie Berninger
Dr.-Florian-Rieß-Str. 20, 74831 Gundelsheim
Tel.: 06269-1717, Fax: 06269-1717

Arbeitskreis **Down-Syndrom** e.V.
Hermann Stüssel, Martin Weber
Am Wizbrock 24, 33647 Bielefeld
Tel.: 0521-442998

Bundesverband Hilfe für das **autistische Kind/**
Vereinigung zur Förderung autistischer Kinder e.V.
Margitta Gustke
Bebelallee 141, 22297 Hamburg
Tel.: 040-5115604, Fax: 040-5110813

Bundesverband **kleinwüchsiger Menschen**
und ihrer Familien e.V.
Karl-Heinz Klingebiel, Kristin Landwehr
Ingelheimer Str. 56, 28199 Bremen
Tel.: 0421-502122 oder 507873, Fax: 0421-505752

Bundesverband **Williams-Beuren-Syndrom**
Werner Wandschneider
Bornkamp 5a, 23795 Fahrenkrug
Tel.: 04551-6493, Fax: 04551-93967

CF-Selbsthilfe Bundesverband e.V.
Harro Bossen
Meyerholz 3, 28832 Achim
Tel.: 04202-82280, Fax: 04202-86073,
e-mail: cf-selbsthilfe-bv@t-online.de

Cystinose-Selbsthilfe e.V.
Birgitt Scheel
Finkenwerder Süddeich 21, 21129 Hamburg
Tel.: 040-7424001, Fax: 040-7424001

Deutsche **Alzheimer** Gesellschaft e.V.
Richard-Strauß-Str. 34, 81677 München
Tel.: 089-475185

Deutsche **Heredo-Ataxie**-Gesellschaft Bundesverband e.V.
Geschäftsstelle: Haußmannstr. 6, 70188 Stuttgart
Tel.: 0711-2155114

Deutsche **Huntington**-Hilfe e.V.
Börsenstr. 10, 47051 Duisburg
Tel.: 0203-22915, Fax: 0203-22925

Deutsche **Klinefelter-Syndrom** Vereinigung e.V.
für Eltern von betroffenen Kindern
c/o Frau Masche
Am Weingart 7, 93186 Pettendorf
Tel.: 09409-2330

Deutsche **Ullrich-Turner-Syndrom**-Vereinigung e.V.
Bundesgeschäftsstelle: Postfach 960116, 51085 Köln
Tel.: 0221-8904790, Fax: 0221-8904790

Die Brücke (**Down-Syndrom**)
Gerd und Ingrid Brüngel
Johannesstr. 20, 59755 Arnsberg
Tel.: 02932-1388, Fax: 02932-1388

Elterninitiative **Apert-Syndrom** e.V.
für Craniofaziale Fehlbildungen
Hans Ullrich Jaczek
Friedrich-Ebert-Str. 251, 58566 Kierspe
Tel.: 02359-1301 oder 0171-200247, Fax: 02359-290247

Förderkreis für Kinder
mit **Cri-du-Chat-Syndrom** e.V.
Ute Meierdierks
Kurt-Schumacher-Allee 48, 28327 Bremen
Tel.: 0421-4675461, Fax: 0421-4675461

Initiative Regenbogen
„**Glücklose Schwangerschaft**" e.V.
Burgstr. 6, 73614 Schorndorf
Tel.: 07181-21275, Fax: 07178-9381430

Interdisziplinärer Arbeitskreis
für **Lippen-Kiefer-Gaumenspalten**
Prof. Dr. Joos
Klinik für Mund-, Kiefer- und Gesichtschirurgie
Waldeyerstr. 30, 48129 Münster
Tel.: 0251-834703/4, Fax: 0251-8347184

Interessengemeinschaft **Arthrogryposis** e.V.
Cornelia Umber
Hauptstr. 130, 79713 Bad Säckingen
Tel.: 07761-57109, Fax: 07761-57109

Interessengemeinschaft **Fragiles-X** e.V.
Goethering 42, 24576 Bad Bramstedt
Tel.: 04192-4053, e-mail: frax@bbi-halle.de
WWW: http://www.bbi-halle.de/frax

Interessengemeinschaft
Das herzkranke Kind e.V. (DHK)
c/o Edith Rönnebeck
Steinhauserstr. 37, 70193 Stuttgart
Tel.: 0711-6636019, Fax: 0711-6636021

Kontakt- und Informationsstelle
Verwaiste Eltern Hamburg e.V.
G. Schaa, A. Wiese, Dr. A. Voss-Eiser
Esplanade 15, 20354 Hamburg
Tel.: 040-35505643/44, Fax: 040-35505616

LEONA-Kontaktstelle für
Eltern chromosomal geschädigter Kinder e.V.
Reiner Maiwald
Auf dem Klei 2, 44263 Dortmund
Tel.: 0231-416457

Meckel-Syndrom
Elternkontakte: Prof. Dr. Zerres
Institut für Humangenetik,
Wilhelmstr. 31, 53111 Bonn
Tel.: 0228-2872342, Fax: 0228-2872380

NAKOS: Nationale Kontakt- und Informationsstelle
zur Anregung und Unterstützung von **Selbsthilfegruppen**
Albrecht-Achilles-Str. 65, 10709 Berlin
Tel.: 030-8914019, Fax: 030-8934014

Osteogenesis imperfecta e.V.
Bundesgeschäftsstelle:
Postfach 1546, 63155 Mühlheim
Tel.: 06108-69276, Fax: 06108-76334

Prader-Willi-Vereinigung Deutschland e.V.
Fahrenheitstr. 32, 44879 Bochum
Tel.: 0234-495378, Fax: 0234-476263

Psychosoziale Beratungsstelle
für **Krebskranke** und Angehörige
Selbsthilfe Krebs e.V.
Albrecht-Achilles-Str. 65, 10709 Berlin
Tel.: 030-8914049

RETT Syndrom in Deutschland e.V.
Martina Neubert-Winters
Tulpenweg 9, 27637 Nordholz
Tel.: 04741-6266, Fax: 04741-6288

Selbsthilfegruppe
für **Ektodermale Dysplasie** (ED)
Andrea Burk
Landhausweg 3, 72631 Aichtal
Tel.: 07127-51271, Fax: 07127-51271

Selbsthilfegruppe für Menschen
mit **Down-Syndrom** und ihre Freunde e.V.
Helga Schönsteiner
Im Hirtenweg 6, 60537 Feucht
Tel.: 09128-12918

Selbsthilfegruppe **Holt-Oram-Syndrom**
Dr. Stephanie Spranger
Zentrum für Humangenetik
und Genetische Beratung
Leobener Strasse, 28359 Bremen
Tel.: 0421-2182390, Fax: 0421-2184039

Selbsthilfegruppe
von **Hippel-Lindau-Syndrom** (VHL)
Frau Dr. Neumann
Charité, Virchow-Klinikum, Institut für Humangenetik
Augustenburger Platz 1, 13353 Berlin
Tel.: 030-450-66042, Fax: 030-450-66904

Tuberöse Sklerose Deutschland e.V.
Renate Bühren
Worthgarten 3, 32549 Bad Oeynhausen
Tel.: 05734-1517, Fax: 05734-5912, e-mail: tsd-renate-buehren@t-online.de

Wolfgang-Rosenthal-Gesellschaft e.V.
Selbsthilfevereinigung
für **Lippen-Kiefer-Gaumenfehlbildungen** e.V.
Hauptstr. 184, 35625 Hüttenberg
Tel.: 06403-5575, Fax: 06403-5575

Literatur für Betroffene, Angehörige und Bezugspersonen

Achilles I (1995) ... und um mich kümmert sich keiner. Die Situation der Geschwister behinderter Kinder. Piper, München

Arbeitsgruppe „Der frühe Tod von Kindern" (1994) Wenn das Leben mit dem Tod beginnt. Staude, Hannover

Bauer D, Hoffmeister M, Görg H (1994) Gespräche mit Ungeborenen – Kinder kündigen sich an, 4. Aufl. Urachhaus, Stuttgart

Berens G (1994) In Wahrheit ist es Liebe. Unser behindertes Kind als Wegweiser. Country, Halle

Beutel M (1996) Der frühe Verlust eines Kindes. Verl. f. Angewandte Psychologie, Göttingen

Boogert A (1998) Beim Sterben von Kindern – Erfahrungen, Gedanken und Texte zum Rätsel des frühen Todes, 2. Aufl. Urachhaus, Stuttgart

Denger Y (Hrsg) (1990) Plädoyer für das Leben mongoloider Kinder. Freies Geistesleben, Stuttgart

Dörner K, Saal F (1988) Tödliches Mitleid, 2. Aufl. Jacob van Hoddis, Gütersloh

Fallaci O (1997) Brief an ein nie geborenes Kind. Fischer TB, Frankfurt

Flieger B (1994) Beim ersten Kind kam alles anders. Herder, Freiburg

Fritsch J (1995) Unendlich ist der Schmerz. Eltern trauern um ihr Kind. Kösel, München

Grützner C (1994) Fehl- und Totgeburten – ein Weg aus dem Tabu. Kunz, Hagen

Hertmann J (1990) Lautlos und unbemerkt. Der plötzliche Kindstod. Beck, München

Kast V (1994) Sich einlassen und loslassen. Neue Lebensmöglichkeiten bei Trauer und Trennung. Herder, Freiburg

Katz-Rothmann B: Schwangerschaft auf Abruf. Metropolis, Marburg

Klein B (1993) Kennst Du Deinen Engel? Regiatrex, Ravensburg

Kübler-Ross E (1998) Kinder und Tod, 8. Aufl. Kreuz, Stuttgart

Lebéus A-M (1994) Liebe auf den zweiten Blick. Walter, Bergisch Gladbach

Lothrop H: Gute Hoffnung – jähes Ende. Ein Begleitbuch für Eltern, die ihr Baby während der Schwangerschaft, der Geburt oder kurz danach verloren haben. Kösel, München

Lutz G, Künzel-Riebel B (1988) Nur ein Hauch von Leben. Eltern berichten vom Tod ihrer Babys und der Zeit der Trauer. Kaufmann, Lahr

Pollmächer A, Pollmächer T (1995) Mein Baby ist behindert – was tun? Piper, München

Schicht L (1987) Wunschlos Mutter. Ungewollte Kinder – der weite Weg zur Liebe. Erfahrungsbericht. Walter, Olten

Schindler R (Hrsg) (1993) Tränen, die nach innen fließen – mit Kindern dem Tod begegnen. Kaufmann, Lahr

Schweizer V (1988) Januarkinder. Bericht über eine verfrühte Geburt von Zwillingen und den nachfolgenden Tod eines der Kinder an einer unheilbaren Krankheit. Unionsverlag, Zürich

Selbsthilfegruppe für Menschen mit Down-Syndrom und ihre Freunde (1995) Albin Jonathan – unser Bruder mit Down-Syndrom. Röntgenstr. 24, 91058 Erlangen

Selikowitz M (1992) Down-Syndrom. Krankheitsbild – Ursache – Behandlung. Spektrum, Heidelberg

Steller O (1987) Eine unendliche Hoffnung. Nachdenken über den Tod meiner Kinder. Knaur, München

Storkey E (1992) Gegeben und genommen – Wenn ein Kind früh stirbt. Brunnen, Gießen

Student J-H (1998) Im Himmel welken keine Blumen – Kinder begegnen dem Tod, 4. Aufl. Herder, Freiburg

Tolksdorf M (1994) Das Down-Syndrom. G. Fischer, Stuttgart

Wassermann ML (1989) Glück aus zweiter Hand. Erfahrungsbericht über die Entscheidung zur Adoption nach Abbruch bei schwerer Behinderung des erwarteten Kindes und zwei Fehlgeburten. Bastei-Lübbe, Bergisch Gladbach

Glossar

Allele: Alternative Formen von Genen, die denselben Locus im Chromosom einnehmen. Die verschiedenen Allele unterscheiden sich voneinander durch eine oder mehrere mutative Veränderungen. Allele sind also Mutanten eines Gens. Ein Mensch besitzt an jedem autosomalen Locus zwei Allele, eins vom Vater und eins von der Mutter.

Allel, stummes: Allel, das sich dem Nachweis entzieht.

Allelspezifische Oligonukleotide (ASO): Oligonukleotidsequenzen, die zu spezifischen Allelen homolog sind.

Amplifizierung: Vervielfältigung einer DNA-Sequenz.

Aneuploidie: Numerische Chromosomenaberration; Abweichung von der normalen Chromosomenzahl (beim Menschen 46).

Anti-Sinn-DNA: Der nichtcodierende Strang der DNA, der als Matrize bei der Herstellung der mRNA dient. Diese enthält dann dieselbe Sequenz wie der Sinn-Strang.

cDNA: →Komplementäre DNA

Centimorgan (cM): Maß für die Entfernung zwischen DNA-Loci. Eine Entfernung von 1 cM bedeutet, daß 2 Marker in einem Prozent der untersuchten Fälle getrennt vererbt werden. 1 cM entspricht ungefähr 1 Mb (Megabase). Der Name leitet sich von T.H. Morgan ab (→Morgan-Einheit).

Centromer: Der heterochromatische, verdichtete Bereich, an dem die beiden Chromatiden miteinander verbunden sind (→Heterochromatin, →Telomer).

Chimäre: Organismus, der aus genetisch unterschiedlichen Zellen besteht. Im Gegensatz zu einem Mosaik besteht eine Chimäre aus Zellen von verschiedenen Zygoten (→Mosaik, →transgene Tiere).

Chromatin: Material, aus dem die Chromosomen aufgebaut sind. Es besteht aus DNA, Histonen, Nichthistonproteinen und RNA in geringen Mengen. Es wird durch Anfärbung sichtbar gemacht.

Chromosome painting: Besondere Form der FISH-Technik zur Darstellung aller Chromosomen mit Fluoreszenzfarbstoffen.

Chromosome walking: Kartierungsmethode; ein bekanntes DNA-Fragment wird als Sonde zum Screening einer genomischen Genbank benutzt.

Chromosomenmutation: Jede mikroskopisch sichtbare und dauerhafte Veränderung der Struktur von Chromosomen. Es resultieren Deletionen, Duplikationen, Insertionen, Inversionen und Translokationen.

Chromosomensatelliten: Ort für kodierende mittelrepetitive Sequenzen auf den Chromosomen 13–15, 21 und 22.

Contiguous gene syndromes: Gruppe von Krankheiten, die häufig im Zusammenhang mit geistiger Behinderung und Wachstumsanomalien auftreten. Die klinische Heterogenität, die man bei diesen Erkrankungen findet, spiegelt die Beteiligung einer Anzahl unterschiedlicher Gene wider, die in einer eng benachbarten Region lokalisiert sind.

Cosmid: Vektor, bei dem *COS*-Sequenzen des Bakteriophagen Lambda in ein Plasmid verbracht werden. In Cosmiden kann Fremd-DNA von 30–40 kb kloniert werden.

CpG-Dinukleotide: Dinukleotide, die mit einem Cytosin am 5'-Ende über eine Phosphodiesterbindung mit einem Guanin am 3'-Ende verbunden sind. Im Säugergenom sehr selten.

CpG-Inseln: Bereiche von 1–2 kb, bei denen die Cytosinbasen in dem Dinucleotid CG methyliert sind; man findet sie vor allem am 5'-Ende von Genen (→Methylierung).

Deletion: Strukturelle Chromosomenaberration; Verlust eines Teils eines Chromosoms.

Differentielle Genaktivität: Zustand, bei dem in verschieden differenzierten Zellen verschiedene Gene aktiv sind, je nach Funktion der Zelle.

Diskordanz: Unterschiedlicher Phänotyp bei einem Zwillingspaar (→Konkordanz, →Phänotyp).

DNA-Marker: Genetische Polymorphismen, die über Kopplungsanalysen zur molekulargenetischen Diagnose von genetischen Erkrankungen benutzt werden.

Dominanz: Im strengen Sprachgebrauch bezeichnet man ein Allel als dominant, wenn beim Heterozygoten neben seiner Wirkung die Wirkung des anderen Allels nicht erkennbar ist. In der Humangenetik ist es üblich, von Dominanz zu sprechen, wenn ein Gen bereits im heterozygoten Zustand eine deutlich erkennbare Wirkung hat, ob diese mit der des homozygoten Zustands (der oft auch unbekannt ist) gleich ist oder nicht.

Doppelhelix: Struktur zweier gegenläufiger DNA-Moleküle.

Duplikation: Strukturelle Chromosomenaberration. Zweimaliges Auftreten ein und desselben Chromosomensegments im haploiden Chromosomensatz.

Einzelstrang-Konformationspolymorphismus: Single-strand conformational polymorphism (SSCP, PSCA). Methode, um Punktmutationen aufzufinden.

Elongation: Kettenverlängerung bei der Translation.

Enhancer: Kurze DNA-Sequenzelemente, die die Transkription eines Gens verstärken.

Epigenetische Modifizierung: Modifizierungen, die den Phänotyp beeinflussen, jedoch nicht auf Veränderungen der Genstruktur beruhen.

Erbgang, autosomal-dominant: Vererbungsmodus von dominant wirkenden Genen, die auf den Autosomen lokalisiert sind.

Erbgang, autosomal-rezessiv: Vererbungsmodus von rezessiv wirkenden Genen, die auf den Autosomen lokalisiert sind.

Erbgang, geschlechtsgebunden: Vererbung von Genen, die auf dem X-Chromosom lokalisiert sind. (Das Y-Chromosom kann vernachlässigt werden, da dort bisher außer SRY sehr wenige Gene bekannt sind.) Die Vererbung wird durch das chromosomale Geschlecht und die Art der Genwirkung (dominant oder rezessiv) definiert.

„Erbgang", intermediär: Vererbungsmodus von allelen Genen, bei denen im heterozygoten Zustand beide Genprodukte unabhängig nebeneinander vorkommen und sich beide phänotypisch manifestieren. Der heterozygote Phänotyp nimmt eine Mittelstellung zwischen den beiden homozygoten Formen ein.

„Erbgang", kodominant: Vererbungsmodus von allelen Genen, bei denen im heterozygoten Zustand beide Genprodukte unabhängig voneinander vorkommen und sich beide phänotypisch manifestieren.

Erbgang, multifaktoriell: Genetische Determinierung eines Phänotyps nicht durch ein einziges Gen, sondern durch das Zusammenwirken vieler Gene und Umweltfaktoren.

Erbgang, X-chromosomal-dominant: Vererbungsmodus von dominant wirkenden, auf dem X-Chromosom gelegenen Genen.

Erbgang, X-chromosomal-rezessiv: Vererbungsmodus von rezessiv wirkenden, auf dem X-Chromosom gelegenen Genen.

Euchromatin: Chromatin des Interphasekerns, das in entspiralisierter Form vorliegt und als aktives Genmaterial angesehen wird.

Eukaryonten: Alle Organismen mit Ausnahme der Bakterien und Blaualgen.

Exon: Kodierender Teil der DNA bzw. mRNA.

Expressivität: Grad der Ausprägung eines Phänotyps. Unterschiedliche Expressivität ist eine Eigenschaft autosomal-dominanter Erkrankungen.

F-Body: Die langen Arme des Y-Chromosoms, die, mit fluoreszierenden Kernfarbstoffen gefärbt, sich durch intensives Leuchten auszeichnen.

Fingerprinting: Fingerabdrücke der Dermatoglyphen (Hautleisten) beruhen auf den gefurchten Hautmustern der Finger. Genetische Fingerabdrücke erhält man durch die DNA-Polymorphismen der Minisatelliten (→Minisatelliten).

Fluoreszenz-in-situ-Hybridisierung (FISH): Form der nichtradioaktiven In-situ-Hybridisierung. Da man zur DNA-Markierung verschiedene Fluorochrome in einem einzigen Testansatz verwenden kann, ist es mit diesem Verfahren möglich, mehrere Bereiche der DNA gleichzeitig unterschiedlich zu markieren.

Frame-shift-Mutation: Mutation, die zu einem Leserasterwechsel durch Deletion oder Insertion eines oder zweier Nukleotide führt.

Funktionelle Klonierung: Identifizierung eines Gens über das von ihm kodierte Protein oder seine Funktion (→Klon, →positionelle Klonierung).

Funktionsspezifische Klonierung: Identifizierung eines Gens über Funktionsinformation.

G-Banden: Banden, die bei der Giemsa-Färbung von Chromosomen entstehen.

Gegensinnstrang: DNA-Strang, der von der RNA-Polymerase als Matrize benutzt wird.

Gen: DNA-Abschnitt, der biologische Information enthält und ein funktionelles Produkt kodiert.

Genbibliothek (Genbank): Viele rekombinante DNA-Klone, die zusammen das vollständige Genom eines Organismus enthalten.

Genetischer Drift: Verschiebung der Genhäufigkeiten und der Genotypenverteilung durch zufällige Änderungen im Allelabstand. Besonders in kleinen Populationen von Bedeutung.

Genetische Genkarte: Genkartierung mit Hilfe von Familienuntersuchungen.

Genetischer Fingerabdruck: Mit Multilocussonden erstelltes, personenidentifizierendes DNA-Fragment-Muster.

Genfamilie: Gruppe von Genen, die aus dem gleichen Vorläufer-Gen hervorgegangen sind.

Genfluß: Der langsame Austausch von Genen zwischen zwei Populationen.

Genhäufigkeiten: Anteil der verschiedenen Allele eines Gens in einer Population.

Genkarte: Lineares oder ringförmiges Diagramm, aus dem die relative Lage einzelner Gene auf dem Chromosom oder einem DNA-Abschnitt hervorgeht.

Genkoppelung: Gene auf dem gleichen Chromosom in enger Lagebeziehung, die häufig gemeinsam vererbt werden.

Genmutation: Mutation, die im submikroskopischen Bereich liegt. In der engeren Begriffsfassung wird unter Genmutation eine mutative Veränderung innerhalb der Grenzen eines einzigen Gens verstanden, in der engsten Begriffsfassung der Austausch einer einzigen Base. Als Ergebnis von solchen Genmutationen entstehen alternative Formen von Genen, die sog. Allele.

Genom: Das gesamte genetische Material eines Organismus.

Genomanalyse: Moderner Ausdruck für die genetische Analyse auf DNA-Ebene. Sequenzanalyse des Genoms.

Genomic imprinting: Unterschiedliche Expression der Gene, je nachdem, ob sie vom Vater oder von der Mutter stammen. Dieser geschlechtsspezifische Einfluß der Gene ist unabhängig davon, ob sie auf den Autosomen oder auf den Geschlechtschromosomen lokalisiert sind (nicht geschlechtsgebunden). Genomic imprinting beeinflußt die embryonale Entwicklung und die Expression der genetischen Krankheiten.

Genommutationen: Mutationen die zu Hyper-, Hypo- und Polyploidien führen.

Genotypendiagnostik: Nachweisverfahren zur Erkennung oder zum Ausschluß der verantwortlichen Mutationen bei monogenen Erkrankungen (direkte und indirekte G.).

Genpool: Gesamtheit aller Gene einer Population.

Gentechnik: Technologie der rekombinanten DNA. Die experimentelle oder großtechnische Anwendung von Methoden, mit denen das Genom einer lebenden Zelle verändert werden kann.

Geschlechtsbegrenzung: Wenn autosomale Gene bevorzugt in einem Geschlecht zur Wirkung gelangen.

Gonosomen: Geschlechtschromosomen (im Gegensatz zu den Autosomen).

Gründereffekt: Das häufige Vorkommen eines seltenen Allels, das sich von einem Gründer ausgehend in Folgegenerationen ausgebreitet hat.

Haplotyp: Der von der mütterlichen bzw. väterlichen Seite vererbte Komplex gekoppelter Allele.

Hardy-Weinberg-Gesetz: Die Genhäufigkeiten und damit die Häufigkeit der beiden homozygoten Genotypen und des heterozygoten Genotyps bleiben von Generation zu Generation konstant, wenn weder Auslese noch Inzucht wirksam sind.

Hemizygotie: Vererbungsmodus von Genen, die nur einmal im Genotyp vorhanden sind (üblicherweise gebraucht bei Genen, die auf dem einzigen X-Chromosom des Mannes lokalisiert sind).

Heterochromatin: Chromatin des Interphasekerns, das in spiralisierter Form vorliegt und als inaktives Genmaterial betrachtet wird.

Heterogene nukleäre RNA (hn-RNA): Kopie der DNA, die genau die Sequenz des Genoms widergibt und die zur mRNA zurechtgeschnitten wird.

Heterogenität: Entstehung gleichartiger erblicher Merkmale oder zumindest solcher, die nicht sicher unterscheidbar sind, aufgrund von Mutationen nichtalleler Gene.

Heteroplasmie: Vorhandensein von mehr als einem Typ mitochondrialer DNA in einer Zelle. Pro Zelle gibt es Tausende von mitochondrialen DNA-Molekülen, die teilweise mutiert sein können.

Heterosis: Selektionsvorteil der Heterozygoten gegenüber beiden Homozygoten.

Heterozygotentest: Test, der mit biochemischen oder molekularbiologischen Methoden erlaubt, heterozygote Träger eines rezessiven Erbleidens festzustellen.

Heterozygotie: Das Vorhandensein von verschiedenen Allelen an sich entsprechenden Loci in homologen Chromosomensegmenten bei eukaryonten (diploiden) Organismen.

High resolution banding: Färbemethode für Prometaphasen. Es können im haploiden Satz ca. 500–800 Banden aufgelöst werden.

Histone: Heterogene Gruppe von Proteinen, reich an basischen Aminosäuren. Sie werden im Komplex mit chromosomaler DNA gefunden.

HLA: Abkürzung für „humane Leukozytenantigene". Die HLAs werden kodiert von einem Multigenkomplex, der auf dem kurzen Arm von Chromosom 6 liegt und etwa 3000 kb umfaßt.

Hochrepetitive DNA: Hintereinandergeschaltete, relativ kurze Sequenzen von Nukleotiden, die vor allem im Zentromerbereich und an den Enden von Chromosomen vorkommen und möglicherweise eine Rolle bei der Aufrechterhaltung der Chromosomenstruktur spielen.

Homöotische Gene: Gene, welche die Gestalt des Körpers entlang der Längsachse des Embryos festlegen und bei deren Mutationen sich ein Körperteil fehlentwickelt.

Homozygotie: Das Vorhandensein von identischen Allelen an sich entsprechenden Loci in homologen Chromosomensegmenten bei eukaryonten (diploiden) Organismen.

Hot spots: Bereiche der DNA, in denen Mutationen ungewöhnlich häufig auftreten.

House keeping genes: Gene, die für die allgemeinen Aufgaben des Zellstoffwechsels verantwortlich und daher in jeder Zelle aktiv sind.

HOX-(Homeobox-)Gene: Gene eines der wichtigsten Homeoboxcluster, die für die zeitliche und örtliche Embryonalentwicklung von Bedeutung sind.

Human Genome Project: Projekt zur Entschlüsselung des menschlichen Genoms. Das multinationale Projekt wurde 1988 begonnen und wird voraussichtlich spätestens im Jahre 2005 beendet sein.

Hybridisierung: Paarung von RNA- und/oder DNA-Strängen über komplementäre Nukleotidbasen.

Hyperploidie: Eines oder mehrere zusätzliche Chromosomen oder Chromosomensegmente in Zellen oder Individuen.

Hypoploidie: Das Ergebnis des Verlustes von einem oder mehreren Chromosomen oder Chromosomensegmenten in Zellen oder Individuen.

Illegitimes Crossing-over: Paarung und Stückaustausch von nichthomologen DNA-Abschnitten. Das Ergebnis ist eine Verlängerung des einen und eine Verkürzung des anderen DNA-Stranges.

Inaktivierung des X-Chromosoms: Zufällige Inaktivierung eines der beiden X-Chromosomen während der frühen Embryonalentwicklung eines weiblichen Lebewesens.

Initiation: Beginn der Translation.

Insertion: Strukturelle Chromosomenaberration: Hinzufügen eines Segments in ein Chromosom.

In-situ-Hybridisierung: Methode zur Lokalisation von Single-copy-Sequenzen auf der DNA durch Hybridisation von radioaktiver DNA an Metaphasechromosomen oder RNA in einem Gewebeschnitt.

Intron: Nichtkodierender Teil der DNA bzw. hn-RNA, der durch Splicing beseitigt wird.

Inversion: Strukturelle Chromosomenaberration; Drehung eines Chromosomenstücks innerhalb eines Chromosoms um 180°.

Kandidaten-Gen: Gen, das aufgrund seiner Eigenschaften als potentieller Locus für bestimmte Merkmals-Krankheitsgene betrachtet werden kann.

Karyogramm: Summe aller Chromosomen einer Zelle, nach morphologischen Kriterien geordnet.

Karyotyp: Chromosomensatz eines Individuums, definiert sowohl durch Zahl als auch durch Morphologie der Chromosomen, wie sie in der mitotischen Metaphase mikroskopisch sichtbar sind.

Klon: Populationsidentische Zellen, die alle aus derselben Ursprungszelle hervorgegangen sind.

Klon-Contig: Zusammenhängende Region im Genom, aus einer Reihe überlappender DNA-Klone bestehend.

Klonierung: Vermehrung von DNA in einem Vektor (molekulare Klonierung) oder Vermehrung von Zellen bzw. Organismen.

Kodominanz: Gene verhalten sich kodominant, wenn bei einem heterozygoten Allelpaar beide Genprodukte unabhängig voneinander vorkommen und sich beide phänotypisch manifestieren.

Komplementäre Bindung: In doppelsträngigen Nukleinsäuren lagern sich immer eine Purinbase und die dazu komplementäre Pyrimidinbase aneinander (spezifische Basenpaarung). So bindet sich Adenin (Purin) über Wasserstoffbrücken an Thymin (Pyrimidin) und Guanin (Purin) an Cytosin (Pyrimidin).

Komplementäre DNA (cDNA): DNA, die anhand einer RNA-Matrize synthetisiert wird; das dafür notwendige Enzym ist die reverse Transkriptase.

Konduktorin: Heterozygote Überträgerin eines rezessiven Erbleidens (üblicherweise gebraucht bei X-chromosomal-rezessiver Vererbung. Beispiel: Bluterkrankheit, Konduktorin gesund, hemizygote Söhne krank).

Konkordanz: Beide Zwillingsgeschwister weisen denselben Phänotyp oder dieselbe Eigenschaft auf.

Konservierung (DNA): Ist eine DNA-Sequenz bei einer Reihe phylogenetisch entfernt verwandter Organismen vorhanden (konserviert), so weist dies auf eine funktionelle Bedeutung hin.

Kopplung: Gene oder andere DNA-Sequenzen, die aufgrund räumlicher Nähe auf einem Chromosom gemeinsam vererbt werden.

Kopplungsanalyse: Studie über Genkopplung, die zu Risikoberechnungen für Erbkrankheiten benutzt wird.

Kopplungsgleichgewicht: Nicht zufällige Kombination von Allelen an gekoppelten Loci.

Korrelationskoeffizient: Maß für die Unterschiede zwischen den auf Ähnlichkeit zu prüfenden Individuen und den Unterschieden beliebiger Individuen der Bevölkerung, der sie angehören.

Leserasterverschiebung: Mutation in der DNA, z.B. eine Deletion oder Insertion, die das normale Leseraster stört.

LINE: Abk. für „long interspersed nuclear element". Mittelrepetitive DNA-Sequenzen aus unterschiedlichen Sequenzfamilien mit langer Konsenssequenz.

Linker-DNA: Synthetische Nukleotide einer vorgegebenen Sequenz zum Einbau von Fremd-DNA in einen Plasmidvektor. Auch Verbindung zwischen Nukleosomen im Eukaryontenchromosom.

Liposomen: Synthetische kugelförmige Vesikel, die von einem Lipidbilayer umhüllt sind. Sie dienen unter anderem als künstliche Membransysteme zum Transport von DNA.

LOD-Score: Werte für die Wahrscheinlichkeit einer genetischen Kopplung zweier Loci. Wert größer +3, wird als Kopplung interpretiert und unter –2 gilt als Beleg, daß keine Kopplung vorhanden ist.

Lyon-Hypothese: Hypothese, nach der in weiblichen Zellen eines der beiden X-Chromosomen inaktiv ist. Hiermit wird funktionell eine Dosiskompensation bei den Gonosomen beider Geschlechter erreicht.

Markerchromosom: Chromosom, das man von seinem homologen Partner unterscheiden kann und das in allen oder zumindest in einem signifikanten Teil der Zellen eines Individuums gefunden werden kann.

MELAS: *M*itochondrial *e*ncephalopathy, *l*actic *a*cidosis and *s*troke-like episodes (Mitochondriale Erkrankung).

MERRF: *M*yoclonic *e*pilepsy, *r*agged *r*ed *f*ibres (Mitochondriale Erkrankung).

Methylierung von DNA: Wirbeltier-DNA enthält einen kleinen Anteil an methylierten Cytosinbasen (5-Methylcytosin), meist in dem Dinukleotid CpG. Der Methylierungsgrad der DNA entspricht ihrer funktionellen Aktivität: Inaktive Gene sind stärker methyliert als aktive und umgekehrt.

Mikrosatelliten-DNA: Repetitive, kleine DNA-Abschnitte (1–4 Basenpaare), die polymorph sind.

Minisatelliten: Repetitive DNA-Abschnitte aus aneinandergereihten Tandemwiederholungen desselben kurzen Sequenzmotivs (meist 2–4 Basenpaare).

Minisatelliten-DNA: Kurze, sich wiederholende DNA-Sequenzen (0,1–20 kb). Hypervariable Minisatelliten-DNA wird bei Fingerprinting als VNTR-Marker eingesetzt.

Missense-Mutation: Austausch einer DNA-Base, wodurch ein Codon seine Information ändert und eine andere Aminosäure kodiert, z.B. Glutaminsäure (GGT) statt Valin (GTT).

Mitose: Teilung diploider somatischer Zellen, bei der wieder diploide Zellen entstehen.

Mittelrepetitive DNA: DNA-Sequenzen, die in Kopienzahlen zwischen 100 und und mehrere Tausend pro Genom auftreten.

monoklonal: Von einem einzigen Klon abstammend, z.B. monoklonale Antikörper oder monoklonale Lymphozytenpopulation.

Morgan-Einheit: Maßeinheit für Chromosomen, die auf der Rekombinationshäufigkeit beruht. Eine Rekombinationshäufigkeit von 1% entspricht etwa 1 cM, was etwa 1000 kb entspricht.

Mosaik: Ein Mosaik liegt vor, wenn ein Organismus zwei oder mehr Zelllinien unterschiedlicher genetischer oder chromosomaler Zusammensetzung besitzt. Im Gegensatz zu einer Chimäre stammen alle Zelllinien des Mosaiks von derselben Zygote ab.

Multifaktorielle Erkrankungen: Krankheiten, die auf einer Wechselwirkung von Umweltfaktoren mit mehreren Genen beruhen.

Multiple Allelie: Existieren mehr als 2 Allele eines bestimmten Gens, so spricht man von multiplen Allelen bzw. multipler Allelie.

Mutagene: Mutationserzeugende Stoffe; dazu gehören bestimmte Chemikalien (auch aus der Gruppe der Pharmaka) und ionisierende Strahlen.

Mutation: Jede erkennbare erbliche Veränderung im genetischen Material, die auf die Tochterzellen vererbt wird.

Mutationsrate: Häufigkeit von Mutationen pro Gen pro Generation.

Mutator-Gene: Klasse von Genen, deren Mutation zu einem Tumor führt.

Neumutation: Mutation, die bei einem Träger erstmals auftritt und eine Generation vorher noch nicht vorhanden war.

Non-disjunction: Irreguläre Verteilung von Schwesterchromatiden (mitotisch) oder homologen Chromosomen (meiotisch) zu den Zellpolen. Folge: Hyper- und Hypoploidien.

Nonsense-Mutation: Ein einzelner Basenaustausch – z.B. von TCG (Serin) zu TAG (Stop) – führt zu einem vorzeitigen Transkriptionsabbruch.

Northern blotting: Methode, bei der man RNA von einem Agarose-Gel auf eine Nylonmembran transferiert.

Nukleasen: Enzyme, die Nukleinsäuren zerlegen.

Nukleosomen-Fiber: Feinstruktur des Eukaryontenchromosoms, aus Nukleosomen aufgebaut.

Nukleotid: Der monomere Baustein von DNA und RNA. Ein Nukleotid besteht aus einer Base (A, Adenin; T, Thymin; U, Uracil; G, Guanin; C, Cytosin), einem Pentosezucker (Desoxyribose oder Ribose) und einer Phosphatgruppe.

Nukleus-Organisator-Region: Chromosomenregion, die Gene für rRNA enthält. Beim Menschen findet man auf den Chromosomen 13, 14, 15, 21 und 23 solche Regionen.

Oligonukleotide: Kleine, *in vitro* synthetisierte einzelsträngige DNA-Abschnitte, die etwa 20–30 Nukleotidbasen lang sind. Man verwendet sie bei der DNA-Sequenzierung, der DNA-Amplifizierung und als Sonden bei der Hybridisierung.

Onkogen: Gen, das an der Kontrolle der Zellproliferation beteiligt ist. Durch Überexpression kann aus einer normalen Zelle eine Tumorzelle werden.

Operator-Gen: Gen, das die Aktivität der funktionell zu ihm gehörenden Strukturgene steuert.

p53-Gen: Wichtigstes →Tumorsuppressor-Gen; seine Veränderung oder die Inaktivierung seines Genprodukts findet man häufig bei Krebs.

Paarungssiebung: Entsteht durch bevorzugte Heirat in die eigene Gruppe.

Panmixie: Gleichheit der Paarungschancen für jedes Individuum.

PAX-Gen: Paired-box-Gen, konserviert DNA-Sequenz, die bei der Entwicklung der Neuralwülste eine entscheidende Rolle spielen.

PCR-Methode: Polymerasekettenreaktion, Methode zur schnellen, gezielten Vervielfältigung bestimmter DNA-Sequenzen.

Penetranz: Anteil (in %) mit dem ein (dominantes oder homozygot rezessives) Gen oder eine Genkombination sich im Phänotyp des Trägers manifestiert.

Peptidbindung: Reaktion zwischen Carboxylgruppe und Aminogruppe zweier Aminosäuren unter Wasserabspaltung; entscheidende Bindung beim Aufbau von Polypeptidketten.

Philadelphia-Chromosom: Translokation zwischen den langen Armen der Chromosomen 9 und 22, die häufig bei chronischer myeloischer Leukämie auftritt.

Physikalische Genkarte: Lokalisation von DNA-Sequenzen auf „physikalische" Abschnitte von Chromosomen.

Phythämagglutinin: Pflanzliches Lektin, das ruhende Zellen zur Mitose anregt.

Plasmid: Selbstreplizierendes, extrachromosomales DNA-Molekül.

Pleiotropie: Erscheinung, daß ein Gen auf unterschiedliche Merkmale einwirken kann.

Polyacrylamid-Gel: Trägermedium für elektrophoretische Verfahren (Gel-Elektrophorese).

Polyadenylierung: Anheftung von 100–200 AMP an das 3'-OH-Ende der hn-RNA.

Polygene Vererbung: Vererbung, die durch das Zusammenspiel vieler Gene zustande kommt.

Polymerase: RNA-Polymerasen sind Enzyme, die unter Verwendung von DNA als Matrize die Bildung von RNA katalysieren (Transkription). DNA-Polymerasen synthetisieren DNA.

Polymerasekettenreaktion (PCR): Methode zur schnellen und gezielten Vervielfältigung einer bestimmten DNA-Sequenz. Dabei benutzt man bestimmte Oligonukleotide, um die DNA-Synthese gezielt zu starten.

Polymorphismus: Gleichzeitiges Vorkommen von 2 oder mehreren Allelen am gleichen Locus innerhalb einer Population oder von chromosomalen Strukturvarianten an homologen Chromosomen.

Polyploidie: Besitz von 3 (triploid), 4 (tetraploid), 5 (pentaploid) oder mehr kompletten Chromosomensätzen anstelle von 2 (wie bei Diplonten) in einer Zelle oder in jeder Zelle eines Individuums.

Positionelle Klonierung (reverse Genetik): Klonierung eines Gens ausgehend von seiner chromosomalen Lage und nicht von seiner Funktion.

Pribnow-Box: Promotorregion, die eine Sequenz von 6 Nukleotiden beinhaltet, die bei allen untersuchten Promotoren ähnlich ist.

Primer: Kurzes, künstliches Oligonukleotid, das sich gezielt an eine einzelsträngige DNA-Sequenz anlagert und mit einer geeigneten Polymerase die Synthese des komplementären Strangs startet.

Processing: Veränderung der hn-RNA durch Capping, Polyadenylierung und Splicing zur translationsfähigen mRNA.

Prokaryonten: Bakterien und Blaualgen werden ihrem einfachen Zellaufbau entsprechend als Prokaryonten zusammengefaßt und allen anderen Organismen, den Eukaryonten, gegenübergestellt.

Promotor: RNA-Polymerase-Erkennungsort; Sequenz auf der DNA, an der die Transkription startet.

Protomeren: Untereinheiten der Quartärstruktur eines Proteins.

Protoonkogen: Gen, das durch Mutation falsch exprimiert und so zu einem Onkogen wird.

Pseudoautosomale Region: Endregion der Geschlechtschromosomen, die während der männlichen Meiose rekombiniert.

Pseudodominanz: Spezialfall rezessiver Vererbung. Bei Kindern zwischen einem homozygoten Genträger und einem heterozygoten Genträger ist der Erwartungswert, Merkmalträger zu sein, 50%.

Pseudogene: Nicht mehr funktionierende Gene, die durch Gen-Duplikation entstanden sind und anschließend durch Mutationen modifiziert werden.

Pulsfeldgelelektrophorese (PFGE): Methode zur Auftrennung großer DNA-Fragmente, bei der sich während der Elektrophorese ständig der Winkel ändert, in dem die Spannung angelegt wird.

Punktmutation: Mutation, die nur ein einziges Basenpaar betrifft.

Quartärstruktur: Aufbau aus mehreren Polypeptidketten in oft räumlich komplizierter Anordnung.

Random mating: Panmixie.

Rare mating: Selten-Paarungs-Vorteil. Es verbreiten sich seltene Genotypen in der Population überproportional dadurch, daß sie relativ leicht und häufig einen Partner finden.

ras: Familie von Protoonkogenen, die G-Proteine kodieren. Mutationen im ras-Gen findet man bei verschiedenen Tumoren.

Rasse: Eine Rasse ist eine große Population von Individuen, die signifikante Anteile ihrer Gene gemeinsam haben und die von anderen Rassen durch ihren gemeinsamen Genpool unterschieden werden kann. Man unterscheidet zwischen der morphologischen und populationsgenetischen Rassendefinition, wobei letztere die biologisch sinnvollere ist. Die Wissenschaft ist dabei, sich vom Rassenbegriff zu trennen. Er wird in der neueren Literatur mehr und mehr durch den Begriff „ethnische Gruppe" ersetzt.

Regulator-Gen: Gen, dessen Funktion es ist, die Aktivität der Strukturgene eines Operons zu steuern. Die Steuerung erfolgt über sog. Repressoren.

Rekombination: Neukombination von Genen auf einem Chromosom durch Austausch homologer Genloci von Nicht-Schwesterchromatiden.

Reproduktive Fitneß: Die möglichst frühzeitige und zahlreiche Produktion von Nachkommen.

Response-Elemente (RE): Etwa 1 kb von der Transkriptionsstartstelle entfernte DNA-Sequenzen, die über Signalmoleküle am Start der Transkription beteiligt sind.

Restriktionsendonuklease: Spezifische Nuklease, die spezifische DNA-Sequenzen erkennt und schneidet.

Restriktionsenzym: →Restriktionsendonuklease.

Restriktionsfragmentlängen-Polymorphismus (RFLP): Längenvariabilität von Restriktionsfragmenten.

Restriktionskartierung: Karte, die die Restriktionsschnittstellen in einer DNA angibt.

Retroviren: RNA-Viren, die mit reverser Transkriptase DNA aus RNA synthetisieren.

Reverse Genetik: Das Gegenstück zur konventionellen Genetik bei der Untersuchung von Genfunktionen.

Reverse Transkriptase: Enzym, das die Synthese von DNA (→cDNA) an einer RNA-Matrize ermöglicht.

Reverse Transkription: Mit Hilfe von reversen Transkriptasen erfolgt ein Umkopieren von RNA in DNA.

Rezessive Erkrankung: Erkrankung, bei der beide Allele eines bestimmten Gens mutiert sein müssen, damit sich der Krankheitsphänotyp ausprägt.

Rezessivität: Ein Gen verhält sich nach dem strengen Sprachgebrauch rezessiv gegenüber seinem Allel, wenn seine Wirkung in heterozygotem Zustand nicht phänotypisch erkennbar ist. Es macht sich demnach nur im Phänotyp bemerkbar, wenn es homozygot vorhanden ist.

Reziproke Translokation: Wechselseitiger Austausch von Chromosomen-Segemnte, nicht homologen Chromosomen.

Robertson-Translokation: Translokation, bei der die langen Arme von zwei akrozentrischen Chromosomen verschmelzen und ein metazentrisches bilden (zentrische Fusion).

RRF: Ragged red fibres (Mitochondriale Erkrankung).

Same-sense-Mutation: Mutation, die nicht zu einer Veränderung der Aminosäuresequenz führt.

Scafold attachment regions (SARs): Gerüstkopplungsbereiche, wahrscheinlich die Bereiche der DNA, die an zentrale Gerüstproteine binden.

SCE-Test: Mutagenitätssystem, das auf der Analyse von Schwesterchromatid-Austausch (sisterchromatid exchange = SCE) beruht.

Schwellenwerteffekt: Bei multifaktorieller Vererbung, wenn ein Merkmal erst nach Überschreiten einer bestimmten Grenze der genetischen Prädisposition, dann aber voll zur Ausprägung kommt.

Screening (genetisches): Beim Populationsscreening überprüft man die Mitglieder einer Bevölkerungsgruppe, um festzustellen, ob sie die Veranlagung für eine genetisch bedingte Erkrankung tragen.

Sekundärstruktur: Proteinstruktur, die aus der Primärstruktur durch die Absättigung von Nebenvalenzen entsteht.

Selektionsrelaxation: Nachlassen eines Selektionsdrucks, der zuvor bestanden hat (z. B. durch Verringerung von Erregern, für die ein Heterozygotenvorteil bestand oder durch Fortschritte der Medizin).

Sequenzierung: Bestimmung der Reihenfolge der Nukleotide in einem DNA-Abschnitt.

Sex determining region of the Y (SRY): Gen, das das männliche Geschlecht determiniert.

Sexchromatin oder Geschlechtschromatin: Ein (in pathologischen Fällen mehr als ein) plankonvexes sphärisches oder pyramidales und Feulgen-positives intranukleäres Körperchen, gewöhnlich an der Peripherie des Interphasekerns gelegen (Barr-Körperchen). Es repräsentiert eines der beiden X-Chromosomen der Frau in inaktiver Form. Sind im pathologischen Fall mehr als 2 Gonosomen vorhanden, so findet man für jedes weitere X-Chromosom ein Barr-Körperchen.

Silencer: Kurze DNA-Sequenzelemente, die die Transkription eines Gens unterdrücken.

SINE: Short interspersed repetitive element. Mittelhochrepetitive DNA-Sequenz aus unterschiedlichen Sequenzfamilien, jede mit kurzer Konsenssequenz.

Single-copy-DNA: Einzelkopie-Elemente der DNA mit Genen.

Sinnstrang: DNA-Strang, der mit der transkribierten RNA-Sequenz übereinstimmt.

Somatische Mutation: Mutation in einer Körperzelle, nicht in einer Keimzelle.

Sonde: Ein Stück einzelsträngige DNA oder RNA, das mit einer radioaktiven Substanz oder einer Chemikalie markiert ist.

Southern-blot-Hybridisierung: DNA-Technik zur Erkennung spezifischer DNA-Sequenzen.

Spacer-DNA: Repetitive DNA zwischen Genen.

Spleißen: Herausschneiden von Introns bei der Bildung reifer mRNA.

Spliceosom: Komplexe Struktur, die das Schneiden und Wiederverknüpfen beim Splicing katalysiert.

Splicing: Herausschneiden nichtkodierender Sequenzen aus der hn-RNA.

Stammbaum: Aufzeichnungsform der verschiedenen Generationen einer Familie, die eine Analyse zugrundeliegender genetischer Defekte erleichtert. Die Symbolik hierfür ist international standardisiert.

Startcodon: Nukleotidcodon (ATG) am Anfang einer Gensequenz bei Eukaryonten.

Stopcodons: Nukleotidcodons (TAA, TGA und TAG) am 3'-Ende einer Gensequenz. Sie zeigen das Ende eines Polypeptids an.

Strukturgene: Gene für die Produktion von Enzymen und anderen Proteinen.

Tandemwiederholungen: Kleine Abschnitte repetitiver DNA, die im Genom hintereinander angeordnet sind.

TDF: Testes determining factor, der für die Entwicklung der männlichen Gonaden notwendig ist.

Telomere: Die beiden Enden eines Chromosoms.

Termination: Beendigung der Transkription.

Tertiärstruktur: Dreidimensionale Struktur eines ganzen Proteinmoleküls.

Transduktion: Übertragung von genetischem Material in eine Zelle mit Hilfe von Viren.

Transfektion: Übergeordneter Begriff für die Übertragung genetischen Materials in eukaryotische Zellen. Dabei können physikalische Methoden oder virale Vektoren zum Einsatz kommen.

Transformation von Zellen: Umwandlung einer normal wachsenden Zelle in eine Tumorzelle.

Transgene Mäuse: Mäuse mit einem in sie transferierten, zusätzlichen Gen. Der Gentransfer erfolgt im Pronukleusstadium. Transgene Mäuse sind moderne Tiermodelle u. a. zur Grundlagenforschung bei genetisch bedingten Erkrankungen. Ein anderes Verwendungsgebiet ist die experimentelle Pharmakologie.

Transition: Mutation, bei der ein Purin (Adenin oder Guanin) durch das andere Purin oder ein Pyrimidin (Cytosin oder Thymin) durch das andere Pyrimidin ersetzt wird: Nukleotidaustausch.

Transkription: Kopierung der DNA-Nukleotidsequenz und somit der DNA-Information auf hn-RNA und deren Processing zur mRNA.

Transkriptionsfaktor: Bezeichnung für Proteine, die nötig sind, die Transkription bei Eukaryonten zu starten oder zu kontrollieren.

Translation: Umsetzung der mRNA-Information in Protein.

Translokation: Strukturelle Chromosomenveränderung, charakterisiert durch eine Änderung in der Position von Chromosomensegmenten innerhalb des Karyotyps.

Transposition: Verlagerung genetischer Information im Genom.

Transposon: Bewegliche DNA-Sequenz, an den Enden von repetitiven Sequenzen flankiert, die Gene trägt, die für Transpositionsfunktion kodieren.

Transversion: Mutation, bei der ein Purin durch ein Pyrimidin ersetzt wird oder umgekehrt.

Tumorsuppressor-Gen: Gen, zu dessen Aufgabe die Unterdrückung der Tumorentstehung zählt.

Tunnelprotein: Protein, das eine selektive Einschleusung von Molekülen in die Zelle bewerkstelligt.

Two-Hit-Hypothese: Besagt, daß die erblichen Krebsformen zwei aufeinanderfolgende Mutationen zur Entartung führen (→ Zweitreffermodell).

Uniparentale Diploidie: Anwesenheit aller Chromosomen von einem Elternteil in einem Individuum.

Uniparentale Disomie: Anwesenheit zweier Kopien eines Chromosoms von demselben Elternteil bei einem Individuum.

Vektor: Klonierungsvehikel (Plasmid, Phage, Cosmid oder YAC), in das man die zu klonierende DNA einbauen kann.

Western blotting: Methode, um Proteine aufzutrennen und zu identifizieren.

Wobble-Hypothese: Fähigkeit bestimmter Basen, an der dritten Stelle im Anticodon einer tRNA auf verschiedene Weise Wasserstoffbrücken zu bilden, die zur Paarung mit verschiedenen möglichen Codons führt.

YAC: Yeast artificial chromosome, künstliches Hefechromosom, dient als Vektor, in dem man bis zu 300 kb große DNA-Fragmente klonieren kann.

Zellfusion: Bildung mehrkerniger Zellkomplexe durch Verschmelzung über die Zellmembran.

Zinkfinger: Polypeptidmotiv, stabilisiert durch Bindung eines Zinkatoms, das Proteinen ermöglicht, gezielt bestimmte DNA-Sequenzen zu binden. Sie befinden sich häufig in Transkriptionsfaktoren.

Zweitreffermodell der Tumorentstehung: Eine erste oder prädisponierende Veränderung des einen Allels kann entweder bereits in der Keimbahn vorhanden sein oder in somatischen Zellen entstehen. Ein zweites somatisches Ereignis inaktiviert das verbliebene funktionsfähige Allel, wodurch es zur Tumorbildung kommt.

Sachverzeichnis

A

Abort
- bei Chromosomenaberrationen 191–195
- habitueller 192
- Risiko 301
- „vanishing twin" 358
- Zwillingsschwangerschaften 358
Acanthosis nigricans 208
Achondrogenesis 415–416
Achondroplasie / Hypochondroplasie 207, 425–426
„Ad hoc Committee on Genetic Counseling" 268
Adenosindesaminasemangel 475
Adenoviren 474
adrenogenitales Syndrom (AGS) 180, 447
affektive Psychosen 159–160
AFP (α-Fetoprotein) 306–308
- Erhöhung 292, 307
- im Fruchtwasser 292, 307, 383
- im mütterlichen Serum 307
- Procedere bei Erhöhung 308
- bei Zwillingen 362
Aglossie-Adaktylie-Syndrom 426
Aids 239–241
Akinesiesyndrome 428
akrokallosales Syndrom 430
Akrozephalosyndaktylie-Syndrome 208, 430
Alagille-Syndrom 82
Alcardi-Syndrom 371
Alkohol 221, 375
Alkoholembryopathie 226
- häufigste Herzfehler 404
Alloimmunthrombozytopenie 302
α(Alphoid)-DNA 8
altersbedingte Chromosomenaberrationen 92–93
Alu-Familie 8

Amelie 411
Amenorrhö, primäre 45
Aminopterin 384
Amnion, monozygote Zwillinge 353
Amnionbändersequenz 339
Amniozentese 290–293
- AFP im Fruchtwasser 292
- fetale Komplikationen 291
- Frühamniozentese 293
- mütterliche Komplikationen 291
- Standardamniozentese 290
- Zytogenetik 292
Amphetamine, häufigste Herzfehler 404
Amputationen 426
Amsterdam-Kriterien 258
Amyloid-Precursorprotein-Gen (APP) 61
Analatresie 455
Anämie, fetale 329
Anaphase I 40
Androgenresistenz 178
Androgensynthesestörungen 179–180
Anenzephalie 381–382
angeboren (s. kongenital)
Angelman-Syndrom 81–82, 126–127
Anhydramnie 435
Aniridie 210
Anti-D-Prophylaxe 290
Anti-Müllerian-Hormon 172
Antizipation 122
Aortenisthmusstenose 351
Aortenstenose
- subvalvuläre 400
- supravalvuläre 400
Apert-Syndrom 207–208, 393, 441
Apoptose 251, 475
Aquäduktstenose 367–368
Arnold-Chiari-Malformation 372, 381
Arthrogyrosis multiplex 339
- congenita 432

asphyxierende Thoraxdysplasie 423, 440
Aspleniesyndrom 406
Assoziation 153, 206
Ataxie (Ataxia)
- Ataxia teleangiectatica 87
- spinozerebelläre 128
Atopien 166–167
Atrophie, dentatorubropallidolysiane
    (DRPLA) 128
autosomal-dominante
- polyzystische Nephropathie
    (ADPN) 438–439
- Vererbung 102–105
- - genetische Beratung 135–137
- - *Übersicht* über Erkrankungen 103
autosomal-rezessive
- polyzystische Nephropathie
    (ARPN) 437–438
- Vererbung 97–102
- - genetische Beratung 131–135
- - *Übersicht* über Erkrankungen 99, 246
autosomale
- Chromosomenaberrationen 54–65
- - strukturelle 71–78
- Mikrodeletionssyndrome 81–83
Azetylcholinesterase (ACh) 293, 383
Azoospermie 188

B
Balkenagenesie 375–376
- Procedere 376
„banana sign" 372, 380
Bardet-Biedl-Syndrom 430
Bayes-Theorem 279–281
Beare-Dodge-Nevin-Komplex 207
Beare-Stephenson-Cutis-gyrata-Syn-
    drom 208
Bechterew-Erkrankung 167
Becker-Kiener-Muskeldystrophie 110–111
Beckwith-Wiedemann-Syndrom 84–85,
    323, 450, 452
Beratung, genetische (s. genetische Bera-
    tung)
β-Familie 8
Blasenmole 195–197
- komplette 195–196, 315–316
- partielle 196–197, 315
Blastogenese 199
Blepharophimosis-Ptosis-Epicanthus-inver-
    sus-Syndrom 185
Bloom-Syndrom 87
BOR-Syndrom 435, 441
Bourneville-Pringle-Syndrom 402

brachiootorenales Syndrom (BOR) 441
Brachyzephalie 349
Brustkrebs (s. Mammakarzinom)
Burkitt-Lymphom 254

C
C-Banden 36
CAG-Repeat 128
Cantrell-Pentalogie 450, 459
Capping 12, 14
Carbamazepin 225, 384
Cardiac-myosin-heavy-chain-Gene 400
Carpenter-Syndrom 393, 430
Carter-Effekt 160
Cat-eye-Syndrom 78, 403, 457
CATCH 22 401
CBAVD 99, 188
CGG-Repeat 109, 128
Charcot-Marie-Tooth-Syndrom 85–86
- Typen 118
CHILD-Syndrom 426
Chlordiazepoxyd 375
Chondrodysplasia punctata 425
chondroektodermale Dysplasie 423
Chordozentese 300–302
Chorea *Huntington* 103–104, 121–122, 129
Chorion 314–316
Chorionzottenbiopsie 293–299
- biochemische Diagnostik 297
- fetale Komplikationen 295–296
- Kontamination 296
- Kurzzeitkultur 296
- Langzeitkultur 296
- molekulargenetische Untersuchung 297
- mütterliche Komplikationen 295
- Zweiteingriff 297
- Zytogenetik 296
Chorionzottenkern, mesodermaler 296
Chromosom(en) 31–44
- Aberrationen (s. Chromosomenaberratio-
    nen)
- Analyse 32
- Anzahl 31
- C-Banden 36
- Chromosome painting 36
- „comparative genomic hybridisation"
    (CGH) 36
- Darstellungsmethoden 32–37
- dizentrische 70
- Fluoreszenz-in-situ-Hybridisierung 36
- fragiles X-Chromosom 78
- Funktion 31
- G-Banden 33

– In-situ-Suppressionshybridisierung 36
– Instabilität 86
– Isochromosom q, 46,X,i(Xq) 78–79
– Isochromosom Xp, 46,X,i(Xp) 79
– Keimzellmosaike 123
– Monosomie 46, 54
– Mosaikbildung 47, 123
– Multicolor-spectral-Karyotypisierung 36
– Nomenklatur 38–40
– partielle Trisomie 54, 60
– Philadelphia-Chromosom 254
– Polyploidie 47, 54
– R-Banden 33
– reverses G-Bandenmuster 33
– Ringchromosom X 79
– Struktur 31
– T-Banden 36
– Trisomie 46, 54
– vergleichende genomische Hybridisie-
  rung 36
– X-Chromosom 31
– – X-Chromosom-Deletion 79
– Y-Chromosom 31
Chromosomenaberrationen 44–94
– und Aborte 191–195
– altersbedingte 92–93
– autosomale 54–65
– Erkennungsrate (*Übersicht*) 338
– familiäre 89–92
– fragiles X-Chromosom 78
– genetische Beratung 88–94
– gonosomale 48–54
– Häufigkeit 46, 53
– Herzfehler (*Übersicht*) 403
– Isochromosom q, 46,X,i(Xq) 78–79
– Isochromosom Xp, 46,X,i(Xp) 79
– Keimzellmosaike 123
– Mikrodeletionssyndrome 80–84
– Monosomie 46, 54
– Mosaikbildung 47, 123
– numerische 47
– partielle Trisomie 54, 60
– Philadelphia-Chromosom 254
– Polyploidie 47, 54
– Ringchromosom X 79
– *Robertson*-Translokation 59–60, 68–69,
  89
– sonographische Hinweise 331–351
– bei Spontanaborten 88, 334
– strukturelle (*s. dort*)
– Trisomie 46, 54
– und Tumorgenese 254–255
– typische Fehlbildungen 274

– unbalancierte 89
– X-Chromosom-Deletion 79
– bei Zwillingen 360–362
chronisch-myeloische Leukämie
  (CML) 254
CHRP (chronisch progressive externe
  Ophthalmoplegie) 259–260
Chylothorax 409
Code, genetischer 3–5
Coding-Strang 11, 14
Codon 5
Colitis ulcerosa 167–168
„comparative genomic hybridisation"
  (CGH) 36
Compound-Heterozygotie 116
Contiguous-gene-Syndrom(e) 80–84, 200
– autosomales 81–83
– X-chromosomales 83–84
Cornelia-Brachmann-de-Lange-Syn-
  drom 211
Corpus-callosum-Agenesie 375–376
– Procedere 376
CPEO 147
Cri-du-chat-Syndrom 73–75, 403
– Klinik 73
– Zytogenetik 75
Crohn-Erkrankung 167–168
Crouzon-Syndrom 207–208, 393
CTG-Repeat 128, 130
Cysterna cerebellomedullaris 372
„cystic fibrosis" (CF) 98–101
– CFTR (Cystic-fibrosis-transmembrane-
  conductance-Regulator) 100
– Gen 101

D
Dandy-Walker-Malformation 369
– Begleitsyndrome 371
Deformationen 203–204
DeGrouchy-I-Syndrom 75–76
– Klinik 75
– Zytogenetik 76
DeGrouchy-II-Syndrom 76
– Klinik 67
– Zytogenetik 76
Deletion/Inversion 17
Deletionssyndrome 247
„denaturing gradient gel electrophoresis"
  (DGGE) 21
dentatorubropallidolysiane Atrophie
  (DRPLA) 128
Desoxyribonukleinsäure (*s.* DNA)
Diabetes mellitus 154–157, 375

- häufigste Herzfehler 404
- „insulindependent" (IDDM) 155, 157
- „maturity-onset diabetes of youth"
  (MODY) 155
- mitochondrialer 156
- der Mutter 242, 384, 435
- nichtinsulinabhängiger 155, 157
Diagnostik, molekulargenetische (s. mole-
  kulargenetische Diagnostik)
Dickdarmatresie 455
DiGeorge-Shprintzen-Syndrom 82, 383,
  388, 401–402
Diploidie 1
Diplotän-Stadium 40
Disomie, uniparentale 125–127
- Isodisomie 125
- Heterodisomie 125
Disruption 203
dizentrische Chromosomen 70
DNA 1–6
- a(Alphoid)-DNA 8
- biologische Funktionen 9
- Degeneration 5
- Diagnostik 16–29
- Kopplungsanalyse 24
- Ligasen 19
- mitochondriale 143–148
- Polymerase 10–11, 19
- Satelliten-DNA 8
- Sonden 19
- Splice-junction 6
- Splicing 6
- Startcodon 5
- Stopcodon 5
- Triplettrastercode 5
dorsonuchales Ödem 335–340
- Bedeutung 336
- Definition 335
- Pathogenese 336
- Procedere 336, 340
- Sonographie 335–336
„Dose-dependent-sex-reversal-Gen"
  (DDS) 171
Dottersack 318–320
Double-bubble-Phänomen 454
Down-Syndrom 55–61, 309, 332, 346–347,
  403, 454
- Altersrisiko 93–94, 334
- dorsonuchales Ödem 337
- freie Trisomie 21 58, 88
- Erkennungsrate (Übersicht) 339
- Klinik 55–58
- Zytogenetik 58–61

Duchenne-Muskeldystrophie 26, 110–111
Dünndarmatresie 455
Duodenalatresie/-stenose 57, 339, 454–455
Duplikation 70–71
- invertierte 77
- molekulare 84–86
Dysmorphiesyndrome 199–247
- Ätiologie 199–202
- autosomal-rezessive Vererbung 246
- Beispiele 211–218
- Deletionssyndrome 247
- genetische Beratung 245
- mit niedrigem Wiederholungsrisiko 246
- pathogenetische Kriterien 202–206
- pränatale Übergröße (Übersicht) 323
- Übersicht 246–247
- mit Wachstumsretardierung (Übersicht) 321
- X-chromosomale Vererbung 246
- bei Zwillingen 359–360
Dysostosis mandibulofacialis 212
Dysplasie 204
- chondroektodermale 423–424
- frontonasale 388, 393
- kampomele 424–425
- kaudale 156
- Retina-retinale 440
- thanatophore 414–415
Dystrophin 110

E
Echokardiographie, fetale 403
- Indikationen 403
Edwards-Syndrom 56, 61–62, 320, 332,
  334, 348, 403, 432
- Alter der Schwangeren 334
- dorsonuchales Ödem 337
- Klinik 61
- Risiken bei Plexus-choroideus-Zysten
  (Übersicht) 344
- sonographische Hinweise 349
- Zytogenetik 61
Ehlers-Danlos-Syndrom 116–117, 402
Einzeldefekte 203
Ektodaktylie 430–432
Ellis-van-Crefeld-Erkrankung 423–424,
  430
Elongation 15
Embryoblast 296
Embryogenese 199
Embryonenschutzgesetz 305
Enhancer 7

Entwicklungsdefekte 205
Entwicklungsstadien 199
Enzephalozele 382
Epilepsie 161–162
Erbgänge
- autosomal-dominante 102–105
- autosomal-rezessive 97–102
- Mendelsche 97–115, 257
- monogene 97, 115–131
- multifaktorielle 151–170
- X-chromosomal-dominante 114–115
- X-chromosomal-rezessive 106–113
erdbeerförmiger Kopf 350
Ethmozephalie 374
Etretinat 223
EUROFAP-Meeting 258
Exenzephalie 381
Expressionsklonierung 472–473
Expressivität 120–121
Extrachromosomen (ESAC) 77
- Extrachromosom 22 78

F
familiäre adenomatöse Polyposis
(FAP) 259–260
familiäre Chromosomenaber-
rationen 89–92
Fanconi-Anämie / -panzytopenie 86–87
Fehlbildungen 203
- amniogene 243–244
- genetische Beratung 245
- kongenitale (s. Dysmorphiesyndrome)
- multiple 204–206
Feminisierung, testikuläre 178
- inkomplette 179
Femur, kurzes 341
Fertilisierung 44
Fertilitätsstörungen des Mannes 187–189
- genetische Beratung 188–189
„Fetal Data Base" 337
fetale(s)
- Anämie 329
- Echokardiographie 403
- Hautbiopsie 303–305
- Hypoproteinämie 330
- Komplikationen 291
- Lymphgefäßsystem 395
- Leberbiopsie 304
- Nackenödem (s. dorsonuchales Ödem)
fetoamniale Einblutung 308
fetofetales Transfusionssyndrom
(FFTS) 302, 357–358
a-Fetoprotein (s. AFP)

Fetoskopie 302
FG-Syndrom 457
Fibrillin-1-Gen 105
Fibroblast-growth-factor-Rezeptoren 415,
426
- Gene (FGFR) 206–207
Fluoreszenz-in-situ-Hybridisierung 36
FMR-1-Gen 110
Folsäuremangel 383
Folsäureprophylaxe 392
Foramen *Luschka* 365
Foramen *Magendi* 365
„fragile X mental retardation" 109
fragiles X-Chromosom 78
fragiles X-Syndrom (FRAXA) 106–110,
128
- Merkmale 108
Frame-shift-Mutation 17
Franceschetti-Syndrom 212
Fraser-Syndrom 430, 435
Freeman-Sheldon-Syndrom 212–213
Friedreich-Ataxie 128
frontonasale Dysplasie 388, 393
Fruchtwassermenge 324
Frühschwangerschaft, Störungen 191–197
Fryns-Syndrom 371, 440, 459

G
G-Banden 33
G-negativ 33
Gametogenese 40–44
- Stadien 40
Gastroschisis 451–452
- Procedere 452
Gaumenspalte, isolierte 387–382
- Erkrankungen (*Übersicht*) 391
- Risiko (*Übersicht*) 392
Gauß-Verteilungskurve 151
geistige Retardierung (s. *dort*)
gemischte Gonadendysgenesie 175–176
Gen(e)
- Aufbau 5–9
- Cardiac-myosin-heavy-chain-Gene 400
- dominante 102
- Fibrillin-1-Gen 105
- FMR-1-Gen 110
- *Hedgehog*-Gen 209–210
- Hox-Gen 221–222
- Mutatorgene 251, 253
- NF-I-Gen 120
- Onkogene 251–252, 474
- PAX-Gen 210, 222
- PEX-7-Gen 425

- Retinoblastom-Gen 255
- rezessive 102
- SHOX-Gene 48
- TSC1-Gen 121
- TSC2-Gen 121
- Tumorsuppressorgene 251–252, 475
- Zinkfinger-Gene 202, 210–211, 407
genetische Beratung 88–94, 267–284
- „Ad hoc Committee on Genetic Counseling" 268
- *Bayes*-Theorem 279–281
- Diagnostik 274
- bei Dysmorphiesyndromen 245
- Ethik 268–269
- bei Fertilitätsstörungen des Mannes 188–189
- Grundlagen 267–268
- Heterozygotentest 275–276, 499
- Indikationen 270–271
- klinische Untersuchung 272–274
- bei malignen Erkrankungen 262–264
- bei monogenen Erkrankungen 131–141
- bei multifaktoriellen Erkrankungen 168–169
- Prädiktivdiagnostik 276–278, 498
- psychosoziale Aspekte 268–269
- Risikoberechnung 278–284
- Stammbaumanalyse 272–273
- Verwandtenehe 281–284
- Vorgehen 271
- zytogenetische Untersuchung 274
genetische(r)
- Heterogenität 115–116
- Information (*s.* DNA)
- Code 3–5
- Manipulation 478
Genitalfehlbildungen 183–185, 446–448
- Uterus bicornis 183
- Uterus didelphys 183
- Uterus septus 183
- Uterus subseptus 183
Genom 1
Genomic imprinting / genomische Prägung 81, 123–124
Genotypdiagnostik (*s.* molekulargenetische Diagnostik)
Gentherapie 473–478, 501
- somatische 473–475
Gentransfer 478
Geschlechtsbegrenzung 116–119
Geschlechtseinfluß 116–119
Geschlechtsentwicklungsstörungen 171–189

Gestationsalter 193
Gilbert-Dreyfuss-Syndrom 179
Glukose-6-Phosphat-Dehydogenase-Mangel 329
Goldenhaar-Syndrom 212–213
„golf ball" 345
Gonadendysgenesie 174–176
- gemischte 175–176
- reine 174
- XX-Dysgenesie 175
- XY-Dysgenesie 175
gonosomale Chromosomenaberrationen 48–54
Greigg-Syndrom 430

H
habitueller Abort 192
- Procedere 195
„hairless women" 178
Haldane-Formel 139
Halszysten, laterale 395
Hämochromatose 119
haploid 1
Hautbiopsie, fetale 304–305
Hedgehog-Gene 209–210
Helikase 11
hereditäre motorisch-sensorische Neuropathien (HMSN) 118
„hereditary non-polyposis colorectal cancer" (HNPCC) 258
- Amsterdam-Kriterien 258
- EUROFAP-Meeting 258
- Mikrosatelliteninstabilität (MIN) 258
- „replication error positive" (RER) 258
Hermaphroditismus 176–177
- verus 448
Herpes simplex 238–239
Herzfehler, kongenitaler 398–405
- Ätiologie 400–405
- Chromosomenstörungen (*Übersicht*) 403
- genetische Syndrome (*Übersicht*) 402
- Häufigkeit 398–399
- Molekulargenetik 401
- Procedere 405
- teratogene Einflüsse (*Übersicht*) 404
- Ultraschall 399
Heterodisomie 125
Heterogenität
- allelische 115
- genetische 115–116
- Locus 116
- nichtallelische 116

Heteroplasmie 143
Heterotaxie 402, 406–407, 452
Heterozygotentest 275–276, 499
Heterozygotie 97, 101
– Compound- 116
„high mobility group box" (HMG) 171
Hippel-Lindau-Syndrom 439
Hirnsklerose, tuberöse 121, 439
Hirschsprung-Erkrankung 57, 456
Hitchhiker-Zeh 350
Holoprosenzephalie (HPE) 209–210,
374–375, 388
– alobäre 374
– lobäre 374
– Procedere 375
– semilobäre 374
Holoprosenzephaliesequenz 394
Holt-Oram-Syndrom 402, 427
Homeobox-Gene 201–202
Homozygotie 97, 101
HOX-Gene 201–202
Hüftluxation, kongenitale 161
humanes Choriongonadotropin
(HCG) 310
Humaninsulin 472
Hydantoin 224
– häufigste Herzfehler 404
hydroletales Syndrom 339, 430
Hydronephrose 434, 443
hydropische Plazenta 316
Hydrops fetalis, nichtimmunologi-
scher 326–331
– Ätiologie 328
– Procedere 331
Hydrothorax 409–410
Hydroxylase-Defekt
– 11β- 182
– 21- 119, 181
3β-Hydroxysteroiddehydrogenase-Man-
gel 183
Hydrozele 446
Hydrozephalus 364–374
– bei Aquäduktstenose 367–368
– *Arnold-Chiari*-Malformation 372
– *Dandy-Walker*-Malformation 369
– externus 368
– kommunizierender 368
– Procedere 373–374
Hygroma colli cysticum 330, 394–397
– Procedere 397
Hymen imperforatum 183
Hypercholesterinämie 476–477
hyperechogener Darm 341, 456

Hyperphenylalaninämie (*s*. Phenyl-
ketonurie)
Hypertonie 157
hypertrophische Kardiomyopathie 400
Hypochondroplasie 425–426
Hypogonadismus
– hypergonadotroper 185
– hypogonadotroper 185
Hypophosphatämie 114
hypoplastisches Linksherz 349
Hypoproteinämie, fetale 330
Hypospadie 446
Hypoteleorismus 374, 394

I
ICSI 188
Impfungen in der Schwangerschaft 241
In-frame-Mutation 17
In-situ-Suppressionshybridisierung 36
Infektionen der Mutter 227–241
– Aids 239–241
– Herpes simplex 238–239
– Parvovirus B19 236–238
– Röteln 228–230
– Toxoplasmose 230–232
– Varizellen/Zoster 235–236
– Zytomegalie 232–235
Infertilität des Mannes (*s. auch* Fertilitäts-
störungen) 45
Information, genetische (*s*. DNA)
Initiation 15
insertionale Translokation 69
„insulindependent" Diabetes mellitus
(IDDM) 155
intrazytoplasmatische Spermatozoeninjek-
tion (ICSI) 188
Intron 6
invasive Pränataldiagnostik 288–304
– Abortrisiko 301
– Amniozentese 290–293
– biochemische Diagnostik 297
– Chordozentese 300–302
– Chorionzottenbiopsie 293–299
– fetale Hautbiopsie 303–305
– fetale Leberbiopsie 304
– Fetoskopie 302
– Gründe (*Übersicht*) 289
– Methoden (*Übersicht*) 301
– molekulargenetische Unter-
suchung 297
– Plazentapunktion 300
– bei Zwillingen 363–364
– Zytogenetik 292

Inversion 70, 192
invertierte Duplikation 15 (inv dup15) 77
ionisierende Strahlen 219–221
Isochromosom 70
- Isochromosom q, 46,X,i(Xq) 78–79
- Isochromosom Xp, 46,X,i(Xp) 79
Isodisomie 125
Isotretinin 223–224
Ivemark-Syndrom 452

J

Jackson-Weiß-Syndrom 207–208
Jarcho-Lavine-Syndrom 339
Jejunalatresie 455
Jeune-Erkrankung 423, 430

K

Kallmann-Syndrom 185
kampomele Dysplasie 424–425
Kamptodaktylie 432
Kardiomyopathie, hypertrophische 400
Kartagener-Syndrom 407
Karyogramm 34–35
Katzenschrei-Syndrom 73–75
- Klinik 73
- Zytogenetik 75
kaudale(s)
- Dysplasie 156
- Regressionssyndrom 242
Kearns-Sayre-Syndrom 147
Keimbahnmosaik 193
Keimzellmosaike 123
Kennedy-Syndrom 128
Kleeblattschädel 414
Klinefelter-Syndrom 51–53
- Klinik 51
- Zytogenetik 51–53'
Klinodaktylie 349, 433
Klumpfuß, kongenitaler 428
Knudsons „Two-hit"-Hypothese 255–256
kommunizierender Hydrozephalus 368
kongenitale(r)
- bilaterale Atrophie / Aplasie des Vas de-
  ferens (CBAVD) 99, 188
- Fehlbildungen (*s.* Dysmorphiesyndrome)
- Herzfehler 398–405
- Hüftluxation 161
- Hypertrophie des retinalen Pigmentepi-
  thels (CHRPE) 259–260
- hypertrophische Pylorus-
  stenose 160–161
- Klumpfuß 428
- Nephrose vom finnischen Typ 330

- zystische adenomatoide Malformation
  der Lunge (CCAML) 407–409
konotrunkaler Defekt 401
kontinuierliche Variabilität 151
Kontrakturen 432
Kopplung 153
Kopplungsanalyse 24
Kopplungsungleichgewicht 153
Kpn-Familie 8
kraniofaziale Dysostosesyndrome 208
Kraniosynostosen, isolierte 208
kraniosynostoser Typ *Muenke* 207
Kraniosynostosesyndrome 208–209,
  393
Kulturversager 292
Kumarinderivate 223
kurzes Femur 341

L

λ-Zeichen 355
Langer-Giedion-Syndrom 82
Laserkoagulation 302
Late-onset-AGS 186
Laurence-Moon-Bardet-Biedl-Syn-
  drom 185, 440
„leakage" 291
*Leber*sche erbliche Optikusneuropa-
  thie 147
Leberbiopsie, fetale 304
Leigh-Syndrom 147
„lemon sign" 372, 380
Leptotän-Stadium 40
Li-Fraumeni-Syndrom 260
Linksherz, hypoplastisches 349
Liposomen 475
Lippen-Kiefer-Gaumen-Spalte
  (LKG) 387–392
- Erkrankungen (*Übersicht*) 390
- Procedere 392
- Risiko (*Übersicht*) 392
Lippenspalte, mediane 374
Liquorfluß, intrazerebraler 365
Lithium 225
- häufigste Herzfehler 404
Locusheterogenität 116
„long interspersed nuclear element" 8
„loss of heterozygosity" (LOH) 255
Lubs-Syndrom 179
Lungenhypoplasie 409
Lupus erythematodes visceralis, häufigste
  Herzfehler 404
Lymphgefäßsystem, fetales 395
Lyon-Hypothese 111

M
Makroglossie 394
Makrosomie 322–323
– Fehlbildungssyndrome (*Übersicht*) 323
maligne Tumoren/Erkrankungen
– Chromosomenbefunde 255
– genetische Beratung 262–264
– Krankheiten mit hoher Inzidenz 253
Mammakarzinom 257–258, 264
– Ataxia-teleangiectatica-Gen 257
– BRCA1 257
– BRCA2 257
– HRASt1 257
– Tp53 257
Manifestationsalter 121–122
männliche Infertilität 45
Marfan-Syndrom 104, 120, 402
Markerchromosomen 77
Martin-Bell-Syndrom 106–110
– Merkmale 108
„maturity-onset diabetes of youth"
   (MODY) 155
Mayer-Rokitansky-Küster-Hauser-Syn-
   drom 184
McCune-Albright-Syndrom 186
Meckel-Gruber-Syndrom 385, 429, 440
Median-cleft-face-Syndrom 388, 393
Megakolon 456
Megazystis 443–444
Megazystis-Mikrokolon-Syndrom 444
Mehrlingsschwangerschaft (*s.* Zwillings-
   schwangerschaft)
Meiose 40
Mekoniumileus 456
Mekoniumperitonitis 456
MELAS 147
Mendelsche Vererbung (*s. auch* Erb-
   gänge) 97–115
– maligne Erkrankungen 257
Meningozele 380
mentale Retardierung 163–166
– leichte Form 163
– schwere Form 163
– X-chromosomale 164
MERF 147
MESA 188
mesodermaler Chorionzottenkern 296
Mesomelie 411
Messenger-RNA (*s.* RNA)
metanephrogene Blasten 434
Metaphase I 40
mikrochirurgische epididymale Spermien-
   aspiration (MESA) 188

Mikrodeletionssyndrome 80–84, 200
– autosomale 81–83
– X-chromosomale 83–84
Mikrognathie 393
Mikromelie 411
Mikrosatellit 8
– Instabilität (MIN) 258
Mikrozephalie 376–379
– Klassifikation 378
– Procedere 379
Miller-Dieker-Syndrom 82
Minisatellit 8
„missed abortion" 191
Missense-Mutation 17
mitochondriale(r)
– Diabetes mellitus 156
– DNA 143–145
– Enzephalopathie mit Laktatazidose und
   schlaganfallähnlichen Episoden
   (MELAS) 147
– Erkrankungen 147
– Vererbung 143–148
Mitochondropathien 143–148
molekulare Duplikation 84–86
molekulargenetische Diagnostik 22–29
– direkte 27–29
– indirekte 23–26
monogene
– Erkrankungen 253, 383
– Vererbung 97, 115–131
Monosomie 46, 54
– 4p, partielle 71–72
– 5p, partielle 73–75
– 18p 75–76
– 18q 75–76
– Monosomie X 337, 396, 403
– sonographische Hinweise 349
Morbus (*s.* Syndrom/Morbus)
Morula 314
Mosaikbildung 47, 123, 292, 296
Mukoviszidose 98–101
– Gen 101
Multicolor-spectral-Karyotypisie-
   rung 36
multifaktorielle
– Erkrankungen 151–169
– Merkmale 151
– Vererbung 151–169
multiple(s)
– endokrine Neoplasien
   (MEN) 260–261
– Sklerose 168
– Pterygiensyndrom 339

Muskelatrophie, spinobulbäre   128
Muskeldystrophie
- Formen   117
- Typ *Becker-Kiener*   110–111
- Typ *Duchenne*   110–111
Mutation   15–16, 206
- Deletion / Inversion   17
- δ-F508   100
- Frame-shift   17
- In-frame   17
- instabile Trinukleotide   17
- Missense   17
- Nonsense   17
- Silence   17
- somatische   123
- Splice   17
Mutatorgene   251, 253
mütterliche Infektionen (s. Infektionen der
   Mutter)
MYC-Onkogen   254
Myelomeningozele   372, 380
myoklonische Epilepsie und „ragged red
   fibers" (MERRE)   146–147
myotone Dystrophie   122, 128–130

N
Nabelschnur   316–318
- Zyste   318
Nackenfalte im 2. Trimenon   340–341
Nackentransparenz (s. dorsonuchales
   Ödem)
Nephrose, kongenitale vom finnischen
   Typ   330
Neu-Laxova-Syndrom   371
Neuralrohrdefekte   373, 379–387
- Anenzephalie   381–382
- empirisches Risiko (*Übersicht*)   386
- monogene Erkrankungen (*Über-
   sicht*)   383
- Procedere   387
- Spina bifida   379–381
- Zephalozele   382
Neurofibromatose (NF)   119
- NF-I-Gen   120
- Typ I   120
nichtimmunologischer Hydrops feta-
   lis   326–331
- Ätiologie   328
- Procedere   331
nichtinsulinabhängiger Diabetes melli-
   tus   155
nichtinvasives Serumscreening
   (NIS)   308–313

Nierenagenesie
- bilaterale   434–436
- unilaterale   436
Nierenerkrankungen
- polyzystische   26, 122
- zystische   436–442
- - autosomal-dominante polyzystische
   Nephropathie (ADPN)   438–439
- - autosomal-rezessive polyzystische
   Nephropathie (ARPN)   437–438
- - Procedere   441–442
- - zystische Nieren-
   dysplasien   439–442
Non-disjunction   45
Nonsense-Mutation   17
Noonan-Syndrom   339, 396, 402
„nuchal translucency" (s. dorsonuchales
   Ödem)
Nukleoside   1
Nukleotide   1

O
Ödem, dorsonuchales   355, 391
OFD Typ II
okuloaurikulovertebrale Dysplasie   212
Oligohydramnie   205, 326, 435
- Procedere   326
Oligonukleotidsonde   28
Omphalozele   448–450
- pathologische   448
- physiologische   448
- Procedere   450
Onkogene   251–252, 474
- MYC-Onkogen   254
Oogenese   43–44
Ophthalmoplegie, chronische progressive
   externe   147
Organogenese   199
Ornithintranscarbamylasedefekt
   (OTC)   114–115
orofaziodigitales Syndrom   439
Ösophagusatresie   453
Osteochondrodysplasie   339, 412–414
- Häufigkeit   412
- letale   414
- sonographische Leitsymptome (*Über-
   sicht*)   413
Osteogenesis imperfecta   417–421
- Typen (*Übersicht*)   421
Östriol, unkonjugiertes   311
Ovarialinsuffizienz
- genetische Aspekte   185–187
- hypergonadotroper Hypogonadismus   185

- hypogonadotroper Hypogonadismus 185
- normogonadotrope 186
- primäre 185
- sekundäre 185
„overlapping finger" 432
Oviduktpersistenz 177–178

P

Pachytän-Stadium 40
Paired-box-Gene 40, 202
Parvovirus B19 236–238, 329
Pätau-Syndrom 56, 61–63, 332, 334, 348, 350, 391, 403, 429
- Alter der Schwangeren 334
- dorsonuchales Ödem 337
- Holoprosenzephalie 374
- Klinik 63
- sonographische Hinweise 349
- Zytogenetik 63
PAX-Gene 202, 210
PCR 20–21
Pearson-Syndrom 147
Penar-Shokeir-Syndrom 432
Penetranz 102, 120–121
PEX-7-Gen 425
Pfeiffer-Syndrom 207–208, 393
Phänogenese 199
Phenylketonurie 122
- häufigste Herzfehler 404
- der Mutter 241–242
Phenytoin 375
Philadelphia-Chromosom 254
Phokomelie 411, 427
physiologische Omphalozele 448
Plazenta, hydropische 316
Plazentapunktion 300
Pleiotropie 120
Plexus-choroideus-Zysten 342–343
- Risiken für Trisomie 18 344
Polyadenylierung 12, 14
Polydaktylie 422, 428–430
Polyendokrinopathiesyndrom 185
polygen 151
Polyhydramnie 324–325, 453
- fetale Erkrankungen 325
- Procedere 325
Polymerasekettenreaktion (PCR) 20–21
Polyploidie 47, 54, 196
Polyspleniesyndrom 406
Potter-Sequenz 205, 326, 434
Prader-Willi-Syndrom 81–82, 125–127, 185

Prädiktivdiagnostik 276–278
- postnatale 498
Prägenese 199
Prägung, genomische 81, 123–124
Präimplantationsdiagnostik 304
Prämutation 109
Pränataldiagnostik 288–460, 500
- Amniozentese 290–293
- biochemische Diagnostik 297
- Chordozentese 300–302
- Chorionzottenbiopsie 293–299
- fetale Hautbiopsie 303–305
- fetale Leberbiopsie 304
- Fetoskopie 302
- Grundlagen 288–289
- invasive (s. dort) 288–304
- molekulargenetische Untersuchung 297
- nichtinvasives Serumscreening (NIS) 308–313
- Plazentapunktion 300
- Präimplantationsdiagnostik 304
- Triple-Diagnostik 308–313, 362
- Ultraschalldiagnostik 313–460
- Zwillingsschwangerschaft 355, 363–364
- Zytogenetik 292
Pribnow-Box 12
primäre Amenorrhö 45
Primase 11
Primer 10
Proboscis 209, 374
Promotor 6, 14
- Mutation 17
Proteus-Syndrom 214, 323
Prune-belly-*Potter*-Sequenz 443–445
Prune-belly-Sequenz 441
pseudoautosomale
- Hauptregion (PAR 1) 48, 80, 171
- Nebenregion (PAR 2) 171
- Proximalregion (PPR) 80
Pseudohermaphroditismus
- femininus 180–183
- masculinus 177–180
Pseudomosaike 292
Pseudopubertas praecox 186
Pseudothalidomidsyndrom 88, 427
Psoriasis 167
Psychosen 157–160
- affektive 159–160
Pterygium colli 396
Pubertas praecox 186–187
Pubertas tarda 185
Pyelektasie, beidseitige fetale 344–345, 442

Pylorusstenose, angeborene hypertrophische 160–161

R

R-Banden 33
Rachitis, Vitamin-D-resistente 114
Radiusaplasie 427
5α-Reduktase-Mangel 180
Reduktionsteilung 40
Regressionssyndrom
– kaudales 242
– testikuläres 176
Reifenstein-Syndrom 179
Rekombinationstechnik 472
Repeats, trinukleotide 127
repetitive Sequenzen 7
Replikation („replication") 9–11
– „replication error positive" (RER) 258
„resistant ovary syndrome" 185
Response-Element 6
Restriktionsendonukleasen 18
Restriktionsfragmentlängen-Polymorphismen (RFLP) 23
Retardierung, geistige 163–166
– leichte Form 163
– schwere Form 163
– X-chromosomale 164
Retina-retinale Dysplasie
Retinitis pigmentosa 116
Retinoblastom 82, 261–262
– Gen 255
Retinoide 223–224
Retroviren 474
reverses G-Bandenmuster 33
reziproke Translokation 66–68, 91
– Quadrivalente 66
Rhizomelie 411
Ribonukleinsäure (s. RNA)
Ringchromosom 71
– Ringchromosom X 79
Risikoberechnung 278–284
RNA 11
– Messenger (mRNA) 11
– Polymerase 11
– ribosomale (rRNA) 11
Roberts-Syndrom 88, 427, 440
Robertson-Translokation 59–60, 68–69, 89
Robinow-Syndrom 214–215
Rocker-bottom-feet 350, 432
Röteln 228–230
Rothmund-Thomson-Syndrom 185
Rubinstein-Taybi-Syndrom 82, 215, 402

S

Saethre-Chotzen-Syndrom 216
Satelliten-DNA 8
Schizophrenie 157–158
Schwangerschaftsabbruch
– medizinische Indikation 314
– Neufassung des § 218a StGB
– nach Pränataldiagnostik 481
Schwellenwert 153
Schwerhörigkeit 133–135
Seckel-Syndrom 216–217
Sektkorkenphänomen 414
Sequenz 2, 205
Sequenzanalyse 21–22
Sequenzen, repetitive 7
„sex determining region of Y" (SRY) 54, 171
„short interspersed nuclear element" 8
Short-rip-Polydaktyliesyndrom 371, 417–423, 440
SHOX-Gene 48
Shprintzen-Goldberg-Syndrom 105
siamesische Zwillinge 354
Silence-Mutation 17
Silencer 7
Silver-Russel-Syndrom 216–217
Single-copy-Sequenzen 7
„single-strand conformational polymorphism analysis" (SSCP/SSCA) 21
singuläre Umbilikalarterie (SUA) 316–317
– Procedere 318
Situs
– ambiguus 406
– inversus 406
– solitus 406
Skelettdysplasiesyndrome 206–207, 428
Sklerose, tuberöse 402, 441
Smith-Lemli-Opitz-Syndrom 339, 440
Smith-Magenis-Syndrom 82
somatische Mutation 123
Sonic-Hedgehog (SHH) 209
Southern-blot-Hybridisierung 19–20
SOX-9-Mutation 171
Spacer 8
Spalthand 121, 430–432
Spermatogenese 41–43
Spermatozoeninjektion, intrazytoplasmatische (ICSI) 188
Spermienaspiration, mikrochirurgische epididymale (MESA) 188
Spermienextraktion, testikuläre (TESE) 188

Spina bifida 379–381
- occulta 379
- aperta 379
spinobulbäre Muskelatrophie 128
spinozerebelläre Ataxie 128
Splice-junction 6
Splice-Mutation 6, 17
Spliceosomen 14
Splicing 6, 14
Spontanabort 45, 291
- Chromosomenaberrationen 88, 334
Spontanabortrate
- und Gestationsalter 193
- und mütterliches Alter 194
Stammbaumanalyse 272–273
Startcodon 5
Startsignal 12
Stickler-Syndrom 339
Stopcodon 5
strukturelle Chromosomenaberratio-
    nen 65–71
- autosomale 68–78
- dizentrische Chromosomen 70
- Duplikation 70–71
- gonosomale 78–80
- Inversion 70
- Isochromosom 70
- Ringchromosom 71
- Y-Chromosom 79–80
Swyer-Syndrom 175
Syndaktylie 430
Syndrome / Morbus (nur namenbenannte)
- *Alagille*- 82
- *Alcardi*- 371
- *Angelman*- 81–82, 126–127
- *Apert*- 207–208, 393, 441
- *Arnold-Chiari*-Malformation 372, 381
- *Bardet-Biedl*- 430
- *Beare-Stephenson*-Cutis-gyrata- 208
- *Becker-Kiener*-Muskeldystrophie
    110–111
- *Beckwith-Wiedemann*- 84–85, 323, 450,
    452
- *Bloom*- 87
- *Bourneville-Pringle*- 402
- *Carpenter*- 393, 430
- *Charcot-Marie-Tooth*- 85–86, 118
- *Huntington*- 103–104, 121–122, 129
- *Cornelia-Brachmann-de-Lange*- 211
- *Crohn*-Erkrankung 167–168
- *Crouzon*- 207–208, 393
- *Dandy-Walker*- 369, 371
- *DeGrouchy*-I- 75–76

- *DiGeorge-Shprintzen*- 82, 383, 388,
    401–402
- *Down*- 55–61, 93–94, 309, 332, 334, 337,
    339, 346–347, 403, 454
- *Duchenne*-Muskeldystrophie 26, 110–111
- *Edwards*- 56, 61–62, 320, 332, 334, 337,
    344, 348–349, 403, 432
- *Ehlers-Danlos*- 116–117, 402
- *Ellis-van-Crefeld*-Erkrankung 423–424,
    430
- *Fanconi*- 86–87
- *Franceschetti*- 212
- *Fraser*- 430, 435
- *Freeman-Sheldon*- 212–213
- *Friedreich-Fryns*- 371, 440, 459
- *Gilbert-Dreyfuss*- 179
- *Greigg*- 430
- *Hippel-Lindau*- 439
- *Hirschsprung*-Erkrankung 57, 456
- *Holt-Oram*- 402, 427
- *Ivemark*- 452
- *Jackson-Weiß*- 207–208
- *Jarcho-Lavine*- 339
- *Kallmann*- 185
- *Kearns-Sayre*- 147
- *Kennedy*- 128
- *Klinefelter*- 51–53
- *Langer-Giedion*- 82
- *Laurence-Moon Bardet-Biedl*- 185, 440
- *Leber-Leigh*- 147
- *Li-Fraumeni*- 260
- *Lubs*- 179
- *Marfan*- 104, 120, 402
- *Martin-Bell*- 106–110
- *Mayer-Rokitansky-Küster-Hauser*- 184
- *McCune-Albright*- 186
- *Meckel-Gruber*- 385, 429, 440
- *Miller-Dieker*- 82
- *Neu-Laxova*- 371
- *Noonan*- 339, 396, 402
- *Pätau*- 56, 61–63, 332, 334, 337, 348–350,
    374, 391, 403, 429
- *Pearson*- 147
- *Penar-Shokeir*- 432
- *Pfeiffer*- 207–208, 393
- *Prader-Willi*- 81–82, 125–127, 185
- *Reifenstein*- 179
- *Roberts*- 88, 427, 440
- *Robinow*- 214–215
- *Rothmund-Thomson*- 185
- *Rubinstein-Taybi*- 82, 215, 402
- *Saethre-Chotzen*- 216
- *Seckel*- 216–217

- *Shprintzen-Goldberg-* 105
- *Silver-Russel-* 216-217
- *Smith-Lemli-Opitz-* 339, 440
- *Smith-Magenis-* 82
- *Stickler-* 339
- *Swyer-* 175
- *Townes-Brocks-* 457
- *Treacher-Collins-* 212
- *Ullrich-Turner-* 48-50, 53, 332, 351, 396
- *Walker-Warburg-* 370
- *Wardenburg-* 210
- *Williams-van-Beuren-* 82, 402
- *Wilms-* 262, 264
- *Wolf-Hirschhorn-* 71-72
- *Wolff-* 403
- *Zellweger-* 440, 452
Synzytiotrophoblast 314

T
T-Banden 36
Talipes 428
TAR-Syndrom 427
teratogene Wirkungen 218-244
- Alkohol 226-227
- Aminopterin 384
- Antiepileptika 224
- Barbiturate 224-225
- Carbamazepin 225, 384
- Chemikalien 221-227
- Genußmittel 221-227
- Hydantoin 224
- Impfungen in der Schwanger-
  schaft 241
- Infektionen der Mutter 227-241
- ionisierende Strahlen 219-221
- Kumarinderivate 223
- Lithium 225
- Medikamente 221-227
- Retinoide 223-224
- Stoffwechselerkrankungen der Mut-
  ter 241-242
- Thalidomid 221-222, 427
- Trimethadion 225
- Valproinsäure 225, 384
- Zytostatika 225-226
Termination 6, 14-15
testikuläre(s)
- Feminisierung 178
- - inkomplette 179
- Spermienextraktion (TESE) 188
- Regressionssyndrom 176
Testis-determinierender Faktor (TDF) 54,
  171

Thalassämie
- α- 329
- β- 329, 474
Thalidomid 221-222, 427
thanatophore Dysplasie 207-208, 414-415
Therapie (s. auch Gentherapie) 471-478
Thoraxdysplasie 422
- asphyxierende 423, 440
Tintenlöscherfüße 432
Topoisomerase 11
Torch-Schema 227-228
Totgeburt 45
totipotente Zellen 305
Townes-Brocks-Syndrom 457
Toxoplasmose 230-232
Transforming growth factor (TGF) 173,
  390
transgene
- Mäuse 478
- Tiere 472
Transkription 11-14
Transkriptionsfaktoren 202
Translation 14-15
Translokation 66
- insertionale 69
- reziproke 66-68, 91
- *Robertson*-Translokation 59-60, 68-69,
  89
Translokationstrisomie 21 59
Treacher-Collins-Syndrom 212
trichophalangeales Syndrom Typ II 82
Trimethadion 225
Trinukleotide
- expandierende 127-130
- instabile 17
trinukleotide Repeats 127
Trinukleotidsequenzen, instabile 128
Triple-Diagnostik 308-313
- biochemische Grundlagen 310
- Durchführung 311-313
- Einschätzung 311-313
- Erkennungsrate für *Down*-Syndrom 309
- Procedere bei pathologischem Test 313
- sonographische Hinweise 349
- bei Zwillingen 362
Triple-X-Syndrom 50-51, 53
- Klinik 50
- Zytogenetik 51
Triplettrastercode 5
Triploidie 64-65, 196, 315, 350
- Klinik 64
- sonographische Hinweise 349
- Zytogenetik 65

Trisomie 46, 54
- partielle 54, 60
- Trisomie 8 63
- Trisomie 9p 76–77
- Trisomie 13 (s. *Pätau*-Syndrom)
- Trisomie 16 192
- Trisomie 18 (s. *Edwards*-Syndrom)
- Trisomie 21 (s. *Down*-Syndrom)
- Trisomie 22 192
TSC1- und TSC2-Gen 121
tuberöse
- Hirnsklerose 121, 439
- Sklerose 402, 441
Tumoren, maligne (s. *dort*)
Tumorgenetik 251–264
Tumorsuppressorgene 251–252, 475
„Two-hit"-Hypothese 255–256

U
Ullrich-Turner-Syndrom 48–50, 53, 332,
    396
- Klinik 48
- sonographische Hinweise 351
- Zytogenetik 49
Ulnaaplasie 428
Ultraschalldiagnostik 313–460
- beidseitige fetale Pyelektasie 344–345
- Blasenmole 317–318
- Chorion 314–316
- Chromosomenstörungen 331–351
- dorsonuchales Ödem 335–336
- Dottersack 318–320
- Fruchtwassermenge 324
- hydropische Plazenta 316
- hyperechogener Darm 341
- hypoplastisches Linksherz 349
- kongenitale Herzfehler 399
- kurzes Femur 341
- Makrosomie 322–323
- Nabelschnur 316–318
- Nackenfalte im 2. Trimenon 340–341
- Oligohydramnie 326
- Osteochondrodysplasie 413
- Plexus-choroideus-Zysten 342–343
- Polyhydramnie 324–325
- Wachstumsretardierung 320–323
- Zwillingsschwangerschaft 355–357
Umbilikalarterie, singuläre
    (SUA) 316–317
- Procedere 318
Urogenitaltrakt
- Embryologie 433–434
- Fehlbildungen 433–448

Uterus bicornis 183
- didelphys 183
- septus 183
- subseptus 183

V
VACTERL-Assoziation 427, 435, 441, 453,
    457
Vaginalatresie 183
Valproinsäure 225, 384
„vanishing twin" 358
Variabilität, kontinuierliche 151
Varizellen-/Zosterinfektion 235–236
Vas deferens, kongenitale bilaterale Atro-
    phie (CBAVD) 99
Vena azygos 406
Ventrikel-Hemisphären-Index (VHI) 366
Vererbung (s. auch Erbgänge)
- mitochondriale 143–148
- multifaktorielle 151–169
Verwandtenehe 281–284
Vitamin-D-resistente Rachitis 114

W
Wachstumsretardierung 320–323
- Fehlbildungssyndrome 321
- im 1. Trimenon 320
- im 2. und 3. Trimenon 320
- Procedere 322
WAGR-Syndrom 82
Walker-Warburg-Syndrom 370
Wardenburg-Syndrom 210
Whistling-face-Syndrom 212
Williams-van-Beuren-Syndrom 82, 402
Wilms-Tumor 262, 264
Wolf-Hirschhorn-Syndrom 71–72
- Klinik 72
- Zytogenetik 72
Wolff-Syndrom 403

X
X-Chromosom 31
- - fragiles 78
- Deletion 79
X-chromosomal-dominante Ver-
    erbung 114–115
- genetische Beratung 140–141
- Übersicht über Erkrankungen 115
X-chromosomal-rezessive
    Vererbung 106–113
- genetische Beratung 137–139
- Übersicht über Erkrankungen 107,
    246

X-chromosomale geistige Retardie-
rung 164
XX-Dysgenesie 175
XX-Männer 54
XY-Dysgenesie 175
XYY-Syndrom 53–54
– Klinik 54
– Zytogenetik 54

Y
Y-Chromosom 31
– molekulargenetische Analyse 188
– sexdeterminierende Region 54
– strukturelle Aberrationen 79–80
– Testis-determinierender Faktor
(TDF) 54

Z
Zebozephalie 374
Zellweger-Syndrom 440, 452
Zephalosyndaktylie Typ Greig 82
Zephalozele 382
Zinkfinger-Gene 202, 210–211, 407
Zweitreffermodell 261
Zwerchfellhernie 458–460
– Procedere 460
Zwillingsschwangerschaft 351–364
– Abort 358
– AFP 362
– Chromosomenaberrationen 360–362

– dichorial-diamniotische 353
– diskordanter Befund 364
– dizygote 351–353
– Fehlbildungen 359–360
– invasive Diagnostik 363–364
– monochorial-diamniotische 353–354
– monochorial-monoamniotische 354
– monogene Erkrankungen 362
– monozygote 353–355
– Pränataldiagnostik 355, 363–364
– Procedere 364
– siamesische 354
– Triple-Diagnostik 362
– Ultraschall 355–357
Zygotän-Stadium 40
Zyklopie 209, 374
zystische Fibrose 98–101
– Gen 101
– Gentherapie 476
zystische Nierenerkrankungen 436–442
– autosomal-dominante polyzystische
Nephropathie (ADPN) 438–439
– autosomal-rezessive polyzystische
Nephropathie (ARPN) 437–438
– Procedere 441–442
– zystische Nierendysplasien 439–442
zytogenetische Untersuchung 274
Zytomegalie 232–235
Zytostatika 225–226
Zytotrophoblast 314

The manufacturer's authorised representative in the EU is Springer
Nature Customer Service Centre GmbH, Europaplatz 3, 69115 Heidelberg,
Germany. If you have any concerns regarding our products, please
contact ProductSafety@springernature.com

Printed and bound by CPI Group (UK) Ltd, Croydon, CR0 4YY

28/04/2026

02098453-0010